Lehrbuch
der
Forsteinrichtung

mit besonderer Berücksichtigung
der
Zuwachsgesetze der Waldbäume.

Von

Dr. **Rudolf Weber,**
Professor an der Universität München.

Mit 139 graphischen Darstellungen im Text und auf 3 Tafeln.

Berlin.
Verlag von Julius Springer.
1891.

ISBN-13:978-3-642-90528-5 e-ISBN-13:978-3-642-92385-2
DOI: 10.1007/978-3-642-92385-2

Softcover reprint of the hardcover 1st edition 1891
Druck von Oscar Brandstetter in Leipzig.

Vorwort.

In vorliegendem Lehrbuche ist die Theorie der Forsteinrichtung nach drei Hauptrichtungen gegliedert: Zunächst wurden in der Einleitung und den beiden ersten Abschnitten die anzustrebenden Zielpunkte und wirthschaftlichen Aufgaben erläutert, wobei über das engere Gebiet der Forstwissenschaft hinaus vielfache Berührungspunkte mit der Volkswirthschaftslehre sich ergaben. Wie diese letztere selbst im Verlaufe ihrer historischen Entwicklung verschiedene Phasen zu durchlaufen hatte, so übertrugen sich auch ihre Rückwirkungen gleich Induktionsströmungen auf die forstliche Betriebslehre und deren wirthschaftliche Ziele, wovon die noch jetzt nebeneinander bestehenden verschiedenen Auffassungen und Methoden der Forsteinrichtung Zeugniß geben. Freilich ließ sich die Praxis nicht ebenso leicht wie die Gedanken der Spekulation in die neuen Geleise überleiten, weil die Masse der zu bewältigenden Schwierigkeiten erst bei der wirklichen Durchführung der wirthschaftlichen Probleme ganz zu Tage tritt und weil die Forsteinrichtung als die dauernde Grundlage des Betriebes hierdurch von selbst einen Charakter der Stetigkeit erhält, der häufigen Änderungen widerstrebt. Namentlich ist die Anwendung der forstlichen Rentabilitätslehre auf die praktische Forsteinrichtung ein noch keineswegs abgeschlossenes Gebiet, von welchem noch ungewiß ist, was und wieviel sich im Großen künftig eine dauernde Geltung verschaffen wird. Um so mehr muß in der Gegenwart eine Kenntniß der zur Zeit noch im Flusse befindlichen Ideen dieser Richtung von der jungen Generation angehender Forstwirthe gefordert werden, damit sie allen durch den Fortschritt der Wissenschaft und die Bedürfnisse der Praxis veranlaßten Anforderungen der Zukunft entsprechen kann.

In zweiter Linie fand die Lehre vom Holz-Zuwachs eine eingehendere Behandlung, weil sie die Kenntniß der Naturgesetze anstrebt, auf welche die Schätzungen und Ertragsberechnungen der Forsteinrichtung sich gründen. Diese Wachsthumsgesetze können nur auf induktivem Wege durch zahlreiche Forschungen unter verschiedenartigen Standortsverhältnissen und unter Ausscheidung der einzelnen Faktoren des Zuwachses erkannt werden. In der That haben auch sowohl einzelne Forscher, als auch die staatlichen Versuchsanstalten in den letzten Jahrzehnten höchst beachtenswerthe Leistungen in der quantitativen Feststellung der Zuwachsgrößen unserer Waldbäume aufzuweisen, worüber eine umfangreiche und in vielen Werken, Monographien und Zeitschriften zerstreute Litteratur besteht. Auf Grund dieses reichhaltigen Materials von direkter Versuchsanstellung kann nun wieder die Abstraktion in ihr Recht treten und die Frage aufwerfen: „Was folgt schließlich aus allen diesen Einzeluntersuchungen zusammengenommen? Welche allgemeinen Wachsthumsgesetze geben eine hinreichende Erklärung für die beobachteten Massenerscheinungen und wie werden diese Gesetze mathematisch am getreuesten und zugleich am einfachsten formulirt?“ Erst wenn wir den zureichenden Grund dieser Erscheinungen kennen und die Vorgänge in der Natur mit unseren eigenen Denkgesetzen in Übereinstimmung gebracht haben, halten wir erstere für erklärt. Gerade bei quantitativen Vorgängen muß aber diese ratio auf mathematischem Wege geliefert werden, und die sonst verpönte „theoretische Spekulation“ muß die Zahlenmassen zu bewältigen versuchen, mit welchen der bewundernswerthe Fleiß so vieler Forscher eine Reihe von Bänden gefüllt hat. Diese sind nämlich schon durch die Art ihrer Aufgabe abgehalten, sich mit solchen abstrakten Fragen zu beschäftigen, weil jeder Versuchsansteller die Verpflichtung fühlt, seine Resultate ganz unmittelbar und möglichst frei von subjektiven Ansichten und Zuthaten zu veröffentlichen. Aus der Menge dieses positiven Untersuchungsmaterials wurde im Abschnitt III eine zusammenhängende abstrakte Erklärung der Wachsthumsgesetze abzuleiten versucht, welche für die verschiedenen Holzarten und äußeren Wachsthumsfaktoren gemeinsam sind und sich durch mathematische Formeln präzisiren lassen. In wie weit das vorgesteckte Ziel erreicht worden ist, ergiebt sich für jeden Leser sofort aus der Betrachtung der zahlreichen graphischen Darstellungen, in welchen die positiven Untersuchungsergebnisse mit den hypothetischen Größen der Formeln in Vergleich gezogen sind. Jedenfalls dürfte der hier gezeigte Weg neu und zweckmäßig sein, wenn auch im Einzelnen sich noch vielleicht manche Verbesserung und Vereinfachung an den Formeln anbringen läßt, bis sie als allgemeiner Maßstab für die gegenseitige Vergleichung aller Zuwachsuntersuchungen und als kürzester Ausdruck für umfangreiche Zahlenreihen angenommen werden.

Schließlich ist im Abschnitt IV eine Betrachtung der einzelnen Arbeitstheile, aus welchen sich die praktische Durchführung einer Forsteinrichtung zusammensetzt, gegeben, wobei theils der historischen Entwicklung, theils dem logischen Zusammenhange der einzelnen Methoden so viel Aufmerksamkeit geschenkt wurde, als zu einem allgemeinen Verständniß erforderlich ist. Auch in diesem Abschnitt wurde der Schwerpunkt mehr in die Erklärung des zweckmäßigen Ineinandergreifens der einzelnen Arbeiten als in die formelle Behandlung der Forsteinrichtung verlegt; denn letzteres ist vorzüglich die Aufgabe der amtlichen Forsteinrichtungs-Instruktionen, mit welchen ein Lehrbuch nicht in Konkurrenz treten soll. Aus demselben Grunde sind auch alle Beispiele weggelassen worden, zumal weil die praktischen Übungen in Verbindung mit Exkursionen Gelegenheit zur Einführung der Studirenden in die einzelnen Arbeitstheile darbieten. Da ohnehin die praktische Durchführung vieler Arbeiten eine genaue Vertrautheit mit dem ganzen forstlichen Rechnungswesen voraussetzt, so ist hiermit von selbst die Grenze vorgezeichnet, bis zu welcher man die theoretische Erläuterung der Forsteinrichtung vor Studirenden ausdehnen kann. Ich bitte daher bei Beurtheilung des vorliegenden Werkes diese Umstände geneigtest berücksichtigen zu wollen!

München, im Januar 1891.

Rudolf Weber.

Inhalts-Übersicht.

Einleitung.

Aufgabe der Forsteinrichtung und ihre Stellung im System der forstwissenschaftlichen Disziplinen.

Erster Abschnitt.

Von den leitenden Gesichtspunkten in der Forstwirthschaft im Allgemeinen und in der Forsteinrichtung insbesondere.

Zweiter Abschnitt.

Das Objekt der Forsteinrichtung: Der Wald-Ertrag, seine Eintheilung, wirthschaftliche Bemessung und seine Abhängigkeit vom Forstbetriebe.

Dritter Abschnitt.

Die Lehre vom Holz-Zuwachs.

Das räumliche Wachsen.

Abtheilung A.

Betrachtung des Zuwachses am Einzelstamm.

Besondere Betrachtungen der einzelnen Richtungen des Zuwachses.

Das Dickenwachsthum der Bäume.

Abtheilung B.

Der Zuwachsgang geschlossener Bestände.

Abtheilung C.

Eintheilung des Zuwachses nach verschiedenen Gesichtspunkten.

Vierter Abschnitt.

Die einzelnen Arbeitstheile zur Ermittlung des Waldertrages und zur Einrichtung des Forstbetriebes.

Abtheilung A.

Vorarbeiten der Forsteinrichtung oder Untersuchungen der Grundlagen des Waldertrages.

I. Geometrische Arbeiten zur Ermittlung der Flächenverhältnisse eines Waldes.

II. Taxatorische Vorarbeiten.

Abtheilung B.

Hauptarbeiten der Forsteinrichtung:
Die Betriebsordnung und Ertragsberechnung.

Abtheilung C.

Nacharbeiten der Forsteinrichtung.

Erklärungen

der

im Text angewandten Zeichen für die Formeln.

A = Werth des Abtriebsertrages entweder von 1 Hektar oder von 1 Jahresschlag (abzüglich der Gewinnungskosten); die Zeit des Einganges dieses Ertrages wird durch eine beigesetzte Charakteristik näher bezeichnet, z. B. A_a, A_u 2c.

a ist ein bestimmtes Jahr des Alters; nur auf Seite 77 u. ff. bedeutet a das Prozent des Massenzuwachses; im IV. Abschnitt ist a = Ausgleichungszeitraum.

B = Bodenwerth.

B_u = Bodenerwartungswerth unter Zugrundelegung eines u jährigen Turnus.

b = Alter, später als a Jahre; auf Seite 77 u. ff. ist b das Prozent des Qualitätszuwachses.

C = Kulturkostenkapital bei einem einmaligen Aufwand von c pro Jahresschlagfläche.

c = Theurungszuwachsprozent (auf Seite 77 u. ff.)

cbm = Kubikmeter, d. h. Festmeter.

D = Durchmesser; bei liegendem Holz ist in der Regel der Mittendurchmesser, bei stehendem der Brusthöhendurchmesser in 1,3 m Höhe gemeint, ausgedrückt in Zentimeter.

D_a, $D_b \cdots D_q$ sind die Geldwerthe der Durchforstungserträge im Jahre a, b ⋯ q des Alters.

δ = Durchschnittszuwachs pro Jahr und Hektar.

Δ = Differenz zweier aufeinanderfolgender Glieder einer Reihe.

e = Etat oder Hiebssatz, mit Unterscheidung in normalen e_n und wirklichen e_w.

F = Flächengröße einer Betriebsklasse.

$f_1, f_2, f_3 \cdots$ = Flächen der einzelnen Bestände oder Abtheilungen 1, 2, 3 ⋯

f = allgemeine Bezeichnung einer Funktion; in Figur 14 ist f der Brennpunkt.

G = Stammgrundflächensumme, d. h. Kreisflächensumme der Stammquerschnitte von 1 ha in Brusthöhe.

g = Grundfläche eines einzelnen Stammes bei 1,3 m Meßhöhe.

G bei Rentabilitätsrechnungen bedeutet dagegen das forstliche Grundkapital im Sinne Preßler's, während g jenes im Sinne Judeich's und Heyer's bedeutet.

H (bei Rentabilitätsrechnungen) = der gegenwärtige Holzverkaufswerth, erntekostenfrei.

Hk_a (bei Rentabilitätsrechnungen) = Bestandeskostenwerth, d. h. Summe der bis zum Jahre a erlaufenen Produktionskosten eines Holzbestandes.

ha = Hektar.

h = Höhe eines Baumes von der Abhiebsstelle bis zum Gipfelende (Scheitelhöhe).

h_{max} = Grenzwerth (limes), welchen die Höhe unter gegebenen Umständen äußerstenfalls erreicht.

i = Jugendstadium, Jahre; nur in der Formel von Schneider bedeutet i Jahrringbreite.

K = Kapitalgröße; nur im § 23 bedeutet K eine Kraft (Energie).

I = Umlaufszeit im Plänterwalde.

λ = laufend-jährlicher Zuwachs.

m = gewöhnliche Bezeichnung für Meter.

M und m = Masse eines Holzvorrathes; M ist der spätere, m der frühere Vorrath, deren Alter durch beigesetzte Charakteristiken $_a$.—$_u$ bezeichnet wird.

n = Stammzahl pro Hektar; außerdem wird n gewöhnlich zur Bezeichnung einer Zeitperiode benützt.

N und S zeigen an, welche forsttechnischen Ausdrücke in Nord- oder Süddeutschland gebräuchlich sind.

p = Prozent, zu welchem sich Leihkapitalien verzinsen, namentlich in Rentabilitätsrechnungen ist p das Wirthschaftsprozent.

p in Zuwachsuntersuchungen bedeutet einen Faktor, der für gleiche Wachsthumsverhältnisse konstant ist, daher = Wuchskraft oder Wachsthumsenergie.

1, op bedeutet das Binom $\left(1+\frac{p}{100}\right)$, welches zu Potenzen erhoben wird, z. B. $1,op^x$.

P = Last, welche von einer Kraft K auf die Höhe h gehoben werden kann.

π = Ludolfine = 3,14159.

Q und q = Qualitätsziffern eines Bestandes oder einer Altersstufe, d. h. geometrisch mittlerer Preis von 1 Festmeter a jährigen und a + n jährigen Holzes.

r = Jahresrente eines Kapitals K; außerdem wird im IV. Abschnitte r als Zeichen für den Berechnungszeitraum gebraucht.

S = Kapitalwerth der jährlichen Steuern und Umlagen = s. Außerdem wird S für Summa gleichartiger Größen gebraucht.

u = Umtriebszeit.

V = Kapitalwerth der jährlichen Verwaltungskosten = v.

v bezeichnet außerdem die Verjüngungsdauer, endlich auch das Prozent des Anfalles an Vorerträgen.

V_n = Normalvorrath im Gegensatze zu V_w = dem wirklichen Holzvorrathe einer ganzen Betriebsklasse.

w = Weiserprozent; das Binom $\left(1+\frac{w}{100}\right)$ wird gewöhnlich 1, ow geschrieben.

W = Walderwartungswerth.

x = unabhängige Variable, bedeutet die Zeit, zugleich Abszissenaxe X im Koordinatensystem.

ξ = Asymptotenaxe einer Hyperbel.

y = Ordinaten auf der Abszissenaxe X; die Ordinatenaxe selbst ist Y.

z = jährlicher Zuwachs auf einer Jahresschlagfläche (zuweilen auch pro Hektar).

z_1 z_2 z_3 sind die Zuwachsgrößen der Abtheilungen 1, 2, 3 ...

Z = jährlicher Zuwachs auf der Fläche einer Betriebsklasse = uz.

Einleitung.

Aufgabe der Forsteinrichtung und ihre Stellung im System der forstwissenschaftlichen Disziplinen.

§ 1. **Produktions-Technik und -Wirthschaft.** Wie die gesammte Volkswirthschaft, so empfangen auch ihre verschiedenartigen Zweige den Antrieb zu ihrer Thätigkeit von den Bedürfnissen des Menschen, dessen Leben mit einem fortlaufenden Verbrauch und einer Verwendung oder zum Theil Abnutzung einer Menge von materiellen Dingen, mannigfacher Leistungen Anderer, kurz mit der Befriedigung seines ganzen „Bedarfes" Hand in Hand geht. Alle Thätigkeiten, welche auf die Hervorbringung solcher materieller „Güter" gerichtet sind, welche zur Deckung allgemeiner, weit verbreiteter menschlicher Bedürfnisse dienen, heißen Gewerbe, und in diesem Sinne ist daher auch die Erzeugung und Gewinnung der für vielerlei menschliche Bedürfnisse unentbehrlichen Waldprodukte — also die gesammte Forstwirthschaft — ein Gewerbe in volkswirthschaftlichem Sinne. Das gemeinsame Merkmal aller Gewerbe ist aber, daß die gleichartige Erwerbsthätigkeit überwiegend für den Vertausch ihrer Erzeugnisse an Andere betrieben wird behufs Erzielung von Ertrag und Einkommen aus dieser Thätigkeit, sowie daß der Werth der erzeugten Produkte mit den zu ihrer Beschaffung aufgewendeten Produktionsmitteln (d. h. Vermögensbestandtheilen und Leistungen) dem Werthe nach vergleichbar und meßbar ist. Deshalb muß in allen Zweigen der verschiedenartigen Gewerbe — also auch in der Forstwirthschaft — neben der rein technischen Sorgfalt für die beste qualitative Hervorbringung neuer Güter stets auch eine wirthschaftliche Thätigkeit geübt werden, die das Verhältniß zwischen Produktionsaufwand und seinem Ertrag in quantitativem Sinne überwacht und den hieraus zu erzielenden Vermögenszuwachs ökonomisch kontrolirt.

Diese wirthschaftliche Thätigkeit äußert sich in der Bemessung und Zurathehaltung der für die Produktion aufzuwendenden Vermögenstheile und Leistungen, sowie anderseits in der Abwägung der als Gegenwerthe zu erlangenden Gütermasse, deren Gesammtbetrag man den „Rohertrag“ nennt. Soweit letzterer die verbrauchten Vermögensbestandtheile — die Produktionskosten — deckt, dient er als Wiederersatz des Produktionsaufwandes, und erst der verbleibende Überschuß — der „Reinertrag“ — bildet für den Wirthschaftenden einen Vermögenszuwachs, ein Einkommen und einen Ersatz für seine in der produktiven Thätigkeit entwickelte Aufopferung. Auf die Dauer kann eine Erwerbswirthschaft nur dann betrieben werden, wenn sie einen solchen Überschuß über die Produktionskosten hinaus abwirft, weil das Fehlen eines Reinertrages die Wirthschaft zwecklos erscheinen läßt und eine Unterbilanz sogar die Verminderung des Vermögens bedeutet, also bei weiterer Fortsetzung zu einer Summirung der Verluste führen würde.

Der Gegenstand, auf dessen Hervorbringung eine Erwerbswirthschaft gerichtet ist, veranlaßt aber nicht blos in der Technik der Produktion, sondern auch in der Art der wirthschaftlichen Thätigkeit durchgreifende Verschiedenheiten, wie sich z. B. eine landwirthschaftliche Gutsrechnung wesentlich von einer Buchführung eines industriellen Etablissements oder derjenigen einer großen Transport-Anstalt (Rhederei oder Eisenbahnbetrieb) unterscheidet. In diesem Sinne erhält auch die ökonomische Thätigkeit, welche in der Führung einer Forstwirthschaft geübt werden muß, durch die Besonderheiten der forstlichen Produktionsart und durch die Eigenartigkeit der in letzterer wirkenden Kapitalformen ein besonderes Gepräge, und sie weicht deshalb von den wirthschaftlichen Maßregeln anderer Erwerbswirthschaften nach vielen Hinsichten ab. Namentlich bringt die Länge der Zeiträume, mit welchen die Forstwirthschaft bei ihrem Produktionsgange zu rechnen hat, eine Schwierigkeit in der Veranschlagung der künftigen Ertragsgrößen mit sich, welche den meisten übrigen Gewerben unbekannt ist; ferner läßt sich im Walde nicht ohne Weiteres das erntereife Produkt von jenen Holzvorräthen unterscheiden, die noch zur Ansammlung weiteren Wachsthums dienen sollen und die daher als Produktionsmittel zu gelten haben; endlich verursacht die ganze Art, wie die Holzbestände erwachsen, eine Erschwerung für die Ermittlung der wirklichen stattfindenden Massen- und Werthszunahme und daher des wahren Ertrages der Wälder. Rechnet man hierzu noch die oft sehr erhebliche Unsicherheit in der Werthschätzung von Grund und Boden des Waldes, sowie der wahren Werthe verschiedener anderer Produktions-Aufwendungen, so wird es leicht erklärlich, daß die wirthschaftliche Beherrschung einer Waldwirthschaft und die klare Erkenntniß des Ineinandergreifens ihrer einzelnen Faktoren zu den schwierigen Problemen gehört, zu deren Lösung die geistige Arbeit Vieler, wie sie in der Litteratur niedergelegt ist, erforderlich war.

§ 2. **Forstliche Produktionslehre und Betriebslehre.** Im System der forstlichen Disziplinen schied sich aus den soeben entwickelten Gründen schon frühzeitig eine besondere Behandlung der rein wirthschaftlichen Aufgaben von jener der technischen Produktionslehre aus, und diese Trennung verschärfte sich mit fortschreitender Entwicklung der Forstwissenschaft, von welcher sich außerdem noch eine dritte, staatswirthschaftliche Disziplin unter dem Namen Forstpolitik abzweigte, die hier nicht weiter berührt werden soll.

Die Lehre von der besten qualitativen Erzeugung der Forstprodukte — also die eigentliche Technik der Forstwirthschaft — wird nach verschiedenen Richtungen hin durch den Waldbau, den Forstschutz und die Forstbenutzung vertreten, indem diese Disziplinen die systematisch gegliederten Regeln und Erfahrungen über die beste Erziehung, Erhaltung und Benutzung der Forstprodukte überliefern; sie bilden zusammen mithin die forstliche Produktionslehre.

Dagegen ist die ökonomische Seite der Forstwirthschaft repräsentirt durch die Disziplinen der Forsteinrichtung, der forstlichen Statik und der Waldwerthrechnung, indem diese ihren Schwerpunkt in der quantitativen Bemessung des Produktions-Ertrages und zum Theil der einzelnen Produktionsfaktoren sowie ihres gegenseitigen Verhältnisses haben. Da man in vielen Erwerbswirthschaften diese speziell wirthschaftliche Thätigkeit, welche in dem Anordnen, Zurathehalten und der Abwägung der aufzuwendenden Vermögensbestandtheile und Arbeitsleistungen sich äußert, als den „Betrieb" bezeichnet, so heißt man dementsprechend auch diese Disziplinen zusammen die forstliche Betriebslehre. Allerdings kommt unter obigen dreien nur der Forsteinrichtung streng genommen die Eigenschaft zu, unmittelbar einzuwirken auf die Anordnungen über die Verwendung der Produktionskapitalien (namentlich der Holzvorräthe), über die Disposition der Arbeitskräfte bezüglich der Fällungen, Kulturen und sonstiger Leistungen und so den Betrieb zu organisiren. Dagegen fällt der forstlichen Statik mehr das Gebiet der reinen Theorie über das Verhältniß zwischen Aufwand und Ertrag bei verschiedenen Betriebsarten anheim; die Waldwerthrechnung hingegen lehrt, wie schon ihr Name sagt, die Ermittlung des Werthes der verschiedenen Kapitalien, welche in der Waldwirthschaft vorkommen, für alle vorkommenden Fälle, wo diese Kenntniß der Werthe nothwendig ist.

Die Forsteinrichtung ist also gekennzeichnet durch ihre unmittelbare Einwirkung auf den Forstbetrieb, namentlich auf die Ordnung des Nutzungsganges, indem sie bestimmt ist, als wirthschaftlicher Regulator der Produktionstechnik zu wirken und die rentabelste Gestaltung des gesammten Betriebes anzubahnen. Man kann daher die Lehre von der Forsteinrichtung als jenen wirthschaftlichen Zweig der Forstwissenschaft bezeichnen, welcher sich mit der Ausmittelung der Größe des nachhaltigen Ertrages der Wälder und mit der vortheilhaftesten Anordnung des Forstbetriebes, besonders der Nutzungen, beschäftigt.

§ 3. **Umfang des Gebietes der Forsteinrichtung und verschiedene Benennungen dieser Disziplin, dann Litteratur.** Die Loslösung der wirthschaftlichen Gebiete von der Produktionslehre erfolgte nur allmählig, indem anfangs beide vermischt und ohne deutliche Ausscheidung von verschiedenen Schriftstellern behandelt wurden, z. B. in Joh. Gottl. Beckmann's „Gegründete Erfahrungen und Versuche von der ... Holzsaat", 1756. In der zweiten Hälfte des 18. Jahrhunderts werden zuerst in der Litteratur Versuche gemacht, systematische Lehren über die Vermessung und Taxation der Wälder zusammenzustellen, weil der Mangel an brauchbaren Vermessungsoperaten und die höchst unzuverlässige Art der Ertrags-Einschätzungen es wünschenswerth machte, die Grundlagen der Waldwirthschaft auf eine exaktere Weise zu ermitteln. Bis dahin war man bei der Festsetzung der Nutzungsgröße der Wälder meistens von dem durchschnittlichen Bedarfe ausgegangen und hatte in oberflächlicher Weise ermittelt, auf wie lange Zeit der Holzvorrath sammt Zuwachs den Konsum decken könne; oder es war die Waldfläche der Niederwaldungen in eine Anzahl ständiger Schläge eingetheilt, von welchen alljährlich einer in bestimmter Reihenfolge zum Abtriebe gelangte. Erst als man begann, die Flächengröße der Jahresschläge nach dem Verhältniß ihrer Ertragsfähigkeit verkehrt proportional zu gestalten (Jacobi in Göttingen und Öttelt in Thüringen), gewann die geometrische und stereometrische Behandlung der Forsteinrichtungsprobleme an Bedeutung. Der Einfluß der Mathematik auf die Vermessung der Wälder und die Einschätzung der Holzerträge macht sich daher vorzüglich in den Schriften aus dem Ende des vorigen und dem Anfange dieses Jahrhunderts bemerkbar, wo die Holzmeßkunde einen Hauptbestandtheil der Lehre von der Forsteinrichtung bildete. In der Litteratur findet man daher damals vorwiegend die Bezeichnung „Forsttaxation" oder „Forstabschätzung".

Bei der Organisation des großen Waldbesitzes, welcher in Folge der Säkularisation und staatlichen Neubildungen sich im Beginne des 19. Jahrhunderts in einigen Händen konzentrirte, kamen aber viele neue juridische, verwaltungsrechtliche und volkswirthschaftliche Gesichtspunkte in Betracht, welche auch in der Forsteinrichtung ihren Ausdruck fanden. Einzelne Schriftsteller ordneten daher die ganze Forstverwaltungs-Organisation, dann die Haushaltung und Verwaltungsstatistik unter die Forsteinrichtung ein und nannten diese Disziplin „Forstorganisation". Im Verlaufe der Entwicklung einer systematischen Forstwissenschaft erkannte man immer mehr, daß in der

Ordnung des forstlichen Betriebes und der Einrichtung der praktischen Forstwirthschaft nach ökonomischen Grundsätzen die Hauptaufgabe der Forsteinrichtung liege; die mathematischen Hilfsmittel der Vermessung und Taxation wurden hierdurch nur als Mittel zum Zweck erklärt, während die Anordnung und Regulirung der Nutzungen, sowie die Disposition über die Verjüngungen und Kulturen nach einheitlichen Gesichtspunkten als Endzweck dieser Disziplin bezeichnet wurden. Dementsprechend änderte sich auch die Benennung dieser Disziplin, welche von verschiedenen Schriftstellern als „Forstbetriebsregulirung“, „Forstwirthschaftseinrichtung“ und „Ertragsregelung“ oder „Waldertragsregelung“ bezeichnet wurde. Da indessen in den Forstverwaltungen der meisten deutschen Länder der ursprünglich schon von J. G. Beckmann und Öttelt gebrauchte Ausdruck „Forsteinrichtung“ beibehalten wurde und die Ausgaben hierfür in den Budgets, sowie in der Statistik stets unter diesem Titel erscheinen, so wäre es wünschenswerth, diesen Namen auch in der Litteratur konsequent in Anwendung zu bringen. In Österreich wird zuweilen noch die Bezeichnung „Forstsystemisirung“ für Forsteinrichtung angewandt, während in Frankreich die Benennung „Aménagement des forêts“ allgemein üblich ist, wodurch die zeitliche und räumliche Austheilung des Waldertrages angedeutet wird. Nachstehende Übersicht giebt nur die wichtigeren und größeren selbständigen Werke über diese Disziplin an, wobei die Holzmeßkunde als eine besondere Disziplin, ebenso auch die sämmtlichen Ertragstafeln und Hilfsmittel der Kubirung fortgelassen sind.

Litteratur-Nachweis über Forsteinrichtung.

Joh. Gottlieb Beckmann: Anweisung zu einer pfleglichen Forstwirthschaft. Chemnitz 1759.
v. Oppel: Die Abtheilung der Gehölze in jährliche Gehaue. Freiburg und Dresden 1760.
Öttelt: Praktischer Beweis, daß die Mathesis beim Forstwesen unentbehrliche Dienste thue. Eisenach 1765.
— Die neue Forsteinrichtung. In Stahl's Forstmagazin 1768.
— Abschilderung eines redlichen, geschickten Försters. 1786.
v. Werneck im Forstkalender 1773: Die Eintheilung der Wälder in Taxationsfiguren.
J. M. Maurer: Betrachtungen über einige sich neuerdings in die Forstwissenschaft eingeschlichene irrige Lehrsätze. 1783.
A. Dätzel: Praktische Anleitung zur Taxirung der Wälder. München 1786.
— Über Forsttaxirung und Ausmittelung des jährlichen nachhaltigen Ertrages. München 1793.
Hennert: Anweisung zur Taxation der Forsten. Berlin 1791.
Jeitter: Anleitung zur Taxation und Eintheilung der Laubwaldungen. Stuttgart 1794.
Wiesenhavern: Anleitung zu der neuen, auf Physik und Mathematik gegründeten Forstschätzung und Forstflächeneintheilung in jährliche proportionirliche Schläge. Breslau 1794.
Joh. Leonh. Späth: Anleitung, die Mathematik und physikalische Chemie auf das Forstwesen anzuwenden. Nürnberg 1797.

Gg. Ludw. Hartig: Anweisung zur Taxation der Forste. Gießen 1795.
v. Kropff: System und Grundsätze bei Vermessung, Eintheilung und Taxation ꝛc. 1807.
Paulsen: Kurze praktische Anweisung zum Forstwesen oder Grundsätze über die vortheilhafteste Einrichtung der Forsthaushaltung und über die Ausmittelung des Werthes der Forstgründe. Detmold 1795. Herausgegeben von G. F. Führer.
F. S. Schilcher: Über die zweckmäßigste Methode, den Ertrag der Wälder zu bestimmen. Stuttgart 1796.
Cotta: Systematische Anleitung zur Taxation der Waldungen. Berlin 1804.
— Anweisung zur Forsteinrichtung und Forstabschätzung. Dresden 1820.
König: Anleitung zur Holztaxation. Gotha 1813.
Bechstein: Die Forsttaxation. Hildburghausen 1823.
J. M. Seutter: Anleitung zur Taxation und Eintheilung der Laubwaldungen. Ulm.
v. Wickede: Versuch einer Waldtaxation und Eintheilung. Hamburg 1815.
André: Versuch einer zeitgemäßen Forstorganisation. Prag 1823.
J. Hoffmann: Die Forsttaxation. Gotha 1823.
v. Klipstein: Versuch einer Anweisung zur Forstbetriebsregulirung. Gießen 1823.
Hoßfeld: Die Forsttaxation in ihrem ganzen Umfange. Hildburghausen 1823.
E. F. Hartig: Die Forstbetriebseinrichtung. Kassel 1825.
— Anweisung zur Aufstellung und Ausführung der jährlichen Wirthschaftspläne.
Hundeshagen: Die Forstabschätzung auf neuen, wissenschaftlichen Grundlagen. Tübingen 1826.
Reber: Grundsätze der Waldtaxation und Wirthschaftseinrichtung. Bamberg 1827 und 1840.
Liebich: Handbuch der Forsttaxation. Prag 1830.
— Forstbetriebsregulirung mit Rücksicht auf das Bedürfniß unserer Zeit. Prag 1836.
Pfeil: Forsttaxation. Berlin 1833—1843 und 1858.
Guimbel: Feststellung des nachhaltigen Ertrages der Waldungen. Gotha 1834.
v. Wedekind: Anleitung zur Forstbetriebsregulirung und Holzertragsabschätzung. Darmstadt 1834.
— Instruktion für die Betriebsregulirung und Ertragsschätzung. Darmstadt 1839.
— Fachwerksmethoden. Frankfurt 1843.
Winkler: Waldwerthschätzung. I. Abtheilung: Die Materialschätzung und Ertragserhebung. Wien 1835.
Grabner: Grundzüge der Forstwirthschaftslehre, 1 und 2. Wien 1841.
Pernitzsch: Anleitung zur Einrichtung der Forste, vorzüglich der Privatforste. Leipzig 1836.
— Untersuchungen über den Zuwachs der Wälder. 1842.
Hlava: Darstellung einer einfachen Abschätzung und Eintheilung der Hoch- und Niederwälder. Wien 1837.
de Salomon: Traité de l'aménagement des forêts. 1837. Paris et Nancy.
C. L. Martin: Der Wälder Zustand und Holzertrag. 1836.
Karl: Grundzüge einer wissenschaftlich begründeten Forstbetriebsregulirungsmethode. Sigmaringen 1838.
— Forstbetriebsregulirung nach der Fachwerkmethode. Stuttgart 1851.
Smalian: Anleitung zur Untersuchung und Feststellung des Waldzustandes, der Forsteinrichtung ꝛc. Berlin 1840.
Gwinner: Beschreibung, Taxation und Wirthschaftseinrichtung der Stadtwaldungen von Stuttgart. 1841.
Carl Heyer: Die Hauptmethoden der Waldertragsregelung. Gießen 1840.
— Die Waldertragsregelung. Gießen 1840. II. Aufl. 1862.
Ebenso die III. Aufl. Leipzig 1883. Von Gustav Heyer.
Maron: Anleitung für Privatwaldeigenthümer zur eigenen Ermittelung des nachhaltigen Materialertrages einer Forst. Posen 1841.
Schultze: Die Forstbetriebsregulirung in Verbindung mit Forstbenutzung. Lüneburg 1841.
Arnsberger: Forsttaxation behufs Servitutablösung. Karlsruhe 1841.
Smalian: Buchenhochwaldbetrieb und Schätzung. Stralsund 1846.
Krauß: Ermittelung des nachhaltigen Ertrages der Wälder. Kassel 1848.
Jäger: Holzbestandsregelung und Ertragsermittelung der Hochwälder. Neuböddeken 1854.

Hartig, Theodor: System und Anleitung zum Studium der Forstwirthschaftslehre. Leipzig 1858.

Albert: Betriebsregulirung. Wien 1861.

Hartig, Robert: Vergleichende Untersuchungen über Wachsthumsgang und Ertrag der Rothbuche und Eiche 2c. Stuttgart 1865.

— Die Rentabilität der Fichtennutzholz- und Buchenbrennholzwirthschaft im Harz und Wesergebirge. Stuttgart 1868.

Grebe: Die Betriebs- und Ertragsregulirung der Forsten. Wien 1867.

Glauer: Forsteinrichtung. 1865.

Püschel: Die Forsteinrichtung oder Vermessung und Eintheilung der Forsten. Dessau 1869.

H. A. Schuster: Die Hauptlehren der rationellen Forstwissenschaft, begründet mittelst der logarithmischen Linie. Dresden 1869.

Preßler: Die Hauptlehren des Forstbetriebes und seine Einrichtung im Sinne eines rationellen Reinertragswaldbaues. Leipzig 1871.

Ferner gehört die Mehrzahl der Schriften Preßler's hierher.

Judeich: Die Forsteinrichtung. Dresden 1871.

Derselbe in Lorey's Handbuch der Forstwissenschaft. Tübingen 1887.

Gust. Heyer: Die Methoden der forstlichen Rentabilitätsrechnung. Leipzig 1871.

Ed. Heyer: Die Waldertragsregelungs-Verfahren. Gießen 1846.

Kadner: Die Forstwirthschaftseinrichtung in Bayern. Trier 1875.

Landolt: Über die Berechnung des Ertrags der Waldungen. Zürich 1863.

Middeldorpf: Anleitung zur Waldeintheilung und Schätzung. Berlin 1868.

Wagener: Anleitung zur Regelung des Forstbetriebes. Berlin 1875.

Denzin: Zur Kenntniß und Würdigung des Massenfachwerks. Darmstadt 1874.

Weise: Die Taxation des Mittelwaldes. Berlin 1878.

— Die Taxation der Privat- und Gemeindeforsten. Berlin 1883.

Meister: Die Stadtwaldungen von Zürich. Zürich 1883.

Tichy: Die Forsteinrichtung in Eigenregie. Berlin 1884.

Schiffel: Zur forstlichen Ertragsregelung. Görz 1884.

Puton: L'aménagement des forêts. Paris 1874.

G. Kraft: Zur Praxis des Waldwerthrechnung und forstlichen Statik .... Hannover.

— Beiträge zur forstlichen Zuwachsrechnung und zur Lehre vom Weiserprozent. Hannover 1885.

— Beiträge zur Durchforstungs- und Lichtungsfrage. Hannover 1889.

— Über die Beziehungen des Bodenerwartungswerthes und der Forsteinrichtungs-Arbeiten zur Reinertragslehre. Hannover 1890.

A. Rudzky: Die Forsttaxation. Petersburg 1887.

Borggreve: Die Forstabschätzung. Berlin 1888.

Graner: Die Forstbetriebseinrichtung. Tübingen 1889.

Dr. Hub. Räß: Die Waldertragsregelung gleichmäßigster Nachhaltigkeit in Theorie und Praxis. Frankfurt 1890.

Erster Abschnitt.

Von den leitenden Gesichtspunkten in der Forstwirthschaft im Allgemeinen und in der Forsteinrichtung insbesondere.

---

§ 3. **Interesse des Waldbesitzers.** Wie eine jede Einzelwirthschaft von den einfachsten bis zu den komplizirtesten Formen sich um ein bestimmtes Subjekt dreht, dessen Erhaltung und ökonomisches Gedeihen ihren Endzweck bildet, so müssen auch in der Betriebsordnung einer Waldwirthschaft die Interessen des Waldbesitzers (Forstherrn) den Mittelpunkt der wirthschaftenden Thätigkeit ausmachen. Je nach der historisch gewordenen Besitzesgestaltung ist dieser bald eine physische Person, wie z. B. im Privatwalde, und führt in kleineren Wirthschaften selbst alle Geschäfte des Betriebes, bald ist es das gedachte Subjekt einer juridischen Persönlichkeit, z. B. eine Stiftung, Fideikommiß 2c., zu deren Gunsten die Waldwirthschaft von beauftragten Verwaltern in Betrieb gesetzt wird; auch kann dieses Subjekt in einer Gemeinwirthschaft bestehen, wie es bei Genossenschaften, Gemeinden und beim staatlichen Waldbesitze der Fall ist. Gemeinsam ist allen diesen verschiedenen Besitzeskategorien das Interesse, die *Waldbewirthschaftung als ein Erwerbsunternehmen zu führen*, dessen Aufgabe in der *Lieferung von Einkommen aus Ertragsüberschüssen* besteht, da kein Waldbesitzer die Waldwirthschaft um ihrer selbst willen und eventuell mit Opfern betreiben will, ausgenommen in Lustgärten und Parks, welch' letztere deshalb nicht als „Wirthschaftswald", sondern als Nutzkapitalien von der Kategorie der Luxusgegenstände zu erklären sind.

Hingegen unterscheiden sich aber doch die verschiedenen Besitzesformen graduell von einander insofern, als die juridischen Persönlichkeiten, weil sie über die durchschnittliche Dauer des Menschenlebens weit hinaus fortbestehen und daher als ewige Personen gelten, mehr Sorge für die fernere Zukunft und mehr Interesse für stetigen und dauernden Bezug von Nutzungen entwickeln, während die Privatpersonen in der Regel die Verzichtleistung auf gegenwärtig mögliche Nutzungen schwerer empfinden und eher darauf erpicht sind, solche der Zukunft vorweg zu nehmen. Erheblich sind ferner die Unterschiede zwischen dem Interesse des kleinen Waldbesitzes gegenüber dem Großbesitz; während ersterer den Wald als letzte Zuflucht in allen finanziellen Verlegenheiten in Anspruch zu nehmen pflegt, betrachtet der sparkräftigere Großbesitz häufig die Vergrößerung seiner Waldkapitalien als sicher fundirte und daher erwünschte Anlage.

Die persönlichen Verhältnisse der Waldbesitzer äußern daher ihren Einfluß namentlich in der verschiedenen Intensität der Betriebsformen: Der kapitalkräftigere Großbesitz wird im Allgemeinen dazu hinneigen, den Rohertrag in erster Linie durch Vermehrung der als Produktionsmittel dienenden Holzvorräthe zu steigern; er will hochwerthige Hölzer von starken Dimensionen zu Markt bringen und scheut vor dem hierzu erforderlichen versteckten Produktionsaufwand nicht zurück, weil er die Preissteigerung des ganzen Kapitales mit in seine Spekulation einbezieht. Hohe Bruttorenten bei relativ geringerer unmittelbarer Verzinsung der stehenden Vorräthe sind daher häufig wiederkehrende Erscheinungen in solchen „kapitalintensiven" Betrieben. Dagegen zeigen viele Privat- und Genossenschaftswälder das Bild eines „arbeitsintensiven" Forstbetriebes; hier werden solche Bewirthschaftungssysteme bevorzugt, welche durch Aufwand von viel menschlicher Arbeit den Ertrag steigern, ohne hierzu hoher Kapitalvorräthe zu bedürfen und welche gleichzeitig Arbeitsgelegenheit und Lohnverdienst in die Gegend bringen. Hierher zählen die in dichter bevölkerten Gegenden üblichen Betriebe mit landwirthschaftlichem Zwischenbau (Waldfeldbau, Hack- und Röderwaldwirthschaft) oder der Schälwaldbetrieb, Korbweidenzucht, viele Formen der Nieder- und Mittelwaldwirthschaft, deren Beschreibung vom technischen Gesichtspunkte aus Sache der Waldbaulehre ist. Indessen hängt dieser verschiedene Intensitätsgrad nur bis zu einem gewissen Grad vom freien Willen der Besitzer ab, zum großen Theil wirken hierin die allgemeinen volkswirthschaftlichen Zustände einer Gegend, ihre Bevölkerungsdichtigkeit, ihre industrielle Entwicklung, sowie die Lage der Waldungen zu den Verkehrsmitteln, oft auch die klimatische Lage in entscheidender Weise mit. Die Forsteinrichtung, welche die Ordnung und zweckmäßigste Gestaltung eines Betriebes in einem gegebenen Walde durchführen soll, muß daher auf die genaueste Kenntniß der hier nur angedeuteten Verhältnisse sich stützen und der Taxator muß sich darüber durch eigene Bemühungen, durch Studium urkundlichen und statistischen Materiales zu unterrichten bestrebt sein.

Auch die formale Behandlung der Taxationen und Wirthschaftspläne wird nicht unwesentlich beeinflußt von der Besitzeszugehörigkeit, da für kleine Privatwälder sich gewöhnlich einfachere, billigere Methoden der Taxation, kürzere Fassung und Beschränkung der schriftlichen und kartographischen Darstellungen auf das Unumgängliche empfehlen, während im Großbesitze und Staatswald, sowohl die Voranschläge als die Buchführung über die Wirthschaftsergebnisse sich umfangreicher gestalten werden, entsprechend den für die Verwaltung von öffentlichem Vermögen bestehenden staatlichen Normen.

§ 4. **Administrative Gesichtspunkte.** Alle juridischen Persönlichkeiten — vor allem der Staat und die Körperschaften — dann ein großer Theil der Großgrundbesitzer beauftragen mit der Wirthschaftsführung, sowie mit der gesammten Verwaltung ihrer Wälder besondere Beamte, denen also die Führung einer Erwerbswirthschaft als Mandat übertragen ist. Selbstverständlich ist dies Mandat umschrieben durch eine Bestimmung der Grenzen seiner Giltigkeit (die Kompetenz) und namentlich durch eine ausdrückliche Vorschrift über die Art der Ausführung, welche den Willen des Auftraggebers in mehr oder weniger detaillirter Form zum Ausdruck bringt und deren Nichtbefolgung seitens des Mandatars die Haftbarkeit für entstehenden Schaden zur Folge hat. Solche Vorschriften sind, abgesehen von den allgemeinen persönlichen Dienstesvorschriften, namentlich die Wirthschaftspläne, auf deren Vollzug der Forstbeamte in der Regel beeidigt wird und deren Durchführung mittelst des wirthschaftlichen Betriebes er als Beauftragter „nach seinem besten Wissen und Gewissen treu und fleißig ausrichten muß".*) In den Staatsforsten besonders sind die Wirthschaftspläne in verwaltungsrechtlichem Sinne als Willensausdruck des Regenten und in seiner Vertretung der obersten Forstbehörde zu betrachten, durch welchen die Sicherung einer geordneten Bewirthschaftung und die konsequente Durchführung der Wirthschaftsgrundsätze bewirkt werden soll. Wie es in der Natur einer Produktionswirthschaft liegt, ist eine solche Vorschrift aber nicht lediglich in der Form des „sic volo sic jubeo" zu geben, sondern es muß dieser Willensausdruck als das Endresultat einer Reihe von wirthschaftlichen Erhebungen, Berechnungen und Rentabilitäts-Untersuchungen gelten und er muß quantitative Festsetzungen über die Nutzungsgröße (Etat) im Ganzen, wie über ihre annähernde Vertheilung auf die einzelnen Waldorte und die zeitliche Aufeinanderfolge der verschiedenen Betriebsoperationen geben. Gerade im Forsthaushalt gewinnt die Feststellung des Etats eine besondere Wichtigkeit, weil sie gewissermaßen den Fruchtgenuß aus den großen Produktionskapitalien, die im Walde angelegt sind, regelt und weil sie die Grundlage für die Aufstellung des Einnahme-Budgets im Haushalte des Staates, der Gemeinden oder sonstigen Waldbesitzer liefert. Hieraus ergiebt sich die große finanzwirthschaftliche Bedeutung einer guten Forsteinrichtung.

---

*) Bayer. Landrecht IV. Kap. 9 § 5.

Zugleich fällt der letzteren aber auch die Aufgabe zu, dem Forstbetriebe jene Stetigkeit und zielbewußte Arbeitsfortsetzung zu sichern, ohne welche auch die bestgemeinten Anstrengungen der Wirthschafter fruchtlos bleiben. In dem Wechsel des ausführenden Personals und in der verhältnißmäßig kurzen Dauer des menschlichen Daseins gegenüber dem langsamen Schaffen der Natur liegt stets eine gewisse Gefahr, daß die wechselnden Überzeugungen (oft sogar blos Liebhabereien) der sich ablösenden Beauftragten schädlich in den Produktionsgang eingreifen. Hier gilt es also: „das Bewährte zu bewahren", das neue Gute aber organisch einzufügen, damit keine gegentheiligen Maßregeln ihre Wirkungen wechselseitig annulliren können, sondern daß im Gegentheil eine Summirung der einzelnen jährlichen Aufwendungen zu ihrem größten Gesammterfolg beitrage. Die Wirthschaftspläne als Mittel zur Sicherung des Vollzuges der Intentionen des Waldbesitzers müssen selbstverständlich auch die bestehenden gesetzlichen Bestimmungen über die Benutzung der Wälder berücksichtigen. Letztere sind entweder forstpolizeilicher Natur, d. h. sie entspringen der staatlichen Fürsorge für Erhaltung bestimmter Kategorien von Wäldern, welche eine specielle Bedeutung für die Sicherung gewisser Gegenden oder Ortschaften haben, z. B. die Schutzwaldungen im Gebirge oder auf Dünensand u. s. w., oder sie schlagen in das Privatrecht ein, wie die Servituten, die Nutznießung ꝛc. Wo daher die Forsteinrichtung mit Schutzwaldungen zu thun hat, kommen in den Betriebsanordnungen die landesgesetzlichen Normen über die Bewirthschaftung solcher genau zur Anwendung. Ebenso bringen Servitutverhältnisse oft die Nothwendigkeit einer derartigen Betriebsregelung mit sich, daß Kollisionen zwischen dem Waldbesitzer und den Berechtigten vermieden werden, während anderseits die Waldeintheilung, sowie die Revier- und Bestandsbeschreibungen, die Wirthschaftskarten u. s. w. eine scharfe territoriale Abgrenzung der belasteten Waldtheile anstreben, um etwaigen Ausdehnungen der Forstberechtigungen zu verhindern oder den Besitzstand sicher zu stellen. Im großen Ganzen tritt aber in der Forsteinrichtung der privatwirthschaftliche Charakter gegenüber dem gemeinwirthschaftlichen in den Vordergrund, d. h. es wird, sofern keine Schutzwaldungen in Frage sind, angenommen, daß die Wirthschaft in erster Linie den Nutzen des Waldbesitzers und die größte Rentabilität des Betriebes anzustreben habe. („Wirthschaftswald" im Gegensatz zu „Schutzwald".)

Dem Wesen der Waldwirthschaft entsprechend lassen sich solche Normen für den Betrieb aber nicht ein für allemal aufstellen, weil sowohl das Objekt, der Wald, mancherlei Wechselfällen und unvorherzusehenden Veränderungen durch Elementarschäden, Insektengefahr ꝛc. unterliegt, als auch die volkswirthschaftlichen Zustände Umwälzungen in den Konsum verursachen, d. h. die Marktverhältnisse sich ändern. Es bedarf daher jeder aufgestellte Wirthschaftsplan von Zeit zu Zeit einer erneuten Prüfung, Richtigstellung und Anpassung an die neuen Verhältnisse, da ein starres Festhalten an den ursprünglichen Normen zum Widerspruch mit den Thatsachen führen müßte. Außerdem liegt es in der Natur der Sache, daß umfangreiche Messungen, Karten-Erneuerungen und Taxationen nicht alljährlich, sondern erst nach Ablauf eines durch die Erfahrung sich bestimmenden Zeitraumes möglich und auch nothwendig werden. Der betriebsführende Verwalter hat auch nicht die Zeit, sich erst das taxatorische Material zu verschaffen und Ertragsberechnungen anzustellen, da ihn die zweckmäßigste Gewinnung und Verwerthung seines Hiebssatzes und der praktische Betrieb, welcher hieran sich knüpft, vollauf beschäftigt. Aus diesen Gründen hat sich in allen Forstverwaltungen der Grundsatz herausgebildet, Forsteinrichtungsarbeiten behufs der zeitlichen und räumlichen Ordnung des Forstbetriebes in periodischer Wiederkehr und durch besonders hierfür bestellte Kräfte (allerdings unter Zuziehung der lokalen Verwaltungen) durchführen zu lassen.

§ 5. **Das Prinzip der Nachhaltigkeit.** Zu allen Zeiten und in allen Ländern waren die Holzvorräthe der Wälder der Gefahr ausgesetzt, der Selbstsucht und Habgier der jeweiligen Generationen zum Opfer zu fallen; man findet daher schon frühzeitig zu deren Schutz Verordnungen und zum Theil Gesetze erlassen.*) Erst nach und nach entwickelte sich aber eine klare Anschauung über die unumgängliche Voraussetzung für einen gesicherten Fortbezug von Erträgen aus dem Wald; namentlich erkannte man die Nothwendigkeit der Wiederverjüngung aller abgeholzten Schlagflächen, die Schonung der Jungwüchse und Erhaltung der noch nicht hiebsreichen Bestände als die wichtigsten Maßregeln in dieser Hinsicht. Wie die Forstgeschichte lehrt, sind schon aus der Mitte des 14. Jahrhunderts urkundliche Belege über eine schlagmäßige Flächeneintheilung des Erfurter Stadtwaldes zur Sicherung einer nachhaltigen Niederwaldwirthschaft erhalten; wie auch sonst die geometrische Flächeneintheilung noch lange Zeit als ein Behelf diente, um eine räumliche und zeitliche Anordnung der Nutzungen im Walde zu fixiren. Von diesen ersten Anfängen war jedoch noch ein weiter Weg bis zur eigentlichen Regelung des Waldertrages, denn es bedurfte erst einer Entwicklung der waldbaulichen Technik und einer Ordnung der ganzen Form der Waldbenutzung, um mit Erfolg die

*) So ist namentlich in dem Capitulare de villis von Karl d. Gr. schon die übertriebene Ausbeutung der Wälder, welche Bestandtheile der königlichen Landgüter waren, untersagt. Ebenso enthalten die Weisthümer und besonders die Forstordnungen zahlreiche Stellen, welche die schonende und pflegliche Behandlung der Wälder nach mehrfachen Beziehungen anordnen.

Aufgabe in Angriff nehmen zu können, den dauernden Ertrag der Wälder zu ermitteln und auf zweckmäßige Weise zu gewinnen.*)

Gegenwärtig bestehen zweierlei Auffassungen über den Begriff Nachhaltigkeit der Waldwirthschaft. Die weitere Fassung sieht darin nur das Postulat, daß die ganze Fläche eines Waldes dauernd der Holzproduktion gewidmet bleibe, welche Forderung erfüllt wird durch gewissenhafte Wiederverjüngung aller abgeholzten Schlagflächen (Judeich). Dabei wird allerdings unterschieden zwischen einer Waldwirthschaft mit aussetzendem und mit jährlichem Nutzungsbetriebe, jedoch nur in so ferne als die aussetzende (oder gelegentliche) Waldbenutzung Folge von Kleinbesitz ist, während die Vereinigung vieler Holzbestände in der Hand eines Großbesitzes von selbst dazu führe, die Holzernten jährlich eingehen zu lassen.

Im strengeren Sinne begreift man jedoch unter Nachhaltigkeit jene wirthschaftliche Maxime über die Waldbehandlung, nach welcher — unter Festhaltung einer bestimmten Betriebsart und Umtriebszeit — für alle Zukunft ein Gleichgewicht zwischen Holznutzung und der natürlichen Vermehrung der Holzvorräthe anzustreben ist. Da nämlich die wahre Größe des Ertrages eines Waldes sich nicht so unmittelbar zu erkennen giebt, wie z. B. jene eines Feldes oder einer sonstigen mit einjährigen Gewächsen bestockten Fläche, indem sie erst durch Ansammlung und Summirung vieler jährlicher Zuwachsgrößen zu Stande kommt, so erfordert die Ermittlung der jährlichen Massenzunahme an sämmtlichen Bäumen eines Waldes eine ebenso gründliche mathematische Ermittlung als die Bemessung derjenigen Menge hiebsreifen Holzes, welches diesem Zuwachs das Gleichgewicht hält und daher nachhaltig geerntet werden kann, ohne das Holzkapital eines Waldes stetig zu verkleinern. Dieser Grundgedanke des Nachhaltigkeitsprinzips ist wesentlich beeinflußt von den juridischen Auffassungen des Privatrechts über den usus fructus an Waldungen, da dem Nutznießer das Recht auf den Bezug aller nach Art eines guten Haushaltes beziehbaren Früchte, speziell des forstordnungsmäßigen Holzschlages, zugleich aber mit der Verpflichtung einer sorgfältigen Erhaltung der Substanz (Esse) des Waldes zusteht.**) Die

*) In dieser Hinsicht ist bemerkenswerth, daß der bekannte Naturforscher Réaumur die erste wissenschaftliche Methode für die Ermittelung des Zuwachses auf einer Flächeneinheit Niederwald lehrte und das Maximum des Zuwachses als die richtigste Umtriebszeit erklärte. (Histoire de l'Academie de France 1721. Réflexions sur l'état des bois etc.)

**) Nach preußischem Landrechte ist der Holzbezug durch den Nutznießer in einem ordentlich eingetheilten und bewirthschafteten Walde auf die während der Zeitdauer des Nießbrauches fällig werdenden Gehaue beschränkt. Windbrüche gehören nur dazu, soweit sie als ordinäre Forstnutzung anzurechnen sind; außerdem fällt der Erlös dem Eigenthümer und die Zinsen hiervon dem Nutznießer zu. Ähnlich bestimmt der häufigen Rechtsstreitigkeiten über die Angriffe auf die Waldsubstanz und über angebliche Waldverwüstungen durch Nutznießer und Lehenträger führten, wie H. Cotta schreibt*), zu einer schärferen Ausbildung des Begriffes „nachhaltiger Ertrag“ und „ordnungsgemäße Waldwirthschaft“ und veranlaßten so eine bessere Ausbildung der Taxation der Wälder. In Anlehnung an die hier kurz erwähnten Rechtsnormen hat sich auch der wirthschaftliche Begriff der Nachhaltigkeit entwickelt; derselbe beruht auf der naturgesetzlichen Thatsache, daß eine mit Holzpflanzen bestockte Fläche unter der Einwirkung aller Faktoren des Pflanzenwachsthumes — namentlich des Sonnenlichtes — Pflanzensubstanz erzeuge. Würde man diese sofort im gleichen Jahre ernten, wo sie gebildet wird, so käme man zu einer Betriebsform, in der die ganze Fläche alljährlich abgeerntet wird, wie z. B. beim Korbweidenschnitt. Läßt man aber aus Gründen des Gebrauchswerthes und anderen die Holzpflanzen mehrjährige, z. B. a, b . . . ujährige Alter erreichen, so kann nicht mehr die ganze Fläche F, sondern nur ihr a, b . . uter Theil jährlich zur Nutzung gelangen, d. h. die jährlichen Hiebsflächen gestalten sich verkehrt proportional zum normalen Hiebsalter der Holzbestände. Während nun alljährlich dieser eine Schlag von der Größe $\frac{F}{u}$ geerntet wird, müssen die sämmtlichen übrigen Flächen, d. h. $F\left(1 - \frac{1}{u}\right)$ mit Haubarkeitsnutzungen verschont bleiben und können nur sogenannte Zwischennutzungen liefern. Die Holzvorräthe auf den $a - 1$, $b - 1$ ·· $u - 1$ Flächentheilen bilden zusammen ein Produktionskapital, dessen normale Größe mit der Höhe der Umtriebszeit wächst und an welchem sich jährlich eine Zuwachsgröße anlegt. Das Nachhaltigkeitsprinzip verbietet nun, ohne zwingende Gründe, diesen stehenden Holzvorrath (das Esse des Waldkapitales) unter die für die Produktion nothwendige Größe herabzumindern, wobei vorausgesetzt wird, daß das Alter u bis zu welchem das Holz erwachsen soll,

Code Napoléon (Art. 590—594), daß der Nießbraucher die Holzabtheilungen der in ordentliche Schläge eingetheilten Hochwaldungen in Gemäßheit der vom vorigen Inhaber beobachteten Zeit und Gewohnheit benützen darf, sowohl wenn diese Schläge zu bestimmten Zeiten auf einem gewissen Umfange des Bodens geführt werden (Kahlschlagbetrieb), als wenn eine bestimmte Anzahl Bäume auf der ganzen Oberfläche des Gutes gefällt wird (Femel- und Plänterbetrieb). Hat der Nießbrauch Ausschlagwaldungen zum Gegenstande, so muß die der Benützungsweise und dem Herkommen der Eigenthümer angemessene Ordnung und Größe des Abtriebes beobachtet werden. Auch bezüglich der Forstnebennutzungen bestimmt der Code Napoléon, daß jährlich oder von Zeit zu Zeit von den Bäumen des Waldes gewisse Nutzungen bezogen werden dürfen, jedoch alles nach landesüblicher Art und hergebrachter Einrichtung der Eigenthümer.

*) H. Cotta, Systematische Anleitung zur Taxation der Waldungen. Berlin 1804. Seite 5.

mit sorgfältiger Erwägung aller hierauf Einfluß übenden Umstände als Wirthschaftsziel aufgestellt worden sei (siehe § 10). Ferner schließt dieses Prinzip alle Nebennutzungen aus, welche die Fruchtbarkeit des Bodens und die Ertragsfähigkeit des Waldes überhaupt gefährden, z. B. excessive Streunutzung, Harzscharren, übertriebenen Wildschaden durch Hochwild und dergleichen.

Im Vorstehenden ist nur von der Sicherung des Fortbezuges eines jährlich gleichen Holzmassenertrages gesprochen, weil dies die naturgesetzliche Grundlage der Nachhaltigkeit bildet; allein im Sinne einer Produktionswirthschaft muß der Forstbetrieb gleichzeitig darauf eingerichtet werden, daß auch die Werthe, welche diese Massen im Verkehrsleben darstellen, soweit dies überhaupt erreichbar ist, eine annähernde Höhe oder wenigstens nicht offenbare, sofort erkennbare Ungleichheiten aufweisen. Diese Bedingung ist in sehr vielen Fällen viel schwieriger zu erfüllen, als die Gleichheit der Massenerträge, manchmal ist sie überhaupt nicht exakt auszuführen, aber die Forsteinrichtung muß wenigstens den Versuch machen, diese Aufgabe nach bestem Ermessen zu lösen, weil es dem Waldbesitzer meistens viel mehr auf eine gesicherte Geldrente als auf einen nachhaltig gleichen Holzmassenbezug ankommt. Wo also verschiedene Holzarten von sehr ungleichem Werthe pro cbm in einem Walde vorkommen, muß die Ertragsregelung nach gerechten und vernünftigen Verhältnißsätzen die Nutzungen zeitlich ordnen. Einzelne Methoden der Ertragsberechtigung haben diesen Punkt besonders zu ihrem Programm gemacht, z. B. der Vorschlag von Hundeshagen und später von Wagener die „Werthklafter“ oder den „Werthmeter“ als Einheit der Rechnung anzunehmen (siehe § 53 und 54). Es ist aber in dieser Hinsicht zu beachten, daß die Schwankungen der Marktpreise und die Fortschritte in der technologischen Verarbeitung des Holzes bald die eine, bald die andere Holzart im Werthe heben oder senken und somit die sorgfältigsten Berechnungen umstürzen; anderseits verstoßen häufig die bestgemeinten Ausgleichnngen gegen die Forderungen des Waldbaues, z. B. bei Reservirung von Alteichen oder Oberhölzern im Mittelwalde und dergleichen. Ein Blick in die Statistik der Forstverwaltungen lehrt auch, daß es thatsächlich fast nirgends gelungen ist, eine konstante Waldrente nur auf wenige Decennien durchzuführen, sondern stets sind die Schwankungen der Geldetats gegenüber den Materialetats weitaus größere gewesen.

Während für Staatsforste in der Regel die Verfassungsurkunden der einzelnen Länder das Prinzip der Nachhaltigkeit mit Gesetzeskraft verfügten, folgt für Stiftungs-, öffentliche Körperschafts- und Gemeindewaldungen das gleiche Prinzip aus den staatsrechtlichen Normen, denen ihre Vermögensverwaltung unterliegt, sowie aus dem staatlichen Oberaufsichtsrechte hierüber.

Abgesehen von solchen gesetzlichen Bestimmungen veranlassen aber eine Reihe von Gründen die Waldbesitzer zu dem Bestreben, den Nutzungsgang in ihren Waldungen so einzurichten, daß jährliche Erträge von solcher Größe geertet werden, wie sie der thatsächlich stattfindende Zuwachs am ganzen Walde nachhaltig gewähren kann:

1. Der Werth eines Grundstückes für seinen Besitzer beruht hauptsächlich in der Rente, die es abwirft, je höher und gesicherter dieselbe ist, desto werthvoller ist sein Besitz, während Ungewißheit und Unsicherheit der Renten den Werth herabdrücken, z. B. bei Ländereien, die nur unter besonders gestalteten Verhältnissen, wie trockene Jahrgänge, Ausbleiben von Überschwemmungen u. s. w., Erträge abwerfen. So wirkt auch in der Waldwirthschaft das Intermittiren der Renten meistens sehr störend auf die ökonomischen Verhältnisse des Besitzers ein, weil Steuern und Abgaben und alle am Grundbesitze haftenden Lasten unverändert fortbestehen, aber keine Deckung durch Einnahmen finden. Sind daher durch Elementarereignisse (Sturm, Feuer) oder Insekten-Kalamitäten, vielleicht auch durch unvorsichtige Wirthschaft die Nutzungen vorweggenommen, die einer späteren Zeit eigentlich bestimmt gewesen wären, so kommen die nachfolgenden Besitzer in die übelste Lage, weil nicht blos die Rente des Waldes, sondern häufig auch das Arbeitseinkommen, welches aus dem Transport und der Veredelung der Waldprodukte fließt, dahin ist. So wurden z. B. in Folge des großen Sturmschadens und Borkenkäferfraßes im Böhmerwald (1870—73) einzelne Gemeinden durch solche Gründe geradezu zur Auswanderung gezwungen. Die Gerechtigkeit erfordert daher, daß was menschliche Macht vermag, geschehen soll, um den Ertrag der Wälder in nachhaltiger Weise auch den kommenden Generationen zu sichern und zwar nicht blos durch Wiederverjüngung der Schlagflächen, sondern auch durch einen ökonomisch geordneten Gang der Nutzungen und Einschränkungen der letzteren auf den wahren Ertrag. Da aber auch die jüngeren, noch nicht eigentlich hiebsreifen Holzbestände einen Verkaufswerth haben, so liegt in deren Erhaltung für späteren Gebrauch eine gewisse moralische Aufopferung des gegenwärtigen Besitzers; dieser erfüllt eine sittliche Pflicht zu Gunsten der Besitznachfolger, analog wie jeder gute und gewissenhafte Wirthschafter sie bethätigt, indem er Haus und Hof im Stand erhält, die Zukunft seiner Kinder oder seines Geschäftes vorsorglich wahrnimmt oder Vermögen ansammelt das seine eigene Lebensdauer überlebt.

2. Im Staats- und Gemeindehaushalt sind die Überschüsse der Produktionswirthschaft, wie sie in Staatsforsten oder Gemeindewäldern geführt wird, bestimmt zur Deckung öffentlicher Bedürfnisse, welche sich durch die Staatszwecke und die kommunalen Aufgaben alljährlich ergeben; und zwar ist das Einkommen aus solchem Eigenthum

in erster Linie als Deckungsmittel bestimmt, während die Steuern und Umlagen erst subsidiär hierfür eintreten. Für eine sichere Bugdet-Wirthschaft ist es daher von großer Bedeutung, daß aus dem oft beträchtlichen Staats- und Gemeindebesitz an Wald Renten von möglichst sicher zu veranschlagender Höhe nachhaltig erzielt werden. Gesunde Staatsfinanzen und ein gesicherter Gemeindehaushalt beruhen ja überhaupt auf der richtigen Bemessung der Deckungsmittel für die als nothwendig erkannten und sparsam bemessenen Bedürfnisse. Die finanzielle Bedeutung einer geordneten Forstwirthschaft ist daher ebenso sehr in der Nachhaltigkeit und Sicherheit ihrer Renten, als in der absoluten Höhe der Produktionsüberschüsse begründet. Letztere wird erst durch die Stetigkeit ihrer Wiederkehr zum Segen der Staatsfinanzen oder des Gemeindehaushalts, während eine auf Raubwirthschaft sich gründende momentane Überspannung der Leistungen des Waldes in dem später unvermeidlichen Rückschlage eine tiefe Schädigung für das finanzielle Gleichgewicht mit sich bringt. Um dies zu verstehen muß man sich vergegenwärtigen, daß die Budgets der Staats-Forst- und Domainenverwaltungen sämmtlicher Staaten des Deutschen Reiches gegenwärtig rund 220 Millionen Mark Bruttoeinnahmen aufweisen, würden diese auf Kosten der Nachhaltigkeit für einige Zeit um 50% also auf jährlich 330 Millionen Mark erhöht, so könnten die Steuern um einen entsprechenden Prozentsatz niedriger angesetzt werden, falls nicht schon bald eine Zunahme der Bedürfnisse in Folge weniger penibler Abwägung um den vollen Betrag stattfände. Welch' eine Kalamität aber müßte nothwendig eintreten, wenn nach kurzer Dauer der schöne Traum von Wohlhabenheit zerrinnt und die Einnahmen tief unter die ursprüngliche Höhe dauernd herabsinken würden, der Fehlbetrag aber durch direkte Steuerbelastung aufzubringen wäre? Es muß daher ein Grundsatz der politischen Moral sein, in einem geordneten Staatswesen ebensowenig einen Angriff auf die „Substanz" der Staatsforsten und eine Vorwegnahme künftiger Erträge zu dulden, als es gestattet ist, leichtfertig Anleihen zur Deckung laufender Bedürfnisse der Gegenwart zu kontrahiren und so die Zukunft zu Gunsten der Gegenwart unbillig zu belasten.

Es wäre hier der Platz, auf die umfangreiche Litteratur über die volkswirthschaftliche Bedeutung der Wälder und über das öffentliche Interesse bei ihrer Bewirthschaftung hinzuweisen. Ich habe jedoch schon in Loreys Handbuch der Forstwissenschaft I. Bd. 1. Abth. versucht diesen Gegenstand ausführlicher darzulegen und füge dem dort Gesagten nur noch ein Beispiel zu: Für die Bedeutung, welche die Bewaldung eines Landes hinsichtlich der öffentlichen Wohlfahrt besitzt, liefern die sog. „Landes" (ein ca. 220 km langer Küstenstrich am Biskayschen Meerbusen zwischen der Gironde und den Pyrenäen) einen handgreiflichen

Beweis. Dieser Landstrich war noch bis vor einem halben Jahrhundert eine öde, theils aus Flugsand, theils aus Sümpfen bestehende Gegend, ungesund und schwach bevölkert, zugleich das waldärmste Departement Frankreichs. Nachdem schon im vorigen Jahrhundert Versuche mit der Wiederaufforstung und der Festlegung der Dünen gemacht worden waren, sind in den letzten Jahrzehnten planmäßige Aufforstungen in großem Maßstabe ausgeführt worden, über welche die Ausstellung im Jahre 1889 in einer eigenen Abtheilung der Industrie forestière höchst interessante Karten zeigte und statistische Aufschlüsse ertheilte. Techniker wie Brémontier und Chambrelent haben sich um diese Aufforstungen in hohem Grade verdient gemacht. Jetzt nach 50 Jahren schon machen sich die Folgen dieser Aufforstungen in sehr wohlthuender Weise bemerkbar, indem die forêts des Landes eine erhebliche Quelle des Wohlstandes für die nunmehr auch wachsende Bevölkerung geworden ist. Abgesehen von dem indirekten Nutzen aus der gesünderen Beschaffenheit der Gegend und der Unschädlichmachung der Dünen, hat namentlich der Holzertrag dieser Gegenden Verdienst unter das Volk gebracht. In den letzten Jahren sind allein durchschnittlich ca. 900 000 Stück Eisenbahnschwellen jährlich geliefert worden, die Harzgewinnung ist sehr werthvoll und die Anfertigung der Pflasterklötzchen für das Pariser Straßenpflaster hat einen großen Umfang erreicht. Den vereinten Bemühungen um Hebung der Kultur dieses Landstriches — durch Aufforstung, Dünenbefestigung, Entwässerung der Sümpfe und Hebung der Holzindustrie — ist es gelungen, den Volkswohlstand in dieser Gegend in bemerkenswerthem Grade zu heben. —

In den Gemeinden ist die Versuchung zur Vorwegnahme von Erträgen, die erst später fällig sein sollten, noch ungleich häufiger als im großen Staatshaushalt; namentlich in den kleinen Gemeinwesen spielen Familien- und Parteiangelegenheiten bekanntlich eine größere Rolle, auch sieht Jeder mit lüsternen Blicken auf die stockenden Vorräthe des Waldes, deren Eigenschaft als gemeinsames Eigenthum schon an und für sich die Habsucht anreizt. Hier muß die Autorität des Staates als des berufenen Vertreters der Gesammtheit eintreten, um auf Grund unanfechtbarer, mathematisch begründeter Ermittlungen den wahren Antheil am Ertrage für die lebende Generation festzustellen, der Zukunft aber den ihrigen mit starker Hand zu bewahren.

3. Wenn eine Forstwirthschaft auf Flächen von erheblichem Umfange betrieben wird, so zwingen *Rücksichten auf den Konsum und auf die Marktverhältnisse* den Besitzer, seine Holzernten so zu bemessen, daß er nicht die Nachfrage durch sein Angebot übersteige. Zwar haben manche Wälder eine so günstige Lage zum Markt, daß man beliebige Mengen Holz noch gut verwerthen kann, aber für die überwiegende Zahl der Reviere trifft dies nicht zu, namentlich nicht für

viele zusammengenommen. Das Preisniveau für jedes Holzsortiment beruht auf der stillschweigenden Voraussetzung, daß eine annähernde Gleichheit im Angebot jährlich wiederkehre; werden aber einzelne Produkte massenhaft zu Markt gebracht und übersteigt ihr Quantum den Bedarf, so tritt alsbald ein Umschlag des Preises und ein Sinken ein, bis durch den niedrigen Preis die Nachfrage wieder belebt wird. Wie leicht die Grenze der Nachfrage überschritten werden kann, zeigt jeder Massenanfall von Schneebruch- oder Windfallholz, der fast stets von einem Preissinken begleitet ist. Stetigkeit im Angebot ist aber innig verknüpft mit Nachhaltigkeit der Wirthschaft, welch' letztere daher gerade in dieser Beziehung sehr nahe mit dem Streben nach Rentabilität sich berührt.

4. Wie sich schon aus den soeben erwähnten Preisbewegungen erkennen läßt, haben die Interessen der Konsumenten eine durchaus nicht zu unterschätzende Rückwirkung auf die Forstwirthschaft; doch kommen diese nicht immer blos vom privatwirthschaftlichen Gesichtspunkt des Nutzens und Schadens in Betracht, sondern sie erfordern häufig, namentlich beim großen Waldbesitz und im Staatsforstbetriebe eine Beurtheilung vom Standpunkte der öffentlichen Wohlfahrt, den man über den Rentabilitätsfragen nicht vergessen darf, ohne mit der Wirklichkeit in Kollision zu gerathen. Der großen Masse des Volks mit ihren alljährlich sich ziemlich regelmäßig erneuernden Bedürfnissen an Brenn- und Baustoffen, an Werk- und Industriehölzern der mannigfachsten Sortimente steht nur eine relativ kleine Zahl von Waldbesitzern gegenüber, welche über ihren eigenen Bedarf hinausproduziren und ihre Erzeugnisse in den großen Verkehr bringen. Für die geringwerthigeren Hölzer ist zudem wegen der Höhe der Transportkosten das Marktgebiet ein sehr eingeschränktes, weil man solche Waare kaum auf 20 km fahren kann, wenn man noch auf die Selbstkosten kommen will. In Folge dessen ist der lokale Bedarf vieler Gegenden ganz auf die Erzeugnisse der nächstgelegenen Wälder angewiesen, welche nicht selten in einer Hand sich befinden oder wenigstens keiner wesentlichen Konkurrenz im Angebote begegnen, sofern nicht große Wasserstraßen oder Schienenwege einwirken können. In dem Spiel von Angebot und Nachfrage nimmt daher der Waldbesitzer sehr oft eine dominirende Stellung ein und könnte bei rücksichtsloser Ausbeutung dieser Lage (etwa nach dem Muster der Preiskoalitionen und Ringe) den Bedarf in wucherischer Weise förmlich brandschatzen. Die Strenge des Winters wäre sein Bundesgenosse, denn durch Einstellung der Fällungen könnte er Brennholz im Preise treiben, wie er die Möglichkeit in der Hand hat, der Industrie und den Gewerben den Rohstoff künstlich zu vertheuern, ja selbst auf Jahrzehnte hinaus vorwegzunehmen. So kann z. B. eine umfangreiche Waldschlächterei sämmtliche holzverarbeitenden Gewerbe der Gegend ruiniren und die Besitzer der Etablissements sammt deren

Arbeiter zur Auswanderung treiben. Schon durch das bloße Unterlassen der Wiederverjüngung kann ein Waldbesitzer eine Decennien lang fortgesetzte Raubwirthschaft treiben, deren Folgen erst die nachkommende Generation in ihrer ganzen Schwere zu fühlen bekommt. Daß dies nicht geschehe, sondern daß im Gegentheil die Existenzbedingungen der Bewohner und die Grundlagen der gewerblichen Arbeit gesichert und dauernd erhalten bleiben, liegt aber im öffentlichen Interesse; willkürliche Eingriffe und künstlich hervorgerufene Störungen in Lebensfragen der Bevölkerung sind im Interesse des sozialen Friedens sowie der gedeihlichen Entwicklung der Volkswirthschaft zu verwerfen. Hierin liegt die volkswirthschaftliche Bedeutung der nachhaltigen Regelung der Waldnutzungen, wie sich auch hieraus die schon erwähnten gesetzlichen Vorschriften über den Nachhaltsbetrieb in Staats- und Gemeindewaldungen am einfachsten erklären und verstehen lassen.

5. Aber auch der lediglich seinen persönlichen Nutzen verfolgende Privatwaldbesitzer hat von seinem Standpunkte als Produzent (außer den schon genannten Gründen) noch mancherlei Veranlassung, seinen Forstbetrieb auf die Nachhaltigkeit und annähernde Ausgleichung der Nutzungen zu begründen, namentlich bei größerem Waldbesitze. In den meisten Fällen ist nämlich die Erhaltung einer geschickten und brauchbaren Arbeiterschaft eine bei ihrer Wichtigkeit für den Gang des Betriebes sehr beachtenswerthe Aufgabe der Forstverwaltung. Unter den hierauf abzielenden Maßregeln ist einer der wirksamsten die Sicherheit und Stetigkeit des Arbeitsverdienstes. Wie man sich im laufenden Betriebe bemüht, einen Stamm von guten Arbeitern in einer den Jahreszeiten entsprechenden Weise thunlichst zu den verschiedenen Arbeiten zu verwenden und die Geschäfte zeitlich darnach einzutheilen, so muß in ungleich höherem Maße darnach gestrebt werden, die jährlichen Schwankungen in dem Hiebsquantum nach Möglichkeit auszugleichen und deren Nachhaltigkeit zu sichern, weil hierdurch nicht blos die unmittelbaren Fällungskosten, sondern auch die Löhne für Transport und Gespanndienst bedingt werden. Jeder Sturmschaden rc. lehrt aber, wie störend die Bewältigung eines vielfachen Jahresetats in den Betrieb eingreift und wie die Waldarbeiterschaft unter den nachfolgenden Einsparungen zu leiden hat. Der Arbeiter legt aber begreiflicherweise gerade auf die Regelmäßigkeit der Beschäftigung und die Nachhaltigkeit seines Arbeitsverdienstes auch in den Wintermonaten den größten Werth; wo ihm diese fehlt, kehrt er bei der ersten günstigen Gelegenheit seiner bisherigen Beschäftigung den Rücken.

6. Auch die Verwaltung und das forstliche Rechnungswesen sind besser bestellt bei regelmäßiger Eintheilung der jährlichen Nutzungsgrößen, als bei einem großen Wechsel der jährlichen Hiebsgröße.

Freilich kann der Fall vorkommen, daß durch einen Massenverkauf und gleichzeitige umfangreiche Fällungs- und Transport-Einrichtungen sich die Generalunkosten verhältnißmäßig billiger stellen; doch ist dies in der Regel nur bei sehr extensivem Betrieb oder bei der Exploitation sehr entlegener Forste der Fall, wo theure Anlagen von geringer Dauerhaftigkeit gemacht und rasch amortisirt werden müssen. Im geregelten, intensiven Forstbetrieb der Kulturländer ist dies nur höchst selten von Vortheil, schon deshalb nicht, weil der Waldbesitzer auf die etwaigen Preissteigerungen der nächsten Jahre ganz verzichtet und zu Vieles auf einen Wurf setzt, daher meistens Reue erntet.

7. Mit dem Princip der Nachhaltigkeit soll aber nicht eine starre Unbeweglichkeit des jährlichen Hiebssatzes und eine vollständige Mißachtung der geschäftlichen Konjunkturen des Holzmarktes ausgesprochen werden; vielmehr läßt sich recht wohl eine gewisse Nachgiebigkeit an die augenblickliche Lage des Marktes und eine Ausnützung günstiger Geschäftsverhältnisse vereinbaren mit einer Einhaltung eines durchschnittlichen Hiebssatzes, bei welchem die Gleichheit nur auf die Summe einer mehrjährigen Nutzungsgröße bezogen und letztere periodisch geregelt wird, während die Einzeljahre Schwankungen innerhalb erlaubter Grenzen nnd unter Vorbehalt der späteren Einsparung aufweisen dürfen. In kommunalen und privaten Forstverwaltungen könnten zur Regulirung solcher mit Absicht vorgesehener Ungleichheiten besondere Fonds dienen, welche eine verzinsliche Anlage der Überschüsse und in Fehljahren eine Ausgleichung der Mindereinnahmen bewirken*), in den Staatsforsten wären aber hierfür besondere staatsrechtliche Einrichtungen, etwa nach Art der Schuldentilgungskassen erforderlich, welche zur Zeit noch nirgends bestehen, möglicherweise aber durch das Bedürfniß hervorgerufen werden dürften, den Geldetat der Forsten dadurch in gleicher Höhe zu halten, daß man in Zeiten günstiger Konjunkturen verzinsliche Geldreserven aus den Überschüssen bildet und diese in ungünstigen Jahrgängen zur Erhöhung der unmittelbaren Waldrenten verwendet. Hierdurch würde nämlich der große Nachtheil vermieden, daß bei niedrigem Preisstande größere Fällungen behufs Erfüllung des Geldetats gemacht werden müßten, während doch gerade der tiefe Preis ein Symptom von mangelnder Nachfrage ist und daher als Warnung vor Verschleuderung eines nicht begehrten Gutes aufgefaßt werden sollte. Überhaupt ist zu beachten, daß die Nachhaltigkeit nicht Selbstzweck der Forstwirthschaft, ja nicht einmal Resultat wirthschaftlicher Abwägung zwischen Produktionsaufwand und Ertrag ist, sondern nur eine durch vielfache innere und äußere Gründe veranlaßte Maxime der Betriebsführung bilden muß.

*) S. hierüber Weise: „Die Taxation der Privat- und Gemeindeforsten“. Berlin 1883.

In welcher Weise das Prinzip der Nachhaltigkeit sich in der Forsteinrichtung verwirklicht und wie sich dasselbe mathematisch sowie hinsichtlich seiner praktischen Durchführung gestaltet, wird in § 51—53 gezeigt werden.

§ 6. **Das Prinzip der Wirthschaftlichkeit und die Rentabilitätsfrage.** Als Erwerbswirthschaft aufgefaßt hat die Forstwirthschaft die Aufgabe, dem Besitzer in den Überschüssen der erzeugten Tauschwerthe über die Erzeugungskosten ein Einkommen zu liefern. Deshalb ist für den wirthschaftlichen Erfolg das Verhältniß zwischen Produktionsaufwand und Ertrag von einschneidender Wichtigkeit; sobald überhaupt der wirthschaftliche Maßstab angelegt wird, müssen beide in dem allgemeinen Werthmesser „Geld" ausgedrückt und mit Berücksichtigung der Zeit ihrer Fälligkeit bemessen werden. Es genügt also nicht, wie dies bei den Ermittlungen über die Nachhaltigkeit meistens geschieht, blos die durch den Zuwachs erzeugten Massen nach kubischem Maße (Festmetern) zu berechnen, sondern hier kommen allein deren Beziehungen zum menschlichen Haushalt, ihre Fähigkeit Bedürfnisse zu befriedigen in Betracht und indem man diese Produkte mit allen anderen Gütern vergleicht, erhält man in ihrem Tauschwerthe die Relation, wodurch sie mit Kapitalien, Dienstleistungen und Aufwendungen verschiedener Art commensurabel werden. In jedem Wirthschaftskreise muß man sich daher eine Art von doppelter Buchführung denken, worin auf der einen Seite der Geldwerth sämmtlicher Produktionsaufwendungen — mögen sie nun in unmittelbaren Geldleistungen oder in Kapitalnutzungen oder verschiedenartigen Arbeits-Leistungen bestehen — verzeichnet steht, während auf der anderen alle Erlöse aus den produzirten Gütern mit Unterscheidung ihrer zeitlichen Aufeinanderfolge gebucht sind. Erstere erscheinen dann als negative letztere als positive Größen, aber ihrer Gattung nach sind sie vergleichbar, sobald man die Werthe auf einen gemeinsamen Berechnungszeitpunkt mathematisch reduzirt. Ohne diesen letzteren Punkt vorläufig weiter zu verfolgen, ersieht man schon aus dem Gesagten, daß in dieser Buchführung der Konto der Auslagen („Soll") nicht dauernd jenen der Einnahmen („Haben") übersteigen dürfe, weil sonst eine fortschreitende Verminderung des Vermögens eintreten und das Subjekt der Wirthschaft verarmen müßte. Letzterem wäre auch in dem Falle, daß die Einnahmen gerade die Ausgaben decken, wenig gedient, weil die Differenz Null kein Einkommen darstellt und daher keine Ermunterung zur Fortsetzung dieser Produktionsart geben würde. Erst wenn die Erträge im Konto „Haben" dauernd einen Überschuß über den Konto des „Soll" aufweisen, liegt eine positive Differenz vor, welche man im Gegensatze zu dem Rohertrage (d. h. zur Summe des Konto „Haben") den Nettoertrag der Wirthschaft nennt. So bekannt diese volkswirthschaftlichen Begriffe sind, so hat es doch sehr lange gedauert, bis ihre Übertragung auf die Forstwirthschaft prinzipiell gefordert und systematisch gelehrt wurde, weil der Gang der forstlichen Produktion durch das zeitliche Auseinanderfallen der verschiedenen Einnahme- und Ausgabeposten die Abgleichung erheblich erschwert und weil manche Produktionsaufwendungen sich schwierig und verhältnißmäßig unsicher in ihrem wahren Geldwerth ausdrücken lassen.

In der forstlichen Praxis sowie in den sich auf diese stützenden staatlichen und kommunalen Forstrechnungen hat man zwar schon seit Alters her die Einnahmen und Ausgaben recht wohl unterschieden, da ja diese Unterscheidung das erste Erforderniß einer Rechnungslegung und Kassaführung ist. Allein die Buchung erstreckt sich nur auf die innerhalb eines jeden Jahres erlaufenden baaren Aufwendungen, welche getrennt nach den verschiedenen Kategorien (Verwaltung, Schutz, Gewinnungs-, Transport- und Kulturkosten, Wegeunterhaltung u. s. w.) aufgeführt und den baaren Einnahmen sowie dem Werthsanschlag der Naturalleistungen an Servituten ꝛc. gegenüber gestellt werden. Die Differenz ergiebt sowohl die kassamäßige Ablieferungssumme als auch den reinen Werth der übrigen Abgaben und Nutzungen des betreffenden Jahrganges; da diese Zahlen in den Abrechnungen mit einem über den ganzen Staatshaushalt (Budget) erstatteten Rechenschaftsbericht der Krone und der verfassungsmäßigen Landesvertretung vorgelegt werden, so kann man den auf solche Weise berechneten Bruttovertrag den budgetmäßigen Rohertrag, dessen Differenz gegen die Ausgabensumme aber den budgetmäßigen Netto- (oder Rein-) Ertrag nennen. In diesen Zahlen sind zwar die Einnahmen des Jahres sämmtlich enthalten, aber in den Ausgaben muß man sich die Verzinsung der fixen Kapitalien, namentlich des Waldbodenwerthes und der stehenden Holzvorräthe, die ja gleichfalls einen Werth darstellen, hinzudenken, wenn man einen Ausdruck für die wirkliche Rentabilität einer Forstwirthschaft erhalten will. Für die Staatskasse sind letztere allerdings keine effektiven Ausgaben, aber sie müssen als ein versteckter Produktionsaufwand im budgetmäßigen Nettovertrag enthalten gedacht werden.

Es sind hauptsächlich Opportunitätsgründe, welche die Durchführung einer vollständig kaufmännischen Buchführung im Forsthaushalte bis jetzt verhinderten, denn eine solche setzt nothwendigerweise eine alljährliche (oder wenigstens in kurzen Zeiträumen zu wiederholende) Inventaraufnahme und Werthsermittlung sämmtlicher Produktionskapitalien voraus, d. h. es müßten nicht blos die Massenvorräthe, sondern auch die Geldwerthe sämmtlicher Holzbestände der ganzen Forstfläche, dann der Werth des Grund und Bodens sowie aller Transport- und sonstigen Anlagen, Dienstgebäude u. s. w. nach den augenblicklichen Durchschnittspreisen taxirt werden. Diese Kapitalien gehen mit ihrer der Natur der einzelnen Kapitalien entsprechenden*) Verzinsung in die erzeugten Produkte über und summiren ihren Zins zur Menge der baaren, kassamäßigen Jahresauslagen. Mit diesem „Soll" der Produktion bilanzirt dann erst das „Haben" an jährlichen Baareinnahmen incl. des Werthanschlages aller Naturalleistungen; die Differenz ergiebt das reine Einkommen aus der Waldwirthschaft in dem bei allen übrigen Produktionszweigen gebräuchlichen Sinne. Die meisten größeren Forstverwaltungen, namentlich jene der einzelnen Staaten (mit Ausnahme des Königreichs Sachsen) haben bisher aus Zweckmäßigkeitsgründen von einer ins Detail gehenden Werthsermittlung des Boden- und Holzbestandwerthes ihrer Waldungen Umgang genommen, weil die nicht unbeträchtlichen Kosten dieser Erhebungen in keinem richtigen Verhältnisse zu dem zu hoffenden Nutzen standen und weil die raschen Preisschwankungen unter der Einwirkung der rapiden Umwälzungen im Verkehrsleben (Eisenbahnen und Konkurrenz der Steinkohlen) die Resultate der Werthsermittlungen zu schnell überholt haben würden. Auch war die Forstwirthschaft vieler Länder bis vor Kurzem noch theilweise im Zustande einer Ausbeutung ererbter Vorräthe, da die haubaren Althölzer noch sehr oft mehr die Erzeugnisse der Natur d. h. Reste der ehemaligen Urwaldungen waren, als Produkte künstlicher, arbeitsintensiver Betriebsformen. Insbesondere fehlten auch für die Werthbemessung des reinen Waldbodens noch vielfach die nöthigen rechnerischen Anhaltspunkte, zumal im Hochgebirge und den vom Weltverkehre etwas entlegeneren großen Waldkomplexen, wo eine anderweitige Benützung des Bodens ausgeschlossen ist und jede Werthsangabe einige Willkürlichkeit in sich trägt. Hierzu kommt noch, daß die Forstrechnungen ja nur ein verhältnißmäßig kleiner Theil der Staatshaushalts-Rechnung sind und sich den allgemeinen Normen dieser unterzuordnen haben; im Budget spielen aber nur die baaren jährlichen Einnahmen und Ausgaben eine Rolle, gegenüber welcher die Bedeutung der fingirten Holzkapitalzinsen und der Waldbodenwerthe sehr zurücktritt und mehr den Charakter sogenannter „akademischer Erörterungen" annimmt.

Es ist nun nicht zu leugnen, daß mit *fortschreitender Intensität der Waldwirthschaft*, mit dem Vorherrschen solcher Bestandesformen, welche menschlicher Arbeitsleistung ihren Ursprung verdanken und mit der Werthssteigerung von dem verfügbaren Boden die Gründe sich verstärken, welche einer korrekten, wissenschaftlich unanfechtbaren Methode der Rentabilitätsbemessung das Wort reden. Je mehr die Forstwirthschaft sich von der bloßen Exploitation der ehemals unzugänglichen Waldschätze entfernt und in die geregelten Bahnen einer eigentlichen

*) Für Grund und Boden muß ein kleineres Verzinsungsprozent beansprucht werden, als für Holzkapital oder gar für Maschinen und Geräthe.

Bodenproduktion übergeführt wird, desto dringender wird die Veranlassung, einen wirthschaftlichen Kalkül an ihren ganzen Betrieb und an die in diesem thätigen Kapitalformen anzulegen. Ein Ausdruck für dieses Bedürfniß ist die energische litterarische Bewegung, welche die unter der Bezeichnung „Reinertragstheorie" bekannte wissenschaftliche Auffassung der Rentabilitätslehre, wie sie Preßler, Judeich, G. Heyer, v. Seckendorff und J. Lehr gestützt auf die Vorarbeiten Königs und Faustmanns ausgebildet haben, veranlaßt hat. Außerdem haben auch nicht wenige Privatwaldbesitzer*) und einzelne Stadtgemeinden die Rentabilitätsrechnung auf eine mehr commercielle Grundlage, wie sie im Vorstehenden angedeutet ist, gestellt; der Private findet es eben unbegreiflich, wie man wirthschaften könne *ohne* die Kenntniß der in einem Produktionszweige betheiligten Kapitalgrößen und deren Verzinsung. Sobald aber in Zukunft Schritte zur Taxirung dieser unternommen werden, kommt die *Forsteinrichtung* in Anwendung, da diese auch bisher schon die Aufgabe erfüllt hat, *periodisch* die Vorräthe und deren Massenmehrung zu ermitteln, sie braucht also nur noch einen Schritt weiter zu gehen und die Werthe auf Grund der bisherigen Verkaufsergebnisse einzusetzen, um hierdurch einen bedeutungsvollen Einblick in den Produktionsgang jedes einzelnen Waldtheiles und Bestandes zu gewinnen, zugleich aber auch die einzelnen Kapitalwerthe, welche in der Wirthschaft thätig sind, im Ganzen ziffermäßig darzustellen.

Gegenwärtig stehen demnach zweierlei Methoden der forstlichen Rentabilitätsberechnung einander gegenüber, nämlich; 1) die sog. *Waldreinertragstheorie*, welche die budgetmäßige Rechnungsweise des Staatshaushaltes zum Ausgangspunkte nimmt und die Nachhaltigkeit der alljährlich in annähernd gleicher Höhe eingehenden Erträge zur Voraussetzung hat. Diese jährlichen Holzernten setzen sich zusammen aus dem Fällungsergebnisse in den nachhaltig zu beziehenden haubaren Schlägen und aus Durchforstungsergebnissen in einer Anzahl jüngerer Bestände, die man bei zweckmäßiger Austheilung ebenfalls nachhaltig nutzen kann. Die Waldreinertragstheorie summirt diese Nutzungen sowohl ihrer Masse (cbm) als ihrem Geldwerthe nach alljährlich auf und gleicht den Gesammterlös mit den sämmtlichen jährlichen Ausgaben ab. Der Überschuß, welchen wir oben als budgetmäßen Reinertrag bezeichnet hatten, bildet das Kriterium des wirthschaftlichen Erfolges und sein Maximum das mit den möglichst geringen Opfern zu erstrebende Ziel der Forstwirthschaft. Die Aufgabe der Forsteinrichtung ist in diesem Falle, möglichst genau zu ermitteln, wie viel bei einer angenommenen Umtriebszeit u in einem gegebenen Walde an haubarem

---

*) Z. B. Freiherr F. *Mayr von Melnhof* auf der Herrschaft Kogl im Salzkammergut.

(u jährigem) Holze und auf welchen Waldflächentheilen dieses jährlich nachhaltig genutzt werden dürfe. In Geld ausgedrückt und nach Abzug der Gewinnungskosten heißt dies der Abtriebsschlag ($= A_u$) auf einer normalen Schlagfläche von $\frac{F}{u}$ Größe. Außerdem muß auf Grund zuverlässiger Taxationen berechnet werden, wie viel Durchforstungsholz jährlich durchschnittlich gewinnbar ist und wo es genutzt werden soll; der erntekostenfreie Werth dieser Durchforstungen auf den einzelnen gleichgroßen jüngeren Flächentheilen von den Altern a, b ... q sei gleich $D_a\ D_b \ldots D_q$. Von der Summe dieser Einnahmen kommen alsdann die Kosten für die Kultur des abgetriebenen Jahresschlages im Betrage von c und die laufenden Ausgaben an Verwaltungs- und Schutzkosten, sowie für Steuern und sonstige Lasten in Abzug, welche am ganzen Walde haften und die man sich als u fachen Betrag der auf den einzelnen Jahresschlag $\frac{F}{u}$ entfallende Größen v und s denken kann.

Der jährliche nachhaltige Werthsertrag ist dann

$$= A_u + D_a + \cdots + D_q - c - u\,(v + s)$$

Dieser kann als jährlich wiederkehrende Rente gedacht werden, welche aus dem Kapitalwerthe des ganzen Waldes (Holzbestände und Boden zusammengenommen) fließt und deshalb Waldrente (r) genannt wird. Ihr kapitalisirter Betrag $\frac{r}{0,0p}$ heißt der Waldrentirungswerth; derselbe beruht auf der Voraussetzung, daß die Wirthschaft streng nachhaltig geführt werde und daß keine erheblichen Änderungen der Holzpreise in der Zukunft eintreten; diese Art von Werthberechnung nimmt aber zu wenig Rücksicht auf den augenblicklichen Waldzustand und liefert in den meisten Fällen zu niedrige Beträge. Um das Ziel zu erreichen, den jährlichen Nettoertrag seinem erreichbaren Maximum möglichst nahe zu bringen, muß obige Rechnung der Waldrente für verschiedene Umtriebszeiten durchgeführt und jene gewählt werden, bei welcher der Waldreinertrag sich am höchsten stellt. In der Statistik der Verwaltungsergebnisse der verschiedenen Staatsforstverwaltungen findet man nur die Angabe der Waldrenten, welche dann der besseren Vergleichbarkeit halber noch pro Hektar der produktiven Waldfläche ausgerechnet werden.

2) Die Bodenreinertragstheorie (oder kurzweg „Reinertragstheorie“ genannt) verwirft die Rechnung nach Durchschnittsgrößen, wie sie der Nachhaltsbetrieb in seinen alljährlich aufsummirten Haubarkeits- und Durchforstungserträgen aufstellt, sondern sie will im Gegentheil den Einfluß der Zeit auf die forstliche Produktion möglichst hervorheben und zeigen, wie im Geschäftsleben die zeitliche Verschiedenheit von Ein-

nahme- und Ausgabeposten in Anrechnung gebracht wird. Zu diesem Zweck denkt man sich für jeden einzelnen Flächentheil (Abtheilung oder Bestand) einen Konto im Sinne der doppelten Buchführung angelegt, worin auf der einen Seite alle Ausgaben und zwar nicht blos die baaren Kosten, sondern auch die Zinsen für den Waldbodenwerth und je nach Umständen jene des Holzkapitals gebucht werden, während auf der anderen Seite die verschiedenen Nutzungen aus dem betreffenden Flächentheil ebenfalls mit Angabe ihrer Zeitfolge nach ihrem erntekostenfreien Geldwerthe zum Vortrage kommen. Der einzelne Flächentheil ist daher losgelöst aus dem Verbande des Nachhaltsbetriebes zu denken und wird blos auf seine eigene Rentabilität untersucht und darnach bewirthschaftet gedacht. Man stellt sich hierbei auf den Standpunkt eines Unternehmers, welcher den Waldboden in Pacht genommen hat und in der Waldwirthschaft ein rentables Geschäft zu betreiben beabsichtigt. Um zunächst die vortheilhafteste Betriebsart und Umtriebszeit auf Grund taxirter Zukunftserträge zu ermitteln, wird die Rechnung für eine typische Fläche vom 0 jährigen Alter, d. h. dem Standpunkt bei der Kultur aus begonnen und der Flächentheil als im aussetzenden Betriebe bewirthschaftet gedacht. Bei dieser Voraussetzung ist offenbar zuerst eine einmalige Ausgabe c für die Kultur der Fläche zu machen, außerdem weist der Conto des „Soll" noch jährlich einen Betrag für Verwaltungs- und Schutzkosten v, dann von Steuern und Lasten verschiedener Art s auf, hingegen werden voraussichtlich auf dem Konto „Haben" beiläufig im zweiten bis dritten Dezennium die ersten Einnahmen aus Durchforstungen D_a mit ihrem erntekostenfreien Betrage zur Buchung gelangen, denen periodisch weitere solche „Vorerträge" D_b, D_c .... D_q folgen, bis schließlich der inzwischen zur Haubarkeit herangewachsene Bestand im Jahre u zum Abtrieb gelangt, wobei er einen Erlös (abzüglich der Gewinnungskosten) im Betrag von A_u abwirft. Statt der wirklichen Fläche einer Abtheilung setzt man am besten die Flächeneinheit (ha), weil hierauf die taxatorischen Ansätze am leichtesten angepaßt werden können; aber schließlich muß das Ergebniß auf den normalen Jahresschlag $\frac{F}{u}$ übertragen werden. Nach den Grundsätzen der kaufmännischen Rechnung, wie überhaupt nach den im Geldverkehr üblichen Usancen lassen sich Geldwerthe, welche zu verschiedenen Zeiten fällig sind, nicht unmittelbar summiren, sondern man bringt diese durch Hinzurechnung ihrer Zinseszinsen bei landesüblichem Zinsfuße p auf einen gemeinsamen Berechnungszeitpunkt, als welcher in diesem Falle der Moment des Abtriebes des haubaren Bestandes, d. h. das Jahr u anzusehen ist. Bis dahin ist daher die Summe auf dem Konto der Einnahme angelaufen auf $Au + D_a\, 1,0p^{u-a} + \cdots D_q\, 1,0p^{u-q}$, während auf dem Konto der Ausgaben zunächst die Kulturkosten $c \,.\, 1{,}0p^u$ als Nachwerth ergeben, die alljährlichen Ausgaben aber den Zinseszins ihres Kapitalwerthes, folglich $\frac{v + s}{0{,}0p}(1{,}0p^u - 1)$ betragen. In gleicher Weise nähme auch der Bodenkapitalwerth B, falls derselbe bekannt wäre, mit seinem u jährigen Zinseszinsbetrag an der Produktion Antheil und würde demnach den Soll-Konto mit $B(1{,}0p^u - 1)$ belasten. Bei der Bilanzirung dieser Werthe ist nun zu bedenken, daß der Endwerth obiger Einnahmen nicht blos einmal, sondern periodisch nach Umlauf jeder Umtriebszeit von u Jahren fällig wird, so daß man ihn als u jährigen Zinseszins eines Kapitals von der gegenwärtigen Größe

$$= \frac{Au + D_a\, 1{,}0p^{u-a} + \cdots D_q\, 1{,}0p^{u-q} - c \,.\, 1{,}0p^u}{1{,}0p^u - 1}$$

betrachten kann, wovon dann der Kapitalswerth von $\frac{v + s}{0{,}0p} = V + S$ abgezogen werden kann, um in dem Reste den sogenannten „Bodenerwartungswerth" B_u zu erhalten, wie er sich aus den Zukunftserträgen bei u jährigem Umtriebe berechnet. Vergleicht man diesen mit dem etwa schon bekannten Verkaufswerth B, so giebt $B_u - B$ den „Unternehmergewinn" aus der Waldwirthschaft. — Stellt man aber eine solche Rechnung für verschiedene Längen der Umtriebszeit oder andere Betriebsarten überhaupt an, d. h. legt man den Taxationen der künftigen Einnahmen und Ausgaben verschiedene Zeitwerthe von u zu Grunde, so erhält man verschiedene Bodenerwartungswerthe und hat in dem Vergleiche dieser ein Mittel, um die Rentabilität der Wirthschaft durch ihren Bodenreinertrag zu messen.

Außer der Ermittlung der vortheilhaftesten Betriebsart und Umtriebszeit giebt die Boden-Reinertragstheorie ein für die Forsteinrichtung beachtenswerthes Mittel zur rechnerischen Ermittlung der ökonomischen Hiebsreife eines bestimmten einzelnen Holzbestandes, dessen gegenwärtiger Holz- und Bodenwerth schon bekannt ist, während man seinen Zuwachs an Masse und an Geldwerth mit genügender Sicherheit zu taxiren im Stande ist. Die Fragestellung ist dann: zu welchem Prozente verzinsen sich von jetzt an noch die in der Produktion des betreffenden Bestandes angelegten gesammten Kapitalien durch die Werthserhöhung desselben innerhalb eines bestimmten (z. B. zehnjährigen) Zeitraumes? Man nennt diese gesuchte Größe das „Weiserprozent" des Reinertragswaldbaus, welches mit dem landesüblichen Verzinsungsprozent der Leihkapitalien von gleicher Sicherheit verglichen wird und darüber Aufschluß giebt, ob der Bestand als solcher vortheilhafter zuwächst als sein jetziger Geldwerth, wenn man sich letzteren verzinslich angelegt denkt.

Die „forstliche Statik“ hat diese Art von Untersuchungen der Rentabilität, welche hier nur in einem kurzen Überblick angeführt werden konnte, zu einem ganzen System erweitert*) und lehrt die Methoden der Ermittlung des Gleichgewichtes zwischen Ertrag und Aufwand des Unternehmergewinnes und der Verzinsung des Produktionsaufwandes unter Zugrundelegung der Zinseszinsrechnung. Wir werden in § 54 jene Methoden näher betrachten, welche in der Forsteinrichtung zur Verwendung gelangen können.

§ 7. **Spezielle Betrachtung der Bodenrente in der Forstwirthschaft.** Bei der ausschlaggebenden Stellung, welche die Reinertragstheorie der Bodenrente einräumt, ist es nothwendig, einen näheren Einblick in ihre Entstehung und ihren Zusammenhang mit der übrigen Volkswirthschaft zu gewinnen und die Mittel zu ihrer Steigerung kennen zu lernen. Nach der herrschenden (Ricardo-Thünen'schen) Grundrententheorie liegt die Ursache der Entstehung einer Bodenrente in der Ungleichheit der Produktionsbedingungen für ein allgemein begehrtes Erzeugniß bei gleichem Preisniveau des letzteren. Da nämlich die Fruchtbarkeit des Bodens und die allein das Pflanzenwachsthum ermöglichende Einwirkung des Sonnenlichtes auf dessen Oberfläche an Ort und Stelle gebunden und in den Kulturländern in Besitz und zum Theil Eigenthum übergegangen sind, so kann ein und dasselbe Tauschgut, z. B. 1 cbm Holz auf Boden von ungleicher Fruchtbarkeit meistens nur mit ungleichen Kosten produzirt und je nach der Lage des Waldes mit sehr verschiedenen Transportspesen zu Markt gebracht werden. An den wichtigeren Konsumtionsorten bilden sich aber die Preise für dieses Tauschgut nach dem Verhältnisse von Angebot und Nachfrage in gleicher Höhe aus, während die Produktionskosten hierbei nur insofern in Betracht kommen, als der Preis auf die Dauer noch das Maximum an Produktionsaufwand jener Grundstücke zurückersetzt, deren Erzeugnisse zur Deckung des Bedarfes noch unentbehrlich sind, trotzdem ihre geringere Fruchtbarkeit oder entferntere Lage vom Markt einen Überschuß darüber hinaus zunächst nicht ermöglicht. Hingegen verbleiben vom Marktpreise für alle unter günstigeren Bedingungen produzirenden Grundstücke Überschüsse über die Selbstkosten, welche um so höher werden, je fruchtbarer ihre Beschaffenheit und je günstiger ihre Lage ist; dieser Überschuß (von dem noch ein Unternehmergewinn abzuziehen ist) bildet die Bodenrente. Letztere ist also jener Theil vom regelmäßigen Ertrage des Bodens, welcher nach Abzug aller in der Produktion aufgewandten Arbeitslöhne und Kapitalzinsen übrig bleibt. Bei zunehmender Bevölkerung, wach-

*) G. G. Heyer: Anleitung zur Waldwerthrechnung. III. Auflage, mit einem Abriß der forstlichen Statik. Leipzig 1883. Teubner.

sender Industrie und steigender Nachfrage nach solchen Bodenerzeugnissen bildet sich schon wegen der begrenzten Bodenfläche, die ja nicht beliebig vermehrbar ist, eine alljährlich wiederkehrende Rente des Bodens, welche man als Folge der Priorität in der Besitzergreifung oder auch der Gunst der Lage zum Markt auffassen kann. Die Frage nach dem Ursprung der Bodenrente gehört daher unter die Probleme der Einkommensvertheilungen in der Volkswirthschaft, sie wird beantwortet durch Erörterung der Gründe, welche ungleiche Kosten für gleichwerthige Waaren bedingen und welche demnach einen gleich günstigen Erfolg derselben Produktionsaufwendungen bei Verschiedenheit der Lage verhindern.

In der Forstwirthschaft wird der Preis der Haupterzeugnisse (Holz und Gerberlohe) vermöge der großen Nachfrage an den Hauptkonsumtionsplätzen mittelst einer so regelmäßig wiederkehrenden Werthschätzung regulirt, daß man jederzeit einen durchschnittlichen Marktpreis für jedes Sortiment angeben kann; aber auch diese großen Zentren des Verbrauchs und des Umsatzes stehen unter sich vermittelst eines lebhaften Tauschverkehrs in so innigem Kontakt, daß man von einem Weltmarkt sprechen und für diesen ein gewisses Preisniveau als zeitlichen Ausdruck des Werthes ermitteln kann. Für die wichtigeren Handelshölzer kann daher der Preis pro Kubikmeter an verschiedenen Orten dauernd nur um die Transportkosten differiren, wenn auch zeitweise Schwankungen nicht ausgeschlossen sind. Die Preise loco Wald, welche den Waldbesitzer in erster Linie interessiren, stufen sich demnach im Durchschnitte nach den Transportkosten zu den Konsumtionsorten ab. Holz ist aber wegen seines im Verhältnisse zum Gewichte niedrigen Preises ein schwertransportirbares Gut — zumal auf dem Landwege, wo jede Meile Entfernung ca. 15 bis 20 Procent vom Werthe an Transportspesen absorbirt; daher hat schon v. Thünen berechnet, daß bei einem Transport auf 8 Meilen Entfernung der Marktpreis gerade die Zufuhrkosten deckt, so daß in diesem Falle keinerlei Produktionskosten im Preise zurückvergütet werden und die Bodenrente folglich Null ist. Nur das geringe spezifische Gewicht des Holzes, infolge dessen es auf dem Wasser schwimmt, gestattet eine bedeutende Verbilligung des Transportes in der Flößerei und Trift, welche gleichzeitig die motorische Kraft des fließenden Wassers als kostenlose Triebkraft benützt und daher am frühesten zu einem Holzhandel auf größere Entfernungen Veranlassung gab. Die Gunst der Lage an einer Wasserstraße war daher vielfach der Anlaß zur Ermäßigung der Spesen und zur Bildung von Bodenrente in den an ihr liegenden Waldgebieten, z. B. Elbe und Moldau für Böhmen, der Rhein und Neckar für den Schwarzwald u. s. w. In neuerer Zeit haben die Eisenbahnen und ihre Tarifermäßigungen für Massentransporte oft erhebliche Verschiebungen in den Markt- und Transportverhältnissen bewirkt, wodurch häufig Wälder zu einer Bodenrente gelangten, die vorher kaum die Grundsteuern ertragen hatten. In der Verbesserung und billigsten Gestaltung der Transportkosten hat der Waldbesitzer daher ein vorzügliches Mittel, um sich einen größeren Antheil am Marktpreise seiner Produkte zu sichern und die Bodenrente zu erhöhen. Auch die Forsteinrichtung ist berufen, an diesem Streben mitzuwirken, indem sie schon bei der Waldeintheilung, beim Wegnetzentwurfe und bei der planmäßigen Gestaltung des ganzen Transportwesens den spekulativen Sinn des Kaufmanns mit dem mathematischen Scharfblick des Ingenieurs verbinden und so das jeweils Zweckmäßigste den gegebenen Verhältnissen anpassen soll.

Eine zweite Ursache der Ungleichheit des Erfolges gleicher Kapital- und Arbeitsaufwendungen liegt in der Verschiedenheit des Ertragsvermögens des Bodens selbst, sowie der auf denselben einwirkenden klimatischen Wachsthumsfaktoren. Boden, auf welchem noch Weizen gedeihen könnte, erzeugt in der gleichen Zeit größere Massenerträge als ein armer Haidesand, dort wachsen noch werthvollere Hölzer (Eichen, Eschen, Ulmen 2c.), während hier selbst die Kiefer oft nur mehr in kümmerlichen Exemplaren erwächst. Im milden Klima läßt sich der hochrentirende Kastanienniederwald oder Eichenschälwald betreiben, während in den Hochlagen der Gebirge nur Fichten und Lärchen in Betracht kommen können, die daselbst bei ihrem langsamen Wuchse $1^1/_2$ Jahrhunderte brauchen, um nutzbar zu werden. Da aber der Abnehmer in der Regel nur den Marktpreis bezahlt, ohne nach den Erzeugungskosten zu fragen, so bleibt dem unter günstigeren natürlichen Verhältnissen produzirenden Waldbesitzer ein größerer Überschuß am Ertrag, der die Form der Bodenrente annimmt und in dem höheren Kapitalwerthe solchen Bodens seinen ziffermäßigen Ausdruck findet. In dieser Hinsicht muß der Waldbesitzer auf sorgfältige Wahl der Holz- und Betriebsarten Acht haben, um einerseits die gewinnbringendste Art der Benutzung seines Waldbodens zu erreichen, anderseits sich vor Schaden zu hüten, welcher aus verfehlten Anbauversuchen mit unpassenden Holzarten auf lange Zeit hinaus folgt. Auch in diesem Punkte muß die Forsteinrichtung ihre Betriebsanordnungen auf sorgfältige Beobachtungen, Vergleichungen und Berechnungen gründen. Außerordentlich einschneidend auf die Höhe der Waldbodenrente äußert sich oft die Einwirkung der Konkurrenz von auswärtigen Produzenten, sowie jene der Surrogate. Erstere ist nämlich häufig nur eine Folge von Transporterleichterungen und wird daher durch Eröffnung neuer Bahnlinien, durch die Valuta der ausländischen Währung, durch die Konjunkturen im Rhedereigeschäft (d. h. den Stand der Schiffsfrachten), sowie durch das herrschende Zollsystem direkt oder indirekt hervorgerufen; ist aber erst die kommerzielle Möglichkeit des Bezuges gegeben, so wirkt diese allein schon auf den Preis ein. Dazu kommt aber, daß die ausländische Konkurrenz häufig die Waldausbeutung blos im Sinne einer Exploitation betreibt, ohne Rücksicht auf Nachhaltigkeit und Wiederverjüngung. Infolge solcher Massenabholzungen übersteigt dann die Zufuhr oft den Bedarf; durch den dann folgenden Preisdruck werden die Importeure zu Schleuderverkäufen gezwungen und hierdurch ist der Markt für sämmtliche inländische Produzenten so ruinirt, daß dieselben oft auf Jahre hinaus auf die Bodenrente verzichten müssen. In analoger Weise äußerte sich für die Brennholzvorräthe der Wälder der Wettbewerb der fossilen Brennstoffe als von verhängnißvoller Wirkung, indem der höhere Brennwerth bei geringerem Volumen und billigerem Preis die Stein- und Braunkohlen befähigte, das Brennholz auf ausgedehnten Gebieten zu verdrängen und ihm auf weite Entfernungen Konkurrenz zu bereiten. Die Folge hiervon war ein enormes Sinken der Preise und ein Ausfall der Bodenrente in vielen vorwiegend aus Buchen bestehenden Waldungen. Soweit die Heilmittel der angedeuteten Schäden nicht in das Gebiet der Verkehrs- und Zollpolitik gehören, ist in solchen Fällen stets zu überlegen, ob nicht durch Änderungen in der eigenen Wirthschaft, namentlich durch Übergang auf Nutzholzwirthschaft, durch andere Façonnirung der Hölzer oder bessere Transportmittel u. s. w. der Nachtheil thunlichst abgewendet werden kann; auch bieten zeitweise Einschränkungen in der Erzeugung bestimmter Sortimente, wenn sie von vielen Waldbesitzern gleichzeitig durchgeführt werden, ein Mittel zur Erleichterung eines durch Überfüllung leidenden Marktes. Die Forsteinrichtung hat nach solchen Gesichtspunkten, namentlich bei Festsetzung des Etats für die nächste Zeit sorgfältig zu prüfen, wie sich die Verwerthung der Fällungsergebnisse kommerziell am günstigsten gestalten lasse und wie viel der Markt jährlich ohne Preisdruck aufnehmen könne.

Umgekehrt kommt eine Steigerung des Verbrauches und eine bessere technische Veredlung der Rohprodukte des Waldes durch eine entwickelte Industrie stets der Bodenrente zu Gute, weil die Nachfrage nach den nur in begrenzten Mengen erzeugbaren Naturprodukten hierdurch gesteigt wird, dann weil die veredelten Waaren z. B. Bretter, Parquetfriesen, Faßholz, Cellulose ꝛc. leichter versendbar sind und weitere Wege zurücklegen, also auch günstigere Marktgebiete aufsuchen können als die Rundhölzer. Erfahrungsgemäß steigt daher die Bodenrente mit der Zunahme der Bevölkerung, mit der Belebung des Baugeschäftes und der Entwicklung der verschiedenen Zweige der holzverarbeitenden Industrie. Einen interessanten Einblick in dieser Hinsicht gewährt folgende Vergleichung des Grundsteuer-Reinertrages von

1 Hektar Wald in den verschiedenen Regierungsbezirken Preußens,*) welcher nach Mark pro Jahr durchschnittlich angegeben ist für:

Unter 2 M.:	2—4 M.:	4—6 M.:	6—8 M.:	8—12 M.:
Cöslin . . 1,70	Gumbinnen . . 2,17	Oppeln . 4,00	Magdeburg . . 6,09	Hannover 8,17
Danzig . 1,83	Königsberg . . 2,29	Potsdam 4,08	Cöln . . 6,24	Düsseldorf 8,38
Marienwerder . 1,84	Bromberg 2,32	Stettin . 4,78	Aachen . 6,31	Wiesbaden . 8,87
	Posen . . 2,81	Arnsberg 5,23	Cassel . . 6,95	Erfurt . . 9,01
	Frankfurt a. O. 3,53	Breslau . 5,65	Münster . 7,42	Schleswig . . 11,83
	Liegnitz . 3,82		Coblenz . 7,45	
			Trier . . 7,78	
			Merseburg . . 7,78	
			Stralsund 7,94	

Aber auch die Art der Bewirthschaftung selbst bewirkt bemerkenswerthe Unterschiede in den Produktionskosten von 1 Kubikmeter Holz und beeinflußt hierdurch die Höhe der Bodenrente: Alle technischen Hilfsmittel, welche eine Beschleunigung des Produktionsganges zur Folge haben, z. B. Vorverjüngung, richtiger Durchforstungsbetrieb, rechtzeitige Ernte der Hauptnutzung, Ausnutzung des Lichtungszuwachses ꝛc. kürzen den Zeitraum von der Bestandesbegründung bis zur Holzernte ab und nehmen die Verzinsung des Bodenkapitales hierfür weniger lange in Anspruch, es wird daher hierdurch das Prinzip der Kostenersparung d. h. der wohlfeilsten Güter-Erzeugung bethätigt. Ebenso lassen sich häufig gleiche Erträge mit erheblich kleinerem Holzkapital erzielen, weshalb das Verhältniß zwischen beiden sowohl in der Wahl der Betriebsart, als der Umtriebszeit sorgfältig erwogen werden muß, wie dies in § 10 näher ausgeführt wird. Denkt man sich z. B. den Eigenthümer des Waldbodens und den Besitzer des stehenden Holzvorrathes als zwei verschiedene Rechtssubjekte, von welchen Letzterer die Waldwirthschaft als Unternehmer betriebe, so müßte dieser offenbar den landesüblichen Zins vom Werthe des Holzkapitales unter seinen Produktionskosten mit aufrechnen und die Verwerthung des Vorrathes vornehmen, sobald er diese Verzinsung nicht mehr durch die gesammte Werthssteigerung gedeckt findet. Eine Rente für Benutzung des Bodens könnte der Unternehmer aber nur dann an den Eigenthümer entrichten, wenn der Erlös noch einen Überschuß über die Verzinsung des Holzkapitales hinaus ergäbe. Solche Erwägungen sind bei der Bemessung des wirthschaftlichen Erfolges von mancherlei Betriebsanordnungen nicht zu umgehen und bilden daher auch in der Forsteinrichtung einen Theil der grundlegenden Erörterungen über die wirth-

*) Nach Hagen-Donner: „Die forstlichen Verhältnisse Preußens". Berlin 1883. II. Bd. S. 9.

schaftlichen Ziele. Man muß sich hierbei bewußt bleiben, daß es sich in der Wahl der Holz- und Betriebsart, wie in der Festsetzung der Umtriebszeit um eine Spekulation auf die Zukunft handelt, die einer exakten Lösung auf rein mathematischem Wege zwar widerstrebt, aber man wird doch jedes Hilfsmittel benützen, um sich eine Vorstellung von den logischen Konsequenzen seiner wirthschaftlichen Maßregeln zu verschaffen und um letztere nicht blos nach dem instinktiven Gefühl zu treffen. Nur die Anwendung einer Geldrechnung ermöglicht eine Vergleichung der Werthe von Aufwendungen und Erträgen, ferner eine Taxirung zukünftiger Einnahmen, sie sollte daher niemals unterlassen werden, wo eine Werthbildung in Frage kommt.

Endlich sind auch die baaren Kostenaufwendungen z. B. für Gewinnungskosten, Kulturen, Wegbauten und andere Arbeiten nach dem Grundsatze einer weisen Sparsamkeit zu bemessen, um nicht die Produktion schon im Voraus mit zu großen Spesen zu belasten; die Wahl der Verjüngungs- und Kulturmethoden ist mithin von nicht unbeträchtlichem Einfluß auf die Höhe der Bodenrente und muß daher auch (unter Anderem) nach diesem Gesichtspunkte beurtheilt werden. Mit Recht wurden daher die leitenden Grundsätze und die allgemeinen Anordnungen über die Kulturthätigkeit sowie zum Theil über die systematische Durchführung eines Wegnetzes in die Kompetenz der Forsteinrichtung einbezogen, da dieselben nicht blos mit dem Nutzungsgange zeitlich und räumlich eng zusammenhängen, sondern da sie namentlich auch von ökonomischen Erwägungen getragen sein müssen.

Wegen des ungleichzeitigen Einganges der verschiedenen Erträge eines und desselben Holzbestandes müssen, wie erwähnt, die hieraus erlaufenden Erlöse ebenso wie die Produktionskosten auf einen gemeinsamen Berechnungszeitpunkt mittelst Prolongirung beziehungsweise Diskontirung reduzirt werden, dies ist jedoch nur möglich, wenn man sich vorher über den **Zinsfuß** schlüssig gemacht hat, welcher diesen Zinseszinsrechnungen zu Grunde gelegt werden soll. Selbstverständlich kann hier nicht der außerordentlich schwankeude Diskontosatz, d. h. der im Handel mit Werthpapieren momentan giltige Zinsfuß Anwendung finden, sondern man denkt sich die in Frage stehenden Einnahme- und Ausgaben-Werthe zu einem mit der Natur der in der Forstwirthschaft wirkenden Kapitalformen in Einklang stehenden Prozent mit Zinseszinsen fortwachsend. Um den Mehrwerth früher erlaufender Einnahmen gegenüber späteren zu ermitteln, kann auch die Unterstellung gemacht werden, als ob die erstere aus der forstlichen Produktion herausgenommen und in einer anderen Unternehmung zinstragend angelegt sei — eine Vorstellungsweise, welche auch sonst im Geschäftsleben vielfach üblich ist. In diesem Falle bezieht man den Vergleich auf die Verzinsung, welche Leihkapitalien von bevorzugtem Grade der

Sicherheit (sogenannter pupillarischer Sicherheit) gewähren, da ja die ganze Rechnung hauptsächlich nur den Zweck verfolgt, den Einfluß der Zeit auf die Wertherzeugung in der Forstwirthschaft zahlenmäßig zum Ausdruck zu bringen. Der Vergleich mit dem Mobiliarkredit oder auch mit dem Hypothekenkredit ist zwar eine gewisse Willkürlichkeit, allein er wird nahe gelegt durch die Erwägung, daß das Einkommen des Waldbesitzers sich außer der Waldrente noch zusammensetzt aus einer Reihe anderer positiver und negativer Vermögenstheile, die alle auf den gemeinsamen Werthmesser Geld reduzirt werden und in ihrem Gesammteffekt erst das reine Einkommen bewirken. Der Werth eines Holzschlages, dessen Ernte zur Zeit aus Spekulation auf höhere künftige Erlöse noch verschoben wird, könnte z. B. ebensogut auch jetzt realisirt und zur Tilgung von Hypothekschulden verwendet werden, man muß daher rechnerisch die Frage beantworten, was von beiden rentabler ist. Obgleich man nun voraussetzen sollte, daß in der großartig entwickelten Kreditwirthschaft unserer modernen Volkswirthschaft die Frage über die Höhe des Zinsfußes für Mobiliar- und Hypothekenkredit leicht und mit Sicherheit zu beantworten sei, da ja täglich überall Verhandlungen über die Höhe dieser „Miethe für Leihkapitalien“ gepflogen werden, so liegt die Sache doch nicht ganz so einfach. Denn einerseits ist der Zins oft zugleich der Ausdruck für andere Motive als die bloße Miethe eines Kapitales, z. B. für die Befürchtung etwaiger Verluste (als Assekuranzprämie) oder der Zins enthält schon eine gewisse Amortisationsprämie, oder derselbe eskomptirt schon im Voraus das wahrscheinliche Steigen des Kapitalwerthes durch einen momentan niedrigen Prozentsatz oder das Sinken durch einen höheren. Andererseits vollzieht sich die zinstragende Veranlagung von Leihkapitalien und die Aufnahme solcher Anlehen auf dem Geldmarkte nach der Analogie des übrigen Tauschverkehres durch die Ausgleichung von Angebot und Nachfrage. Die Höhe des Zinsfußes regelt sich daher im Allgemeinen durch das Verhältniß dieser beiden letzteren Einflüsse, wobei eine Reihe von Bestimmungsgründen für die Kreditgewährung maßgebend sind, namentlich das Vertrauen in den Willen und die Fähigkeit des Kreditnehmers, sowohl pünktlich die Zinsen zu zahlen, als auch das Kapital wieder seiner Zeit zurückzuerstatten. Außer dieser sogenannten Sicherheit der Kapitalanlage spielen aber auch die Bequemlichkeit der Zinsenerhebung, die Art der Kündbarkeit und Flüssigmachung des Kapitals und andere oft nur subjektive Erwägungen eine beachtenswerthe Rolle unter den Preisbestimmungsgründen des Kredites.

Aus der geschichtlichen Entwicklung der Zinsfußfrage kann man im Allgemeinen die Schlußfolgerung ziehen, daß derjenige sicherer Werthpapiere am wenigsten von nebensächlichen Momenten beeinflußt wird und daher den verhältnißmäßig reinsten Ausdruck für die allgemeine

Lage des Geldmarktes darbietet. Alle Einflüsse, welche die Kapitalbildung begünstigen und Kreditgewährung organisiren und sichern, wirken ermäßigend auf den Zinsfuß ein, weil sie das Angebot verstärken; hingegen steigert sich derselbe durch Alles, was die Nachfrage hebt, z. B. durch große Unternehmungen, welche viel Kapital auf lange Zeit festlegen, wie der Ausbau eines Eisenbahnnetzes im Lande, die Einführung großer Industriezweige u. dergl. Am höchsten steigt der Zinsfuß, wenn gleichzeitig große Kapitalzerstörungen, d. h. vermindertes Angebot mit einer dringenden Nachfrage nach Leihkapitalien zusammentreffen, wie dies in Kriegszeiten der Fall ist.*) Die Bewegungen des Zinsfußes sicherer Werthpapiere spiegeln daher die verschiedenen politischen und kommerziellen Zeitereignisse wieder, auf Perioden mit theurem Kredit folgen nach Zeiten langer friedlicher Kulturentwicklung Perioden mit niedrigem Zinsfuß und es scheint im Allgemeinen, durch die gegenseitige Einwirkung der Kapitalmärkte verschiedener Länder begünstigt, eine Tendenz des sinkenden Zinsfußes in allen Kulturländern zu bestehen.

Über den in forstwirthschaftlichen Rentabilitäts- und Waldwerthrechnungen anzuwendenden Zinsfuß sind in den verschiedenen Werken über letztgenannte Disziplin umfangreiche Abhandlungen enthalten (siehe G. Heyer und F. v. Baur, Waldwerthrechnung, desgleichen Lehr in Lorey's Handbuch der Forstwissenschaft), außerdem ist auf die Abhandlungen von Judeich im Tharander Jahrbuch, 20. Band 1870 und 22. Band 1872, sowie von Stötzer in der Allg. Forst- u. Jagd-Ztg. 1884 zu verweisen. Es herrscht darüber Einstimmigkeit, daß die Forstwirthschaft für ihren Grund und Boden eine ähnliche Verzinsung in Rechnung bringen muß, wie die übrigen Bodenwirthschaften, d. h. $2^1/_2$ bis 3 Prozent, weil diese Kapitalanlage eine sehr große Sicherheit gewährt und von den Fluktuationen des Marktes bei weitem weniger berührt wird, als Anlagen in Industriewerthen. In dem Holzkapitale, welches zwar eher von Gefahren durch Sturm, Insekten 2c. bedroht wird, vereinigen sich aber die beiden Annehmlichkeiten, daß es der Masse nach alljährlich einen Zuwachs liefert, ohne durch Bodenbearbeitung, Düngung und Ansaat größere Auslagen zu verursachen, als solche für den Jahresschlag $\frac{F}{u}$ betragen; ferner, daß es die Tendenz hat, seinen Kapitalwerth unter dem Einflusse der steigenden Kultur, der erleichterten Verfrachtung und der zunehmenden Bevölkerungsdichtigkeit zu vermehren.

*) So war z. B. der Stand der preußischen 4prozentigen Staatsschuld im Jahre 1813 auf $24^1/_2$ Prozent ihres Nominalwerthes gesunken, mithin der Zinsfuß auf über 16 Prozent gestiegen. Der Hypothekenzinsfuß in den östlichen Provinzen war noch bis 1820 in der Regel 6 Prozent. (Näheres s. Krug: „Geschichte der preußischen Staatsschuld" 1861).

Es giebt wenige Kapitalformen, welche in gleich anspruchsloser Weise und mit gleich geringer Unbequemlichkeit für den Besitzer ihre Wertherzeugung vollziehen, wie der Wald; er lebt fast nur von der Luft und dem Lichte der Sonne, die Atmosphäre ist sein Lebenselement und von dem Boden beansprucht er nur gerade so viel, als dieser ohne menschliches Zuthun nachhaltig an Nährstoffen zu liefern vermag. Dabei sind seine Produkte ein für den menschlichen Haushalt in hunderterlei Formen nothwendiges Gut, welches nicht beliebig vermehrbar ist, sondern stets einer steigenden Nachfrage entgegengeht, weil die Technik und der Erfindungsgeist das Holz durch eine immer wachsende Zahl von mechanischen und chemischen Verfahren zu veredeln bestrebt sind. Ein Beweis für die Stärke dieser Einflüsse ist in der Preisstatistik der verschiedenen Holzsortimente geliefert, die mittlere jährliche Preissteigerung betrug nämlich für Holz in den letzten 50 Jahren in Deutschland 2 bis $2^1/_2$ Prozent.

Solche Erwägungen rechtfertigen es, daß von den stehenden Holzvorräthen nur eine etwas unter dem Niveau der durchschnittlichen Zinsfüße sicherer Staatspapiere stehende Verzinsung erwartet werden darf, weil sie indirekt durch ihre voraussichtliche Werthssteigerung die Differenz reichlich einbringen. Gegenwärtig wird daher für Diskontirung und Prolongirung künftiger resp. früherer Werthe in der Regel ein Zinsfuß von 3 Prozent den Rentabilitätsrechnungen zu Grunde gelegt, obgleich Leihkapitalien mit $3^1/_2$ Prozent Zins noch unter pari stehen. Dieser Zinsfuß wird außerdem noch als sogenannter Wirthschaftszinsfuß zum Vergleiche mit den Weiserprozenten angewendet, um Bestände auf ihre Hiebsreife zu untersuchen.

Zweiter Abschnitt.

Das Objekt der Forsteinrichtung: Der Wald-Ertrag, seine Eintheilung, wirthschaftliche Bemessung und seine Abhängigkeit vom Forstbetriebe.

§ 8. **Ertrag eines Waldes** nennt man die Gesammtheit der aus demselben bezogenen Nutzungen, welche im menschlichen Haushalt Verwendung finden. Sofern man diese Nutzungen blos ihrer Masse d. h. nach räumlichem Maße, eventuell nach Gewicht, Stückzahl ꝛc. aufzählt, erhält man als Summe gleichartiger Größen den Materialertrag, wenn aber der Tauschwerth der Nutzungen in Geld angegeben und summirt wird, so ergiebt dies den Geldertrag, welcher wieder in den Brutto- oder Rohertrag und den Netto- oder Reinertrag unterschieden werden kann.

Nach dem Gegenstande der Nutzungen theilt man diese ein in die Hauptnutzung (im weiteren Sinne), worunter der Holzertrag verstanden wird, und in Nebennutzungen d. h. die Summe aller übrigen nutzbaren Erzeugnisse und Vorräthe im Walde. Ungleich wichtiger ist für die Forsteinrichtung der zeitliche Gegensatz zwischen Hauptnutzung im engeren Sinne und den Zwischennutzungen. Unter ersterer versteht man den Haubarkeitsertrag eines hiebsreifen Bestandes, dessen Geldwerth man abzüglich der Gewinnungskosten gewöhnlich mit A_u bezeichnet, unter letzteren alle Holzerträge, welche in der Zwischenzeit von der Bestandesbegründung bis unmittelbar vor der eigentlichen Ernte des haubaren Bestandes anfallen. Hierzu gehören also sämmtliche Reinigungs- und Durchforstungserträge, welche man je nach den Zeiten ihres Einganges a, b, c . . . mit dem erntekostenfreien Geldwerthe D_a, D_b, D_c . . . allgemein darstellt. Wegen ihres frühzeitigeren Einganges gegenüber dem Haubarkeitsertrag nennt man die Zwischennutzungen auch die Vorerträge.

In zeitlicher Hinsicht sind ferner zu unterscheiden: Erträge der Vergangenheit, welche in der Regel aus den rechnungsmäßigen Nachweisungen entnommen werden können; dieselben werden in der Forsteinrichtung meistens statistisch verarbeitet und geben in Form von

Durchschnittswerthen oft wichtige Anhaltspunkte für die Beurtheilung der bisherigen Bewirthschaftung. Die Erträge der Gegenwart sind sehr wichtig als Ausdruck der thatsächlichen Ergebnisse einer Wirthschaft; sie bestehen in dem wirklichen Materialergebnisse aller Fällungen („Isteinschlag"), sowie dem vollen Geldwerthe hieraus. Die Forsteinrichtung benutzt diese rechnungsmäßig festgestellten Zahlen für die Buchführung und die sogenannte Wirthschafts-Kontrole (s. § 56). Erträge der Zukunft bilden den Gegenstand der Taxationen und spielen in den Veranschlagungen der Wirthschaftspläne und der Ertragsberechnungen eine wichtige Rolle; hierbei ist zu beachten, daß die zukünftigen Materialerträge von Waldtheilen, welche bereits eine Bestockung tragen, zusammengesetzt sind aus den Zuwachsgrößen seit der Bestandesbegründung bis zur Gegenwart (dem sogenannten „Vorrathe") und jenem Zuwachsbetrag der Zukunft, der noch bis zum Abtriebe des Bestandes erfolgt; die Summe beider Größen bildet den „künftigen Haubarkeitsertrag", welchen man häufig auch kurz als „Ertrag" bezeichnet. Da die verschiedenen Methoden der Massenaufnahme unmittelbar nur die Größe des Vorrathes mathematisch zu ermitteln gestatten, so ist es für die Sicherheit der Veranschlagung wichtig, daß diese gemessene Holzmasse den überwiegenden Antheil vom Haubarkeitsertrag ausmache, während der Antheil des noch zu erwartenden Zuwachses verhältnißmäßig klein sei. Spezielle Ertragseinschätzungen werden daher auf die Haubarkeitserträge der älteren Bestände, die bald zur Fällung kommen sollen, eingeschränkt, während die Ertragsschätzungen in jungen Beständen mehr summarisch ausgeführt werden und einen um so geringeren Grad von Zuverlässigkeit besitzen, je mannigfacher die Gefahren z. B. durch Insekten, Feuer, Schneebruch, Stürme sind, welche den jungen Bestand noch bedrohen. Wegen der großen Bedeutung der Einschätzung des Materialertrages für die Forsteinrichtung wird diese in der Lehre vom Holzzuwachse ausführlicher behandelt.

Rechnerisch wird der Waldertrag immer als das Ergebniß des Betriebes innerhalb eines Jahres dargestellt, wobei entweder das Kalenderjahr oder zuweilen besondere Etatsjahre (mit anderem Anfangstermine) zu Grunde gelegt werden. Für den Forstbetrieb ist gewöhnlich der Winter als Fällungszeit („Wadel") in Übung, aber in Gebirgsgegenden mit hoher Schneedecke ist Sommerfällung die Regel; es muß daher genau angegeben sein, für welches Etatsjahr die betreffenden Hiebsergebnisse in Rechnung zu stellen sind, zumal wenn zwischen Fällung und Verkauf noch eine Verbringung mittelst Trift oder Flößerei hineinfällt. Da die Massenmehrung des Waldes mittelst des Zuwachses immer während der Vegetationsperiode, also im Sommerhalbjahre erfolgt, so fällt in der Regel die Ernte- oder Nutzungszeit und die Wachsthumsperiode um ein halbes Jahr auseinander, was bei Altersbestimmungen und Vorrathsangaben manchmal zu berücksichtigen ist (s. § 13).

Der Jahresertrag kann sich blos auf das Ergebniß eines Jahres stützen und heißt dann „laufender Jahresertrag" oder das Mittel aus einer Reihe von Jahren darstellen, in welchem Falle er „Durchschnittsertrag" heißt.

Die Ermittlung des wahren Ertrages der Wälder und die planmäßige Ordnung seiner Nutzung in zeitlicher und räumlicher Hinsicht ist eine der wichtigsten Aufgaben der Forsteinrichtung. Hierbei kann man den Schwerpunkt mehr auf die Einhaltung einer strengen Nachhaltigkeit der Nutzungen legen, wie dies die Mehrzahl der früheren Ertragsregelungs-Methoden that, oder man stellt mehr die Rentabilität und das Prinzip der Wirthschaftlichkeit in den Vordergrund der Ertragsbemessung. Beide Prinzipien schließen sich gegenseitig nicht aus, sondern können in den meisten Fällen recht wohl gleichzeitig wahrgenommen werden, indem man sich vergegenwärtigt, daß das Interesse des Waldbesitzers blos mit der Sicherstellung der Nachhaltigkeit noch nicht befriedigt ist, sondern daß es gebieterisch auch die rentabelste Gestaltung des ganzen Forstbetriebes verlange und namentlich eine Berücksichtigung und die wirthschaftliche Zurathehaltung des Produktionsaufwandes erheische.

In diesem Sinne strebt daher die Forsteinrichtung einen nachhaltigen Ertrag an, indem der ganze Forstbetrieb so gestaltet wird, daß der durchschnittliche Jahresertrag voraussichtlich auf lange Zeiträume hinaus stetig und unverkürzt gewonnen werden kann.

Den Gegensatz zu einem solchen Nachhaltsbetrieb bildet der aussetzende Betrieb d. h. jene Ordnung der Nutzungen, wobei die Erträge nicht alljährlich, sondern in mehr oder weniger großen Zeitabständen eingehen, was theils von der Waldgröße theils von den Zwecken des Besitzers abhängig ist. Bei der Berechnung der Rentabilität der Forstwirthschaft kann man als Ausgangspunkt entweder die Voraussetzung eines Nachhaltsbetriebes mit jährlich annähernd gleichen Erträgen machen, wie dies bei der Verrechnung der budgetmäßigen Walderträge im Staats- und Gemeindehaushalt der Fall ist. Man denkt sich in diesem Falle die Erträge als den wirthschaftlichen Erfolg der gesammten Kapitalwerthe von Bodenflächen und den sämmtlichen darauf stockenden Holzbeständen sowie den kapitalisirten Baaraufwendungen und nimmt eine annähernd konstante Relation zwischen diesen Produktionskapitalien und zwischen dem durchschnittlichen Waldreinertrage an.

Oder man zerlegt die Waldfläche in einzelne Theile oder Bestände und denkt sich jeden einzelnen derselben im aussetzenden Betriebe bewirthschaftet, um den Einfluß der Zeit auf die Fälligkeit der Erträge an Haupt- und Zwischennutzungen möglichst scharf hervorzuheben und die einzelnen wirthschaftlichen Maßregeln auf ihren finanziellen Erfolg beurtheilen und anordnen zu können. Als Maßstab für den wirthschaftlichen Erfolg dient in diesem Falle der Bodenreinertrag und in gewissen Fällen, wo ein bekannter Bodenwerth eingesetzt werden kann, das sogenannte Weiserprozent (s. §§ 10 u. 54).

Der Waldertrag ist zwar in erster Linie das Resultat von Wirkungen der im Pflanzenleben thätigen Naturkräfte, indem die Forstwirthschaft von dieser Güterquelle einen hervorragenden Gebrauch macht; aber zu einer eigentlichen Produktion wird dieses Wirken der Natur erst durch den Hinzutritt von menschlicher Arbeitsthätigkeit, welche auf bestimmte Zwecke in der Hervorbringung von Gütern gerichtet ist und so den Naturkräften eine im Voraus berechnete Richtung ertheilt. Dies geschieht schon bei der Begründung der Waldstände mittelst Kultur bestimmter Holzarten nach gewissen Anbaumethoden, durch die Art der Wiederverjüngung, dann die systematische Aneinanderreihung der einzelnen Manipulationen der Bestandespflege, der Durchforstungen und der Abnutzung der hiebsreifen Bestände. Es müssen also sämmtliche in einer Waldwirthschaft vorkommenden Arbeitstheile der Fällung, Bringung und Kulturthätigkeit in einem gewissen geistigen Zusammenhange stehen, welcher durch das zu erreichende wirthschaftliche Ziel gegeben ist; ebenso müssen diesem Ziele aber auch die in der Produktion mitwirkenden Kapitalformen untergeordnet und angepaßt werden z. B. die Größe der nothwendigen Holzvorräthe und Betriebskapitalien. Die ganze von einem Centrum ausgehende Leitung und Anordnung der sämmtlichen Arbeitsleistungen und sonstigen Aufwendungen in einem wirthschaftlichen Kreise (Revier) nennt man den Betrieb; dieser ist daher von wesentlichem Einfluß auf die Art und Vertheilung des Waldertrages und muß daher ausführlicher betrachtet werden.

§ 9. **Betriebsart** nennt man in allen Bodenproduktionen die Art und Weise, in welcher in gewissen typischen Wirthschaftsformen der Aufwand an Naturkräften (sog. freien Gütern), an Arbeit und Kapitalnutzungen bemessen und kombinirt wird, um einen beabsichtigten wirthschaftlichen Erfolg zu erzielen. In der Forstwirthschaft bedeutet dieser Begriff zwar dasselbe, aber bei der Unterscheidung der einzelnen Betriebsarten wird hauptsächlich die Art der Wiederverjüngung der Waldflächen ins Auge gefaßt, weil diese — wenigstens in mehrfacher Hinsicht — ausschlaggebend für die Anwendung der einzelnen Produktionsfaktoren ist. Allerdings deckt sich die Klassifikation der waldbaulichen Betriebsarten aus diesem Grunde nicht genau mit der volkswirthschaftlichen Betrachtungsweise, sondern es lassen sich die Analogien nur in großen Zügen geben. Betriebssysteme, welche vorwiegend von den unentgeltlichen Leistungen der Naturkräfte und Stoffe Gebrauch machen, dagegen wenig Arbeit und Kapital benützen, nennt man extensive; ihr Streben geht dahin, in erster Linie Kosten zu ersparen, selbst wenn der Rohertrag dadurch kleiner bleibt. Hingegen suchen die intensiven Betriebsformen entweder durch Einwirkung vermehrter Arbeit oder erhöhten Kapitalaufwandes eine Steigerung des Ertrages zu bewirken, weshalb man arbeits- und kapitalintensive Betriebe unterscheiden muß. Entscheidend ist für den wirthschaftlichen Erfolg aber die Erzielung der höchsten Bodenrente, indem jene Betriebsform gewählt werden soll, bei der die Differenz zwischen Rohertrag und Kosten ein Maximum erreicht. Wenn man von den rohesten Formen der Waldausbeutung absieht, die auf Nachhaltigkeit, ja auf Wiederverjüngung überhaupt verzichten, so ordnen sich die forstlichen Betriebsarten in der Regel räumlich so an, daß in der Nähe der Konsumtionsorte und in dichter bevölkerten Gebieten die arbeitsintensiveren Formen der Wälderbenutzung und Forstkultur vorherrschen, weil die höheren Preise loko Wald den Aufwand von mehr Kosten noch lohnen.

Der größere Arbeitsaufwand kann sowohl in der geistigen Leistung der Verwaltungsorgane, als auch in vermehrter Lohnarbeit seitens der Arbeiterklasse bestehen. Im ersteren Falle bildet sich eine Spezialisirung in der waldbaulichen Behandlung der einzelnen Gruppen und Horste, ja selbst einzelner Baumindividuen aus, deren Aufastung, Freihieb und allmählige Vorbereitung zur Starkholzproduktion im Überhalt- oder Lichtwuchsbetriebe eine selbständige Überlegung in jedem Einzelfalle erfordert. Ebenso läßt sich im Durchforstungsbetrieb eine feinere Durchbildung erzielen, welche an wirthschaftlicher Leistung dem schablonenmäßigen Geschäftsgange weit überlegen ist; nicht minder bietet die Verjüngungsart und der ganze Kulturbetrieb Gelegenheit, Kenntnisse und Intelligenz nutzbringend zu verwerthen. Im zweiten Falle soll durch Lohnarbeit und vermehrte manuelle Anstrengungen eine Steigerung des Rohertrages bewirkt werden, z. B. in sorgfältigerer Ausformung oder Sortirung der Hölzer in den Schlägen, dann im landwirthschaftlichen Zwischenbau, erhöhter Kulturthätigkeit, oder im Schälwaldbetrieb, im Transportwesen und anderen Zweigen der Waldarbeit.

Dagegen findet man die mit größerem Holzkapitale arbeitenden Betriebsformen mehr in solchen Waldgebieten, deren Produkte die größeren Entfernungen vom Konsumtionsorte durch den Holzhandel überwinden müssen. In diesem Falle können nur werthvolle Waaren, namentlich Starkhölzer sowie die daraus gefertigten Bretterwaaren 2c., noch den weiten Transportweg zurücklegen, während „schwache Waare" den Transport nicht vertragen würde; ferner zwingt die Gleichartigkeit der Nachfrage z. B. bei Bauhölzern, Floßholzstämmen, Sägeklötzen und dergleichen zu einem massenhaften Angebot dieser Sortimente, es müssen diese in den Schlägen in großem Maßstabe ausgeformt und gleichzeitig transportirt werden, größere Flächen müssen deshalb auf einmal zum Angriff und zum rascheren Abtriebe gelangen. In solchen Verhältnissen bleibt nicht viel Raum für Spezialisirung und Pflege des Einzelstammes, sondern die Wirthschaft drängt von selbst zur uniformen Gestaltung des Fällungs-, Kultur- und Durchforstungsbetriebes. Aufgabe einer durchdachten Forsteinrichtung ist es, den richtigen Intensitätsgrad der Wirthschaft in der Aufstellung der Wirthschaftsziele und der Skizzirung der hauptsächlichen Normen für den Betrieb zu finden und denselben den gegebenen Preis- und Absatzverhältnissen anzupassen.*)

Die forstlichen Betriebsarten werden nach den Bestandesformen und Verjüngungs-Methoden benannt, die das Ergebniß ihrer Durchführung sind und die ihnen als ideales Ziel vorschweben; die Lehre vom Waldbau hat namentlich durch Burckhardt und Gayer, in neuerer Zeit durch E. Ney eine Bereicherung hinsichtlich der unterschiedenen Bestandesformen und hierauf hinzielender Betriebsarten erhalten, daß hier deren einzelne Aufzählung nicht möglich ist, ohne einen zu großen Abschnitt der Produktionslehre einschalten zu müssen. Die Forsteinrichtung kann sich aus Gründen der Übersichtlichkeit nicht in eine zu weit gehende Eintheilung der Betriebsarten einlassen, sondern faßt diejenigen Bestandesformen, welche annähernd eine gleichartige Behandlung zulassen zu einem Betriebssystem zusammen, indem entweder die abweichenden Details für einzelne Flächentheile am geeigneten Orte (z. B. im Wirthschafts- oder Kulturplane) vorgemerkt oder dem wirthschaftlichen Ermessen des ausführenden Betriebsleiters überlassen werden, welch' letzterem die Ausführung in allgemeinen Umrissen vorgezeichnet wurde. Überhaupt ist zu bedenken, daß die Betriebsanordnungen seitens der Forsteinrichtung vorwiegend den Zweck haben, nur die dauernde Grundlage und den bleibenden Rahmen für den äußeren Betrieb zu bilden, dessen jährlicher Vollzug Sache des betriebsführenden Wirthschaftsbeamten ist. Da sich in den Wirthschaftsplänen nicht alle Möglichkeiten und Zufälligkeiten, z. B. Preisschwankungen, Eintritt von Samenjahren, Sturm- und Insektenschäden ꝛc. voraussehen lassen, so muß die Betriebsausführung immer einen gewissen Spielraum innerhalb des Rahmens der Wirthschaftspläne haben, ohne daß letztere deshalb aufhören müßten, bindende Normen für die Hauptformen des Betriebes aufzustellen und den Ertrag darnach zu bemessen. Denn zwischen Ertragsberechnung und Wirthschaftsanordnung besteht insofern ein inniger Zusammenhang,

---

*) Näheres hierüber s. Dr. Schwappach: „Über Intensität einiger forstlicher Betriebssysteme", Forstw. Centralbl. 1884; dann Dr. M. Endres: „Die Produktionsfaktoren in der Waldwirthschaft". Dresden 1884 (Dissertation).

als die Taxationen künftiger Erträge nur möglich sind, wenn man bestimmte wirthschaftliche Grundsätze über Wahl der anzubauenden Holzarten, über Verjüngungsmethode, Bestandespflege, Durchforstungen ꝛc. voraussetzt, deren Einhaltung wiederum das Eintreffen der Schätzungen hauptsächlich garantirt. Taxationen und künftige Ertragsbestimmungen ohne Festsetzung der Wirthschafts-Normen bezüglich der Betriebsart, Umtriebszeit und Verjüngungsmethode ꝛc. sind daher haltlos und meist vergebliche Arbeit. Anderseits ist aber eine Betriebsausführung ohne Taxationsgrundlagen ein Tasten im Ungewissen, da man sich über die Größe des Ertrages, des Zuwachses, der Vorräthe und die Möglichkeit der Einhaltung einer bestimmten Umtriebszeit gar keine Rechenschaft zu geben vermag. Nach diesen Gesichtspunkten sind die nicht selten vorkommenden Konflikte zwischen der Forsteinrichtung und der Betriebsausführung zu beurtheilen, und es ist hieraus die allgemeine Lehre zu ziehen, daß die segensreiche Ordnung und Stetigkeit, welche eine wohlerwogene Forsteinrichtung in den Forstbetrieb bringt, nicht durch übertriebene Kleinlichkeit und Detaillirung ihrer Anordnungen wieder verkümmert werden darf. Umgekehrt ist aber eine solche Freiheit des Betriebes, welche der Liebhaberei des einzelnen Wirthschafters einen unbegrenzten Spielraum gestattet und jede weiter blickende Ertragsordnung für überflüssig hält, durchaus verwerflich, weil sie weder mit der Nachhaltigkeit, noch mit der Rentabilität vereinbar ist und mit den Verwaltungsgrundsätzen in unlösbarem Widerspruch stände.

In dem vorbezeichneten Sinne als dauernde Grundlage des Betriebes kommen in der Forsteinrichtung folgende waldbauliche Betriebsarten zur Unterscheidung:

A. Hochwaldbetrieb mit Verjüngung durch Samenpflanzen,

B. Niederwaldbetrieb mit Verjüngung durch Stock- und Wurzelausschlag,

C. Mittelwaldbetrieb mit Verbindung von Samen- und Ausschlag-Verjüngung.

ad A. **Hochwaldbetrieb.** Die verschiedenen Formen des Hochwaldbetriebes haben trotz sehr großer Abweichungen im Einzelnen doch das Gemeinsame, daß die Lebensdauer der Bäume bis in jene Altersstufen hineinreicht, in welchen erfahrungsgemäß die Bestände Samen ertragen können. Allerdings macht man nur in der natürlichen Verjüngung unmittelbaren Gebrauch von dem Samenertrag, während die künstliche Verjüngung sich durch Samenbezug von anderswoher oder durch Anzucht von Pflanzenmaterial unabhängig vom Eintritt der Samenjahre macht; aber die Absicht der Erziehung älterer Hölzer von mindestens 60jährigem, oft aber 100- bis 120jährigem Alter liegt allen Hochwaldformen zu Grunde. Aus dieser Ursache erfordert der Hochwaldbetrieb ein verhältnißmäßig großes Holzkapital auf dem Stocke, dessen Quantum mit der Länge der Umtriebszeit, wenn auch nicht ganz proportional zunimmt, während sein Jahresertrag im Zuwachs verhältnißmäßig nur unerhebliche Unterschiede zeigt. Dem großen Kapitalvorrathe entspricht daher ein Ertrag, der eine um so ungünstigere Verzinsung gewährt je länger die Umtriebszeit ist, so daß also die Hochwaldungen kapitalintensive Betriebe darstellen, bei welchen man mit einer ungünstigeren Verzinsung der stehenden Holzvorräthe vorlieb nehmen muß, um ein Ernteprodukt von verhältnißmäßig hohem Verkaufswerthe zu erziehen. Wegen der langen Verzinsungs-Zeiträume liefern daher die Hochwaldungen selbst bei hohem Bruttoertrage eine verhältnißmäßig niedrige Bodenrente, oder sofern man den Zins der stehenden Holzvorräthe und des Bodenwerthes unter die Produktionskosten einbezieht, ergeben sie ein niedrigeres Verzinsungsprozent dieser Kapitalien. Anderseits ist aber nicht zu übersehen, daß die Holzvorräthe der jüngeren Altersstufen an der Werthssteigerung selbst partizipiren und daß diese Art von Kapitalsmehrung mit in die Spekulation einbezogen werden muß, wenn es sich um die Rentabilität einer solchen Betriebsart handelt.

Außerdem bieten die Hochwaldbetriebe die Möglichkeit, das Maximum der Massenerzeugung und auch jenes der Werthsproduktion anzustreben, was bei den übrigen Betriebsarten in der Regel unmöglich ist. Für die Rentabilität des einzelnen Forstbetriebes ist dieses Maximum nun zwar durchaus kein entscheidender Faktor, aber für die Gesammtheit der Bewohner eines Landes ist es zuweilen nicht gleichgiltig, ob der Materialertrag der Wälder dieses Landes, z. B. der gesammten Staatsforste, weit unter dem möglichen stehe oder dem erreichbaren nahe komme. Ebenso ist das Interesse der Industrie und des Holzhandels, sowie der zahlreichen darin beschäftigten Arbeitskräfte darauf gerichtet, daß nicht blos schwache, geringwerthige Waare oder Brennholzsortimente, sondern technisch hochwerthige und zur Veredelung geeignete Nutzhölzer in den Waldungen produzirt werden. Die möglichen Konflikte zwischen dem privatwirthschaftlichen Standpunkte des Waldbesitzers und den gemeinwirthschaftlichen Interessen hat E. Ney, namentlich unter Betonung des „Schutzes der nationalen Arbeit", ausführlich dargestellt.*)

Vom Standpunkte des Waldbaues ist der Hochwaldbetrieb im Allgemeinen wegen seiner konservirenden Wirkung auf die Ertragsfähigkeit des Bodens zu begünstigen; die Bloßlegung des Bodens erfolgt nur in großen Zeitintervallen und kann durch zweckmäßige Vorverjüngung auf ein fast unschädliches Maß reduzirt werden. Es wird

*) E. Ney: „Über den Widerstreit von Einzel- und Gesammtinteresse in der Waldwirthschaft. (Vortrag im staatswirthschaftlichen Verein in Straßburg). Stuttgart 1883. Lindheimer.

daher eine verhältnißmäßig bessere Erhaltung der Humusdecke bewirkt, gleichzeitig aber das Nährstoffkapital des Bodens weniger angegriffen, als im Mittel- und Niederwalde, weil diese letzteren Betriebsarten viel mehr Reisig und schwaches Stammholz produziren, in welchem dem Boden beträchtlich mehr Phosphorsäure und Kali entführt wird, als im starken Holze. Außerdem erfordert der Hochwaldbetrieb für eine nachhaltige Wirthschaft eine zusammenhängende Fläche von nicht zu kleiner Ausdehnung, weil diese Bestandesform unterhalb eines gewissen Flächen-Minimums nicht denkbar ist, indem schon die Bestandesränder und Waldmäntel einen Theil der Fläche absorbiren.

Der Hochwald kann verschiedene Modifikationen von typischen Bestandesformen zeigen, indem er sich aus gleichalterigen oder ungleichalterigen Beständen zusammensetzt, welch' letztere man als Femelschlag-, femelartigen Hochwald- und reinen Plänter-Betrieb unterscheiden kann. In größter Verbreitung findet man gegenwärtig die gleichalterigen Hochwaldformen, welche sich durch die Konzentrirung der Fällungen auf wenige Schlagflächen und durch die Anwendung der Kahlschläge in Verbindung mit Saat oder Pflanzung, sowie durch Schirmschläge (Dunkelschlagwirthschaft), theilweise auch durch Absäumungen (sog. Saumschläge) ergeben haben. Die Überführung der regellosen Plänterwirtschaft früherer Jahrhunderte in die gleichmäßige Schablone gleichalteriger Bestandesformen war für den Beginn einer geordneten Bewirthschaftung ein Fortschritt, da die Sicherheit der Verjüngung und die Schonung der Jungwüchse hierdurch garantirt wurde. Auch für die Durchführung der ersten Forsteinrichtungsarbeiten boten die gleichalterigen, regelmäßigen Bestände eine gute Handhabe, weil sich an solchen Beispielen die Zuwachs- und Ertragsverhältnisse leichter und sicherer feststellen ließen und namentlich der Zusammenhang von Hiebsfläche und Ertrag ein sehr in die Augen fallender war. Freilich boten diese gleichalterigen Bestockungsformen auch mancherlei Nachtheile, welche Prof. Gayer in seinem „Waldbau" ausführlich auseinandergesetzt hat. Für die Forsteinrichtung ist besonders beachtenswerth, daß der Hochwald mit Kahlschlagbetrieb viel zu wenig Gebrauch von dem Lichtungszuwachs macht, daß er zuwachsarme Stammklassen zu lange am Leben erhält und dadurch die Wachsthumsleistungen der dominirenden Klassen schädigt. Die Erziehung werthvoller Starkhölzer kommt daher bei dieser Betriebsart relativ sehr theuer. Dazu kommt die oft wenig schonende Behandlung des Bodens (durch Laubverwehung und Freilage) und die mangelnde Beschützung der jungen Pflanzen auf der kahlen Fläche vor Frost und Hitze, sowie die Gefahren, welche mit der Aneinanderreihung zu großer Schlagflächen oder Jungwüchse verbunden sind (Feuer, Insekten, Schütte und anderer Pilzbeschädigungen). Auch den Saumschlägen haftet ein Theil dieser Übelstände noch an, wenn sie auch durch Seitenschutz den Boden und die Verjüngung besser beschützen, auch keine so großen kahlen Flächen zur Folge haben; erheblich besser sind nach den angedeuteten Richtungen hin die Leistungen der Schirmschläge mit vorwiegend natürlicher Besamung, welche aber dafür die Gefahr des Windwurfes und der Sturmbeschädigungen vergrößern, daher auf exponirten Lagen, auf flachgründigen Böden und bei gefährdeten Holzarten (Fichten) oft ganz vermieden werden müssen. Wo dies nicht der Fall ist, gewähren die Schirmschläge und der Femelschlagbetrieb (mit langer Verjüngungsdauer) die Möglichkeit einer ergiebigen Benützung des Lichtungszuwachses, welcher sich namentlich auch als eine Werthssteigerung der schon vorher dominirenden Stammklassen in finanziell höchst günstiger Weise äußert. Diese Betriebsart ist aber abhängig von dem Eintritt der Samen- (resp. Mast-) Jahre, welche bei manchen Holzarten erst spät und in längeren Zeitabständen (bei Buchen ca. alle 7—8 Jahre) sich einstellen. Diese Unregelmäßigkeit prägt dann der ganzen Hiebsführung ihren Charakter auf und zwingt zur Einstellung einer größeren Zahl von Beständen unter die Angriffshiebe, als außerdem erforderlich wären.

Eine weitere Entwicklung von ungleichalterigen Bestandesformen, welche durch horst- und gruppenweise Verjüngung, durch Überhalt einzelner zur Starkholzzucht bestimmter Horste und Bestandestheile, durch Verbindung von Lichtungshieben mit Unterbau oder mit Erhaltung des schon vorhandenen Bodenschutzholzes charakterisirt sind, gehört der neuesten Zeit an, indem die gleichförmige Schablone des uniformen Schlagbetriebes zu Gunsten einer verständigen Individualisirung der einzelnen Standörtlichkeiten und Bestandesgruppen geopfert wird. Diese Betriebe, welche hier nur kurz angedeutet werden können, erfordern eine besondere geistige Initiative des Betriebsleiters und sind daher arbeitsintensiv im Sinne der Verwaltung, zum Theil erhöhen sie aber auch die Arbeitsleistungen des Arbeiterpersonales z. B. durch Aufastungsbetrieb, sorgfältigere Holzfällung und Ausbringung ꝛc., weshalb sie mehr auf Waldungen mit hohen Holzpreisen angewiesen sind.

Der reine Plänterwald ist als typische Betriebsart vorzüglich in den Gebirgslagen zu Hause, wo die Schutzwaldungen und die Bestockung steiler Gehänge, sowie die Hochlagen in der Nähe der Baumgrenze auf eine solche Weise verjüngt werden müssen, daß niemals eine Kahlhiebsfläche entstehen darf. Außerdem findet man diese Betriebsart häufig im kleinen Privatwaldbesitze, wo der aussetzende Betrieb und die gelegentliche Waldbenutzung sich dieser Bestandesform wegen der fast kostenlosen Wiederverjüngung bedient. Der ursprüngliche Plänterwald ist im Allgemeinen kapitalintensiv aber arbeitsextensiv, da die Verjüngung fast ganz der Natur überlassen bleibt und eine Bestandespflege, sowie frühzeitige Durchforstungen meistens unterlassen werden müssen. Es lassen sich allerdings geregelte Formen des Plänterwaldbetriebes denken, welche durch sorgfältige Benützung der Vortheile der horst- und gruppenweisen Mischung verschiedener Altersstufen, durch Unterbau oder billige Naturverjüngung eine hoch intensive Betriebsart darstellen, wie man sie als zweihiebigen Hochwald, als Seebach'schen modifizirten Hochwald, Homburg'sche Nutzholzwirthschaft, oder Ney's Wirthschaft der kleinsten Fläche beschrieben findet; Näheres hierüber enthält Gayer: „Der gemischte Wald ꝛc." Berlin 1886; dann in Bezug auf Forsteinrichtung: Tichy: „Die Forsteinrichtung in Eigenregie". Der Plänterbetrieb bildet den Gegensatz zu dem schlagweisen Hochwaldbetrieb und muß in der Forsteinrichtung von diesem getrennt behandelt werden, namentlich muß in den Gebirgslagen eine genaue Ausscheidung derjenigen Flächen stattfinden, welche gepläntert und jener, welche schlagweise auf natürlichem oder künstlichem Wege verjüngt werden sollen. Es läßt sich nicht verkennen, daß die ungleichalterigen Bestandesformen gegenüber den gleichalterigen eine Erschwerung der Aufgabe der Forsteinrichtung darstellen. Aber den größeren waldbaulichen und wirthschaftlichen Vortheilen muß ein Opfer an genauerer Ausscheidung der Wirthschaftsfiguren und vermehrter taxatorischer Arbeit gebracht werden. Ein Hinderniß für deren Durchführung darf hierin nicht gesucht werden.

ad B. **Niederwaldbetrieb.** Da in dieser Betriebsart von der Adventiv- und Proventivknospenentwicklung der Stöcke und Wurzeln ein Gebrauch für die Wiederverjüngung der kahl gehauenen Schlagflächen gemacht wird und da diese „Ausschlagsfähigkeit" der Laubholzstöcke nur zwei bis drei Dezennien hindurch genügend erhalten bleibt, so folgt schon hieraus die Nothwendigkeit, solche Niederwaldbestände frühzeitig zum Abtrieb zu bringen und sie in kurzen Umtrieben zu bewirthschaften. Hierzu kommt noch der weitere Umstand, daß ein beträchtlicher Theil der Niederwaldungen für spezielle technische Zwecke produzirt z. B. der Eichenschälwaldbetrieb für die Lohgerberei, der Kastanien-Niederwald für Weinbergspfähle, die Korbweidenzucht für die Flechtindustrie, die Buschwaldungen für Faschinenlieferung u. s. w., wodurch schon von vornherein ein bestimmtes, meist niedriges Alter als das Optimum für die Nutzung vorgeschrieben ist. Infolgedessen weisen die Niederwaldungen sehr geringe Vorräthe von Holzbestockung auf, sie sind also in dieser Hinsicht kapitalextensiv aber häufig sehr arbeitsintensiv, weil das Schälen und die technische Zurichtung der Produkte, oft auch die große Kulturthätigkeit auf den umfangreichen Schlagflächen, die so wichtige und wiederholt nothwendige Schlagpflege (Ausjätungen und Reinigungen von Weichhölzern) viele Arbeitskräfte in Bewegung setzen und Gelegenheit zu Lohnverdienst gewähren. Gegenüber dem niedrigen Holzkapital ist der Ertrag der Niederwaldungen, zumal des

Schälwaldes und Kastanienwaldes ein sehr hoher; Bodenrente und Weiserprozent berechnen sich daher meistens ungewöhnlich hoch, selbst wenn der absolute Ertrag nicht wesentlich höher ist, als jener der Hochwaldungen. Die kurzen Intervalle, während welcher die Erträge eingehen, lassen keine hohen Zinseszinsen für Boden und Holzkapital erwachsen und entlasten daher den Sollkonto dieser Betriebsart; der Waldbesitzer hat die hohen Einnahmen ohne erheblichen Verzicht auf Bodenrente und ohne große wirthschaftliche Opfer. Dieser Umstand macht, wie schon in § 6 erwähnt, den Niederwaldbetrieb bei dem kleinen Privatwaldbesitzer und bei den Gemeinden sehr beliebt, da jede Generation in der Lage ist, ihre Nutzungen fast ohne Verzicht zu Gunsten der nachfolgenden aus dem Walde zu beziehen. Aber dieser Betrieb ist nur auf sehr gutem Boden und in mildem Klima lohnend; er greift den Boden stark an, theils wegen der oft wiederholten Bloßlegung, theils wegen des starken Entzuges an Phosphorsäure und Kali, welcher in dem vielen Reisholz und den Rinden enthalten ist, so daß nur im Hügellande und im Stauwassergebiete der Stromthäler, auf Schlickboden der Niederungen und Strominseln der Niederwald eine gedeihliche Wirthschaft darstellt. Für Gebirgslagen, für nährstoffarme oder angeschwemmte Sandböden eignet sich dagegen diese Betriebsart in der Regel weniger und viele Böden sind durch dieselbe schon der Verödung entgegengeführt worden, namentlich im südlichen Europa. Die Massenerträge des Niederwaldes sind im Allgemeinen erheblich kleiner als jene des Hochwaldes und eine Produktion von Nutzhölzern stärkerer Dimensionen ist ausgeschlossen, was gegen eine ausgedehnte Anwendung dieser Betriebsart spricht. Für die Forsteinrichtung bietet die Einschätzung der Erträge des Niederwaldes dann keine besonderen Schwierigkeiten, wenn die bisherige Wirthschaft eine ordnungsmäßige Buchung der Erträge geführt hat. Da der Kahlschlag die Regel bildet und die Schlagflächen in der Regel genau gemessen und in die Karten eingetragen sind, so liefern die thatsächlichen Ergebnisse der Fällungen so gute Anhaltspunkte für die Schätzungen, daß man auf Ertragstafeln und Probeflächenaufnahmen meistens verzichten kann.

ad C. **Mittelwaldbetrieb.** Bei dieser Betriebsart werden ungleichalterige Bestandesformen erzogen, bei welchen in einem Grundbestande aus Stockausschlägen Stangen und Stämme von Samenpflanzen in Einzelmischung oder auch in horst- oder gruppenweiser Vertheilung beigemischt sind. Die Stockausschläge heißen das „Unterholz“, im Gegensatz zu dem zur Nutzholzproduktion bestimmten „Oberholze“, dessen Alter stets nach den Umtrieben des ersten gezählt wird. So unterscheidet man Stangen, welche beim ersten Abtrieb stehen blieben als „Laßreitel“, die beim zweiten Abtrieb beibehaltenen als „Oberholzbäume“, beim dritten als „angehende Bäume“, weiter als „Bäume“,

„Hauptbäume“ und dergl., oft aber benennt man sie blos nach ihrem Durchschnittsalter. In dem schulgerechten Mittelwalde wird dem Ober- und Unterholz die gleiche wirthschaftliche Bedeutung zugemessen, ersteres wird meistens durch Heisterpflanzung zuweilen aber auch Saat und natürliche Besamung erzogen, letzteres stets aus Lohden (Stock- und Wurzelausschlag). Allein in der Praxis hat sich dieser Typus nur ausnahmsweise rein erhalten, einerseits haben die Einwirkungen der steigenden Nachfrage nach Nutzhölzern, hauptsächlich Eichenstammholz, Eschen-, Ulmen-, Birken-, Hainbuchen- und Erlen-, theilweise auch Lärchen- und Kiefernstämmen dazu geführt, den Schwerpunkt der Mittelwaldwirthschaft in die Erziehung der genannten Nutzholzarten zu verlegen und dieselben in solchem Schluß erwachsen zu lassen, daß die Bestände den Charakter eines ungleichalterigen Hochwaldes von plänterartiger Form annahmen, das Unterholz aber mehr die Bedeutung eines Bodenschutzholzes erhielt.

Anderseits gab im milden Klima der Werth der Eichenspiegelrinde den Anstoß, dem Stockausschlag eine vorherrschende Bedeutung beizulegen und den wirthschaftlichen Erfolg hauptsächlich von der Eichenlohrinden-Erzeugung in bester Qualität zu erwarten. Da aber die Eichenlohden gegen Beschattung sehr empfindlich sind und jede Überschirmung den Werth der Schälrinde beeinträchtigt, so mußte das Oberholz nur auf Horste in Mulden oder auf Einzelvertheilung an Bachrändern, an der Waldgrenze oder an Wegen und Schneißen eingeschränkt werden, während es aus dem Innern der Bestände verschwinden mußte (etwa Birken und Lärchen abgerechnet). Diese Umwandlung näherte den Mittelwaldbetrieb mehr dem Niederwald- und dem reinen Eichenschälwaldbetriebe.

Entsprechend dieser verschiedenen Gestaltung der Bestockungsformen ist daher auch die wirthschaftliche Bedeutung dieser Betriebsart sehr auseinandergehend, indem die Nutzholzwirthschaft große Kapitalvorräthe an werthvollem Material erfordert, deren Verzinsung aber vortheilhafter ist, als jene des Hochwaldes wegen der ausgiebigen Benutzung des Lichtungszuwachses und wegen der starken Werthsmehrung der Oberholzbäume. Auch ist der Massenertrag der gut gepflegten Mittelwälder auf gutem Boden ein nahezu gleich hoher wie im Hochwalde; auf schlechten Böden freilich nimmt die Ertragsfähigkeit wegen der großen Anforderungen, welche diese Betriebsart an das Nährstoffkapital des Bodens stellt, meistens rapide ab. Hingegen verzichtet die vorzüglich auf Eichenschälrinde abzielende Gestaltung dieser Betriebsart auf Kapitalaufwendungen in Form von Holzvorräthen, sie wird dagegen arbeitsintensiver und eignet sich so für die weniger sparkräftigen Besitzeskategorien des kleinen Privat- und Gemeindewaldes, wo das größere Arbeitseinkommen besonders geschätzt wird. Für die taxatorischen Arbeiten der Forsteinrichtung und zwar sowohl für die Ermittlung der gegenwärtigen Holzvorräthe als auch für Einschätzung des Zuwachses bieten die Mittelwaldungen erhebliche Schwierigkeiten, weil die Unregelmäßigkeit in der Bestockung der Flächen, in der Vertheilung des Oberholzes und in den Schaftformen der einzelnen Stämme eine große Sorgfalt bei der Erhebung der taxatorischen Grundlagen, namentlich zahlreiche Stammauszählungen und Messungen nothwendig machen.

§ 10. **Umtriebszeit.** Wie von der Betriebsart, so wird der Ertrag eines Waldes auch von der Umtriebszeit hinsichtlich seiner Masse und Beschaffenheit wesentlich beeinflußt. Man versteht unter Umtriebszeit (oder Turnus) das durchschnittliche Alter, welches planmäßig die zum Haubarkeitsertrage gehörigen Bäume und Holzbestände erreichen sollen. Die Umtriebszeit ist daher ein für die zukünftige wirthschaftliche Behandlung eines Waldes vorgestecktes Ziel und sie bildet die Norm für die Bestimmung der Hiebsreife der einzelnen Bestände der gleichen Betriebsart. Gleichzeitig bedeutet das Wort Umtriebszeit aber auch den ganzen Zeitraum, welcher

1. von der Begründung eines für eine Betriebsart typischen Bestandes bis zur mittleren Abtriebszeit desselben verfließt,
2. vom Beginne eines Forsteinrichtungsplanes (dem sogen. Terminus a quo) bis zum Abtriebe sämmtlicher nach gleicher Betriebsart zu behandelnder Bestände, welche zu einem Ganzen, nämlich der sogenannten „Betriebsklasse" vereinigt sind, dauert.

Ersterer Begriff bezieht sich auf den aussetzenden, letzterer auf den Nachhaltsbetrieb eines größeren Waldganzen. Die Reihenfolge, in welcher die nach einerlei Umtriebszeit zu bewirthschaftenden Bestände zum Abtriebe gelangen, wird aber noch durch eine Reihe anderer Umstände und Erwägungen beeinflußt, so daß das wirkliche Abtriebsalter der einzelnen Bestände von dem normalen Umtriebsalter bald nach oben, bald nach unten hin etwas abweicht; man stellt daher das „normale" und die „speziellen Haubarkeitsalter" einander gegenüber und sucht die letzteren möglichst in der Weise in den Wirthschaftsplänen vorauszubestimmen, daß ihr geometrisches Flächenmittel mit der Umtriebszeit annähernd übereinstimmt, d. h. wenn f_1 f_2 f_3 ... die Flächen der einzelnen Bestände, F die ganze Fläche der Betriebsklasse, a_1 a_2 a_3 ... die speziellen Abtriebsalter der Bestände, u die Umtriebszeit bezeichnet, so soll $\frac{f_1 a_1 + f_2 a_2 + f_3 a_3 + \ldots}{F} = u$ sein. Sind jedoch die ältesten Bestände in Folge der früheren Bewirthschaftung schon jetzt erheblich älter als die Umtriebszeit, so fällt auch das geometrische Mittel der Abtriebsalter über u hinaus, in welchem Falle man zuweilen eine faktische Umtriebszeit von der normalen, d. h. erst durchzuführenden unterscheidet.

Schon bei Erörterung des Begriffes Nachhaltigkeit wurde (S. 14) gezeigt, daß die Zeit, innerhalb deren man den Zuwachs sich an den Bäumen eines Bestandes ansammeln läßt, ein sehr wichtiger Theil des wirthschaftlichen Programms der forstlichen Produktion ist, weil dieser Zeitraum maßgebend für die Größe der jährlichen Schlagfläche $\frac{F}{u}$, für die Flächengröße $F\left(1-\frac{1}{u}\right)$, und die Vorrathsmassen der übrigen, zunächst nicht schlagbaren Waldtheile, für den Gebrauchswerth und Preis der zur Nutzung gelangenden Holzmassen und für die Rentabilität des ganzen Betriebes sei. Deshalb bildet die Festsetzung der Umtriebszeit einen sehr wichtigen Schritt zur praktischen Durchführung der im ersten Abschnitte (§§ 5 u. 6) erörterten leitenden Gesichtspunkte der Forstwirthschaft und erfordert die gewissenhafte Erwägung sowohl der gegebenen natürlichen Wachsthumsfaktoren als auch der volkswirthschaftlichen Verhältnisse, unter welchen die Erzeugung und Verwerthung der Waldprodukte stattfindet. In der forstlichen Praxis wird die Umtriebszeit daher häufig nicht nach einem einzigen Entscheidungsgrunde, sondern nach einer Mehrzahl solcher festgesetzt, wie dies in administrativen Fragen oft nothwendig ist, um widerstreitende Interessen in einem Kompromisse zu vereinigen. Die Theorie spezialisirt dagegen besser die Motive, welche hierbei wirksam sind; sie sucht im Gegentheil die einzelnen Interessen scharf hervorzuheben, zu zergliedern und ihre Folgen möglichst unvermischt zum Ausdruck zu bringen. In der Theorie der Forsteinrichtung findet man daher gewöhnlich eine Unterscheidung von verschiedenen Arten von Umtriebszeiten angegeben, die sich von einander durch die ausschlaggebenden Wirthschaftsziele unterscheiden, namentlich aber einen sehr ungleichen Gebrauch von den Faktoren der Produktion machen und welche im Nachstehenden näher betrachtet werden sollen.

1. Physische Umtriebszeit nennt man jene, bei welcher den natürlichen Produktionskräften (also den „freien Gütern") die entscheidende Bedeutung beigelegt wird. Das normale Haubarkeitsalter bemißt sich hier hauptsächlich nach waldbaulichen Gesichtspunkten, indem der Zeitpunkt der sichersten natürlichen Wiederverjüngung — also das Alter der vollkommensten Samenproduktion bei Hochwaldungen oder die Dauer der Ausschlagfähigkeit der Stöcke im Mittel- und Niederwald — vorzugsweise in Berücksichtigung gezogen werden. Ebenso werden auch die Erhaltung des Bestandesschlusses und der Produktionsfähigkeit des Bodens oder die Vermeidung von Sturmschaden sowie

von Krankheiten der Bäume und andere natürliche Vorkommnisse bei der Bemessung der Umtriebszeit in Erwägung zu ziehen sein; aber nur wenn diese ausschließlich und ohne Berücksichtigung der Zuwachsgrößen oder der Rentabilität den Bestimmungsgrund bildeten, kann man von einer physischen Umtriebszeit sprechen; sie bildet dann gewissermaßen einen Gegensatz zu den von ökonomischen Gründen abgeleiteten Umtriebszeiten, welche im Folgenden unter 4. und 5. besprochen werden sollen. Freilich dürfen auch diese letzteren die waldbaulichen Rücksichten nicht außer Acht lassen.

2. Umtrieb des größten Massenertrages. Bei diesem erreichen planmäßig die Bestände jenes Durchschnittsalter bei welchem der jährliche Durchschnittszuwachs an Holzmasse am größten ist. Nach § 35 fällt aber dieser „Kulminationspunkt" des Durchschnittszuwachses in dasjenige Alter, wo der laufend-jährliche Zuwachs gleich dem durchschnittlichen wird. Man hat in der forstlichen Litteratur lange Zeit hindurch als staatswirthschaftliche Maxime für die Bewirthschaftung der Wälder die Produktion der größten Masse von Holz auf der kleinsten Fläche erklärt und verlangt, daß insbesondere der Staat diese in seinen eigenen Forsten durchführen solle. Diese Ansicht entsprang hauptsächlich der im 18. Jahrhundert allgemein verbreiteten Furcht vor künftigem Holzmangel und wurde zuerst von dem Naturforscher Réaumur bestimmt formulirt, der sogar den ersten „Arbeitsplan" für die Anstellung von Versuchen über die Zeit des größten Massenertrages in Niederwäldern aufstellte*). Später

*) Der Wortlaut dieses Passus aus der sehr interessanten Abhandlung ist folgender: René Ant. Ferchault de Réaumur (der bekannte Physiker, nach welchem das 80theilige Thermometer benannt ist): Réflexions sur l'état des bois du royaume etc. (Histoire de l'Académie Royale des Sciences. Année 1721. S. 292 u. ff.): „Im Allgemeinen sollte man erlauben, vielleicht sogar anbefehlen, daß die Hochwaldungen gehauen werden, bevor sie zu alt geworden sind. Es ist der Verlust sehr beträchtlich, wenn zu alte Bäume auf dem Stock belassen werden, nicht blos, weil man von dem Boden nicht so viel bezieht, als möglich wäre, sondern das verarbeitete Holz hat auch nicht mehr eine so lange Dauer, wenn es von überalten Bäumen herstammt, als solches von jungem, wüchsigem Hochwalde,; das wissen die Schiffbauer recht wohl, denn die Erfahrung hat ihnen gezeigt, daß Schiffe, die aus ganz alten Bäumen gebaut sind, nicht so lange dauern, als solche von jungen, kräftig gedeihenden Bäumen. Das Holz der ersteren hat bereits auf dem Stock begonnen, sich abzunutzen . . . . . Die Erhaltung der Niederwaldungen erfordert keine geringere Aufmerksamkeit als jene der Hochwaldungen; denn abgesehen davon, daß sie gewissermaßen die Pflanzschule sind, liefern sie uns das Brenn- und Kohlholz für mannigfachen Gebrauch . . . . Gewiß müssen deshalb die Niederwaldschläge nach den günstigsten Abtriebsaltern geregelt werden. Diese günstigsten Alter sind aber nicht die gleichen für alle Länder und für die Niederwälder aller Holzarten. Um aber diese Alter und Standörtlichkeiten zu bestimmen, wäre es nicht blos nothwendig, besondere Verordnungen für jede Provinz und ihre Theile zu erlassen, sondern die Verordnungen sollten sich in viel höherem Maße auf Versuche stützen, welche zwar vielleicht zu lange Zeit brauchen, um von Privaten unternommen werden zu können, die aber wichtig genug sind, daß das Königreich so viel Mittel dafür aufwende, als hierfür möglich ist. Um die Nothwendigkeit solcher Versuche zu beweisen und gleichzeitig eine Vorstellung von der Art, wie sie ausgeführt werden könnten, zu geben, will ich

wurde diese Forderung in verschiedenen Variationen von forstlichen und

---

mich an ein Beispiel halten: Ich setze einen Niederwald voraus, den man ordnungsmäßig alle zehn Jahre abtreibt; von diesem Niederwald soll man einen Theil, z. B. einen Waldmorgen (arpent), nehmen und alles Holz, das er erträgt, besonders aufsetzen, sei es als Scheitholz (das nicht sehr dick sein wird), sei es als Wellenholz. Diese Reisigbündel mache man von ganz gleicher Länge und Dicke oder, um die größte Genauigkeit zu erreichen, mache man sie von gleichem Gewicht. Es wird im Lande nicht überall außergewöhnlich erscheinen, das Holz zu wiegen, weil es in einzelnen Gegenden wirklich nach dem Gewicht verkauft wird. Unter Anwendung dieser Vorsichtsmaßregeln erfährt man genau die Menge von Holz, welches dieser Morgen erzeugt hat. Nahe bei diesem Waldmorgen, der zur Fällung kam, läßt man einen ganz ähnlich beschaffenen Morgen stehen und haut diesen erst im fünfzehnten Jahre, wobei dann zur Zeit der Fällung in ganz gleicher Weise abgezählt oder gewogen wird, welche Holzmasse er ergeben haben wird. Am Ende der zehn Jahre haue man wieder das Holz, welches der erste Morgen ertragen hat, zähle und wäge es, endlich nach Umlauf von dreißig Jahren fälle man zum dritten Mal diesen Morgen immer unter den gleichen Vorsichtsmaßregeln bezüglich der Messung oder Wägung seines Holzertrages. Außerdem haue man dann zum zweiten Male den zweiten Morgen, welcher nur alle fünfzehn Jahre abgeholzt werden solle, und wenn man dessen Ertrag gemessen oder gewogen haben wird, so wird man einen genauen Vergleich anstellen können zwischen einem in dreißig Jahren dreimal und einem nur zweimal abgetriebenen Niederwalde, und auf Grund hiervon wird man im Stande sein zu beurtheilen, ob es vortheilhafter ist, die Schläge auf diesem Standort von zehn zu zehn Jahren oder von fünfzehn zu fünfzehn Jahren einzurichten. Der hier besprochene Versuch sollte unter sehr verschiedenen Verhältnissen wiederholt werden. Man sollte auch die in nächster Nachbarschaft angelegten Schläge vergleichsweise mit längeren Zeiträumen versuchen .... Sicher erscheint uns das Eine, daß solche Versuche, wenn sie so weit als möglich ausgedehnt werden, uns in den Stand setzen müßten, von den Waldflächen unseres Königreiches die größtmögliche Menge von Holz zu beziehen, welche überhaupt erzeugt werden kann, und die Niederwaldungen in dem vortheilhaftesten Alter zu schlagen. Aber, um die Wahrheit zu sagen, man kann kaum hoffen, daß die französische Ungeduld es gestatte, so weitaussehende (de si longue haleine) Versuche zu unternehmen; wir wollen Alles wissen, Alles fertig haben in einem Augenblick; Untersuchungen dieser Art würden sicherer von der Regierung zur Ausführung gebracht. Sie sind ein so wichtiger Gegenstand für den Staat, um dessen Aufmerksamkeit zu verdienen, und ich wage zu behaupten, daß es für einen Fürsten die großartigsten und edelsten Versuche sind, die er anstellen könnte. Die königlichen Forste würden uns ein umfassendes Material für solche Untersuchungen liefern, welche man mit wenig Kosten ausführen könnte. Wollte man die Herren Intendanten und die Grandmaîtres des Eaux et Forêts (Oberforstmeister) beauftragen, sie mit Genauigkeit und Schärfe zur Ausführung zu bringen, so würden unsere Niederwaldungen nicht mehr nach der unsicheren Art geschlagen, wie es gegenwärtig der Fall ist."

Auch der berühmte Naturforscher Buffon beschäftigte sich durch eigene Versuche in seinem Waldbesitze mit der Ermittlung der vortheilhaftesten Umtriebszeit. (Siehe Histoire de l'Académie de France. Année 1739). In dem „Mémoire sur la conservation et le rétablissement des forêts" sagt Buffon (S. 145): „Im Allgemeinen kann man sagen, daß man auf gutem Boden gewinnt, wenn man zuwartet, auf Standorten von geringer Bodengüte aber muß man sehr frühzeitig hauen; indessen ist es wünschenswerth, dieser Regel eine größere Präzision zu geben und das genaue Alter zu bestimmen, wenn man einen Niederwald schlagen soll. Dieses Alter ist jenes, wo der Holzzuwachs sich zu vermindern beginnt. In den ersten Jahren wächst das Holz immer stärker zu, d. h. der Zuwachs des zweiten Jahres ist stärker als jener des ersten, der des dritten stärker als des zweiten u. s. w., so vermehrt sich der jährliche Zuwachs bis zu einem bestimmten Alter, worauf er wieder abnimmt: das ist der Punkt des Maximum, den man ergreifen muß, um von seinem Walde so viel Zuwachs und Nutzen als möglich zu beziehen." Buffon berichtet hierauf von seinen eigenen Versuchen, die er nach Réaumur's Plan ausgeführt hat.

nationalökonomischen Schriftstellern wiederholt, bis sie von der Ad. Smith'schen Schule, namentlich von Malchus in seinem „Handbuch der Finanzwissenschaft" (Stuttgart 1830) lebhaft bekämpft wurde.

Unter den deutschen Forstwirthen, welche diesen Umtrieb der größten Massenerzeugung befürworteten, steht obenan G. L. Hartig, welcher 1795 in analoger Weise wie Réaumur für den Niederwald, die Anstellung von Versuchen zur Ermittlung des jährlichen Durchschnittsertrages im Buchenhochwald bei verschiedenen Umtriebszeiten lehrte. G. L. Hartig zeigte auch in nachdrücklicher Weise, daß bei zu kurzen Umtrieben die Gesammtproduktion sinken müsse, weil jeder Bestand die Jugendperiode mit ihrem geringen Zuwachsquantum öfters durchmachen muß, als bei längerem Turnus. Indessen wies Hartig schon darauf hin, daß sogar im Brennholzwald, noch ungleich mehr aber im auf Nutzholzerziehung gerichteten Betriebe, die Qualität der erzeugten Hölzer neben der Masse berücksichtigt werden müßte. Hinsichtlich der volkswirthschaftlichen Bedeutung der Frage, ob die Wälder eines Landes nach Umtriebszeiten, die dem Maximum des Massenertrages entsprechen, bewirthschaftet werden oder nach hiervon erheblich abweichenden Umtrieben, gab G. L. Hartig eine statistische Berechnung, worin ein Verlust für das Land von jährlich 100000 Klaftern Holz als Konsequenz einer unrichtigen Umtriebsbestimmung nachgewiesen wird — eine Warnung, die hauptsächlich auch gegen den Niederwaldbetrieb gerichtet ist.

Auch Cotta, Pfeil und Hundeshagen betonten neben einer Reihe von anderen Gesichtspunkten die Bedeutung der größten Massenerzeugung für die Wahl der Umtriebszeit; allein diese Schriftsteller waren wie ihre Zeitgenossen in der forstlichen Praxis fast ausnahmslos der irrigen Anschauung, als ob der Zeitpunkt der größten Massenproduktion im Hochwalde viel höher liege, als es thatsächlich der Fall ist. Die meisten der älteren Ertragstafeln waren nämlich auf Grund von Probeflächen-Aufnahmen in unregelmäßigen Beständen entworfen worden, die keinen normalen Entwicklungsgang und keinen intensiven Durchforstungsbetrieb erfahren hatten; die älteren Bestände enthielten daher noch eine große Masse von unterdrücktem Material, welches in normalen Verhältnissen hätte früher zur Nutzung kommen sollen, zum Theil aber auch eingewachsene Althölzer, die aus dem einstmaligen Plänterbetrieb herstammten. Schon der bayerische Salinenforstmeister Huber in Reichenhall (1725)*), später aber namentlich C. Heyer

*) Huber (kgl. Salinenforstinspektor) spricht in Behlen's Zeitschrift für das Forst- und Jagdwesen, IV. Bd., 1. Heft, 1825. S. 49, als Resultat seiner umfangreichen Bestandesaufnahmen (nach dem Verfahren des mittleren Modellstammes) und deren Vereinigung zu einer „generellen Zuwachsskala" den Satz aus: „daß hier der größte Quotient des Materialzuwachses schon zwischen das dreißigste und vierzigste Jahr fällt. Der größte Werth des zugewachsenen Holzes aber berechnet sich zwischen siebzig und achtzig Jahre."

wiesen nach, daß der Kulminationspunkt des jährlichen Durchschnittszuwachses bei genauer Ermittlung erheblich früher eintrete, als man zu jener Zeit sonst allgemein angenommen hatte; die in neuerer Zeit angestellten Ertragsuntersuchungen bestätigten die Richtigkeit dieser, anfangs heftig bekämpften Behauptungen. Während nämlich noch Hartig, Cotta und Hundeshagen die Umtriebszeit des größten Massenertrages in Grenzen einschlossen, welche bei der

Eiche zwischen 150—200 Jahre betrugen,
Buche „ 50—150 „ „
Fichte „ 80—140 „ „
Kiefer „ 80—140 „ „

haben die genauen Untersuchungen, auf denen sich die neueren Ertragstafeln aufbauten, folgende Ergebnisse über die Zeit der Kulmination des Durchschnittszuwachses geliefert, wobei in den meisten Fällen nur die Derbholzerträge ohne Zwischennutzungen in Rechnung gezogen sind.

Land und Standort.	Name des Versuchs-Anstellers.	Holzart.	Bonitätsklasse.	Alter, in welchem der Durchschnittszuwachs an Derbholz kulminirt
Baden	Forstrath Schuberg	Eichen	II	70
„	„ „	„	III	90
Braunschweig (Elm)	Professor Theod. Hartig	Rothbuchen	I	90
Bayer. Spessart .	Professor Robert Hartig	„	I	60
Braunschweig . . (Wesergebirge)	„ „ „	„	I	70
Oberbayern . . .	„ „ „	„	—	90
Württemberg . .	Professor v. Baur	„	I	75
„ . .	„ „	„	II	94—113
„ . .	„ „	„	III	99—103
„ . .	„ „	„	IV	115—120
„ . .	„ „	„	V	110—115
Baden	Forstrath Schuberg	„	I	50—60
„	(Allg. Forst- und Jagd-Ztg.	„	II	55—60
„	Supplem. XII. Bd., 2. Heft,	„	III	60—65
„	S. 84)	„	IV	70—85
„		„	V	85—90
Zürich (Siehlwald)	Forstmeister U. Meister	„	I	84
„ „	„ „	„	II	92
„ „	„ „	„	III	93
„ „	„ „	„	IV	101
Hessen (Oberförsterei	Professor Wimmenauer	„	I	90
Lich, fürstl. Solms)	(A. F.- u. J.-Z. 1889, Märzh.)	„	II	100
Preußen, Bayern und Sachsen	Professor Weise	Kiefern	I^b	30
	„ „	„	II^b	45
	„ „	„	III^b	40
	„ „	„	IV^b	45
	„ „	„	V^b	40

Land und Standort.	Name des Versuchs-Anstellers.	Holzart.	Bonitäts-klasse.	Alter, in welchem der Durchschnitts-zuwachs an Derbholz kulminirt.
Sachsen	Professor Kunze	Kiefern	I	40
"	" "	"	II	50
"	" "	"	III	55—60
"	" "	"	IV	65—75
"	" "	"	V	90
Pommern . . .	Professor Rob. Hartig	"	I	40—50
Hessen . . . . . (Main-Rhein-Ebene)	Professor A. Schwappach (Allg. F.- u. J.-Ztg. 1886, Oktoberheft)	"	I	45—50
		"	II	55—60
		"	III	55—70
		"	IV	50
do., Buntsandstein-Gebirge . . . (Odenwald 2c.)	Derselbe	"	I	50—55
	"	"	II	55—70
	"	"	III	60—65
	"	"	IV	55
Norddeutsche Tiefebene	Derselbe	"	I	50
" "	"	"	II	55—60
" "	"	"	III	60—65
" "	"	"	IV	60—65
" "	"	"	V	70—75
Württemberg . .	E. Speidel (Allg. F.- u. J.-Ztg., Suppl. XIII. Bd., Heft 2)	"	I	36—38
" . .		"	II	30—40
" . .		"	III	28—42
Baden	Forstrath Schuberg	"	I	30
"	" "	"	II	40—50
"	" "	"	III	60
Braunschweig (Harz)	Professor Rob. Hartig	Fichten	I	60—70
" "	" " "	"	II	50—60
Württemberg . .	Professor F. v. Baur	"	I	55—73
" . .	" "	"	II	78—91
" . .	" "	"	III	94—104
" . .	" "	"	IV	103—113
Baden	Forstrath Schuberg (Allg. F.- u. J.-Ztg., Suppl. XII. Bd. 2. Heft)	"	I	65
"		"	II	65
"		"	III	70
"		"	IV	75
"		"	V	80—85
Württemberg . .	Professor T. Lorey	"	I	60—65
" . .	" "	"	II	80—85
" . .	" "	"	III	85—115
" . .	" "	"	IV	90—115
Sachsen	Professor Kunze	"	I	60
"	" "	"	II	60—65
"	" "	"	III	65—80
"	" "	"	IV	80
Württemberg . .	Professor T. Lorey	Weißtannen	I	100—105
" . .	" "	"	II	115—120
" . .	" "	"	III	125—130
Baden	Forstrath Schuberg	"	I	55
"	" "	"	II	60—65
"	" "	"	III	70—75
"	" "	"	IV	85
"	" "	"	V	100

Wenn man die Ergebnisse der in dieser Tabelle mitgetheilten Untersuchungen auf die Wahl der Umtriebszeit des größten Massenertrages übertragen wollte, so müßte für bessere Bonitäten eine kürzere, für schlechtere Bonitäten eine längere gewählt werden; dies kann aber in Wirklichkeit nur dann stattfinden, wenn blos die klimatischen Standortsfaktoren, namentlich die geringe Sommerwärme, Ursache der schlechteren Zuwachsverhältnisse sind, z. B. im Gebirge. Hingegen spielt bei geringeren Bodenklassen, namentlich auf Sand- oder flachgründigen Kalkböden die Sorge um Erhaltung des Bestandesschlusses und der Bodendecke eine so wichtige Rolle, daß sich in der Regel eine Verlängerung der Umtriebszeit aus diesen Rücksichten verbietet und daß thatsächlich auf minder fruchtbaren Böden die Umtriebe meistens kürzere sind, als auf besseren Böden, welch' letztere ja für Starkholzzucht allein in Betracht kommen können. Im Allgemeinen müßten ferner bei exakter Anwendung dieser Versuchsergebnisse die Umtriebszeiten meistens erheblich kürzer werden, als die bisher üblichen, nämlich:

im Buchen- und Eichenhochwalde auf besseren Standorten 70—90 jährig, auf geringeren ca. 100 jährig.

in Kiefernwaldungen	auf besseren Standorten 30—40 jähr.,	auf geringeren 50—70 jähr.,
„ Fichtenwaldungen	„ „ „ 60—70	„ „ „ 80—90 „
„ Weißtannenwaldgn.	„ „ „ 60—100	„ „ „ 100—130 „

Dem gegenüber sind aber z. B. in den preußischen Staatsforsten*) die Umtriebszeiten für Buchen überwiegend 100—110 jährig, nur in den mildesten Lagen der westlichen Provinzen 90 jährig, für Kiefern 80—100 jährig in den östlichen Provinzen, aber auf Gebirgsboden der westlichen Provinzen 60—80 jährig, für Fichten im Thüringerwald bis 120 jährig, in den westlichen Provinzen im Minimum 60 jährig, in den östlichen Provinzen 80—100 jährig. Für Eichen zur Starkholzerziehung 140—160 jährig, im Lichtungsbetrieb mit Unterbau ca. 120jährig. Für Erlen- und Birkenhochwald 40—60 jährig. In den bayerischen Staatsforsten waren bei der erstmaligen Forsteinrichtung die Umtriebszeiten für Hochwaldungen sehr lange,**) z. B. für Rothbuchen 96—144, für Eichen sogar 180—300 jährig, für Fichten und Tannen 96—144 jährig, für Kiefern 60—120 jährig. Im Jahre 1844 waren in den bayerischen Staatsforsten

19 %	der Hochwaldungen in Umtriebszeiten von über	130 Jahren,
36 %	„ „ „ „ „	108—120 „
34 %	„ „ „ „ „	84—96 „
11 %	„ „ „ „ „	60—72 „

*) S. Hagen-Donner: „Die forstlichen Verhältnisse Preußens“. I. Bd. S. 151. Berlin 1883. Springer.

**) S. „Die Forstverwaltung Bayerns“, vom Min. Forstbüreau herausgegeben. S. 205. München 1861. Wolf u. Sohn.

bewirthschaftet; im Verlaufe der Zeit sind allerdings viele Umtriebsherabsetzungen in den ersten Kategorien vorgenommen worden.

Ferner sei erwähnt, daß in Elsaß-Lothringen*) für Tanne und Buche 120jähriger, für Eiche, welche in der Regel im Gemische mit anderen Holzarten auftritt, das doppelte Umtriebsalter dieser letzteren, für Kiefer 80—120jähriger Turnus üblich ist.

Obgleich man daher nicht sagen kann, daß die Umtriebszeit des größten Massenertrages irgendwo in der That verwirklicht worden sei, so läßt sich doch dieses Prinzip gegenüber der bewußten und absichtlichen Abweichung, wie sie z. B. in den Niederwaldungen stattfindet, präzisiren und beurtheilen: Zunächst ist klar, daß es keinen ökonomischen Erwägungen entspringt, denn die Abgleichung der Erträge mit den Kosten findet hierbei gar nicht statt und auch der Ertrag wird nicht nach seinem Geldwerthe, sondern nur der Masse nach veranschlagt, während doch der Waldbesitzer ein ungleich größeres Gewicht auf den Werth des Ertrages legen muß. Die Rentabilität des Betriebes nach privatwirthschaftlichen Gesichtspunkten ist demnach bei einer derartigen Umtriebsbestimmung sehr vernachlässigt. Dagegen legte man lange Zeit den schon von Réaumur und G. L. Hartig betonten volkswirthschaftlichen Gründen ein großes, freilich oft überschätztes Gewicht bei. Es ist allerdings ein Kern von Wahrheit darin, daß der großen Mehrheit der konsumirenden Klassen der Bevölkerung die Lieferung ihrer Bedürfnisse in ausreichender Menge und entsprechender Qualität am Herzen liegen muß; würden daher ausgedehnte Überführungen der Hochwaldungen in Niederwald mit erheblich kleineren Massenerträgen vorgenommen, so würden Konflikte mit den Interessen der Gesammtheit der Konsumenten um so wahrscheinlicher, je mehr diese auf den Bezug von Nutzholz und überhaupt von Hölzern stärkerer Dimensionen angewiesen sind. Der freie Verkehr regelt zwar solche Mißverhältnisse zwischen Angebot und Nachfrage im Allgemeinen durch ein Steigen der Preise für die in zu geringen Mengen zu Markte gebrachten Waaren und durch die hierdurch bewirkte Anspornung zur Produktion solcher Sortimente; allein dies ist in der Forstwirthschaft nur sehr langsam und in so großen Zeiträumen ausführbar, daß es immerhin räthlich ist, mit Umtriebsherabsetzungen oder Umwandlungen in Niederwaldbetrieb sehr vorsichtig vorzugehen, da Mißgriffe in dieser Hinsicht fast nicht mehr rückgängig zu machen sind.**) Die Staatsforst-

*) v. Berg: „Mittheilungen über die forstlichen Verhältnisse von Elsaß-Lothringen." Straßburg 1883. Schultz & Co. S. 87.

**) In dieser Hinsicht ist z. B. die Handelsbilance für Holz in Frankreich lehrreich, wo die Niederwaldwirthschaft so große Gebiete einnimmt; daselbst betrug in den letzten Jahren der durchschnittliche Mehrwerth der Jahres-Einfuhr um 185 Millionen Franken mehr als jene der Jahres-Ausfuhr an Holz — und das in einem Lande mit ca. $8^1/_3$ Millionen ha Wald, welche ca. $15{,}_9$ Prozent der Landesfläche einnehmen!

verwaltungen insbesondere werden solchen Konflikten mit den Interessen ganzer Bevölkerungsschichten und großer Industriezweige nach Möglichkeit vorzubeugen suchen und sich nicht durch ein Haschen nach augenblicklichem Gewinn zu Maßregeln verleiten lassen, welche auf die Dauer die Materialerträge schädigen, ohne Aussicht auf mögliche Reparirung. Man bezeichnet häufig die Umtriebszeit des größten Massenertrages als eine Folge der physiokratischen Anschauungen im vorigen Jahrhundert, weil diese Lehre zuerst auf die große Bedeutung der Bodenproduktion für Werthbildung überhaupt und für die Verwerthung menschlicher Arbeitskraft speziell hingewiesen hat. Aus demselben Grunde nannten manche Schriftsteller diese kurzweg die nationalökonomische Umtriebszeit; aber diese Bezeichnung ist unglücklich gewählt, weil es vorwiegend Gründe der Wohlfahrtspolizei und keine wirthschaftlichen sind, die hier den Ausschlag geben.

Die nach der Kulmination des Durchschnittszuwachses bemessenen Umtriebszeiten müßten nach der obigen Tabelle im großen Ganzen sehr kurz ausfallen, ja meistens zu einer einschneidenden Abkürzung der bis jetzt bestehenden führen. Thatsächlich verleitete aber die schon erwähnte falsche Ansicht von dem späten Eintritt der Kulmination die forstliche Praxis zur Festsetzung von sehr langen Umtrieben, gegen welche dann die Vertreter des Rentabilitätsprinzips hauptsächlich ihre Angriffe richteten. Solche übermäßig lange Umtriebszeiten waren sehr kapitalintensiv, denn sie erforderten sehr große Holzmassen auf dem Stock als Produktionskapital, welch' letzteres sich im jährlichen Zuwachs schlecht verzinste. Rechnet man nämlich nur nach dem Durchschnittszuwachs z eines Hektars Waldboden, so ist im Alter u der Holzvorrath des ältesten Bestandes $= uz$, dessen Verzinsung p (daher nach $uz : z = 100 : p$ sich berechnet $p = \frac{100}{u}$. Die Verzinsung der Masse in ihrem Zuwachs ist folglich verkehrt proportional zur Länge der Umtriebszeit und sinkt schon bei 100 Jahren auf ein Prozent herab, für verschiedene nach Dezennien abgestufte Umtriebszeiten bilden daher die Verzinsungsprozente einer Reziprokenreihe. Über die Verzinsung eines im Nachhaltsbetriebe bewirthschafteten Waldes ist im § 14 das Nähere mitgetheilt. Wenn die Zwischennutzungen mit in den Ertrag eingerechnet werden, so ändert sich die obige Berechnung des Massenzuwachsprozentes in der Art, daß man einen Prozentausdruck für das Verhältniß der Zwischennutzung d zur Hauptnutzung z einführt, z. B. $d = 0{,}0\,v \cdot z$, dann ist

$$uz : (z + 0{,}0\,v \quad z) = 100 : p,$$

folglich $p = \frac{100 + v}{u}$, wonach also zwar die Zwischennutzungen das Prozent des Massenzuwachses absolut verbessern, aber keine Änderung in dem Verhältnisse bewirken, in welchem dasselbe mit der Länge der Umtriebszeit sinken muß.

3. Umtrieb des größten Haubarkeitswerthes (auch technische Umtriebszeit genannt). Werden planmäßig die Holzbestände in einem Durchschnittsalter genutzt, wo die durchschnittlichen jährlichen Bruttoeinnahmen aus dem jährlichen Haubarkeitsertrag am größten sind, so übt nicht blos der natürliche Massenzuwachs, sondern auch der durch die Konsumverhältnisse bedingte Gebrauchswerth des Holzes einen Einfluß auf die Bestimmung der Umtriebszeit aus. Der Konsument schätzt aber für seine Zwecke nicht blos die verschiedenen Holzarten verschieden hoch, sondern er unterscheidet auch bei der gleichen Holzart deren Gebrauchswert in verschiedenen Altern und Stammstärken je nach ihrer technischen Qualität. Wo nur die Brennkraft des Holzes bezahlt wird, ist dieser Unterschied verhältnißmäßig gering, obgleich auch das gespaltene (Kloben- oder Scheitholz) theurer ist, als das geringere Knüppel- oder Prügelholz. Viel größer aber werden die Unterschiede im Preis von starkem und schwachem Nutzholz, weil hier die stärkeren Dimensionen, größere Vollholzigkeit, die bessere Ausbildung des Kernes bei geringerem Splintholzgehalt, die bessere Spaltigkeit und Astreinheit. sowie eine Reihe sonstiger technischer Vorzüge dem älteren Holze innerhalb gewisser Grenzen einen höheren Gebrauchswerth verleihen. Hierzu kommt noch ein gewisser Seltenheitswerth, der dem älteren Holze gegenüber dem in viel größeren Massen angebotenen schwächeren Stammholz zukommt. Alle diese angeführten Beweggründe verschaffen im Tauschverkehr der Maßeinheit von älterem Holz bis zu gewissen Grenzen einen höheren Werth, der sich im Preis pro Kubikmeter für die verschiedenen Stammklassen ausdrückt. Um die Werthe der verschiedenen Sortimente auf gleichen Maßstab zu reduziren, hat schon Hundeshagen einen mittleren als Vergleichsobjekt dienenden Holzwerth vorgeschlagen; Wagener verfolgte den gleichen Zweck, indem er als Einheit der Rechnungen in der Forsteinrichtung den „Werthmeter“ in Anwendung brachte, welcher sich aber im großen Betriebe nicht einzubürgern vermochte. Der Gang dieser Werthsmehrung kann für sich allein in Betracht gezogen werden, oder in Verbindung mit den übrigen Vorraths- und Zuwachserhebungen durch Probeflächenaufnahmen erforscht werden. Im ersteren Falle dienen als Grundlage für diese Erhebungen die Verkaufslisten (Schlagregister), aus welchen nach den Regeln der Statistik für gleiche Zeiträume die Durchschnittspreise von einem Festmeter einer und derselben Holzart nach den verschiedenen Sortimenten und Mittelstärken zusammengestellt und mittelst besonderer Erhebungen auf die Altersstufen einer Zuwachsreihe übertragen werden. Im zweiten Falle müssen die Sortimentsausscheidungen auf dem Wege direkter Versuchsanstellung, z. B. gelegentlich der Aufnahme nach dem

Draudt'schen Verfahren ermittelt werden. Diese Werthsmehrung von einem Kubikmeter Masse heißt man jetzt nach R. Preßlers Vorschlag den „Qualitätszuwachs", sie wurde aber schon in früherer Zeit bei den Forsteinrichtungswerken durch Versuche erhoben. So wurde z. B. in verschiedenen Staatsforsten Bayerns, namentlich im Frankenwalde (F. A. Kronach) schon im Jahre 1829 die Umtriebszeit nach der vortheilhaftesten Nutzholzausbeute berechnet, zu welchem Zwecke auf 79 Probeflächen außer dem Massenvorrath noch der Sortimenten-Anfall ausgeschieden nach Brennholz, Bau- und Sägeholz, letzteres wiederum nach 3 Stärken $\left(\frac{12''}{41\text{ cm}}\,\frac{14''}{48\text{ cm}}\,\frac{16''}{55\text{ cm}}\right)$ in Prozenten ermittelt und für die Altersstufen von 80 bis 150 Jahren tabellarisch dargestellt wurde.*) Ähnliche Erhebungen wurden früher im Schwarzwalde gemacht, um zu erforschen, bei welchem Alter die sogenannte „Holländertanne" (bei 18 m Länge und mindestens 30 cm Zopf-Durchmesser) unter verschiedenen Wachsthumsverhältnissen erzogen werden könne; wahrscheinlich sind in vielen anderen Nadelholzforsten bei den früheren Forsteinrichtungsarbeiten ähnliche Untersuchungen angestellt worden, behufs Festsetzung der Umtriebszeit nach dem höchsten Gebrauchswerthe oder nach den Ansprüchen der holzverarbeitenden Industrie, woher die Bezeichnung „technische Umtriebszeit" stammt. Die in der Litteratur enthaltenen Angaben über Qualitätszuwachs sind im § 38 ausführlicher mitgetheilt, es ergiebt sich aus denselben, daß sie zwar wichtige Gesichtspunkte zur Beurtheilung der vortheilhaftesten Umtriebszeit liefern, aber nur in Verbindung mit genauer Erfahrung des Massenzuwachses und

---

*) Die durchschnittlichen Angaben über den Prozentanfall an Brenn-, Bau- und Sägeblockholz aus den Tannen- und Fichtenwaldungen des Frankenwaldes waren damals (1829):

I. In vollkommen geschlossenen Beständen				II. Minder geschlossen und wüchsig			III. Licht, aber wüchsig			IV. Geschlossen, aber minderwüchsig		
Wachsthums-Zeit	Brennholz	Bauholz	Sägeblöche	Brennholz	Bauholz	Sägeblöche	Brennholz	Bauholz	Sägeblöche	Brennholz	Bauholz	Sägeblöche
	%	%	%	%	%	%	%	%	%	%	%	%
bis 90 jährig	9	22	67	—	—	—	—	—	—	—	—	—
„ 100 „	4	27	67	8	29	63	—	—	—	22	55	22
„ 110 „	6	18	76	—	—	—	—	—	—	—	—	—
„ 120 „	3	24	72	0	6	93	—	—	—	—	—	—
„ 130 „	3	16	79	2	12	85	0	2	96	4	21	73
„ 140 „	3	27	69	2	8	88	0	1	98	3	48	48
„ 150 „	—	6	93	1	7	92	0	3	95	1	15	82

Diese Untersuchungen sind namentlich interessant wegen des nachgewiesenen Lichtungszuwachses!

der übrigen wirthschaftlichen Erträge und Aufwendungen ein vollständiges Bild der vortheilhaftesten Bewirthschaftungsweise gewähren können. Ein eingehendes Studium der gangbarsten Sortimente sowohl in Lokalabsatz, als im großen Holzhandel ist daher für jede Forsteinrichtung in Nadelholzwäldern sehr wichtig, auch wenn man nicht eine rein technische Umtriebszeit darauf begründen will; denn solche Sortimententafeln sind die unerläßliche Voraussetzung von Werthsveranschlagungen überhaupt. So ist z. B. für Fichtenreviere beachtenswerth, daß nach G. Wagener's Erhebungen die überwiegende Masse (oft 85 Prozent) der im Bretterhandel vorkommenden Sortimente aus besäumten Breiten von 20—30 cm besteht, während solche unter 19 cm Breite nur in unbedeutender Menge in den Handel gelangen, dies würde nach den Zuwachsverhältnissen der Ertragstafeln von Kunze ca. 36 Prozent der Holzmasse eines 100—110jährigen Fichtenbestandes im Mittel der ersten und zweiten Bonität ergeben. Für die Fichten- und Tannenwaldungen Süddeutschlands sind nachstehende Klassifikationen für Langholzstämme zur Zeit in Geltung:

Waldgebiete.	Holländerstämme		I. Klasse		II. Klasse		III. Klasse		IV. Klasse	
	Minim.-Länge m	Mitten-Durchm. cm	Minim.-Länge m	Mitten-Durchm. cm	Minim.-Länge m	Mitten-Durchm. cm	Minim.-Länge m	Mitten-Durchm. cm	Minim.-Länge m	Mitten-Durchm. cm
									unten	unten
Oberbayern . . .	18	35	18	35	16	26–34	11	20—25	11	20
Oberpfalz	18	40	18	40	17	34	14	28	9	24
Südl. Schwarzwald	18	30	18	30	18	22	16	17	8	14
		Zopfst.		Zopfst.		Zopfst.		Zopfst.		Zopfst.

wobei sich die Zopfstärke auf die angegebene Minimallänge bezieht.

Erwägungen ähnlicher Art müssen in der Forstwirthschaftseinrichtung gewöhnlich auch bezüglich der vortheilhaftesten Durchforstungszeiten angestellt werden, weil der Absatz von Kleinnutzhölzern, Telegraphenstangen, Grubenhölzern, Schleifholz und dergleichen an bestimmte Dimensionen gebunden ist, welche durchschnittlich nur in gewissen Altern erzogen werden können. Auch im Niederwaldbetriebe spielen die Rücksichten auf die beste technische Qualität zuweilen eine wichtige Rolle in der Umtriebsbestimmung, indem z. B. der Turnus des Schälwaldes stets nach dem Zeitpunkt der werthvollsten Rindenproduktion resp. des Maximums der Gerbstofferzeugung eingerichtet werden sollte; im Kastanienniederwald ist die Rücksicht auf den höchsten Gebrauchswerth der Stangen zu Weinbergspfählen maßgebend, im Buschholzbetrieb jener zu Faschinenmaterial, anderswo sollen Reifen, Spazierstöcke oder Schirmstöcke in dieser Betriebsart erzogen werden, bis schließlich die Korbweidenzucht auf den einjährigen Umtrieb herabgelangt. Demnach schwanken die blos nach dem technischen Gesichtspunkte des höchsten Gebrauchswerthes festgesetzten Umtriebszeiten in sehr weiten Grenzen, sie haben deshalb auch keine gemeinsamen wirthschaftlichen Eigenschaften, sondern gehen vom kapitalintensiven Hochwald durch alle Zwischenstufen herab bis zu Betriebsformen, welche fast ohne Holzvorräthe wirthschaften; ausschlaggebend ist zunächst nur das Streben nach dem Maximum an Bruttoertrag, während die übrigen wirthschaftlichen Gesichtspunkte besonderen Erwägungen unterstellt oder auch ganz vernachlässigt werden. Will man aber den höchsten Verkaufswerth der Hölzer zur Umtriebsbestimmung benützen, so darf man nie vergessen, daß der Preis stets das Endresultat der entgegengesetzten Bestrebungen von Angebot und Nachfrage ist und daher an die stillschweigende Prämisse einer annähernd gleichbleibenden Masse des Angebotes wie des Konsums gebunden bleibt. Sobald der Produzent Sortimente in größeren Massen auf den Markt wirft, als der Konsum aufzunehmen vermag, sinkt der Preis und mit ihm fallen alle Konsequenzen, welche man auf denselben aufgebaut hatte. Dies tritt in der Praxis, namentlich dann stark hervor, wenn man auf großen Waldflächen schwache Sortimente, z. B. Gerüststangen oder Telegraphenstangen in vermehrtem Maße produzirt; im kleinen Maßstabe z. B. einem nicht zu umfangreichen Gutswalde kann eine Umtriebszeit zur Noth auf solche Sortimente basirt werden, niemals aber im großen Forstbetriebe des Großgrundbesitzes oder des Staates. Schon die unfreiwilligen Massenangebote schwächerer Sortimente, welche bei Windfällen, Schneebruch- oder Insektenschäden leider so oft eintreten, lassen jedesmal einen erheblichen Preisdruck fühlen*) und sind daher als eine an die Waldbesitzer gerichtete Warnung vor Illusionen zu betrachten, denen sie sich bezüglich zu weit gehender Umtriebsherabsetzungen etwa überlassen sollten.

4. Umtrieb des größten Waldreinertrages (oder der höchsten Waldrente). Da im Staats- und Gemeindehaushalt nur die baaren, sog. „rechnungsmäßigen“ Einnahmen und Ausgaben eine ziffermäßige Darstellung finden, während Zinsen der Produktionskapitalien, welche im Bodenwerth und dem Geldwerth der stockenden Holzvorräthe bestehen, mit Stillschweigen übergangen werden, so gewährt der budgetmäßige Waldreinertrag zwar ein für die Verwaltung höchst wichtiges, aber in wissenschaftlicher Hinsicht nur unvollkommenes Bild der Rentabilität des Forstbetriebes. Eine Umtriebszeit, welche den höchsten Waldreinertrag anstrebt, bringt die Holzbestände planmäßig dann zum Abtrieb, wenn deren mittleres Alter mit dem Zeitpunkt des

*) S. hierüber „Allgemeine Forst- und Jagd-Zeitung“ 1879 (September), wo Oberforstkalkulator Roth über die Preisbewegungen in Darmstadt in Folge des 1876er Windfalles berichtet.

größten durchschnittlich jährlichen Geldertrages abzüglich der Baarauslagen zusammentrifft. Man stellt sich zu diesem Zweck ein in nachhaltigem Betriebe bewirthschaftetes, aus u Jahresschlagflächen bestehendes Waldganzes vor, in welchem alljährlich annähernd gleiche Erträge geerntet werden, von deren Werth die ebenfalls alljährlich erlaufenden Kosten in Abzug kommen. Der verbleibende jährliche Nettoertrag wird aber bei Zugrundelegung verschiedener Umtriebszeiten sehr ungleich ausfallen, sowohl wegen der Änderung im Massenzuwachs, als auch in Folge der mit dem Holzwerthe zusammenhängenden Preisgestaltung, welche wir soeben besprochen haben. Von Seite der Forsteinrichtung müssen in diesem Falle durch möglichst zutreffende Veranschlagungen der Einnahmen und Ausgaben die Nettoerträge gefunden werden, welche die verschieden langen Umtriebszeiten muthmaßlich abwerfen würden und es wird jene auszuwählen sein, auf welche das Maximum des Nettoertrages trifft. Solche Kalkulationen kann man aber nur machen, wenn man von einer die durchschnittlichen Ertragsverhältnisse darstellenden Ertragstafel ausgeht oder einige typische Bestände als Modelle für die Ermittlung der wichtigsten Faktoren des Ertrages an Haupt- und Zwischennutzungen in Untersuchung nimmt (sogenannter Weiserbestand). In diesem Fall erscheint der betreffende Bestand als ein im aussetzenden Betrieb bewirthschafteter Jahresschlag von $\frac{F}{u}$ Flächengröße und seine Erträge an Zwischennutzungen bis zum seinerzeitigen Abtriebe der Hauptnutzung erlaufen in verschiedenen Zeitpunkten der Umtriebszeit, wie auch die Ausgaben ungleichzeitig geleistet werden. Trotz dieser zeitlichen Unterschiede wird für die Berechnung des durchschnittlichen Jahresertrages eine Aufsummirung aller Einnahmen vorgenommen und die Summe aller während der Umtriebszeit erlaufenen Kosten von ersterer abgezogen; der Rest von Einnahmen wird dann nach arithmetischem Durchschnitt auf je ein Jahr der Umtriebszeit ausgeschlagen. Die Auslagen müssen unterschieden werden in jährlich wiederkehrende, z. B. Verwaltungskosten und Steuern, und in nur einmal am Anfange der Umtriebszeit erlaufende Kulturkosten. Erstere sind daher jährlich für sämmtliche u Schlagflächen des Waldes zu entrichten, letztere kommen nur einmal für den Flächentheil in Ansatz. Also ist unter Anwendung der schon früher (Seite 26) erklärten Bezeichnungen die Waldrente $\frac{Au + D_a + D_b + \cdots - c}{u} - (v + s)$, wobei indessen zu beachten ist, daß die Jahresschlagfläche sich zur Länge der Umtriebszeit verkehrt proportional verhält und somit die Angaben einer Geldertragstafel pro ha nicht unmittelbar, sondern nur nach Reduktion auf den normalen Jahresschlag $\frac{F}{u}$ verglichen werden können.

Derartige Durchschnittsrechnungen, welchen man in vereinfachter Form zuweilen in Forsteinrichtungswerken begegnet, vernachlässigen grundsätzlich die Zeitintervalle des Einganges der verschiedenartigen Einnahmen, sowie jene der Fälligkeit der Ausgaben, indem sie sich der Vorstellung bedienen, daß im Nachhaltsbetriebe die berechneten Durchschnittsgrößen alljährlich sich annähernd wiederholen und also Jahres-Rentenform annehmen. Die Produktionskapitalien finden hierbei nur in so weit Berücksichtigung, als sie zur Bestreitung der baaren Auslagen bereit gestellt sein müssen, also aus umlaufendem Kapital bestehen, während die fixen Kapitalien des Boden- und Holzbestandeswerthes nicht in der Rechnung erscheinen. Letzteres wird damit begründet, daß der Wald als ein aus Boden und Holzbeständen zusammengesetztes Ganzes betrachtet werden müsse, von welchem jährlich Renten in erreichbar größtem Betrag zu erzielen sind; ist dies durch die Wahl der Umtriebszeit (soweit es hierdurch überhaupt möglich) erreicht, so erlangt auch der mittelst der gewöhnlichen Kapitalisirungsformel $\frac{r}{0,0p}$ berechnete Waldrentirungswerth sein Maximum, da nach dieser Theorie der „Zerschlagungswerth“, d. h. die gesonderte Ermittlung des stehenden Holzkapitals und des Bodenwerthes für den Nachhaltsbetrieb abgelehnt wird. Die Konsequenz dieser Annahme ist also, daß sowohl der Waldboden, als die stehenden Holzvorräthe nur vermöge ihrer Benutzung im Nachhaltsbetriebe einen Werth besitzen, also keine selbständigen durch Schätzung oder Verkauf erkennbare Werthe darstellen und daß die Höhe dieses Waldrentirungswerthes durch die Art der Bewirthschaftung und Umtriebszeit, sowie durch die Wahl des zur Kapitalisirung verwendeten Zinsfußes bedingt sei.

Nachdem aber die Erfahrung hundertfältig zeigt, daß zwischen dem Waldzerschlagungswerth und dem bloßen Rentierungswerth eine um so größere Differenz besteht, je unregelmäßiger die Altersabstufung der Bestände und je länger die Umtriebszeit ist, so kann eine sorgfältige und korrekte Ermittlung der vortheilhaftesten Umtriebszeit sich ebenso wenig mit dem Maximum des Waldreinertrages für befriedigt erklären, wie es die Waldwerthrechnung mit dem durchschnittlichen Rentirungswerth schon längst gethan hat. Obgleich daher die bisherige Praxis in den Staats- und Gemeindewaldungen noch vorwiegend die Umtriebszeit auf Erwägungen stützt, welche das Maximum des Waldreinertrages in mehr oder weniger ausgesprochener Form anstreben, so muß doch auf die Mängel dieser Berechnungsweise hingewiesen und die Forderung erhoben werden, daß auch den übrigen Produktionskosten und den Verzinsungszeiträumen die ihnen gebührende Aufmerksamkeit zugewendet werde, da diese Gesichtspunkte nicht gänzlich vernachlässigt werden dürfen.

Übrigens erfordert selbst die Wahl einer Umtriebszeit des größten Waldreinertrages viel umfangreichere Ermittlungen und Vorerhebungen, als man in der Praxis bisher thatsächlich gemacht hat. Es muß nämlich für die in Frage kommenden Umtriebszeiten und für die einzelnen im Walde vorkommenden Bestandesformen und Standortsklassen durch Versuche ermittelt werden:

a. der Gang des Massenzuwachses am Hauptbestande und das Ergebniß an Zwischennutzungen in den einzelnen Dezennien des Bestandeslebens;
b. der Sortimenten-Anfall ausgeschieden nach der für den Verkauf üblichen Ausscheidung und nach Brusthöhendurchmessern oder Bestandesaltern angeordnet;
c. die Durchschnittspreise pro Festmeter im Mittel der letzten 2 bis 5 Jahre;
d. die Gewinnungskosten pro Festmeter für die einzelnen Sortimente; wozu noch die Bringungskosten, Rückerlöhne 2c. hinzutreten;
e. die durchschnittlichen Kulturkosten pro Hektar nach den wichtigsten vorkommenden Kulturmethoden; ferner der mittlere Betrag, welcher durchschnittlich auf 1 Hektar von den Wegebaukosten entfällt;
f. die für 1 Hektar jährlich betreffenden Besoldungsquoten für Verwaltungs- und Schutzpersonal;
g. der auf denselben Flächeninhalt berechnete Jahresbetrag der Staatssteuern, Gemeinde-Umlagen und sonstigen Lasten.

Erst wenn diese Daten für die Flächengrößen $\frac{F}{u}$ zu Rentabilitätsrechnungen im Sinne obiger Formel vereinigt sind, kann man die einzelnen Umtriebszeiten in Bezug auf ihre durchschnittlichen Nettoerträge gegenseitig vergleichen und jene auswählen, bei welcher die durchschnittliche Waldrente kulminirt.

5. Umtriebszeit des größten Bodenreinertrages (oder „finanzielle Umtriebszeit"). Bei der Ermittlung dieser Umtriebszeit wird jenes normale Hiebsalter angestrebt, wo der nach Faustmann's Formel*) mit einem angenommenen Wirthschaftszinsfuße p berechnete Bodenerwartungswerth sein Maximum erreicht. In allen Bodenwirthschaften bemißt sich nämlich nach der Ricardo-Thünen'schen Grundrententheorie der wirthschaftliche Effekt irgend einer Betriebsart am reinsten durch Abzug aller übrigen in Geld zu veranschlagenden Produktionskosten vom Ertrage, wobei die Bodenrente als Rest sich ergiebt, deren Kapitalisirung den Bodenwerth darstellt. Da aber die Forstwirthschaft nicht alljährlich auf allen Flächentheilen des Waldes Erträge erzielt, sondern ihre Ernten im Gegentheile auf einzelne wenige

---

*) Siehe Seite 28.

Flächen, welche die haubareu Bestände tragen, konzentrirt, so erfolgen die Nutzungen auf einem und demselben Flächentheile innerhalb längerer Zeitintervalle, und es gilt daher namentlich bei Feststellung einer Umtriebszeit, den Zeitabstand zwischen Begründung und Abnutzung eines Bestandes nach finanzwirthschaftlichen Gesichtspunkten zu wählen. Nach der Bodenreinertragstheorie denkt man sich, wie in § 6 näher auseinandergesetzt wurde, einen einzelnen Bestand losgelöst aus dem zu einer Nachhaltswirthschaft bestimmten Betriebskassen-Verband und in aussetzendem Betriebe bewirthschaftet; also liefert derselbe vom Alter 0 an während seiner Lebenszeit zu verschiedenen Zeitpunkten Einnahmen aus Durchforstungen (sogenannte Vorerträge) und schließlich einen Haubarkeitsertrag, welcher als die eigentliche Holzernte zu betrachten ist; diese Einnahmen erfolgen hinsichtlich eines einzelnen Flächentheiles ungleichzeitig und dürfen daher nicht wie gleichartige Größen addirt werden, ohne zuvor auf einen gemeinsamen Berechnnngszeitpunkt reduzirt worden zu sein. Im wirthschaftlichen Verkehr werden solche Reduktionen von Werthen, die in verschiedenen Zeiten fällig sind, im Wege der „Diskontirung" oder der „Prolongirung" vorgenommen, indem man sich alle Geldwerthe als mit Zinseszinsen anwachsend vorstellt und geometrische Reihen bildet, in welchen die Grundzahl $1,0p$ zu Potenzen erhoben wird, welche den Zeiträumen entsprechen. Selbstverständlich entspricht jedem Zinsfuß eine andere Zinseszinsreihe und für den praktischen Gebrauch sind die Werthe für $1,0p^x$ unter der Bezeichnung „Kapitalnachwerthe oder Prolongirungsfaktoren", sowie für $\frac{1}{1,0p^x}$ als „Kapitalvorwerthe oder Diskontirungsfaktoren" in den gebräuchlichen Zinseszinstafeln zusammengestellt, ebenso wie auch die Zinseszinsen allein nach der Formel $1,0p^x - 1$ und der Kapitalwerth periodisch wiederkehrender Renten nach Anfangs- und Endwerthen durch Faktoren für $\frac{1}{1,0p^x - 1}$ und für $\frac{1,0p^x - 1}{0,0p}$ angegeben werden. Diese im Geldverkehr allgemein, aber freilich in der Regel nur für kürzere Zeiträume, übliche Berechnungsweise für Diskontirung, Prolongirung und Kapitalisirung überträgt die Reinertragstheorie auf alle in der Waldwirthschaft bei aussetzendem Betriebe zu erwartenden Einnahmen und Auslagen und hierin liegt auch der Hauptunterschied zwischen der Berechnung der finanziellen Umtriebszeit gegenüber jener des soeben besprochenen Umtriebes der größten Waldrente. Die rechnerischen Unterlagen für diese letztere (s. Seite 67) sind die gleichen auch für die Berechnung der höchsten Bodenrente, so daß also dieselben genauen Ermittlungen des Massenzuwachses, des Sortimentendetails und der Durchschnittspreise für Haupt- und Zwischennutzungen 2c. vorausgehen müssen, welche am zweckmäßigsten zu einer Geldertragstafel vereinigt werden mit Unterscheidung zwischen dem Werth des Abtriebsertrages und jenem der einzelnen Durchforstungen (erntekostenfrei berechnet). Während aber bei der Berechnungsweise des Waldreinertrages aus diesen Größen nur der arithmetische Durchschnitt im oben erörterten Sinne gezogen wird, betrachtet sie die Reinertragstheorie als periodisch alle u Jahre wiederkehrende Renten, deren erstmaliger Eingang vom Zeitpunkte der Bestandesbegründung ab bemessen wird. Der Abtriebsertrag A_u erscheint hiernach als eine alle u Jahre eingehende Periodenrente, die Vorerträge D_a, D_b ... sind von jetzt an nach a, b ... Jahren zum erstenmal, dann aber wieder alle u Jahre fällig, die Kulturkosten c sind als negative Werthe sogleich jetzt, dann aber mit u jähriger Wiederkehr in Rechnung zu setzen. Man kann nun die für verschiedene Umtriebe u_1 u_2 ... gefundenen Größen auf verschiedene Weise miteinander in Vergleich bringen.

A) Voraussetzung: Gegeben sei der Wirthschaftszinsfuß, gesucht der unbekannte Bodenwerth.

In diesem Falle ist der gegenwärtige Kapitalwerth dieser Periodenrenten durch Division mit $1,op^u - 1$ oder Multiplikation mit dem Faktor $\frac{1}{1,op^u - 1}$ zu berechnen und hievon der Kapitalwerth der alljährlich erfolgenden Auslagen für Steuern und Verwaltungskosten 2c. in Abzug zu bringen, welch' letztere durch $S = \frac{s}{0,op}$ und $V = \frac{v}{0,op}$ ausgedrückt werden. Wenn man daher die Vorerträge zu dem angenommenen Wirthschaftszinsfuß auf die Zeiträume u — a, u — b ... prolongirt und das Gleiche mit den Kulturkosten auf die ganze Umtriebszeit ausführt, so verwandelt man durch diese Prolongirung die genannten Größen in gleichmäßig von Jahre u an laufende Periodenrenten, deren Kapitalwerth durch Division mit dem Zinseszinsfaktor für $1,op^u - 1$ gefunden wird. Für jede der in Betracht kommenden Umtriebszeiten muß daher der Bodenerwartungswerth

$$B_u = \frac{A_u + D_a\, 1,op^{u-a} + D_b\, 1,op^{u-b} \cdots - c \cdot 1,op^u}{1,op^u - 1} - (V + S)$$

berechnet werden, worauf dann der Kulminationspunkt dieses Kapitalwerthes die finanzielle Umtriebszeit anzeigt. Offenbar liegt also der Schwerpunkt dieser Betrachtungsweise in der Annahme der Periodenrentenform für sämmtliche Einnahmen, sowie für die Kulturkosten, indem man nicht mit u, sondern mit Potenzen, worin u der Exponend ist, in die Summe der Erträge theilt. Daß auch im Zähler des Bruches Prolongirungen vorkommen, ändert zwar ebenfalls bis zu

einem gewissen Grade am Resultate, aber der weit überwiegende Einfluß kommt dem Nenner zu.

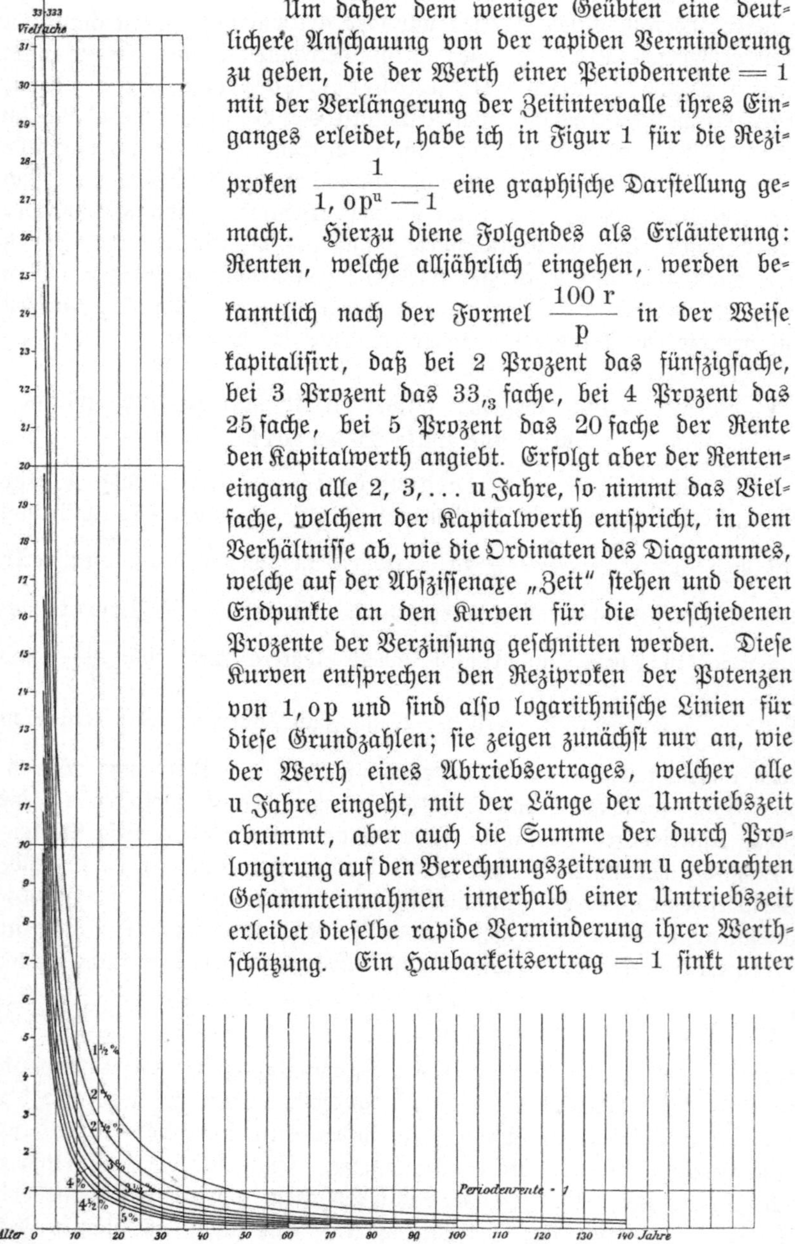

Um daher dem weniger Geübten eine deutlichere Anschauung von der rapiden Verminderung zu geben, die der Werth einer Periodenrente = 1 mit der Verlängerung der Zeitintervalle ihres Einganges erleidet, habe ich in Figur 1 für die Reziproken $\frac{1}{1,0p^u - 1}$ eine graphische Darstellung gemacht. Hierzu diene Folgendes als Erläuterung: Renten, welche alljährlich eingehen, werden bekanntlich nach der Formel $\frac{100\,r}{p}$ in der Weise kapitalisirt, daß bei 2 Prozent das fünfzigfache, bei 3 Prozent das $33,_3$ fache, bei 4 Prozent das 25 fache, bei 5 Prozent das 20 fache der Rente den Kapitalwerth angiebt. Erfolgt aber der Renteneingang alle 2, 3, ... u Jahre, so nimmt das Vielfache, welchem der Kapitalwerth entspricht, in dem Verhältnisse ab, wie die Ordinaten des Diagrammes, welche auf der Abszissenaxe „Zeit" stehen und deren Endpunkte an den Kurven für die verschiedenen Prozente der Verzinsung geschnitten werden. Diese Kurven entsprechen den Reziproken der Potenzen von 1,0p und sind also logarithmische Linien für diese Grundzahlen; sie zeigen zunächst nur an, wie der Werth eines Abtriebsertrages, welcher alle u Jahre eingeht, mit der Länge der Umtriebszeit abnimmt, aber auch die Summe der durch Prolongirung auf den Berechnungszeitraum u gebrachten Gesammteinnahmen innerhalb einer Umtriebszeit erleidet dieselbe rapide Verminderung ihrer Werthschätzung. Ein Haubarkeitsertrag = 1 sinkt unter

Fig. 1. Kapitalwerthe einer periodisch wiederkehrenden Rente 1, oder Einfluß der Umtriebszeit auf den Waldwerth bei aussetzendem Betriebe.

den Kapitalwerth 1 schon bei fünfzehnjähriger Umtriebszeit, wenn man nach 5 Prozent Zinseszinsen rechnet, bei 35 jährigem Umtrieb nach 2 Prozent, bei 50 jährigem Umtrieb nach $1^1/_2$ Prozent, woraus sich also ergiebt, daß Umtriebe von irgend erheblicher Länge nur dann wirthschaftlich gerechtfertigt sind, wenn der Werth der Gesammterträge mit der Umtriebszeit in stark ansteigendem Verhältnisse wächst. Man kann sich daher in obiger Formel des Bodenerwartungswerthes die verschiedenen Umtriebszeiten u_1, u_2, u_3 ... entsprechenden Werthe der Zähler ebenfalls als geometrische Reihen denken, wie es jene des Nenners unzweifelhaft sind. So lange das Ansteigen der Werthe der Zähler einer Potenzenreihe mit den Exponenden u_1, u_2, u_3 ... entspricht, worin die Grundzahl größer ist als 1,0p, so lange steigt auch der Bodenerwartungswerth; sinkt aber die Werthszunahme unter jene der Potenzenreihe für 1,0p herab, so fällt auch der Bodenerwartungswerth. Es kann aber auch vorkommen, daß die Werthssteigerung des normalen Bestandes (zumal durch die Einrechnung der prolongirten Vorerträge) längere Zeit gerade nach der Potenzenreihe von 1,0p erfolgt, dann bleibt der Bodenerwartungswerth lange Zeit auf fast gleicher Höhe stehen, weil Zähler und Nenner in gleichem Verhältnisse wachsen. In diesem Falle fehlt ein ausgesprochener Kulminationspunkt des Bodenerwartungswerthes und geringe Einflüsse, z. B. veränderte Einschätzung einer Durchforstung oder Abminderung des Wirthschaftszinsfußes um $^1/_2$ Prozent, oder Annahme eines Theurungszuwachses können Verschiebungen der finanziellen Umtriebszeit um mehrere Dezennien bewirken. Beispiele für dieses nahe Zusammentreffen der Bodenerwartungswerthe und das langsame Sinken derselben geben die von **Burckhardt**, **Rob. Hartig** und **A. Schwappach** aufgestellten Geldertragstafeln,*) nach welchen sich die Bodenerwartungswerthe bei verschiedenen Umtriebszeiten folgendermaßen berechneten:

Bodenerwartungswerthe pro Hektar in Mark:

Umtriebszeit Jahre	für Fichten im Harz mit 3 %:		für Kiefern nach Burckhardt	
	I. Standortsklasse	II. Standortsklasse	mit p = 3 %	mit p = 2 %
40	1263	641	174	384
50	1774	904	277	622
60	1744	1077	341	808
70	1661	1043	362	920
80	1540	996	317	882
90	1391	925	268	820

*) Für Fichten im Harze I. und II. Standortsklasse, umgerechnet nach R. Hartig, „Rentabilität der Fichtennutz- und Buchenbrennholzwirthschaft", Stuttgart 1868, S. 118 und 119. Für Kiefern s. Gust. Heyer, „Anleitung zur Waldwerthrechnung mit einem Abriß der Statik", Leipzig 1883, Seite 246 ꝛc.

Umtriebszeit Jahre	Für Fichten in Norddeutschland nach Schwappach bei 3 %:			
	I. Standortsklasse	II. Standortsklasse	III. Standortsklasse	IV. Standortsklasse
40	2069	997	406	26
60	2104	1276	576	220
80	1616	1044	562	241
100	1177	752	399	127
120	835	514	259	78

Man kann nicht behaupten, daß in solchen Fällen die Wahl der Umtriebszeit durch diese Zahlenreihen wesentlich erleichtert und der „kritische Moment" besonders scharf hervorgehoben werde, sondern der Liebhaber höherer Umtriebe findet im Qualitätszuwachse oder schärferen Durchforstungsgrundsätzen leicht ein Mittel, um noch einen 90jährigen Turnus zu rechtfertigen, während der Wunsch nach kurzen Umtrieben die wenig deutlich ausgeprägte Kulmination im 50. bis 60. Jahre als Argumente verwerthet. Außerdem ist gerade hier wiederholt und dringend auf die Schwierigkeit der Ermittlung des wirklichen Werthes der jungen (40—60)jährigen Hölzer hinzuweisen. Die in den Verkaufslisten enthaltenen Durchschnittspreise der Stangensortimente und schwächeren Bauhölzer beziehen sich in der Regel auf Durchforstungs-Ergebnisse, bei welchen gewöhnlich einige Hunderte solcher im Lokalbedarf verhältnißmäßig gut bezahlter Rüst- und Geräthstangen zum Verkauf kamen. Ein Schluß auf den Werth ganzer Bestände von derartigen Sortimenten ist meistens sehr gewagt, da jeder Schneebruch uns zeigt, wie schnell der Preis herabgeht, sobald das Angebot steigt. Höchstens Grubenhölzer und Schleifholz für Holzstoff- und Cellulosefabriken können eine festere Preisgestaltung für junge Bestände bewirken. — Zugleich verdient auch die mit der Zeit stattfindende rapide Werthssteigerung des Waldbodenwerthes sowohl nach dem Verkaufs- als nach dem Erwartungswerthe die eingehendste Würdigung, denn nach Angaben von Forstmeister Vogel berechneten sich die Bodenwerthe für die im Salzkammergute gelegenen Herrschaftswaldungen von Kogl — also großentheils Hochgebirgsforste — pro Hektar:

in den Jahren 1820 auf . .	34 Mk.	15 Pf.
„ „ „ 1840 „ . .	51 „	25 „
„ „ „ 1860 „ . .	85 „	50 „
„ „ „ 1880 „ . .	193 „	20 „
„ „ „ 1889 „ . .	205 „	— „

Hingegen giebt Forstdirektor Bretschneider als Maximum des wirthschaftlichen Bodenwerthes für Waldungen

im Mährischen Mittelgebirge .	119 Mk. pro Hektar
im Hochgebirge von Krain . .	293 „ „ „
im Hochgebirge von Siebenbürgen	103 „ „ „

gegenwärtig an. Erst wenn entweder mit dem Alter der Massenzuwachs oder der durchschnittliche Verkaufswerth des Festmeters Holz kein entsprechendes Steigen mehr zeigt, beginnt ein starkes Fallen des Bodenerwartungswerthes, welches die unzweifelhafte Unwirthschaftlichkeit sehr hoher Umtriebszeiten anzeigt. In der That haben die namentlich in Sachsen im Revier Kreier vorgenommenen Erhebungen nach Tittmann*) eine finanzielle Umtriebszeit für Kiefern ergeben:

a. auf Diluvialsand u = 87jährig
b. „ Syenitboden 85 „
c. „ Granitboden 86 „
d. „ Gneisboden 85 „

im Eibenstocker Reviere nach Oskar Kühn**):

I. Bonität . . u = 70jährig
II. „ . . 70—75 „
III. „ . . 80 „
IV. „ . . 75 „

B) Vergleichung der Jahresrenten bei verschiedenen Umtrieben (sog. Bodenbruttorenten):

Bei Untersuchungen, welche die finanzielle Umtriebszeit feststellen sollen, bedient man sich in der Praxis der Forsteinrichtung nach Judeich eines abgekürzten Verfahrens, indem zwar die übrigen Voraussetzungen bleiben, aber die ganz einflußlosen Steuern und Verwaltungskosten außer Ansatz gelassen und nur die jährliche Bodenbruttorente nach der Formel

$$r = \frac{A_u + D_a\, 1,0p^{u-a} + D_b\, 1,0p^{u-b} \cdots - c \cdot 1,0p^u}{\dfrac{1,0p^u - 1}{0,0p}}$$

berechnet werden. Hier tritt also der „Renten-Endwerthsfaktor" im Nenner auf, indem man die gesammten auf den gemeinschaftlichen Zeitpunkt u prolongirten Werthe des Zählers in eine Jahresrente verwandelt,***) welche für die verschiedenen Umtriebszeiten einen vergleichbaren Maßstab der Rentabilität abgiebt. Um zu zeigen, wie diese Berechnungsweise sich zur Durchschnittsberechnung (im Sinne der Waldreinertragstheorie) verhält, gebe ich in Fig. 2 auf folgender Seite eine graphische Darstellung des Verlaufes der auf Robert Hartig's Erhebungen im Harz beruhenden Bodenbruttorenten-Kurven im Vergleiche zu jenen des Waldreinertrages für verschiedene Umtriebe, aus welcher zugleich der

(* Tittmann, Allgemeine Forst- und Jagd-Zeitung 1869, Seite 41.

**) Kühn, Allgemeine Forst- und Jagd-Zeitung 1868.

***) Man denkt sich dies abgeleitet aus

$$\frac{r}{0,0p}\left(1,0p^u - 1\right) = A_u + D_a\, 1,0p^{u-a} + D_b\, 1,0p^{u-b} \cdots - c \cdot 1,0p^u$$

Einfluß der Vorerträge auf die Kulmination der einzelnen Reihen hervorgeht. Fehlen diese Zwischennutzungen ganz, so kulminiren die aus Abtriebserträgen allein hergeleiteten Bodenbruttorenten schon im 50. bis 60. Jahre und zwar bei niedrigem Zinsfuße später als bei höherem. Der frühzeitigere Eingang von Durchforstungen und die Prolongirung dieser Werthe hebt dann die Bodenbruttorente für längere Zeit, so daß sich noch (bei 2 Prozent) Umtriebe bis zu 100 Jahren und darüber finanzrechnerisch rechtfertigen lassen, bei höherem Zinsfuß tritt

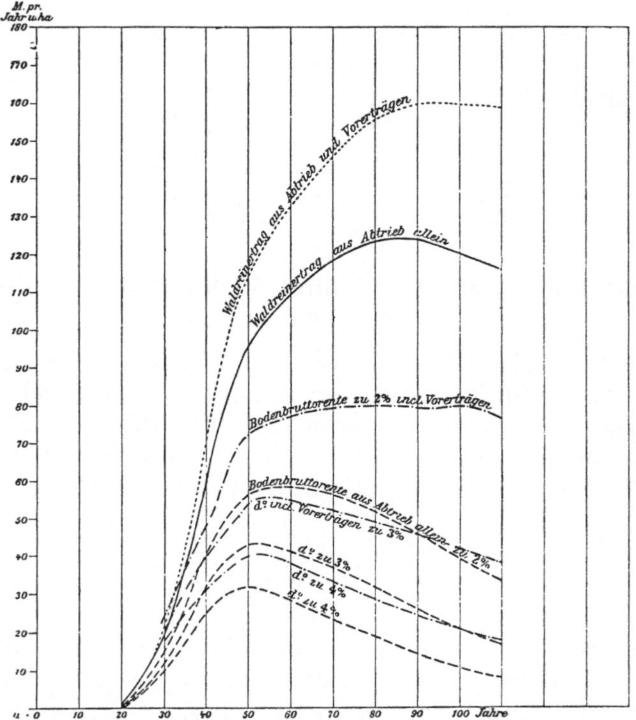

Fig. 2. Vergleich zwischen jährlichem Waldreinertrag und Bodenreinertrag von Fichten I. Standortsklasse im Harz nach Rob. Hartig.

aber schon vom 60. Jahre ab ein starkes Sinken ein, welches nur durch Nachweisung eines stärkeren Qualitätszuwachses oder Annahme eines sogenannten Theurungszuwachses aufgehalten werden könnte. Dem gegenüber kulminirt der Werth des nach arithmetischem Durchschnitte berechneten Waldreinertrages aus den Abtriebserträgen allein zwischen 80 und 90jährigem Turnus, aus Abtrieb und Vorerträgen zwischen 90 bis 100jährigem Umtriebe. Zugleich zeigt diese Darstellung, daß man in der Wahl des Zinsfußes sehr vorsichtig sein und sich nicht auf eine einzige Rechnung beschränken soll, da sowohl eine einseitige Anwendung dieser Rechnungsweise, als auch tendenziöse Ausbeutung derselben

Schaden stiften kann. Nachdem aber die nothwendigen Rechnungsgrundlagen schon für die Ermittlung des Waldreinertrages erhoben werden müssen, so ist es dringend wünschenswerth, solche umfangreiche Vorarbeiten auch durch Berechnung der finanziellen Umtriebszeit (und zwar zur bessern Orientirung mit mehreren nach $^1/_{10}$ Prozent abgestuften Zinsfüßen) vollständiger auszunützen. Denn die Vornahme einiger Prolongirungsrechnungen und die wenigen Divisionen mit dem Endwerthsfaktor verursachen eine so geringe Mehrarbeit, daß die Kosten derselben in keinem Verhältnisse zu dem Nutzen stehen, welchen man durch genaueren Einblick in den Gang der Werthsproduktion beim Forstbetrieb erhält. Dieser Nutzen besteht vorzüglich darin, daß der Taxator wie der ausführende Wirthschaftsbeamte den Werth der Zeit hinsichtlich einer Anzahl von Betriebsmanipulationen, z. B. Durchforstungen, Vorbereitungs- und Lichtungshieben, Vorverjüngungen, Kulturmethoden und dergleichen besser schätzen lernt und darauf hingewiesen wird, nicht ohne Noth Betriebsarten und Umtriebszeiten zu wählen, in welchen eine Verzinsung des Bodenwerthes und der Holzvorräthe zur Unmöglichkeit wird. Je mehr die Resultate von genauen

Vergleich zwischen Bodenbruttorente und Waldreinertrag verschiedener Betriebsarten.

Betriebsarten und Umtriebszeiten (für Fichten- und Tannenwaldungen)		Im mährischen Mittelgebirge und auf Karpathensandstein		Im Hochgebirge von Krain auf Dolomitboden		Im Hochgebirge von Siebenbürgen auf Gneisboden	
		Bodenbruttorente	Waldreinertrag	Bodenbruttorente	Waldreinertrag	Bodenbruttorente	Waldreinertrag
		Jährlich für ein Hektar in Mark					
	u						
Kahlschlagbetrieb (mit künstlicher Nachverjüngung)	60	—	—	—	—	5,16	10,93
	70	8,25	41,15	7,44	21,82	5,83	15,02
	80	5,15	26,60	7,55	27,25	5,62	17,81
	90	3,16	30,02	7,19	31,81	—	—
Femelschlagbetrieb ohne Überhalt mit Vorverjüngung bei 10 jähr. Verj.-Dauer	70/80	—	—	—	—	6,35	19,35
	80/90	—	—	10,98	43,50	6,35	22,40
	90/100	—	—	11,74	52,90	5,31	24,42
Desgleichen . . . bei 20 jähr. Verj.-Dauer	70/90	8,72	28,25	11,74	47,40	6,66	21,88
	80/100	9,04	37,60	12,12	55,50	6,44	25,10
	90/110	8,09	39,03	11,52	63,50	—	—
Desgleichen . . bei 30 jähr. Verj.-D.	70/100	10,18	39,70	12,47	47,40	6,60	24,66
	80/110	9,75	42,50	12,63	63,85	—	—
Femelschlag mit Überhalt . . bei 10 jähr. Verj.-D.	70/80	—	—	—	—	6,40	25,20
	80/90	—	—	—	—	6;40	30,80
Desgleichen . . bei 20 jähr. Verj.-D.	70/90	10,59	33,60	—	—	6,71	26,60
	80/100	9,77	34,75	—	—	6,44	29,90
Plänterbetrieb mit jährlichem Nutzungsbetrieb .	80	7,97	27,80	8,21	21,75	5,39	17,13
	90	7,91	32,30	8,57	29,20	5,52	20,52
	100	—	—	8,32	32,94	—	—

Ertrags- und Werthzuwachsuntersuchungen, sowie von den hierauf basirten Rentabililätsrechnungen zum Ausgangspunkt der Umtriebsbestimmungen gemacht werden, desto weniger sind diese dem subjektiven Ermessen und dem unbestimmten Gefühl Einzelner unterworfen. Für die Waldbesitzer, wie für die Gesammtheit ist es aber als Gewinn zu betrachten, wenn die Forstwirthe, wie schon dieser Name anzeigen sollte, wirthschaftlich zu kalkuliren und zu handeln verstehen.

Als ein Beispiel für die Benutzung dieser Berechnungsweise zur Bemessung der Rentabilität verschiedener Betriebsarten und Umtriebszeiten möge nachstehende vom Forstdirektor Bretschneider aufgestellte Tabelle (Seite 75) dienen, welche die jährliche Bodenbruttorente pro Hektar mit dem jährlichen Waldreinertrag einiger in Österreich gelegener Herrschaftswaldungen vergleicht. Dieselbe ist umgerechnet aus einer Beilage zum Verhandlungsprotokolle der 15. Versammlung des Österreichischen Reichsforstvereins in Attersee*) und ist dadurch interessant, daß sie die Rentabilität der den Lichtungszuwachs bei langsamer Verjüngung ausnützenden Betriebsformen gegenüber dem Kahlschlagsbetrieb scharf hervorhebt.

C) Voraussetzung: Gegeben sei der Bodenwerth und der Wirthschafts-Zinsfuß, gesucht das Maximum der künftigen Werths-Zunahme.

Für die Ermittlung der finanziellen Haubarkeit abnormer Bestände schlug G. Heyer den Kulminationspunkt des Bestands-Erwartungswerthes vor, wobei entweder a. die Methode des Unternehmergewinnes oder b. die Methode der durchschnittlich-jährlichen Verzinsung des Produktionsaufwandes in Anwendung kommen kann. Ad a. Erstere beruht auf der Ermittlung des Jetztwerthes aller Erträge plus dem Bodenerwartungswerth, minus dem Jetztwerth aller Kosten (oder m. a. W. „Walderwartungswerth" vermindert um den „Waldkostenwerth") unter Zugrundelegung der verschiedenen in Frage stehenden Umtriebszeiten. Ad b. Letztere Methode ermittelt das Prozent, zu welchem sich der Waldkostenwerth in der Jahresrente des Bestandeserwartungs- und des Bodenerwartungswerthes zusammengenommen verzinst. In Bezug auf den wirthschaftlichen Effekt stimmen diese beiden Modifikationen der Methode mit der sub A genannten darin überein, daß der jetzige Kapitalwerth der sämmtlichen bis zum Ende der Umtriebszeit erlaufenden Erträge als der einer immerwährenden Periodenrente berechnet und daher mit dem Zinseszinsfaktor dividirt wird, wodurch die Verminderung der Werthschätzung entfernter Einnahmen ihren mathematischen Ausdruck findet. Der Unterschied

*) Österreichische Vierteljahrsschrift. XXXIX. Bd. 1889. Seite 414 ꝛc.

beruht nur darin, daß man sich hier nicht auf den Standpunkt der Blöße, d. h. den Beginn der Bestandesgründung stellt, sondern vom gegenwärtigen Alter m des Bestandes ausgeht, wodurch nur u — m der Zeitpunkt ist, welcher in Berechnung gezogen wird. Ferner ist bei diesem Verfahren im Gegensatz zu den beiden vorausgegangenen ein bestimmter Bodenwerth als bekannt vorausgesetzt, welcher in den Waldkostenwerth $(B + V + K)\,1{,}0p^m - (D_a\,1{,}0p^{m-a} + V)$ inbegriffen ist; das Bestreben geht in diesem Falle daher dahin: die künftige Verzinsung sämmtlicher Produktionskapitalien in der Werthszunahme eines einzelnen Bestandes als Maßstab für dessen Hiebsreife zu benützen.

D) Voraussetzung: Gegeben sei der Bodenwerth, der gegenwärtige Holzverkaufswerth und der Wirthschafts-Zinsfuß, gesucht die Verzinsung des ganzen Produktionsaufwandes.

Methode des Weiserprozentes zur Bestimmung der Hiebsreife einzelner Bestände. Wie bei den übrigen Arten von Umtriebszeiten, so wird auch innerhalb des Rahmens der finanziellen Umtriebszeit häufig der Fall eintreten, daß einzelne Bestände, theils mit Rücksicht auf ihre Gesundheit und sonstige Beschaffenheit, theils wegen äußerlicher Ursachen, z. B. Hiebsfolge, Abfuhrrichtung und dergleichen früher oder später zum Hiebe kommen, als dem normalen Umtriebsalter entspricht. In solchen „abnormen“ Beständen muß dann die finanzielle Hiebsreife oft auf Grund besonderer Kalkulationen berechnet werden. Für diesen Zweck haben Preßler, dann mit gewissen Modifikationen G. Heyer und Judeich das „Weiserprozent“*) des Reinertragswaldbaues zu ermitteln gelehrt — eine Theorie, welche in voller Ausführlichkeit in der forstlichen Statik zu behandeln ist und die hier nur Erwähnung finden kann, soweit sie die Forsteinrichtung betrifft. a. Der Grundgedanke des Preßler'schen Weiserprozentes ist folgender: Wenn ein Bestand, dessen gegenwärtiger Holzverkaufswerth nach Abzug der Gewinnungskosten = H sein würde, noch stehen bleibt, so produzirt derselbe alljährlich innerhalb der nächsten Zeit von n Jahren eine gewisse Masse, deren Betrag man in Prozenten von H ausdrücken und als Massenzuwachsprozent mit a bezeichnen kann. In demselben Zeitraum erfolgt aber besonders bei jenen Beständen, welche Nutzholz liefern, eine Mehrung des Gebrauchswerthes (nach § 38), welche man durchschnittlich pro Kubikmeter berechnen und gleichfalls in Prozenten des Werthes H als Qualitätszuwachs-Prozent b beziffern kann. Steht in Folge allgemein wirksamer Ursachen, z. B. Zu-

*) So benannt, weil es dem Taxator den Hinweis giebt, wann ein Bestand aufhört noch rentabel fortzuwachsen, nämlich wenn ☛ $w < p$ zu werden beginnt.

nahme der Bevölkerungsdichtigkeit, Verbesserung der Transportmittel und dergleichen, eine dritte Kategorie von Werthsmehrungen (eventuell Verminderungen) in sicherer Aussicht, so kann man diese als sogenannten Theuerungszuwachs in positivem oder negativem Sinne und in Prozenten von H als c in die Rechnnng einführen. Die jährliche Werthsmehrung an dem Holzkapital ist dann:

$$\left(1+\frac{a}{100}\right)\left(1+\frac{b}{100}\right)\left(1+\frac{c}{100}\right)H$$

$$=\left(1+\frac{1}{100}\right)\left(a+b+c+\frac{ab+ac+bc}{100}+\frac{abc}{100^2}\right)H$$

wofür aber unter Vernachlässigung der geringen Werthe von $\frac{ab+ac+bc}{100}$ $+\frac{abc}{10000}$ als Näherungswerth $(a+b\pm c)H$ gesetzt werden kann. In demselben Zeitraum, während dessen dieser jährliche Werthszuwachs stattfindet, erlaufen aber auch Produktionskosten, welche in der auf die betreffende Fläche und Zeit entfallenden Bodenrente, sowie in den analogen Zinsen der Kapitalien für Bestreitung der Steuern, Verwaltungskosten und Kulturauslagen bestehen.

Bezeichnet man daher das Bodenkapital mit B, die kapitalisirten Steuern mit S, Verwaltungskosten mit V, Kulturkosten mit C,*) so nimmt der fortwachsende Bestand für jedes Jahr die seiner Flächengröße entsprechende Rente dieser Kapitalien $B+S+V+C$ (zusammen das „forstliche Grundkapital" G genannt) in Anspruch. Folglich muß der Werth der Jahresproduktion mindestens die durch den Wirthschaftszinsfuß p verlangte Verzinsung des schon vorhandenen Holzwerthes und dieses Grundkapitales decken, wenn keine Einkommensverminderung eintreten soll und wenn man überhaupt eine Rente von dem forstlich benutzten Boden beziehen will. Auf diesem Gesichtspunkte beruht das Preßler'sche Weiserprozent, welches der obigen Werthsmehruug pro Jahr und Flächeneinheit die zu verzinsenden Kapitalwerthe der Produktionskosten gegenüberstellt und daher lautet:**)

$$\text{Weiserprozent } w=(a+b\pm c)\frac{H}{H+G}$$

*) Bei der Kapitalisirung der Kulturkosten für aussetzenden Betrieb ist zu bedenken, daß diese Ausgaben einmal am Anfang der Umtriebszeit, dann periodisch alle u Jahre wieder gemacht werden müssen; das einem einmaligen Kostenbetrage von k pro Flächeninhalt entsprechende Kulturkostenkapital C ist daher nach Preßler gleich $k+\frac{k}{1,op^u-1}=\frac{k\,1,op^u}{1,op^u-1}$ oder mit anderen Worten: man betrachtet den u jährigen Nachwerth der Kulturkosten als eine Periodenrente von u jähriger Wiederkehr.

**) Preßler gab zur Vereinfachung dieser Formel dem Quotienten $\frac{H}{G}$, welcher ausdrückt, um wie viel mal der Werth des Holzbestandes jenen seines Grundkapitals übertrifft, die Bezeichnung „Relativwerth des Holzes" und bezeichnete diesen mit r.

Findet man nach dieser Berechnung, daß die jährliche Werthszunahme des betreffenden Bestandes noch zu einem höheren Prozente die Produktionskapitalien verzinst, als der Wirthschaftszinsfuß p angiebt (d. h. ist $w > p$), so folgt hieraus, daß der Bestand noch rentirlich fortwächst, während ein Sinken von w unter den Betrag von p die finanzwirthschaftliche Hiebsreife anzeigt, weil die gesammten Produktionskapitalien nicht mehr jene Verzinsung abwerfen, welche man erhalten kann, wenn man den Holzvorrath zum Verkaufswerthe H in umlaufendes Geldkapital verwandelt. Es handelt sich demnach nicht um den Kulminationspunkt des Weiserprozentes, sondern um den Zeitpunkt, wo $w = p$ wird. Da bei der Anwendung dieser Preßler'schen Weiserprozente, die Werthssteigerung von H mittelst Prozentrechnungen erfolgt, so muß auf die Ermittlung dieser Prozente aus zahlreichen Ertragsuntersuchungen und statistischen Erhebungen über die Preisbewegungen eine besondere Sorgfalt verwendet werden. Nur in normalen Beständen können die Rechnungen auf Ertragstafeln gestützt und zur Ermittlung der normalen Hiebsreife, d. h. der Umtriebszeit benutzt werden. In allen abnormen Beständen liegt der Schwerpunkt in der Erforschung des wirklichen Zuwachsganges und der Werthsmehrung — also in der Beibringung thatsächlichen Materiales mittelst exakter Untersuchungen, worunter namentlich die Anwendung des Preßler'schen Zuwachsbohrers zur Messung des linearen Durchmesserzuwachses auf Brusthöhe an den verschiedenen Stammklassen eine Rolle spielt. Bei der Berechnung der prozentischen Zunahme kommen gleichfalls Zinseszinsrechnungen in Anwendung, wobei z. B. der Massenzuwachs eines Stammes, der innerhalb n Jahren von m Kubikmeter auf M zugewachsen ist, in folgender Weise berechnet wird: Ist das ursprüngliche Kapitel m innerhalb n Jahren zu a Prozent auf M angewachsen, so kann man letzteren Werth als n jährigen Nachwerth von m also $M = m\left(1 + \frac{a}{100}\right)^n$ betrachten, folglich ist $a = 100\left(\sqrt[n]{\frac{M}{m}} - 1\right)$. Um aber in dieser Formel die Anwendung der logarithmischen Rechnung zu umgehen und die Zinseszinsrechnung zu vereinfachen, hat Preßler eine Näherungsformel gegeben, welche bei kurzen Zeiträumen eine nahe Übereinstimmung*) mit der obigen Formel gewährt.

Dividirt man nun in der obigen Formel den Zähler und Nenner mit G, so erhält man:

$$w = \left(a + b \pm c\right)\frac{\frac{H}{G}}{\frac{H}{G} + 1} = \left(a + b \pm c\right)\frac{r}{r + 1}$$

als einen zweiten Ausdruck des Preßler'schen Weiserprozentes.

*) Das Ergebniß wird in der Regel etwas zu klein, genauer ist die Näherungsformel von Kunze, wonach $a = \frac{M - m}{M(n - 1) + m(n + 1)} \times 200$.

Es wird nämlich die jährlich durchschnittliche Zuwachsgröße $M - m$ bezogen auf das arithmetische Mittel $\frac{M + m}{2}$ und nur einfache Zinsesrechnung in Anwendung gebracht, so daß $\frac{M + m}{2} : \frac{M - m}{n} = 100 : a$, woraus $a = \frac{M - m}{M + m} \times \frac{200}{n}$.

Dasselbe Näherungsverfahren wird angewendet, um das Qualitätszuwachsprozent aus den Durchschnittspreisen bei verschiedenen Altersstufen abzuleiten, wie auch das etwa zu erwartende Theurungszuwachsprozent aus statistischen Preisangaben für gleiche Sortimente nach diesem Verfahren berechnet wird. Ein lehrreiches Beispiel für das Verhalten des Massen- und Qualitätszuwachses zusammen = $(a + b)$ hat Forstmeister A. Jäger durch genaue Untersuchungen des Massen- und Werthszuwachses an einzelnen Stämmen der Kiefern im Görlitzer Stadtwalde geliefert. Demnach betrugen diese für folgende Alters- und Standortsklassen:

Werthszuwachs an einzelnen Kiefernstämmen:

Altersstufe Jahre	II. Standortsklasse	III. Standortsklasse	IV. Standortsklasse
	(Prozente des Werthes vom Stamm)		
50— 60	7,8	4,6	4,4
60— 70	5,3	5,2	2,7
70— 80	3,2	5,2	3,4
80— 90	2,8	4,1	2,7
90—100	3,1	3,3	2,6
100—110	3,1	2,0	2,6
110—120	2,8	1,8	2,1
120—130	1,7	1,6	0,9
130—140	1,9	1,7	2,0
140—150	1,8	2,0	1,5
150—160	1,0	1,3	—

Die gesammte prozentische Werthsmehrung eines dominirenden Stammes kulminirt daher schon frühzeitig, aber sie hält noch, wenn auch mit abnehmender Größe, weit über das hundertste Jahr an. Im Gegensatze hierzu ist die durchschnittliche und periodisch-laufende Werthsmehrung eines ganzen Kiefernbestandes nach Prof. Dr. Schwappach (siehe Tabelle auf Seit 81).

Hiermit soll indessen nur die formale Behandlung der Rechnung angedeutet werden, die nicht minder wichtige Kenntniß der naturgesetzlichen Grundlagen der Zuwachslehre und der volkswirthschaftlichen Gesetze der Preisgestaltung werden in den §§ 17—39 näher besprochen werden.

Hilfstafel zur Berechnung der Weiserprozente, s

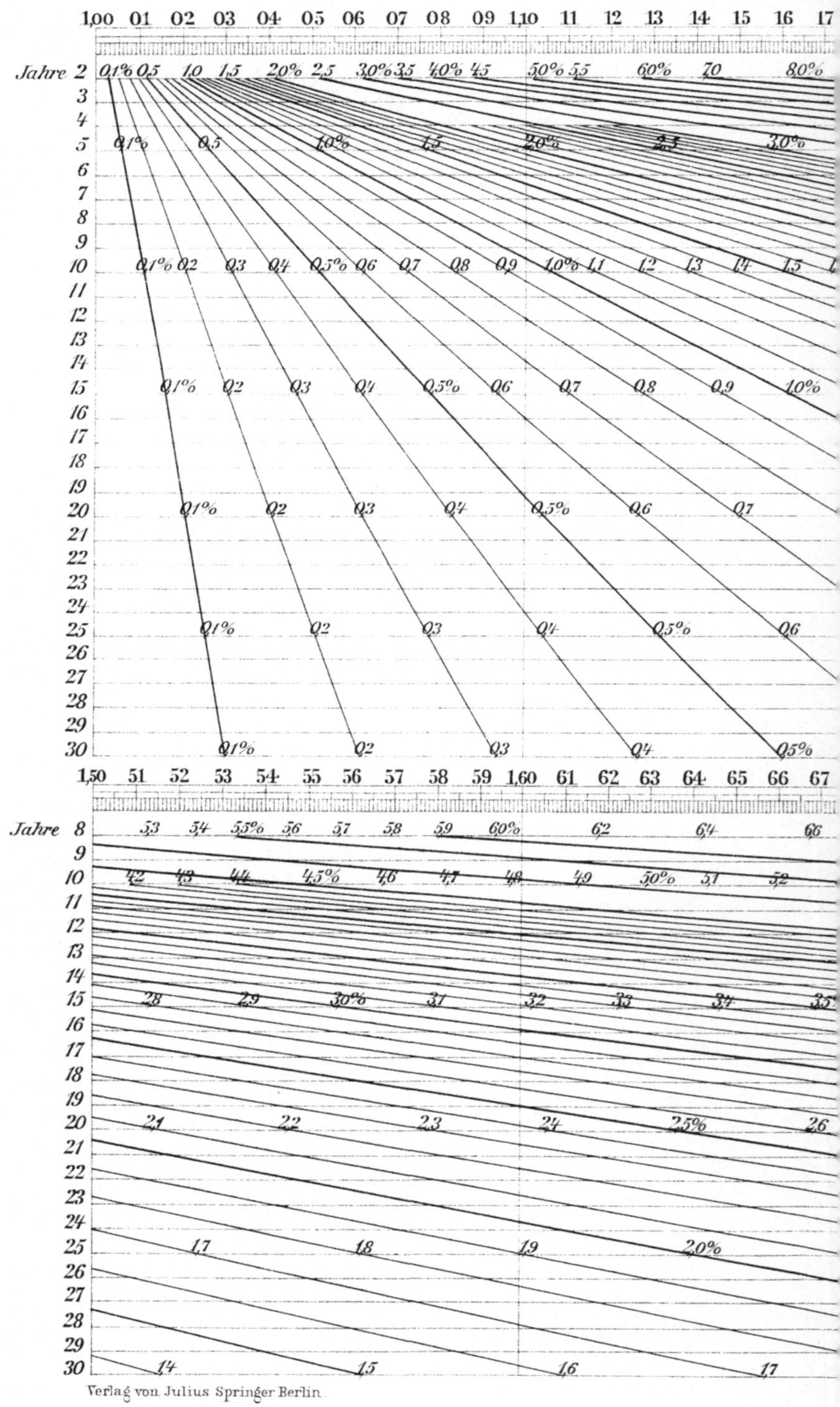

Verlag von Julius Springer Berlin.

ssen-und Qualitäts-Zuwachsprozente an Stelle der Presslerschen Näherung

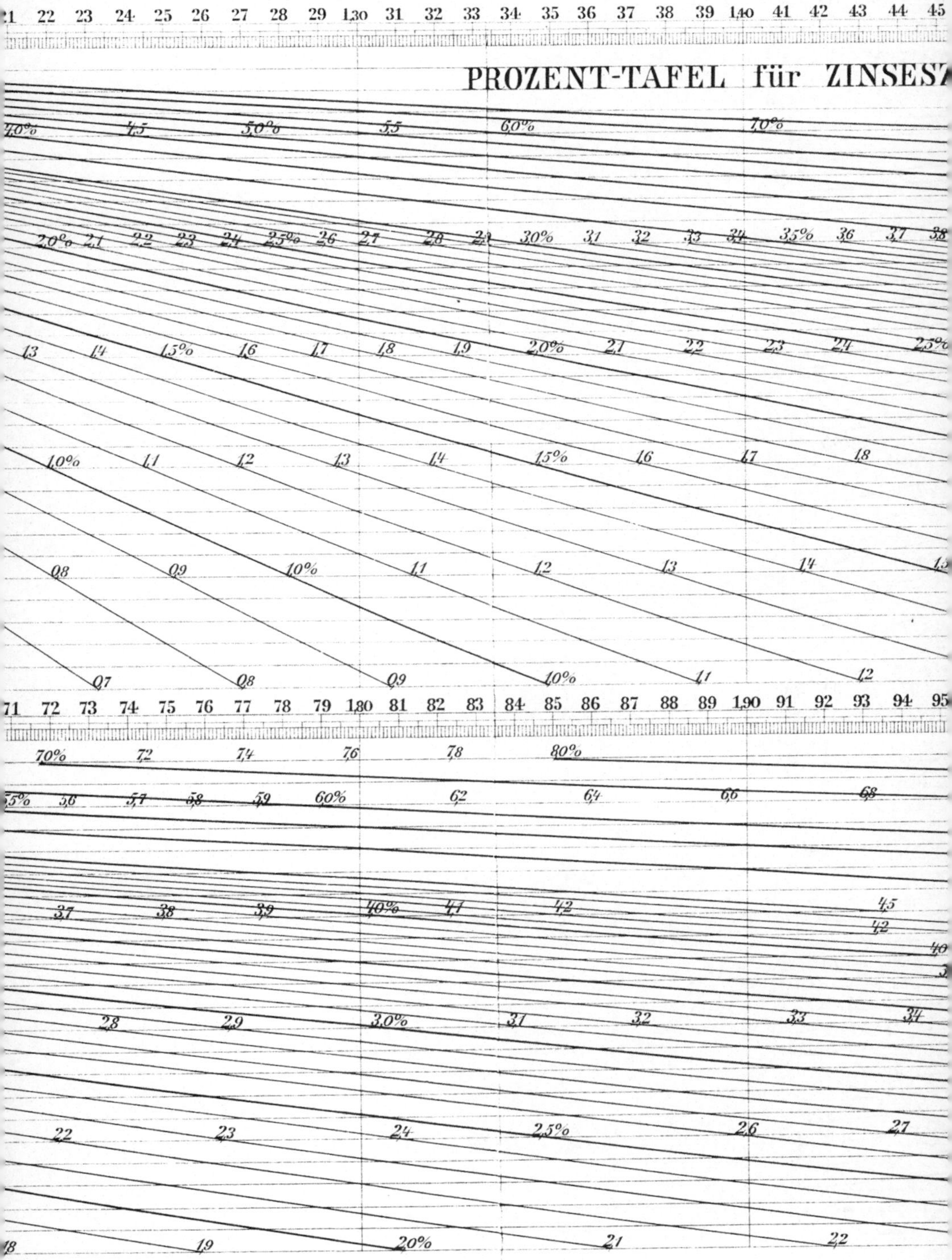

PROZENT-TAFEL für ZINSES

Fig. 3.

Tafel I.

ormel.

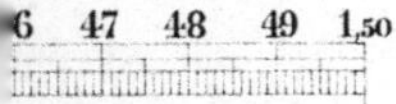

6 47 48 49 1,50

NSEN.

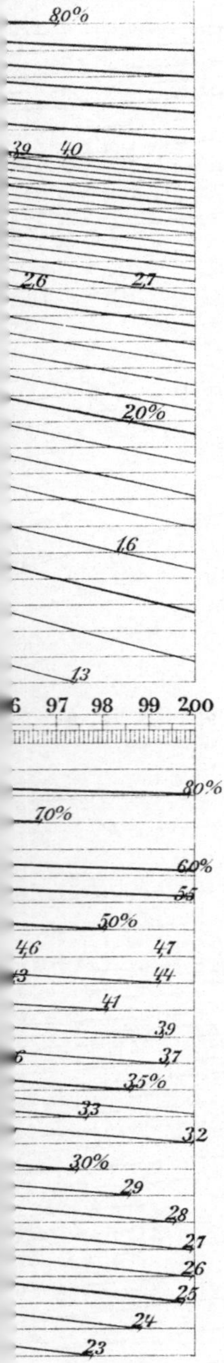

8,0%

39 40

2,6 2,7

2,0%

1,6

1,3

6 97 98 99 2,00

8,0%

7,0%

6,0%

55

5,0%

4,6 4,7

43 44

41

39

6 37

3,5%

33

3,2

3,0%

29

28

27

26

25

24

23

Von dieser „**Prozenttafel**" ist für den Gebrauch bei praktischen Arbeiten, in Forsteinrichtungsbureaus und Versuchsanstalten ein Sonderabdruck hergestellt, welcher gegen Franko-Einsendung des Betrages von 30 Pfg. (in Briefmarken) von der Verlagsbuchhandlung von Julius Springer in Berlin N. franko geliefert wird.

Werthzunahme (a + b) ganzer Bestände von Kiefern in Prozenten:

Altersstufe	I. Standortsklasse		II. Standortsklasse		III. Standortsklasse		IV. Standortsklasse		V Standortsklasse	
	durchschnittlich	laufend	durchschnittlich	laufend	durchschnittlich	laufend	durchschnittlich	laufend	durchschnittlich	laufend
30— 40	0,74	0,73	0,59	0,69	0,47	0,35	0,35	0,47	0,20	0,32
40— 50	0,77	0,88	0,59	0,61	0,48	0,53	0,36	0,41	0,23	0,33
50— 60	0,82	1,06	0,62	0,75	0,47	0,43	0,37	0,42	0,22	0,18
60— 70	0,85	1,07	0,63	0,72	0,50	0,65	0,38	0,41	0,23	0,30
70— 80	0,88	1,10	0,68	1,02	0,49	0,41	0,37	0,27	0,22	0,17
80— 90	0,92	1,19	0,69	0,80	0,50	0,63	0,35	0,22	0,21	0,09
90—100	0,95	1,20	0,71	0,89	0,52	0,64	0,33	0,16	0,20	0,09
100—110	0,97	1,19	0,74	1,03	0,53	0,71	0,33	0,33	—	—
110—120	0,98	1,07	0,76	0,97	0,54	0,66	0,33	0,34	—	—
120—130	0,98	0,97	0,77	0,94	—	—	—	—	—	—
130—140	0,97	0,96	0,77	0,67	—	—	—	—	—	—

b. Das Weiserprozent nach G. Heyer geht von einer durch Subtraktion des früheren (a jährigen) vom späteren (a + n jährigen) Werthe eines Bestandes gefundenen Werthsmehrung aus und beruht auf der Untersuchung der laufend jährlichen Verzinsung des Produktionsaufwandes, welch' letzterer sich aus dem Bestandeskostenwerth beim Alter a

$$Hk_a = (B + V)(1,0p^a - 1) + k \cdot 1,0p^a - (D_m 1,0p^{a-m} + \cdots)$$

und dem Bodenkapital B, sowie den kapitalisirten Steuern und Verwaltungskosten V + S zusammensetzt. Nach Heyer soll nämlich der Produktionsaufwand nur nach den Selbstkosten und nicht nach dem Verkaufswerthe bemessen werden, weshalb nur der Bestandeskostenwerth Hk_a und nicht der in der Preßler'schen Formel vorkommende Verkaufswerth H_a in Anrechnung kommt. Da die Kulturkosten schon im Bestandeskostenwerth inbegriffen sind, so fällt der besondere Ansatz eines Kulturkostenkapitales, wie es Preßler anrechnet, hier hinweg. Zum Unterschied von dem Preßler'schen Grundkapital G bezeichnet man diese Summe von B + V + S als das Grundkapital im Sinne Heyers mit g, so daß die gesammten Produktionskapitalien durch $Hk_a + g$ ausgedrückt werden. Als Ertrag dieser letzteren kommt zunächst die laufend-jährliche Werthsmehrung eines Bestandes vom Alter a bis zum nächsten Jahre a + 1 in Rechnung, welche Heyer als Differenz $A_{a+1} - A_a$ ermittelt, wonach die Verzinsung gefunden wird durch

$$w = \frac{100\,(A_{a+1} - A_a)}{Hk_a + g}.$$

In der Regel erhält man aber durch die Ertragsuntersuchungen nicht die einjährige, sondern die **laufend periodische** Werthszunahme innerhalb eines 5, 10 oder allgemein njährigen Zeitraumes, weshalb sich die Rechnung in der Art ändert, daß außer dem Zuwachs des ajährigen Bestandes an Hauptnutzung $= A_{a+n} - A_a$ noch eine Zwischennutzung, z. B. im Jahre m erfolgt, welche auf den Zeitraum $a + n - m$ zu prolongiren ist; der innerhalb n Jahren erfolgende Werthsertrag ist daher $= A_{a+n} + D_m 1,0p^{a+m-n} - A_a$ und muß als der njährige Zinseszins der Produktionskapitalien $Hk_a + g$ zu dem gesuchten Weiserprozent betrachtet werden. Folglich ist

$$A_{a+n} + D_m 1,0p^{a+n-m} - A_a = (Hk_a + g)(1,0w^n - 1)$$

woraus $1,0w^n = \frac{A_{a+n} + D_m 1,0p^{a+n-m} + Hk_a - A_a + g}{Hk_a + g}$

$$w = 100\left(\sqrt[n]{\frac{A_{a+n} + D_m 1,0p^{a+n-m} + Hk_a - A_a + g}{Hk_a + g}} - 1\right).$$

c. Das **Weiserprozent nach Judeich** ist ebenfalls auf die laufend periodische Werthserhöhung, wie sie durch die Differenz $A_{a+n} - A_a$ ausgedrückt wird, unter Prolongirung etwaiger Zwischennutzungserträge begründet. Allein da in älteren Beständen, deren Haubarkeit nahe ist, der aus Vergangenheitskosten abgeleitete Bestandeskostenwerth Hk_a sich dem Verkaufswerthe A_a viel mehr nähert, als dies in früheren Altersstufen der Fall ist, da ferner der Verkaufswerth aus den bisherigen Durchschnittserlösen leicht und sicher ermittelt werden kann und in den Geldertragstafeln bereits ausgerechnet vorliegt, so führte **Judeich** diesen Holzkapitalwerth in obige Rechnung ein, wodurch sich im Zähler $+ A_a$ und $- A_a$ aufhebt und das Weiserprozent die vereinfachte Form erhält

$$w = 100\left(\sqrt[n]{\frac{A_{a+n} + D_m 1,0p^{a+n-m} + g}{A_a + g}} - 1\right).$$

d. Oberforstmeister G. **Kraft***) **giebt dem Weiserprozent für jährlichen Werthszuwachs** die Form $w = z - \frac{(B + V)p}{A_a}$, worin z die ganze aus Massen-Qualitäts- und Theurungszuwachs bestehende einjährige Werthsvermehrung und p den Wirthschaftszinsfuß bedeutet. Für periodische (njährige) Werthszunahme ist das Weiserprozent abzuleiten aus $1,0w^n = 1,0z^n - \frac{(B + V)(1,0p^n - 1)}{A_a}$, woraus w durch einen Vergleich mit den in Zinseszinstafeln angegebenen Nachwerths-

*) G. **Kraft**: „Zur Praxis der Waldwerthrechnung und forstlichen Statik". Hannover, Klindworth's Verlag. S. 72, und „Beiträge zur forstlichen Zuwachsrechnung und zur Lehre vom Weiserprozente". Hannover 1885. S. 104.

faktoren für den Zeitraum n ohne logarithmische Rechnung gefunden werden kann. Die einfachste Näherungsformel des Weiserprozents ist für den Kulminationspunkt des Bodenerwartungswerths, d. h. die finanzielle Umtriebszeit des schlagweisen Hochwaldbetriebes

$$w = z - \frac{p}{1,0p^n - 1}.$$

c. Für die analoge Ermittlung von Weiserprozenten nach einer der obigen Formeln benütze ich in der Regel die in Figur 3 gegebene graphische Darstellung der „Prozenttafel", welche ebensogut auch an Stelle der Preßler'schen Nährungsformel für die Berechnung der Massen- und Qualitäts-Zuwachsprozente ꝛc. Verwendung finden kann. Diese Tafel giebt nämlich für die in der ersten Vertikalspalte verzeichneten Zeiträume n die Werthe von $1,0w^n$ in Form einer graphischen Darstellung und bezogen auf die darüberstehende Skala der Längen. Diese letztere bedeutet die Werthe von $\frac{A_{a+n} + D_m 1,0p^{a+n-m} + g}{A_a + g}$ der Judeich'schen Formel ausgedrückt in einem Quotienten, der die Form eines unächten Dezimalbruches hat. Sucht man diesen Dezimalbruch auf der Skala auf, mißt seinen Abstand von dem nächsten Vertikalstrich mit dem Zirkel oder mit einem Papierstreifen, und trägt man diesen Abstand auf die Zeile des betreffenden Zeitraumes über, so ersieht man unmittelbar den Werth von w aus den Transversalen und kann dasselbe unter Zuhilfenahme der Schätzung mit zwei Dezimalstellen angeben. Hierdurch wird die Umständlichkeit der logarithmischen Berechnung von w aus der Judeich'schen oder Heyer'schen Formel umgangen.

Allgemeine Würdigung des Weiserprozentes als Mittel zur Bestimmung der Hiebsreife.

Neben der Kenntniß der mathematischen Methoden, welche die Reinertragstheorie zur Bemessung des günstigsten Zeitpunktes für den Abtrieb lehrt, ist auch das Ergebniß thatsächlich durchgeführter Untersuchungen und Berechnungen der Weiserprozente wissenswerth, weil hierdurch der Verlauf und die gesetzmäßige Veränderung derselben dargestellt und eine Beurtheilung ihrer praktischen Brauchbarkeit ermöglicht wird. Nach den bisher aufgestellten Geldertragstafeln sind folgende Weiserprozent-Berechnungen durchgeführt, in denen die Werthsmehrung nur nach Massen- und Qualitätszuwachs berechnet, der Theuerungszuwachs aber, weil zunächst nur auf unsicheren Grundlagen einschätzbar, außer Ansatz geblieben ist.

Weiserprozente, nach den Ertragstafeln nachstehender Autoren berechnet:

Bestandes-Alter	Nach Rob. Hartig				Nach A. Schwappach					Nach Judeich	Nach Pöpel	Nach A. Schwappach				
	Fichten im Harz		Buchen im Weser-gebirge		Kiefern in Norddeutschland**)							Fichten				
	I. Standorts-klasse	II. Standorts-klasse	I. Standorts-klasse	II. Standorts-klasse	I. Standorts-klasse	II. Standorts-klasse	III. Standorts-klasse	IV. Standorts-klasse	V. Standorts-klasse.	Fich-ten	Fich-ten	I. Standorts-klasse	II. Standorts-klasse	III. Standorts-klasse	IV. Standorts-klasse	V. Standorts-klasse
30 — 40	—	—	3,46	1,20	2,26	2,80	1,77	3,43	3,82	5,039	4.35	4,89	4,34	5,04	4,68	3,72
40 — 50	8,30	6,94	2,45	2,39	2,38	2,01	2,26	2,31	2,81	3,728	4,84	3,46	3,79	3,49	5,13	4,14
50 — 60	6.19	5,17	2,47	2,46	2,08	2,12	1,59	2,02	1,30	3,779	4,16	2,32	3,22	3,14	3,63	3,95
60 — 70	3,13	4,49	2,55	3,49	1,95	2,42	2,09	1,69	1,92	3,832	3,12	1,87	2,41	3,59	3,05	3,38
70 — 80	2,62	2,74	2,03	2,06	1,73	2,16	1,17	0,99	0,98	3,376	2,75	1,67	1,81	2,17	3,01	2,81
80 — 90	2,14	2,48	1,92	1,36	1,64	1,44	1,64	0,79	0,47	3,286	1,84	1,38	1,57	1,92	1,99	2,83
90—100	1,63	2,10	2,08	1,43*	1,45	1,43	1,23	0,53	0,51	2,582	1,26	1,35	1,40	1,54	1,55	1,49
100—110	1,20	1,69	1,54	—	1,29	1,48	1,45	1,08	—	—	0,85	0,99	1,26	1,53	1,37	—
110—120	1,13	1,17	—	—	1,03	1,22	1,21	1,02	—	—	0.63	0,88	1,02	1,33	—	—
120—130	—	1,23	—	—	1,04	1,08	—	—	—	—	—	—	—	—	—	—
130—140	—	1,20	—	—	1,02	0,62	—	—	—	—	—	—	—	—	—	—
140	—	1,07	—	—	—	—	—	—	—	—	—	—	—	—	—	—

Aus dieser Zusammenstellung der Weiserprozente ist zu entnehmen, daß dieselben in der 30- bis 40jährigen Altersstufe der Bestände (Stangenholzalter) am größten sind, nachdem sie in den ersten Dezennien rasch zu dieser Höhe angestiegen waren. Von diesem Maximum findet ein allmähliges, nicht ganz regelmäßiges Sinken statt, dessen Schwankungen und streckenweises Wiederansteigen durch die Änderungen im Sortimentenanfall veranlaßt werden. Das Sinken ist hauptsächlich die Folge der Kapitalzunahme des stehenden Bestandes, an welchem sich sowohl hinsichtlich der Massen als der Qualität der Zuwachs aufsummirt, während der laufende Jahreszuwachs nur relativ unbedeutende Änderungen erleidet. Dieses in den Figuren 4 und 5 (Seite 85) graphisch dargestellte Sinken findet annähernd verkehrt proportional zum Alter statt, so daß bei einigen Ertragstafeln die Weiserprozente nahezu analog der Formel $w = \frac{100\,(\Delta\, 1{,}\,0p^x - 1)'}{1{,}\,0p^x - 1}$ verlaufen. Man kann sich nämlich die Werthszunahme eines Bestandes lange Zeit hindurch nach einer Zinseszinsreihe fortschreitend denken, so daß der Werth des Holzbestandes (abgesehen von g) nach dem Verhältnisse $1{,}\,0p^x - 1$

*) 85jährig.

**) Berechnet nach der Judeich'schen Formel mit einem Bodenerwartungswerth für 80jährigen Turnus und 3 % Wirthschaftszinsfuß, daher die Verschiedenheit dieser Prozente von den von Bose: „Das forstliche Weiserprozent", Seite 31 angegebenen, welche sich auf Be bei 10jährigem Turnus gründen.

wächst. Diesen Kapitalwerthen kann man den mittleren periodischen Jahreszuwachs an Werth im letzten Dezennium als Zins gegenüber-

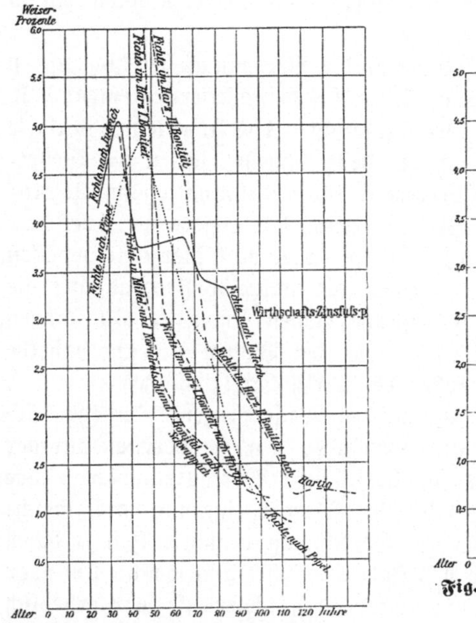

Fig. 4. Weiserprozente für Fichtenertrags-Tafeln, verglichen mit dem Wirthschafts-Zinsfuß = 3 %.

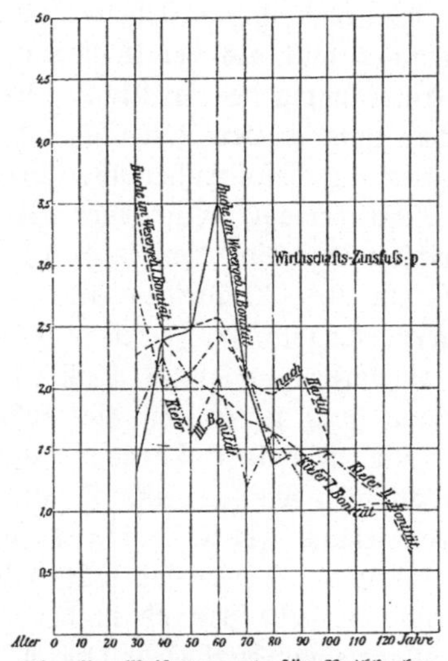

Fig. 5. Weiserprozente für Rothbuchen- und Kiefern-Ertragstafeln.

stellen und das Verzinsungsprozent w ermitteln. Aus einer Zinseszins-Tafel findet man dann folgende Größen für die Prozente des Werthszuwachses, welche ein rapides Sinken erkennen lassen, obgleich die Kapitalzunahme nach Zinseszinsen fortschreitet:

Schema für die Abnahme der Verzinsung des periodischen Werthszuwachses.

Alter	Für eine Zinseszinsreihe von folgenden Zinsfüßen p =				
	1,5	2,0	2,5	3,0	3,5
10	10	10	10	10	10
20	5 36	5,49	5,61	5,73	5,85
30	3,84	4,00	4,18	4,35	4,52
40	3,09	3,29	3,49	3,68	3,89
50	2,64	2,86	3,09	3,28	3,55
60	2,34	2,58	2,83	3,08	3,33
70	2,08	2,39	2,66	2,93	3,20
80	1,99	2,26	2,53	2,83	3,11
90	1,88	2,16	2,45	2,75	3,04
100	1,78	2,08	2,39	2,70	3,01
110	1,72	2,03	2,35	2,66	2,98
120	1,66	1,98	2,31	2,63	2,95

Man kann hieraus ersehen, wie vorsichtig man in der Ermittlung und der Anwendung der Weiserprozente sein muß, da die Verzinsung, nach rückwärts gerechnet, selbst bei einer Zinseszinsreihe schon ein so rasches Fallen der Prozente ergiebt.

Während im vorstehenden Schema die Verzinsung bei höherem p langsamer fällt als bei kleinerem, findet bei den Weiserprozenten, d. h. bei Einrechnung des forstlichen Grundkapitals g das Umgekehrte statt: je rascher nämlich der Zuwachsgang ist, desto schneller sinken die Weiserprozente und desto früher überschreiten sie ihren Kulminationspunkt. Nur die Fichtenertragstafeln zeigen Weiserprozente, die längere Zeit über dem Wirthschaftszinsfuß von 3 Prozent stehen, aber auch hier tritt zuweilen schon im 60—70jährigen Alter ein Sinken unter 3 Prozent ein; die Kiefernertragstafeln zeigen auf besseren Böden schon bei 30 Jahren ein Weiserprozent unter 3 Prozent und bei Buchen erreicht dasselbe nur auf ganz kurze Zeit die Höhe des Wirthschaftszinsfußes.

Die in obiger Tabelle mitgetheilten Weiserprozente beziehen sich nur auf den Massen- und Qualitätszuwachs, d. h. sie beruhen auf der Voraussetzung gleichzeitiger (synchronischer) Werthsermittlung aller Altersstufen. Bei dieser fällt daher die Werthssteigerung fort, welche ein und derselbe Bestand in der zur Berechnung benützten Zeit n durch die allgemeine Werthserhöhung des Holzes erfährt und welche Preßler den Theuerungszuwachs genannt hat. Daß dieser oft sehr erheblich sein kann, wird in § 39 näher nachgewiesen, allein für seine Bemessung in der Zukunft lassen sich zuverlässige Anhaltspunkte wohl schwerlich geben. Ohne Einrechnung dieses „dritten Zuwachses" c werden daher die Weiserprozente nicht leicht zur Ermittlung von Umtriebszeiten benützbar werden, denn in den Kiefernforsten Norddeutschlands wäre bei dieser Art der Berechnung eine finanzielle Umtriebszeit überhaupt unmöglich und in dem Buchenhochwald fiele dieselbe so kurz aus, daß dieser seines Namens gar nicht werth wäre. Anders gestaltet sich die Sache, wenn man nur die Berechnung für die jüngste Vergangenheit anstellt, z. B. die Werthsmehrung eines Bestandes in den letzten 10 Jahren ermittelt, weil dann sowohl der Massen- als der Qualitäts- und Theurungszuwachs mit voller Sicherheit und gestützt auf die thatsächlichen Preis- nnd Sortimentverhältnisse eingesetzt werden kann. Man vermeidet dadurch den Fehler, welcher der synchronischen Preisbewerthung anhaftet und ebenso den anderen, welcher der willkürlichen Substituirung eines Theurungszuwachses für die Zukunft innewohnt.

Wenn daher bei den periodischen Revisionen die Wertheinschätzungen aller Bestände neben den Vorraths- und Zuwachsermittlungen gemacht werden, so geben diese Werthe im Vergleich mit den vorausgegangenen die besten Ausgangspunkte für Berechnungen der Weiserprozente und letztere zeigen dann viel korrekter und zuverlässiger die finanzielle Hiebsreife eines Bestandes an, als die aus Ertragstafeln abgeleiteten Weiserprozente der Zukunft. Der Schluß auf die nächste Zukunft läßt sich dann mindestens mit derselben Sicherheit machen, wie man dies bei jeder anderen Methode thut.

Die wirthschaftlichen Maßregeln, welche auf eine Erhöhung der Weiserprozente hinzielen und welche in Anwendung zu bringen sind, wenn ein Bestand noch beibehalten werden und dabei rentirlich fortwachsen soll, bestehen in einer theilweisen Minderung seines Holzvorrathes, d. h. einer kräftigen Durchforstung oder eines Vorbereitungshiebes oder Anwendung des Lichtungsbetriebes je nach der waldbaulichen Zulässigkeit. Hierdurch wird das zu verzinsende Kapital (A_a im Nenner) kleiner, anderseits erscheint im Zähler der Werth D_m, welcher mit Zinseszinsen bis zum Zeitpunkt $a + n$ fortwachsend zu denken ist; endlich ist durch Beseitigung der unwüchsigen Stammklassen und Herbeiführung eines Lichtungszuwachses in der auf dem Stock verbliebenen dominirenden Klasse die Steigerung des laufenden Massen- und Qualitätszuwachses ($A_{a+n} - A_a$) zu erwarten. Die Gesammtwirkung dieser Änderungen muß daher, wenn sie sinngemäß und unter Berücksichtigung der gegebenen Standorts- ꝛc. Verhältnisse ausgeführt werden, auf eine Erhöhung des Weiserprozentes hinauslaufen, welches hierdurch oft über das Niveau von p gehoben und längere Zeit darüber zu halten ist, selbst ohne Einrechnung eines Theurungzuwachses. Auf diesem wirthschaftlichen Grundgedanken beruhen verschiedene waldbauliche Systeme, welche sich des Lichtungszuwachses bedienen, und es ist dies auch die finanziell lohnendste Art der Starkholzerziehung, daß man nicht ganze geschlossene Bestände zu Umtriebszeiten von 140—160 Jahren heranwachsen läßt, sondern nur Horste, Gruppen — weniger gut die Einzelstämme als Überhälter —, welche aus den wüchsigsten, geradschaftigsten und gesündesten Stammklassen gebildet sind, in einem jüngeren Grundbestande überhält und so in kürzerer Zeit mit geringerem Kapitalaufwande die gewünschten starken Sortimente erzieht. Wenn daher auch der Waldbau schon lange in dem Mittelwaldbetrieb, im Seebach'schen modifizirten Buchenhochwald, in der Homburg'schen Nutzholzwirthschaft, im zweihiebigen Hochwalde und den femelartigen Betrieben ꝛc. derartige Wirthschaftsformen zur Anwendung brachte, so haben diese doch durch die Reinertragslehre eine wesentliche Empfehlung und rechnerische Bevorzugung vor dem gleichaltrigen schlagweisen Hochwald erfahren.

§ 11. **Betriebsklassen.** Sowohl bei der Wahl der Betriebsart als bei jener der Umtriebszeit wird vorausgesetzt, daß sich diese Normen des Betriebes auf größere Waldflächen beziehen, aus welchen man alljährlich Holznutzungen von der Art und den Dimensionen gewinnen will, wie sie der Betriebsart und dem Alter der Umtriebszeit entsprechen. Nur für kleinen Waldbesitz oder für isolirt liegende Parzellen, oder für verschieden vom übrigen Wald beschaffene Flächentheile, z. B. Inseln, Alluvionen u. dergl., paßt der aussetzende Betrieb, während dagegen der Nachhaltsbetrieb aus den in § 5 entwickelten Gründen in allen geordneten größeren Forstwirthschaften namentlich für Staats-, Gemeinde-, Stiftungs-, Körperschafts- und Fideikommiß-Waldungen die Regel bildet. Die Zusammenfassung und Bezeichnung derjenigen Waldtheile, welche zu einer Nachhaltswirthschaft verbunden und künftig nach einerlei Betriebsart und Umtriebszeit bewirthschaftet werden sollen, nennt man die Betriebsklassenbildung; „Betriebsklasse“ ist daher ein Sammelname für alle jene Bestände und Flächentheile eines Waldes, welche zu einer im jährlichen Nachhaltsbetrieb zu behandelnden Schlagreihe gerechnet werden, gleichgiltig ob sich die Flächen räumlich aneinanderschließen oder getrennt von einander liegen. Auch wenn man den Grundsatz befolgt, daß jeder einzelne Holzbestand auf seine größte Rentabilität bewirthschaftet werden solle, so läßt sich doch die Betriebsklassenbildung nicht ganz umgehen, da alle Ermittlungen über Zuwachs an Masse und an Werth sich auf typische Bestände verschiedener Altersstufen von einer Holzart oder der gleichen Mischbestände unter mittleren Standortsverhältnissen gründen und somit auch die Rentabilitätsrechnungen auf alle gleichartigen Verhältnisse Anwendung gestatten. Außerdem müssen für solche Bestandesformen die Wirthschaftsregeln in ihren Hauptzügen gemeinschaftlich aufgestellt und, wenn auch mit entsprechender Anpassung an örtliche Verschiedenheiten, in einerlei Richtung durchgeführt werden. Man muß daher schon aus Rücksicht für die Vereinfachung des Betriebes eine gewisse Gleichartigkeit in die Bewirthschaftung der aus denselben Holzarten zusammengesetzten und unter ähnlichen Standortsverhältnissen erwachsenden Bestände anstreben, was durch die Bildung der Betriebsklassen geschieht. Endlich hat letztere noch den Zweck, wenigstens annähernd die Verschiedenheit der Holzqualität und des Gebrauchswerthes hervorzuheben und hierdurch auf eine gewisse Ausgleichung in den jährlichen Gelderträgen hinzuwirken. Denn es ist nothwendig, z. B. den Unterschied im Preise pro Festmeter Eichen-, Buchen-, Kiefern-, Fichten- oder Erlenholz u. dergl. zu betonen und Kategorien für den muthmaßlichen Anfall an solchen Holzarten zu bilden, da weder dem Waldbesitzer noch den Konsumenten gedient wäre, wenn im einen Jahre nur Eichenholz, im nächsten nur Erlen ꝛc. zu Markt gebracht würden.

Überall, wo in der Waldwirthschaft zweierlei oder mehrere Betriebsarten oder sonstige von einander wesentlich abweichende Formen der waldbaulichen Behandlung vorkommen, schreitet man daher zur Ausscheidung der Betriebsklassen; namentlich veranlassen hierzu folgende Ursachen:

1. Verschiedenheiten der Holzarten, wenn diese Bestockungsformen von charakteristischer Verschiedenheit und deutlicher räumlicher Trennung bilden. So findet man z. B. oft die harten Laubhölzer auf den frischeren Schattseiten der Berge, die Kiefernbestände auf den trockeneren Sonnseiten; ebenso sind die Überschwemmungsgebiete der Flüsse meistens durch andere Holzarten ausgezeichnet, als die höher liegenden Waldtheile der Thalgebiete, während von letzteren wieder die Hügelzüge der Mittelgebirge durch regionenweise Anordnung bestimmter Bestockungsformen deutlich abstechen. Aufgabe der Forsteinrichtung ist in solchen Fällen die räumliche Ausscheidung, Vermessung und Zusammenfassung der eine gleichartige Behandlung erfordernden Waldflächen zu einem nachhaltig zu bewirthschaftenden Ganzen, wenn die Unterschiede so groß sind, daß sie eine erhebliche Abweichung in der Bewirthschaftung bedingen.

2. In letzterer Hinsicht kommen vor Allem die Betriebsarten in Betracht, so daß Hochwaldungen mit Unterscheidung in Laubhölzer und Nadelhölzer, anderseits Mittel- und Niederwaldflächen in der Regel zu besonderen Betriebsklassen verbunden werden. Eine Ausnahme findet nur dann statt, wenn solche Betriebsarten auf so kleinen Flächentheilen vorkommen, daß eine Nachhaltswirthschaft darauf unmöglich ist, z. B. kleine Niederwaldstreifen an Flußufern oder Erlenbrücher auf nassen Stellen im Hochwalde. Im Gebirgswalde muß namentlich eine solche Unterscheidung zwischen den dem Plänterbetriebe zugewiesenen Flächen und den zur schlagweisen Wirthschaft geeigneten Waldtheilen durchgeführt werden. Auch die in der neueren Zeit ausgebildeten Betriebssysteme der femelartigen und Überhaltformen werden am zweckmäßigsten betriebsklassenweise von den für solche Bewirthschaftung nicht geeigneten Flächentheilen auszuscheiden sein.

3. Sehr häufig müssen aus mancherlei Ursachen Theile eines Waldes nach verschiedenen Umtriebszeiten bewirthschaftet werden, z. B. wenn die Absatzverhältnisse sehr abweichende Anforderungen stellen oder wenn der Zuwachsgang wesentlich verschieden ist. Mag man die Umtriebszeit nach dem Maximum der durchschnittlichen Werthserzeugung oder nach der Kulmination der Bodenrente ermitteln, so wird sich die Giltigkeit der gewonnenen Ergebnisse sehr oft nur auf gewisse, durch natürliche Wachsthums- oder Verkehrs-Verhältnisse abgegrenzte Gebiete erstrecken; für die anderen Waldtheile gelten wieder andere Resultate der Rentabilitätsrechnung. In solchen Fällen muß durch gutachtliche Einschätzung der Giltigkeitsbereich der vortheilhaftesten Umtriebszeiten aufgesucht und der Flächeninhalt eines jeden zu einer besonderen Betriebsklasse gestempelt werden.

4. So sind namentlich die Standortsverhältnisse, welche ohnehin schon wegen der Taxationen genauer unterschieden werden müssen,

ein wichtiger Punkt bei der Beurtheilung der Betriebsklassen. Die natürlichen Grenzen der Niederwald- und Mittelwaldbetriebe sind z. B. durch die klimatischen Regionen gezogen, wie auch im Gebirge die Wuchsgebiete oft so deutlich geschieden werden, daß man nahezu durch eine Horizontalkurve das Gebiet des gemischten Waldes von der Betriebsklasse der reinen „Hochwaldfichten" trennen kann. Im Flachlande bedingt die Verschiedenheit der Bodengüte zuweilen die Ausscheidung der für Starkholzzucht noch tauglichen besseren Bonitäten von den geringwerthigen Sandböden, die nur noch in kurzem Turnus bewirthschaftet werden können.

5. Die Verhältnisse des Konsums und die Anforderungen des Marktes an bestimmten Qualitäten und Sortimenten führen zuweilen dazu, besondere Betriebsklassen zu bilden, welche für Bergbau und Hüttenbetrieb, für Salinen, sowie für einzelne Spezialitäten der holzverarbeitenden Industrie die geeignetsten Sortimente erzeugen sollen. Je mehr sich namentlich die letztere entwickelt, desto wichtiger wird die Anzucht und nachhaltige Lieferung von bestimmten Holzarten und Dimensionen, z. B. schwächere Nadelhölzer für Cellulose-Industrie und Holzschleiferei, Erlen für Pulver- oder Cigarrenkisten-Fabriken, Rothbuchen für Parkettindustrie und Holzbiegerei, Eichenschälwald für die Lederindustrie 2c., so daß zuweilen die Ausscheidung besonderer Betriebsflächen für derartige Zwecke nothwendig wird.

6. Forstberechtigungen geben zuweilen zur Aussonderung der servitutbelasteten Fläche von der unbelasteten in Form einer Betriebsklasse Veranlassung. Die Absicht ist dann, sowohl die planmäßige Anordnung als auch den speziellen Nachweis für die Nachhaltigkeit der Nutzungen aus diesem Flächentheil fortlaufend zu führen, um bei etwa eintretender Waldunzulänglichkeit beweisen zu können, daß diese nicht durch den Waldbesitzer verschuldet worden sei. Abgesehen hiervon bewirkt aber auch die strenge territoriale und rechnerische Abgrenzung der belasteten Flächen eine gewisse Sicherheit gegen heimliche Ausdehnung der Forstrechte und gegen Übergriffe seitens der Berechtigten.

Die Betriebsklassen werden in manchen Staaten anders benannt, solche Synonyme sind „Wirthschaftsbezirk" im Königreich Sachsen, welche Bezeichnung auch G. Wagener gebraucht. In Preußen werden als eine Art von territorial zusammenhängenden Betriebsklassen die sogenannten „Blöcke" gebildet; doch decken sich die Begriffe nicht ganz.*)

Über Flächengröße und zulässige Zahl der Betriebsklassen in einem Reviere lassen sich keine allgemeinen Normen aufstellen, allein es ist einleuchtend, daß Hochwaldbetriebsklassen nicht zu klein sein

*) In Frankreich bezeichnet man als Sektion einen Waldtheil, welcher zur gleichen Betriebsart bestimmt ist.

dürfen, während ein Niederwaldbetrieb noch auf verhältnißmäßig kleinen Flächen nachhaltig betrieben werden kann.*) Im Hochwalde darf man daher mit der Ausscheidung besonderer Betriebsklassen nicht zu weit gehen und muß man namentlich unbedeutende Unterschiede in der Umtriebszeit oft der Einheit zuliebe fallen lassen. Gewöhnlich beschränkt man sich auf Unterscheidung von Hochwald von Laubholz, Hochwald von Nadelholz, Plänterwald, Mittelwald, Niederwald, und nur ausnahmsweise nimmt man noch weitere Theilungen vor, weil die Anordnung des Nachhaltsbetriebes schwieriger und umständlicher wird, wenn man viele Betriebsklassen ausscheidet. Dafür kann aber im Einzelnen das spezielle Abtriebsalter einzelner Flächentheile über das normale Umtriebsalter erhöht oder nach Bedürfniß darunter erniedrigt werden.

Die Bedingungen für die Nachhaltigkeit des Waldertrages.

§ 12. **Der Begriff Normalwald.** Wenn eine Betriebsklasse lange Zeit hindurch nachhaltig in einer bestimmten Umtriebszeit bewirthschaftet werden soll, wobei alljährlich die von sämmtlichen Flächen erzeugte Holzmasse in Form eines gleich großen Quantums von haubarem Holz geerntet wird, so läßt sich für eine solche Nachhaltswirthschaft ein mathematisches Ideal konstruiren, welches man den *Normalwald* nennt. An diesem abstrakten Begriffe lassen sich die einzelnen Bedingungen der Nachhaltigkeit gesondert untersuchen und nach verschiedenen Hinsichten mit der Beschaffenheit des einzurichtenden *wirklichen Waldes* vergleichen, dessen Abweichungen vom „Normalzustande" man als „abnorm" und nicht in den Rahmen der Nachhaltigkeit passend bezeichnet. Der Normalwald ist daher mehr als ein bloßes Lehrbeispiel, da er für alle Forsteinrichtungsmethoden, welche das Nachhaltsprinzip befolgen, zugleich das anzustrebende Wirthschaftsziel darstellt und dem Taxator einen mathematischen Hinweis giebt, wie der Gang der Nutzungen für die nächste Zeit geregelt werden soll, um die Bedingungen der Nachhaltigkeit zu erfüllen.

Zuerst wurde dieser Begriff im Jahre 1788 in einer Anleitung zur Werthsberechnung der Waldungen von der Wiener Hofkammer als der eines „*forstmäßig behandelten*" Waldes aufgestellt — im Gegensatz zu einem „übermäßig geschonten", sowie zu einem „über die Kräfte abgeholzten" Wald, wobei insbesondere die Berechnung des Holzvorrathes in dem ersteren (des sogenannten fundus instructus) zuerst gelehrt wurde. Durch *Hundeshagen* und *C. Heyer* erfuhr

---

**) *Bernhardt* giebt z. B. in „Waldwirthschaft und Waldschutz" (Berlin 1869) als kleinste zulässige Fläche, welche noch einer selbständigen Bewirthschaftung fähig ist, an:

Hochwaldbetrieb	von	$u = 120$	Jahren	130—150 ha,
"	"	$u = 60$	"	65— 75 "
Niederwaldbetrieb	"	$u = 20$	"	1,3 "

die mathematische Begründung der Idee des Normalwaldes eine systematische Ausbildung und diese lag dann verschiedenen Methoden der Etatsberechnung zu Grunde, so daß die Theorie des Normalwaldes in der Geschichte der Forsteinrichtung eine wichtige Rolle spielt. Im weiteren Verlaufe der Entwicklung dieser Disziplin wurde indessen erkannt, daß die Sicherung der Nachhaltigkeit allein nicht die ausschließliche Aufgabe der Forsteinrichtung sein könne, sondern daß die zweckmäßige Gestaltung des ganzen Forstbetriebes und die Rentabilität des letzteren mindestens gleich wichtige Gesichtspunkte derselben bilden müßten. Hierdurch wurden auch andere wirthschaftliche Ziele, als die bloße Erreichung eines Normalzustandes gesteckt, und es nimmt daher die Lehre vom Normalwalde nicht mehr jene dominirende Stellung in der Forsteinrichtung ein, wie vordem, obwohl die Kenntniß davon noch unentbehrlich für jeden Taxator ist.

Grund-Bedingungen des Normalwaldes.

1. Normaler Zuwachs. Die Voraussetzung des Begriffes Normalwald ist, daß eine gegebene Waldfläche dauernd der Holzerzeugung dienen soll und zu diesem Zweck die Wiederaufforstung der jährlich abgenutzten Flächen auf natürlichem oder künstlichem Wege erfolge. Demnach ist die ganze Fläche ständig mit Holzpflanzen bestockt zu denken, deren Blattorgane in jeder Vegetationsperiode das Licht zur Assimilationsthätigkeit voll ausnützen und den Holzgewächsen eine quantitative Jahresproduktion an Holz ermöglichen, wie sie den klimatischen Verhältnissen und den Standortsfaktoren des Bodens, sowie den hiefür passenden Holzarten und Umtriebszeiten entspricht. Die erste Bedingung der Nachhaltigkeit ist daher: normaler Zuwachs auf der ganzen produktiven Fläche der Betriebsklasse. Indem die nähere Betrachtung dieses wichtigsten Punktes der forstlichen Produktion auf die §§ 17—37 verschoben wird, soll hier nur der formelle Unterschied zwischen normalem und abnormem Zuwachs betont werden. Ersterer ist der unter den gegebenen Standortsverhältnissen durch richtig gewählte Holzarten und bei Einhaltung der nach wirthschaftlichen Gesichtspunkten festgesetzten Umtriebszeit mögliche jährliche Durchschnittsertrag an Haubarkeitsmasse. Abnorm nennt man den hiervon abweichenden Zuwachsbetrag, wie ihn z. B. lückige und durchlöcherte Bestände oder solche von zu hohem Alter oder von Krankheiten (z. B. Rothfäule, Gipfeldürre ꝛc.) befallene liefern. Abnorm ist auch der Zuwachs der schlechtgerathenen Kulturen, bei mangelhafter Bestandespflege, unterlassener Durchforstung oder beim Vorwiegen unpassender, nicht gewünschter Holzarten.

2. Normale Altersstufenfolge. Die Nachhaltigkeit fordert ferner, daß alljährlich eine dem jährlichen Durchschnittszuwachs der Betriebsklassenfläche F gleiche Masse von Holz in Form solcher Stammstärken zur Nutzung komme, wie sie durch die Wahl der Umtriebszeit u als wirthschaftlich nothwendig erklärt wurde. Gewöhnlich denkt man sich im Normalwald die Bestände zu Altersstufen oder Schlägen von jährlicher (oder periodischer) Altersabstufung vereinigt und verlangt nun, daß alljährlich Holz vom normalen Alter der Umtriebszeit zur Nutzung gelange und zwar in solcher Menge, wie sie dem jährlichen Durchschnittszuwachs dauernd das Gleichgewicht hält. Bei Kahlschlagbetrieb wird so jährlich das hiebsreife Holz auf dem ältesten, u jährigen Jahresschlag entfernt, weil auf dieser Fläche, deren Größe $\frac{F}{u}$ ist, sich u Jahre lang der Zuwachs z angesammelt hatte und daher ihr Haubarkeitsertrag uz gleich ist dem Durchschnittszuwachs aller Schlagflächen = uz. Um daher auf die Dauer dieses Gleichgemicht zwischen Zuwachs und Nutzung erhalten zu können, muß (bei gleicher Standortsgüte aller Flächentheile) jährlich eine Schlagfläche von obiger Größe das Alter der Umtriebszeit erreichen, während die kahl gehauene Fläche in dem gleichen Jahre wieder zur Kultur gelangt und also im nächsten Jahre 1jähriges Alter u. s. f. erreicht. Die ganze Betriebsklasse stellt daher bei jährlichem Kahlschlagbetrieb eine Reihenfolge von u gleich großen Schlagflächen dar, deren Alter sich vom Haubarkeitsalter u bis zum einjährigen regelmäßig abstufen. Die Anzahl der Schläge ist daher direkt proportional zu u, während ihre Flächengröße verkehrt proportional zur Umtriebszeit, d. h. $\frac{F}{u}$ sein muß. Deshalb bezeichnet man als die *zweite Bedingung des Normalwaldes das Vorhandensein von so vielen Bestandesaltersstufen mit normalen Flächengrößen, als der Umtriebszeit entspricht.* Diese einfachste Form der Altersstufenfolge findet sich indessen nur bei Betriebsarten mit Kahlschlagbetrieb auf jährlich gleichen Flächen, wie sie zuweilen im Niederwald vorkommen. Im Hochwaldbetrieb muß man sich die Bestände meistens aus einer Anzahl von Jahresschlagflächen zusammengesetzt denken, weil die Verjüngung in der Regel gleichzeitig in einem größeren Flächentheile betrieben wird und nicht in streng jahreweiser Aufeinanderfolge vorwärtsschreiten, sondern durch den nothwendigen Wechsel der Hiebe, durch die Abhängigkeit von Samenjahren und von Absatz-Konjunkturen verzögert werden kann. Außerdem verursacht namentlich die natürliche Verjüngung mit ihren Vorbereitungs-, Angriffshieben und Nachhauungen um so größere Unregelmäßigkeiten im Alter der Jungwüchse, je mehr sie sich dem femelartigen Betrieb nähert und je mehr zahlreiche Nachbesserungen und künstliche Einbringungen anderer Holzarten in den vorhandenen Grundbestand stattfinden. Diese Altersungleichheit der Bestände ist daher im Allgemeinen abhängig von der sogenannten

Verjüngungsdauer v, weshalb man sich für die Hochwaldungen in der Theorie Altersstufen von v Jahresflächen, also von der Flächengröße $\frac{F}{u}v$ bildet, deren Anzahl in der Betriebsklasse $= \frac{u}{v}$ ist. Bei dieser Betrachtungsweise wäre die normale Altersstufenfolge in einer Hochwaldbetriebsklasse mit Femelschlagwirthschaft dann vorhanden, wenn jede Stufe gerade das arithmetisch mittlere Alter jeder solcher v jähriger Altersgrenzen besäße, also z. B. die Jungholzklasse $\frac{v}{2}$, die nächst höheren $\frac{3v}{2}$, $\frac{5v}{2}$ bis $\left(u - \frac{v}{2}\right)$ Jahre alt wären.

Die Altersgrenzen, welche eine jede solche Stufe umfaßt, bilden eine sogenannte Altersklasse und in diese werden die Flächengrößen der Bestände auf Grund von deren gegenwärtigem Durchschnittsalter eingesetzt. Der besseren Vergleichbarkeit halber und um die Bestandesalter der einzelnen Waldtheile statistisch darstellen zu können, giebt man in der Praxis gewöhnlich den Altersklassen gleiche Zeitlängen (meistens 10 oder 20jährige) und numerirt dieselben mit I, II, III . . . entweder mit der jüngsten 0—10jährigen Stufe beginnend durch alle Dezennien bis zur haubaren Klasse, z. B. in Sachsen; oder in manchen Staaten, z. B. Preußen, mit der ältesten Stufe beginnend, so daß die jüngsten der 20jährigen Klassen die höheren Nummern erhalten, während die älteste 20jährige Altersklasse mit I bezeichnet ist. In Bayern umfaßt die Altersklasse stets den vierten Theil der Umtriebszeit, wobei die älteste, haubare Klasse mit I, die jüngste (die „Jungholzklasse") mit IV numerirt wird; die dazwischen liegenden beiden Klassen heißen II „angehend haubar" und III „Mittelhölzer". In Württemberg sind die Altersklassen 20jährige Stufen, welche mit den lateinischen Buchstaben fortschreitend alphabetisch und von der 1—20jährigen Jungholzklasse beginnend bezeichnet werden; dabei dienen aber dort dieselben Benennungen gleichzeitig für die Bestände (d. h. die Unterabtheilungen) in der Waldeintheilung. Die Literirung der Unterabtheilungen ändert sich daher daselbst mit dem Alter, so z. B. heißt Littera d die jetzt zwischen 61—80jährige Unterabtheilung einer ständigen Ortsabtheilung, während sie nach 20 Jahren Littera e genannt wird; Littera f sind die haubaren, über 100 Jahre alten Flächentheile der Abtheilungen.

Welche Art der Altersabgrenzung und Bezeichnung man auch für die Altersklassen benützen mag, so muß doch stets als Normalzustand jenes Altersverhältniß sämmtlicher zu einer Betriebsklasse vereinigten Bestände betrachtet werden, wo die Flächensummen der einer jeden Klasse angehörigen Bestände gleich sind, d. h. wo jede Altersklasse das 10- resp. 20fache des Flächenbetrages $\frac{F}{u}$ enthält, oder nach der bayerischen Eintheilung 25 Prozent der ganzen Fläche ausmacht.

In dem idealen Bilde einer im Femelschlagbetrieb bewirthschafteten Betriebsklasse muß natürlich auch das für diese Bewirthschaftungsweise bezeichnende Vorhandensein von Nachhiebshölzern auf den in Verjüngung begriffenen oder zum Theil bereits verjüngten Schlägen berücksichtigt werden. Dieselben müssen als ein wesentlicher Bestandtheil des Normalwaldes betrachtet und demgemäß bei der Vorrathsberechnung mit einbezogen werden. In manchen Staatsforstverwaltungen bildet man deshalb eine eigene sogenannte „Verjüngungsklasse“, welche zwischen der haubaren und der jüngsten Altersklasse eingeschaltet zu denken ist; dagegen gehen nach anderen Instruktionen, die zum größeren Theil mit Jungwuchs versehenen Flächen, aus welchen schon ein bestimmter Prozentsatz (meist 50 Prozent) des Abtriebsertrages genutzt worden ist, unmittelbar in die Jungholzklasse über; häufig wird die Entscheidung der Frage, welche von den bereits angehauenen Waldtheilen (Unterabtheilungen) als verjüngt zu betrachten seien, welche dagegen noch der haubaren Klasse zuzurechnen sind, in den Einleitungs-Verhandlungen (§ 50) von Fall zu Fall entschieden.

Der wirkliche Wald und sein Altersklassenverhältniß.

Gegenüber dem normalen Altersklassenverhältnisse des idealen Waldzustandes, wie ihn der Normalwald vorstellt, muß die Forsteinrichtung die Altersverhältnisse der Holzbestände in dem wirklichen Walde, dessen Betrieb eingerichtet werden soll, möglichst getreu darstellen. Es bedarf hierzu zahlreicher Altersuntersuchungen, die entweder mittelst Jahrringzählungen an Probestämmen gelegentlich der Massenaufnahmen angestellt werden oder sich bei jüngeren Beständen auf die Zählung der Längstriebe, meistens aber auf die verbuchten Wirthschaftsergebnisse stützen. Namentlich liefern die jährlichen Nachweisungen der Kulturanträge und die Fällungsnachweisungen, sowie das Wirthschaftskontrolebuch werthvolle Aufschlüsse über das Alter und die Entstehungsart der Holzbestände. Diese Altersermittlungen gehen Hand in Hand mit der Abgrenzung und Vermessung der einzelnen Unterabtheilungen — ein Arbeitstheil, welcher die „Bestandesausscheidung“ genannt wird und der mit zu den wichtigsten Vorarbeiten einer Forsteinrichtung gezählt werden muß.

Nachdem durch diese Altersermittlungen zahlreiche Anhaltspunkte für das Alter einzelner Stämme und Stammklassen auf den verschiedenen Standörtlichkeiten erhoben sind, kann man sich auch Durchschnittsangaben über die Brusthöhendurchmesser der dominirenden Stammklassen der einzelnen Holzarten bei verschiedenem Alter zusammenstellen und diese als Hilfsmittel für die Alterseinschätzung auf den einzelnen

Bonitäten verwenden. Für ganze Bestände müssen die Alter stets das geometrische Mittel der Alter der Einzelstämme und der Stammgruppen angeben; zu diesem Zweck muß bei ungleichalterigen Beständen entweder das sogenannte „Massenalter“ nach der Formel von Smalian $A = \frac{a_1 z_1 f_1 + a_2 z_2 f_2 + \cdots}{z_1 f_1 + z_2 f_2 + \cdots}$ oder das geometrisch mittlere „Flächenalter“ nach der Formel von Gümbel $A = \frac{a_1 f_1 + a_2 f_2 + \cdots}{f_1 + f_2 + \cdots}$ berechnet werden, wovon letzteres für Bestände mit horstweiser Mischung oder räumlich ausgeprägten Altersverschiedenheiten am meisten Anwendung findet und namentlich bei der Verschmelzung bisher bestandener litern zu einer einzigen Unterabtheilung zweckmäßig ist. Auf Grund dieser Ermittlungen des Durchschnittsalters werden die einzelnen Bestände in einer tabellarischen Übersicht flächenweise nach Altersklassen ausgeschieden, dadurch daß die Fläche jeder Unterabtheilung in jene Spalte eingesetzt wird, in deren Altersgrenzen ihr mittleres Bestandesalter fällt. Indem diese ziffernmäßige Darstellung nach Betriebsklassen angeordnet und abgeschlossen wird, wobei der Vortrag nach der Nummernfolge der Abtheilungen und Unterabtheilungen geschieht, erhält man hierdurch die Altersklassentabelle. Dieselbe enthält außer dem Alter jeder Unterabtheilung nur Flächenangaben und die Bezeichnung der Standortsklasse; sie giebt daher nur eine Darstellung des gegenwärtigen Waldzustandes im Hinblick auf die Altersstufenfolge und bildet die wichtigste Grundlage für die Beurtheilung der Abnormität derselben, sowie für die anzuwendenden Maßregeln behufs allmählicher Einlenkung auf den Normalzustand. Um diese Vergleichung des wirklichen Altersklassenverhältnisses einer jeden Betriebsklasse mit dem normalen zu erleichtern, setzt man entweder die der Formel $\frac{F}{u} v$ entsprechenden normalen Flächenzahlen jeder Spalte unter die Zahlen der wirklichen Flächen und giebt deren positive und negative Abweichung an, oder man berechnet das Prozentverhältniß, in welchem die wirklichen Flächen jeder Altersklasse zur Summe der produktiven Fläche der Betriebsklasse stehen. Jede dieser beiden Arten der Darstellung zeigt an, in welchen Altersstufen der wirkliche Wald zu viel oder zu wenig Fläche besitze und weist hierdurch auf die wirthschaftlichen Anordnungen hin, die man treffen muß, um sich im Verlauf der künftigen Jahre und Jahrzehnte der normalen Altersstufenfolge immer mehr zu nähern und hierdurch die Nachhaltigkeit der Wirthschaft zu sichern.

Außerdem dient die Altersklassentabelle als Hilfsmittel zur bildlichen Darstellung der Waldbeschaffenheit in der Bestandeskarte, welch' letztere durch die Kolorirung der einzelnen Flächentheile mit bestimmten Tuschtönen oder Farben die Altersklassen und deren räumliche Vertheilung versinnlicht.

In der bisherigen Betrachtung wurde vorausgesetzt, daß die ganze Betriebsklasse aus Flächen von einer und derselben Boden- und Standortsgüte bestehe, denn nur in diesem Fall hat die normale Altersabstufung eine Bedeutung für die Sicherung der Nachhaltigkeit. Kommen jedoch in einer Betriebsklasse deutlich ausgeprägte räumliche Unterschiede im Ertragsvermögen der einzelnen Unterabtheilungen vor, welche sich ziffermäßig in der Größe des jährlichen Durchschnittszuwachses ausdrücken lassen, so kann man die Bedingung der normalen Altersstufenfolge mit gleichen Flächengrößen dahin abändern, daß sich im Normalwalde die Flächengrößen der einzelnen Altersklassen verkehrt proportional zu ihrem Ertragsvermögen verhalten müssen. Die einzelnen Altersklassen enthalten dann im Normalzustande zwar ungleiche „reduzirte" Flächensummen, aber die Produkte aus Flächen und den ihrer Bonität entsprechenden jährlichen Ertragsgrößen sind gleich. Die durch die Vermessung erhaltenen „wirklichen Flächen", welche in die Altersklassentabelle eingesetzt werden, müssen dann ebenfalls nach ihrem Ertragsvermögen auf eine einheitliche Bonitätsklasse reduzirt werden, wobei diejenige Bonität, welche die größere Fläche einnimmt, als Vergleichsobjekt dient. Bei der Reduktion der konkreten Flächen ist der Durchschnittszuwachs der zum Vergleich dienenden Bonität stets im Nenner, jener der Bonität, zu welcher die einzelnen Unterabtheilungen gehören, im Zähler des Bruches zu setzen. Sind z. B. in einer Betriebsklasse drei Bonitäten mit einem Durchschnittszuwachs von 6 Kubikmeter erster Bonität, 4 Kubikmeter zweiter Bonität, 2 Kubikmeter dritter Bonität und ist die zweite Bonität die zum Vergleiche dienende, so muß die konkrete Flächenzahl jeder Unterabtheilung der ersten Bonität mit $\frac{6}{4} = 1{,}5$ und jede der dritten Bonität mit $\frac{2}{4} = 0{,}5$ multiplizirt und die Produkte nach Altersklassen summirt werden.

Normale Hiebsfolge. Für die Forsteinrichtung kommt als anzustrebendes Ziel nicht blos eine regelmäßige zeitliche Vertheilung der einzelnen Bestände und ihrer Flächen, sondern auch eine zweckmäßige räumliche Anordnung im Walde selbst in Betracht. Das Bild des Normalwaldes erhält hierdurch einen neuen Zug, welchen wir im Bisherigen nicht erwähnt haben: Die regelmäßige Altersstufenfolge vom haubaren Bestande bis zum Jungwuchs muß nämlich räumlich zusammenfallen mit der Richtung, welche die Fällungen aus waldbaulichen Gründen und aus Rücksichten für die Ausbringung und Abfuhr der Holzmassen einhalten müssen. Wie der Angriff eines einzelnen Bestandes und die Richtung der Schlagführung nach den Grundsätzen des Waldbaues eine bestimmte Himmelsrichtung befolgen muß, um die Schlagstellung vor Windwurf zu schützen, so muß auch die Aneinanderreihung mehrerer Abtheilungen, welche nacheinander zur Wiederverjüngung gelangen sollen, durch die Rücksicht auf Sicherung gegen Sturmgefahr und womöglich auf die Gewährung von Seitenschutz für die Jungwüchse geleitet werden. Namentlich in den Nadelholzforsten hat man schon frühzeitig die Bedeutung einer richtigen „Hiebsfolge“ erkannt und dieselbe praktisch ausgeführt, so daß schon im Jahre 1757 Moser in seiner „Forstökonomie“ (Seite 92—124) als eine bekannte und selbstverständliche Maßregel empfiehlt, die Schläge dem Windstrich entgegen thunlichst „Fuß vor Fuß“ abzutreiben. Seitdem ist diese Frage der zweckmäßigsten Anlage und Richtung der Anhiebsräume und der Bildung der sogenannten Hiebszüge (oder Schlagtouren) in der Litteratur vielfach und von sehr verschiedenen Gesichtspunkten behandelt worden.*) Die Erstrebung einer normalen Vertheilung der Bestände auf die Altersklassen hat nur dann einen bleibenden Werth, wenn gleichzeitig die Bestände so räumlich gelagert sind, daß die Richtung, nach welcher die Schläge vorrücken, der Himmelsgegend, aus welcher die gefährlichsten Stürme erfahrungsgemäß zu erwarten sind, direkt entgegengesetzt ist. Normal heißt die Hiebsfolge in dem Falle, wenn die Bestände in Bezug auf die Himmelsrichtung so aneinander gereiht sind, daß die ältesten Bestände entweder selbst einen sturmfesten Rand auf der gefährdeten Seite besitzen, oder wenn sie durch vorliegende jüngere Bestände, deren Alter sich regelmäßig gegen den Windstrich abstufen, gedeckt sind. Die elastischen Zweige und Gipfel des so allmählich ansteigenden Kronenraumes bilden ein wirksames Mittel zur Abschwächung der mechanischen Kraft des Windes, während umgekehrt die Wirkung eines Sturmes verheerend wird, sobald er einen angehauenen alten Bestand von der Hiebslinie aus erfassen und ihm so gewissermaßen „in den Rücken fallen“ kann. Die in der Regel hoch angesetzten Kronen solcher bisher geschlossener Bestände gestatten dem Angriffe des Windes eine Hebelwirkung, welche sich bei unvorsichtiger Bloßstellung durch Entfernung der schützenden Randbäume bis zum Ausheben des ganzen Wurzelstockes steigern kann, wie man dies bei jedem größeren Windwurf beobachtet. Bewirkt somit schon bei Kahlschlagbetrieb die Öffnung eines Bestandes auf der Sturmseite die unmittelbare Gefährdung desselben, so gilt dies in erhöhtem Maße von den Schirmschlagstellungen der natürlichen Verjüngung, bei welcher die Bestandesreste und Nachhiebshölzer in sehr freier Stellung

*) Abgesehen von den größeren Werken über Forsteinrichtung, welche fast sämmtlich diesen wichtigen Gegenstand behandeln, und von den amtlichen Instruktionen haben namentlich v. Zötl: „Handbuch der Forstwirthschaft im Hochgebirge“, 1831, S. 119 2c.; Burckhardt: „Hülfstafeln für Forsttaxatoren“, 3. Auflage, S. 105; Judeich: „Die Forsteinrichtung“, 1871 und Borggreve: „Die Forstabschätzung“, 1888, S. 278 2c.; Denzin: Allgemeine Forst- und Jagd-Zeitung 1880, S. 127 2c. ausführlichere spezielle Ausarbeitungen über die Hiebsfolge und Altersklassenlagerung gebracht.

dem Angriffe des Windes preisgegeben sind. Hier muß alles vorgekehrt werden, um die Sicherung der Schläge durch eine vorliegende geschlossene und im Alter abnehmende Schlagreihe zu bewirken, wobei namentlich der Forsteinrichtung die Aufgabe zufällt, planmäßig und für längere Zeit vorausschauend eine zweckmäßige Hiebsfolge anzuordnen. Jeder Blick in parzellirte Privatwälder mit ihrer so schädlichen „Gemenglage" aller Altersklassen belehrt uns über den großen praktischen Werth einer wohlgeordneten und durchdachten Altersklassenlagerung.

Welche Himmelsrichtung als die vom Sturm vorzüglich gefährdete zu betrachten sei, läßt sich zwar im Allgemeinen aus meteorologischen Beobachtungsreihen, jedoch für die einzelnen Fälle besser aus den örtlichen Erfahrungssätzen ableiten. Was die ersteren betrifft, so hat v. Hann*) als großen Durchschnitt für Westeuropa folgende prozentische Häufigkeit der Winde angegeben, neben welcher zugleich die thermische Windrose folgt:

	N	NO	O	SO	S	SW	W	NW
	Mittlere Häufigkeit in Prozenten:							
Winter	6	8	9	11	13	25	17	11
Sommer	9	8	7	7	10	22	21	17
	Thermische Windrose in Celsius-Graden:**)							
Winter	— 3,0	— 3,9	— 3,2	— 1,3	+ 1,3	+ 3,1	+ 2,4	— 0,4
Sommer	— 0,1	+ 0,9	+ 1,7	+ 2,2	+ 1,7	+ 0,2	— 1,0	— 1,0
	Für das südliche Bayern***) ist die mittlere Häufigkeit:							
Jahresmittel . . .	6,0	12,4	14,5	7,5	9,9	11,5	31,2	7,0

Im Allgemeinen herrscht daher im westlichen Europa der Südwestwind vor, besonders im Winterhalbjahr, wo er eine Temperatursteigerung um mehr als 3° bewirkt, dann folgt der Westwind, dem im Winter eine erwärmende, im Sommer eine abkühlende Wirkung zukommt, während die in geringerer Zahl auftretenden Winde aus dem NO Quadranten im Winter die Temperatur um 3—4° Celsius abkühlen. Für die Frage der Hiebsfolge ist dies insofern von großer Bedeutung, als die Gefahr des Windwurfes im Winterhalbjahr bezüglich der aus N bis SO kommenden Winde durch den festen Halt, welchen der gefrorene Boden gewährt, außerordentlich abgeschwächt wird; dagegen sind die W und SW Winde um so gefährlicher, weil sie meistens

*) „Allgemeine Erdkunde" von Hann, Hochstetter und Pokorny. III. Aufl. Prag 1881.

**) Die thermische Windrose giebt an, um wie viel Grad C. jede Windrichtung durchschnittlich die Luft-Temperatur über den mittleren Werth erhöht bezw. erniedrigt.

***) v. Lamont: „Beobachtungen des Meteorologischen Observatoriums auf dem Hohenpeißenberg". Supplement zu den Annalen der Sternwarte. München 1851. S. 25.

als Thauwinde auftreten und den Boden aufweichen — eine Thatsache, die jedem Forstwirthe bekannt ist. Wie die Mittelzahlen aus vieljährigen Beobachtungen auf dem Peißenberge erkennen lassen, bewirkt die nach S vorliegende Alpenkette eine erhebliche Verminderung der südlichen Luftströmungen, welche mehr in rein westliche und östliche übergeführt werden, daher ist im Alpenvorlande der Westwind weitaus vorwiegend und zwar im Winter und Herbst aus dem SW, im Sommer aus dem NO Quadranten.

Mit der Häufigkeit und dem thermischen Einfluß der Winde läßt sich jedoch deren mechanische Wirkung, wie sie sich im Windwurf äußert, nur ungenügend charakterisiren; größere praktische Bedeutung nach dieser Hinsicht können nur die Windstärkemessungen mittelst der verschiedenen Arten von Anemometern erhalten, zumal wenn man berücksichtigt, daß die mechanische Arbeit des Winddruckes im Quadrat der Geschwindigkeiten zunimmt, während die Anemometer meistens nur die einfache Geschwindigkeit messen. Gegenwärtig sind indessen noch zu wenig verlässige Ermittlungen in größerem Maßstabe durchgeführt, so daß wir zumeist nur auf die Beaufort'sche Stufenleiter, welche von 0 bis 12 fortschreitend, die zwischen Windstille und Orkan liegenden Unterschiede der Windstärke beziffert, angewiesen sind. In den meteorologischen Aufzeichnungen sind daher nur die mit 8 bis 12 bezeichneten Windstärken von Bedeutung für die Windwurf- und Bruchgefahr. Daß heftige Luftbewegungen möglicherweise aus den verschiedenen Richtungen der Windrose kommen können, folgt schon aus den bekannten meteorologischen Gesetzen. Denn die Luftbewegungen werden bekanntlich veranlaßt durch Luftdruckdifferenzen und die Windgeschwindigkeit ist direkt proportional dem Gradienten (d. h. dem Luftdruckunterschied zwischen zwei um einen Äquatorgrad auseinander liegenden Orten der Erdoberfläche), wobei die Windrichtung sich nach dem „barischen Windgesetze" bestimmt, also eine Ablenkung der abfließenden Luftströmung gegen den Gradienten nach rechts erfährt. Hieraus ergiebt sich, daß die Fortbewegung von Luftströmungen in der Regel in Form von spiraligen Bahnen um das Depressionszentrum stattfindet, weshalb diese „Zyklone" nnd ihre Gegenströmungen im Elevationszentrum — die „Antizyklone" — als Resultate der jeweiligen Luftdruckvertheilung eine so wichtige Rolle in der Meteorologie spielen.

Obgleich daher für jeden Ort eine Möglichkeit besteht, daß bei entsprechender Konstellation der Luftdruckvertheilung aus jeder Himmelsrichtung stürmische Winde kommen können, so ergaben doch die Beobachtungen, daß auch die Depressionszentra und folglich auch die zyklonalen Strömungen im Allgemeinen gewisse ziemlich konstante Bahnen zurücklegen. Hieraus ergeben sich für die Wahrscheinlichkeit der Sturmschäden ähnliche Erfahrungssätze, wie sie vergleichsweise im obigen für die prozentische Häufigkeit der Windrichtungen angegeben worden sind. Man weiß also aus Erfahrung, daß die gefährlichen Sturmrichtungen im Flachlande mit denen zusammenfallen, woher die häufigeren Stürme kommen, Häufigkeit, Geschwindigkeit und mechanische Kraft treffen also für die SW., W und NW Richtungen der Windrose zusammen und nehmen gegen S einer- und N anderseits langsam ab, während die beiden Quadranten NO und SO vergleichsweise gesicherter sind.

Dies gilt indessen nur für das Flachland, während in den Gebirgen zeitweise lokale Windströmungen auftreten, die ganz im Gegensatz zu den obigen zwar nicht häufig, aber oft sehr heftig auftreten. Solche Lokalwinde sind im Süden der Alpen die Bora, im Westen der Mistral und in den schweizer und deutschen Alpen der „Föhn", während föhnartige Überfallwinde auch in den deutschen Mittelgebirgen (z. B. Riesengebirge, Thüringerwald, Harz) vorkommen. Der Föhn entsteht durch Abfließen der Luft nach einem über der Nordsee liegenden Depressionsgebiet, wodurch auf dieser Seite des Gebirges ein luftverdünnter Raum entsteht, dessen ansaugende Kraft auch die Luft von jenseits der Berge heranzieht. Dieselbe muß aber zuvor bis zur Paßhöhe ansteigen und verliert auf diesem Wege und in Berührung mit den Firnfeldern der Höhen durch Kondensation einen großen Theil ihrer Feuchtigkeit, wird also trockener. Stürzen dann diese Luftmassen aus Höhen von 1500—2000 Meter in die luftverdünnte Region der Leeseite des Gebirges herab, so erlangen sie eine außerordentliche Geschwindigkeit und erwärmen sich durch die Kompression beim Fall, wobei dieser warme, trockene Überfallwind sich allen Terrainfalten genau anschmiegt und in seinem Verlaufe wesentlich von der Gebirgs- und Thalausformung beeinflußt wird. Vorzüglich die großen Alpenpässe und ihre weiteren Verzweigungen sind daher die Ursprungspunkte des Föhnwindes, der bald als S bald als SO und SSW Wind auftritt und seine bekannten Bahnen mit Regelmäßigkeit einhält. In der Schweiz ist der Gotthard, in Tyrol der Brenner der wichtigste Paß für den Föhn, welcher sowohl durch das Innthal, als auch von Mittenwald aus im südlichen Bayern eindringt und von dort aus theils dem Isarthal entlang, theils zum Kochelsee in nordwestlicher Richtung abfließt, wo er oft mit größter Heftigkeit auftritt. Nicht blos für die eigentlichen Hochgebirgswaldungen, sondern für einen großen Theil der Nordschweiz, des Oberelsaß, des südlichen Badens, Württembergs und Bayerns, sowie für die österreichischen Alpenländer muß daher die Hiebsfolge mit ganz besonderer Rücksichtnahme auf die Föhnwirkung eingerichtet werden, weil dieser Überfallwind thalabwärts sich herabsenkend die Bäume am Gipfel erfaßt und nach der Thalseite wirft, wo die Wurzeln schwächer entwickelt sind. Hierbei unterstützt die Wucht der fallenden Stämme wegen des größeren Fallraumes noch die Wirkung des Windes, so daß der Föhn zu den gefürchtetsten Sturmwinden gehört, zumal er stets als Thauwind auftritt und im Frühjahr oft nach großer Kälte plötzlich mit 7 bis 8° Wärme einsetzt, also den Boden schnell aufweicht. Die praktischen Maßregeln der Hiebsordnung müssen daher auf einen verstärkten Schutz der Südränder der Bestände und Hiebszüge hinauslaufen, neben welchen auch die Westseite selbstverständlich sturmfest erhalten werden muß. Namentlich muß bei der Waldeintheilung und der Durchführung eines Netzes von Schneißen (Gestellen oder Geräumten) die Himmelsrichtung sorgfältig erwogen und nach obigen Gesichtspunkten ausgewählt werden. Im südlichen Deutschland hat man in der Ebene schon längst den Hauptlinien eine Richtung von NO nach SW gegeben, so daß die darauf rechtwinklig stehenden Schneißen, mit welchen die Schlaglinien parallel vorrücken, von NW nach SO verlaufen; dagegen ist im norddeutschen Tieflande vielfach eine genau nach der NS-Linie orientirte Anlage der sogenannten „Feuergestelle" üblich gewesen, auf welchen die „Hauptgestelle" rechtwinklig — also von O nach W — verliefen. In neuerer Zeit wird aber, wie Denzin*) mittheilte, die Richtung der Gestelle um 45° gegen die herrschende Windrichtung gedreht und im gleichen Sinne verlangt auch Borggreve eine derartige Anlage der Schneißen, daß sie die Richtung NO nach SW verfolgen. Die Waldeintheilung (über welche in § 43 noch Ausführlicheres folgen wird) giebt den festen Rahmen für die räumliche Anordnung der Altersklassenlagerung und der Hiebsfolge, welch' letztere noch besonders nach den Anforderungen der Holzarten und Betriebsarten, sowie nach den gegenwärtigen Bestockungsverhältnissen ausgebildet werden muß. Je mehr die herrschenden Bestandesformen vom Sturmwinde gefährdet sind, desto sorgfältiger werden die künftigen Fällungen bezüglich ihrer Reihenfolge bestimmt, was durch die Bildung von sogenannten „Hiebszügen" innerhalb der Betriebsklasse erreicht wird. Da sich aber diese auf die Regelung der künftigen Wirthschaft beziehen, so werden wir dieselbe in dem Abschnitt von den Wirthschaftsplänen näher kennen lernen. Hier soll nur darauf hingewiesen werden, daß im Normalwalde eine derartige räumliche Aneinanderreihung der Altersklassen vorausgesetzt wird, welche dem Ideale einer zweckentsprechenden Hiebsfolge möglichst nahe kommt und eine ungehinderte Fortsetzung der Fällungen im normalen Abtriebsalter der Bestände gestattet.

3. Normalvorrath. Wären die beiden vorgenannten Bedingungen des Normalwaldes bereits seit langer Zeit erfüllt gewesen, so müßte sich als dritte von selbst das Vorhandensein einer in sämmtlichen Beständen der Schlagreihe verkörperten Masse von Holz ergeben, die für jede Holzart, Standortsgüte und Umtriebszeit konstant ist und

*) Allgemeine Forst- und Jagd-Zeitung 1880, S. 126.

„Normalvorrath“ genannt wird. Man versteht daher unter Normalvorrath (V_n) die Summe der Holzvorräthe einer im Normalzustande befindlichen Betriebsklasse, welche in gleicher Größe dauernd vorhanden sein muß, wenn nachhaltig der Ertrag des Waldes in Form von haubarem Holz ujährigen Alters genutzt werden soll. Der Normalvorrath stellt also in abstraktem Sinne das erforderliche Produktionskapital vor, dessen eine jede Betriebsart und Umtriebszeit zur nachhaltigen Erzeugung ihrer entsprechenden Nutzungen bedarf. Da der jährliche Zuwachs einer Betriebsklasse in der Summe aller an sämmtlichen Bäumen jährlich sich anlagernden Schichten von Holzgewebe besteht, so muß eine ganze Reihe jüngerer Bestände von normaler Altersabstufung, wie sie oben bereits besprochen wurde, vorhanden sein, um jenen Zuwachs anzusammeln, dessen Betrag der jährlich nachhaltigen Nutzung im ältesten Bestande das Gleichgewicht hält. Indem so das älteste (ujährige) Glied der Schlagreihe jährlich zur Fällung gelangt, wird zwar der Vorrath dieses Flächentheils weggenommen, aber an seine Stelle tritt der u—1jährige Schlag, welcher in der nun folgenden Vegetationsperiode sein ujähriges Alter erreicht und damit auch seine Vorrathsgröße auf den ufachen Betrag des jährlichen Durchschnittszuwachses (z) pro Flächentheil, mithin auf den normalen Haubarkeitsertrag uz erhöht. Man hat sich daher den Normalvorrath als eine Summe von Vorrathsgrößen zu denken, welche zwar ihrer Gesammtmasse nach konstant bleibt, deren einzelne Theile aber in räumlicher Hinsicht von Flächentheil zu Flächentheil übergehen. Wie die Fällungen ihren Gang durch den Wald machen, so wandern auch die der Haubarkeit entsprechenden Vorräthe allmählig von Ort zu Ort und ebenso wechseln die Mittelhölzer und Junghölzer ihren Platz, was uns jede ältere Bestandeskarte im Vergleiche zur Gegenwart deutlich zeigt. Das Vorhandensein des Normalvorrathes ist die wesentliche Vorbedingung für die Einhaltung der planmäßig festgesetzten Umtriebszeit und er bildet daher die Substanz oder das „Esse“ des Waldes in privatrechtlichem Sinne, während der dem Zuwachs gleiche Haubarkeitsertrag den fructus des Waldes darstellt. Mit der Länge der Umtriebszeit nimmt die Anzahl der Glieder einer normal abgestuften Schlagreihe und folglich auch die Masse des auf denselben stockenden Holzes, d. h. der Normalvorrath nach bestimmten Gesetzen zu, so daß jeder Umtriebszeit eine genau begrenzte Holzmasse entspricht, welche vorhanden sein muß, wenn das Prinzip der Nachhaltigkeit in den Nutzungen durchgeführt werden soll. Anderseits bietet das Vorhandensein eines Vorrathes von gleicher Größe, wie sie der Normalvorrath haben müßte, ein wichtiges Hilfsmittel, um auf die normale Altersstufenfolge einlenken zu können, falls letztere fehlen sollte (siehe den C. Heyer'schen Lehrsatz in § 53).

§ 13. Methoden der Berechnung des Normalvorrathes.

1. Berechnung aus dem Haubarkeits-Durchschnittszuwachs z. Wenn durch genaue Holzmassenaufnahmen in haubaren Beständen der durchschnittliche Vorrath m der Flächeneinheit beim Alter u ermittelt ist, so ist der Quotient $\frac{m}{u} = z$ der Haubarkeits-Durchschnittszuwachs. Diese Größe wird bei einigen Forsteinrichtungs-Methoden benützt, um daraus die Masse des Normalvorrathes einer in regelmäßiger Altersabstufung befindlichen aus u Jahresschlagflächen gebildeten Betriebsklasse abzuleiten. Man denkt sich den Normalvorrath als eine arithmetische Reihe, in welcher die Vorräthe der einzelnen Glieder genau proportional ihrem Bestandesalter sind, d. h. Produkte von z mit dem Alter bilden. In einem Diagramme dargestellt (Fig. 6, a und b) würden die auf der Abszissenaxe „Zeit" errichteten Ordinaten, welche die „Vorräthe" nach dem Maßstabe der Skala bezeichnen, in Form der Hypotenusen vom Haubarkeitsalter 120 bis zum Nullpunkt regelmäßig abnehmen. Man braucht also nur den Vorrath des haubaren Schlages zu kennen, um durch Ziehen der Hypotenuse die Endpunkte aller Ordinaten für die Holzvorräthe der jüngeren Glieder abzuschneiden, wobei freilich gegenüber den thatsächlich vorhandenen Vorräthen der Ertragstafel, deren Ordinaten eine Kurve bilden, wesentliche Abweichungen nach oben und nach unten stattfinden. Unter der Annahme einer solchen gleichmäßigen Zunahme der Bestandesvorräthe wäre die Größe des Normalvorrathes proportional dem Inhalte des rechtwinkligen Dreiecks, welches von der ganzen Abszisse, von der letzten Ordinate und der Hypotenuse eingeschlossen wird. Algebraisch wird diese Größe nach der Summenformel einer arithmetischen Reihe gefunden, deren erstes Glied 0, deren letztes uz ist, während die Anzahl der Glieder u Flächentheile resp. Altersstufen beträgt. Demnach ist

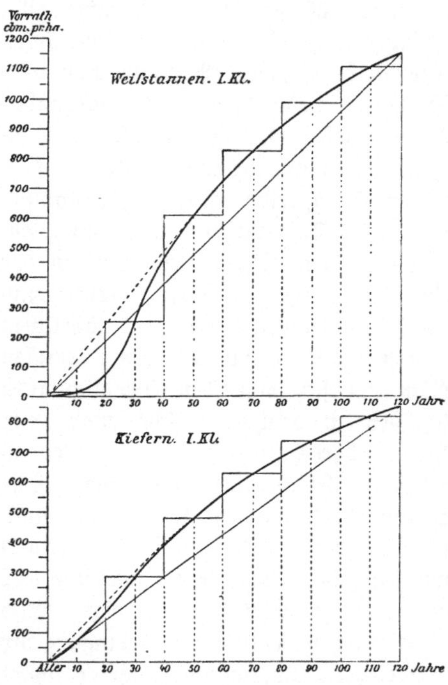

Fig. 6a und 6b. Normalvorrath einer Betriebsklasse von u Hektar bei Berechnung nach verschiedenen Methoden.

$V_n = (0 + uz)\frac{u}{2} = \frac{uuz}{2}$ oder m. a. W. „der Normalvorrath

ist gleich dem Holzvorrathe des ältesten Jahresschlages mal der halben Umtriebszeit" oder „gleich dem halben Produkte aus dem Haubarkeitsdurchschnittszuwachs auf der ganzen Fläche der Betriebsklasse mal der Umtriebszeit."

Diese Berechnungsweise wurde zuerst von dem mährischen Oberwaldforstmeister Jos. Böhm 1805 vorgeschlagen, um die Größe des für die Waldwerthberechnung erforderlichen „fundus instructus" im Sinne des im Jahre 1788 erlassenen österreichischen „Hofkammer-Normale" zu berechnen,*) und es wird deshalb $V_n = \frac{uuz}{2}$ gewöhnlich als Formel der österreichischen Kameraltaxe bezeichnet. Später hat C. Heyer besonders diese Art der Normalvorraths-Berechnung vertreten,**) weil er von der Ansicht ausging, daß für die Ertragsberechnung die Holzmassenvorräthe der jüngeren Bestände ganz bedeutungslos seien und daß nur jene Masse, welche dieselben im Haubarkeitsalter liefern werden, in Betracht zu kommen habe. Außerdem hielt es C. Heyer für unmöglich, zuverlässige Ertragstafeln mit Angaben über die wirklichen Vorräthe der jüngeren Altersstufen aufzustellen. Auf Grund dieser allerdings nicht ganz zutreffenden Voraussetzungen verlangte C. Heyer, daß auch der wirkliche Vorrath für die jüngeren Bestandesglieder mit Benützung des Haubarkeitsdurchschnittszuwachses als Produkt desselben mit Alter und Fläche jedes Bestandes zu berechnen sei, wodurch bei einem Vergleiche zwischen normalem und wirklichem Vorrathe der etwaige beiderseits begangene Fehler sich kompensire. Im weiteren Verfolge dieser Vorstellungsweise hat C. Heyer noch folgende Einzelheiten bezüglich der Berechnung und Entstehung des Normalvorrathes ermittelt:

a) das zeitliche Auseinanderfallen der Fällungen (im Winter) und der Vegetationszeit (im Sommer) veranlaßt eine kleine nach Jahreszeiten verschiedene Abweichung des Normalvorrathes von dem Ergebniß obiger Formel, indem das erste und letzte Glied, folglich auch deren Produkt mit der halben Anzahl sich folgendermaßen ändert:

$$\text{im Frühjahr } V_n = [0 + (u - 1)\, z]\, \frac{u}{2} = \frac{uuz}{2} - \frac{uz}{2},$$

$$\text{im Herbst } V_n = (z + uz)\, \frac{u}{2} = \frac{uuz}{2} + \frac{uz}{2},$$

d. h. im Frühjahre muß das halbe letzte Glied von dem Resultate der oben gegebenen Formel subtrahirt, im Herbst dagegen hinzuaddirt werden, während man für Sommersmitte das arithmetische Mittel beider an-

*) S. die Artikel von A. von Guttenberg in der Österreichischen Vierteljahrsschrift 1888, Heft II.

**) C. Heyer: „Beiträge zur Forstwissenschaft" 1842, I. Heft, § IX und XVI.

nehmen kann, in welchem sich dieses positive und negative Glied gegenseitig aufhebt.

b) Da in jedem Jahre der Umtriebszeit auf sämmtlichen u Flächentheilen der Betrag von z durchschnittlich zuwächst, so ist uuz der Gesammtzuwachs innerhalb der ganzen Umtriebszeit; folglich ist der Normalvorrath gerade die Hälfte des summarischen Zuwachses einer Betriebsklasse oder auch die Hälfte der gesammten Nutzung innerhalb des Turnus, weil ja im Normalwalde Zuwachs und Abnutzung im Gleichgewichte stehen.

c) Der gesammte normale Zuwachs einer Betriebsklasse vertheilt sich zu gleichen Hälften auf die jetzt vorhandenen Vorräthe nnd auf den neuen Normalvorrath, welcher sich an den im Verlaufe des Turnus abgeholzten und wieder verjüngten Schlägen ansammelt. Heißt man den jetzigen Normalvorrath nV_I, jenen neu sich bildenden und auf die folgende Umtriebszeit übergehenden nV_{II}, so ist $nV_I + nV_{II} = uuz$. Da man sich bei dieser Betrachtungsweise immer auf den Beginn der Umtriebszeit stellt, so geht die Schlagfläche, welche im ersten Jahre gehauen und verjüngt wird, schon auf nV_{II} über und dieselbe Fläche trägt, dann am Ende des Turnus einen haubaren u—1jährigen Bestand, während der im ersten Jahre stattfindende Zuwachs der übrigen u—1 Schlagflächen zur Vermehrung der Vorräthe des nV_I verwendet wird. Verfolgt man den weiteren Gang dieser Vertheilung von Jahr zu Jahr der Umtriebszeit, so kann man ganz allgemein sagen, daß im Jahr a der Zuwachs von u—a Jahresflächen sich am alten Vorrath nV_I anlegt, dagegen von a—1 Schlagflächen auf den neuen Vorrath nV_{II} übergeht, beide zusammen müssen sich wieder zum ganzen Jahreszuwachs uz ergänzen. Da dieser Satz aber durchaus nicht in allen Fällen giltig ist, sondern nur unter gewissen Voraussetzungen, so wird hiermit auf § 15 verwiesen, wo dieser Punkt ausführlicher besprochen wird.

d) Wenn auch in einem mit normaler Altersstufenfolge versehenen Walde der Normalvorrath sich immer aus den Vorräthen einer regelmäßig abgestuften Schlagreihe zusammensetzen wird, und daher die Endpunkte der Ordinaten in die Hypotenuse fallend zu denken sind, so kann doch im wirklichen Walde dieselbe Holzmasse, d. h. dieselbe Anzahl Festmeter stehenden Holzes in sehr verschiedener Form und Vertheilung auf der Betriebsklassenfläche vertreten sein. Es ist dann zwar der Normalvorrath, d. h. die III. Bedingung des Normalwaldes gegeben, aber die II. Bedingung — die normale Altersstufenfolge — fehlt. Kasuistisch lassen sich eine große Zahl von Fällen abnormer Altersklassenvertheilung denken, welche sich mit dem Vorhandensein des Normalvorrathes vereinbaren; aber als typische Fälle betrachtet man folgende beiden Extreme:

Fall 1. Die ganze Betriebsklasse ist mit Beständen von gleichzeitiger Entstehung bestockt, welche jetzt gerade das Alter der halben Umtriebszeit haben; dann ist auf sämmtlichen u Flächen der Vorrath der gleiche, nämlich jedesmal $\frac{uz}{2}$, folglich im Ganzen $\frac{uuz}{2} = V_n$.

Fall 2. Es ist nur die Hälfte der Betriebsklasse mit Holz bestockt, die andere Hälfte der Fläche ist Blöße, aber die Bestockung besteht aus lauter haubaren Beständen von u jährigem Alter; die Fläche von $\frac{u}{2}$ Jahresschlägen trägt dann durchgehends Vorräthe von uz Festmeter, so daß auch hier $\frac{uuz}{2} = V_n$ vorhanden wären.

e) Im Bisherigen wurde der Einfachheit halber die Form des jährlichen Kahlschlagsbetriebes mit künstlicher Verjüngung vorausgesetzt; nimmt man dagegen Schirmschlagverjüngung oder Übergänge zum Femelschlagbetriebe oder zur horst- und gruppenweisen Verjüngung an, so läßt sich der Normalvorrath nicht mehr auf so einfache Weise berechnen. Jedenfalls muß stets auf den Verjüngungsflächen eine nach dem Charakter der Betriebsart verschieden große Menge Nachhiebs- und beziehungsweise Oberholzes als normaler Bestandtheil der Schlagreihe angenommen werden, welche zur Größe $\frac{uuz}{2}$ zu addiren ist. Werden die Bestände innerhalb einer längeren Verjüngungszeit von v Jahren allmählig abgeholzt, z. B. in Form von Dunkelschlägen, so kann man den normalen Nachhiebsrückstand nach der von G. L. Hartig angewendeten Summen-Formel einer fallenden arithmetischen Reihe für die innerhalb der Verjüngungsdauer zum Angriff kommende Haubarkeitsmasse berechnen.*) Diese letztere ergiebt sich aus der normalen Angriffsfläche $\frac{F}{u}$ v mal dem normalen Haubarkeitsertrage pro Hektar m, so daß die innerhalb des ganzen Verjüngungszeitraumes disponible Haubarkeitsmasse $\frac{F}{u} v \times m$ ist. Da nun bis zum Ende von v diese Masse sukzessive abgeholzt wird, so ergiebt sich als Summe der auf sämmtlichen v Schlägen vorhanden zu denkenden arithmetischen Reihe der Holzvorräthe $N = \left(\frac{F}{u} m + 0\right)\frac{v}{2} = \frac{F \cdot m}{u} \cdot \frac{v}{2}$. Häufig wird bei Weißtannen und Buchen einfach statt der Verjüngungsdauer v die Periodenlänge (z. B. 20 Jahre) gesetzt, dann ist der normale Nach-

*) Diese Art der Berechnung wurde bisher in Bayern (siehe die Vorschrift der „Reassumirung vom 17. April 1844) und Hessen meistens befolgt, sie ist auch beschrieben vom Oberförster Schnittspahn im Forstw. Centralblatt 1885, S. 98.

hiebsrückstand die Hälfte des Periodenertrags — was freilich oft allzu summarisch gerechnet ist. Eine analoge Art der Berechnung schlägt auch Kraft*) vor, nur geht er dabei vom nachhaltigen Etat E aus, indem er $E \cdot \frac{v}{2} = N$ als normalen Vorrath der auf den Verjüngungsschlägen vorhandenen Masse des Nachhiebholzes betrachtet. Das Ausschlaggebende ist hier stets die Länge des Verjüngungszeitraumes v. Statt dieser Größe führt man aber zuweilen einen Erfahrungskoëffizienten x ein, welcher angiebt, wie viel bei gegebenen Holzarten-, Standorts- und Bewirthschaftungsverhältnissen am Ende des 10jährigen Zeitabschnittes (Revisionszeitraumes) noch von dem Haubarkeitsquantum der eingereihten Vollbestände durchschnittlich in der Schirmschlagstellung auf dem Stock stehen bleibt, demnach ist $\frac{10 F \cdot mx}{u} = N$ die Masse der auf den nächsten Revisionszeitraum übergehenden normalen Nachhiebshölzer, wobei x für langsame Nachhauung gewöhnlich zwischen 30 bis 50 Prozent, für raschere zwischen 10 bis 30 Prozent schwankt, immer aber nach lokalen Erfahrungssätzen ermittelt werden muß; diese Methode empfiehlt sich namentlich für die sogenannten freien Wirthschaftsformen.

Am ausführlichsten hat v. Wedekind (s. Litteraturnachweis) die für den Normalwald in Rechnung zu setzende Größe der von einer Periode zur andern übergehenden Nachhiebsrückstände auf den Verjüngungsflächen untersucht, weshalb in der Litteratur hiefür der technische Ausdruck „Wedekind's Liquidationsquantum" gebräuchlich ist.**) Derselbe ermittelte nach der erfahrungsmäßigen Zeitdauer, wie viel von der Verjüngungsdauer auf die erstmalige Samenschlagstellung und wie viel auf die spätere Lichtschlagstellung entfällt, und stellte dann durch Untersuchungen fest, welche Prozentsätze vom Vollbestand auf der ersteren und welche auf der letzteren Schlagstellung noch vorhanden sind. Beide werden, wie oben auf $\frac{F \cdot m}{u}$ v bezogen und geben in ihrer Summe den gesammten Nachhiebsrückstand. Die Rechnung wird hier also gesondert für die beiden typischen Stadien der Schlagstellungen geführt, was auch der damals (1834) herrschenden Schablone der Buchendunkelschlagwirthschaft entspricht,

In dem Theile des Normalvorrathes, welcher sich als Liquidationsquantum auf den Verjüngungsflächen vertheilt findet, suchten einige Forsteinrichtungsmethoden ein Mittel, um bei der Etatsberechnung ein Gegengewicht und eine erhöhte Sicherheit gegen die Unzuverlässigkeit

---

*) „Beiträge zur Lehre von den Durchforstungen" ꝛc., S. 70—72.

**) Diese Bezeichnung deutet an, daß die Nachhiebshölzer ein „durchlaufender Posten" seien, über welche von einer Periode zur andern eine Abrechnung gemacht (liquidirt) wird, wie dies beispielsweise bei Kassa- oder Inventarübergaben geschieht.

der Zuwachsschätzungen oder auch gegen störende Elementarschäden zu schaffen, indem diese Holzmasse von den zur nachhaltigen Vertheilung kommenden Haubarkeitserträgen inklusive der wirklich vorhandenen Nachhiebshölzer in Abzug gebracht wurde. Diese somit außer Ansatz bleibende Masse des normalen Nachhiebsrückstandes bildet eine „fliegende Reserve“, weil sie bald in dieser, bald in jener Abtheilung sich vorfindet und ihre Eigenschaft als Reserve blos der rechnerischen Behandlung verdankt.

Die den bisherigen Betrachtungen zu Grunde liegende Normalvorrathsformel der österreichischen Kameraltaxe führt nur zufällig und ausnahmsweise zu Resultaten, welche mit der wirklichen Größe der Summe aller Vorräthe einer Betriebsklasse von normaler Altersabstufung übereinstimmen. Wie nämlich ein Blick auf Figur 6ab zeigt, weicht die Hypotenuse von dem Kurvenverlauf bald nach oben, bald nach unten ab. Die wirkliche Normalvorrathsgröße müßte durch Integration der Ertragskurve gefunden werden, wenn diese letztere einen gleichmäßigen Verlauf hätte. Der Normalvorrath wird aber in allen diesen Fällen ausgedrückt durch die Flächengröße, welche durch die Kurve in Verbindung mit der Abszissenaxe und der Ordinate des Jahres u eingeschlossen wird. Vergleicht man hiermit die Flächen der rechtwinkligen Dreiecke, gebildet aus Hypotenuse und zugehörigen Koordinaten, so ersieht man sofort, daß im konkaven Theil der Ertragskurve die Hypotenuse höher liegt und zwar um so mehr, je näher die Hypotenuse an die Tangente fällt, z. B. bei $u = 60$ Jahren (s. die punktirten Linien der Tangenten). Dagegen kommt auf der konvexen Strecke der Kurve die Hypotenuse tiefer zu liegen und zwar um so mehr, je später das Haubarkeitsalter u angenommen wird. Kurve und Hypotenuse schließen daher mindestens zweierlei Flächentheile ein, welche man als positive und negative unterscheiden kann, insofern erstere größer, letztere kleiner sind als der wahre Normalvorrath; nur wenn u mit dem Berührungspunkt der Tangente zusammenfällt, ist die Flächendifferenz eine positive, d. h. nur dann ist der V_n nach der Formel der Kameraltaxe stets größer als der wahre Normalvorrath. Diesen letzteren Fall hat man in unzulässiger Weise verallgemeinert und auf Grund der in Baden an Fichten und Tannen angestellten Ertragsuntersuchungen die Behauptung aufgestellt, daß die Formel $\frac{uuz}{2}$ stets zu große Ergebnisse liefere; ja es wurde sogar eine Zeitlang nach der amtlichen Instruktion der Koëfficient 0,45 statt $\frac{1}{2}$ für die Berechnung vorgeschrieben, so daß demnach $V_n = 0{,}45\, uuz$ gesetzt wurde.

Dies ist aber nur in einzelnen Fällen richtig, ebenso wie auch die österreichische Kameraltaxe dann ein richtiges Ergebniß liefert, wenn die Umtriebszeit gerade auf jenen Punkt trifft, in welchem die positiven und negativen Flächendifferenzen gleich groß sind, z. B. für Tannen nahezu beim 100jährigen Turnus. Im Allgemeinen werden die positiven und negativen Flächen um so größer, je stärker geschwungen die Kurve ist, d. h. je größer der Winkel ist, den die Tangente und die Subtangente mit einander bilden, außerdem ist die Umtriebszeit von wesenlichstem Einflusse, da mit ihrer Länge die negativen Flächen wachsen müssen. So sind z. B. in dem Diagramme für Kiefern in 120jährigem Umtriebe fast nur negative Flächen, die Formel $\frac{uuz}{2}$ liefert, also viel zu kleine Ergebnisse, bei $u = 60$ aber zu große; bei Tannen würde für 120jährigen Turnus der Normalvorrath schon zu klein gefunden, während er bei 100 Jahren gerade noch übereinstimmte. Forstrath Schuberg*) hat eine Anzahl Ertragstafeln nach dieser Richtung hin untersucht und gefunden, daß mittelst der Kameraltaxe-Formel bei Buchen durchgehends zu große, bei der Kiefer meistens zu kleine, bei Fichten und Tannen je nach der Länge der Umtriebszeit anfangs zu große, später aber zu kleine Werthe für V_n gefunden werden, was sich aus den Fig. 6ab leicht erklärt.

Aus dem Gesagten folgt, daß die Formel $V_n = \frac{uuz}{2}$ für exakte Rechnungen gar nicht brauchbar ist, namentlich wenn die Umtriebszeiten länger als 100jährig und kürzer als 60jährig sind. Dagegen ist für die 80—100jährigen Umtriebe diese Formel als annäherndes Auskunfsmittel beim Fehlen von anwendbaren Ertragstafeln (z. B. im Mischwalde) oder für Lehrbeispiele wegen der Anschaulichkeit der arithmetischen Reihen zu empfehlen. Nur muß man sich vergegenwärtigen, daß die auf solchem Wege erlangten mathematischen Ergebnisse, z. B. über Vorrathsverzinsung und dergleichen nur bedingungsweise richtig sind und also nur mit Vorbehalt anerkannt werden dürfen.

2. Berechnung nach dem Vorrath im Mittel einer Altersstufe. Diese Art von Normalvorrathsberechnung wurde zuerst im Jahre 1812 von dem königlich bayerischen Salinenforstmeister Huber angewendet und im 3. Band, 2. Heft von Behlens Zeitschrift für das Forst- und Jagdwesen vom Jahre 1824, Seite 28 veröffentlicht. Derselbe theilte die produktive Fläche der Betriebsklasse in vier gleiche Periodenflächen und setzte den Vorrath pro Flächeneinheit, welchen seine

*) Schuberg: „Die Größe des Normalvorrathes und seine Ergänzung“, Forstwirthschaftliches Centralblatt 1889. März- nnd Juli-Heft. Ebenso hat Direktor Strzelecky in einer besonderen Schrift: „Über den Genauigkeitsgrad bei Berechnung des Normalvorrathes mit Hilfe des Haubarkeits-Durchschnittszuwachses“, Lemberg 1883, die Koëffizienten 0,44 bis 0,51 $\times$ uz gefunden. Ausführlicher ist noch vom Professor Dr. Endres die „Mathematische Interpretation der Ertragstafel-Kurven“, dargestellt in der Allgemeinen Forst- und Jagd-Zeitung vom März 1889.

Ertragstafel bei graphischer Darstellung für das mittlere Alter jeder dieser Perioden angab, als durchschnittlichen Vorrath der betreffenden Altersstufe in die Rechnung ein. Die Summe der Produkte ergab: „die Klafterzahl, welche bei gehörigen Verhältnissen des Bestandes dastehen soll" — d. h. den Normalvorrath der Betriebsklasse. Huber dachte sich demnach V_n als zusammengesetzt aus Rechtecken mit gleichen Grundlinien, deren Höhe gleich der Ordinate des mittleren Alters ist*) (siehe Figur 6ab). Den gleichen Gedanken hat neuerdings**) Forstrath Schuberg durchgeführt, indem er 20jährige Zeiträume als Altersklassen bildete und deren Vorrath bei mittlerem, d. h. 10, 30, 50, 70jährigem Alter den Ertragstafeln entnahm; auch auf diese Weise werden staffelförmige Figuren berechnet, deren Summe den Normalvorrath darstellt. Es ist nun ein besonderes Verdienst Schuberg's, nachgewiesen zu haben, daß dies Verfahren selbst bei 20jährigen Altersstufen schon sehr genaue und mit den jährlich abgestuften Tafeln nahe übereinstimmende Ergebnisse liefert. Wie die Figuren 6ab erkennen lassen, giebt dies Verfahren auch bei stark konkaven und konvexen Kurven deshalb so gute Resultate, weil die positiven und negativen Flächendifferenzen gegenüber der Kurve sich stets nahezu kompensiren.

3. **Berechnung aus den jährlich oder mehrjährig abgestuften Gliedern einer Ertragstafel.** Wenn man sich eine Ertragstafel herstellt, welche die Holzvorräthe des dominirenden Bestandes pro Hektar von Jahr zu Jahr des Bestandesalters angiebt, so ist der Normalvorrath gleich der Summe aller Glieder dieser Massenreihe bis zum Jahre u und für eine Betriebsklasse von u Hektaren. Schon im Jahre 1795 lehrte Paulsen***) diese Berechnungsmethode und dieselbe wandte auch Hundeshagen an. Da aber in der Regel die Ertragstafeln nicht jährlich, sondern nach 5 und 10jährigen Zeiträumen abgestuft sind, so muß eine andere Berechnungsart angewendet werden, zumal die Anwendung der Integration wegen der Unregelmäßigkeit des Kurvenverlaufes unvortheilhaft ist, wie Professor Dr. Endres nachgewiesen hat (siehe Anmerkung Seite 110). Man denkt sich daher nach Preßler jede njährige Altersstufe als besondere arithmetische Reihe, wovon jede aber ein anderes Wachsthumsgesetz befolgt; die Angaben der Ertragstafel, z. B. die Massen a, b, c, d, bilden demnach die

*) Auch C. Heyer schildert die Huber'sche Methode in seiner „Waldertragsregelung", III. Aufl., S. 319 in diesem Punkte folgendermaßen: „Den normalen Vorrath findet Huber in der Weise, daß er die Umtriebszeit in vier Perioden zerlegt, jeder von diesen ein Viertel der Waldfläche zutheilt, als Alter der zugehörigen Bestände den Zeitraum ansieht, welcher von ihrer Begründung bis zur Mitte der betreffenden Periode verfließt, und den Massengehalt nach den Ansätzen einer Ertragstafel berechnet.

**) Forstw. Centralblatt 1889, S. 154.

***) Paulsen in dem von G. F. Führer herausgegebenen Werkchen: „Kurze praktische Anweisung zum Forstwesen" rc. Detmold 1795.

Anfangs- und Endglieder einzelner arithmetischer Reihen von gleicher njähriger Zahl der Glieder und werden als solche summirt. Für jede Stufe wird aber das Anfangs- und Endglied eingerechnet, so daß die Zahl der Gieder $n+1$ wird und das eine Glied doppelt in der Rechnung vorkommt, also bei der Summirung aller Theilsummen wieder in Abzug zu kommen hat.

Demnach ist die Theilsumme der 1. Stufe $= (0+a)\frac{n+1}{2} - a$

" " " " " 2. " $= (a+b)\frac{n+1}{2} - b$

" " " " " 3. " $= (b+c)\frac{n+1}{2} - c$

" " " " " letzten " $= (c+d)\frac{n+1}{2}$

Folglich die Gesammtsumme aller Stufen

$$= \frac{n+1}{2}(0+2a+2b+2c\cdots+d) - (a+b+c)$$

$$\text{woraus } V_n = n\left(a+b+c\cdots+\frac{d}{2}\right)+\frac{d}{2}.$$

Der Normalvorrath für den Herbst (vor Abtrieb des letzten Schlages) ist demnach gleich der Summe aller Glieder einer Ertragstafel bis zum u—1jährigen plus dem halben ujährigen mal der Anzahl Jahre der Altersstufen, wozu für diese Jahreszeit noch das halbe letzte Glied positiv hinzukommt. Im Frühjahr, nachdem durch die Winterfällung der letzte Schlag mit d Masse genutzt wurde, ist daher $-\frac{d}{2}$ beizufügen, während sich für Sommersmitte diese beiden Größen kompensiren. Die Resultate dieser Methode sind sehr genau und stimmen mit denen der Aufsummirung jährlich abgestufter Tafeln bis auf weniger als $\frac{1}{2}$ Prozent überein, dabei ist die Berechnung bequem und zeitsparend, weshalb sie gegenwärtig am meisten empfohlen zu werden verdient.

4. **Berechnung mittelst des laufend-jährlichen Zuwachses nach Cav. Piccioli.** Dieses Verfahren findet sich angegeben in des Genannten „Anfangsgründe der endlichen Differenzen mit besonderer Berücksichtigung ihrer forstwissenschaftlichen Anwendungen", Übersetzung von Meeraus und Lunardoni, Wien 1881, S. 71. Derselbe geht von der schon von Breymann benützten Gleichung einer parabolischen Kurve zur Darstellung des laufenden Zuwachses aus, wobei die unabhängigen Konstanten A, B, C ··· durch Versuche zu ermitteln sind. Der Vorrath m eines ha beim Alter x wäre dann allgemein

$$m_x = Ax^2 + Bx^3 + Cx^4 + \cdots$$

Die Summe der Holzmassen der einzelnen Altersstufen, d. h. der Normalvorrath, würde dann durch die Formel ausgedrückt:

$$nV_x = \frac{A}{3}x^3 + \frac{B}{4}x^4 + \frac{C}{5}x^5 + \cdots$$

Berechnung des Normalvorrathes im Mittelwalde. Für die Niederwaldwirthschaft und für das Unterholz des Mittelwaldbetriebes lassen sich die vorstehenden Formeln zur Normalvorraths-Berechnung verwenden, wenn man über genügende Erfahrungszahlen verfügt. Hingegen muß die Schlagreihe für das Oberholz im Mittelwalde gesondert ermittelt werden, wobei es wesentlich darauf ankommt, ob der Schwerpunkt der Wirthschaft mehr in der Nutzholzerziehung, also im Oberholze, oder mehr in dem Unterholz beruhe, wenn nämlich Lohrindengewinnung daselbst stattfindet. Im Allgemeinen findet die Tendenz der Wirthschaft einen zahlenmäßigen Ausdruck in den Stammzahlen pro Hektar, welche übergehalten werden sollen, wobei zu beachten ist, daß sowohl in Folge der regelmäßigen Abnutzung, als auch wegen der verdämmenden Wirkung der wachsenden Schirmflächen, endlich wegen Schneedruck, Sturmschäden, Gipfeldürre u. s. w. ein erheblicher Abgang dieser Stammzahlen eintritt und daß somit von Altersklasse zu Altersklasse eine starke Abnahme dieser bei gleichzeitiger Zunahme der Schirmflächen und der Holzmasse der Oberholzbäume stattfindet. Somit ist die Schirmflächengröße der einzelnen Bäume und die zulässige Größe der zu überschirmenden Fläche (in Prozenten der Bestandesfläche ausgedrückt) maßgebend für die Anzahl der überzuhaltenden Oberholzbäume, sowie schließlich für deren Normalvorrath. Für den schulgerechten Mittelwald der früheren Zeit gab z. B. Stumpf in seinem Waldbau*) eine ausführliche Berechnung (siehe Tabelle auf Seite 114) der bei ca. 50 Prozent zulässiger Beschirmungsfläche überzuhaltenden Klassenstämme und deren Abnutzungsgang, wonach bei 30jährigem Unterholzumtriebe in dem ältesten Bestand unmittelbar vor dem Hiebe folgende Stammzahlen enthalten sein sollten: (S. Seite 114.)

Prof. Forstrath Weise hat**) diesen Berechnungen eine allgemeinere Form gegeben, indem er mit der zulässigen Beschattung (in Prozenten ausgedrückt) in die Schirmfläche des mittleren Baumes jeder Altersstufe dividirt und den Quotienten als „Wachsraum" bezeichnet. Die Stammzahl berechnet sich dann aus der normalen Schlagflächengröße $\frac{F}{u}$ (in

*) Stumpf: „Waldbau", 1. Auflage 1849, S. 206 u. ff. Ähnliche Schirmflächenberechnungen finden sich in Cotta's „Waldbau", bei Hundeshagen und Gwinner u. A. Dagegen hat Lauprecht die ausführlichsten Angaben über experimentelle Ermittlungen der Oberholz-Vorräthe gegeben in der Allgemeinen Forst- und Jagd-Zeitung 1873, S. 221.

**) S. „Taxation des Mittelwaldes". Berlin 1878. Seite 19.

Benennung der Oberholzklassen	Baum-Alter	Stammzahl pro 1 ha	Schirmfläche von einem Baum	Ganze überschirmte Fläche pro ha	Kubikinhalt der Klassen-stämme	Kubikinhalt des ganzen Ober-holzes pro ha
			Quadratmeter		Kubikmeter	
Alte Bäume . . .	150	18	70	1260	2,20	39,6
Hauptbäume . . .	120	35	47	1645	1,40	49,0
Angehende Bäume .	90	53	30	1590	0,70	37,1
Oberständer . . .	60	70	12	840	0,30	21,0
Laßreitel	30	(70)	(5)	ist z. Z. noch Unterholz	(0,05)	(3,5)
Summa pro ha		176	—	5335 oder 53 % der Fläche	—	146,7

Quadratmetern) getheilt durch den Wachsraum des Einzelstammes und, wenn verschiedene Stammklassen vorhanden sind, getheilt durch die Wachsräume einer normalen Stammgruppe, die aus Bäumen verschiedenen Alters nach einem bestimmten Typus zusammengesetzt ist. Kennt man auf diese Art die Stammzahlen der einzelnen Klassen, so ergiebt sich der Normalvorrath aus der Summe der Produkte von diesen mal dem durchschnittlichen Kubikinhalt der Klassen-Mittelstämme.

Die vorstehenden Grundsätze der Berechnung des Normalvorrathes von typischen Oberholzgruppen lassen sich auch auf die unregelmäßigen Bestandesformen, wie sie der Seebach'sche modifizirte Buchenhochwald, die Homburg'sche Nutzholzwirthschaft, der Wagener'sche Lichtwuchsbetrieb und andere horst- und gruppenweise Verjüngungsmethoden Gayers liefern, mit sinngemäßer Übertragung anwenden. Auch für den echten Plänterwald kann man bei entsprechender Größe der Jahresschlagfläche sich analoge Bilder der Altersstufenvertheilung konstruiren, die als Schema bei der Berechnung des Normalvorrathes dienen können. Indessen liegt hier der Schwerpunkt mehr in der experimentellen Erhebung der thatsächlich einer Wirthschaftsform eigenthümlichen Art der Vorrathsvertheilung als in der mathematischen Deduktion, welch' letztere hier sehr leicht irre führen könnte, wenn die Grundlagen nicht genau genug erforscht sind. Ausführlicheres hierüber siehe § 55.

§ 14. **Verhältniß der Masse des Normalvorrathes zum jährlichen Ertrage (Nutzungsprozent).** Bei oberflächlicher Schätzung kann man sich zur Beurtheilung der Verzinsung des Normalvorrathes des Durchschnittszuwachses bedienen und dabei die Formel der österreichischen Kameraltaxe zu Grunde legen. Das Kapital $V_n = \frac{uuz}{2}$ trägt dann jährlich uz als Ertrag und rentirt somit nach $\frac{uuz}{2} : uz = 100 : p$ zu einem Prozentsatze von $p = \frac{200}{u}$, folglich muß bei zunehmender Länge der Umtriebszeit die Verzinsung nach einer Reziprokenreihe abnehmen. Ferner zeigt diese Formel, daß der Normalvorrath einer Betriebsklasse sich noch einmal so hoch verzinst, als der einzelne haubare Bestand in seinem Jahreszuwachs, welch' letzterer bei einem Kapitale von uz nur jährlich z Masse erträgt und folglich ein Zuwachsprozent von $\frac{100}{u}$ ohne die Zwischennutzungen besitzt. Diese Betrachtungsweise ist jedoch nur unter zwei Voraussetzungen zulässig, nämlich daß die Umtriebszeit in das Maximum des Durchschnittszuwachses verlegt ist und daß sich die positiven und negativen Flächentheile der Ertragskurve gegen die Hypotenuse gerade ausgleichen (siehe Figur 6ab auf Seite 104). Nur in diesen Fällen ist eine Übereinstimmung mit der Berechnungsweise aus Ertragstafeln möglich, aber man darf diesen Fall nicht verallgemeinern und etwa die Behauptung aufstellen, daß die Verzinsungsprozente stets verkehrt proportional mit der Höhe der Umtriebszeit seien.

J. Ch. Hundeshagen hat zuerst die Verzinsung des Normalvorrathes in seinem jährlichen Materialertrage genauer untersucht, wobei er die Rechnungsgrößen aus Ertragstafeln entnahm und den auf die Einheit bezogenen Zinsesfaktor das „Nutzungsprozent" nannte. Dieses letztere diente ihm dann zur Ermittlung des Hiebssatzes (Etats) einer wirklichen Betriebsklasse von gleichartigen Holzarten, Standortsverhältnissen und von gleicher Umtriebszeit, indem er damit die Größe des wirklichen Vorrathes multiplizirte. Obgleich diese Methode gegenwärtig nur noch historischen Werth hat, so bietet doch der Gang der Verzinsung einer normal abgestuften Schlagreihe immer noch wissenschaftliches Interesse dar und verdient daher eine genauere Betrachtung.

Zunächst muß die Vermehrung des Normalvorrathes mit der Länge der Umtriebszeit auf Grund experimentell ermittelter Grundlagen (Ertragstafeln) näher in's Auge gefaßt werden. In dem Bilde des Normalwaldes, wie man es sich aus Ertragstafeln verschafft, nimmt jede Altersstufe ein Hektar Fläche ein, so daß die Betriebsklasse u Hektar groß gedacht wird und daß ihre Größe proportional mit der Umtriebszeit zunimmt. Hieraus folgt, daß das Verhältniß der Jahresschlagfläche zur Betriebsklassenfläche mit der Länge der Umtriebszeit proportional zunimmt. Ferner wächst der Vorrath der ältesten Stufe ebenfalls mit der Länge der Umtriebszeit, jedoch nicht proportional, sondern entsprechend dem Wachsthumsgesetze der Holzbestände zuerst langsam, dann rasch einem Kulminationspunkt zueilend und nach demselben allmählig mit abnehmender Wachsthumsenergie. Die Länge der Umtriebszeit wirkt daher in zweifacher Hinsicht erhöhend auf die Masse des Normalvorrathes einer Betriebsklasse ein, so daß dieser als eine Exponential-Funktion der Umtriebszeit aufgefaßt werden kann. Daneben übt selbstverständlich auch die natürliche Fruchtbarkeit des Standortes

Der Normalvorrath und seine Verzinsung in dem jährlichen Ertrag.

Um-triebs-Zeit	Normalvorrath auf u Hektar Fläche					Nutzprozente, bezogen auf 100				
	Standorts-Klassen									
	I	II	III	IV	V	I	II	III	IV	V
Jahre	Festmeter Derbholz (über 7 cm Durchmesser)					Der Ertrag beträgt Prozente des Normalvorrathes				
	Kiefern-Betriebsklasse nach Professor Weise's Ertragstafel:									
50	5 660	4 230	2 930	1 930	1 230	6,25	6,51	6,45	7,40	8,13
60	10 540	7 250	5 020	3 560	2 390	4,00	4,51	4,60	5,13	5,48
70	15 020	10 730	7 520	5 550	3 820	3,16	3,73	3,55	3,87	4,10
80	19 980	14 560	10 340	7 790	5 490	2,60	2,94	2,88	3,01	3,20
90	25 360	18 690	13 450	10 200	7 310	2,19	2,29	2,40	2,43	2,58
100	31 070	23 070	16 680	—	—	1,88	1,94	2,06	—	—
110	37 080	27 650	20 290	—	—	1,65	1,69	1,77	—	—
120	43 320	32 020	23 960	—	—	1,46	1,52	1,56	—	—
	Fichten-Betriebsklasse nach Professor F. v. Baur's Ertragstafel:									
50	7 530	4 600	2 380	1 320	—	5,65	6,25	7,05	7,11	—
60	12 260	7 980	4 470	2 540	—	4,27	4,86	5,59	5,90	—
70	17 910	12 310	7 370	4 290	—	3,39	3,88	4,47	4,65	—
80	24 380	17 480	11 020	6 540	—	2,82	3,19	3,63	3,82	—
90	31 620	23 400	15 320	9 260	—	2,40	2,68	3,01	3,17	—
100	39 590	29 960	20 200	12 400	—	2,10	2,29	2,55	2,70	—
110	48 200	37 070	25 570	15 920	—	1,84	1,98	2,19	2,32	—
120	57 350	44 650	31 330	19 740	—	1,64	1,78	1,89	2,01	—
	Weißtannen-Betriebsklasse nach Prof. Schuberg's Ertragstafel:									
50	7 950	5 710	3 320	1 950	1 020	6,03	6,57	7,67	8,45	9,60
60	13 290	10 000	6 340	4 050	2 280	4,42	4,83	5,51	6,31	6,70
70	19 620	15 270	10 280	7 000	4 080	3,46	3,75	4,27	4,75	5,09
80	26 820	21 330	15 050	10 660	6 440	2,83	3,00	3,42	3,75	4,10
90	34 770	28 030	20 500	14 950	9 320	2,38	2,49	2,80	3,07	3,35
100	43 400	35 280	26 780	19 780	12 690	2,06	2,12	2,55	2,57	2,86
110	52 170	43 040	33 570	25 080	16 540	1,84	1,86	2,01	2,20	2,47
120	62 570	51 310	40 640	30 790	20 790	1,63	1,66	1,82	1,92	2,14
130	73 050	60 020	48 130	36 840	25 390	1,47	1,48	1,57	1,68	1,88
140	84 050	65 140	55 880	43 170	30 280	1,34	1,43	1,42	1,49	1,66
150	95 520	88 370	63 970	49 750	35 390	1,22	1,10	1,28	1,34	1,47
	Buchen-Betriebsklasse nach Professor F. v. Baur's Ertragstafel:									
50	3 390	2 520	1 660	720	280	7,31	7,70	8,50	10,83	12,50
60	6 400	4 860	3 410	1 750	780	5,53	5,61	6,12	7,31	8,33
70	10 320	7 910	5 790	3 270	1 600	4,15	4,29	4,63	5,35	6,25
80	14 920	11 610	8 740	5 240	2 790	3,30	3,46	3,67	4,20	4,94
90	20 130	15 900	12 200	7 670	4 370	2,74	2,87	3,05	3,46	4,06
100	25 940	20 730	16 130	10 520	6 320	2,36	2,46	2,58	2,91	3,35
110	32 330	26 060	20 490	13 780	8 570	2,06	2,14	2,23	2,52	2,76
120	39 250	31 900	25 240	17 420	11 040	1,82	1,90	1,95	2,19	2,34

auf die Zunahme der Massenvorräthe ein und man muß daher die Normalvorrathsberechnung auf die einzelnen Holzarten und Standortsklassen ausdehnen, um einen Einblick in die gesetzmäßige Zunahme des Normalvorrathes und in seine Verzinsung zu erhalten. Vorstehende Tabelle (Seite 116) enthält eine solche Berechnung für die wichtigeren bestandsbildenden Holzarten nach den Ertragstafeln von Prof. Weise, v. Baur und Schuberg, die zugleich dem Anfänger eine Vorstellung von den Derbholz-Vorräthen des forstlichen Produktionskapitales auf u Hektar einer Hochwaldbetriebsklasse geben soll. Daneben sind dann die Nutzprozente (auf 100 bezogen) nach den Derbholzertragstafeln der später folgenden Tabelle berechnet.

Die Derbholzvorräthe sind für die Forsteinrichtung wichtiger, weil die Ertragsberechnungen in den Hochwaldungen in der Regel das Reisigholz nicht mit einbeziehen. In der theoretischen Betrachtung des Zuwachses dürfen jedoch die unter 7 cm Durchmesser haltenden Sortimente nicht vernachlässigt werden, da der Zuwachsgang hierdurch wahrheitsgetreuer ausgedrückt wird, als wenn die ziemlich willkürliche Sortimentenausscheidung stattfindet. Ich gebe daher auf Seite 118 in Fig. 10 ein Diagramm über die Zunahme der Derbholzmassen im Normalvorrath einer Weißtannenbetriebsklasse und in den Figuren 7, 8 und 9 drei Diagramme über die Zunahme der Gesammtmasse (Derb- und Reisholz) im Normalvorrathe einer Buchen- und zweier Fichtenbetriebsklassen. Die auf der Abszissenaxe Zeit errichteten Ordinaten geben den einer jeden Umtriebszeit entsprechenden ganzen Normalvorrath an und die Endpunkte dieser Ordinaten sind durch Kurven verbunden. Diese Darstellungen zeigen, daß die einer jeden Holzart und Standortsklasse entsprechenden Normalvorräthe mit der Länge der Umtriebszeit 80—100 Jahre lang nahezu nach der Analogie von Potenzenreihen zunehmen, in welchen die Umtriebszeiten die variabeln Exponenten u_1 u_2 u_3 ausmachen, die Grundzahlen 1,0p aber den konstanten Maßstab für den Zuwachs einer jeden Standortsklasse bilden. Der Verlauf der Zinseszinsreihen $1{,}0p^u - 1$ ist mittelst punktirter Linien angedeutet und läßt erkennen, in wieweit eine Übereinstimmung dieser Kurven mit den empirischen Kurven der Normalvorräthe besteht. Im Allgemeinen zeigen die langsam wüchsigen Holzarten und die geringen Bonitäten eine größere Übereinstimmung mit den Zinseszinsreihen, als die raschwüchsigen auf besseren Bonitäten, da letztere schon ca. vom 80. Jahre an von der Kurve allmählig in die gerade Linie übergehen, entsprechend dem Sinken des Zuwachses und dem stärkerem Anfalle an Zwischennutzungen. Mittelst solcher Darstellungen läßt sich nachweisen, daß a) die Derbholzvorräthe einer Betriebsklasse annähernd nach den Zinseszinsreihen der Prozente, wie sie die Tabelle auf Seite 119 angiebt, wachsen.

Die Zunahme des Normalvorrathes verglichen mit den Zinseszinsreihen.

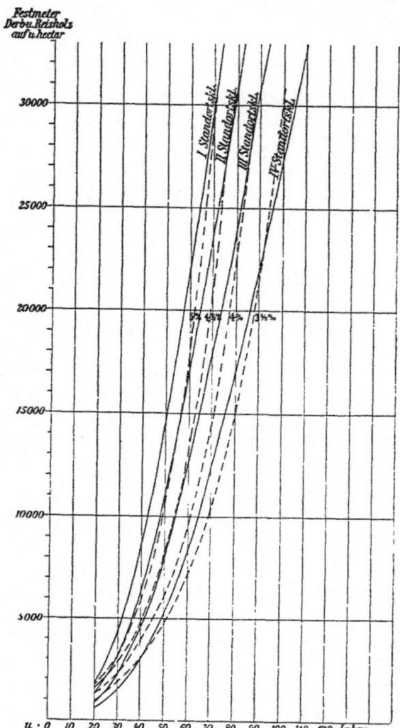

Fig. 7. Fichten in Sachsen nach Kunze.

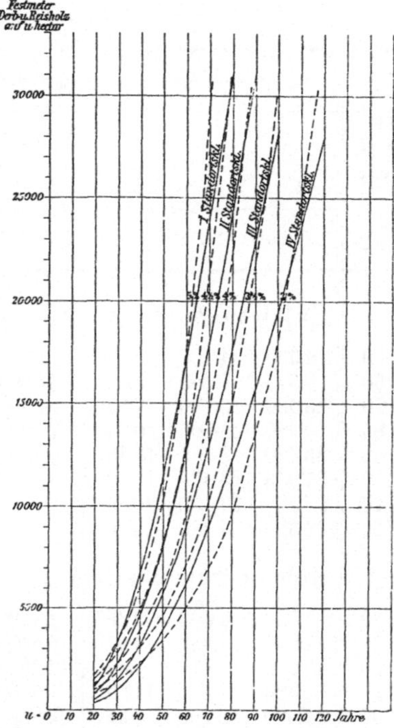

Fig. 8. Fichten in Württemberg nach v. Baur.

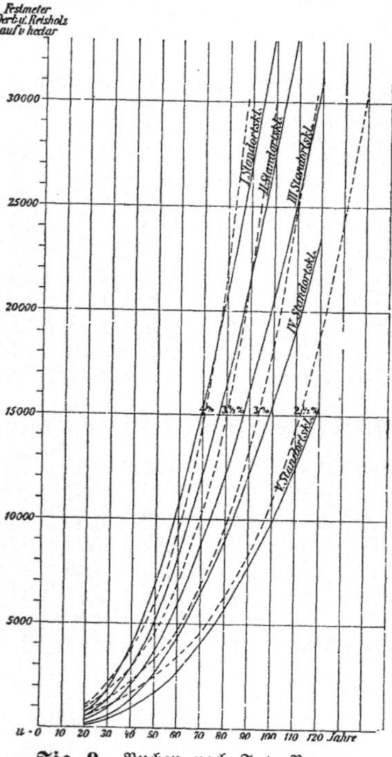

Fig. 9. Buchen nach F. v. Baur.

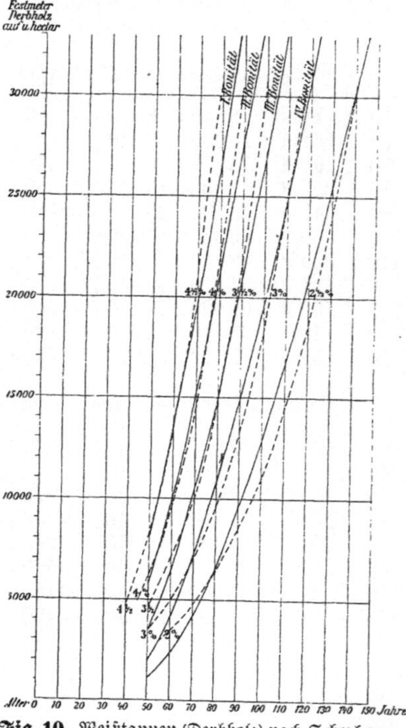

Fig. 10. Weißtannen (Derbholz) nach Schuberg.

Auf Grund der Ertragstafeln für:	Standortsklassen				
	I	II	III	IV	V
	Prozente p für die Reihen 1, $op^n - 1$				
Kiefern nach Weise	4—3,5	3,5—3	3—2,9	2,7	2,4
Fichten nach F. v. Baur . .	4,3—4	3,7—3	3,2—3	2,6—2,5	—
Buchen nach demselben . . .	3,5—3,2	3,3—3	2,9—2,7	2,5	2,1—1,5
Weißtannen nach Schuberg .	4,5—4,3	4,0—3,8	3,5—3,3	3,2—3	2,7—2,5
b) Die Gesammtvorräthe an Derb- und Reisholz:					
Buchen nach F. v. Baur . .	4—3,5	3,7—3,3	3,3—3	2,9—2,7	2,4
Fichten nach demselben . . .	5—4,5	4,5—4,0	4,9—3,5	3,3—3	—
Fichten nach Kunze	5,5—5	5—4,5	4,5—4	3,7—3	—
Kiefern nach Schwappach . .	4,5—4	4—3,5	3,5—3	3,3—2,9	2,5

Der Hinweis auf diese Analogie mit den Zinseszinsreihen soll nur dazu dienen, dem Anfänger eine beiläufige Vorstellung über den rapiden Gang der Massenzunahme einer normal beschaffenen Betriebsklasse mit der Verlängerung der Umtriebszeit zu geben und also dem Gedächtnisse zu Hilfe kommen; keineswegs soll hiermit eine Methode für die Berechnung des Normalvorrathes befürwortet werden, weil die Abweichungen bei höheren Umtrieben als 100jährigen viel zu groß werden, und weil die unmittelbare Berechnung aus den Ertragstafeln ohnehin keine beschwerliche Arbeit ist.

Die Verzinsung des Normalvorrathes einer Betriebsklasse erfolgt durch den jährlichen Ertrag, welcher bei Kahlschlagbetrieb in dem Vorrathe des ältesten Jahresschlages von $\frac{F}{u}$ Flächengröße verkörpert ist. Setzt man daher die in den Ertragstafeln angegebenen einzelnen Massenvorräthe in Verhältniß zu dem ihrer Altersstufe und Bonität entsprechenden Normalvorrath, so erhält man durch Division den Nutzungsfaktor (auf 1 bezogen) oder hundertmal vergrößert das Nutzungsprozent (auch „Nutzprozent" genannt). Eine Anzahl solcher findet man oben tabellarisch dargestellt und zur weiteren Verdeutlichung nachstehender Sätze folgen in nächster Tabelle einige Reihen von Nutzungsprozenten, welche auf Grund der Ertragstafeln von Robert Hartig für Fichten im Harz, für Buchen im Wesergebirge, von Schuberg für Weißtannen und von Schwappach für Kiefern ermittelt sind.

Die allgemeinen Eigenschaften der Nutzungsprozente sind: 1. daß sie mit der Länge der Umtriebszeit abnehmen, jedoch nicht verkehrt proportional, sondern nach fallenden geometrischen Reihen, weil die Kapitalgrößen der Normalvorräthe annähernd wie Potenzenreihen wachsen, die Erträge aber nicht in gleichem Verhältnisse ansteigen. Über die Natur dieser Reihen und das Schema für den Gang der Nutzungsprozente kann erst im § 34 eingehender gesprochen werden.

Umtriebsjahre:		20	30	40	50	60	70	80	90	100	110	120	130	140
Holzart	Bonität	Nutzungsprozente für die Hauptnutzung an Derb- und Reisholz												
Fichten . .	I	21,3	14,2	11,3	7,98	5,97	4,81	4,07	3,48	3,03	2,74	—	—	—
„ . .	II	16,7	19,1	12,6	7,96	6,02	4,72	3,97	3,44	3,04	2,75	2,51	2,29	2,10
Buchen . .	I	18,8	12,3	8,58	6,68	5,32	4,54	4,02	3,64	3,25	—	—	—	—
„ . .	II	19,1	10,9	9,72	7,81	6,55	5,02	4,03	3,70	—	—	—	—	—
Weißtannen	I	14,3	12,1	8,29	5,52	4,10	3,24	2,68	2,30	1,96	1,72	1,53	—	—
„	II	14,1	11,5	8,52	5,91	4,39	3,41	2,84	2,39	2,06	1,82	1,60	—	—
„	III	14,4	11,1	8,65	6,27	4,70	3,70	3,03	2,54	2,18	1,86	1,68	—	—
„	IV	14,1	10,8	8,60	6,75	5,05	4,00	3,28	2,74	2,34	2,03	1,73	—	—
„	V	14,0	10,8	8,60	6,87	5,95	4,40	3,61	3,00	2,55	2,20	1,85	—	—
Kiefern . .	I	10,5	6,98	5,11	3,96	3,20	2,65	2,26	1,95	1,70	1,51	1,36	1,23	1,11
„ . .	II	10,8	7,10	5,41	4,06	3,30	2,74	2,32	1,98	1,74	1,54	1,38	1,25	1,14
„ . .	III	10,9	7,52	5,32	4,06	3,24	2,69	2,29	1,98	1,74	1,54	1,39	—	—
„ . .	IV	11,1	7,57	5,66	4,39	3,51	2,85	2,39	2,04	1,76	1,54	1,37	—	—
„ . .	V	10,9	7,30	5,86	4,61	3,71	3,04	2,54	2,12	1,84	—	—	—	—

2. Je rascher der Zuwachsgang einer Holzart in der Jugend ist, desto kleiner werden die Nutzungsprozente (z. B. bei Kiefern) und umgekehrt haben langsamwüchsige Holzarten, z. B. Buchen, größere Nutzungsprozente als erstere.

3. Innerhalb derselben Holzart übt die Standortsgüte einen erheblichen Einfluß aus, indem den bessern Bonitäten kleinere Zuwachsprozente entsprechen und umgekehrt.

4. Da im Nieder- und Mittelwalde der Zuwachs in dem ersten Jahrzehnt ein viel rascherer ist, als bei dem Kernwuchs der Hochwaldungen, so wächst auch der Normalvorrath schneller an, als im letzteren; deshalb sind Nutzungsprozente im Niederwald kleiner als im Hochwald unter sonst gleichen Verhältnissen.

5. Für die verschiedenen Standortsklassen innerhalb einer Holzart weichen die Nutzungsprozente (namentlich jene für Derbholz) in der Jugend mehr von einander ab, als bei hohen Umtriebszeiten, ihre Kurven konvergiren daher mit zunehmendem Bestandesalter (siehe Fig. 11).

6. Die Nutzungsprozente geben in normal abgestuften Betriebsklassen an, wie sich der stehende Vorrath V_n zum nachhaltigen Hiebsatze E_n verhält, die Übertragung dieses Verhältnisses auf die Berechnung des Hiebssatzes im wirklichen Walde ist aber nur bei sorgfältiger Berücksichtigung der Gesundheit der Bestände zulässig, zumal wenn das wirkliche Altersklassenverhältniß erheblich von dem normalen abweicht.

Hundeshagen dachte sich aber den Übergang einer abnormen Betriebsklasse zum Normalzustand folgendermaßen: Wenn z. B. die ältesten Altersklassen vorwiegen und in Folge dessen der wirkliche Vorrath abnorm groß ist, so muß aus praktischen Gründen in der Regel eine raschere Einlenkung auf den Normalzustand eintreten, also der Hiebssatz höher als E_n angenommen werden, was geschieht, wenn der zu große Vorrath mit dem entsprechenden Nutzungsprozente der betreffenden Umtriebszeit multiplizirt wird. Umgekehrt wäre es meistens fehlerhaft, bei Vorherrschen der jüngeren Altersstufen den Etat hoch anzusetzen; da aber in der Regel der wirkliche Vorrath kleiner ist, als der normale, so fällt auch sein Produkt mit dem Nutzungsprozent der normalen Umtriebszeit kleiner aus, als der normale nachhaltige Ertrag. Diese jährliche Differenz zwischen dem wirklichen Ertrag und dem Hiebssatz ergiebt eine Einsparung zu Gunsten des stehenden Vorrathes, wodurch sich letzterer allmählig bis zur Höhe des Normalvorrathes erhöht. Wir werden später die Gründe kennen lernen, die gegen diese Auffassung des Verhältnisses zwischen V_n und V_w als eines geometrischen sprechen (siehe § 53).

7. Das Maximum der Verzinsung des Normalvorrathes durch seinen Jahresertrag liegt in den frühesten Jugendjahren und bei den schlechtesten Bonitäten, das Prozent fällt dann rasch, während es ca. vom 100. Jahre an langsam sinkt. Man kann daher den Verlauf der Nutzungsprozente nicht in Bezug auf das Maximum für die Wahl der Umtriebszeit benutzen, sondern nur untersuchen, in welchem Alter dieselben unter ein bestimmtes Prozent herabsinken, jedoch ergiebt sich auch dann oft ein Widerspruch mit der praktischen Nothwendigkeit, indem den besseren Standorten kürzere Umtriebszeiten, den schlechteren längere entsprechen, was zwar bei ungünstigerem Klima möglich, bei schlechtem Boden aber meistens undurchführbar ist. So zeigt z. B. Figur 11, daß der Minimalzinsfuß 3 Prozent von den Nutzungsprozenten auf I. Bonität schon im 80. Jahre überschritten wird, während dies auf V. Bonität erst bei 100 Jahren der Fall ist; würde man sich mit 2 Prozent begnügen, so fiele die Umtriebszeit auf I. Bonität in's 105. Jahr, auf V. Bonität dagegen in das 125. Jahr.

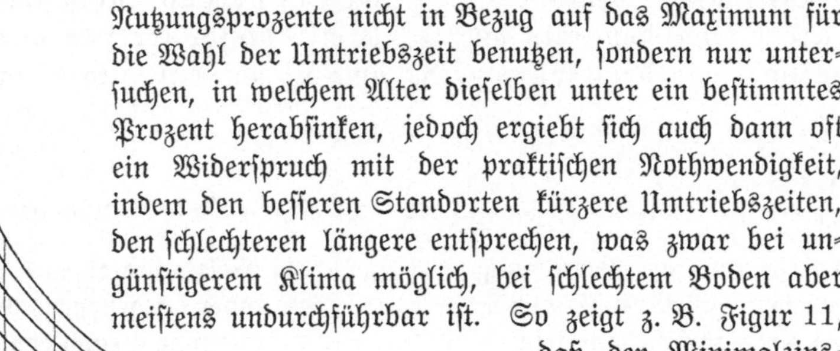

Fig. 11. Nutzungsprozente vom Derbholz der Hauptnutzung in Weißtannen nach Schuberg, verglichen mit einem festen Zinsfuß.

8. Im Bisherigen ist nur das Verhältniß des V_n zum Hauptnutzungsertrag in Betracht gezogen worden, man kann aber ebenso auch den in einem gewissen Zeitraum erfolgenden Zwischennutzungsertrag einer Betriebsklasse in Prozenten des Normalvorrathes ausdrücken, wobei sich auf den besseren Bonitäten wieder das rasche Ansteigen des Holzkapitales in einem kleineren Prozent zu erkennen giebt, obgleich die absolute Größe der Zwischennutzungsmasse daselbst erheblich höher

ist, als auf schlechten Standorten. Als ein Beispiel für solche Zwischennutzungsprozente mögen die von Schuberg für Weißtannen berechneten hier folgen:

u Jahre:	80	90	100	110	120
Bonitäten	Zwischennutzungs-Prozente				
I	0,92	0,81	0,78	0,71	0,65
II	0,90	0,84	0,78	0,71	0,65
III	1,01	0,97	0,90	0,81	0,76
IV	1,17	1,13	1,07	1,00	0,90
V	1,01	1,03	1,05	1,04	0,95

9. Für manche Fälle, z. B. bei Waldtheilungen, Servitutablösungen, in Prozessen über Nutznießung an Waldungen und dergleichen, ist es von Wichtigkeit zu wissen, das wievielfache einer jährlichen Ertragsgröße auf einer Waldfläche in Form von stehendem Vorrath vorhanden sein müßte, damit dieser Ertrag nachhaltig bezogen werden könne. Die Antwort auf diese Frage ergiebt sich aus dem Nutzungsprozent p folgendermaßen, da $\frac{E_n}{V_n} = \frac{p}{100}$, so ist $\frac{V_n}{E_n} = \frac{100}{p}$, folglich ist die hundertfache Reziproke des Nutzungsprozentes der Faktor zur Berechnung des gesuchten Holzkapitales aus dem gegebenen jährlichen Nachhaltsertrage. Die oben gegebenen Nutzungsprozente für Hauptnutzung sind daher als empirische Grundlage für alle derartige Berechnungen benutzbar.

§ 15. **Die Ergänzung des Normalvorrathes durch den Zuwachs.** Schon auf Seite 106 wurden die von Carl Heyer auf Grund der Durchschnittszuwachsrechnung aufgestellten Sätze über die Vertheilung des Zuwachses auf den bisherigen und den künftigen Normalvorrath angeführt, nach denen gerade die Hälfte des summarischen Zuwachses auf jedem der beiden Vorräthe sich anlagert. Da aber hierbei von der Formel $V_n = \frac{uuz}{2}$ ausgegangen wird, die nur bedingungsweise gilt, so findet auch die Vertheilung des Zuwachses bei dem thatsächlichen Zuwachsgange der Bestände, wie ihn die Ertragstafeln darstellen, nach anderen Verhältnissen statt. Diese letzteren verdienen daher alle Aufmerksamkeit seitens der Forsteinrichtung, namentlich bei jenen Ertragsberechnungsmethoden, die sich auf den Normalvorrath stützen.

Die Massenreihe einer in normaler Altersabstufung befindlichen Betriebsklasse von u Hektar Größe wird durch die Summe der Glieder einer nach Jahren abgestuften Ertragstafel dargestellt oder in einem Diagramm (Figur 12) durch die Summe der sämmtlichen Ordinaten, welche von der Ertragskurve abgeschnitten werden. Je nach dem Wachsthumsgang einer Holzart weicht der Verlauf dieser Kurve nach abwärts oder streckenweise nach aufwärts von der Hypotenusenlinie des Durchschnittszuwachses ab, wie sie z. B. für 120 und für 60 Jahre in der Figur 12 punktirt angedeutet ist. Während daher der Normalvorrath, wie er aus dem Durchschnittszuwachs (nach der Formel der österreichischen Kameraltaxe) berechnet wird, stets genau die Hälfte des Gesammt-Zuwachses der ganzen Betriebsklasse innerhalb der Umtriebszeit ausmacht, ist das bei dem aus Ertragstafeln mittelst Summirung gefundenen Normalvorrath in der Regel nicht oder nur ausnahmsweise der Fall. Bei Holzarten mit langsamem Jugendwachsthum (Buchen, Tannen) bleibt die Diagonale des Rechteckes fast immer über der Ertragskurve; letztere schließt daher einen Flächenraum ein, der in weitaus den meisten Fällen kleiner ist, als der Inhalt des rechtwinkligen Dreieckes, folglich auch kleiner als die Hälfte des Gesammtzuwachses uuz. Forstrath Prof. Schuberg hat diese Beziehungen der Ertragskurven der einzelnen Holzarten zu der Größe ihres Normalvorrathes näher untersucht*) und aus seinen Ergebnissen haben sich als Sätze von allgemeiner Giltigkeit ergeben: 1. daß in Tannen- und Buchenbetriebsklassen der Normalvorrath erheblich kleiner ist, als $\frac{uuz}{2}$ und erst bei 100—120 Jahren diesen Betrag erreicht; in Fichten kommt V_n der Hälfte des Gesammtzuwachses näher, erreicht sie auch schon im 80. bis 100. Jahr, während in Kiefern V_n meistens größer ist als $\frac{uuz}{2}$.

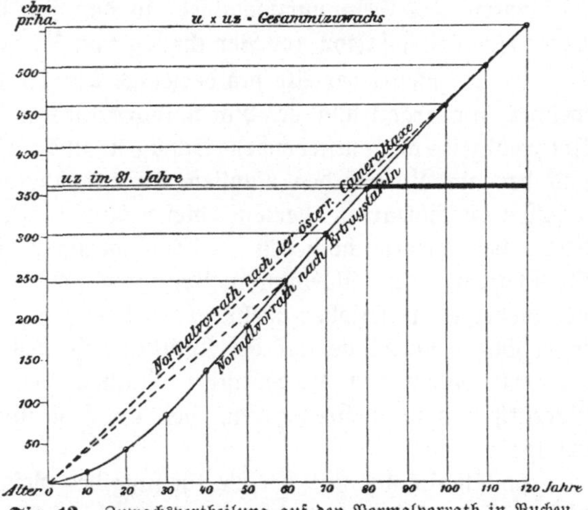

Fig. 12. Zuwachsvertheilung auf den Normalvorrath in Buchen und Antheile der einzelnen Altersstufen an letzterem.

2. Je schlechter die Bonität des Standortes ist, desto weiter nach unten hin weicht ihr V_n von $\frac{uuz}{2}$ ab, während die besseren Bonitäten diesen Betrag früher erreichen.

*) Forstwirthschaftliches Centralblatt 1889, S. 389 u. ff.

3. Mit der Länge der Umtriebszeit nimmt die Annäherung von V_n an die Hälfte des Gesammtzuwachses zu, beziehungsweise steigt seine Erhöhung darüber hinaus.

4. Der wahre Normalvorrath liegt in Grenzen zwischen 30 bis 59 Prozent des Gesammtzuwachses, so daß sich kein allgemein anwendbarer Reduktionsfaktor zur Berechnung von V_n aus letzterem geben läßt.

5. Umgekehrt verhält sich derjenige Antheil des Gesammtzuwachses, welcher zur Ergänzung des Normalvorrathes auf den vom Beginn der Umtriebszeit an entstehenden Schlägen und Jungwüchsen sich anlegt und der als V_n auf den nächsten Turnus übergeht: Bei den langsam wachsenden Holzarten beträgt dieser Antheil 60 bis 70 Prozent von uuz, bei Kiefern hingegen meistens weniger als die Hälfte (40 bis 50 Prozent), auf schlechteren Bonitäten mehr als auf guten, endlich bei niedrigen Umtrieben mehr als bei hohen. Alle Umstände, welche in erhöhendem Sinne auf die Kapitalgröße des V_n Einfluß üben, vermindern daher den prozentischen Antheil des Zuwachses am neuen Vorrath und vermehren jenen, der am jetzt stockenden Normalvorrath erfolgt.

6. Ähnlich wie mit der Vertheilung des Gesammtzuwachses, so verhält es sich auch mit derjenigen eines einzelnen Jahreszuwachses. Wie Figur 12 ersehen läßt, kommt z. B. von dem schmalen Rechtecke, welches den Zuwachs des 81. Jahres auf der Betriebsklasse von 120 Hektar darstellt, nur der schraffirte Antheil dem jetzigen Normalvorrath zu, während nach dem C. Heyer'schen Satze der Antheil (u — a) z betragen sollte, d. h. bis zur Diagonale reichen müßte. Noch größer wird der Unterschied in den jüngeren Altern, z. B. vom 40. bis 60. Jahre der Umtriebszeit, wo der Zuwachs am alten Vorrath weit hinter jenem der Heyer'schen Formel zurückbleibt, während der auf den neuen Vorrath übergehende erheblich über (a — 1) z hinausreicht.

7. Für die Praxis der Forsteinrichtung kommt von diesen Fällen der Zuwachsvertheilung namentlich jener in Betracht, wo sich bei Verjüngung eines Bestandes noch Altholzvorräthe neben dem jungen Aufwuchs auf derselben Fläche befinden. Für den Kahlschlagbetrieb läßt sich aus der Figur 12 unmittelbar entnehmen, daß in einem 20jährigen Verjüngungszeitraum der im 100jährigen Alter angegriffene Bestand noch nach der mit dem Durchschnittszuwachs nahe zusammenfallenden Linie der Kurve fortwächst, während der neu begründete Jungwuchs bis zum 20. Jahre tief unter der Diagonale zu wachsen begonnen hat. Demnach wird nicht die Hälfte des Zuwachses am alten Bestand und die Hälfte am Jungwuchs erfolgen, wie C. Heyer auf Grund der Durchschnittsrechnung annahm, sondern diese Vertheilung hängt von dem Verlaufe der Wachsthumskurve, sowie von dem Umstande ab, ob der laufende Zuwachs im Alter der Umtriebszeit größer oder kleiner

ist, als im Jugendalter. In den natürlichen Verjüngungen mit Schirmschlagstellung, sowie in allen femelartigen Verjüngungsformen bewirkt außerdem der Lichtungszuwachs eine Zuwachssteigerung am Altholze, dagegen die Überschirmung und Beschattung eine Zuwachsminderung am Jungwuchse, so daß der Antheil des ersteren meistens weit überwiegt. Im Allgemeinen ist es ein Nachtheil der zu kurzen Umtriebszeiten, daß die Periode des jugendlichen Alters mit geringem Zuwachs öfters wiederkehrt, während jene des vollen Durchschnittszuwachses ungenügend ausgenutzt wird. Verstreicht dann noch zwischen dem Abtrieb des haubaren Bestandes und der Begründung der neuen Kultur eine Zwischenzeit, während welcher die Fläche als Blöße liegt, so ist der Verlust am Massenertrag ein oft sehr erheblicher, gegenüber dem Vorverjüngungsbetriebe mit längeren Verjüngungszeiträumen.

§ 16. **Ermittlung des wirklichen Vorrathes einer abnormen Betriebsklasse.** Die im Normalwalde stattfindenden mathematischen Beziehungen zwischen Vorrath und Ertrag dienen in vielen Fällen zur Berechnung des Hiebssatzes einer gegebenen Betriebsklasse des wirklichen Waldes. Hierzu bedarf man dann der Angabe des Holzvorrathes auf dieser letzteren, welcher in der Regel zusammengesetzt ist aus den Einzelvorräthen einer Anzahl von Beständen, deren Flächen aber nur ausnahmsweise jene regelmäßige Vertheilung nach Altersklassen zeigen, wie sie beim Normalwald selbstverständlich ist. Es finden sich daher im wirklichen Walde die verschiedensten Kombinationen von Überschuß und Mangel in den einzelnen Altersstufen, welche man in den Flächensummen der Altersklassentabelle ziffermäßig darstellt und mit den normalen Flächenbeträgen des Normalwaldes vergleicht. Eine solche abnorm beschaffene Betriebsklasse wird daher auch nur ausnahmsweise in der Summe der Massen ihrer Holzvorräthe jene Zahl Kubikmeter besitzen, wie sie dem Normalvorrath entspräche, vielmehr wird in der Regel dem Vorwiegen der haubaren Bestandesflächen ein Überschuß, dem Überwiegen der Jung- und Mittelhölzer ein Defizit an Vorrathsmasse korrespondiren.

Die Ermittlung der wirklichen Vorräthe ist in ihrem ausführenden Theile (der sogenannten „Massenaufnahme") in der Lehre von der Holzmeßkunde vollständig dargestellt, über welche Disziplin mehrere neuere Werke*) erschienen sind, so daß an dieser Stelle hiervon abgesehen werden kann. Dagegen müssen als Parallele zur Berechnung des Normalvorrathes die Methoden der rechnerischen Herleitung des wirklichen Vorrathes aus den empirisch gefundenen Aufnahme-Ergebnissen hier wenigstens kurz besprochen werden. *Unter wirklichem Vorrath versteht man die Summe der in einem gegebenen*

*) Neuere Werke über Holzmeßkunde s. in den Anmerkungen zu §§ 27, 28, 37.

Augenblicke (meistens beim Beginn der Umtriebszeit oder in dem Anfangspunkt eines Wirthschaftsplanes) auf sämmtlichen Flächentheilen einer Betriebsklasse stockenden Holzmassen. In der Forsteinrichtung wird die unmittelbare Messung des stehenden Holzvorrathes in weitaus den meisten Fällen nur auf die haubaren oder nahe an der Grenze der Haubarkeit stehenden Bestände beschränkt, da eine Aufnahme der den jüngeren Altersklassen angehörigen Holzbestände einerseits zu viel Mühe und Kosten verursacht, anderseits aber zu wenig praktische Bedeutung für den künftigen Haubarkeitsertrag besitzt. Für die ganze Reihe der jüngeren Bestände einer Betriebsklasse wendet man daher taxatorische Hilfsmittel an, welche sich auf anderweitig gewonnene Erfahrungen stützen und die man in zwei Gruppen unterscheiden kann. nämlich:

1. Berechnung des Vorrathes mit Hilfe des Durchschnittszuwachses,
2. Berechnung mit Hilfe von Ertragstafeln.

ad 1. Der Durchschnittszuwachs $\frac{m}{a}$ wird meistens aus Holzmassenaufnahmen in haubaren Beständen gleicher Holzarten und Standortsverhältnisse, sowie aus genauen Altersermittlungen (s. S. 96) berechnet, indem man die gefundene Masse pro Hektar m durch das mittlere Bestandesalter a theilt. Ist a ein beliebiges Alter innerhalb der Umtriebszeit, so ist der Quotient $\frac{m}{a}$ der Durchschnittszuwachs des gegenwärtigen Alters. Fällt aber a mit dem normalen Alter der Umtriebszeit zusammen, so führt der Quotient $\frac{m}{u}$ die Bezeichnung Haubarkeitsdurchschnittszuwachs; dieser giebt an, um wie viel ein Bestand von 1 Hektar Flächengröße jährlich durchschnittlich an Masse zunehmen muß, damit er im Alter der Umtriebszeit gerade m Kubikmeter Ertrag liefere.

Für die Berechnung des wirklichen Vorrathes einer Betriebsklasse V_w kommt in der Regel nur der Haubarkeitsdurchschnittszuwachs in Betracht, wenigstens bedienen sich die historischen Methoden der Ertragsberechnung (Kameraltaxe und C. Heyer) der Größe $\frac{m}{u}$. Dabei wird für jeden Bestand nur derjenige Antheil am Zuwachs in Rechnung gesetzt, welchen er zu dem Haubarkeitsertrag beiträgt, indem man für jede Bestandes- (oder Unter-) Abtheilung das Produkt aus gegenwärtigem Alter a mal der Bestandesfläche f mal dem der Bonität entsprechenden Haubarkeitsdurchschnittszuwachs bildet. Die Summe dieser Produkte, deren einzelne Faktoren durch eine beigesetzte Charakteristik 1, 2 . . . n als den betreffenden Unterabtheilungen entsprechend bezeichnet werden, giebt dann den wirklichen Vorrath der Betriebsklasse $V_w = a_1 f_1 z_1 + a_2 f_2 z_2 + \cdots a_n f_n z_n$.

Man könnte in analoger Weise auch den Durchschnittszuwachs des gegenwärtigen Bestandesalters zur Berechnung des wirklichen Vorrathes anwenden, wenn man über genügende thatsächliche Erhebungen in jüngeren Beständen verfügt oder diese aus passenden Ertragstafeln entnehmen kann; indessen kommt dieser Fall nicht leicht vor, weil besser die Rechnung unmittelbar nach letzteren angestellt wird.

Der nach dem Haubarkeitsdurchschnittszuwachs ermittelte Vorrath ist ebenso wenig richtig, als dies bei dem aus jenem abgeleiteten Normalvorrath der Fall war und aus denselben Gründen. Man vernachlässigt nämlich absichtlich hierbei den Einfluß des ungleichen Wachsthumsganges der Bestände auf die Vorrathsgröße und setzt in der graphischen Darstellung (Figur 12 Seite 123) die Hypotenuse willkürlich an die Stelle der wahren Ertragskurve, wobei allerdings die Abszissenstücke der Schlagflächen nicht gleich groß, sondern ungleich zu denken sind. Hierdurch wird bei allen in der Jugend langsamwüchsigen Holzarten der Vorrath größer gefunden, als er thatsächlich ist, bei schnellwüchsigen aber meistens kleiner. Da aber dieselben Fehler bei der Ermittlung des Normalvorrathes begangen werden, so kompensirt sich der Fehler einigermaßen, sobald man letzteren von ersterem abzieht und die erhaltene Vorrathsdifferenz ist weniger fehlerhaft, als jeder der beiden in Vergleich gezogenen Vorräthe.

ad 2. Aus Ertragstafeln wird der wirkliche Vorrath gewöhnlich in der Art berechnet, daß für jede Unterabtheilung der Betriebsklasse das mittlere Alter und die Bonitätsklasse thunlichst genau eingeschätzt wird, wobei etwaige Unregelmäßigkeiten in der Bestockung durch Anwendung eines Koëffizienten für die sogenannte „Bestandesgüte" rechnerisch ausgedrückt werden können. Am zweckmäßigsten bedient man sich hierzu graphischer Darstellungen der Ertragskurven, welche auf sogenanntes Millimeterpapier in großem Maßstabe gezeichnet sind und die Angaben für jedes einzelne Jahr noch hinreichend genau abzulesen gestatten. In einer Tabelle, welche die Bezeichnung der Unterabtheilungen, ihre Flächengröße und Bonität, ihr mittleres Alter und ihren darnach bestimmten Vorrath pro Hektar enthält, wird dann das Produkt aus Fläche und letzterem als „Vorrath im Ganzen" eingetragen, worauf die Summe aller dieser Produkte den wirklichen Vorrath der Betriebsklasse $V_w = f_1 m_1 + f_2 m_2 + \cdots f_n m_n$ angiebt. Hat man keine nach Jahren abgestuften Ertragstafeln, so genügt auch ein schon 1824 von Salinenforstmeister Huber in Reichenhall vorgeschlagenes Verfahren für Rechnungen von minderem Genauigkeitsgrade, indem man die Bestandesflächen nach Altersklassen (von 20 oder 10 Jahren Länge) ausscheidet und die Masse, welche die Ertragstafel für die Mitte dieser Zeiträume angiebt, mit der Flächensumme jeder Altersklasse und Bonität multiplizirt; die Summe der Produkte giebt den V_w der Betriebsklasse.

Der vorstehende Abschnitt über die Bedingungen der Nachhaltigkeit und über die Eigenschaften der im sogenannten Normalwald vorkommenden Größen ist in der Hauptsache deduktiver Natur, weil er die logischen Anforderungen formulirt, die aus der Maxime der Nachhaltswirthschaft sich ergeben. In der praktischen Anwendung dieser Konsequenzen auf die Ordnung des Forstbetriebes, sowie namentlich in der Beschaffung der taxatorischen Grundlagen für die Forsteinrichtungs-Arbeiten hat man es jedoch vorwiegend mit naturgesetzlichen Erscheinungen zu thun, von welchen wir nur durch Untersuchungen und Versuche Kenntniß erhalten können und bei welchen die induktive Forschungsmethode vorwiegend in Anwendung zu kommen hat. Bevor daher in einem späteren Abschnitte die eigentlich praktischen Arbeiten der Ertragsberechnung und der Nutzungsordnung besprochen werden, ist zunächst eine nähere Betrachtung der bis jetzt von den verschiedenen Forschern und Versuchsanstalten gefundenen Zuwachs-Gesetze und der für die einzelnen Holzarten und Standortsklassen aufgestellten Erfahrungssätze über die Mehrung der Holzmasse und des Werthes, sowie das Verhältniß der Zuwachsgröße zu dem Vorrath erforderlich. Denn eine genaue Kenntniß der auf experimenteller Grundlage beruhenden Zuwachslehre ist nicht blos die beste Vorbereitung zur Aneignung der erforderlichen taxatorischen Sicherheit und Gewandtheit, sondern sie ist auch die unumgängliche Voraussetzung für die richtige Auffassung der Ertragsregelung überhaupt.

Dritter Abschnitt.

Die Lehre vom Holz-Zuwachs.

§ 17. **Allgemeine naturgesetzliche Betrachtung des Zuwachses.** Die Massenzunahme einer lebensthätigen Pflanze äußert sich unseren Sinnen gegenüber in doppelter Weise, nämlich in der Zunahme des Gewichtes der wägbaren Substanz und in der räumlichen Ausdehnung ihrer verschiedenen Organe. Beide Arten des Wachsthums verlaufen in der Regel nebeneinander und werden im gewöhnlichen Leben vielfach miteinander verwechselt; für wissenschaftliche Zwecke hingegen muß eine scharfe Unterscheidung zwischen beiden getroffen und der erstere Vorgang: die Vermehrung der Masse (im physikalischen Sinne) getrennt von dem zweiten, dem räumlichen Wachsen betrachtet werden.

Die Massen- oder Gewichts-Zunahme bildet ein Problem, dessen Lösung der Physiologie und der Chemie anheimfällt und das hier nur kurz gestreift werden kann. Wenn eine Pflanze an Gewicht zunimmt, so kann dies seine Ursache entweder blos in der Aufnahme von Wasser oder auch in der Vermehrung ihrer organischen (verbrennlichen) Substanz haben. Nur die letztere wird als eigentliche Massenmehrung betrachtet und wissenschaftlich durch die Gewichtszunahme der wasserfreien organischen Materie (der Trockensubstanz) ausgedrückt, zu welchem Zwecke die auf die Waage kommenden Pflanzentheile zuvor im Trockenschrank bei 105° C. getrocknet und im Exsikkator abgekühlt werden müssen. Die experimentell gefundene Zunahme an Gewicht vertheilt sich aber auf eine ganze Reihe verschiedenartiger organischer Stoffe, z. B. Zucker, Stärkmehl, Cellulose, Lignose, eiweißartige Stoffe, Harze, Gerbstoffe 2c., sowie auf unverbrennliche oder Aschenbestandtheile. Bei der Frage nach der Herkunft dieser Stoffe ist zu bedenken, daß sie in chemischem Sinne noch weiter zerlegbar sind und daß die organischen Stoffe alle nur als verschiedenartige Kombinationen von Kohlenstoff mit Wasserstoff, Sauerstoff und Stickstoff nebst Phosphor und Schwefel betrachtet werden müssen. Insbesondere die Aufnahme von Kohlenstoff, als des wichtigsten Bestandtheiles aller brennbaren

Stoffe, bildet den Schlüssel für das Verständniß der Massenzunahme in der Pflanze — der Assimilation. Da die Chemie seit Lavoisier in jedem Experiment und jeder Analyse den Beweis liefert, daß die materiellen Atome unzerstörbar sind und durch keinen irdischen Vorgang vermehrt werden können, so kann auch die Pflanze nicht, wie man irrthümlicherweise so lange annahm, die organische Materie selbst erschaffen, sondern sie nimmt die Grundstoffe, allerdings in Form von chemischen Verbindungen, aus ihrer Umgebung auf und scheidet nur das für sie Nothwendige daraus ab. In dem Assimilationsvorgange ist es das freie Kohlensäuregas, welches in der atmosphärischen Luft in geringen Mengen enthalten ist, aus welchem die Pflanze durch Vermittlung des Chlorophylls und unter Einwirkung der hellsten Theile des Sonnenlichtes Kohlenstoff aufnimmt. Nach der jetzt herrschenden Theorie (v. Baeyer) wird das Kohlensäuregas (Kohlendioxyd), nachdem es durch das Blattgrün absorbirt worden war, unter Einfluß der physiologisch wirksamen Strahlen des Sonnenspektrums in Kohlenoxyd (CO) und freien Sauerstoff gespalten, welch' letzterer ausgehaucht wird. Das Kohlenoxyd aber geht durch die Aufnahme von 1 Molekül (= 2 Atomen) Wasserstoff aus zersetztem Wasser in Ameisensäure-Aldehyd von der Formel CH_2O (auch Formaldehyd genannt) über und dieser letztere Stoff bildet den eigentlichen Ausgangspunkt für die neu zu bildenden organischen Stoffe, indem zunächst 6 Moleküle Formaldehyd sich durch sogenannte Verdichtung zu 1 Molekül Traubenzucker vereinigen:

$$6\,(CH_2O) = C_6H_{12}O_6 = \text{Traubenzucker},$$

aus welchem durch Abgabe von 1 Molekül Wasser sich Stärkemehl ($C_6H_{10}O_5$) bilden kann, das wenigstens den ersten mikroskopisch nachweisbaren Bestandtheil der neugebildeten Pflanzensubstanz darstellt und den Ausgangspunkt bildet für die im absteigenden Saftstrome enthaltenen Bildungsstoffe, aus denen die wachsenden Zellen ihre organische Nahrung beziehen. Der Assimilationsvorgang sowie die Umbildungen und der räumliche Transport der ersten Assimilationsprodukte von Zelle zu Zelle in der Pflanze kann aber nur bei Anwesenheit gewisser Mineralstoffe und von Stickstoffverbindungen sowie von Wasser erfolgen, welche die Pflanze sämmtlich mittelst ihrer Wurzeln dem Boden in gelöster Form entnimmt. Unter den mineralischen Verbindungen spielen die Salze des Kaliums, Calciums, Magnesiums, Eisens, dann des Phosphors, Schwefels und des Siliciums die wichtigste Rolle; zusammen heißt man sie die „Aschenbestandtheile". Letztere sind nur zum Theil von physiologischer Bedeutung für den Vorgang der Assimilation, ein anderer Theil spielt im Pflanzenleben lediglich die Rolle von Baustoffen, die zur Inkrustirung und Verstärkung der Zellwandungen oder zur Abdichtung einzelner Organe gegen Verdunstung dienen (z. B. die Imprägnirung der Oberhaut durch Kieselsäure). In der Unentbehrlichkeit der physiologisch wichtigen Aschenbestandtheile, namentlich des Kaliums und Phosphors, ferner in deren relativer Seltenheit im Boden liegt im Wesentlichen die Ursache, warum die chemische Bodenbeschaffenheit einen so mächtigen Einfluß auf das Maß der Produktion an Pflanzensubstanz ausübt. In gleicher Weise üben auch die Stickstoffverbindungen, nämlich die Ammoniaksalze und Nitrate, welche der Boden theils schon vorräthig enthält, theils durch die atmosphärischen Niederschläge in begrenzter Menge zugeführt bekommt, einen bemerkenswerthen Einfluß auf das Quantum der Produktion, wie anderseits auch der Vorrath und die regelmäßige Zuführung von Wasser von entscheidender Bedeutung für die Fruchtbarkeit eines Bodens ist.

Bezüglich des Wassers ist namentlich noch zu bemerken, daß es nicht blos wie die vorgenannten Stoffe als ein Nährstoff, dessen Bestandtheile in die organische Substanz übergehen, in Betracht kommt, sondern daß es auch den wichtigsten Theil des Zellsaftes ausmacht, die Löslichmachung aller übrigen Nährstoffe und die osmotischen Vorgänge des Pflanzenlebens überhaupt erst ermöglicht, endlich durch die Transpiration als einen wichtigen Lebensvorgang in großen Mengen an die Atmosphäre wieder abgegeben wird. Bei den höher organisirten Gewächsen, wie z. B. den Bäumen findet diese Transpiration hauptsächlich mittelst der Spaltöffnungen der Blattorgane statt und ist um so größer, je zahlreicher diese Organe sind, je größer ihre Flächenentwicklung und die Zahl ihrer Spaltöffnungen ist. Laubblätter verdunsten cet. par. mehr als die Nadeln der Koniferen, junge Blätter mehr als ältere, und zwischen den verschiedenen Holzarten bestehen spezifische Verschiedenheiten in den Transpirationsgrößen, welche als hauptsächliche Ursachen der verschieden großen Ansprüche der einzelnen Spezies an den Feuchtigkeitsgehalt des Bodens betrachtet werden müssen. Es würde zu weit führen, hier auf diese Unterschiede zwischen Holzarten, welche noch auf trockenen Böden und welche auf feuchten Standorten gedeihen, sowie auf den Einfluß, welchen die Schwankungen in der Regelmäßigkeit der atmosphärischen Niederschläge und die Sommerdürre in der geographischen und lokalen Vertheilung der Holzarten bewirken, näher einzugehen. Nur die wichtige praktische Seite, welche eine richtige Würdigung der Bodenfeuchtigkeit in der Standorts- und Bestandesbeschreibung und in den wirthschaftlichen Anordnungen für Auswahl und Anbau der Holzarten hat, möge hier besonders betont werden, da gerade in den Standortsbeschreibungen der Forsteinrichtung die Feuchtigkeitsverhältnisse des Bodens und die mannigfachen Übergänge zwischen den Extremen der sehr trockenen und sehr nassen Böden (mit einem schädlichen Übermaß von Wasser) eine sorgfältige Beobachtung und Prüfung — sei es auch nur mittelst der standortanzeigenden Gewächse — erfordern. Auch ist zu beachten, daß der Feuchtigkeitsgehalt des Bodens in gewissen Beziehungen zu der Lage, Neigung und Exposition des Terrains, wie anderseits zur Bodenbedeckung steht, indem diese Umstände den Verlust durch Abfließen und durch Verdunstung erhöhen oder vermindern können.

Außer den im Vorstehenden genannten Stoffen sind aber auch physikalische Kräfte in der pflanzlichen Assimilation thätig, ohne welche dieser Vorgang nicht gedacht werden kann. In erster Linie kommt hier das Licht in Betracht, das die eigentliche Kraftquelle ist für die chemische Arbeitsleistung der oben beschriebenen Reduktion von Kohlendioxyd zu Kohlenoxyd und zur Spaltung des Wassers in seine Bestandtheile. Diese reduzirende Wirkung besitzt das Licht nur, wenn es auf die im Chlorophyll absorbierte Kohlensäure einwirkt, und sie ist auch nur auf gewisse Strahlengattungen (hauptsächlich die gelben) beschränkt, während die Lichtstrahlen von größerer und geringerer Wellenlänge wieder andere spezifische Wirkungen hervorbringen. Licht, das also bereits durch andere Blätter hindurchgegangen ist, besitzt fast gar keine Fähigkeit mehr, die Assimilation zu unterhalten, weshalb unter dem geschlossenen Kronendache eines Waldes meistens nur parasitische Gewächse noch vegetiren. Wohl in Folge dieser Beschränkung der Assimilation auf eine geringe Strecke des Sonnenspektrums ist daher auch die Ausnützung der gesammten lebendigen Kraft des Sonnenlichtes zur Erzeugung chemischer Spannkraft mittelst der Assimilation eine sehr kleine und beträgt bei den Nadeln der Koniferen ca. 1 Prozent, bei den Laubhölzern zwischen 2 bis 7 Prozent der ganzen Sonnenwärme (nach N. J. C. Müller). Die in unserem Klima auf bestem Standorte von den wichtigsten Waldbäumen pro Hektar jährlich in Form von Holz gebildeten Heizwerthe könnten nur eine Schichte Wasser von 1,29 Meter Höhe pro Hektar um 1 ⁰ C. erwärmen. Übrigens ist zu beachten, daß nur beiläufig die Hälfte der gebildeten organischen Substanz von den Bäumen zur Holzbildung verwendet wird, während die andere Hälfte zur Ausbildung der Blattorgane und sonstiger nicht ausdauernder Gewebe dient. Auch ist die Dauer und Intensität der Lichteinwirkung von Einfluß auf den Verlauf der Assimilation, wie z. B. R. Hartig die Bildung der spezifisch schweren Partien des Jahrringes durch die kräftigere Ernährung während der Hochsommertage erklärt.

Von sehr großer praktischer Wichtigkeit ist die Verschiedenheit, welche die einzelnen Holzarten hinsichtlich der untersten Grenze der Lichtintensität zeigen, bei welcher sie noch zu gedeihen vermögen. Die Praktiker wurden schon frühzeitig auf dieses verschiedene Verhalten aufmerksam und unterschieden demnach schattenertragende und Lichtholzarten, welch' letztere auf stärkeren Entzug des direkten Sonnenlichtes durch Verkümmerung der Blattorgane und frühzeitiges Absterben reagiren. Wenn auch die Ernährungsverhältnisse hierbei bis zu einem gewissen Grade betheiligt sind, so ist doch die ganze Erscheinung der Schattenertragsfähigkeit noch nicht allseitig erklärt.

Die Wärme, zumal jene der Luft und des Bodens, spielt in der pflanzlichen Assimilation hauptsächlich die Rolle einer auslösenden Kraft, insofern als für jede Pflanzenart eine unterste Temperaturgrenze für den Beginn der Assimilation besteht. Während aber die niederen Organismen, z. B. Algen, schon bei der Temperatur des schmelzenden Eises zu assimiliren beginnen, liegt diese niedrigste Grenze bei den genügsamsten Baumarten, z. B. Birken bei + 7,5° C. Auch erfordert die Ansammlung von so viel Assimilationsprodukten, wie sie zur Ausbildung eines Holzkörpers nothwendig sind, eine mittlere Dauer der Sommerwärme zu 10° C. von mindestens 3 Monaten. Über diese niedrigste Grenze der Temperatur-Einwirkung erheben sich die verschiedenen Baumarten stufenweise bis zu den anspruchsvollsten Repräsentanten einer südlichen Vegetation. Die Grenzlinien des nördlichen und nordöstlichen Verbreitungsgebietes unserer Holzarten hängen größtentheils mit diesem Minimum der erforderlichen Wärmeeinwirkung zusammen, ebenso wie die vertikale Erhebung einer Baumart im Gebirge einen Ausdruck ihrer Genügsamkeit nach dieser Hinsicht bildet. Nur gewisse Baumarten, z. B. die Buche, werden mehr durch die tiefsten Wintertemperaturen, welche sie noch überdauern können, eingeschränkt, als durch die sommerliche Wärmeeinwirkung.

Aus dem Gesagten ergiebt sich, daß die Größe der pflanzlichen Produktion von einer Reihe von Faktoren chemischer und physikalischer Art abhängig ist, deren Fehlen dieselbe unmöglich machen kann, selbst wenn mehrere oder sämmtliche Übrige in genügendem Maße auf einem gegebenen Standorte vereinigt wären. In dieser Hinsicht gilt als allgemeines Gesetz (Gesetz des Minimum), daß die Menge der Produktion durch denjenigen unentbehrlichen Faktor des Pflanzenlebens regulirt wird, welcher im Minimum vorhanden ist, und zwar erstreckt sich dieses ebenso wohl auf die einzelnen Nährstoffe, als auf den Wassergehalt, wie auf die Licht- und Wärmeeinwirkung.

In der praktischen Beurtheilung der Ertragsfähigkeit eines bestimmten Standortes kommen meistens diese einzelnen Faktoren des Pflanzenlebens nicht so isolirt und rein zum Ausdruck, wie sie die Theorie erläutern muß, sondern es treten häufig andere, namentlich physikalische Eigenschaften und Merkmale des Bodens mehr in den Vordergrund, da sie oft ein Maßstab für die Menge und Aufnahmsfähigkeit der vorhandenen Nährstoffvorräthe sind. So wird z. B. häufig die mechanische Zerkleinerung eines Gesteins, der Grad der Verwitterung, die Art der Lagerung und Krümelung der Bodentheilchen, ihr Zusammenhang, die Lockerheit und Tiefgründigkeit 2c. von ausschlaggebender Bedeutung für die Beurtheilung der Ertragsfähigkeit, ebenso das Verhalten des Bodens gegen Wasser, d. h. seine Durchlässigkeit, wasserfassende und wasserhaltende Kraft. Als ein solches äußerlich erkennbares Merkmal der Fruchtbarkeit wird aber in der Forstwirthschaft vorzugsweise der Humusgehalt des Bodens und die Art des Bodenüberzuges betrachtet, daher auch in den Standortsbeschreibungen eingehender gewürdigt. Nicht als ob damit auf die frühere, hauptsächlich von Thaer ausgebildete Theorie der Bodenkraft zurückgegriffen werden solle, sondern in der richtigen Erwägung, daß die in Verwesung begriffenen Reste des Laub- und Nadelabfalles ꝛc. sowohl vom rein chemischen, als auch vom physikalischen Gesichtspunkte aus dem Boden werthvolle Eigenschaften für die Pflanzenernährung ertheilen, deren Aufzählung im Einzelnen hier viel zu weit führen würde, die aber einen wichtigen Abschnitt der Agrikulturchemie und Standortslehre bilden.

§ 18. **Standortsklassen.** Schon diese kurzen Andeutungen genügten, um zu begreifen, daß die Erzeugung von Pflanzensubstanz von einem Komplex mannigfacher Umstände beeinflußt ist, und daß es trotz der im Gesetze des Minimum ausgedrückten Kausalität in der Regel für die Praxis unmöglich ist, den im einzelnen Falle entscheidenden Faktor als Maßstab und Gradmesser der Fruchtbarkeit auszuscheiden und zur Eintheilung zu benützen. Da aber noch dazu diese für den Ertrag maßgebenden Faktoren verschiedene sein können, indem z. B. in einem Falle die Menge der Phosphate, in einem zweiten der Kaligehalt, in einem dritten der Stickstoffreichthum des Bodens, während in einem vierten die Feuchtigkeit, im fünften die mittlere Sommerwärme des Standorts ꝛc. für die Größe des Ertrages entscheidend ist, so muß man von dem Versuche abstehen, eine einfache Skala für die Beurtheilung der möglichen Produktionsgröße — etwa im Wege der chemischen Analyse — konstruiren zu wollen. Um aber dennoch Kategorien für die in so weiten Grenzen schwankenden Massenerträge der einzelnen Holzarten auf verschiedenen Standorten bilden zu können, bedient man sich gegenwärtig der durch Erfahrung und genaue Messung festgestellten Größen des Ertrages nach dem Volumen des Holzes (Festmeter), denn dieser ist im geordneten wirthschaftlichen Betrieb der beste Ausdruck für die Wirkungen des ganzen Komplexes von Ursachen des Wachsthums. Da die Übergänge von den untersten Grenzen der Massenerzeugung bis zu den höchsten noch vorkommenden sich durch unmerklich kleine Zunahme, also stetig vollzieht, so ist die Annahme von Standorts- (oder Bonitäts-) Klassen stets ein willkürlicher Akt, der eine sprungweise Zunahme des Ertrages formulirt; allein es ist zu bedenken, daß wir ja auch alle übrigen stetigen Größen, wie Zeit, Kraft, Stoff willkürlich in solche Abtheilungen bringen, um sie überhaupt mathematisch auszudrücken. Die Bildung solcher Kategorien hat außerdem den Vorzug, die gegenseitige Verständigung mittelst einfachster Bezeichnungen zu erleichtern und dem angehenden Taxator einen gewissen Maßstab in die Hand zu geben, den er mit fortschreitender Übung immer besser gebrauchen lernt. Selbstverständlich muß sich aber jeder, der sich mit Bonitirung und Schätzung beschäftigt, bewußt bleiben, daß die einzelnen Klassen durch unmerkliche Übergänge untereinander verbunden zu denken sind, und daß die Bonitäten nur einen Rahmen darstellen, innerhalb dessen wir die verwirrende Mannigfaltigkeit der Waldnatur in Abtheilungen bringen, welche dem Gedächtnisse und Vorstellungsvermögen zu Hilfe kommen sollen. Ursprünglich brachten die Forstverwaltungen und namentlich einzelne hervorragende Forstwirthe und Lehrer der Forstwissenschaft die auf begrenzten Gebieten gesammelten örtlichen Erfahrungen über die Holzhaltigkeit geschlossener Bestände pro Flächeneinheit in solche lokale Bonitäts-Skalen, welche in den bezüglichen Ländern oft große Verbreitung erlangten, z. B. G. L. Hartig, Cotta, Pfeil, König, Burckhardt, Grebe, Jäger u. A. m. Da diese lokalen Ertragstafeln aber nicht auf gleicher Eintheilung beruhten, so konnten sie die allgemeine Verständigung nicht genügend befördern und es hat daher der Verein forstlicher Versuchsanstalten im Jahre 1888 folgende Norm für die Bildung der Bonitäten bezüglich des Ertrages der in Deutschland vorkommenden Holzarten vereinbart, wobei zu bemerken ist, daß die Standortsklassen für verschiedene Holzarten unter sich nicht vergleichbar sind, da die anspruchsvolleren Holzarten (Buchen, Eichen) gegenüber den genügsameren Nadelhölzern erheblich bessere Böden erfordern, als dies aus der Gleichheit der Bonitätsklasse zu schließen wäre:

Standorts-Skala nach dem Beschlusse des Vereins forstlicher Versuchsanstalten.

Bonitäts-Klassen	Kiefer	Fichte und Tanne	Buche
	Bei 100 jähr. Alter ertragen im Ganzen (ohne Stockholz) Festmeter pro Hektar		
I	700	1100	720
II	550	900	580
III	420	720	460
IV	300	550	350
V	200	400	250

Man bezeichnet demnach z. B. als einen Kiefernboden IV. Klasse einen Standort, auf dem ein Hektar geschlossenen 100jährigen Bestandes annähernd 300 Kubikmeter oberirdische Holzmasse als Vorrath trägt; durch häufige Vergleiche und aufmerksame Beobachtung der Standortsfaktoren, sowie der Wuchsverhältnisse, insbesondere des Höhenwuchses der Bestände gelingt es, sich bald eine praktische Übung in der Anwendung dieser Standortsklassen für Bodenbonitirung, sowie für Taxationen, welche keinen höheren Grad von Genauigkeit verlangen, zu erwerben.

Die Vermehrung der wägbaren Masse durch den Zuwachs.

§ 19. **Produzirte Gewichtsmasse des Einzelstammes.** Wenn auch in der Praxis der Schätzung und der Forsteinrichtung nur nach Kubikmetern Masse gerechnet wird, so ist es doch aus theoretischen Gründen nothwendig, einen Blick auf die Gewichtsverhältnisse der Trockensubstanz zu werfen, welche in Holzbeständen von normaler Beschaffenheit erzeugt werden. Diese Gewichtszahlen bilden nämlich den Ausgangspunkt für die Berechnung der Aschen- und Stickstoffmengen, welche in den verschiedenen forstlichen Betriebsarten zur Produktion dienen, sie sind ferner der geeignetste Ausdruck für die Erzeugung von Brennwerth und gestatten endlich eine von den Zufälligkeiten der Holzstruktur unabhängige Vergleichung der Massenproduktion verschiedener Holzarten. Die experimentelle Grundlage für derartige Rechnungen bilden die Ermittlungen des spezifischen Gewichtes der Hölzer in wasserfreiem Zustande unter gleichzeitiger Feststellung der Schwindeprozente, so daß also das Trockengewicht in einer Volumeinheit Holzes (Kubikmeter) gemessen in ganz frischem Zustande (Frischvolumen) hieraus berechnet werden kann. Solche Ermittelungen sind in neuester Zeit vom Professor Dr. Rob. Hartig in großer Zahl angestellt worden,*) während sie früher nur von agrikulturchemischer Seite**) in geringerer Ausdehnung gemacht wurden.

Insbesondere die Untersuchungen R. Hartig's ergaben als allgemeines Gesetz zunächst für die Rothbuche, daß das spezifische Gewicht des Holzes mit dem Alter sinkt, und zwar ist die periodische Änderung vom 20. bis zum 80. Jahre viel stärker, als vom 80. bis 120. oder 140. Jahre des Baumalters. Die Änderungen sind sehr erheblich, indem die Trocken-Gewichte eines Kubikmeters Holz von ca. 800 Kilogramm bis auf 650 Kilogramm herabsinken, also um ca. 19 Prozent differiren; dabei ist die Zahlenreihe keine einfache fallende arithmetische Reihe, sondern bildet eine Kurve, welche sich mit dem Alter verflacht. Auch für Eichen fand ich l. c. eine analoge Abnahme der spezifischen

*) „Das Holz der deutschen Nadelwaldbäume", Berlin 1885, J. Springer, und „Das Holz der Rothbuche", Berlin 1888, Springer.

**) J. v. Schröder: „Forstchemische und pflanzenphysiologische Untersuchungen", I. Heft, Dresden 1878. Dann Rud. Weber: „Beiträge zur agronomischen Statik des Waldbaues", Forstliche Blätter 1877; Hans Will: „Untersuchungen über das Verhältniß der Trockensubstanz und der Mineralstoffe im Baumkörper", Rostock 1883.

Trockengewichte, indem der Kubikmeter 15 jährigen Holzes 798 Kilogramm, 25 jährigen 702 Kilogramm, 50 jährigen 544 (Kernholz) und 496 (Splintholz), dagegen von einem 345 jährigen Stamme das Kernholz 517, der Splint nur 482 Kilogramm wog, so daß die Differenz zwischen dem jüngsten und ältesten $39^1/_2$ Prozent ausmachte. Die Gewichtsänderungen mit dem Alter sind bei den Nadelhölzern noch nicht so genau untersucht, wie jene bei Buchen, doch kommt R. Hartig auf Grund vieler Bestimmungen zu dem Schlusse, daß mit dem Sinken des Flächenzuwachses sich in auffallender Weise die Qualität des Holzes vermindere (Seite 41 des zitirten Werkes), wie er ja überhaupt die Ernährungsverhältnisse des Baumes als den wichtigsten Faktor für die Änderung des spezifischen Gewichtes erklärt.

Die in Kilogramm Trockensubstanz ausgedrückte Massenzunahme eines Einzelstammes läßt sich (unter Berücksichtigung der Schwindeprozente) aus den Angaben des Volumgehaltes der mittleren Modellstämme der Ertragstafeln für Rothbuchenbestände von Rob. Hartig ableiten und ergiebt nach meiner Rechnung folgende Zahlenreihen:

Bei einem Alter von Jahren:	20	30	40	50	60	70	80	90	100	110	120	130	140
ist das Gewicht der Trockensubstanz des mittleren Modellstammes in Kilogramm:													
im östl. Wesergebirge	4,2	39,7	84,6	180,5	308	457	666	939	1240	1406	1566	—	—
im Spessart	2,6	8,4	21,7	60,1	110	158	216	295	384	477	567	665	744
in der oberbayerischen Hochebene	0,6	1,9	6,0	34,5	57	97	147	208	276	343	415	487	—

Denkt man sich den mittleren Modellstamm als Repräsentanten des Einzelstammes (was aus später zu entwickelnden Gründen jedoch nur bedingungsweise und mit wesentlicher Einschränkung auf die dominirenden Stammklassen zulässig ist), so ersieht man aus dieser Tabelle die rapide Zunahme der Massen. Diese wachsen in Form von Potenzenreihen, welche sich analog der logarithmischen Linie entwickeln und die man am besten mit Zinseszinsfaktoren-Reihen vergleicht, weil diese am bekanntesten und verbreitetsten sind. Figur 13 auf umstehender Seite zeigt das Verhalten dieser Zuwachskurven gegenüber den Zinseszins-Reihen. Der Einfluß der gesammten Wachsthumsfaktoren des Bodens und Klimas drückt sich dann in den verschiedenen Verzinsungs-Prozenten p aus, welche den zum Vergleich dienenden Zinseszinsfaktoren von der Formel $1,0p^x - 1$ zu Grunde liegend zu denken sind. Eine derartige Vergleichung zeigt, daß z. B. der mittlere Buchenstamm im Wesergebirge vom 20. bis 90. Jahre annähernd wie eine $3^1/_2$ prozentige Zinzeszinsen-Reihe an Masse zugewachsen ist, während dagegen in dem Zeitraum vom 100. bis 120. Jahre ein allmählicher Übergang auf die Reihe von p = 3 Prozent stattfand. Die Massenreihe der Buche im Spessart liegt vom 20. bis zum 110. Jahre fast genau in der 2prozentigen Zinseszinsen-Reihe

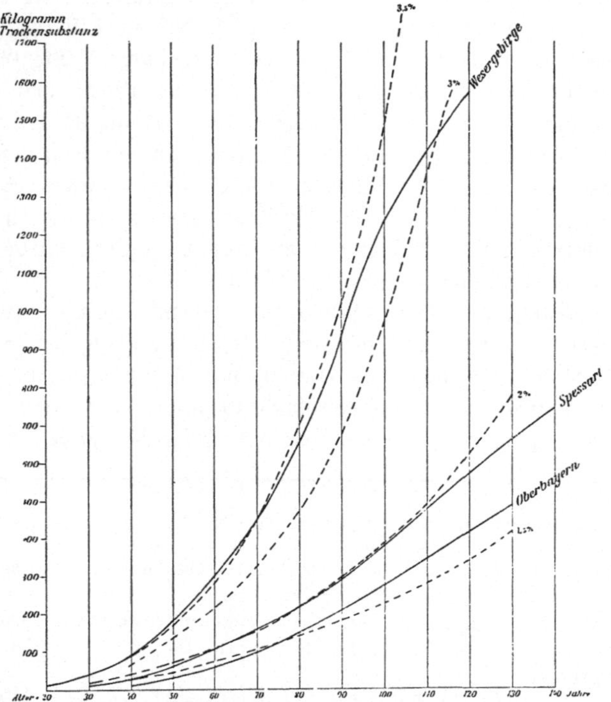

Fig. 13. Gewichtszunahme des Mittelstammes von Buchen nach den Ertragsuntersuchungen von Rob. Hartig, verglichen mit Zinseszinsreihen von 3,5%, 3,0%, 2,0% und 1,5%.

und jene der Buche in der oberbayerischen Hochebene verläuft ungefähr zwischen einer 1,5 bis 1,6prozentigen. Man kann daher unter Berücksichtigung des Inhaltes von § 29 die allgemeine Behauptung aufstellen, daß die Gewichtszunahme der dominirenden Einzelstämme für Zeiträume von mehr als einem halben Jahrhundert einer Zinseszinsreihe proportional ist, deren p als Ausdruck für die Gesammtwirkung des Standortes und der spezifischen Wachsthumsenergie einer gegebenen Holzart eine Konstante bildet in ähnlicher Weise, wie man dieselben bei der Bonitätsklassen-Eintheilung als dauernd annimmt. Bei dieser Betrachtungsweise werden die Zahlen der Gewichtsmengen als geometrische Reihen aufgefaßt mit 1,0p als Grundzahlen, wobei die Exponenden x die Abszissenaxe Zeit, d. h. die aufeinanderfolgenden Altersstufen bedeuten. Da diese Reihen für K = 1 in den Zinseszinstafeln für ganze und halbe Prozente schon berechnet vorliegen, ja durch Oberforstmeister G. Kraft*) auch auf Zehntelsprozente ausgedehnt worden sind, so bietet ihre Anwendung für Vergleichungen mit den Resultaten solcher induktiv ermittelter Größen nicht nur keinerlei Schwierigkeit, sondern umgekehrt den großen Vortheil, daß es nur einer Angabe des ermittelten p bedarf, um hierdurch den Verlauf ganzer Zahlenreihen, welche dem gleichen Gesetze folgen, auszudrücken. Indessen lassen sich auch rein botanisch-morphologische Gründe dafür anführen, daß die Entwicklung der wichtigsten Ernährungsorgane, der Blattorgane mit ihren sie tragenden Zweigen schon zufolge der Knospenanlage einer geometrischen (oder Potenzen-) Reihe analog verlaufen müsse, und daß demgemäß die Blattoberflächen in diesem Verhältnisse so lange zunehmen, bis die gegenseitige Überschattung zur Hemmung solcher Weiterentwicklungen Veranlassung giebt.**) Auch die Ausbreitung der Wurzeln im Boden erfolgt nach solchen Progressionen, wenn sie auch weniger leicht zu verfolgen sind.

§ 20. **Gesetz des Bestandesschlusses.** Die soeben erläuterte progressive Massenzunahme der wägbaren Substanz findet beim Einzelstamme nur so lange statt, als er freien Kronenraum zur Entwicklung aller endständigen Knospenanlagen findet. Schon die Ausbildung aller Knospenanlagen im Innern der Krone stößt bald auf Hindernisse und noch mehr Hemmungen veranlaßt die Beschattung seitens der Nachbarpflanzen eines geschlossenen Bestandes, indem mit fortschreitendem Lichtentzug die Verkümmerung der Blattorgane häufiger wird und viele Knospenanlagen der Laubhölzer sich nur als Adventivknospen forterhalten, um bei günstiger Gelegenheit wieder in den Prozeß der Fortentwicklung einzutreten. Je nach dem verschiedenen Grade von Empfindlichkeit gegen Lichtentzug durchwächst daher jede Holzart, wo sie gesellschaftlich auf einer Fläche angesiedelt ist, den ihr gebotenen Nahrungsraum sowohl im Boden mittelst des Wurzelnetzes als im Kronenraume mittelst der Verzweigungen der Haupt- und Seitenäste, sowie mit den Blattorganen in verschiedener Intensität. Letztere suchen die im Sonnenlichte enthaltenen Strahlen von physiologischer Wirksamkeit möglichst ausgiebig auszunützen, ähnlich wie dies die Wurzelspitzen im Boden mit den mineralischen und stickstoffliefernden Nährstoffen zu thun bestrebt sind. Den nach Holzart verschiedenen Grad des Ineinandergreifens der Zweige und Blätter eines Holzbestandes heißt man seinen „Schluß“. Derselbe ist am dichtesten bei jenen Holzarten, deren Blattorgane die Fähigkeit besitzen, noch bei mäßiger Beschattung assimiliren zu können, z. B. Eibe, Weißtanne, Rothbuche, während er am lichtesten ist bei

*) G. Kraft: „Beiträge zur forstlichen Zuwachsrechnung und zur Lehre vom Weiserprozente. Hannover 1885. Klindworth. Seite 143 u. ff.

**) Siehe hierüber Ausführlicheres in Dr. B. Borggreve: „Die Forstabschätzung“ rc. S. 29 und 30. Berlin 1888. Parey.

den ausgesprochenen Lichtholzarten, die am empfindlichsten gegen Lichtentzug sind und deren Blätter und Nadeln hierdurch bald verkümmern, z. B. bei Lärche, Birke, Kiefer &c. Im Allgemeinen ist der natürliche Bestandesschluß bei ungestörter Entwicklung so dicht, daß junge Pflanzen der gleichen Holzart darunter nicht mehr fortkommen, woraus zu schließen ist, daß der Kronenraum die physiologisch wirksamen Strahlen des Sonnenlichtes möglichst erschöpft, soweit das mit der jeder Holzart eigenthümlichen Organisation der chlorophyllführenden Organe geschehen kann. Innerhalb derselben Holzart ändert sich wieder die Dichtigkeit des natürlichen Bestandesschlusses mit der Bodenbeschaffenheit, indem auf nährstoffreicheren und frischeren Standorten die Fähigkeit, Schatten zu ertragen, eine größere ist, als im entgegengesetzten Falle, so daß folglich bessere Standorte dichteren Schluß zur Folge haben und umgekehrt. Wird der Bestandesschluß unterbrochen, so haben alle Baumarten die Tendenz, durch Entwicklung von Endknospen (ein Theil durch Adventivknospen) den freigewordenen Luftraum in der horizontalen Richtung möglichst wieder mit Blattorganen auszufüllen, d. h. den Schluß wiederherzustellen. Der Beweis für diese Wiederherstellung des Bestandesschlusses bei oft erheblicher Unterbrechung wird sowohl in Stangenhölzern, welche stark durchforstet wurden, als auch beim eigentlichen Lichtungsbetrieb geführt. So hat namentlich der Seebach'sche modifizirte Buchenhochwald gezeigt, daß der Bestandesschluß sich in einem früher für unmöglich gehaltenen Maße wiederherstellt. Unter den vielen schlagenden Beweisen hierfür sei nur einer als Beispiel herausgegriffen.*) Im Forstort Kugelberg (Distrikt 84) der Oberförsterei Uslar im Solling wurde im Jahre 1843 das damals 74jährige Buchenstangenholz so durchlichtet, daß die Kronenbeschirmung des verbleibenden Bestandes nur 42 Prozent des Flächenraumes betrug, während 58 Prozent dem Lichteinfall geöffnet waren. Nach 30 Jahren war der Kronenraum so gewachsen, daß in dem nun 104jährigen Buchenbestande der volle Schluß eingetreten und sogar ein Ineinandergreifen der Kronen entstanden war, welches ein merkliches Sinken das Zuwachses bewirkte. Um letzteren wieder zu heben, hat 1877 ein Aushieb gezwängt stehender Bäume daselbst stattgefunden, welcher pro Hektar 37,3 Kubikmeter Derbholz lieferte.

In ähnlicher Weise mußte daselbst im Distrikt 98a schon nach 18 Jahren ein weiterer Nachhieb eingelegt werden, „um eintretende Kronenspannung aufzuheben". Außerdem bietet die ausgedehnte neuere Litteratur über Lichtungszuwachs zahlreiche Belegstellen dar für die Thatsache einer Wiederherstellung unterbrochenen Bestandesschlusses.

---

*) S. „Exkursionsbericht über die X. Versammlung deutscher Forstmänner zu Hannover 1881", S. 175. Hannover 1882. Klindworth.

Endlich verweisen wir auf die hieher Bezug habenden Ausführungen und Nachweisungen in den §§ 30—33.

§ 21. **Massenproduktion auf der Flächeneinheit.** Die absolute Größe der zur Assimilation verwendeten lebendigen Kraft des Sonnenlichtes ist uns zwar nicht meßbar, wohl aber kann man aus der Masse der erzeugten Assimilations-Produkte einen Schluß auf die Größe der potentiellen Energie machen, welche in Form von Brennkraft in der Pflanze aufgespeichert wurde. Da die Sonnenstrahlen als parallel und unter einem nach dem scheinbaren Stand der Sonne wechselnden Winkel einfallend zu denken sind, so giebt die Flächengröße der bestrahlten Erdoberfläche einen hauptsächlichen Maßstab für ihre Wirkung; deshalb muß die Rechnung pro Hektar geführt und die darauf produzirte Masse Trockensubstanz ermittelt werden. Schon in J. v. Liebig's Agrikulturchemie*) ist die jährliche Trockensubstanzproduktion des Nadelholzwaldes unter Zugrundelegung der Angaben C. Heyer's auf 5300 Kilogramm pro Hektar berechnet; ferner gab Professor E. Ebermayer auf Grund der in Bayern angestellten Streuversuchsflächen die Trockensubstanz, welche Buchen-, Fichten- und Kiefernbestände jährlich produziren, folgendermaßen an:**)

	Ganze Holzmasse inkl. Vorerträge und Wurzelholz	Jährlicher Streu-Anfall	Summa der Trockensubstanz
1 ha Buchenbestand	3163 kg	3331 kg	6494 kg
1 „ Fichten „	3435 „	3007 „	6442 „
1 „ Kiefern „	3233 „	3186 „	6419 „

In Lorey's „Handbuch der Forstwissenschaft"***) habe ich auf Grund der bisher vorhandenen Ertragstafeln, sowie der ermittelten spezifischen Trockengewichte nachgewiesen, daß in der bisher befolgten forstlichen Bonitirung im großen Durchschnitte der

I. Standortsklasse eine jährliche Trockensubstanzzunahme um	3000—4000	kg pro ha,
II. „ „ „ „ „	2500—3000	„ „ „
III. „ „ „ „ „	2000—2500	„ „ „
IV. „ „ „ „ „	1500—2000	„ „ „
V. „ „ „ „	unter 1500	„ „ „

entspricht, wobei nur die oberirdische Holzmasse ohne die Vorerträge in Rechnung gezogen ist. Diese Massenerzeugung ist für die verschiedenen bestandbildenden Holzarten im großen Durchschnitt annähernd gleich, obwohl die Kiefernbestände, namentlich des Nordens etwas zurückbleiben. Es zeigten nämlich für den Jahres-Durchschnitt vom 60. bis 120. Jahre des Alters eine Trockensubstanz-

*) Liebig: „Die Chemie in ihrer Anwendung auf Agrikultur" ꝛc. S. 14 und 15. V. Auflage.

**) Ebermayer: „Die gesammte Lehre der Waldstreu", S. 67 u. 68. Berlin 1876.

***) Lorey: „Handbuch der Forstwissenschaft", I. Bd., 1. Abth., S. 68—71.

Zunahme in Kilogramm pro Hektar und Jahr am Haupt-Bestande (ohne Vorerträge):

Auf I. Standortsklasse „sehr gut“:

Rothbuchen:	Weißtannen:	Fichten:	Kiefern:
3948 im Elm,	3993 im Schwarz-wald,	4988 im Harz I.,	3145 in Pommern,
3909 im Wesergeb.,	3588 in Württemb.,	4098 „ „ II.,	3162 in Nord-deutschland,
3689 im Spessart,	3790 im Mittel.	3875 in Württemb.,	2866 do.
4356 in Württemb.,		4596 in Sachsen,	3058 im Mittel.
3976 im Mittel.		4389 im Mittel.	

Auf II. Standortsklasse „gut“:

Rothbuchen	Weißtannen	Fichten	Kiefern
3439 in Baden,	3055 im Schwarz-wald,	3242 in Württemb.,	2375 in Nord-deutschland,
3634 in Württemb.,	2701 in Württemb.,	3776 in Sachsen,	2256 do.
3537 im Mittel.	2878 im Mittel.	3509 im Mittel.	2316 im Mittel.

Auf III. Standortsklasse „mittelmäßig gut“:

Rothbuchen	Weißtannen	Fichten	Kiefern
2861 in Baden,	2348 im Schwarz-wald,	2442 in Württemb.,	1727 in Nord-deutschland,
2790 in Württemb.,	2023 in Württemb.,	3056 in Sachsen,	1745 do.
2826 im Mittel.	2186 im Mittel.	2749 im Mittel.	1736 im Mittel.

Auf IV. Standortsklasse mit „mäßig gering“:

Rothbuchen	Weißtannen	Fichten	Kiefern
2417 in Baden,	—	1680 in Württemb.,	1525 in Nord-deutschland,
2135 in Württemb.,	—	2324 in Sachsen,	—
2276 im Mittel.		2002 im Mittel.	1525 im Mitttel.

Auch Birken ertrugen auf I. Standortsklasse 3291 kg pro ha,
Weymuthskiefern 3982 kg pro ha.

Allerdings sind die Bonitätsklassen unter sich nicht vergleichbar, sondern die anspruchsvolleren, weil aschenreicheren Holzarten, liefern stets nur auf besseren Standorten solche Erträge, wie sie den Klassen der Ertragstafeln entsprechen, während die genügsameren Holzarten dies schon auf geringwerthigeren Böden thun. Über das Verhältniß der Bonitätsklassen verschiedener Holzarten zu einander liefern nur Untersuchungen von Holzbeständen verschiedener Spezies, die nebeneinander erwachsen sind, genauere Aufschlüsse. Interessant ist in dieser Beziehung das von Professor R. Hartig gefundene Ergebniß,*) daß von zwei auf ganz gleichem Standorte nebeneinander erwachsenen Beständen die Rothbuche gleich viel Aschenmenge pro Hektar aus dem Boden entnommen hatte, wie die Fichte, daß aber letztere 1,8 mal mehr Trockensubstanz und 2,78 mal mehr kubisch berechnete Holzmasse als die Buche produzirt hatte. Die von mir hierüber angestellten Analysen**) zeigten, daß 1 Kilogramm aufgenommener Phosphorsäure

*) Allgemeine Forst- und Jagd-Zeitung 1888, Februarheft.
**) Daselbst 1888, Aprilheft.

hinreichte, um im Fichtenbestande bei der Produktion von 10,66 Kubikmeter, im Buchenbestande aber nur von 2,32 Kubikmeter Holzmasse mitzuwirken.

Wenn die mitgetheilten Zahlen schon erkennen lassen, daß der geschlossene Kronenraum der Bestände verschiedener Holzarten beim Vorhandensein der übrigen Ernährungsbedingungen (d. h. auf bester Standortsklasse) Massen von überraschend naher Übereinstimmung produzirt, so ergiebt eine Ermittlung der Massenerzeugung einer und derselben Bestandes-Reihe in verschiedenen Lebensaltern die nicht minder bemerkenswerthe Thatsache, daß der Jahresertrag an Holz inklusive Rinde — dem Gewichte nach bemessen — lange Zeit hindurch fast konstant bleibt und vom Beginn des Bestandesschlusses bis zum hohen Alter nur verhältnißmäßig geringe Schwankungen erleidet, obgleich die Stammzahlen die größten Unterschiede zeigen. Als Beweis hierfür lassen sich die von mir in Lorey's Handbuch d. F. S. 68—70 angegebenen Zahlen anführen, wornach innerhalb eines 60jährigen Zeitraumes das Maximum sich nur um durchschnittlich 9 Prozent über das Mittel erhebt, nämlich:

bei Rothbuchen	im Elm	7,1	Prozent	
" "	im Wesergebirge	0,2	"	
" "	im Spessart	12,2	"	
" "	in Württemberg	1,3	"	
" Fichten	im Harze I. Kl.	6,5	"	
" "	im Harze II. Kl.	9,4	"	
" "	in Württemberg	9,9	"	
" "	in Sachsen	17,2	"	
" Kiefern	in Pommern	10,0	"	
" "	in Norddeutschland	17,0	"	rc.

Besonders deutlich geht aber obiger Satz aus den Untersuchungen Rob. Hartig's über den Wachsthumsgang geschlossener Buchenbestände l. c. S. 85 und 86 hervor, namentlich wenn man bedenkt, daß die Zwischennutzungserträge eigentlich in den vorausgegangenen Dezennien erwachsen waren. Die Massenproduktion geschlossener Bestände ist nach Hartig folgende (s. Tabelle auf nächster Seite oben).

Es ergiebt sich aus diesen Untersuchungen, daß nicht die Individuenzahl, sondern nur der Bestandesschluß des Kronenraumes, d. h. die Blattmasse entscheidend für den Massenzuwachs ist, daß also der Zuwachs von den einzelnen Stammklassen auf andere übertragbar ist, sobald letztere den Lichteinfall mittelst Durchwachsung des frei gewordenen Kronenraumes auf sich gewissermaßen konzentriren. Bemerkenswerth ist in dieser Hinsicht auch die von

Jährlich-durchschnittliche Trockengewichts-Produktion
(in Kilogramm Trockensubstanz pro Hektar und Jahr)

bei einem Alter von Jahren:	20	30	40	50	60	70	80	90	100	110	120	130	140
a) am Hauptbestande geschlossener Buchen:													
Östl. Wesergeb.	2864	3548	3688	3752	3830	3823	3732	3657	3587	3532	3472	—	—
Spessart . . .	3054	3377	3661	3585	3655	3614	3521	3414	3315	3198	3074	2953	2843
Oberbayerische Hochebene .	1315	1728	2099	2277	2460	2576	2638	2654	2604	2528	2460	2349	—
b) an Zwischennutzungen:													
Östl. Wesergeb.	—	—	1634	1942	3525	2907	2704	2770	2212	1570	1550	—	—
Spessart . . .	—	—	—	2023	1365	1373	1423	1665	1665	1698	1808	2019	1998
Oberbayerische Hochebene .	—	—	—	1009	1435	1442	1432	1610	1428	1279	1133	1410	—

Innerhalb der betrachteten Zeiträume war aber die Stammindividuenzahl gesunken
im östlichen Wesergebirge . . von ca. 40000 auf 280 Stück,
im Spessart . . . . „ „ 60000 „ 550 „
in der oberbayerischen Hochebene „ „ 42000 „ 700 „

Forstrath Professor Schuberg*) aufgestellte Ertragstafel für Weißtannen, welche für drei verschiedene Schlußgrade, die oft um das Doppelte bis Vierfache der Stammzahlen differiren, stets gleiche Holzmassen (Volumina) angiebt, woraus sich natürlich auch annähernd gleiche Gewichtsmassen berechnen würden.

Die auffallende Gleichmäßigkeit der Gewichtszunahme sowohl innerhalb der verschiedenen Holzarten, als innerhalb einer Reihenfolge gleichartiger Bestände (d. h. einer Ertragstafel) erklärt sich zum Theil auch aus den spezifischen Gewichten, welche sich annähernd verkehrt proportional zu den räumlich gemessenen Größen des Volumzuwachses verhalten. So ist nach § 19 das spezifische Gewicht des jungen Holzes der Buche gerade in den Altersstufen am größten, wo der Volumzuwachs noch klein ist; werden daher beide Zahlenreihen miteinander multiplizirt, so wirkt das spezifische Gewicht in ausgleichendem Sinne, d. h. die Trockengewichtsreihe wird gleichmäßiger als die ansteigende Volumreihe. Analog haben bei der Vergleichung von Ertragstafeln verschiedener Holzarten die spezifischen Gewichte die Tendenz, eine Divergenz der Volumina zu beseitigen und die Gewichtserträge einander nahe zu bringen. Ein Beispiel möge das illustriren: Einer der genauesten Kenner der Ertragsgrößen unserer Wälder Forstrath Schuberg sprach kürzlich in einer Festrede an der technischen Hochschule zu Karlsruhe als Erfahrungssatz aus, daß auf gleichem Standorte 1 Hektar 100jährigen Rothbuchenbestandes 700 Kubikmeter Holzmasse ertrage, während 1 Hektar

*) K. Schuberg: „Aus deutschen Forsten", I. Die Weißtanne ꝛc. Tübingen 1888, Seite 88—92.

Tanne und Fichte daselbst 1100 Kubikmeter Holzmasse liefere. Nun hat 100jähriges Buchenholz nach R. Hartig im Mittel der 3 Ertragstafeln 0,662 spezifisches Trockengewicht, Fichtenholz aber im Mittel von 13 Stämmen*) 0,415; hieraus berechnet sich die jährlich durchschnittliche Gewichtserzeugung

der Buche auf . . . 4634 Kilogramm pro Hektar
der Fichte und Tanne auf 4565 " " "

für denselben Standort; die Produkte sind sich daher so nahe gerückt, daß ihre völlige Übereinstimmung leicht denkbar wäre, ohne den Thatsachen Gewalt anzuthun. Setzt man daher in Gedanken die Gewichtsmassen gleich ($M_1 = M_2$), so würde hieraus folgen, daß die Volumina des jährlichen Ertrages (V_1 und V_2) verkehrt proportional den spezifischen Gewichten (S_1 und S_2) sein müßten, weil $V_1 = \frac{M_1}{S_1}$ und $V_2 = \frac{M_2}{S_2}$, also $V_1 : V_2 = \frac{1}{S_1} : \frac{1}{S_2}$.

Das räumliche Wachsen.

Abtheilung A.

Betrachtung des Zuwachses am Einzelstamm.

§ 22. **Allgemeines über den Volumzuwachs.** Im Bisherigen wurden nur die chemisch wirkenden Vorgänge bei der Pflanzenernährung und der Massenzunahme betrachtet, um hieraus allgemeinere Anhaltspunkte für das quantitative Verhältniß der letzteren zu gewinnen. Die im Wege der Assimilation gebildete organische Substanz nimmt aber nur zum Theil jene Form an, welche wir als Holzzuwachs und als räumliche Ausdehnung der ausdauernden Gewebe bezeichnen; ein großer Theil der neugebildeten plastischen Stoffe wird vielmehr zur Bildung der Blattorgane, Epidermis- und Korkgewebe, der Blüthen 2c. verwendet, welche vom Baum abgestoßen werden. Der absteigende Saftstrom gelangt auf dem Wege der Osmose von Zelle zu Zelle in dem Siebtheile (Phloem) des Gefäßbündels von den Zweigen aus nach abwärts und dient zur Ernährung des Kambialringes, dessen theilungsfähiges Gewebe (Meristem) durch tangentiale Zelltheilungen nach Innen hin Holzzellen, nach der Rinde hin Bastzellen erzeugt (wenigstens bei den offenen Gefäßbündeln der Dicotyledonen und Gymnospermen). Indem sich dieser Vorgang jährlich wiederholt und dabei der Kambialring durch den neugebildeten sekundären Holzkörper hinausgeschoben

*) Rob. Hartig: „Das Holz der deutschen Nadelwaldbäume“. Berlin 1885. Springer.

wird, findet ein Anwachsen des Holzkörpers durch von Jahr zu Jahr sich anlagernde konzentrische Schichten statt, welch' letztere Jahrringe genannt werden und die durch eine Reihe von plattgedrückten Zellen (sogenanntes Herbstholz) von dem folgenden dünnwandigeren, poröseren Frühjahrsholz getrennt erscheinen. Der Holzkörper jedes Jahrringes setzt sich aus Gewebe-Elementen zusammen, die bei Laubhölzern aus Gefäßen, Tracheiden, Libriformfasern und Holzparenchym bestehen, und welche von dem Parenchym der Markstrahlen radial durchsetzt werden; bei den Nadelhölzern aber treten in der Hauptsache nur Tracheiden und sehr feine Markstrahlen auf. Durch die verschiedene Kombination dieser Gewebeelemente, durch Größe und Vertheilung der Gefäße, durch die Beschaffenheit der Markstrahlen, dann der Jahrring-Abgrenzung, endlich durch die Kernbildung, Harz- und Gerbstoffgehalt entstehen die mannigfachen Unterschiede im anatomischen Bau, den physikalischen Eigenschaften und sonstigen Merkmalen der Hölzer, deren ausführlichere Betrachtung hier übergangen werden muß.

Wie das hier kurz angedeutete Dickenwachsthum unserer Waldbäume vom theilungsfähigen Gewebe (Cambium) eines jeden Gefäßbündels ausgeht, so findet die Längsstreckung der Axen ihren Ursprung in der Streckung der Sprossenanlage, welche in den Knospen schon vorgebildet ist und die im Wesentlichen gleichfalls aus theilungsfähigem Gewebe besteht, zu dessen reichlicher Ernährung ebenso der Bildungssaft verwendet wird. Das eigentliche Scheitelwachsthum eines Stammes wird bei vielen Holzarten, namentlich den Nadelhölzern nur von einer Hauptaxe und ihrer Endknospe getragen, während bei den sich mehr verästelnden Holzarten mehrere Gipfelachsen und Gipfelknospen nebeneinander existiren.

Das räumliche Wachsen besteht demnach in einer fortgesetzten Zelltheilung von Bildungsgewebe, wobei die Tochterzellen durch Einlagerung neuer Micelle in ihre Zellhaut sich vergrößern und durch Wandverdickung, sowie durch Inkrustirung mit Lignose, Holzgummi ꝛc. allmählich sich in Dauergewebe (Holz- und Bastkörper nebst Rinde) umwandeln. Der Richtung nach unterscheidet sich die Dimensionszunahme in das Längs- (oder Höhen-) Wachsthum und das Dickenwachsthum, wozu noch eine Formveränderung tritt, welche man als Formzuwachs bezeichnet. Die gesammte räumliche Ausdehnung und Vergrößerung des kubischen Raumes heißt man Volum- oder Massenzuwachs.

Besondere Betrachtungen der einzelnen Richtungen des Zuwachses.

§ 23. **Der Höhenzuwachs oder das Längenwachsthum.** Die soeben erwähnte Streckung der Achsenanlage in den Gipfelknospen findet nur statt, wenn eine genügende Ernährung und Spannung (oder Turgescenz) des Bildungsgewebes in der Knospe vorhanden ist. Hierbei ist aber zu bedenken, daß sowohl die Nährstoffzufuhr (zumal jene von Wasser) als auch die Streckung des Längstriebes selbst eine mechanische Arbeitsleistung darstellen, welch' letztere wegen der vertikalen Stellung des Stammes in der Überwindung der Schwere und des Reibungswiderstandes bei der Bewegung der Flüssigkeiten durch die engen Gefäße und Zellen einen mit der Höhe wachsenden Aufwand von aktiver Energie erfordert. Die verschiedenen physiologischen Theorien des Saftsteigens erklären zwar die Natur dieser motorischen Kraft auf verschiedene Weise, indem die Einen osmotische Spannungen als Folge der durch Transpiration bewirkten Säftekonzentration, Andere Druckdifferenzen der Innenluft, Andere den von den Wurzelspitzen ausgehenden „Wurzeldruck", oder endlich die Kapillarität als Endursache des aufwärts gerichteten Saftstromes annehmen. In jedem Falle muß jedoch ein dauernder Ersatz für die hierfür aufgewendete mechanische Arbeit angenommen werden, da diese aktive Hubkraft demselben „Gesetz der Erhaltung der Energie" unterliegt, wie jede andere Bewegungs-Ursache und da dieselbe mit wachsender Höhe, bis zu welcher der Saftstrom zu erheben ist, eine gesetzmäßige Verminderung erfährt. Da aber von der Energie des Saftstromes die Wasser- und Nährstoffzufuhr, sowie die Gewebespannung abhängig ist, so muß mithin die wachsende Höhe, bis auf welche diese Hebung zu erfolgen hat, eine schwierigere Ernährung und eine Abnahme der Turgescenz in dem Theilungsgewebe zur Folge haben, bis zuletzt der aktive Wurzeldruck durch die Wirkung der Schwere ganz kompensirt und das Höhenwachsthum = 0 wird.

Um sich ein Bild von diesem Einfluß der Schwere auf die Verminderung der Nährstoffzufuhr und die Abschwächung des Saftdruckes zu verschaffen, geht man am besten von der Betrachtung eines isolirten Gefäßbündels aus, welcher durch eine konstante Zahl von Wurzelspitzen und eine gleich große Blattoberfläche ernährt wird, und welchem somit alljährlich eine gleiche motorische Kraft zur Verfügung steht, während nur die Höhenunterschiede zwischen Wurzeln und Blattflächen sich mit der Zeit verändern. Die gehobene Last, d. h. die Säftemasse des rohen Nahrungssaftes müßte sich dann verkehrt proportional zu den Höhen verhalten, denn bekanntlich kann eine Kraft K von z. B. 100 Meterkilogramm auf 2 Meter Höhe noch 50 Kilogramm, auf 3 Meter nur $33{,}_3$ Kilogramm erheben, d. h. wenn Kraft K gleich dem Produkt von Last P und Höhe h ist, so ist $P = \frac{K}{h}$ und $h = \frac{K}{P}$ oder wenn K für verschiedene Höhen konstant bliebe, so wäre $P_1 = \frac{1}{h_1}$ $P_2 = \frac{1}{h_2}$, $P_3 = \frac{1}{h_3}$ 2c. Für den obenerwähnten Gefäßbündel würde sich daher bei Annahme einer konstanten Kraft von 100 Meterkilogramm folgendes Verhältniß zwischen Höhe und Saftdruck (in Kilogramm) ergeben:

h Höhe m	3	6	9	12	15	18	21	24	27	30	33	36
P Druck kg	33,33	16,67	11,11	8,45	6,67	5,55	4,76	4,17	3,70	3,33	3,03	2,78
K Kraft mkg	100	100	100	100	100	100	100	100	100	100	100	100

Stellt man sich Höhe und Druck in Form eines rechtwinkligen Koordinatensystems dar, so erhält man nach Figur 14 eine symmetrische

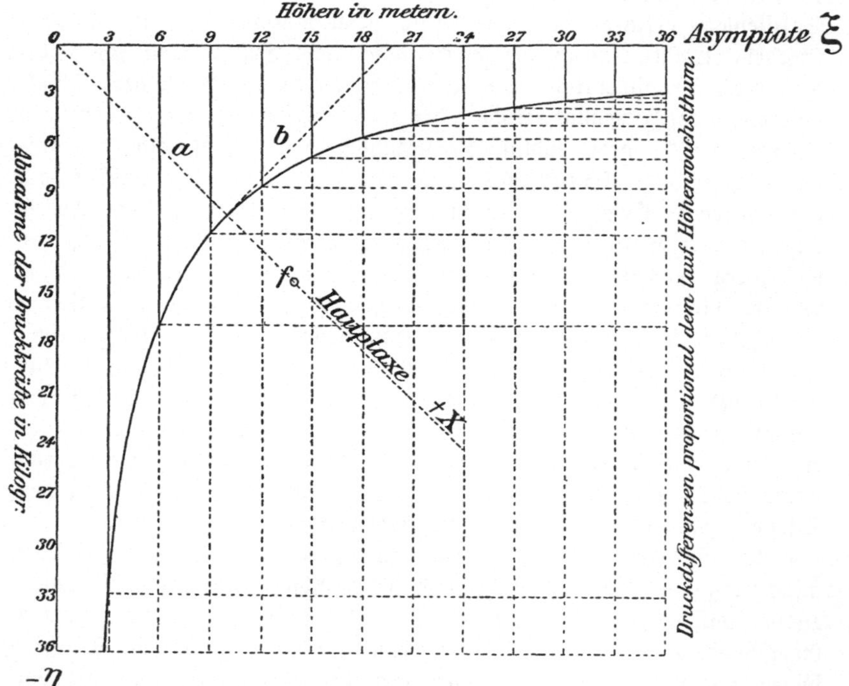

Fig. 14. Schematische Darstellung der Saftdruck-Abnahme mit zunehmender Höhe und ihres Zusammenhanges mit der jährlichen Axenstreckung im laufenden Höhenzuwachse.

Kurve, welche als Ast einer Hyperbel mit dem Brennpunkte f zu erkennen ist, deren rechtwinklige Koordinaten auf die Asymptoten ξ und $-\eta$ bezogen sind. Die obigen Reziprokenreihen stellen daher die Asymptotengleichung dieser Hyperbel dar für den Fall, daß $a = b$ ist, und es ergiebt sich hieraus, daß der Druck sich zwar mit der Höhe fortwährend vermindert, aber erst in der Unendlichkeit den Werth von 0 erreicht. Dies hat indessen nur theoretische Bedeutung, indem bei dieser Betrachtung der Kraftverlust durch Reibung und durch osmotische Widerstände nicht in Rechnung gezogen ist; thatsächlich muß aber in Folge dieser schon verhältnißmäßig bald eine Höhe erreicht werden, wo die

Kraft von 100 Meterkilogramm fast ganz durch die Schwere und die Reibungswiderstände absorbirt wird, d. h. wo Gleichgewicht dieser Kräfte stattfindet und wo die Achsenstreckung der Gipfelknospen aus Mangel an motorischer Kraft stillsteht. In demselben Verhältnisse wie die Druckkräfte abnehmen, muß aber auch eine Verminderung des laufend jährlichen Höhenwachsthums stattfinden, d. h. je höher der Baum wird, desto kleiner sein jährlicher Längenzuwachs, so daß eine Projektion dieser Druckdifferenzen auf die negative Ordinate $-\eta$ oder eine damit parallele Linie auch die Proportionalität des laufenden Höhenwachsthums darstellt. Man kann sich hierfür eine neue Abszissenachse bei Höhenmaximum vom 0 Punkt abwärts z. B. bei 36 annehmen und auf dieser die Werthe $h_{max}\left(1-\frac{1}{P}\right)$ als positive Höhen auftragen, so geben diese in Figur 14 punktirten Ordinaten den Gang des periodischen Höhenwachsthums an, wie er als Folge des Einflusses der Schwere bei unverändertem anfänglichem Wurzeldruck resultiren müßte. Da die Kurve der Hyperbel für die beiden Koordinatensysteme dieselbe bleibt, so kann man dieselbe daher auch als Verbindungslinie jener ganzen Höhen auffassen, welche durch Summirung der successive abnehmenden laufenden Zuwachsgrößen entstanden gedacht werden müssen. In diesem Sinne muß man daher die Höhenkurven als Reziprokenreihen betrachten, welche von einem experimentell gefundenen Maximum entspringen und verkehrt proportional zum aktiven Saftdruck verlaufen. Da das Koordinatensystem um die Hauptaxe X gedreht werden kann, so ist eine Vertauschung der beiden Kurvenstücke und somit auch der im Reziproziätsverhältnisse stehenden Zahlenreihen zulässig, woraus also folgt, daß wenn die Druckgrößen P in dem geraden Verhältnisse $3:6:9:\ldots$ wachsen, die Höhen nach der Kurve $\frac{1}{P}$ vom Maximum aus abnehmen. Sobald daher das Gesetz für die Veränderungen von P bekannt ist, kann man auch jenes für die Änderung des Höhenzuwachses daraus ableiten.

Die Energie des Saftdruckes und der Ernährung der Triebe steht aber in innigem Zusammenhange mit dem gesammten Gewichts- und Volum-Wachsthum, welches wir schon oben als Resultat der Gesammtwirkung aller in der Pflanze selbst und in der Standortsgüte thätigen Faktoren des Pflanzenwachsthums kennen gelernt haben und wofür die Bezeichnung Wuchskraft p gebraucht wurde. Der Saftdruck kann demnach proportional der Wuchskraft angenommen werden und erleidet nur beim Höhenwuchs durch die Schwere eine von den übrigen Wachsthumsrichtungen abweichende Modifikation, deren Verhältniß wir soeben kennen gelernt haben. Nach Figur 13 und den übrigen Darlegungen des § 19 erfolgt die Massenzunahme des Einzelbaumes lange Zeit hindurch nach Analogie einer Zinseszinsreihe von der Form $1,0p^x$, was später auch vom Volumzuwachs bewiesen werden wird. Mithin läßt sich nach dem soeben Gesagten vermuthen, daß das Höhenwachsthum des Baumes von seinem Maximum aus rückwärts nach $\frac{1}{1,0p^x}$ abnehmen werde, wobei p für gleiche Holzart und Standortsverhältnisse konstante Werthe beibehält. Die Reziprokenreihe nimmt daher jetzt die Form einer Exponentialfunktion der Zeit x an und an die Stelle der symmetrischen Kurve der Hyperbel (Figur 14) treten unsymmetrische Kurven höherer Ordnung, wie ich sie für Höhenmaximum = 35 Meter in Figur 15 als Schema für die Höhenkurven dargestellt habe.

Hiermit wäre daher ein Schlüssel gegeben, um das gegenseitige Verhältniß der Höhen eines Baumes in verschiedenen Lebensaltern (z. B. Dezennien) zu berechnen, indem dieselben vom Maximum aus abnehmen wie die Ergänzungen zu der Reziprokenreihe $\frac{1}{1,0p^{10}}$, $\frac{1}{1,0p^{20}}$, $\frac{1}{1,0p^{30}}$, worin p für gleiche Holzarten und Standortsverhältnisse denselben Werth beibehält, für andere Bonitäten aber stufenweise sich ändert. Diese Reziprokenreihe der Potenzen vom $1,0p$ sagt aber noch Nichts über die absolute Größe von h, sondern gestattet nur die relativen Änderungen zu berechnen, welche die Schwerkraft bezüglich der Höhen verursacht, auf welche Saftmengen, die in genannter Progression steigen, aufwärts bewegt werden können. Man muß daher, wie oben erwähnt, von einem Grenzwerthe ausgehen, der experimentell oder erfahrungsmäßig festzustellen ist, und der die Maximalhöhe angiebt, bis zu welcher eine Holzart unter gegebenen Umständen bis zum spätesten Alter noch erwächst; von dieser obersten Grenze an nehmen die Höhen mit dem Alter gesetzmäßig ab und es lassen sich so auf graphischem Wege Kurven auftragen, die für verschiedene Werthe von p in obigen Reziprokenreihen die entsprechenden Höhenabnahmen von oben nach unten darstellen. Die Höhen selbst müssen dann die Ergänzungen bis zum angenommenen Grenzwerthe sein, wie dies aus den Figuren 14 und 15 ersichtlich ist. Eine solche Darstellung hat den Zweck, als Maßstab für die durch unmittelbare Messung oder durch Stammanalysen gefundenen Zahlen zu dienen und einen allgemeinen Ausdruck für die umfangreichen Zahlenreihen zu schaffen, mit welchen die einzelnen Forscher und die forstlichen Versuchsanstalten die Litteratur bereichert haben. Algebraisch wird die Höhe h_a bei dem Alter a aus dem Grenzwerth h_m abgeleitet durch die Formel $h_a = h_{max}\left(1 - \frac{1}{1,0p^a}\right)$, so daß also z. B. für $h_m = 35_m$ und

$p = 2\,\%$ die Höhe eines 60 jährigen Stammes $35 - 35 \times 0{,}3048 = 35 - 10{,}67 = 24{,}33$ m sich berechnet.

Der Grenzwerth oder die Maximalhöhe, von welcher hierbei ausgegangen wird, ist nach den bisherigen Messungen für die Laubhölzer und Kiefern 35 Meter, für Fichten und Tannen muß aber statt dieser ein Maximum von 40 Meter als Grenzwerth und Ausgangspunkt der Kurven angenommen werden. Hat man sich einmal über diesen letzteren schlüssig gemacht, so ist die eine Variable die Zeit x, während die andere p für dieselbe Bonität gleich bleibt, welche daher als konstant zu betrachten ist. Die einzige Angabe von p genügt dann, um den Verlauf einer Höhenkurve durch alle Stadien des Alters mit alleiniger Ausnahme des jugendlichsten festzustellen. Selbstverständlich bedeutet dieses p aber nicht das Verzinsungsprozent, in welchem die Höhenzunahme zur ganzen bisherigen steht, darf daher auch nicht mit dieser stets wechselnden und mit dem Alter stark fallenden Größe verwechselt werden.

Höhenwachsthum im Jugendstadium. Das Jugendstadium des Höhenzuwachses muß gesondert betrachtet werden, weil hier die Überwindung der Schwere keine erhebliche Rolle spielt. Dagegen bewirken die ererbten Anlagen der einzelnen Holzarten, sowie die Reservestoffmengen, die der Keimling im Endosperm oder in den Kotyledonen als Nahrung für den Beginn seines selbständigen Daseins mitbekam, bedeutende Abweichungen im Längenwachsthum der ersten Jahre; Beweise hiervon liefert uns jedes Saatbeet und jeder Pflanzgarten in reicher Anzahl. Hierzu kommt dann noch die Wirkung äußerer Umstände, besonders die Erziehungsweise der Holzpflanzen; die schattenertragenden Gewächse wachsen im großen Forstbetrieb fast immer unter einem Schirm von mehr oder weniger Dichtigkeit und Dauer auf, während die Lichtholzarten bald ganz frei, bald unter lichter und kurzdauernder Beschirmung gedeihen. Starke Lichtintensität wirkt zwar günstig auf die Ernährung der Pflanze, hemmt aber zuweilen den Höhenwuchs etwas, da die Streckung der Gewebe im Halbschatten günstiger verläuft. Doch lehrt uns die tägliche Erfahrung, daß die Lichtholzarten in früher Jugend raschwüchsiger sind als Schatthölzer, welch' letztere eine strauchartige Form ohne ausgesprochenen kräftigen Höhentrieb längere Zeit beibehalten, so z. B. Tannen oft bis zum 15—30. Jahr, Buchen bis zum 15., Fichten bis zum ca. 10., Kiefern nur bis 4. oder 5. Jahre. In diesem Jugendstadium nimmt im Allgemeinen das Längenwachsthum mit dem Wachsthum der Masse proportional zu, steigt also im Verhältnisse wie eine Zinseszinsenreihe ($1{,}0p$, $1{,}0p^2$, $1{,}0p^3 \ldots$, wobei p nach Holzart, Standort und Erziehungsweise verschiedene Werthe annimmt) so lange, bis der Einfluß der Schwere mit der Höhe sich in obigem Sinne bemerkbar macht, was in der Regel schon bei 2 bis 3 Meter Höhe eintritt. Hier findet dann der Übergang dieser Kurve des Jugendzustandes in die andere Kurve der Reziprokenreihe $\frac{1}{1,0p^x}\cdots$ statt und der erste Abschnitt dieser bezeichnet den Kulminationspunkt des Längenwachsthums. Diesen Übergang vom Jugendstadium in die Strecke des eigentlichen Längenwachsthums muß man sich in analoger Weise denken, wie dies für den Massenzuwachs in den Figuren 91 und 92, sowie in dem Schema Figur 109 mittelst logarithmischer Linien dargestellt wird, auf welche wir den Leser verweisen.

Ergebnisse der bisher vorliegenden Messungen der Höhenzunahme. Die Abbildungen auf Seite 153 und 154 zeigen eine Auswahl solcher graphisch dargestellter Reihen von Scheitelhöhen der mittleren Klassenstämme von Probeflächen in Sachsen und die mittleren Bestandeshöhen der verschiedenen Ertragstafeln, sämmtliche durch Diagramme gezeichnet. Daneben sind die Kurven aufgetragen, welche das Gesetz der Entwicklung erkennen lassen und den Gang derselben für die einzelnen Werthe von p darstellen, sowohl für $h_m = 35_m$ als für $h_m = 40_m$. Zeichnet man sich diese Kurven nebst den Axen der Koordinaten auf Pauspapier, so läßt sich dieser Maßstab leicht an alle experimentell gefundenen Höhenkurven anlegen und hieraus der Werth von p ablesen. Nur muß für das Jugendstadium ein Zeitraum in Abzug kommen, der nach dem Vorstehenden für die Holzarten ein verschiedener ist, d. h. man muß den 0 Punkt des Maßstabes bei Kiefern auf 5 Jahre, bei Fichten auf 10, bei Buchen auf 15, bei Weißtannen auf 15—25 Jahre einstellen, je nachdem die Erziehungsweise der letzteren erfolgt. Auf diese Weise sind in den Figuren 16 bis 22 die Leitkurven mit punktirten Linien eingezeichnet, welche den verschiedenen Werthen von p entsprechen und deren Ursprung durch einen geringelten Punkt auf der Abszissenaxe bezeichnet ist.

Als wichtigste allgemeine Schlußfolgerungen über den Gang und die Größe des Höhenzuwachses sind folgende zu betrachten:

1. Am größten sind die Unterschiede im Höhenwuchs zwischen den einzelnen Holzarten im Jugendstadium, welches man gewöhnlich im Auge hat, wenn man zwischen schnellwüchsigen und langsamwüchsigen Holzarten unterscheidet. Die sogenannten Lichtholzarten (obenan die Lärche, dann Birke, Aspe, gemeine Kiefer), außerdem aber auch die Weymuthskiefer beginnen nach kurzem Jugendzustand schon im 3. bis 5. Jahre mit einem Höhenwuchs, welcher schon ca. im 10. Jahre sein Maximum erreicht, dann aber nach dem allgemeinen Gesetze abnimmt. Die Schattholzarten hingegen haben während eines zwischen 10 bis 25 Jahren schwankenden Jugendzustandes einen mehr strauch-

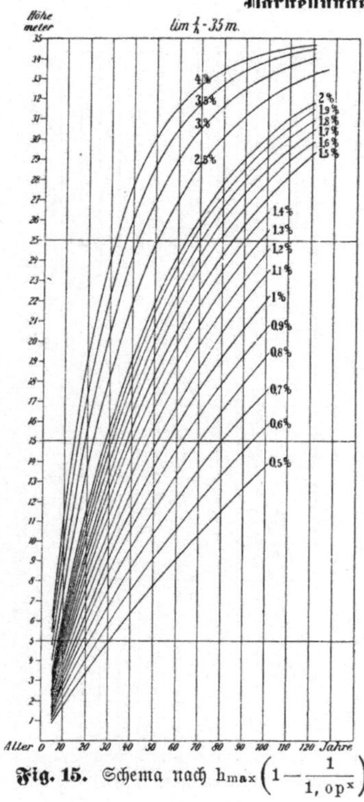

Fig. 15. Schema nach $h_{max}\left(1-\frac{1}{1,op^{x}}\right)$

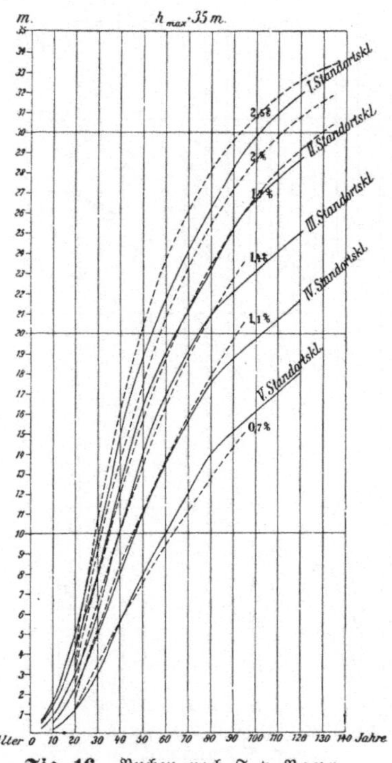

Fig. 16. Buchen nach F. v. Baur.

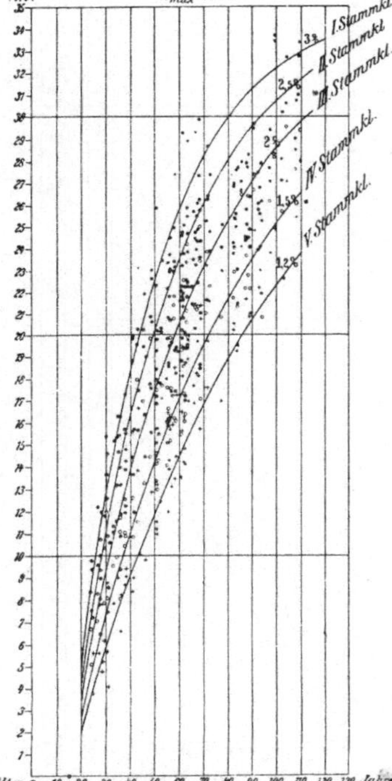

Fig. 17. Fichten II. Bonität nach Kunze.

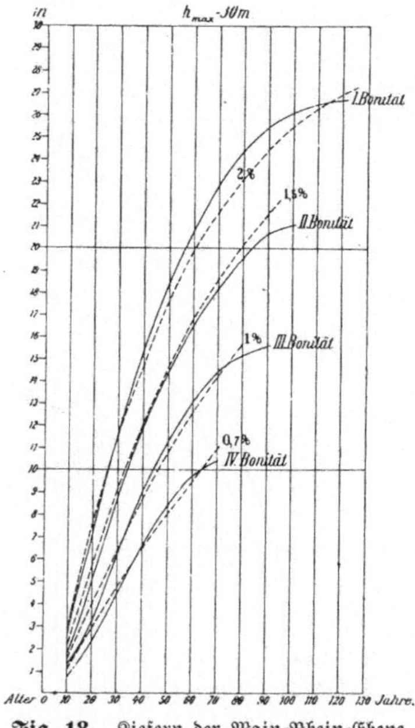

Fig. 18. Kiefern der Main-Rhein-Ebene nach Schwappach.

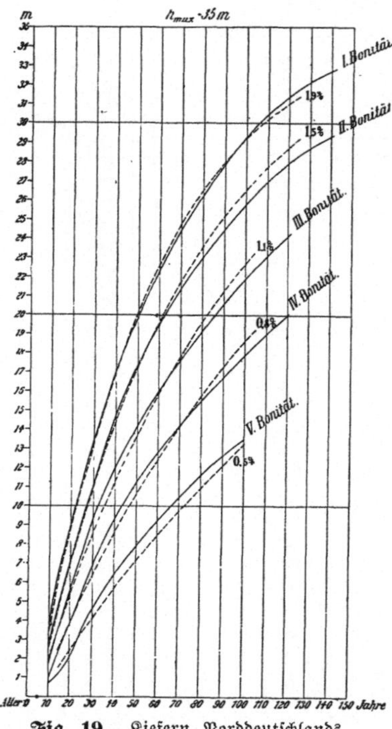

Fig. 19. Kiefern Norddeutschlands nach Schwappach.

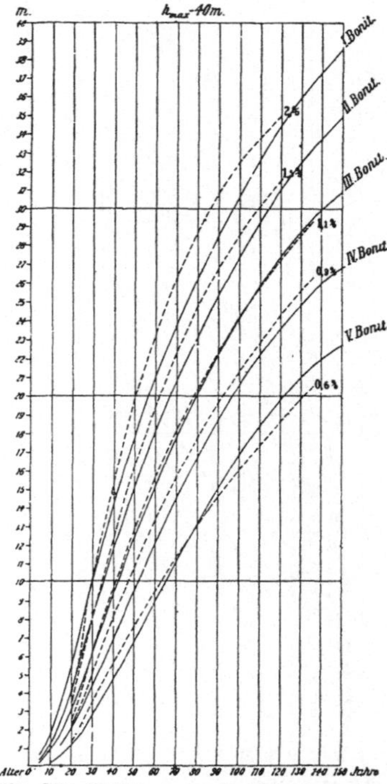

Fig. 20. Weißtannen nach Schuberg b.

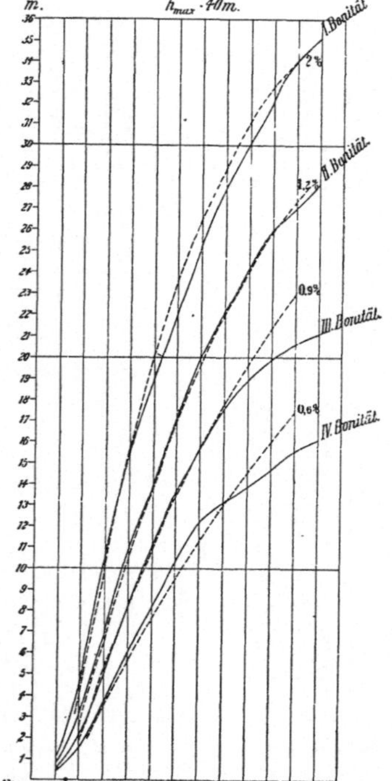

Fig. 21. Fichte in Württemberg nach F. v. Baur.

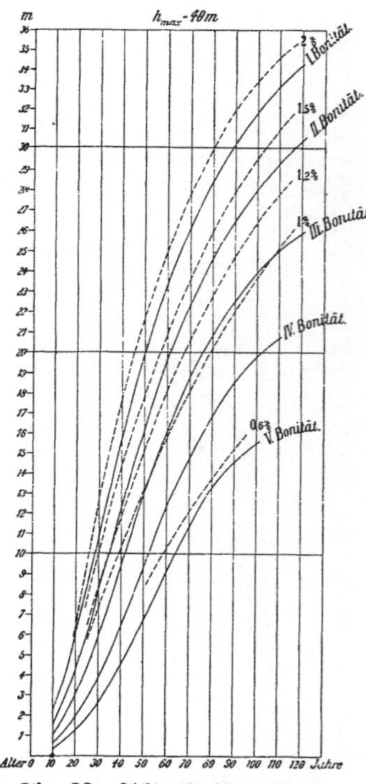

Fig. 22. Fichte Norddeutschlands nach Schwappach.

artigen Charakter, während dessen sie den Boden möglichst zu überschirmen trachten, um die Bodenwasser-Verdunstung zu unterdrücken; erst nach diesem Zeitabschnitt beginnt dann der Höhentrieb, der gleichfalls bald, aber oft nach einem längeren Übergange sein Maximum erreicht und dann der oben betrachteten successiven Abnahme unterliegt. Die Eiche steht in ihrem Verhalten nach dieser Hinsicht zwischen den ausgesprochenen Licht- und den Schattholzarten, während die Fichte letzteren beizuzählen ist.

2. Im weiteren Verlaufe des Höhenwuchses zeigen die verschiedenen Holzarten eine merkwürdige Übereinstimmung hinsichtlich der Gesetzmäßigkeit ihrer Höhenentwicklung. Auf gleichem, guten Standort liegen z. B. die Höhenkurven der von Gust. Heyer untersuchten Holzarten alle zwischen der Reziprokenreihe 1,8 bis 2,5 Prozent, die meisten ganz nahe bei 2 Prozent; nur die Lärche bildet eine Ausnahme, indem sie der Kurve 3,5 bis 4 Prozent folgt (alles bezogen auf $h_m = 35_m$).

3. Die vom Grenzwerthe 35_m aus konstruirten Höhenkurven fallen mit dem für Kiefern, Buchen, Eichen, Birken nnd Aspen gefundenen Höhenkurven, welche sich auf Stammanalysen von Musterstämmen gründen, insofern nahe zusammen, als den Probestämmen, welche die stärkste Stammklasse einer Ertragsreihe repräsentiren, die Reziprokenkurve für 2 Prozent am nächsten kommt, die II. Stammklasse fällt meistens zwischen 1,5 und 1,8 Prozent,

die III. Stammklasse zwischen 1,0 und 1,5 Prozent,
„ IV. „ um 1,0 Prozent,
„ folgenden Klassen unter 1 bis 0,5 Prozent.

Fichten- und Weißtannen-Höhenkurven der besten Bonitäten sind mit den vom Grenzwerthe 40 Meter aus konstruirten Reciprokenkurven (für mittlere Bonitäten mit h = 35 Meter zu vergleichen und zeigen dann die gleiche Abnahme für p nach Stammklassen, wie sie soeben angegeben wurden. Hieraus folgt, daß die Wuchskraft der einzelnen Stammklassen einer und derselben Probefläche eine sehr verschiedene ist, was sich sowohl aus der verschiedenen Ausdehnung der belichteten Blattflächen-Summe als auch aus der ungleichen Größe des Standraumes respektive Wurzelraumes erklärt. Ferner ergiebt sich aus diesen Darstellungen, daß und warum die Höhenkurven der einzelnen Stammklassen im Anfang sehr nahe beisammen liegen, sich dann fächerförmig ausbreiten und schließlich in bestimmte konvexe Kurven übergehen, die sich gegen den Grenzwerth immer mehr abflachen und so die Tendenz bekommen, sich gegen den Schluß hin wieder den langsamer ansteigenden Kurven der niedrigeren p Reihen zu nähern. Das Maximum der Abweichung fällt, wie aus Figur 15 ersichtlich ist, in die Scheitel der Kurven, also — zeitlich betrachtet — in die 80—100jährige Altersstufe, während die Konvergenz der Kurven, welche erst nach dem 100. Jahre und selbst da nur bei höheren Prozenten eintreten müßte, sich praktisch in der Regel nicht mehr fühlbar macht.

4. Ertragstafeln, welche die Höhen der mittleren Modellstämme oder die geometrisch mittleren Höhen für verschiedene Standortsgüte-Klassen angeben, zeigen bei graphischer Darstellung ein ganz analoges Verhalten der Kurven, wie soeben von den einzelnen Stammklassen derselben Bonität gezeigt wurde. Auch hier sind es die Verschiedenheiten im Ernährungszustande, welche ihren Ausdruck in der Wuchskraft (p) der Bestände finden, während die Schwere abschwächend auf diese Wachsthumsenergie einwirkt und daher im Höhenwachsthum jene charakteristische Verzögerung bewirkt, die durch die Reziprokenreihen $\frac{1}{1,0p^x}$ bei variablem x ausgedrückt werden kann. Auch hier ist für die Mehrzahl der Ertragstafeln der Grenzwerth $h_{max} = 35_m$ am besten entsprechend, während nur Fichten und Weißtannen auf den besten Standorten, namentlich in windgeschützter, feuchter Lage ein Höhenmaximum von 40 Meter erreichen; dies rührt davon her, daß bei stets bewegter Luft die Transpirationsgröße zunimmt und die zur Hebung der größeren Quantitäten Wasser erforderliche motorische Kraft also gleichfalls steigt, während in geschützten Lagen eine ruhende, relativ feuchtere Luftschichte über den Baumkronen ausgebreitet ist, welche den Transpirationsverlust vermindert und daher die Hebung von weniger Wasser in die Baumkronen nothwendig macht. Alle Umstände, welche die Transpiration verstärken, z. B. Trockenheit der Luft, windige Lage &c. verringern daher das Höhenwachsthum, während jene Umstände, die die Verdunstung herabmindern, begünstigend auf das Längenwachsthum einwirken.

Die Standortsklassen der in Figur 16 bis 22 gezeichneten Höhenkurven für die mittlere Bestandeshöhe sind nach diesen Gesichtspunkten zu beurtheilen, wenngleich eine Anzahl zusammenwirkender Wachsthumsfaktoren und nicht blos eine einzige Ursache deren Bildung und Ausscheidung veranlaßt hatte. Auch hier geben unsere in Figur 15 gezeichneten Kurven einen einfachen Maßstab für die Vergleichung. Ist nämlich der Werth für p hierdurch gefunden, so kann man sich den Verlauf der Höhen von dem Maximalwerthe aus durch alle jüngeren Altersstufen mit einem für viele Zwecke hinreichenden Grade von Genauigkeit zeichnen, weil diese Kurven auf dem Naturgesetze basirt sind, das den Höhenwuchs regiert; sie geben die ratio und die von Zufälligkeiten befreite Norm für den gesetzmäßigen Verlauf der Höhenkurven, sind daher nicht blos ein bequemer Ausdruck für die Theorie des Höhenwachsthums, sondern leiten auch den Taxator an, wie er aus verhältnißmäßig wenigen gegebenen oder gemessenen Größen einen richtigen Verlauf einer Höhenkurve konstruiren könne — eine Aufgabe, die bekanntlich bei Anwendung von Massentafeln häufig wiederkehrt.

Setzt man den 0 Punkt der Kurven nach Abrechnung des Jugendzustandes richtig an (bei Kiefern in der Regel auf 5, Fichte 10, Buche 15, Tanne 15—25 Jahre), so fallen in den meisten Ertragstafeln die mittleren Bestandeshöhen der I. Standortsklasse auf die 2 bis 2½ prozentige Reziprokenreihe, der II. Standortsklasse auf annähernd 1,5 bis 2 Prozent, der III. Standortsklasse auf nahezu 1 Prozent, der IV. Standortsklasse unter 1 bis 0,7 Prozent, bei etwa noch angegebener V. Klasse auf ca. 0,5 Prozent.*)

Auch hier ist der Abstand der Kurven unter sich am kleinsten in den ersten Dezennien, sie breiten sich dann fächerartig aus und krümmen sich zuletzt hakenförmig, um sich schließlich mehr und mehr zu verflachen.

Um einen Überblick über die experimentellen Ermittlungen zu geben, welche bisher über den Gang des Höhenwuchses gemacht worden sind, fügen wir außer den graphischen Darstellungen noch tabellarische Angaben über die Versuchsergebnisse in Tabelle I und II an, woraus sich die absoluten Größen der Baumhöhen in verschiedenen Lebensaltern und bei verschiedenen Holzarten und Standortsklassen entnehmen lassen.

Auch die wichtigen Aufschlüsse, welche Schuberg's Untersuchungen über den Einfluß des Schlußgrades der Bestände (respektive der Stammzahlen pro Hektar) auf das Höhenwachsthum ergeben haben, lassen sich prägnant durch das p der betreffenden Höhenkurven ausdrücken; dasselbe ist nämlich bei $h_{max} = 40_m$ und 20jährigem Jugendstadium:

	in den Bonitäten der Weißtannenbestände				
	I	II	III	IV	V
	p der Höhenkurven =				
bei stammarmen Beständen (Schlußgrad a)	2—2,5	1,7	1,3	1,0	0,8
„ mittlerer Stammzahl („ b)	1,9	1,4	1,2	0,9	0,7
„ stammreichen Beständen („ c)	1,5	1,2	1,0	0,8	0,6

Höhenzuwachs der Stock- und Wurzellohden. Im Anschluß an die vorstehenden Erörterungen über den Höhenzuwachs von Kernpflanzen soll hier nur kurz auf die bekannte Thatsache hingewiesen werden, daß die Stock- und Wurzelausschläge des Nieder- und Mittelwaldes ihren größten Längenzuwachs im ersten oder in den ersten paar Jahren zeigen, welcher dann rasch zu sinken beginnt. Hier fällt demnach das Jugendstadium fast ganz fort, weil die jungen Lohden

*) Es muß übrigens hier noch besonders daran erinnert werden, daß die Bonitätsklassen oft nur für kleine Bezirke gebildet und dann mit den gleichbenannten Klassen anderer Länder nicht vergleichbar sind; so umfassen z. B. die 4 Klassen der Ertragstafeln für den Züricher Stadtwald nur so viel, als gewöhnlich in den ersten 2 Klassen inbegriffen wird.

Höhenwachsthum der einzelnen Klassenstämme verschiedener Holzarten auf Grund von Stammanalysen.

Standort und Holzart	Probestämme der Stammklasse	Bei einem Alter von nachstehenden Jahren betrug die Höhe der einzelnen Probestämme folgende Meter: 10	20	30	40	50	60	70	80	90	100	110	120	130	140	150
I. Untersuchungen von Professor Dr. G. Heyer über das Höhenwachsthum verschiedener Holzarten auf Standorten in der Nähe von Gießen.*)																
Lärche		6,0	14,0	20,0	25,5	29,0	—	—	—	—	—	—	—	—	—	—
Weymuthskiefer		2,5	7,7	13,0	17,5	21,3	—	—	—	—	—	—	—	—	—	—
Gemeine Kiefer		1,7	6,5	12,3	16,3	21,0	24,3	26,5	—	—	—	—	—	—	—	—
Fichte		0,3	5,0	11,3	16,7	20,5	23,8	26,3	—	—	—	—	—	—	—	—
Eiche		1,0	5,5	10,8	15,6	19,5	22,8	25,3	—	—	—	—	—	—	—	—
Buche		0,5	4,7	10,0	15,0	18,8	22,0	24,3	—	—	—	—	—	—	—	—
Esche		0,3	5,3	11,0	16,3	20,0	22,75	24,75	—	—	—	—	—	—	—	—
Spitzahorn		1,0	5,5	10,8	15,0	18,8	21,5	23,5	—	—	—	—	—	—	—	—
Bergahorn		0,5	4,5	10,0	15,8	19,5	22,3	24,3	—	—	—	—	—	—	—	—
Ulme		1,8	5,8	11,5	16,8	20,3	23,0	24,8	—	—	—	—	—	—	—	—
Aspe		3,0	9,0	14,5	18,8	22,0	24,5	26,0	—	—	—	—	—	—	—	—
Birke		3,0	9,3	14,2	18,5	22,0	24,3	—	—	—	—	—	—	—	—	—
Erle		2,0	6,5	12,3	17,5	21,3	24,0	25,5	—	—	—	—	—	—	—	—
II. Untersuchungen mittelst Stammanalysen durch Professor Dr. Rob. Hartig.																
Kiefer in Pommern	I	3,76	8,15	13,5	17.6	20,7	23,2	25,7	27,3	28,9	30,4	31,7	31,7	31,7	31,7	31,7
" " "	II	3,76	8,15	11,3	15,1	18,8	21,0	23,2	24,8	26,0	27,0	27,6	29,2	30,7	30,7	30,7
" " "	III	3,13	8,47	12,3	14,4	16,3	17,9	19,5	21,7	23,8	25,1	25,7	26,4	26,4	26,4	26,4
Fichte im Harz	I	1,25	5,15	10,3	14,8	19,4	22,5	25,2	27,1	28,8	30,0	30,8	—	—	—	—
(I. Standortsklasse)	II	0,94	4,26	9,7	14,8	18,9	21,7	24,0	25,9	28,3	30,3	31,7	—	—	—	—
"	III	0,94	4,59	9,7	14,5	18,9	23,3	25,2	27,4	28,8	29,7	30,5	—	—	—	—
"	IV	1,41	5,71	10,3	14,3	17,7	20,3	22,0	23,7	25,7	27,1	28,2	—	—	—	—
"	V	2,85	6,55	10,5	14,9	18,0	20,5	22,3	23,9	25,7	27,5	28,5	—	—	—	—
"	VI	0,63	2,35	4,6	8,0	12,5	16,3	18,9	20,2	20,8	20,8	20,8	—	—	—	—
Fichte im Harz	I	1,57	5,71	9,4	13,4	16,9	19,1	21,7	24,3	26,3	28,0	29,1	30,3	31,1	31,6	—
(II. Standortsklasse)	II	1,88	6,00	9,1	12,0	14,6	17,1	19,1	20,8	22,5	24,6	26,3	27,4	28,3	28,8	—
"	III	1,57	5,15	8,3	11,2	13,7	16,3	18,3	20,0	21,7	23,1	24,9	25,4	26,3	26,6	—
"	IV	0,94	3,98	7,4	10,9	14,3	16,3	18,0	19,7	20,8	22,5	23,7	24,3	24,7	25,0	—
Rothbuche im Spessart	I	2,82	7,54	11,3	15,1	18,7	22,3	23,8	25,1	26,4	27,5	28,2	28,9	29,5	29,5	29,5
" " "	II	1,10	5,01	8,8	12,6	16,0	18,8	20,1	21,0	22,3	23,8	24,8	25,7	26,7	28,9	29,2
" " "	III	0,94	5,01	9,4	12,9	16,0	19,1	21,7	23,5	25,1	25,7	26,4	27,0	27,6	28,6	28,9
" " "	IV	1,25	4,70	7,8	11,6	14,4	16,9	18,8	19,4	20,1	20,7	21,0	21,7	22,3	23,5	23,5
Rothbuche im östlichen Wesergebirge	I	2,29	5,43	8,3	12,0	15,4	17,4	20,0	23,0	24,3 (bei 85 Jahren)	—	—	—	—	—	—
"	II	1,41	3,42	6,5	10,0	13,7	16,6	19,7	22,0	23,1	—	—	—	—	—	—
"	III	1,13	3,70	7,7	10,5	13,1	16,3	19,4	22,0	22,5	—	—	—	—	—	—
"	IV	0,63	2,29	4,3	7,1	10,3	14,0	18,0	20,6	21,7	—	—	—	—	—	—
"	V	0,94	3,42	6,0	8,8	12,3	14,6	17,7	20,8	21,8	—	—	—	—	—	—
"	VI	0,63	2,29	4,3	7,1	8,8	12,3	15,7	18,0	18,8	—	—	—	—	—	—
"	VII	0,63	2,29	4,5	6,8	10,0	12,6	16,3	19,4	19,9	—	—	—	—	—	—
III. Klassenstämme der sächsischen Versuchsflächen nach Prof. Kunze (interpolirt).																
Fichten	I	—	8,2	14,9	19,3	22,5	25,5	28,0	30,3	32,2	34,1	36,0	37,5	—	—	—
(I. Standortsklasse)	II	—	7,4	13,0	17,3	20,6	23,5	26,2	28,6	30,6	32,4	34,0	35,3	—	—	—
"	III	—	6,7	11,2	15,6	18,8	21,7	24,3	26,2	28,6	30,4	32,1	33,5	—	—	—
"	IV	—	6,1	10,2	14,4	17,6	10,2	22,5	24,5	26,4	28,2	29,8	31,2	—	—	—
"	V	—	4,9	8,8	12,4	15,6	18,4	20,4	22,2	23,8	25,6	27,1	—	—	—	—
Fichten	I	—	7,2	11,8	16,5	21,9	25,4	28,1	29,8	31,2	32,4	33,3	—	—	—	—
(II. Standortsklasse)	II	—	6,3	10,4	14,6	19,2	23,1	25,7	27,6	29,3	30,6	31,6	—	—	—	—
"	III	—	5,1	8,6	12,6	16,4	20,0	22,7	24,9	26,7	28,3	27,5	—	—	—	—
"	IV	—	3,9	7,1	10,4	13,8	17,0	19,8	22,1	24,3	26,0	25,5	—	—	—	—
"	V	—	2,4	5,5	8,7	11,5	14,4	17,0	19,3	21,6	23,7	—	—	—	—	—
Fichten	I	—	—	6,9	11,8	15,8	19,9	22,5	24,4	25,6	26,8	27,8	28,5	29,1	—	—
(III. Standortsklasse)	II	—	—	6,2	10,0	13,8	17,5	20,5	22,5	23,9	25,2	26,3	27,2	28,0	—	—
"	III	—	—	5,3	8,6	12,2	15,8	18,9	21,1	22,6	23,8	24,9	25,8	26,6	—	—
"	IV	—	—	4,3	7,3	10,4	13,5	16,5	19,2	20,8	22,2	23,3	24,1	24,8	—	—
"	V	—	—	3,4	6,0	8,7	11,2	13,8	16,5	18,5	20,0	21,1	22,0	22,6	—	—
Fichten	I	—	—	—	10,0	13,6	17,3	—	—	—	—	—	—	—	—	—
(IV. Standortsklasse)	II	—	—	—	8,0	11,1	14,1	—	—	—	—	—	—	—	—	—
"	III	—	—	—	6,5	9,3	12,0	—	—	—	—	—	—	—	—	—
"	IV	—	—	—	5,3	7,6	10,0	—	—	—	—	—	—	—	—	—
"	V	—	—	—	3,5	5,3	7,2	—	—	—	—	—	—	—	—	—

*) G. Heyer: „Das Verhalten der Waldbäume gegen Licht und Schatten.“

Angaben über mittlere Bestandeshöhen der wichtigsten Holzarten in verschiedenen Altersstufen.

Altersstufen (Jahre) / Wachsthums-Gebiete	Bonität	10	20	30	40	50	60	70	80	90	100	110	120	130	140
		Mittlere Bestandeshöhen in Metern (Scheitelhöhe)													
Gemeine Kiefer (**Pin. silvestris**)															
245 Probeflächen in Preußen, 61 in Bayern, 42 in Sachsen, 3 im übrigen Süddeutschld. nach Professor Weise	I	2,2	7,3	11,6	15,7	19,4	22,1	24,3	26,0	27,5	28,5	29,3	30,0	—	—
	II	1,8	5,7	9,3	12,5	15,6	18,2	20,5	22,3	23,9	25,2	26,3	27,0	—	—
	III	1,5	4,7	7,8	10,6	13,1	15,4	17,4	19,1	20,4	21,5	22,3	23,0	—	—
	IV	1,3	3,9	6,8	9,3	11,2	12,9	14,5	15,9	17,0	—	—	—	—	—
	V	1,1	3,3	5,8	7,7	9,4	10,7	11,9	13,0	13,7	—	—	—	—	—
Sachsen (Königreich) nach Professor Kunze . .	I	3,0	7,3	13,2	17,6	20,1	22,1	23,7	25,0	26,1	27,1	28,1	29,1	—	—
	II	2,5	5,7	10,0	14,2	16,8	18,5	19,9	21,1	22,1	23,0	23,9	24,7	—	—
	III	2,0	4,5	7,7	11,1	13,5	15,0	16,2	17,2	18,1	18,9	19,6	20,3	—	—
	IV	1,5	3,4	5,7	8,2	10,2	11,5	12,5	13,3	14,1	14,8	—	—	—	—
	V	1,1	2,5	4,1	5,7	7,0	8,0	8,8	9,5	10,1	10,7	—	—	—	—
Hessische Main-Rhein-Ebene nach Professor Dr. Schwappach . .	I	2,7	6,9	11,5	15,4	18,4	20,8	22,8	24,4	25,4	26,1	26,4	26,6	—	—
	II	1,8	5,0	8,7	11,9	14,4	16,4	18,2	19,6	20,6	21,0	—	—	—	—
	III	1,3	3,2	6,2	9,1	11,3	13,0	14,4	15,2	15,6	—	—	—	—	—
	IV	0,7	2,4	4,4	6,6	8,4	9,7	10,4	—	—	—	—	—	—	—
Hessisches Buntsandstein-Gebiet nach Professor Dr. Schwappach . .	I	2,1	6,2	11,0	14,4	17,0	18,9	20,4	21,7	22,7	23,3	23,6	23,8	—	—
	II	1,5	4,5	8,2	11,3	13,5	15,4	16,8	17,9	18,5	18,8	—	—	—	—
	III	1,1	3,1	6,0	8,8	11,0	12,5	13,6	14,2	14,5	—	—	—	—	—
	IV	0,7	2,1	4,5	6,8	8,8	10,0	10,5	—	—	—	—	—	—	—
Norddeutsche Tiefebene n. Prof. Dr. Schwappach	I	3,7	8,9	13,3	16,9	19,8	22,3	24,4	26,2	27,8	29,2	30,4	31,4	32,2	32,7
	II	2,7	7,0	11,1	14,5	17,2	19,5	21,4	23,0	24,4	25,7	26,9	27,9	28,7	29,3
	III	1,7	5,3	9,2	12,0	14,1	15,9	17,5	19,1	20,5	21,9	23,1	24,1	—	—
	IV	1,0	3,7	6,9	9,3	11,2	12,8	14,2	15,5	16,7	17,9	19,0	20,0	—	—
	V	0,7	2,0	4,5	6,4	7,9	9,2	10,4	11,6	12,6	13,5	—	—	—	—
Bestandes-Oberhöhen															
Württemberg (Staats- u. Gemeinde-Waldungen) nach Dr. E. Speidel	I	3,8	9,4	14,1	17,2	20,6	23,0	—	—	—	—	—	—	—	—
	II	3,2	8,0	11,9	14,7	17,8	19,8	—	—	—	—	—	—	—	—
	III	3,1	7,1	10,2	12,9	14,7	16,3	—	—	—	—	—	—	—	—
Mittlere Bestandeshöhen															
Gouvernement St. Petersburg nach Wargas de Bedemmar . .	I	—	7,3	10,6	14,0	17,1	19,9	22,0	23,8	25,5	26,8	28,1	29,0	29,7	29.9
	II	—	6,1	9,2	11,9	14,7	17,1	19,2	21,1	22,6	24,1	25,3	26,3	26,8	27,0
	III	—	4,2	7,6	10,4	12,8	15,2	17,4	19,2	20,7	22,0	22,8	23,7	24,4	25,0
	IV	—	—	6,7	9,2	11,3	13,5	15,2	16,8	18,3	19,2	19,8	20,4	21,1	—
	V	—	—	5,8	7,9	9,8	11,6	13,1	14,7	15,9	16,4	—	—	—	—
Gouvernement Samara nach demselben . . .	I	—	10,0	14,3	18,3	21,6	24,4	26,8	28,7	29,9	30,5	—	—	—	—
	II	—	8,3	12,2	15,9	19,2	22,3	25,0	27,1	28,7	—	—	—	—	—
	III	—	6,7	9,8	12,8	15,6	18,0	20,4	22,5	24,1	—	—	—	—	—
Fichte (**Abies excelsa**)															
Württemberg nach Dr. F. v. Baur	I	1,0	4,4	10,3	15,1	18,9	21,9	24,9	27,9	29,9	31,9	33,9	35,0	—	—
	II	0,7	2,9	6,7	10,7	13,8	16,8	19,8	22,0	24,0	25,9	26,9	28,0	—	—
	III	0,5	2,0	4,8	8,0	11,0	13,4	15,4	17,4	18,8	19,8	20,5	21,0	—	—
	IV	0,4	1,4	3,6	6,1	8,1	10,1	12,1	13,1	13,8	14,6	15,5	16,0	—	—
Sachsen (92 Probeflächen) nach Professor Kunze	I	2,8	6,2	10,5	14,9	18,9	22,0	24,4	26,6	28,8	30,8	32,7	34,5	—	—
	II	2,1	4,5	7,8	12,0	15,9	19,0	21,4	23,5	25,5	27,4	29,2	31,0	—	—
	III	1,8	3,7	6,1	9,2	12,7	16,0	18,4	20,2	22,0	23,7	25,3	26,7	—	—
	IV	1,4	2,9	4,8	7,1	9,6	12,3	14,6	16,5	18,1	19,4	20,5	21,5	—	—
Harz nach Professor Rob. Hartig	I	0,9	5,0	9,1	14,1	17,9	20,7	23,5	26,4	28,2	29,5	30,1	—	—	—
	II	0,8	2,5	7,5	11,6	14,7	17,6	19,8	21,6	23,2	24,8	26,4	27,9	28,5	29,2
Gouvernement St. Petersburg nach Wargas de Bedemmar . .	I	—	6,4	9,7	13,5	16,8	19,5	22,0	23,8	25,6	27,5	29,0	29,9	30,8	31,4
	II	—	5,5	8,3	11,3	14,3	17,1	19,2	21,4	23,2	25,0	26,3	27,1	27,8	28,4
	III	—	4,5	6,7	9,5	12,2	14,7	16,8	18,6	20,2	21,4	22,6	23,5	24,1	24,4
	IV	—	—	5,5	7,9	10,4	12,5	14,3	15,6	16,5	17,4	18,0	18,6	18,9	—
	V	—	—	—	6,4	8,5	10,0	11,6	12,5	13,4	14,0	14,3	14,7	—	—
Dänemark, Insel Seeland, nach Prof. Prytz		—	8,8	13,2	16,9	20,1	22,6	24,8	26,7	28,2	—	—	—	—	—
Weißtanne (**Abies pectinata**)															
Württemberg nach Professor Dr. Lorey . .	I	0,7	1,9	4,5	8,1	12,8	17,3	21,1	24,5	27,3	29,5	31,2	32,6	33,8	34,8
	II	0,5	1,5	3,4	6,0	8,8	11,9	15,3	18,5	21,5	24,2	26,7	28,6	30,1	31,0
	III	0,3	1,0	2,2	3,9	6,1	8,4	10,9	13,7	16,6	19,4	22,0	24,3	26,0	27,1
Baden nach Professor Forstrath Schuberg bei Unterscheidung von 3 Schlußgraden: a) stammarme Bestände b) Mittel " c) stammreiche "	Ia	2,0	6,4	11,3	15,6	19,6	23,0	25,8	28,4	30,7	32,8	34,8	36,6	38,2	39,5
	Ib	1,7	5,5	9,9	14,0	17,7	21,0	23,8	26,3	28,6	30,7	32,6	34,4	36,0	37,3
	Ic	1,4	4,6	8,5	12,4	15,8	18,9	21,7	24,2	26,4	28,5	30,3	32,1	33,6	34,8
	IIa	1,5	5,0	9,0	13,1	16,7	19,8	22,6	25,0	27,3	29,4	31,3	33,1	34,6	35,8
	IIb	1,1	4,0	7,8	11,6	14,9	18,0	20,7	23,1	25,4	27,4	29,3	31,0	32,5	33,8
	IIc	0,8	3,4	6,5	9,9	13,1	15,9	18,7	21,0	23,2	25,2	27,1	28,7	30,1	31,2

Altersstufen (Jahre)		10	20	30	40	50	60	70	80	90	100	110	120	130	140
Wachsthums-Gebiete	Bonität	Mittlere Bestandeshöhen in Metern (Scheitelhöhe)													
Baden nach Professor Forstrath Schuberg bei Unterscheidung von 3 Schlußgraden; a) stammarme Bestände b) Mittel ,, c) stammreiche ,,	III a	1,1	3,5	6,9	10,3	13,7	16,6	19,3	21,8	24,0	26,1	28,0	29,7	31,1	32,3
	III b	0,8	3,0	6,0	9,2	12,2	15,0	17,6	20,0	22,2	24,1	25,9	27,5	28,8	30,0
	III c	0,4	2,3	4,8	7,6	10,5	13,2	15,8	18,1	20,3	22,2	23,9	25,3	26,6	27,6
	IV a	0,6	2,6	5,1	8,0	10,8	13,5	16,0	18,3	20,3	22,3	24,2	25,9	27,2	28,3
	IV b	0,5	2,0	4,2	6,8	9,4	12,0	14,5	16,7	18,7	20,5	22,2	23,6	24,9	26,1
	IV c	—	1,3	3,1	5,5	7,7	10,1	12,5	14,6	16,6	18,5	20,1	21,4	22,5	23,5
	V a	0,3	1,5	3,2	5,4	7,8	10,3	12,6	14,8	16,8	18,7	20,4	22,0	23,4	24,5
	V b	0,2	1,1	2,7	4,7	6,7	8,8	11,0	13,0	15,0	16,8	18,4	19,8	21,0	22,0
	V c	—	0,5	2,0	3,6	5,3	7,2	9,2	11,2	13,2	14,9	16,3	17,6	18,6	19,5
Rothbuche (Fagus silvatica)															
Östliches Wesergebirge nach Professor Rob. Hartig	Mittel-Höhe	3,2	7,5	12,8	17,7	21,5	24,7	27,5	29,3	31,6	33,3	33,8	34,2	—	—
	Ober-Höhe	4,1	8,2	13,5	18,3	22,0	25,5	29,2	31,0	32,3	34,2	35,5	36,8	—	—
Spessart nach demselben	Mittel-Höhe	2,0	5,5	9,2	12,2	15,8	18,5	21,4	23,4	24,7	25,8	26,6	27,1	28,0	29,0
	Ober-Höhe	2,8	7,0	11,2	14,1	17,8	20,7	23,4	25,4	26,7	27,6	28,2	28,9	29,2	29,5
Oberbayerische Hochebene nach demselben . . .	Mittel-Höhe	1,7	4,0	6,7	9,6	12,3	14,9	17,5	19,5	21,5	22,7	24,0	24,8	25,4	—
	Ober-Höhe	2,0	5,0	8,0	11,0	14,5	17,5	19,5	21,5	22,8	24,0	25,0	25,4	25,8	—
Mittlere Bestandeshöhen															
Baden nach Professor Schuberg	II	—	8,7	12,2	15,1	17,7	19,9	21,7	23,2	24,4	25,5	26,3	27,0	27,6	—
	III	—	6,6	10,4	13,2	15,6	17,6	19,3	20,5	21,7	22,7	23,5	24,3	24,9	—
	IV	—	5,3	8,6	11,2	13,3	15,1	16,6	17,9	19,0	19,9	20,7	21,5	22,2	—
Württemberg nach Dr. F. v. Baur	I	1,6	5,1	9,9	14,9	18,6	21,6	24,0	26,0	28,0	29,8	30,8	31,8	—	—
	II	1,3	4,3	8,2	12,4	16,4	19,0	21,0	23,0	25,0	26,6	27,6	28,6	—	—
	III	0,8	3,0	6,0	10,0	14,0	16,9	18,9	20,9	22,0	23,0	24,0	25,0	—	—
	IV	0,8	2,4	5,0	8,0	11,0	13,5	15,5	17,5	18,6	19,6	20,6	21,6	—	—
	V	0,2	1,2	3,0	5,5	8,0	10,0	12,0	14,0	15,0	16,0	17,0	18,0	—	—
Hessen (fürstl. Solms'sche Oberförsterei Lich . .	I	—	5,8	9,4	12,8	15,9	18,6	21,0	22,8	24,3	25,4	—	—	—	—
	II	—	4,6	7,2	9,9	12,3	14,7	16,5	18,2	19,6	—	—	—	—	—
Schweiz (Züricher Stadtwald) nach U. Meister	I	1,9	6,8	12,2	16,6	20,3	23,8	26,8	29,3	31,6	33,5	—	—	—	—
	II	1,8	6,0	11,0	15,1	18,7	22,0	24,9	27,4	29,7	31,6	—	—	—	—
	III	1,6	5,4	10,0	13,8	17,3	20,3	23,2	25,7	27,8	29,7	—	—	—	—
	IV	1,4	4,7	8,8	12,4	15,7	18,7	21,5	23,9	26,0	27,7	—	—	—	—
Dänemark (Forst Hausen) nach Professor Prytz		—	6,0	9,4	13,0	16,8	20,2	23,2	25,7	27,5	28,2	—	29,2	—	—
Birke (Betula alba und pubescens)															
Gouvernement St. Petersburg nach Wargas de Bedemmar . .	I	—	9,6	12,8	15,9	18,6	21,3	23,5	25,4	26,6	27,5	—	—	—	—
	II	—	8,6	11,6	14,3	16,8	19,2	21,6	23,5	24,0	25,3	—	—	—	—
	III	—	7,0	9,8	12,5	15,0	17,4	19,2	20,5	21,4	22,0	—	—	—	—
	IV	—	6,1	8,5	11,0	13,1	15,2	16,8	18,0	18,6	—	—	—	—	—
	V	—	5,2	7,3	9,5	11,3	12,5	13,5	14,0	—	—	—	—	—	—
Gouvernement Samara nach demselben . . .	I	—	12,2	17,1	20,4	23,2	25,3	26,8	27,8	—	—	—	—	—	—
	II	—	10,0	14,7	17,7	20,4	22,5	24,1	25,0	—	—	—	—	—	—
	III	—	8,8	12,8	15,9	18,3	20,4	21,6	22,5	—	—	—	—	—	—
	IV	—	7,6	11,3	14,0	16,2	17,7	18,6	—	—	—	—	—	—	—
	V	—	6,4	9,5	11,9	13,5	14,3	—	—	—	—	—	—	—	—
Espe (Populus tremula)															
Gouvernement Samara nach demselben . . .	I	—	12,8	17,1	21,0	24,1	26,5	29,0	29,9	—	—	—	—	—	—
	II	—	10,4	14,3	18,0	21,3	23,8	25,9	27,1	27,8	—	—	—	—	—
	III	—	8,3	11,9	15,2	18,3	20,7	22,6	23,5	—	—	—	—	—	—
	IV	—	7,1	10,4	13,1	15,4	17,4	18,9	—	—	—	—	—	—	—
	V	—	5,5	8,2	10,7	12,2	13,4	—	—	—	—	—	—	—	—

sofort in den Besitz eines ausgebildeten Systems von Wurzeln treten und auch an Reservestoffen in den Stöcken und Wurzeln viel mehr vorfinden, als die Samen im Endosperm oder in den Kotyledonen mit auf ihre Jugendphase erhalten.

§ 24. **Unter laufendem Höhenzuwachs** versteht man die Differenz zwischen den Höhen eines Baumes in zwei aufeinander folgenden Jahren oder auch in mehrjährigen Perioden nach ihrem Mittelwerthe. In den graphischen Darstellungen der Höhenkurven ist der laufende Höhenzuwachs nichts anderes als die Ordinatendifferenzen $\triangle y_1$, $\triangle y_2 \ldots$, welche man daher zur Bezeichnung des Höhenwachsthumsganges einer Holzart unter gegebenen Standortsverhältnissen benützt. Entsprechend dem oben Gesagten ist: 1) der laufende Höhenzuwachs nur innerhalb des Jugendstadiums ein steigender, erreicht aber seinen Kulminationspunkt alsbald nach dem Ende desselben und sinkt von da an konstant nach dem Gesetze einer logarithmischen Linie; 2) bei den Lichtholzarten erfolgt die Kulmination im Allgemeinen früher, als bei Schattholzarten, namentlich wenn diese durch langsam fortschreitende natürliche Verjüngungen oder im Femelbetriebe erzogen werden; 3) bei allen Holzarten kulminirt der Höhenzuwachs beträchtlich früher als der Massenzuwachs, und auf besseren Standorten früher als auf geringeren. Als Erläuterung mögen folgende Untersuchungsergebnisse dienen:

Bei der Kiefer kulminirt der laufende Höhenzuwachs:

in der Main-Rhein-Ebene nach Schwappach	auf I. Bonit.	im 20—25. Jahre	mit 48	cm
„ „ „ „ „	„ II. „	„ 25. „	„ 47	„
„ „ „ „ „	„ III. „	„ 30. „	„ 32	„
„ „ „ „ „	„ IV. „	„ 25—30. „	„ 22	„
im hessischen Buntsandsteingebiet nach dems.	„ I. „	„ 20. „	„ 50	„
„ „ „ „ „	„ II. „	„ 20—25. „	„ 45	„
„ „ „ „ „	„ III. „	„ 25. „	„ 32	„
„ „ „ „ „	„ IV. „	„ 30. „	„ 27	„
in der norddeutschen Tiefebene „ „	„ I. „	„ 15. „	„ 52	„
„ „ „ „ „ „	„ II. „	„ 20. „	„ 43	„
„ „ „ „ „ „	„ III. „	„ 15. „	„ 46	„
„ „ „ „ „ „	„ IV. „	„ 20—25. „	„ 32	„
„ „ „ „ „ „	„ V. „	„ 25. „	„ 25	„
in Württemberg nach E. Speidel . .	„ I. „	„ 16—20. „	„ 24	„
„ „ „ „ . .	„ II. „	„ „ „	„ 20	„
„ „ „ „ . .	„ III. „	„ „ „	„ 17	„
in Norddeutschland, Sachsen und Bayern nach Weise		im 15—20. „	„ —	„

Bei der Fichte:

in Württemberg nach F. v. Baur . .	auf I. Bonit.	im 21—29. „	„ 60	„
„ „ „ „ . .	„ II. „	„ 23—41. „	„ 40	„
„ „ „ „ . .	„ III. „	„ 31—32. „	„ 40	„
„ „ „ „ . .	„ IV. „	„ 29—35. „	„ 30	„
in Sachsen nach Kunze	„ I. „	„ 25—30. „	„ 46	„
„ „ „ „	„ II. „	„ 35—40. „	„ 42	„
„ „ „ „	„ III. „	„ 45—50. „	„ 36	„
„ „ „ „	„ IV. „	„ 50—55. „	„ 28	„
im Harz nach Rob. Hartig	„ I. „	„ 30. „	„ 52	„
„ „ „ „	„ II. „	„ 40. „	„ 40	„

Bei Weißtannen:

in Baden nach Schuberg . . . . . „ I. Bonit. im 20—25. Jahre mit 50 cm
„ „ „ „ . . . . . . „ II. „ „ 25—35. „ „ 40 „
„ „ „ „ . . . . . . „ III. „ „ 30—40. „ „ 35 „
„ „ „ „ . . . . . . „ IV. „ „ 35—50. „ „ 32-30 „
„ „ „ „ . . . . . . „ V. „ „ 40—60. „ „ 24 „
in Württemberg nach T. Lorey . . . „ I. „ „ 50. „ „ 48 „
„ „ „ „ . . . „ II. „ „ 65—75. „ „ 34 „
„ „ „ „ . . . „ III. „ „ 80—85. „ „ 30 „

Bei Buchen:

in Württemberg nach F. v. Baur . . „ I. „ „ 32—42. „ „ 50 „
„ „ „ „ . . „ II. „ „ 35—36. „ „ 50 „
„ „ „ „ . . „ III. „ „ 31—50. „ „ 40 „
„ „ „ „ . . „ IV. „ „ 25—52. „ „ 30 „
„ „ „ „ . . „ V. „ „ 36—45. „ „ 30 „
im östlichen Wesergebirge nach Rob. Hartig . . . „ 10—30. „ „ 50 „
im Spessart nach demselben . . . . „ 20—30. „ „ 41 „
in Oberbayern . . . . „ 30—40. „ „ 32 „
im Züricher Stadtwalde nach Meister auf I. Bonit. „ 18—20. „ „ 65 „
„ „ „ „ „ „ II. „ „ 21—25. „ „ 55 „
„ „ „ „ „ „ III. „ „ 25—26. „ „ 50 „
„ „ „ „ „ „ IV. „ „ 23—24. „ „ 45 „

Um zu zeigen, wie sich das Ansteigen, die Kulmination und das Sinken des Höhenwuchses durch die einzelnen Altersstufen bei den einzelnen Stammklassen vollzieht, folgen einige Untersuchungen über den

Gang des laufend-jährlichen Höhenwachsthums nach Rob. Hartig:

Alter:		10	20	30	40	50	60	70	80	90	100	110	120	130	140
Holzart	Klassenstamm	Laufend-jährlicher Höhenzuwachs in Millimetern													
Kiefern in Pommern	I	376	440	**534**	408	314	251	251	157	157	157	126	63	—	—
	II	375	**439**	312	376	376	220	220	157	125	94	63	15	15	—
	III	314	**533**	376	220	188	157	157	220	220	126	63	63	—	—
Fichten im Harz, I. Bonität	I	188	459	**520**	451	459	289	232	173	170	119	50	—	—	—
	II	125	509	**578**	451	401	289	226	170	226	176	176	—	—	—
	III	126	**515**	509	395	401	345	232	232	113	56	63	—	—	—
	IV	220	**459**	**459**	339	339	226	176	232	170	119	107	—	—	—
Fichten im Harz, II. Bonität	I	251	345	395	**398**	345	232	232	289	169	169	119	119	63	50
	II	312	**401**	282	282	226	226	176	169	169	232	169	119	56	50
	III	251	**345**	289	289	232	232	176	169	119	169	169	56	56	3
	IV	125	308	**345**	**345**	**345**	176	169	169	113	169	113	63	3	3
Buchen im Spessart	I	282	**471**	376	376	376	345	157	126	126	110	78	63	3	—
	II	110	**376**	**376**	345	282	126	94	126	157	94	94	94	224	—
	III	94	**407**	**407**	376	314	314	251	188	157	63	63	—	—	—
	IV	126	345	313	**376**	282	251	188	63	63	63	31	63	63	—
Buchen im östlichen Wesergebirge	I	229	314	289	**367**	342	229	226	307	245	—	—	—	—	—
	II	141	201	304	342	**370**	285	313	229	224	—	—	—	—	—
	III	113	257	**398**	285	257	313	313	257	113	—	—	—	—	—
	IV	63	166	201	282	313	**370**	401	257	226	—	—	—	—	—
	V	94	248	254	282	**348**	229	313	313	195	--	—	—	—	—

Sowohl der laufende als besonders der durchschnittliche Massenzuwachs erreicht aber seinen Kulminationspunkt erheblich später, wie noch ausführlicher nachgewiesen werden wird.

Der durchschnittliche Höhenzuwachs ist der Quotient aus Höhe im Alter a getheilt durch letzteres; er wird zuweilen als Erfahrungssatz angewendet, um bei Mangel passender Ertragstafeln die mittlere Scheitelhöhe in einem gegebenen Alter im Voraus zu taxiren oder auch zum Vergleiche der Wachsthumsverhältnisse reiner Bestände ungleichen Alters. In wissenschaftlicher Hinsicht haben aber diese Quotienten eine geringere Bedeutung für die Charakterisirung des Wachthumsganges einer Holzart als der laufende Höhenzuwachs. Auch der durchschnittliche Höhenzuwachs zeigt einen Kulminationspunkt, welcher aber in der Regel um 20—30 Jahre später eintritt als jener des laufenden; ferner ist die durchschnittliche Länge des Gipfelwachsthums erheblich kleiner als das Maximum des laufend jährlichen, was sich aus der Art der Berechnung von selbst erklärt.

Mittlere Bestandeshöhen und Bestandesoberhöhen. Um den Gang des Höhenwachsthums eines einzelnen Baumes zu finden, bedient man sich der sogenannten Stammanalysen, indem man auf Querschnitten von gleichen Längenabständen die Jahrringe zählt und hieraus einen Rückschluß auf die Höhe macht, welche der Baum vor 10, 20, 30 . . . Jahren hatte. Werden verschiedene Stammklassen eines Bestandes auf diese Art untersucht, so erfährt man in der Mehrzahl der Fälle, daß die Repräsentanten der geringeren Stammklassen nicht stets zu der beherrschten Klasse gehört haben, sondern erst später durch ihre Nachbarn mehr oder weniger unterdrückt wurden; dagegen geben die Analysen der stärksten Stämme eines Bestandes zu erkennen, daß diese stets zu der herrschenden Stammklasse gehört haben und fast niemals unterdrückt waren. Man kann daher bei der Untersuchung des Höhenwachsthums eines Bestandes nicht wohl von einem mittleren Modellstamm ausgehen, sondern benützt hierzu für die verschiedenen Altersstufen stets die stärksten Stämme, deren auf dem Wege der Stammanalyse gefundenen Höhen nach der Interpolirung eine Kurve die sogenannten „Oberhöhen“ ergeben. Bezüglich dieser hat Forstrath Professor Weise zuerst nachgewiesen,*) daß sie mit den arithmetisch gefundenen „Bestandesmittelhöhen“ in einer bestimmten Beziehung stehen. Wie nämlich Figur 23 (Seite 164) ersehen läßt, sind beides logarithmische Linien der Reihen $1 - \frac{1}{1{,}0p^x}$ mit gleichem Ursprunge, jedoch für verschiedene Grundzahlen, indem z. B. p für die von Weise untersuchte

*) Spätere Untersuchungen von Professor Dr. Schwappach und Dr. E. Speidel haben diese Thatsache bestätigt.

**) Zeitschrift für Forst- und Jagdwesen. 1883. S. 221.

Reihe den Werth 2 Prozent, für die Mittelhöhen nur 1,5 Prozent hat. Wenn man daher die für das Höhenmaximum berechneten Kurven der Figur 23 an die empirisch ermittelte Kurve der Oberhöhen anlegt, so lassen sich die Mittelhöhen auf graphischem Wege leicht auffinden, sobald man die Differenz der ältesten Glieder der Reihen kennt. Nach Weise findet man die Mittelhöhen auf rechnerischem Wege, indem man die Ordinaten-Differenz der Endglieder proportional den Oberhöhen auf die einzelnen Altersstufen repartirt und die gefundenen Differenzen von den Oberhöhen in Abzug bringt. An Stelle des arithmetischen Mittels hat Ed. Heyer das geometrische Mittel nach dem Verhältnisse der Stammgrundflächen k für die Berechnung der Bestandesmittelhöhen h vorgeschlagen,**) diese Formel lautet

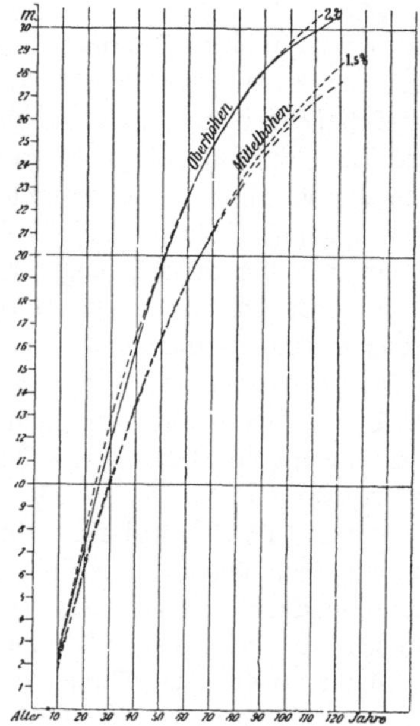

Fig. 23. Bestandes-Oberhöhen und Mittelhöhen in Kiefern nach Weise.

$$h = \frac{k_1 h_1 + k_2 h_2 + \cdots k_n h_n}{k_1 + k_2 + \cdots k_n},$$

wobei der Nenner die Stammgrundflächen-Summe einer Probefläche, der Zähler die Summe der Idealwalzen-Inhalte aller Stämme angiebt.

Die unmittelbare Messung der Baumhöhen findet in der Forsteinrichtung nur an gefällten Probestämmen, also in verhältnißmäßig seltenen Fällen statt, dagegen ist die mittelbare Messung stehender Stämme aus gemessenen Standlinien und den Tangenten der Elevations- beziehungsweise Depressionswinkel das gewöhnlich angewandte Verfahren. Hierzu dienen die mannigfaltigen Konstruktionen von Höhenmessern (Hypsometern und Dendrometern), deren Beschreibung und Genauigkeitsgrenzen in den Werken über Holzmeßkunde gelehrt werden.

Das Dickenwachsthum der Bäume.

§ 25. **Der Grundflächen-Zuwachs des Einzelstammes.** Wie am endständigen Vegetationspunkte sich das Längenwachsthum äußert, so erfolgt beim Stamme der dicotylen Gewächse vom theilungsfähigen Gewebe des Kambiums aus durch Zelltheilung und Flächenwachsthum der Tochterzellen eine Vergrößerung des Holzkörpers, welche in der

Anlage eines neuen Jahrringes auf der ganzen Oberfläche des vorausgehenden besteht. Jeder Querschnitt eines Stammes zeigt daher eine Zunahme seiner Fläche und folglich auch eine lineare Vergrößerung seines Durchmessers; bei den Zuwachsberechnungen an stehenden Bäumen kommt aber in der Regel nur der Querschnitt in Brusthöhe, d. h. in 1,3 Meter Höhe über dem Boden in Betracht, von dem man entweder die Fläche nach Quadratmetern (beziehungsweise Bruchtheilen desselben) angiebt und als „Stammgrundflächen-" auch kurzweg als „Flächenzuwachs" berechnet, oder von welchem man die Durchmesser als sogenannte „Brusthöhendurchmesser" nach Zentimetern und Millimetern ermittelt.

Über das Verhältniß des Flächenzuwachses in verschiedenen Höhen des Baumes und im Vergleiche zu jenem in Brusthöhe haben zuerst Preßler*) und Professor Rob. Hartig**) eingehende Untersuchungen angestellt, auf Grund deren letzterer Baumkrone, Stammschaft und Wurzelverlauf streng auseinanderhält und auch die Wuchsform der freistehenden und dominirenden Bäume jener der unterdrückten gegenüberstellt. Während nun innerhalb der Baumkronen nicht bloß der Flächenzuwachs, sondern auch die Jahrringbreiten oben am kleinsten sind und nach unten steigen (je mehr die belaubten Äste ihre Bildungsstoffe dem Stamme zuführen), nimmt im astfreien Schaft der herrschenden Stämme in der Regel der Flächenzuwachs von oben nach unten zu, trotzdem sehr häufig die lineare Ringbreite abnimmt; dagegen ist in den beherrschten und unterdrückten Stämmen der Flächenzuwachs oben größer als in den untern Stammtheilen, woselbst er zuweilen in Folge mangelhafter Ernährung ganz aufhören kann. Im Wurzelanlauf ist der Flächenzuwachs meistens ein überaus rascher, so daß diese Stelle bei Messungen zu vermeiden ist, indem man statt des Querschnittes in der Stockhöhe, jenen in Brusthöhe untersucht. Obgleich also der Flächenzuwachs in 1,3 Meter Höhe keinen sicheren und allgemein giltigen Schluß auf diejenigen der oberen Querschnitte zuläßt, so ist er doch ein wichtiges, weil leicht zugängliches Hilfsmittel für die Untersuchung des Zuwachses am stehenden Baum, und spielt namentlich in der Anwendung der Ertragstafeln, dann in der Ermittlung der Flächenzuwachs-Prozente eine große Rolle. Hingegen müssen die Verschiedenheiten des Flächen- und Durchmesserzuwachses in verschiedenen Baumhöhen besondere Beachtung bei der Beurtheilung der Formveränderungen der Bäume während ihres Wachs-

*) Preßler: „Gesetz der Stammbildung". Leipzig 1855, S. 20. Derselbe stellte den durch Rob Hartig als unrichtig erwiesenen Satz auf, daß der Flächenzuwachs in allen Punkten des Schaftes nahezu gleich sei.

**) Rob. Hartig: „Über das Dickenwachsthum der Waldbäume", Zeitschrift für das Forst- und Jagdwesen 1870, Bd. III, Heft 1, sowie desselben: „Rentabilität der Fichtennutz- und Buchenbrennholzwirthschaft" 2c. Stuttgart 1868. Cotta.

thums finden, weshalb wir bei Besprechungen der Formzahlen noch hierauf zurückkommen werden.

Wenn man einen Querschnitt eines Baumes über dem Wurzelanlauf, also in Brusthöhe auf seine linearen Jahrringbreiten untersucht, so geben diese bekanntlich nur in Verbindung mit den Durchmessern der betreffenden Stammstärken eine richtige Vorstellung von der Größe des Flächenzuwachses, da sich letzterer aus einem Vergleich zwischen den Flächen der Jahrringzonen, d. h. aus den Differenzen der verglichenen Stammgrundflächen ergiebt. Die Jahrringbreiten allein gestatten daher noch keinen Schluß auf die Größe des Zuwachses, sowie auf dessen Steigen und Fallen. Schon Gg. Lud. Hartig und der Salinenforstmeister Huber wendeten daher im Anfange dieses Jahrhunderts die sektionsweise Berechnung der Stammkreisflächen und die Subtraktion der Flächen zweier zu vergleichender Altersstufen für die Ermittlung des Zuwachses an, was noch jetzt bei sogenannten „Stammanalysen" einzelner Bäume üblich ist.

Hat man größere Untersuchungsreihen dieser Art an einzelnen Probestämmen als Repräsentanten der Stammklassen eines Bestandes durchgeführt und diese Untersuchungen auf die früheren Lebensalter der Musterbäume ausgedehnt, wie das namentlich von Professor Rob. Hartig in seinen öfters zitirten Arbeiten geschah, so findet man, daß die herrschenden Stammklassen ihre Stammgrundflächen mit einer bemerkenswerthen Regelmäßigkeit nach einer einfachen Multiplenreihe vergrößert haben, während die beherrschten und unterdrückten Stämme des Nebenbestandes häufig ein rasches Sinken des Flächenzuwachses erkennen lassen, zuweilen aber auf längere Zeit einen gleichmäßigen geringen Zuwachs hatten, je nachdem sie erst später oder schon frühzeitig im Lichtgenusse gestört worden waren. Obgleich daher der Flächenzuwachs ein besonders bezeichnender Ausdruck für den gesammten Ernährungszustand eines Baumes ist und eigentlich die Lebensgeschichte eines jeden Stammes aus demselben abgelesen werden kann, so ist doch der Gang dieses Zuwachses bei allen dominirenden Stämmen eines Bestandes nach Holzart und Standortsgüte von großer Regelmäßigkeit und zeigt bei weitem nicht so große Schwankungen, wie z. B. das Längenwachsthum. Um dies zu zeigen, habe ich in den Tabellen A und B auf Seite 167 und 168 unter A die Ergebnisse der vielen Stammanalysen von Klassenstämmen Rob. Hartigs in metrisches Maß umgerechnet, unter B dagegen die geometrischen Mittel für die Stammgrundflächen des mittleren Modellstammes (d. h. den Quotienten aus Stammgrundfläche pro Hektar durch die Stammzahl der einzelnen Altersstufen) übersichtlich zusammengestellt. Außerdem sind in den Darstellungen Fig. 24—33 einige solcher Zahlenreihen graphisch wieder-

A. Stammanalysen von Klassenstämmen verschiedener Holzarten nach Rob. Hartig.

Holzart und Wachsthums-Gebiet	Klassenstamm Nr.	Stammgrundflächen auf Brusthöhe (1,43 m) bei folgenden Altern: (Quadratmeter) 10	20	30	40	50	60	70	80	90	100	110	120	130	140	150
Kiefern in Pommern	I	0,0020	0,0165	0,0483	0,0887	0,1339	0,1794	0,2248	0,2579	0,2932	0,3473	0,3783	0,4140	0,4536	0,4877	0,5052
	II	0,0026	0,0097	0,0346	0,0647	0,1012	0,1439	0,1932	0,2376	0,2752	0,3068	0,3237	0,3380	0,3589	0,3739	0,3926
	III	0,0009	0,0104	0,0311	0,0483	0,0629	0,0774	0,0929	0,1099	0,1288	0,1459	0,1626	0,1817	0,1964	0,2124	0,2248
Fichten im Harz (I. Standortsklasse)	I	—	0,0037	0,0147	0,0324	0,0607	0,0940	0,1158	0,1452	0,1735	0,1995	0,2273	—	—	—	—
	II	—	0,0009	0,0088	0,0214	0,0387	0,0564	0,0740	0,0968	0,1201	0,1514	0,1706	—	—	—	—
	III	—	0,0012	0,0092	0,0241	0,0387	0,0564	0,0716	0,0871	0,1001	0,1195	0,1295	—	—	—	—
	IV	—	0,0035	0,0102	0,0158	0,0257	0,0366	0,0445	0,0543	0,0661	0,0819	0,0973	—	—	—	—
	V	—	0,0051	0,0165	0,0314	0,0314	0,0507	0,0547	0,0603	0,0656	0,0726	0,0784	—	—	—	—
Fichten im Harz (II. Standortsklasse)	I	0,0008	0,0057	0,0160	0,0252	0,0330	0,0460	0,0638	0,0809	0,1081	0,1346	0,1562	0,1742	0,2083	0,2290	—
	II	—	0,0040	0,0093	0,0150	0,0219	0,0308	0,0391	0,0491	0,0577	0,0693	0,0809	0,0973	0,1164	0,1327	—
	III	—	0,0043	0,0106	0,0165	0,0206	0,0257	0,0314	0,0366	0,0426	0,0499	0,0556	0,0625	0,0731	0,0819	—
	IV	—	0,0034	0,0102	0,0165	0,0224	0,0284	0,0337	0,0384	0,0415	0,0437	0,0464	0,0479	0,0487	0,0499	—
Weißtannen im Schwarzwald	I	—	—	—	0,0029	0,0143	0,0350	0,0616	0,0913	0,1257	0,1662	0,2116	0,2489	0,2781	0,3088	0,3167
	II	—	—	0,0005	0,0085	0,0269	0,0523	0,0789	0,1041	0,1257	0,1493	0,1676	0,1840	0,1956	0,2075	0,2116
	III	—	—	—	0,0049	0,0125	0,0211	0,0298	0,0441	0,0577	0,0750	0,0903	0,1064	0,1219	0,1419	0,1493
	IV	—	—	—	0,0031	0,0113	0,0230	0,0337	0,0452	0,0547	0,0656	0,0731	0,0799	0,0866	0,0962	0,1001
	V	—	—	—	0,0034	0,0108	0,0206	0,0284	0,0350	0,0387	0,0430	0,0464	0,0495	0,0507	0,0531	0,0539
Rothbuchen i. Spessart	I	0,0003	0,0027	0,0057	0,0119	0,0266	0,0495	0,0679	0,0871	0,1064	0,1176	0,1307	0,1459	0,1583	0,1713	0,1772
	II	—	0,0011	0,0048	0,0093	0,0161	0,0266	0,0353	0,0445	0,0519	0,0585	0,0674	0,0789	0,0881	0,0973	0,1007
	III	—	0,0009	0,0048	0,0100	0,0170	0,0230	0,0287	0,0330	0,0377	0,0419	0,0464	0,0511	0,0552	0,0581	0,0607
	IV	—	0,0010	0,0028	0,0058	0,0104	0,0143	0,0177	0,0204	0,0227	0,0254	0,0275	0,0305	0,0350	0,0384	0,0398
Rothbuchen im Harz auf Thonschieferboden	I	—	0,0021	0,0057	0,0113	0,0257	0,0452	0,0629	0,0774	0,0830	—	—	—	—	—	—
	II	—	0,0011	0,0037	0,0061	0,0243	0,0384	0,0499	0,0607	0,0656	—	—	—	—	—	—
	III	—	0,0011	0,0048	0,0099	0,0216	0,0320	0,0426	0,0519	0,0543	—	—	—	—	—	—
	IV	—	0,0002	0,0017	0,0036	0,0154	0,0263	0,0336	0,0419	0,0452	—	—	—	—	—	—
	V	—	0,0004	0,0026	0,0052	0,0135	0,0206	0,0269	0,0333	0,0350	—	—	—	—	—	—
	VI	—	0,0002	0,0015	0,0027	0,0071	0,0125	0,0189	0,0230	0,0249	—	—	—	—	—	—
Rothbuchen im östlichen Wesergebirge auf Muschelkalk	I	0,0002	0,0103	0,0343	0,0564	0,0799	0,1007	0,1207	0,1392	0,1612	0,1855	—	—	—	—	—
	II	0,0007	0.0074	0,0186	0,0343	0,0547	0,0760	0,1007	0,1195	0,1359	0,1520	—	—	—	—	—
	III	0,0003	0,0048	0,0135	0,0257	0,0415	0,0590	0,0735	0,0881	0,0979	0,1064	—	—	—	—	—
	IV	0,0001	0,0026	0,0082	0,0156	0,0235	0,0327	0,0445	0,0539	0,0625	0,0721	—	—	—	—	—
	V	0,0001	0,0036	0,0109	0,0181	0,0337	0,0415	0,0507	0,0581	0,0616	0,0638	—	—	—	—	—

B. Geometrisch mittlere Stammgrundflächen des Mittelstammes von Ertragstafeln, $\frac{G}{n}$

Holzart und Wachsthums-Gebiet	Bonitäts-Klasse	10	20	30	40	50	60	70	80	90	100	110	120	130	140
		Stammgrundfläche auf Brusthöhe (1,3 m) bei folgenden Altern: Quadratmeter Kreisfläche													
Stammgrundflächen des mittleren Modellstammes der Normalbestände:															
Buchen in Württem-	I	—	—	0,00445	0,00814	0,01645	0,02765	0,0391	0,0485	0,0569	0,0662	0,0786	0,0946	—	—
berg nach F. v.	II	—	—	—	0,00585	0,01145	0,02095	0,0317	0,0405	0,0503	0,0591	0,0702	0,0786	—	—
Baur	III	—	—	—	0,00398	0,00770	0,01340	0,0206	0,0286	0,0363	0,0436	0,0511	0,0580	—	—
	IV	—	—	—	0,00299	0,00510	0,00866	0,0134	0,0196	0,0263	0,0339	0,0411	0,0479	—	—
Fichten in Württem-	I	—	0,00352	0,00761	0,01525	0,02530	0,0379	0,0531	0,0670	0,0832	0,0952	0,1048	0,1070	—	—
berg nach F. v. Baur	II	—	—	0,00476	0,00890	0,01493	0,0214	0,0296	0,0406	0,0577	0,0710	0,0756	0,0778	—	—
Desgleichen nach	I	—	—	0,00873	0,01645	0,02700	0,0408	0,0565	0,0710	0,0871	0,0990	0,1077	0,1106	—	—
Lorey	II	—	—	0,00459	0,00872	0,01495	0,0221	0,0311	0,0427	0,0606	0,0740	0,0784	0,0806	—	—
Fichten in Mittel-	I	—	0,00303	0,00876	0,01705	0,02940	0,0448	0,0615	0,0784	0,0973	0,1163	0,1310	0,1410	—	—
u. Norddeutschland	II	—	—	0,00601	0,01188	0,01990	0,0301	0,0424	0,0549	0,0675	0,0801	0,0911	0,0980	—	—
nach Schwappach	III	—	—	0,00292	0,00675	0,01238	0,0197	0,0279	0,0371	0,0458	0,0530	0,0600	0,0666	—	—
	IV	—	—	—	0,00393	0,00769	0,0127	0,0183	0,0243	0,0299	0,0346	0,0383	—	—	—
	V	—	—	—	0,00204	0,00465	0,00831	0,0125	0,0165	0,0201	0,0228	—	—	—	—
Fichten in Süd-	I	—	0,00380	0,00964	0,01927	0,03270	0,0481	0,0648	0,0825	0,1020	0,1198	0,1365	0,1496	—	—
deutschland nach	II	—	—	0,00435	0,00929	0,01660	0,0267	0,0402	0,0565	0,0730	0,0875	0,0996	0,1125	—	—
Schwappach	III	—	—	0,00233	0,00485	0,00886	0,0151	0,0241	0,0356	0,0487	0,0619	0,0732	0,0826	—	—
	IV	—	—	—	0,00290	0,00576	0,0101	0,0163	0,0248	0,0349	0,0451	0,0529	—	—	—
	V	—	—	—	0,00153	0,00324	0,0058	0,0098	0,0155	0,0226	0,0299	—	—	—	—
Weißtanne im	I	—	0,00166	0,00641	0,01538	0,02835	0,04305	0,0602	0,0785	0,0983	0,1183	0,1377	0,1565	0,1763	0,1930
Schwarzwald nach	II	—	0,00086	0,00418	0,01037	0,01985	0,0321	0,0457	0,0607	0,0764	0,0935	0,1099	0,1255	0,1408	0,1552
Schuberg, bei	III	—	—	0,00246	0,00680	0,01367	0,0222	0,0327	0,0447	0,0572	0,0709	0,0840	0,0973	0,1093	0,1207
mittlerem Schluß-	IV	—	—	0,00138	0,00419	0,00865	0,0149	0,0227	0,0318	0,0415	0,0515	0,0621	0,0721	0,0815	0,0903
grade	V	—	—	0,00062	0,00229	0,00502	0,0088	0,0137	0,0204	0,0275	0,0353	0,0430	0,0506	0,0583	0,0642
Kiefern in Nord-	I	—	0,0058	0,0123	0,0216	0,0350	0,0523	0,0693	0,0835	0,0951	0,1058	0,1164	0,1276	0,1385	0,1486
deutschland nach	II	—	0,0035	0,0077	0,0135	0,0222	0,0339	0,0468	0,0590	0,0702	0,0804	0,0903	0,1001	0,1093	0,1188
Schwappach	III	—	0,0025	0,0053	0,0093	0,0150	0,0222	0,0314	0,0408	0,0499	0,0585	0,0665	0,0740	—	—
	IV	—	—	0,0033	0,0062	0,0101	0,0150	0,0206	0,0263	0,0324	0,0391	0,0460	0,0531	—	—
	V	—	—	0,0019	0,0033	0,0054	0,0080	0,0115	0,0152	0,0191	0,0232	—	—	—	—

Stammgrundflächen-Zuwachs des Einzelstammes.

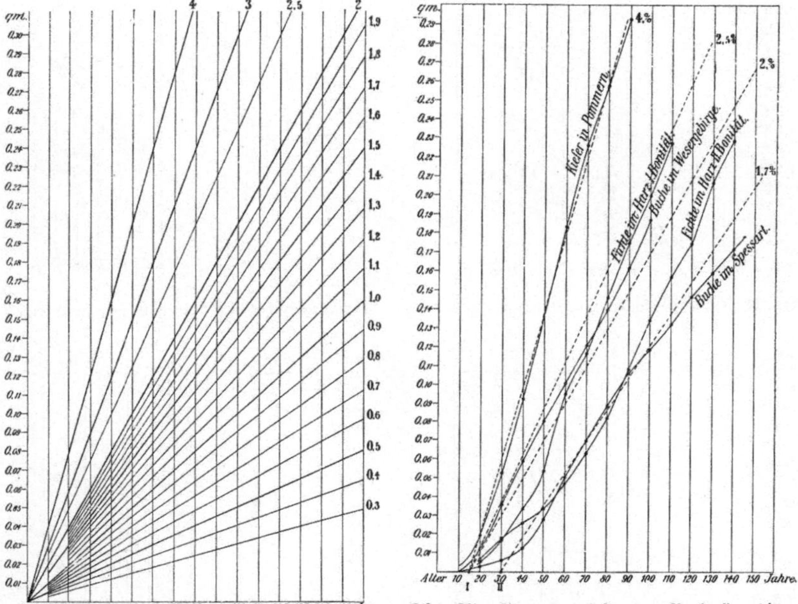

Fig. 24. Schema der Grundflächen-Zunahme, nach der Formel g = px.

Fig. 25. Stammanalysen von Rob. Hartig.

Stammgrundflächen der Klassenstämme auf den Probeflächen Sachsens.

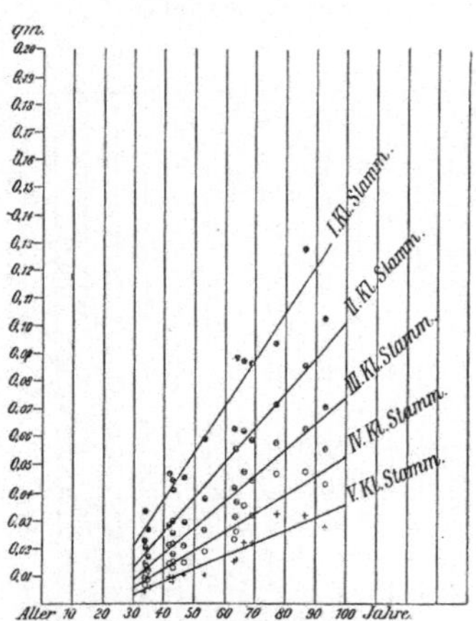

Fig. 26. Fichten I. Standortsklasse.

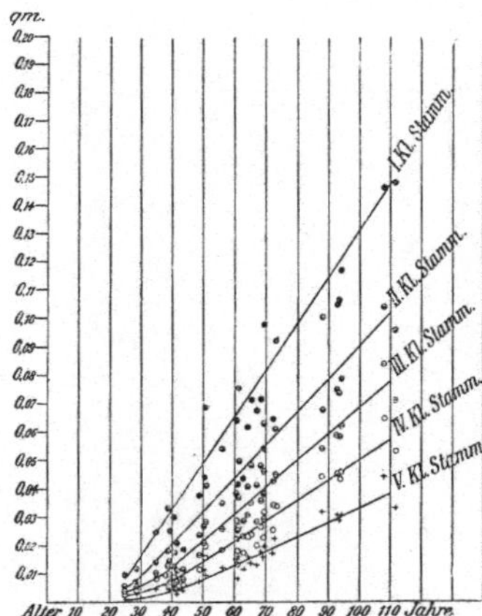

Fig. 27. Fichten II. Standortsklasse.

Stammgrundflächen-Zuwachs des Einzelstammes.

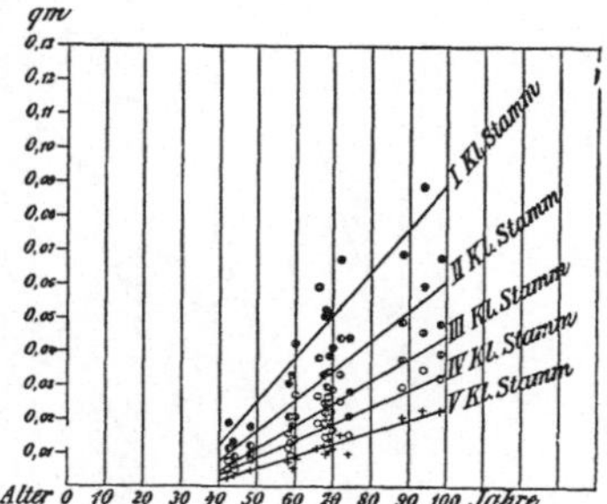

Fig. 28. Fichte in Sachsen, III. Standortsklasse.

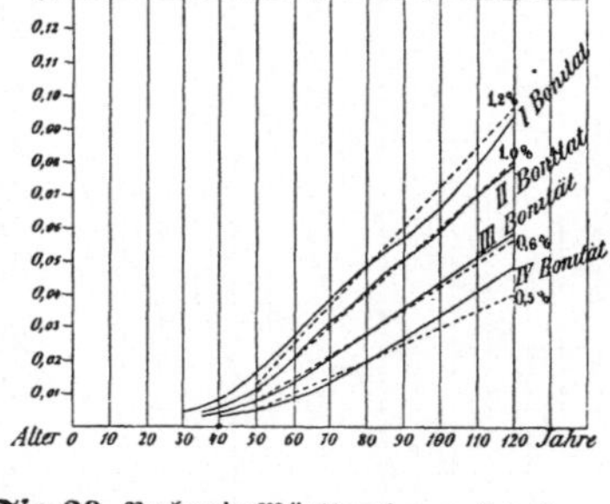

Fig. 29. Buchen in Württemberg nach v. Baur.

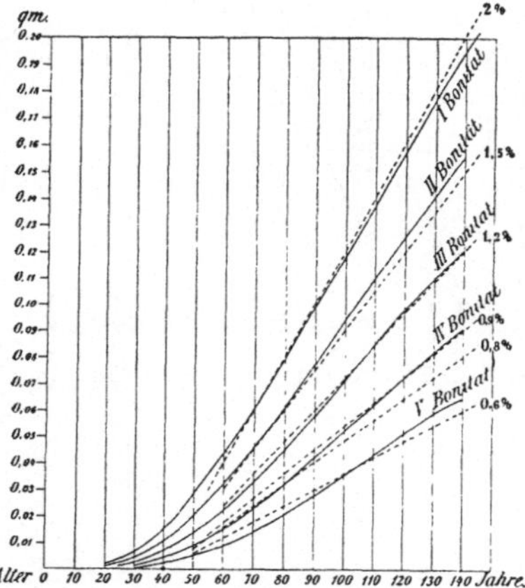

Fig. 30. Weißtannen (b) nach Schuberg.

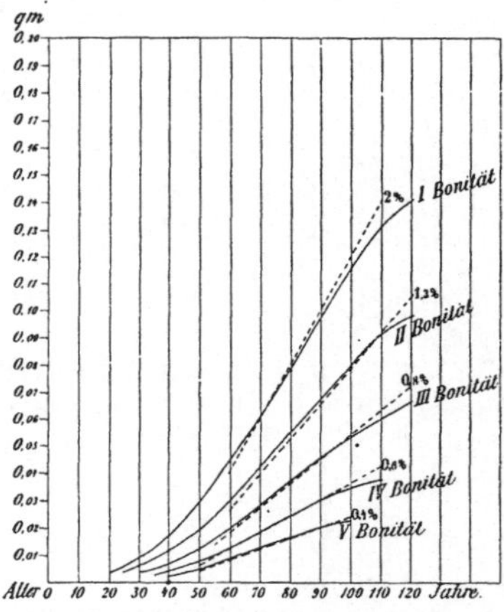

Fig. 31. Fichten Norddeutschlands nach Schwappach.

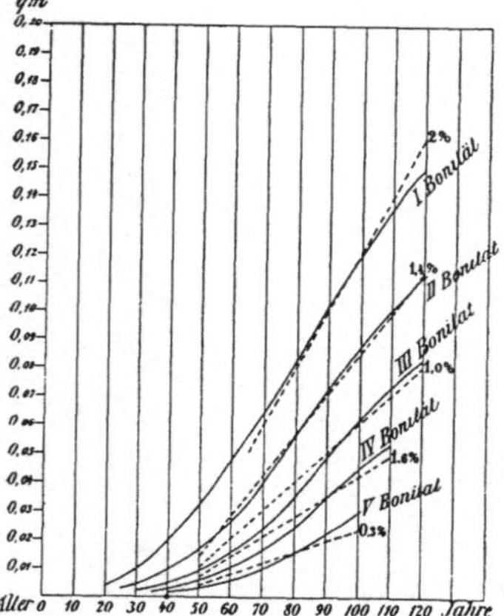

Fig. 32. Fichten Süddeutschlands nach Schwappach.

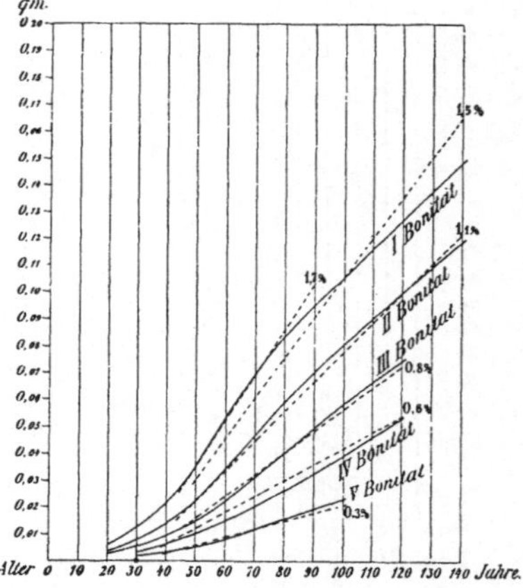

Fig. 33. Kiefern Norddeutschlands nach Schwappach.

gegeben und mit den entsprechenden Multiplenreihen verglichen. Es lassen sich hieraus folgende allgemeine Schlußfolgerungen ziehen.

1. Bei der Beurtheilung der Stammgrundflächen-Zunahme muß jene Periode, wo der Stamm von den unteren Ästen gereinigt ist, unterschieden werden von dem Jugendstadium, in welchem die Holzpflanze bei strauchartigem und tief herab beästetem Habitus ihre Jahrringe anlegt. Begreiflicherweise muß die Pflanze in den ersten Jugendjahren in erster Linie ihre Ernährungsorgane, namentlich ihre Blattorgane ausbilden, bevor eine eigentliche Massenerzeugung von Dauergewebe stattfinden kann. Die Dimensionen der Baumkronen sind in diesem Jugendstadium noch zu klein, es stehen noch zu viele lebensthätige Individuen auf der Flächeneinheit (ha) und der Antheil an der Gesammtproduktion vertheilt sich noch auf zu viele derselben, als daß die Vergrößerung des Einzelnen ihrem absoluten Betrag nach erheblich werden kann. Dazu kommt noch, daß die Pflanze sowohl auf die Entwicklung der Längstriebe als auch auf Bildung von rasch vergänglichen Seitenzweigen viel Substanz verwendet, so daß der auf das Dickenwachsthum namentlich in den oberen Stammpartien verwendbare Theil von letzterer sich hierdurch noch verkleinert. Hieraus erklärt es sich hinlänglich, daß innerhalb des Jugendstadiums die Stammgrundflächen, soweit sie überhaupt meßbar sind, nur kleine Beträge darstellen, wenn auch die Jahrringe oft in diesem Stadium schon eine beträchtliche Breite besitzen, da sich die Zone derselben auf einen sehr kleinen Durchmesser bezieht. Innerhalb des Jugendstadiums erfolgt die Zunahme der Stammgrundfläche nach einer logarithmischen Linie, so daß die Kurven auf dieser Strecke stets konkav sind. Die Dauer dieses Jugendstadiums ist verschieden nach Holzart und nach der wirthschaftlichen Behandlung; Lichtholzarten wie Kiefern und Lärchen fangen schon vom ca. 10. Jahre an eine lebhafte Steigerung der Flächenzunahme zu zeigen und erreichen meistens schon im 20. Jahre das Ende des Jugendstadiums, während die Schattholzarten um so länger in demselben verharren, je dunkler die Schirmstellung war, unter der sie erzogen wurden, und je langsamer die Lichtungen erfolgten. Bei Buchen, Weißtannen und selbst manchmal bei Fichten dauert dann dieses Jugendstadium bis zum 40. Jahre, wovon freilich die ersten drei Dezennien nur minimale Stammgrundflächen aufweisen.

2. Erst nachdem der Stamm sich von den unteren Ästen gereinigt hat, einen Brusthöhendurchmesser von mindestens 15 Zentimeter besitzt, und eine der Verminderung der Stammindividuen entsprechende Kronenausbildung erlangte, beginnt eine regelmäßig fortschreitende Vergrößerung der Stammgrundfläche, indem die Kreisflächen nach einer Multiplenreihe steigen, also als eine einfache

Funktion g = fx der Zeit x aufzufassen sind, welche seit dem Ende des Jugendstadiums verstrichen ist. Wie die Fig. 26—33 zeigen, genügt es, für Schätzungszwecke und zur Unterstützung des Gedächtnisses bei Anfängern, wenn man die konkave Kurve des Jugendstadiums vernachlässigt und den Beginn des Flächenwachsthums nach der Multiplenreihe vom Endpunkte desselben, z. B. vom 15. bis 40. Jahre an datirt. Der Zeitraum, von welchem die Stammgrundfläche g eine Funktion ist, wird daher durch die Differenz des gegenwärtigen Alters a vermindert um das Jugendstadium i, ausgedrückt x = a — i, so daß die Stammgrundfläche g = px, worin p einen Faktor bedeutet, welcher für die verschiedenen Holzarten und Bonitäten verschiedene, jedoch während der Wachsthumszeit fast genau gleichbleibende Werthe hat und den Stammgrundflächeninhalt nach Einheiten von 10 qcm = 0,001 Quadratmeter angiebt. Man kann daher die Zunahme der Stammgrundflächen eines Baumes vergleichen mit dem Ansteigen einer einfachen Zinsenreihe bei einem Zinsfuß von p Prozent, in welcher 100 den Werth von 0,1 Quadratmeter hat. Das Flächenwachsthum erfolgt also, mit Ausnahme des ersten Jugendstadiums, nicht analog einer Zinseszinsreihe, sondern nach dem Verzinsungsgang bei einfachen Zinsen. Dies ist auch, anatomisch betrachtet, leicht zu verstehen, da die Zelltheilung der Kambialzellen nach dem Holztheile des Gefäßbündels hin fast nur in radialer Richtung und nur zum kleinsten Theile in peripherischer Richtung erfolgt; es erzeugt daher jede Mutterzelle nur eine radial angeordnete Reihe von Tochterzellen, welcher Vorgang im nächsten Jahre sich wiederholt, indem die Zahl der den Kreis bildenden Kambialzellen nur langsam zunimmt. Hierdurch ist ein allgemeiner Maßstab gewonnen, welcher gestattet, die vielen experimentell gefundenen Zahlenreihen für die Kreisflächen der einzelnen analysirten Stämme oder auch der mittleren Modellstämme durch Funktionen von x auszudrücken, so daß man also nur die Werthe von p dem Gedächtnisse einzuprägen braucht, um die Kenntniß der Stammgrundflächen-Zahlen mit annäherndem Genauigkeitsgrade zu besitzen. So ist z. B. die Kreisfläche des Kiefernklassenstammes I (Hartig) bei 70jährigem Alter und 15jährigem Jugendstadium (also x = 55) bei einem p = 4 durch die Multiplikation 55 × 4 = 220 × 10 = 2200 qcm oder 0,220 Quadratmeter gegeben; genaues Resultat der direkten Untersuchung war aber 0,2248 Quadratmeter. Analog berechnen sich die sämmtlichen Kreisflächen der mittleren Modellstämme z. B. nach den Ertragstafeln für Weißtannen von Schuberg aus dem um 40 Jahre verminderten Alter mal p, welches nach Figur 30 für I. Bonität einen Werth von 2, für II. Bonität = 1,5 bis 1,6, für III. Bonität = 1,2, für IV. Bonität = 0,9 besitzt. Ein Mittelstamm II. Bonität von 140 Jahren hat daher (140—40)

$100 \times 1{,}6 \times 10 = 1600$ qcm oder 0,160 qm gegenüber 0,1552 qm, welche die Tafel angiebt.

Graphisch dargestellt ergiebt sich daher das Schema Figur 24 für den Verlauf der Stammgrundflächen-Zunahme unter Zugrundelegung der verschiedenen Werthe von p und bezogen auf eine Abszissenlinie der Altersdifferenzen $x = a - i$. Man hat daher nur nöthig, den 0 Punkt der Abszissen auf i einzustellen, um sofort den Werth der Kreisflächen für jedes p durch eine Reihe von Dezennien verfolgen zu können.

3. Ganz allgemein betrachtet ist das Prozent des Grundflächenzuwachses mehr als doppelt so groß, wie jenes des linearen Grundstärkenzuwachses, da einem linearen Verhältniß von $D : D\left(1 + \frac{p}{100}\right)$ ein Flächenverhältniß von $D^2 : D^2\left(1 + \frac{p}{100}\right)^2$ entspricht, d. h. wie $1 : \left(1 + \frac{2p}{100} + \frac{p^2}{10000}\right)$ oder wie $100 : \left(100 + 2p + \frac{p^2}{100}\right)$ (siehe Preßler „Gesetz der Stammbildung" S. 26). Vergleicht man aber im Einzelnen die Diagramme der experimentell gefundenen Zahlenreihen von Stammgrundflächen einzelner Stämme mit dem Schema Figur 24, so erkennt man sofort, daß die Bäume mit sehr verschiedenem p zugewachsen sind und daß dieser Faktor einen Ausdruck der Wachsthumsenergie und der Thätigkeit der Zelltheilung im Kambium liefert. Die Figuren 25 bis 28 zeigen namentlich, welch' großen Einfluß die Belichtung auf die Wachsthumsgröße äußert, indem alle dominirenden Stammklassen mit viel größerem p zugewachsen sind, als die beherrschten oder unterdrückten; einige Beispiele aus den von Rob. Hartig mittelst Stammanalysen untersuchten Klassenstämmen, sowie von den durch Professor Kunze im Tharandter Jahrbuch 1888 (IV. Supplem.-Band) mitgetheilten Dimensionen der Klassenstämme von Fichten mögen das Gesagte erläutern. Die Stammgrundflächen sind nämlich nach meinen Ermittlungen seit dem Ende des Jugendstadiums i mit nachstehendem p fortgewachsen:

	Der Klassenstämme Nr.					Dauer des Jugendstadiums
	I	II	III	IV (unterdrückte)	V (unterdrückte)	
	p der Multiplenreihe					i Jahre
Kiefern in Pommern (Hartig)	4	3—3,7	1,7	—	—	15
Fichten im Harz, I. Bon. „	2,5	1,8—2	1,5	1,0	—	25
„ „ „ II. „ „	2,3	1,2	0,8	0,4	—	40
Weißtannen, Schwarzwald „	2,5—3	2,5—2	1,2—1,4	1,0	0,5	40
Rothbuchen, Wesergebirge „	2	1,7—1,5	1,2	0,8—0,5	—	10
„ Spessart „	2—1,7	1,0	0,8—0,6	0,5—0,4	—	40
Fichten in Sachsen (Kunze)						
„ „ „ I. Bon.	1,7	1,25	0,9	0,65	0,45	20
„ „ „ II. „	1,6	1,1	0,8	0,55	0,35	20
„ „ „ III. „	1,25	0,9	0,6	0,5	0,3	30

Dominirende Stämme vermehren ihre Stammgrundfläche demnach mit 4 bis 6facher Energie als die beherrschten Stammklassen, und es läßt sich hierbei zuweilen eine regelmäßige Gradation konstatiren; so steigt z. B. in der II. Bonität Fichten im Harz das p nahezu wie 1 : 2 : 3 : 6 vom unterdrückten bis zum herrschenden Stamme, weil erstere nur über kümmerlich entwickelte Kronen mit wenig Blattorganen, letztere in steigendem Verhältnisse über eine immer größere belichtete Blattflächensumme verfügen, so daß deren Assimilationsprodukte an Masse ganz beträchtlich die der ersteren übertreffen. Preßler drückte dies in dem Satze aus: „Der Stärkeflächenzuwachs in irgend einem Stammpunkte ist nahezu proportional dem oberhalb befindlichen Blattvermögen."

4. Die Dauer dieser konstanten Flächenzunahme ist gleichfalls wesentlich von der Lichteinwirkung abhängig, wie die von Rob. Hartig in der Zeitschrift für Forst- und Jagdwesen III. Bd., 1871, S. 66 u. ff. mitgetheilten Untersuchungen beweisen. An dominirenden Bäumen trat nämlich das Maximum des Flächenzuwachses in Brusthöhe ein:

A. Bei frei erwachsenen Bäumen:

Kiefer I	im Alter von	127—133 Jahren
„ II	„ „ „	125—127 „
Fichte	„ „ „	130—150 „
Tanne	„ „ „	240—250 „
Tanne des Schwarzwaldes	„ „ „	100—140 „
Buche, Harz I . . .	„ „ „	95—105 „
„ „ II . . .	„ „ „	100 „

B. Bei im Bestandesschluß erwachsenen dominirenden Bäumen.

Kiefern der Mark I .	im Alter von	60—120 Jahren
„ „ „ II .	„ „ „	110—117 „
„ „ „ III .	„ „ „	60—90 „
Fichten I	„ „ „	90—100 „
„ II	„ „ „	80—100 „
„ III	„ „ „	90—100 „

C. Bei beherrschten und unterdrückten Bäumen:

Lärche.	im Alter von	60—70 Jahren
Weißtannen.	„ „ „	75—95 „

Dabei zeigten die dominirenden Stammklassen oft ein lange dauerndes Gleichbleiben und in der Regel langsames Sinken des Flächenzuwachses, während jener der beherrschten Stämme vom Kulminationspunkte an rapid abnahm. Bei genügender Lichteinwirkung auf die Krone der Bäume erhalten diese folglich ihren Flächenzuwachs auf geraume Zeit hinaus konstant, während Bedrängung der Krone sich zuerst in einer Verminderung des Flächenzuwachses zu erkennen giebt. Schließlich wirkt aber das Alter bei raschwüchsigen Holzarten doch auf eine Verminderung des Flächenzuwachses ein, während ihn die ausdauernden, langsamwüchsigen Holzarten oft erstaunlich lange ungeschwächt beibehalten, wie dies z. B. Rob. Hartig an Eichenalthölzern des Spessarts nachgewiesen hat, welche in einem Buchenbestande eingewachsen waren. Ob der Eintritt der Samenertragsfähigkeit einen so erheblichen Einfluß auf das Sinken des Flächenzuwachses ausübt, wie ihn früher einzelne Forstschriftsteller behaupteten, ist noch nicht entschieden; thatsächlich findet allerdings nach Buchelmastjahren eine bedeutende Reduktion des Dickenwachsthums statt, was Rob. Hartig und kürzlich H. Schumacher*) nachgewiesen haben.

5. Der Einfluß der Standortsgüte auf das Flächenwachsthum ist am besten erkennbar aus den Kurven der Stammgrundflächen für die mittleren Modellstämme, wie sie sich als arithmetische Mittel aus den Ertragstafeln berechnen, indem man die Stammgrundflächensumme G auf 1 ha durch die Stammzahl n dividirt. Obgleich diese Zahlen nicht ganz einwurfsfrei sind, weil der dominirende Stamm des haubaren Bestandes einen anderen Wachsthumsgang zeigt, als die arithmetischen Mittelwerthe der jüngeren Bestände, so können letztere doch zu einem Vergleich zwischen den Wachsthumsleistungen verschiedener Bonitätsklassen benützt werden. Die gerade Linie der Multiplenreihe verläuft aus obigem Grunde nicht immer ganz genau, wie die Linie der arithmetischen Mittelzahlen, aber es ist immerhin überraschend, daß letztere so konstant ansteigen, trotzdem die Stammzahlen eine rapide Verminderung zeigen, und daß die Quotienten $\frac{G}{n}$ so gleichbleibende Differenzen liefern, obgleich sowohl G als n für sich sehr beträchtliche Veränderungen erfahren. Die erwähnte Gleichmäßigkeit der Flächenzunahme ist auch aus einem anderen Grunde bemerkenswerth: während nämlich die Brusthöhendurchmesser der mittleren Modellstämme mit zunehmendem Alter nach einer stark gekrümmten Kurve ansteigen (wie später näher gezeigt wird), bewirkt deren Umrechnung auf die entsprechenden Kreisflächen nach $\frac{D^2\pi}{4}$ eine auffallende Annäherung an die gerade Linie einer Multiplenreihe, so daß man behaupten kann: „Nicht der Durchmesser, sondern die Quadrate der Brusthöhendurchmesser haben die Tendenz proportional mit dem Alter x zu wachsen.“ Betrachtet man unter diesem Gesichtspunkte den Verlauf der Linien, welche in Form von Diagrammen die Werthe für $\frac{G}{n}$ auf Grund der

*) Forstliche Blätter 1890, Seite 77.

Ertragstafeln von F. v. Baur, Schuberg und Schwappach graphisch darstellen (siehe die Figuren 29—33), so ersieht man das p einer jeden Bonitätsklasse der einzelnen Holzarten und erhält auf diese Weise einen einfachen Ausdruck für die Energie des Flächenwachsthums unter verschiedenen Ernährungszuständen oder äußeren Wachsthumsbedingungen. Es ist nämlich $\frac{G}{n} = px$, daher $p = \frac{G}{nx}$ (wobei p auf 100 = 0,01 qm oder eine Einheit von 0,001 Quadratmeter bezogen ist). In diesem Sinne wachsen die mittleren Modellstämme mit einem Flächenzuwachs von:

Nach den Ertragstafeln für:	Bonitätsklassen der Ertragstafeln					Nach einem Jugendstadium
	I	II	III	IV	V	
	p der Multiplenreihe					i Jahre
Kiefern in Norddeutschland v. Schwappach	1,5—1,7	1,1	0,8	0,6	0,3	30
Fichten in Württemberg von F. v. Baur	1,6	1,1	—	—	—	40
Fichten in Norddeutschland v. Schwappach	2	1,3	0,8	0,6	0,4	40
Fichten in Süddeutschland von demselben	2	1,4	1,0	0,6	0,3	40
Weißtannen in Baden von Schuberg .	2	1,5	1,2	0,9	0,6	40
Buchen in Württemberg von Fr. v. Baur	1,2	1,0	0,6	0,5	—	40

Ganz allgemein betrachtet steigt demnach die Energie des Flächenwachsthums von Bonität zu Bonität annähernd in Verhältnissen wie 1 : 2 : 3 : 4 : 5 (Kiefern), oder wie 2 : 3 : 4 : 7 : 10 (Fichte), oder wie 1 : 1,2 : 2 : 2,4 (Buche), was beweist, daß bei Ausscheidung der Bonitätsklassen auch der Flächenzuwachs richtig klassifizirt worden ist. Außerdem geben diese Zahlen eine ungefähre Vorstellung von dem großen Einflusse, welchen der Nährstoffvorrath des Bodens und dessen Feuchtigkeitsgehalt auf die Massenproduktion an Holz besitzen.

6. Die Holzarten üben auf die absolute Größe des Flächenzuwachses selbstverständlich einen erheblichen Einfluß aus, weil die anatomische Struktur, besonders die Größe und Vertheilung der Gefäße, Tracheiden, Markstrahlen und sonstigen Elementarorgane des Herbst- und Frühjahrsholzes u. s. w. die räumliche Vertheilung der Holzsubstanz bedingt. Holzarten mit großem spezifischen Gewichte (Harthölzer) können daher auch bei gleicher Massenerzeugung an wägbarer Substanz nur verhältnißmäßig schmale Jahrringzonen anlegen gegenüber den Weichhölzern mit spezifisch leichterem Holze. Es ist deshalb leicht zu erklären, warum die Linien der Buchenkreisflächen in den Darstellungen der Figuren 25—33 mit viel kleineren p ansteigen, als jene der Fichten, Tannen und Kiefern. Für die gefäßführenden Laubhölzer hat R. Hartig nachgewiesen, daß das spezifische Gewicht in der Hauptsache durch das Verhältniß der Zahl und Größe der Gefäße zur Fläche des Jahrring-Querschnittes bedingt werde und daß mithin die Verdunstungsgröße im

Verhältniß zur Assimilationsgröße von großem Einflusse auf das Gewicht des gebildeten Holzes sei. Außerdem hat derselbe Forscher gezeigt, daß das Baumalter auf die verhältnißmäßige Verbreiterung der Jahrringe eine Einwirkung ausübt, indem z. B. der Flächenzuwachs auf Brusthöhe bei 30jährigem Alter sich zum gesammten Massenzuwachs eines Baumes verhält wie 4 : 1, hingegen bei 150jährigem Alter nur wie 1,5 : 1, was sich natürlich im Formzuwachs zu erkennen giebt.

§ 26. **Der Durchmesserzuwachs des Einzelstammes (Grundstärkenzuwachs).** Während der Grundflächenzuwachs sowohl hinsichtlich der wirklichen Massenzunahme eines Baumes als auch bezüglich ihrer wissenschaftlichen Beurtheilung eine größere Wichtigkeit besitzt, ist der Durchmesserzuwachs praktisch bedeutungsvoller, weil er stets als das unmittelbare Ergebniß der Messungen am stehenden Baume erscheint und für die Verwendbarkeit der Stämme zu den verschiedenen Gebrauchszwecken fast ausschließlich maßgebend ist. Fast bei allen Kubirungen und Taxationen wird daher der Brusthöhendurchmesser in 1,3 Meter Höhe zuerst bestimmt und erst hieraus die Stammgrundfläche mittelst der Kreisflächentafeln berechnet.

Für die Zwecke einer theoretischen Betrachtung über die Gesetzmäßigkeit im Durchmesserzuwachs empfiehlt sich dagegen der umgekehrte Weg, nämlich die Ableitung der Durchmesser aus den Kreisflächen, weil der vorige Paragraph gezeigt hat, daß die Zunahme der Stammgrundflächen im Allgemeinen nach dem relativ einfachen Verhältnisse einer Multiplenreihe erfolge, sofern man die im Jugendstadium des Baumes erfolgende Flächenzunahme außer Ansatz läßt. Dem entsprechend muß daher auch bei der Betrachtung des Durchmesser- (oder Grundstärken-) Zuwachses das gleichlange Jugendstadium ausgeschieden werden von jenem Zeitraum, wo der Baum von den unteren Ästen gereinigt und mindestens 15 Zentimeter dick ist, erst von diesem Zeitpunkt an hat auch das Stärkenwachsthum praktische Bedeutung, was bei einer mit Ästen bis zum Boden herab besetzten Holzpflanze kaum der Fall ist. Für denselben Zeitraum, innerhalb dessen die Stammgrundflächen nach Art einer einfachen Zinsesreihe mit p (im oben erläuterten Sinne) wachsen, lassen sich die jedem Alter x enspréchenden Durchmesser leicht ermitteln, indem $D = \sqrt{\frac{4\,g}{\pi}}$ aufgesucht wird. Da die Stammgrundflächen g Funktionen des Alters und der Konstanten p sind, so wird man auch die Brusthöhendurchmesser auf dieselben Größen beziehen und deshalb am zweckmäßigsten Reihen bilden, welchen das p des Flächenzuwachses zu Grunde liegt, so daß demnach $D = \sqrt{\frac{4\,px}{\pi}}$ gesetzt wird. Ich habe daher für die verschiedenen p von 0,3 bis 4 diese Werthe berechnet und in nachstehender Tabelle zusammengestellt, sowie in Form eines Diagrammes in Figur 34 gezeichnet, welches Schema mit jenem der Grundflächen (Figur 24, Seite 169) zusammenzuhalten ist.

Schematische Darstellung der Brusthöhen-Durchmesser als Funktionen des Alters x seit dem Ende des Jugendstadiums i.

Baum-alter x d. h. exkl. Jugend-stadium	Bei einem Grundflächenzuwachs von p =																				
	0,3	0,4	0,5	0,6	0,7	0,8	0,9	1,0	1,1	1,2	1,3	1,4	1,5	1,6	1,7	1,8	1,9	2	2,5	3	4
	sind die Brusthöhen-Durchmesser in den einzelnen Altern x = a — i folgende: (Centimeter)																				
10	6,1	7,1	7,9	8,7	9,4	10,1	10,7	11,2	11,8	12,3	12,8	13,3	13,8	14,2	14,7	15,1	15,5	15,9	17,8	19,5	22,5
20	8,7	10,1	11,2	12,3	13,3	14,2	15,1	15,9	16,7	17,4	18,1	18.8	19,5	20,2	20,8	21,3	21,9	22,5	25,1	27,6	31,9
30	10,7	12,3	13,8	15,1	16,3	17,4	18,5	19,5	20,5	21,3	22,2	23,1	23,9	24,7	25,4	26,1	26,9	27,5	30,8	33,9	39,0
40	12,3	14,2	15,9	17,4	18,8	20,2	21,3	22,5	23,6	24,7	25,6	26,6	27,5	28,4	29,3	30,2	31,0	31,9	35,6	39,0	45,0
50	13,8	15,9	17,8	19,5	21,1	22,5	23,9	25,1	26,4	27,6	28,8	29,8	30,9	31,9	32 9	33,9	34,7	35,6	39,9	43,6	50,2
60	15,1	17,4	19,5	21,3	23,1	24,7	26,2	27,6	29,0	30,1	31,4	32,7	33,8	34,9	36,0	37,0	38,0	39,0	43,6	47,8	55,1
70	16,3	18,8	21,1	23,1	24,9	26,6	28,2	29,8	31,3	32,6	34,0	35,2	36,5	37,6	38,9	40,0	41,0	42,1	47,0	51,5	59,5
80	17,4	20,1	22,5	24,6	26,6	28,4	30,2	31,9	33,4	34,9	36,3	37,7	39,0	40,2	41,5	42,7	43,9	45,0	50,2	55,1	63,7
90	18,5	21,3	23,9	26,1	28,2	30,2	32,0	33,9	35,4	37,0	38,5	40,0	41,3	42,8	44,0	45,2	46,5	47,8	53,3	58,5	67,4
100	19,5	22,5	25,1	27,6	29,8	31,9	33,8	35,6	37,3	39,0	40,6	42,1	43,6	45,0	46,4	47,8	49,0	50,3	56,2	61,6	71,2
110	20,5	23,6	26,3	29,0	31,2	33,3	35,4	37,3	39,1	40,9	42,5	44,1	45,7	47,2	48,7	50,1	51,4	52,9	59,0	64,8	74,7
120	21,3	24,7	27,5	30,2	32,7	34,9	37,0	39,0	40,9	42,7	44,4	46,1	47,8	49,2	50,8	52,3	53,8	55,1	61,6	67,5	78,0
130	22,3	25,7	28,7	31,4	34,0	36,3	38,5	40,6	42,5	44,4	46,2	48,0	49,6	51,3	53,0	54,2	55,9	57,3	64,1	70,2	81,1
140	23,1	26,6	29,8	32,6	35,2	37,7	40,0	42,1	44,1	46,1	48,0	49,8	51,5	53,3	55,0	56,5	58,0	59,5	66,5	73,0	84,2
150	23,9	27,6	30,9	33,8	36,5	39,0	41,3	43,7	45,8	47,7	49,7	51,6	53,4	55,1	56,8	58,5	60,0	61,6	68,9	75,5	87,2
160	24,7	28,4	31,9	34,9	37,7	40,2	42,8	45,0	47,2	49,3	51,2	53,2	55,1	57,0	58,7	60,3	62,0	63,7	71,1	78,0	89,3

Die Durchmesserzunahme erfolgt daher lange Zeit hindurch nach dem Verhältnisse, wie die Wurzeln einer konstant ansteigenden Multiplenreihe zunehmen, weshalb man die Energie des Durchmesserzuwachses zweckmäßig nach demselben p bemißt, nach welchen die Kreisflächen zugewachsen sind, obgleich das Prozent des linearen Durchmesserzuwachses an und für sich mehr als um die Hälfte kleiner ist, als das zugehörige Grundflächenzuwachs-Prozent. Um jedoch den Umweg zu ersparen, welchen die Berechnung der Kreisflächen aus den gemessenen Durchmessern verursacht, kann man den Verlauf der Durchmesserkurven unmittelbar benützen, indem man die in Fig. 34 gezeichneten Kurven mit den experimentell gefundenen Durchmesserreihen vergleicht. So habe ich z. B. in den Figuren 35—43 eine Anzahl Stammanalysen und auch Brusthöhendurchmesser der mittleren Modellstämme verschiedener Ertragstafeln gezeichnet und mit den Kurven für $D = \sqrt{\frac{4\,px}{\pi}}$ verglichen, woraus sich nachstehende Schlußfolgerungen ergaben, die sich auch auf die ziffermäßigen Daten der in Tabelle Seite 180 und 181 aufgeführten Untersuchungsergebnisse beziehen:

1. Bei einzelnen Bäumen, deren Dickenwachsthum durch Stammanalysen ermittelt ist, beginnt nach einem hauptsächlich durch die Erziehungsweise bedingten Jugendstadium, welches bei Lichtholzarten ca. 10 Jahre, bei Schatthölzern 20—40 Jahre beträgt, der Grund-

stärkenzuwachs (in Zentimeter Brusthöhendurchmesser ausgedrückt) nach vorstehender Formel zu wachsen. Hierbei finden zwar in den experimentell gefundenen Zahlenreihen Schwankungen statt, allein sie folgen, wie Figuren 35—43 zeigen, im großen Ganzen dem durch die Formel ausgedrückten Gesetze.

Der Grundstärkenzuwachs innerhalb des Jugendstadiums erfolgt dagegen — namentlich bei den mittleren Modellstämmen der Ertragstafeln — fast genau nach einer Multiplenreihe, verläuft also bei graphischer Darstellung nach einer geraden Linie.

2. Bei den nach obiger Durchmesserformel konstruirten Kurven für die durch p ausgedrückte Wachsthumsenergie liegt der Kulminationspunkt immer zunächst dem Ursprunge in der Anfangsstrecke der Kurven, folglich werden die mit dem Schema annähernd übereinstimmenden experimentell ermittelten Durchmesserkurven (Figuren 35—43) ebenfalls nach dem Ende des Jugendstadiums kulminiren. In der That zeigen diese meistens zwischen dem 40. bis 60. Jahre ihre stärkste Zunahme, die geringeren Bonitäten manchmal zwischen dem 50.—80. Jahre, so daß also die größte Jahrringbreite durchschnittlich in die genannten Altersstufen fällt. Es läßt sich außer durch die graphische Darstellung auch durch Analysis nachweisen, daß der laufende Durchmesserzuwachs früher kulminiren müsse, als der zugehörige Flächenzuwachs und daß letzterer dann seinen größten Werth erreiche, wenn der durchschnittliche Stärkenzuwachs gerade das Doppelte des laufenden Stärkezuwachses wird. (Siehe den Beweis von E. L. Koller im Centralblatt für das gesammte Forstwesen. Jahrg. 1890, S. 226.)

3. Wie beim Flächenzuwachs, so tritt auch beim Grundstärkenzuwachs der Einfluß der Lichteinwirkung sehr scharf hervor, indem die herrschenden Stammklassen mit einem höheren p zuwachsen, als die beherrschten und unterdrückten Stammklassen. Die Kurven, welche das Dickenwachsthum darstellen, entsprechen genau demselben p des Schemas Figur 34 wie jene des Flächenzuwachses ergaben, so daß die Tabelle auf Seite 173 genau auch für die Energie des Durchmesserzuwachses der einzelnen Klassenstämme giltig ist, also hier nicht wiederholt zu werden braucht.

4. Der Einfluß der Standortsgüte auf den Grundstärkenzuwachs zeigt sich besonders deutlich an dem Wachsthumsgang der arithmetisch mittleren Modellstämme verschiedener Ertragstafeln, wovon die Figuren 37—43 einige Beispiele zeigen. Auch hier drücken die Werthe von p in der Formel am einfachsten den verschiedenen Grad der Wuchskraft aus und gewähren einen taxatorischen Anhaltspunkt zur Berechnung des Durchmessers, wozu man nur einer Kreisflächentafel bedarf, um den Durchmesser zu finden, welcher der nach $g = px$ berechneten Stammgrundfläche entspricht. So findet man z. B. für die

Unmittelbare Ergebnisse verschiedener Untersuchungen über den Gang des Durchmesser-Zuwachses.

Holzart und Wachsthums-Gebiet	Klassenstamm Nr.	Durchmesser auf Brusthöhe ($4^1/_2$ Fuß) bei folgenden Altersstufen (Jahren):														
		10	20	30	40	50	60	70	80	90	100	110	120	130	140	150
		Centimeter Durchmesser (mit Rinde)														
A. Grundstärken-Wachsthum von Musterstämmen auf Grund von Stammanalysen																
Kiefern in	I	5,0	14,5	24,8	33,6	41,3	47,8	53,5	57,3	61,1	66,5	69,4	72,6	76,0	79,8	80,2
Pommern n.	II	5,7	11,1	21,0	28,7	35,9	42,8	49,6	55,0	59,2	62,3	64,2	65,6	67,6	69,0	70,7
Rob. Hartig	III	3,4	11,5	19,9	24,8	28,3	31,4	34,4	37,4	40,5	43,1	45,5	48,1	50,0	52,0	53,5
Fichten im Harz	I	--	6,9	13,7	20,3	27,8	34,6	38,4	43,0	47,0	50,4	53,8	—	—	—	—
(I. Standorts-	II	—	3,4	10,6	16,5	22,2	26,8	30,7	35,1	39,1	43,9	46,6	—	—	—	—
klasse (nach	III	—	3,9	10,8	17,5	22,2	26,8	30,2	33,3	35,7	39,0	40,6	—	—	—	—
demselben)	IV	—	6,7	11,4	14,2	18,1	21,6	23,8	26,3	29,0	32,3	35,2	—	—	—	—
	V	—	8,1	14,5	20,0	23,1	25,4	26,4	27,7	28,9	30,4	31,6	—	—	—	—
Fichten im Harz	I	—	8,5	14,3	17,9	20,5	24,2	28,5	32,1	37,1	41,4	44,6	47,1	51,5	54,0	—
II. Standorts-	II	1,0	7,1	10,9	13,8	16,7	19,8	22,3	25,0	27,1	29,7	32,1	35,2	38,5	41,1	—
klasse (nach	III	—	7,4	11,6	14,5	16,2	18,1	20,0	21,6	23,3	25,2	26,6	28,2	30,5	32,3	—
demselben)	IV	—	6,6	11,4	14,5	16,9	19,0	20,7	22,1	23,0	23,6	24,3	24,7	24,9	25,2	—
																bei 145 Jahren
Weißtannen	I	—	—	—	6,1	13,5	21,1	28,0	34,1	40,0	46,0	51,9	56,3	59,5	62,7	63,5
im Schwarz-	II	—	—	2,6	10,4	18,5	25,8	31,7	36,4	40,0	43,6	46,2	48,4	49,9	51,4	51,9
wald (nach	III	—	—	—	7,9	12,6	16,4	19,5	23,7	27,1	30,9	33,9	36,8	39,4	42,5	43,6
demselben)	IV	—	—	1,3	6,3	12,0	17,1	20,7	24,0	26,4	28,9	30,5	31,9	33,2	35,0	35,7
	V	—	—	—	6,6	11,7	16,2	19,0	21,1	22,2	23,4	24,3	25,1	25,4	26,0	26,2
																bei 150 Jahren
Rothbuchen	I	2,1	5,9	8,5	12,3	18,4	25,1	29,4	33,3	36,5	38,7	40,8	43,1	44,9	46,7	47,5
im Spessart	II	—	3,8	7,8	10,9	14,3	18,4	21,2	23,8	25,7	27,3	29,3	31,7	33,5	35,2	35,8
(nach dem-	III	—	3,3	7,8	11,3	14,7	17,1	19,1	20,5	21,9	23,1	24,3	25,5	26,5	27,2	27,7
selben)	IV	—	3,5	6,0	8,6	11,5	13,5	15,0	16,1	17,0	18,0	18,7	19,7	21,1	22,1	22,5
										bei 185 Jahren						
Rothbuchen im	I	0,9	5,2	8,5	12,1	18,3	24,0	28,3	31,4	32,5	—	—	—	—	—	—
Harz auf tief-	II	—	3,8	6,9	8,8	17,6	22,1	25,2	27,8	28,9	—	—	—	—	—	—
gründigem	III	—	3,8	7,8	11,2	16,6	20,2	23,3	25,7	26,3	—	—	—	—	—	—
Thonschiefer-	IV	—	1,7	4,7	6,8	14,0	18,3	21,6	23,1	24,0	—	—	—	—	—	—
boden (nach	V	—	2,3	5,7	8,1	13,1	16,2	18,5	20,6	21,1	—	—	—	—	—	—
demselben)	VI	—	1,6	4,3	5,9	9,5	12,6	15,5	17,1	17,8	—	—	—	—	—	—
Rothbuchen im	I	1,8	11,5	20,9	26,8	31,9	35,8	39,2	42,1	45,3	48,6	—	—	—	—	—
östl. Wesergeb.	II	2,9	9,7	15,4	20,9	26,4	31,1	35,8	39,0	41,6	44,0	—	—	—	—	—
auf Muschel-	III	2,1	7,8	13,1	18,1	23,0	27,4	30,6	33,5	35,3	36,8	—	—	—	—	—
kalkboden	IV	1,0	5,8	10,2	14,1	17,3	20,4	23,8	26,2	28,2	30,3	—	—	—	—	—
(nach dems.)	V	1,3	6,8	11,8	15,2	20,7	23,0	25,4	27,2	28,0	28,5	—	—	—	—	—

Holzart und Wachsthums-Gebiet	Bonitätsklasse	Durchmesser auf Brusthöhe (1,3 m) bei folgenden Altersstufen (Jahren):														
		10	20	30	40	50	60	70	80	90	100	110	120	130	140	150
		Centimeter Durchmesser (mit Rinde):														
B. Dickenwachsthum der mittleren Modellstämme aus Ertragstafeln:																
Kiefern nach	I	—	—	11,9	16,2	20,1	23,9	27,2	30,4	33,6	36,6	39,2	40,3	—	—	—
Weise (mittlere Bonität)	II	—	—	8,6	12,8	16,8	20,7	24,5	28,0	30,9	33,6	36,2	38,3	—	—	—
	III	—	—	7,0	10,9	14,6	18,1	21,1	23,8	26,1	28,2	29,9	31,2	—	—	—
	IV	—	—	—	8,4	11,3	14,1	16,9	19,6	21,2	—	—	—	—	—	—
	V	—	—	—	7,4	9,5	11,3	12,7	14,1	15,0	—	—	—	—	—	—
Fichten in	I	—	6,7	9,8	14,0	17,9	22,0	26,0	29,2	32,5	34,9	36,6	37,0	—	—	—
Württemberg n. F. v. Baur	II	—	—	7,8	10,6	13,8	16,5	19,4	22,8	27,1	30,1	31,0	31,4	—	—	—
Fichten in	I	—	6,6	10,6	14,7	19,3	23,9	28,0	31,6	35,2	38,5	40,8	42,5	—	—	—
Norddeutschland nach	II	—	—	8,7	12,3	15,9	19,7	23,2	26,4	29,3	32,0	34,0	35,3	—	—	—
Schwappach	III	—	—	6,1	9,3	12,5	15,8	18,8	21,7	24,1	26,0	27,6	29,1	—	—	—
	IV	—	—	—	7,1	9,9	12,7	15,3	17,6	19,5	21,0	22,0	—	—	—	—
	V	—	—	—	5,1	7,7	10,3	12,6	14,5	16,0	17,0	—	—	—	—	—
Weißtannen in	I	—	4,6	9,2	14,0	19,0	23,5	27,7	31,6	35,4	38,8	41,9	44,7	47,4	49,6	51,4
Baden nach	II	—	3,3	7,3	11,5	15,9	20,2	24,1	27,8	31,2	34,5	37,4	40,0	42,4	44,5	46,2
Schuberg	III	—	2,2	5,6	9,3	13,2	16,8	20,4	23,8	27,0	30,0	32,7	35,2	37,3	39,2	40,7
(bei mittlerem	IV	—	—	4,2	7,3	10,5	13,8	17,0	20,1	23,0	25,6	28,1	30,3	32,2	33,9	35,2
Schlußgrad b)	V	—	—	2,8	5,4	8,0	10,6	13,4	16,1	18,7	21,2	23,4	25,4	27,2	28,6	29,8
Desgleichen bei	I	—	3,2	7,0	11,3	16,1	20,4	24,5	28,3	31,9	35,2	38,2	40,8	43,2	45,2	47,1
stammreichen	II	—	2,4	5,7	9,5	13,6	17,4	21,1	24,7	28,0	31,0	33,7	36,1	38,2	40,0	41,6
Beständen	III	—	—	4,6	7,8	11,2	14,6	18,0	21,2	24,1	26,9	29,3	31,5	33,5	35,2	36,5
(Schlußgrad c)	IV	—	—	3,1	5,9	8,7	11,7	14,6	17,3	19,8	22,2	24,4	26,4	28,2	29,8	31,1
	V	—	—	—	4,1	6,3	8,7	11,1	13,4	15,6	17,7	19,7	21,5	23,0	24,2	25,3
Desgleichen bei	I	—	6,0	11,2	16,8	22,1	26,9	31,4	35,4	39,3	42,9	46,1	49,0	51,6	53,8	55,7
stammarmen	II	—	4,2	8,8	13,7	18,5	22,9	27,0	30,9	34,5	37,9	41,0	43,8	46,2	48,5	50,2
Beständen	III	—	3,0	6,7	10,8	15,1	19,1	22,9	26,6	30,0	33,2	36,1	38,8	41,1	43,0	44,5
(Schlußgrad a)	IV	—	—	5,2	8,7	12,4	16,0	19,4	22,7	25,8	28,7	31,3	33,7	35,8	37,7	39,0
	V	—	—	3,7	6,7	9,7	12,9	16,1	19,0	21,7	24,3	26,5	28,7	30,6	32,1	33,2
Kiefern im	I	—	7,6	9,4	12,0	14,7	19,1	22,2	26,2	28,9	31,1	33,3	34,6	36,0	36,8	—
Gouv. St.	II	—	6,7	8,0	10,2	12,9	16,0	19,6	22,2	24,5	26,2	28,0	29,4	30,2	31,1	—
Petersburg n.	III	—	5,8	7,6	9,3	11,6	13,8	16,5	18,7	21,4	23,1	24,5	25,8	26,7	27,6	—
Wargas de	IV	—	—	6,7	8,0	9,8	12,0	13,8	15,6	17,8	19,6	20,0	20,9	21,8	—	—
Bedemmar	V	—	—	5,3	6,7	8,5	9,8	11,1	12,5	13,8	14,7	—	—	—	—	—

Weißtannenbestände mittleren Bestockungsgrades nach Schuberg $p = 2$ und $i = 40$,

also sind für die Alter	80	90	100	110	120	Jahre
die Grundflächen g =	0,080	0,100	0,120	0,140	0,160	qm
die Durchmesser D =	31,9	35,7	39,0	42,2	45,1	cm
gegenüber den D der Tafel	31,6	35,4	38,8	41,9	44,7	cm
Abweichung	+ 0,3	+ 0,3	+ 0,2	+ 0,3	+ 0,4	cm

Durchmesser-Zuwachs (Grundstärken-Zuwachs) des Einzelstammes.

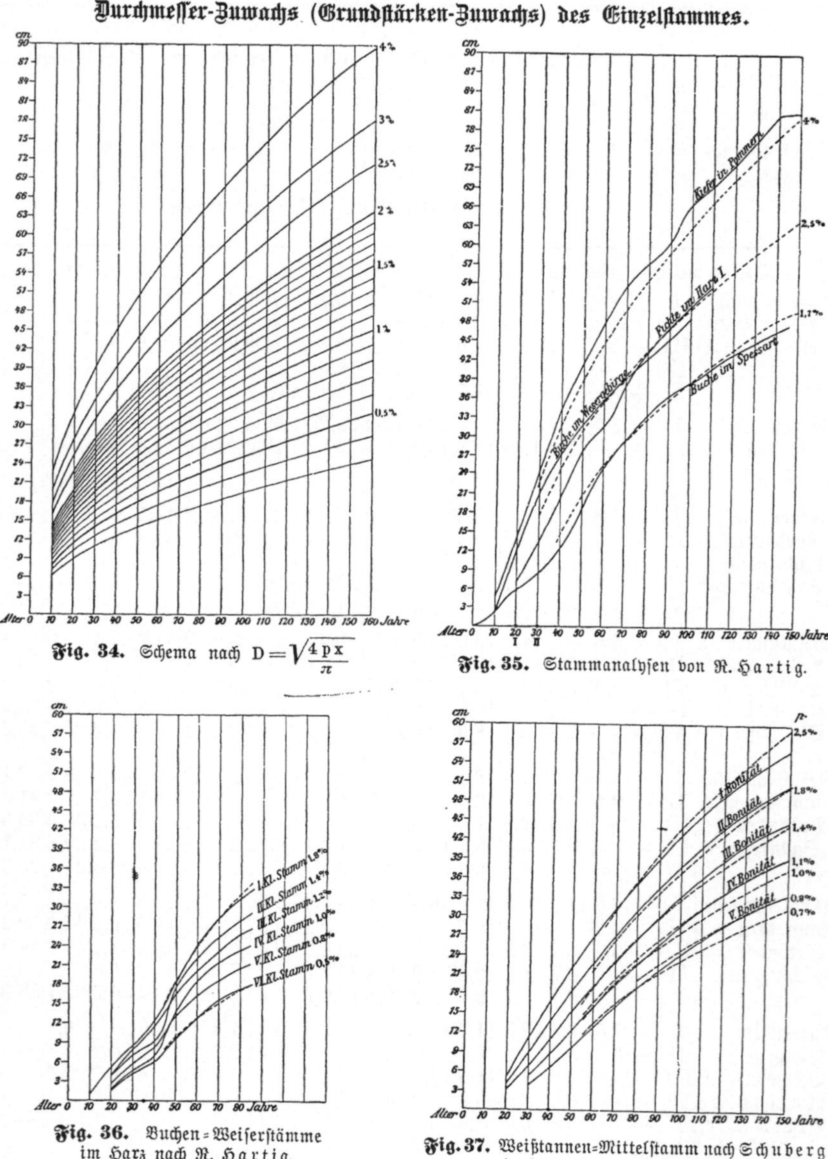

Fig. 34. Schema nach $D = \sqrt{\frac{4\,p\,x}{\pi}}$

Fig. 35. Stammanalysen von R. Hartig.

Fig. 36. Buchen=Weiserstämme im Harz nach R. Hartig.

Fig. 37. Weißtannen=Mittelstamm nach Schuberg in stammarmen Beständen (a).

Für die Unterstützung des Gedächtnisses und des Vorstellungsvermögens, namentlich bei Anfängern, ist daher diese leicht ausführbare Einschätzung der Durchmesser als Funktionen des Alters zu empfehlen, weil sie beim augenblicklichen Fehlen von Ertragstafeln ein promptes und für viele praktisch vorkommende Fälle hinreichend genaues Aus=

Durchmesser-Zuwachs (Grundstärken-Zuwachs) des Mittelstammes.

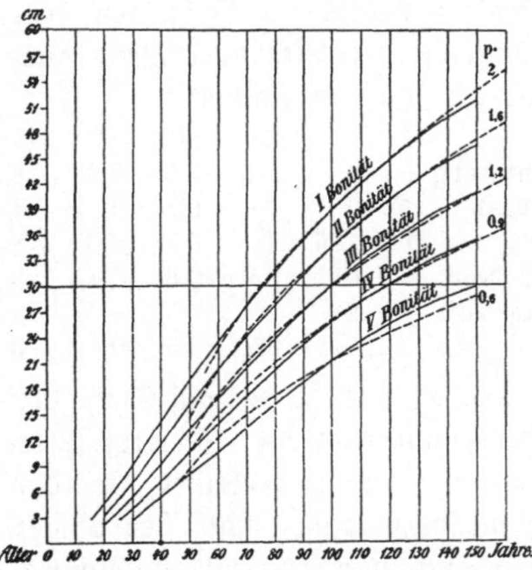

Fig. 38. Weißtannen mittlerer Stammzahl (b).

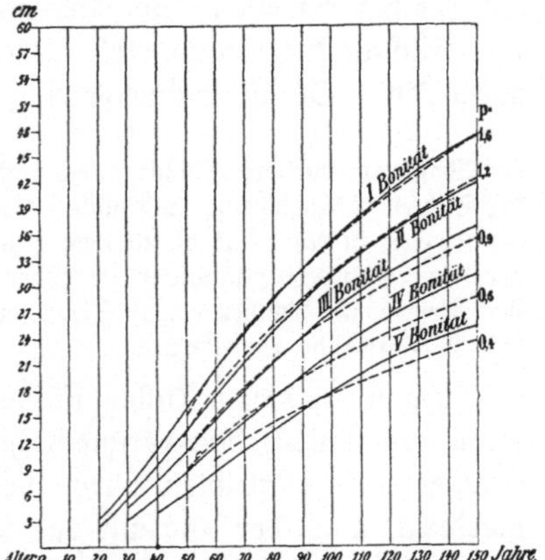

Fig. 39. Weißtannen nach Schuberg in stammreichen Beständen (c).

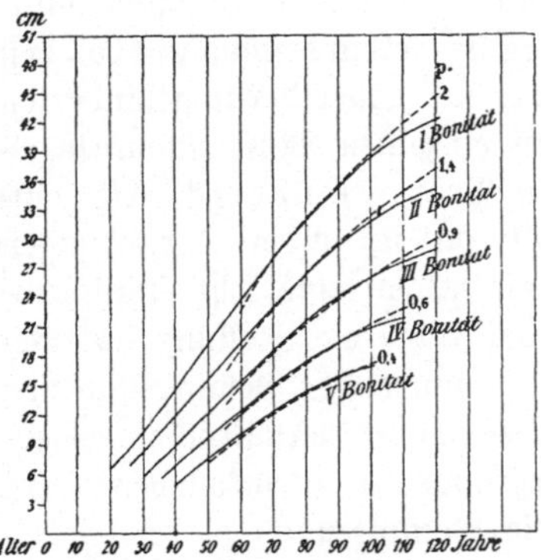

Fig. 40. Fichten Norddeutschlands nach Schwappach.

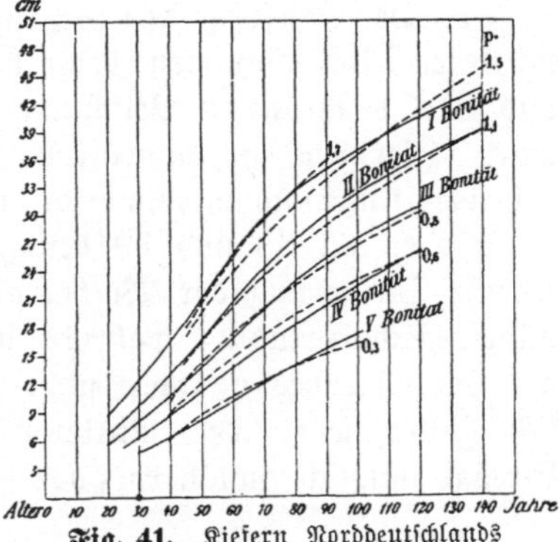

Fig. 41. Kiefern Norddeutschlands nach Schwappach.

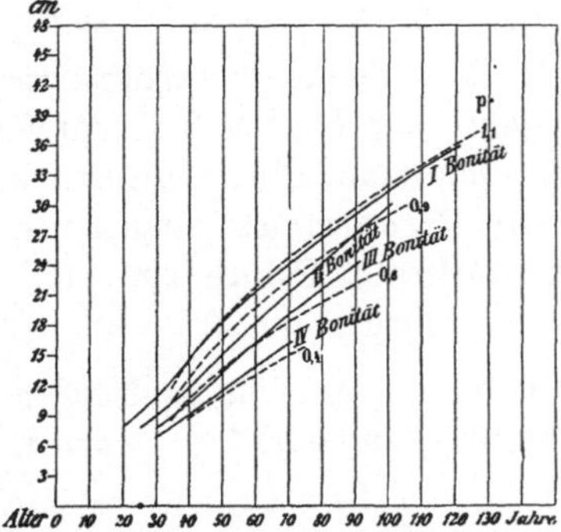

Fig. 42. Kiefern im hessischen Buntsandstein-Gebiete nach Schwappach.

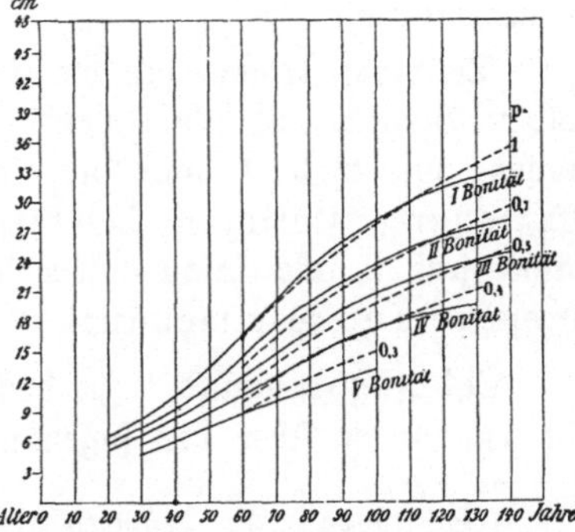

Fig. 43. Kiefern im Gouvernement St. Petersburg nach de Bedemmar.

kunftsmittel liefert. Namentlich dürfte sich auch die Angabe von p als zweckmäßig erweisen, um die Wuchskraft verschiedener Holzarten oder den Einfluß des Standortes hierauf in leicht vergleichbarer Weise auszudrücken. So ist beispielsweise p für die Bonitätsklassen:

	I	II	III	IV	V
der Weißtanne mittleren Schlußgrades nach Schuberg	2	1,6	1,2	0,9	0,6
der Fichten in Norddeutschland nach Schwappach .	2	1,4	0,9	0,6	0,4
der Kiefern in Norddeutschland nach demselben . .	1,5—1,7	1,1	0,8	0,6	0,3
der Kiefern auf Buntsandstein in Hessen nach dems.	1,1	0,9	0,6	0,4	—
der Kiefern im Gouvernement St. Petersburg nach Wargas de Bedemmar	1,0	0,7	0,5	0,4	0,3

In allen diesen Fällen ist daher (analog wie in den auf Seite 176 schon erwähnten) das Grundflächenwachsthum während längerer Zeiträume nach Multiplenreihen dieser Werthe für p verlaufen, so daß hierdurch auch der Verlauf des Durchmesserzuwachses nach der obigen Formel bestimmt ist. Auch hier zeigt sich von Bonität zu Bonität eine regelmäßige Progression von p, die um so bemerkenswerther ist, weil sie häufig mit dem p des Höhenzuwachses sehr nahe zusammenfällt.

5. Der Einfluß des Schlußgrades ist selbstverständlich bei den mittleren Modellstämmen ebenso bemerkbar, wie jener der ungehinderten und der beschränkten Belichtung bei den einzelnen Musterstämmen es war. Hierüber hat namentlich Forstrath Prof. Schuberg*) sehr eingehendes Untersuchungsmaterial mitgetheilt, das ich zu den Darstellungen in Figuren 37, 38 und 39 benützte. Diese zeigen eine sehr beachtenswerthe Steigerung der Wuchskraft mit der lichteren Stellung der Bestände (Schlußgrad a), während die sehr stammreichen Bestandesformen des Schlußgrades c unter sonst gleichen Standortsverhältnissen erheblich hinter jenen des mittleren Schlußgrades (b) zurückbleiben. Es beträgt nämlich annähernd das p für die Bonitäten:

		I	II	III	IV	V
in stammarmen Beständen vom Schlußgrad	a	2,5	1,8	1,4	1,1—1,0	0,8—07
in mäßig geschlossenen „ „ „	b	2,0	1,6	1,2	0,9	0,6
in stammreichen „ „ „	c	1,6	1,2	0,9	0,6—0,7	0,4

Demnach steigert sich die Energie des Wachsthums innerhalb derselben Bonität mit abnehmender Stammzahl ungefähr nach Progressionen, wie 2 : 3 : 4 und wie 4 : 5 : 6, so daß man eine konstante Beziehung zwischen Mittelstärke und Stammzahl annehmen kann, auf welche schon wiederholt von Forstrath Schuberg*) und Professor Dr. Wimmenauer**) hingewiesen worden ist.

Lichtungszuwachs. Zu dem § 26 sind auch alle die zahlreichen Untersuchungen über den sogenannten „**Lichtungszuwachs**“ zu rechnen,

---

*) Schuberg: „Aus deutschen Forsten“, Seite 88—92.

**) Forstwissenschaftliches Centralblatt 1882, S. 157, und Allgemeine Forst- und Jagd-Zeitung 1889, S. 81.

welche schon jetzt eine umfangreiche **Litteratur** darstellen und sich voraussichtlich in nächster Zeit noch erheblich vermehren werden, so daß ein kurzer orientirender Blick auf dieselbe hier geboten erscheint. Die älteste Erwähnung der Erscheinung, daß freistehend erwachsene Bäume einen ungleich größeren Stärkenzuwachs zeigen, als im gedrungenen Bestandesschluß stehende, fand ich in einer Abhandlung von Réaumur in der Histoire de l'Académie Royale des Sciences. 1721.*)

Auch in der älteren deutschen Forstlitteratur begegnet man häufigen Erwähnungen dieser Erscheinung, die besonders ausführlich von C. Heyer (Waldertragsregelung 1841) beschrieben ist; Heyer definirt denselben als „Abhängigkeit des Dickenwachsthums von der Kronenausdehnung und Belaubung" und weist das Auftreten des Lichtungszuwachses an Oberholzbäumen, an Mutterbäumen in Licht- und Abtriebsschlägen und an dominirenden Bäumen gegenüber den schmalen Jahrringen in gedrängtem Stande nach. Auch in G. L. Hartig's Lehrbuch für Förster, sowie in Cotta's Anleitung zur Taxation der Waldungen, 1804, Seite 155 findet man den „äußerst wichtigen Einfluß" erwähnt, welchen „die mehr oder weniger dichte Stellung der Bäume eines Waldes auf den Zuwachs desselben hat," wie ja Cotta bekanntlich in lebhaften Streitverhandlungen die lichtere Erziehung der Bestände und ihren pekuniären Vortheil verfocht. Experimentelle Untersuchungen über den „Massenertrag der ursprünglich pflanzenreichen, erst in späterer Zeit mehr oder weniger gelichteten Bestände" stellten Theodor Hartig**) und Robert Hartig über den Lichtungszuwachs an den Spessarter Eichenoberständern im Buchengrundbestande***) an; während Preßler den Lichtungszuwachs wiederholt zum Gegenstande seiner Untersuchungen machte.†) Auch Forstrath Professor Dr. Nördlinger††) lieferte eine Reihe von direkten Beobachtungen und Messungen der Zuwachssteigerung, welche Folge der vermehrten Lichteinwirkung ist; wie überhaupt seit 1860 eine ungewöhnliche Aufmerksamkeit auf diesen Gegenstand gerichtet

---

*) Réaumur sagt in seinen Réflexions sur l'état des bois du royaume, S. 291: „Wenn man auch nur ein wenig auf den Zustand der Bäume, welche einen Wald zusammensetzen, Acht giebt, so wird man bemerken, daß jene, welche an den Waldgrenzen stehen, um Vieles dicker sind als die gegen die Mitte hin stehenden, wenn diese auch gleiches Alter haben. Hieraus folgt, daß, wenn man nicht auf einer großen Fläche Hochwaldwirthschaft treiben will, es viel vortheilhafter ist, die Bäume in Form langer, schmaler Waldränder (lisières) zu erziehen, als dieselbe Anzahl Bäume auf breiteren und weniger langen Flächen."

**) Th. Hartig: „System und Anleitung zum Studium der Forstwirthschaftslehre", Leipzig 1858, S. 211, und „Naturgeschichte der Forstkulturpflanzen", 1861.

***) Rob. Hartig: „Wachsthum und Ertrag der Rothbuche und Eiche im Spessart" 2c. Stuttgart 1865.

†) „Gesetz der Stammzahl", dann Tharandter Festschrift 1866, S. 137 und 192, ferner im Tharandter Jahrbuch, XVIII. und XXVIII. Bd.

††) Nördlinger: „Der Holzring", 1871, dann „Forstbotanik", 1874, S. 164, und verschiedene Abhandlungen in Zeitschriften.

ist, was sich durch zahlreiche in Zeitschriften enthaltenen Abhandlungen kund giebt. In der jüngsten Zeit sind hierunter namentlich die Arbeiten von Forstrath Wagener (Allg. F. u. J.-Ztg. 1877 S. 41 und daselbst 1887 S. 7 und 145), sowie dessen „Waldbau" (1884), dann jene von Professor Robert Hartig (Holz der Nadelwaldbäume 2c.), von Rinicker (Zuwachsgang in Fichten- und Buchenbeständen, 1886), Borggreve (Holzzucht, 1885) und Krafts verschiedene Schriften, namentlich „Beiträge zur Lehre von den Durchforstungen, Schlagstellungen und Lichtungshieben", 1884 und „Beiträge zur forstlichen Zuwachskunde", 1885, dann H. Bretschneider „Zentralbl. f. d. g. Forstwesen 1888, S. 535 und eine anonyme Abhandlung in der Österr. Forstz. 1889, S. 135 hervorzuheben. Besondere Monographien sind: König, „Über Lichtungszuwachs" 1886, Dr. E. Grasmann, „Beitrag zur Lehre vom Lichtungszuwachs" (Dissertation und Separatabdruck aus Allg. F. u. J.-Z., 1890). Außerdem war das Thema des Lichtungszuwachses Gegenstand der Verhandlungen verschiedener Vereinsversammlungen, z. B. des österr. Reichsforstvereins zu Attersee 1889, des krainisch-küstenländischen zu Nassenfels 1889. Als den wesentlichen Inhalt der bisherigen Erfahrungen und Untersuchungen über diesen Gegenstand kann man folgende betrachten:

a) Als Lichtungszuwachs bezeichnet man jene Zuwachssteigerung, welche erfahrungsgemäß nach jeder durch Stammzahlverminderung bewirkten Lichtung des Kronenraumes geschlossener und noch wüchsiger Bestände eintritt; doch giebt man diese Benennung in der Regel nur dann, wenn eine Unterbrechung des Kronenschlusses oder eine vollständige Freistellung der Bäume vorausgegangen war, während die Zuwachssteigerung nach Durchforstungen gewöhnlich nicht hierunter inbegriffen ist. Damit ein Lichtungszuwachs eintreten könne, muß die Baumkrone noch entwicklungsfähig und die Blattoberfläche einer Vermehrung fähig sein, weshalb überständige, gipfeldürre, verbuttete oder verlichtete Bestände keinen zu liefern vermögen. Schattholzarten, welche in strengem Schluß erwachsen waren, reagiren auf Lichtungen durch eine energischere Zuwachssteigerung, als Lichtholzarten, die schon frühzeitig stammärmere Bestände gebildet hatten.

b) Der Lichtungszuwachs äußert sich verschieden nach den Richtungen, nach welchen der Zuwachs gewöhnlich bemessen wird. Am meisten wird der Grundflächenzuwachs und der damit nach Vorstehendem im Zusammenhange stehende Grundstärkenzuwachs begünstigt, weil in der Krone ein Überfluß an Bildungsstoffen erzeugt wird, der beim Abwärtswandern im Wurzelanlauf ein Bewegungs-Hinderniß findet und dort, wohl auch aus statischen Gründen, zur Verstärkung der Stammbasis Verwendung findet. In den höher gelegenen Baumquerschnitten ist der Lichtungszuwachs meistens relativ kleiner, als in Brusthöhe, doch wechselt dieses Verhältniß nach Holzart und Erziehungsweise. Im Allgemeinen äußert sich dies in einer kegelförmigeren Gestaltung des Stammschaftes bei gleichzeitiger erheblicher Zunahme des Gipfelholzes. Der Formzuwachs besteht daher meist in einer Abnahme der Schaftformzahlen als Folge der Lichtungen, während die Baumformzahlen zunehmen. Viel weniger wird der Höhenzuwachs von der Lichtung berührt, da ja die Bäume in dem Alter, wo Lichtungshiebe geführt werden, schon meistens im Stadium des stark sinkenden Höhenwuchses (siehe § 24) sich befinden. Doch ist bei Schattholzarten, namentlich Tannen eine deutliche Besserung des Höhenwachsthums durch Lichthiebe beobachtet worden.

c) Der Lichtungszuwachs tritt nicht auf allen Standörtlichkeiten gleichmäßig auf, sondern erfolgt auf besseren Böden, auf den frischeren Schattseiten der Berge sicherer und energischer als auf trockenen, mageren Standorten und auf den Süd- und Westexpositionen der Berge. Ebenso äußert die Bestandesbeschaffenheit vor der Lichtung einen bemerkenswerthen Einfluß auf die Größe der Zuwachssteigerung durch die Vergrößerung des Kronenraumes, indem geschlossene, geschonte, mittelalte Bestände mehr von der Lichtung gewinnen, als die von gegentheiligen Eigenschaften.

d) Sehr wichtig ist der Grad der Lichtung und die Art ihrer Ausführung für den günstigen Erfolg. Plötzlicher Übergang von strengem Schluß in starke Freistellung wirkt in der Regel schädlich auf den Wuchs, da bei manchen Holzarten, z. B. Eichen, die Entstehung von sogenannten Wasserreisern begünstigt, und hierdurch Gipfeldürre eingeleitet wird, bei anderen der bekannte Rindenbrand veranlaßt wird, worunter namentlich Buche, Esche und andere Holzarten mit zarter, borkenfreier Rinde zu leiden haben. Außerdem wirkt eine zu starke Lichtung verschlechternd auf den Boden ein, der leichter austrocknen und von Unkräutern verfilzt werden kann; ganz abgesehen von der Windwurfgefahr, in welche man den Bestand durch unvorsichtige Lichtung versetzt und worunter flachwurzelnde Holzarten, wie Fichten, besonders zu leiden haben. Bei einem rationell geleiteten Lichtungsverfahren sollen deshalb die zur künftigen Freistellung bestimmten Stämme durch frühzeitig beginnende Umhauungen von ihrer Umgebung allmählich losgelöst und in pfleglicher Weise an die stufenweise fortschreitende Lichtstellung gewöhnt werden, damit sowohl die Kronen als auch die Rinde des Stammes und das Wurzelsystem Zeit finden, sich den veränderten Lebensbedingungen anzupassen. Der schließlich zu gebende Grad des Kronenabstandes ist je nach Betriebsart und Wirthschaftszweck ein verschiedener. In den natürlichen Verjüngungen bedingen ihn die waldbaulichen Rücksichten auf den Schutz der Jungwüchse und auf deren steigenden Lichtbedarf; hingegen werden im Seebach'schen modifizirten Buchenhochwald und im Wagener'schen Lichtungsbetriebe die Kronen für längere Zeit hinaus dauernd in einen Abstand gebracht, welcher bei letzterem auf 50—70 cm Entfernung der Zweigspitzen normirt ist.

e) Die Ursachen der Erscheinung des Lichtungszuwachses sind physiologischer und agrikulturchemischer Art, können daher hier nur kurz angedeutet werden. Schon aus dem Vergleiche der Darstellungen des Grundstärkenzuwachses in Weißtannenbeständen verschiedener Schlußgrade (Figuren 37 und 39) ist zu entnehmen, daß sowohl die gesteigerte Lichtintensität, welche auf die Blattorgane nach der Freistellung einwirkt, als auch der größere Bodenraum, den die Wurzeln der verbliebenen Reste des Bestandes nun durchwachsen können, sich in einer energischen Wuchskraft p äußern; beide bewirken eben eine bessere Ernährung der einzelnen Stammindividuen und (nach § 20) eine gewisse Übertragung des Zuwachses von einer Vielzahl auf eine geringere Zahl von lebensthätigen Bäumen. Daneben wirkt aber auch die Durchwachsung des freigewordenen Kronenraumes mittelst der aus Adventivknospen gebildeten neuen Triebe und Blattorgane mit, ebenso, wie eine allmähliche Umbildung der ursprünglich im Schatten vegetirenden Blätter in eigentliche Lichtblätter (nach Stahl), endlich eine erhöhte Zersetzung der Humusbestandtheile des Bodens, der Streu- und Moosdecke gewiß in bemerkbarem Grade auf eine stärkere Nährstoffzufuhr zu den freigestellten Bäumen hinausläuft. Sicher ist daher die Zuwachssteigerung einem Komplex von Ursachen zuzuschreiben, wobei allerdings unerläßliche Voraussetzung ist, daß die einzelnen Bedingungen auch wirklich von den in Freistellung gebrachten Bäumen erfüllt werden können, z. B. die Entwicklung von Adventivknospen und neuen Trieben in der Krone, die Umbildung der Schattenblätter, die Ausbreitung des Wurzelnetzes, der Vorrath an noch unzersetzten organischen Resten im Boden ꝛc. Ist dagegen die Zahl der entwicklungsfähigen Adventivknospen bei einer Holzart gering, so wird auch ihr Lichtungszuwachs nicht wesentlich steigen, z. B. bei Kiefern.

f) Die Größe der erfolgenden Zuwachssteigerung ist nicht, wie man etwa glauben könnte, eine Funktion des Lichtungsgrades, sondern hängt viel mehr von der Holzart, dem Alter, der Bestandesbeschaffenheit und den Standortsverhältnissen ab. Im Allgemeinen ist der Lichtungszuwachs energischer bei Schatthölzern als bei den Kiefern; so giebt z. B. Grasmann die Steigerung nach der Lichtung im Vergleiche zu der Zuwachsgröße des dieser vorausgehenden Dezenniums (letztere = 100 gesetzt) folgendermaßen an.

	Zunahme der Zuwachsmasse im I. Dezennium	II. Dezenium nach der Lichtung
bei Fichten	150 Prozent	210 Prozent
„ Kiefern	160 „	180 „
„ Weißtannen	160 „	220 „

Für 75 bis 80jährige Buchen im Seebach'schen Betriebe giebt Oberforstmeister Kraft eine Steigerung des Zuwachses von 3,71 Kubikmeter pro Hektar auf 4,73 Kubikmeter pro Hektar, durchschnittlich also auf 127 Prozent an, nachdem ein Lichtungshieb eingelegt worden war, der 63 Prozent des stehenden Vorrathes herausgenommen hatte. Zahlreiche Daten dieser Art sind in dem Exkursionsbericht der X. Versammlung Deutscher Forstmänner zu Hannover angeführt, wobei z. B. das Zuwachsprozent eines 103jährigen Buchenbestandes von 2,4 Prozent vor der Lichtung

sich nach derselben im	I.	II.	III.	IV.	V. Dezennium
gehoben hatte auf	5,1 %	4,9 %	3 %	2,1 %	2,9 %

g) Eine vielfach in Untersuchung gezogene Frage ist die nach dem Beginn, der Zeitdauer und dem Ende des Lichtungszuwachses. In der Regel tritt die Steigerung des Zuwachses in bisher streng geschlossenen Beständen erst vom zweiten bis vierten Jahre nach der Freistellung ein, seltener und zwar nur bei schon vorher gut entwickelter Kronenausbildung oder in sehr jugendlichem Alter der Bestände ist gleich im ersten Vegetationsjahre die Jahrringverbreiterung eine beträchtliche; eine solche ist namentlich im Mittelwalde an Oberständern der meisten Holzarten zu bemerken. Auch bei vollständiger Freistellung ist die Dauer des Lichtungszuwachses zeitlich beschränkt, wobei sowohl die Aufzehrung des durch raschere Verwesung der humosen Bodenbestandtheile disponibel gewordenen Nährstoffskapitales als auch die zunehmende seitliche Beschattung und die Wurzelausbreitung der Nachbarstämme mitwirken. Inwieweit durch den Unterbau schattenertragender Holzarten der Rückgang der Produktionsfähigkeit des Bodens aufgehalten und so der Lichtungszuwachs längere Zeit konstant erhalten werden kann, ist noch streitig. Während Borggreve diesen Unterbau als entbehrlich, ja unter Umständen als schädlich ansieht, hat im Gegensatz hierzu die Praxis den Burckhardt'schen Grundsatz des Unterbaues aller stark gelichteten Bestände in großem Umfang und mit unleugbarem Erfolg zur Durchführung gebracht.

Was die Lichteinwirkung betrifft, so macht man namentlich bei sehr starken Durchforstungen, sowie beim Seebach'schen modifizirten Buchenhochwald die Erfahrung, daß die Durchwachsung des freigehauenen Kronenraumes ziemlich rasch vor sich geht und daß sofort mit Eintritt einer sogenannten „Kronenspannung" der Lichtungszuwachs alsbald nachläßt; Nachlichtungen sind daher auf allen frischen Standorten in der Regel nach ein bis zwei Dezennien nothwendig geworden.

Wenn wir daher die Mannigfaltigkeit der hier in Betracht kommenden Standorts- und Bestandesverhältnisse bedenken, so dürfen wir uns nicht wundern, daß die Dauer des Lichtungszuwachses sehr verschieden angegeben und dessen Beendigung auf mancherlei Ursachen zurückgeführt wird. Häufig bereitet die rasch fortschreitende Austrocknung des Bodens nach eingelegten kräftigen Lichtungshieben der Zuwachssteigerung ein jähes Ende, während auf frischen Lehmböden die Steigerung lange Zeit andauert. Ebenso verursachen die Verschiedenheiten in der mineralischen Beschaffenheit und im Humusgehalte des Bodens zuweilen sehr ungleiche Erfolge für dieselben Lichtungsgrade und flachwurzelnde Holzarten verhalten sich wieder anders als tiefwurzelnde, wie das ja in der Lehre vom Waldbau eingehend begründet wird.

§ 27. **Die gebräuchlichsten Methoden der Ermittlung des Grundstärken- und des Grundflächen-Zuwachses.** Obgleich dieser Gegenstand in die Lehre von der Holzmeßkunde einschlägt, so kann er doch wegen seiner praktischen Wichtigkeit für die Forsteinrichtung nicht übergangen werden, da die Bestimmung des linearen Durchmesserzuwachses in Brusthöhe stehender Stämme sehr oft benützt wird, um das Prozent des laufenden Zuwachses zu berechnen und Schlüsse auf den Gang des Massenzuwachses zu ziehen, welche letztere freilich nur bedingungsweise zulässig sind.

Ein aufmerksamer Taxator wird schon gelegentlich der Fällungen an den in Sektionen (z. B. Blochlängen) zerlegten Stämmen Untersuchungen über den Durchmesserzuwachs anstellen, indem er auf Papierstreifen die Durchmesser der Jahrringzonen von 10 zu 10 Jahren an den Querschnitten in verschiedenen Höhen aufzeichnet und mit Hilfe dieser Anhaltspunkte sich graphische Darstellungen des Zuwachsganges der untersuchten Bäume in Form von Längsschnitten mit verkürzter Abszissenaxe aufträgt. Solche in den Schlägen aufgenommene Stammanalysen von Probestämmen der einzelnen Stammklassen eines Bestandes gewähren einen sehr guten Einblick in die Wachsthumsverhältnisse einer Holzart auf den verschiedenen in Betracht kommenden Standörtlichkeiten, sowie bei verschiedener wirthschaftlicher Behandlung; sie liefern auch für die Berechnung des Flächen- und Massenzuwachses und seines prozentischen Verhältnisses für die Vergangenheit und für die Zukunft werthvolle Daten.

In Ermanglung solcher Behelfe und für bestimmte ad hoc anzustellende Untersuchungen bedient man sich in vielen Fällen des Preßler'schen Zuwachsbohrers, mittelst dessen bekanntlich in Brusthöhe ein zylindrischer Holzkörper in der Richtung des Radius eines Kreises der Grundfläche ausgebohrt wird. Werden diese Bohrspähne mit Vermeidung des Wurzelanlaufes und sonstiger Unregelmäßigkeiten (Astknoten rc.) an den entgegengesetzten Enden eines Durchmessers erholt, so kann man daran die lineare Größe Z des Durchmesserzuwachses der letzten n Jahre mit dem Millimeter-Maßstabe abmessen, während gleichzeitig der Durchmesser D des Baumes von derselben Stelle bestimmt wird. Zur Berechnung des linearen Zuwachsprozentes p bedient man sich dann gewöhnlich der **Preßler**'schen Näherungsformel

$$p_r = \frac{Z}{2D - Z} \times \frac{200}{n} \text{ für die Vergangenheit}$$

$$\text{und } p_v = \frac{Z}{2D + Z} \times \frac{200}{n} \text{ für die Zukunft.}$$

Oder es wird der Werth von $\frac{D}{D - Z}$ in Form eines unächten Dezimalbruches angegeben, auf der Skala Figur 3 (s. die Tafel) aufgesucht und auf der Zeile für n Jahre mit dem Zirkel abgegriffen, wodurch p mit zwei Dezimalstellen ablesbar wird.

Aus dem Durchmesserzuwachs wird ein Schluß auf den Grundflächenzuwachs gemacht, indem man das Prozent des ersteren verdoppelt (nach **Preßler**); hingegen muß für die Beurtheilung des Massenzuwachses die Form des Baumes, namentlich dessen Beastung und Kronen-Ansatz in Betracht gezogen werden, weil bei Bäumen, die im Lichtstand erwachsen, die Jahrringflächen in Brusthöhe relativ größer sind als die oberen, während die sehr geschlossen erwachsenen Bäume mit hoch angesetzter Krone oben breitere Jahrringflächen anlegen als unten (s. Seite 165). Dem entsprechend gab **Preßler** für eine annähernde Einschätzung des Massenzuwachsprozents nach einem gefundenen linearen Durchmesserzuwachsprozent p einige Erfahrungskoëffizienten, nämlich bei

		Höhenwuchs			
Kronenansatz:		fast fehlend	mittelmäßig	voll	sehr stark
in halber Höhe und tiefer	$p \times$	$2^1/_3$	$2^2/_3$	3	$3-3^1/_2$
zwischen $^1/_2$ und $^3/_4$ der ganzen Höhe .	$p \times$	$2^1/_3-^2/_3$	$2^2/_3-3$	$3-3^1/_2$	$3^1/_3-3^1/_2$
in $^3/_4$ der Höhe und noch höher . .	$p \times$	$2^2/_3$	3	$3^1/_3 - 3^1/_2$	

Für den praktischen Gebrauch sind hierfür von **Preßler** in seinen „Holzwirthschaftlichen Tafeln“ besondere Tabellen konstruirt worden (Tafel 23 und 24), welche die Anwendung des Zuwachsbohrers für Massenzuwachsschätzung wesentlich erleichtern sollten.

Gegenwärtig ist aber die von dem früheren Professor der Forstakademie Eberswalde **Schneider** gegebene Näherungsformel*) für Berechnung des Flächenzuwachsprozentes p′ aus der Anzahl Jahrringe n, welche auf einem Zentimeter Durchmesser zu zählen sind, und aus dem rindenlosen Durchmesser D mehr im Gebrauche; dieselbe lautet $p' = \frac{400}{n\,d}$ und wird am einfachsten abgeleitet aus dem Verhältnisse der Kreisfläche $\frac{D^2\pi}{4}$ zu der Jahreszuwachsfläche, welche als das Produkt von Umfang $D\pi$ mal Jahrringbreite i zu denken ist. Demnach wird p' gefunden aus $\frac{D^2\pi}{4} : D\pi i = 100 : p'$, woraus $p' = \frac{400 i}{D}$ oder da $i = \frac{1}{n}$, so ergiebt sich hieraus obige Formel.

Selbstverständlich bezieht sich dieselbe nur auf die Flächenzunahme an dem untersuchten Stammquerschnitte (z. B. in Brusthöhe) und für den Einzelstamm; da aber in einem Bestande die einzelnen Stammklassen mit sehr verschiedenem p zuwachsen, wie Figur 36 zeigt, und wie die Klassenstämme in Tabelle S. 173 hinreichend beweisen, so muß bei der Übertragung der experimentell ermittelten Flächenzuwachsprozente auf den Zuwachsgang ganzer Bestände mit großer Vorsicht verfahren werden. In dieser Hinsicht hat Oberforstmeister Dr. **Borggreve** ein summarisches Flächenzuwachsprozent P nach dem geometrischen Mittel $P = \frac{100 \Sigma \frac{4}{n} D}{\Sigma D^2}$ in Anwendung gebracht, wodurch die Berechnung des p der einzelnen Stämme umgangen und sofort das Gesammtergebniß für den Bestandesflächenzuwachs erhalten wird. Da aber das Grundflächenzuwachsprozent, wie oben schon gezeigt wurde, keineswegs gleich dem Massenzuwachsprozent ist, so ließe sich möglicherweise eine Übertragung des ersteren auf das letztere nur auf Grund ausgedehnter experimenteller Grundlagen (also nach dem Gesetz der großen Zahlen) ausführen, welche Untersuchungen man am zweckmäßigsten mit denjenigen über den Formzuwachs überhaupt verbinden würde. Einzelne derartige Untersuchungen sind von Dr. **König** und Dr. F. **Storp***) schon ausgeführt worden, aus welchen hervorgeht, daß das Massenzuwachsprozent p'' annähernd gefunden wird, wenn man an die Stelle der Konstanten 400 in der **Schneider**'schen Formel die Zahlen 500 bis 580 für Kiefern setzt, so daß mithin z. B. $p'' = \frac{500}{nD}$ bis $\frac{580}{nD}$ der Ausdruck für den Massenzuwachs eines in Brusthöhe untersuchten Baumes mit n Jahrringen auf 1 cm Durchmesserzuwachs sein würde. Die schon jetzt vorliegenden Weiserstammanalysen und Ertragstafeln gestatten aber nach dieser Hinsicht Schlußfolgerungen, da sie gleichfalls die Durchmesserzunahme auf Brusthöhe und den ihr korrespondirenden Massenzuwachs am mittleren Modellstamme durch einfache Subtraktion der aufeinander folgenden Glieder angeben; man kann daher untersuchen, ob eine konstante Beziehung C zwischen dem jährlichen Durchmesserzuwachs i, dem Durchmesser D und dem Massenzuwachsprozent p''

---

*) Jahrbuch zum Forst- und Jagdkalender für Preußen, 1853, S. 80.
*) Forstwissenschaftliche Blätter 1889, S. 321.

bestehe. Ich habe eine solche Berechnung für den ersten Weiserstamm der von Rob. Hartig*) untersuchten Kiefern und Fichten angestellt und gefunden, daß der Werth von $C = \frac{D \times p''}{i}$ für die verschiedenen Altersstufen folgender war:

am ersten Weiserstamm für	Alter, Jahre:								
	60	70	80	90	100	110	120	130	140
	berechnete Konstanten C =								
Kiefern in Pommern . . .	409	429	320	213	333	256	214	178	1013
Fichten I. Standortskl. im Harz	355	251	273	263	141	—	—	—	—
„ II. „ „ „	599	333	700	316	337	246	217	226	—

Im Durchschnitte wird demnach diese „sogenannte Konstante" bei der obigen Kiefer 374, bei der Fichte I. Bonität 257, II. Bonität 372 betragen, sie zeigt aber in den einzelnen Altersstufen der Bäume so erhebliche Schwankungen, daß die Hoffnung kaum gerechtfertigt erscheint, die an und für sich ganz richtige Schneider'sche Formel in ein verlässiges taxatorisches Hilfsmittel zum Ausdruck des Massenzuwachsprozentes umformen zu können.

Preßler suchte eine Übertragung des Grundflächenzuwachsprozentes p' (oder was nach seiner Annahme dasselbe ist, des doppelten linearen Durchmesserzuwachsprozentes 2p) auf die Bestimmung des Massenzuwachsprozentes p'' dadurch zu ermöglichen, daß p an dem Querschnitt in der halben Stammhöhe gemessen und berechnet wurde. Sein Lehrsatz, daß das laufende Flächenzuwachsprozent in der Stammmitte gleich dem Massenzuwachsprozente der Schaftmasse sei, ist aber in dieser Allgemeinheit nicht haltbar, sondern hat hauptsächlich das Verdienst, die früher herrschende irrige Ansicht (v. König und Andern), als ob das Grundflächen- und das Massen-Zuwachsprozent identisch seien, beseitigt zu haben.

§ 28. **Der Formzuwachs und die Formzahlen.****) Die soeben betrachteten Beziehungen zwischen dem Grundstärken- und dem Massenzuwachs eines Baumes leiten uns von selbst auf die Fragen: 1. wie sich der Zuwachs auf die einzelnen Partien eines Baumes

*) „Wachsthum und Ertrag der Rothbuche im Spessart" 2c.

**) Über diesen Gegenstand existirt eine sehr umfangreiche Litteratur, aus welcher nur einige der wichtigsten Schriften hier angeführt werden können:

Paulsen (in dem bekanntlich von seinem Chef, Kammerrath Führer, angeeigneten Werke: „Kurze praktische Anweisung zum Forstwesen", Detmold 1795, S. 80.
J. W. Hoßfeld; „Forstmathematik", 1812, und „Forsttaxation nach ihrem ganzen Umfange", Hildburghausen 1823. I. Band, Seite 76 u. ff.
Cotta: „Taxation der Waldungen", Berlin 1804, S. 121—130, und dessen „Hilfstafeln für Forsttaxatoren".
König: „Forstmathematik", 1835.
Smalian: „Beiträge zur Holzmeßkunst", 1837.

vertheile, und 2. in welchem Verhältniß der wirkliche Inhalt des Baumes in den verschiedenen Wuchsformen und Lebensaltern zu dem aus Stammgrundfläche und ganzer Höhe berechneten Walzeninhalte stehe.

ad 1) Über die erstere Frage sind von Rob. Hartig die eingehendsten Untersuchungen gemacht worden, wornach (s. Seite 165) im astfreien Schafte der Flächenzuwachs in der Regel nach unten zunimmt, so lange die Krone reichlich belichtet ist, während gleichzeitig die Jahrringbreite nach unten meistens kleiner wird, sofern nicht ein eigentlicher Lichtungszuwachs stattfindet. Dagegen zeigen alle Bäume mit schwach ausgebildeter, beherrschter Krone eine Abnahme des Flächenzuwachses von oben nach unten, dem natürlich eine noch viel stärkere Abnahme der Ringbreiten entspricht. In der Baumkrone nimmt noch deutlicher als beim Stammschafte die Zuwachsgröße von oben nach unten zu. Je nachdem nun ein Baum innerhalb seiner Lebensdauer entweder ganz frei erwachsen war oder vorwiegend der herrschenden oder aber mehr der beherrschten Stammklasse angehört hat, häufte sich die Zuwachsmasse mehr an der Basis oder mehr in den höheren Stammtheilen an, wodurch sich die Wuchsform des Stammes bald mehr der

---

Die vom königlich bayerischen Forsteinrichtungsbureau herausgegebenen „Massentafeln zur Bestimmung des Inhalts der vorzüglichsten deutschen Waldbäume“, München 1846. An dem Streit über deren wissenschaftliche und praktische Verwendbarkeit betheiligten sich in der Allgemeinen Forst- und Jagd-Zeitung hauptsächlich Th. Hartig, Gust. Heyer, Preßler, R. Micklitz, Judeich und F. v. Baur.

Fernere selbständige Schriften:

Gust. Heyer: „Über Ermittlung der Masse, des Alters und des Zuwachses der Holzbestände“. Dessau 1852.

Preßler: „Gesetz der Stammbildung“. Leipzig 1865.

Stahl: „Die praktische Anwendung der Massentafeln“, 1866.

Alfr. Püschel: „Die Baummessung und Inhaltsberechnung nach Formzahlen und Massentafeln“ 2c. Leipzig 1871.

F. v. Baur: „Holzmeßkunde“, III. Auflage. Berlin 1882.

T. Lorey: „Über Stammanalysen“ 2c. Stuttgart 1880.

T. Lorey: „Über Baummassentafeln“ 2c. Festschrift. Tübingen 1882.

Rinicker: „Über Baumform und Bestandesmasse“. 1873.

Max Kunze: „Lehrbuch der Holzmeßkunst“. Berlin 1873; dann Supplement zum Tharandter Jahrbuch, II. Bd. 1882: „Über Formzahlen der gemeinen Kiefer und Fichte“.

Max Kunze: „Anleitung zur Aufnahme des Holzgehalts der Waldbestände“. Berlin 1886.

Weise: „Über Formzahlen der Kiefer“ 1881. (Allgemeine Forst- und Jagd-Zeitung).

A. Schwappach: „Leitfaden der Holzmeßkunde“. Berlin 1889.

Fankhauser jun.: „Praktische Anleitung zur Bestandesaufnahme“. Bern 1884.

A. Ritter von Guttenberg in Lorey's Handbuch der Forstwissenschaft, II. Bd., Abschn. XI.: „Holzmeßkunde“.

Zugleich enthalten aber auch alle Werke über Ertragstafeln für einzelne Holzarten wichtige Arbeiten über Formzahlen, so jene von Th. Hartig, Rob. Hartig, F. v. Baur, Kunze, Lorey, Schuberg, Schwappach, Speidel u. A., welche an anderer Stelle angeführt sind.

Kegelgestalt, bald mehr dem Zylinder nähert. **Preßler** drückte diesen Gedanken in dem Satze aus:

„Die Form des Stammes und namentlich seines Schaftes ist eine Funktion seiner Krone; sie ist bedingt durch Ansatzhöhe, Gestalt und Einwirkungsdauer der letzteren." (II. Lehrsatz im Gesetz der Stammbildung.)

In präziserer Weise könnte diese Frage dadurch erörtert werden, daß die erzeugenden Kurven, durch deren Rotation man sich die wirkliche Stammform entstanden denkt, analytisch genauer untersucht und deren Mittelwerthe für die wichtigsten Wuchsformen der einzelnen Holzarten bestimmt würden. Diese Aufgabe würde am besten mit den Formzahl-Erhebungen zu verbinden sein, sie ist aber bis jetzt noch nicht gelöst.

ad 2) Das Verhältniß zwischen dem wirklichen Bauminhalt m zu dem stereometrisch berechneten Inhalte eines Zylinders von gleicher Grundfläche g (in 1,3 Meter Brusthöhe) und gleicher Scheitelhöhe h heißt man die **Formzahl** f. Dieselbe ist ein Koëffizient, mit welchem der Inhalt der sogenannten Idealwalze, wie sie aus dem gemessenen Brusthöhendurchmesser und aus der mittelst Hypsometern gefundenen Scheitelhöhe konstruirt wird, multiplizirt werden muß. Demnach ist

$m = fgh$ und $f = \frac{m}{gh}$, welche Formeln **Hoßfeld** in seinen beiden angeführten Werken zuerst gegeben hat, nachdem zuvor schon **Paulsen** die Idee dieser Reduktionszahlen entwickelt hatte. Die Ermittlung der Formzahlen muß sich auf ausgedehnte Untersuchungen an gefällten Bäumen stützen und es müssen die geometrischen Mittelwerthe unter sorgfältiger Ausscheidung der typischen Wuchsformen, sowie der Altersstufen für die einzelnen Holzarten berechnet werden. Da sich viele Forscher und auch amtliche Versuchsstellen mit der Beschaffung dieser wichtigen taxatorischen Grundlagen beschäftigt haben, so erklärt sich hieraus die große Zahl der über Formzahlen geschriebenen Schriften. Unter den Formzahlen selbst haben die von der bayerischen Staatsforstverwaltung auf Grund von ca. 40000 genauen Stammmessungen konstruirten, welche in den sogenannten „bayerischen Massentafeln" enthalten sind, sich fast ein halbes Jahrhundert lang als die brauchbarsten bewährt, doch werden sie durch die neuerdings mit größerer Spezialisirung ausgeführten Formzahlen der deutschen forstlichen Versuchsanstalten verdrängt. Da sich viele Taxatoren noch dieser Formzahlen bedienen, so fügen wir eine Umrechnung derselben ins Metermaß hier bei zum Vergleich mit den neueren Erhebungen (s. Tabelle Seite 196). Praktisches Interesse bieten gegenwärtig nur die **auf den konstanten Meßpunkt in Brusthöhe (1,3 Meter über dem Boden) bezogenen Brusthöhenformzahlen**, während die von **Smalian** und **Preßler**

Die Schaftformzahlen der bayerischen Massentafeln,

herausgegeben vom königlich bayerischen Ministerial-Forsteinrichtungsbüreau, München, den 22. Mai 1846.

(Auf das metrische Maß übertragen von R. Weber).

Holzart und Altersstufe	Bei folgenden Durchmessern auf Brusthöhe (1,3 m) sind die Schaftformzahlen (in Tausendsteln):															
Zentimeter	10	15	20	25	30	35	40	45	50	55	60	65	70	75	80	85
Fichten																
haubar	544	517	497	483	471	459	449	438	427	417	407	396	385	376	367	358
angehend haubar	524	510	497	483	469	454	439	426	411	398	—	—	—	—	—	—
Mittelholz . . .	522	500	480	460	440	421	402	383	—	—	—	—	—	—	—	—
Weißtannen																
haubar	580	568	555	543	530	517	505	492	479	468	458	447	440	431	424	417
angehend haubar	556	542	530	515	501	486	473	459	444	430	—	—	—	—	—	—
Mittelholz . . .	548	521	494	467	440	—	—	—	—	—	—	—	—	—	—	—
Lärchen																
haubar	514	494	475	454	435	415	394	373	352	—	—	—	—	—	—	—
angehend haubar	481	468	455	441	429	414	—	—	—	—	—	—	—	—	—	—
Eichen (alle Altersklassen) bei einer Höhe von																
5—10 m	531	634	720	791	837	867	—	—	—	—	—	—	—	—	—	—
10—15 „	492	550	595	624	649	666	681	694	707	719	725	730	734	—	—	—
15—20 „	—	518	543	564	580	593	603	613	620	627	633	637	639	641	642	—
20—25 „	—	501	513	525	536	545	551	558	565	569	572	576	579	582	584	585
25—30 „	—	—	495	504	513	519	527	532	536	540	545	549	551	553	555	557
30—35 „	—	—	—	—	—	500	506	509	512	515	518	520	522	524	526	527
Buchen (haubare Klasse, d. h. 109—144 jährig) bei einer Höhe von																
10 m	606	623	639	653	669	683	—	—	—	—	—	—	—	—	—	—
10—15 „	566	578	590	600	611	623	634	645	656	668	—	—	—	—	—	—
15—20 „	—	542	550	559	567	575	582	590	598	605	612	619	—	—	—	—
20—25 „	—	—	532	537	543	550	556	563	569	576	583	588	594	600	—	—
25—30 „	—	—	—	546	549	552	555	558	561	564	567	569	572	575	577	579
30—35 „	—	—	—	—	554	554	555	555	556	557	557	557	557	557	557	557
35 m und mehr	—	—	—	—	—	—	553	550	549	548	548	547	546	546	546	545

bei einer Scheitelhöhe von	**Buchen** angehend haubar (73—108-jährig)	**Buchen** Mittelholz (36—72-jährig)	**Kiefern** haubar (91—120-jährig)	**Kiefern** angehend haubar (61—90-jährig)	**Kiefern** Mittelholz (30—60-jährig)	**Birken**
5 m	—	698	—	—	578	—
5—10 „	604	615	600	576	521	620
10—15 „	530	488	557	497	470	488
15—20 „	523	460	494	462	448	455
20—25 „	523	—	460	443	433	443
25—30 „	523	—	439	430	419	432
30—35 „	—	—	425	423	—	424

befürworteten sogenannten „echten" Formzahlen, welche sich auf gleiche Bruchtheile der Höhe $\left(\frac{1}{20}h\right)$ bezogen hatten, nie zu ausgedehnterer Anwendung gelangen konnten. Ebenso haben die von Rinicker empfohlenen „absoluten Formzahlen", die nur den Stamminhalt oberhalb des Meßpunktes ausdrücken, das unterhalb liegende Stammstück aber auf eine besondere Messung verweisen, mehr rein mathematisches Interesse als taxatorischen Werth. Die von H. Cotta auf den Idealkegel als Einheit bezogenen sogenannten Ausbauchungszahlen sind schon lange verlassen worden und haben nur noch historische Bedeutung.

Aber auch die Brusthöhenformzahlen können, trotzdem ihre Einheit (der Idealzylinder) bei gleichen Dimensionen dieselbe Größe bedeutet, dennoch nach verschiedenen Hinsichten unterschieden werden, je nachdem der mit demselben verglichene „wirkliche Bauminhalt" m definirt wird: a) Versteht man unter letzterem die gesammte oberirdische Holzmasse (also mit dem Ast- und Reisigholz, aber ohne das Stock- und Wurzelholz), so heißt der Koëffizient f die Baumformzahl; b) wird unter m die Masse des von Ästen und Reisig befreiten, entgipfelten Stammschaftes gemeint, so drückt man dies durch die Schaftformzahl aus; c) begreift man dagegen unter m nur das Derbholz, d. h. werden alle Äste und Gipfeltheile unter 7 Zentimeter Durchmesser entfernt gedacht, so nennt man f die Derbholzformzahl; d) ebenso kann man das Reisholzquantum im Verhältniß zur Idealwalze ausdrücken und erhält so die Reisholzformzahl, welche mit der soeben genannten sich wieder zu der sub a) aufgeführten ergänzen muß.

Bei der Anwendung der Formzahlen zu Schätzungen muß sich der Taxator daher zuvor genau darüber Rechenschaft geben, welche Art von Bauminhalt er zu wissen nöthig hat, was namentlich davon abhängig ist, wie im Forstbetriebe die Verbuchung der Fällungsergebnisse in dem Kontrolebuche geschieht, d. h. ob nur das Derbholz oder auch das Reisig mit der Schätzung abgeglichen wird. In der Regel wird letzteres nur in Mittel- und Niederwaldungen gebucht, in den Hochwaldungen dagegen als ein Accessorium des Derbholzes betrachtet und außer Ansatz gelassen.

Die Annahme eines konstanten Meßpunktes in 1,3 Meter Höhe ist eine blos durch praktische Rücksichten sich ergebende Nothwendigkeit, sie wirkt aber störend ein auf den Einblick in den naturgesetzlichen Gang des Formzuwachses, weil hierdurch Bäume von ganz gleicher Formkurve aber von ungleichen Höhen eine verschiedene Formzahl erhalten — ein Nachtheil, welchem die oben erwähnten „echten" und ebenso die „absoluten" Formzahlen hätten begegnen sollen. Noch ungleich störender ist die gleichfalls vom praktischen Bedürfnisse diktirte, aber in naturgesetzlicher Hinsicht ganz willkürliche Ausscheidung von Derbholz- und Reisholz-Formzahlen. Wir dürfen daher nicht erwarten, aus solchen Zahlen einen klaren Begriff von dem gesetzmäßigen Verlauf des Formzuwachses zu erhalten, sondern können diesen nur von den sub 1 erwähnten Untersuchungen erhoffen. Trotzdem lassen sich aus dem reichhaltigen Material an Formzahlen gewisse allgemeine Erfahrungssätze ableiten, welche durch die Figuren 44—52 und 53—55 eine in die Augen fallende Illustration erhalten:

Wenn man die ermittelten Formzahlen nach Scheitelhöhen anordnet, wie dies auf Seite 199—200 in Fig. 44 bis 52 geschehen ist, so beginnen die Baumformzahlen mit sehr hohen Werthen, die nicht selten weit über 1 hinaufgehen, d. h. so lange der Gipfel den Hauptbestandtheil des Baumes ausmacht, ist die Masse des wirklichen Bauminhaltes inklusive Ast- und Reisholz größer als die aus der Grundfläche mal Höhe berechnete Idealwalze. In diesem Jugendstadium sind daher die Baumformzahlen meistens unechte Dezimalbrüche; ihr Werth nimmt aber mit steigendem Höhenzuwachs rasch ab und verläuft etwa vom 40. Jahre an mit einem weiteren mäßigen Fallen (nur die Buchen nach Baur ausgenommen). Im großen Ganzen liegt der Werth der Baumformzahlen über 0,5 und bewegt sich bei Höhen von über 20 Meter zwischen 0,6 und 0,5. Unter den Holzarten haben die Kiefern verhältnißmäßig die kleinsten, Weißtannen die größten Baumformzahlen, Fichten und Buchen liegen in der Mitte, doch üben hierauf die Standortsverhältnisse und die Bestandesdichtigkeit, sowie die Altersstufen und die Durchmesser einen erheblichen Einfluß aus, indem bei jugendlichem Alter, bei geringen Durchmessern und auf schlechteren Bonitäten die Baumformzahlen größere Werthe haben als unter entgegengesetzten Umständen.

Fast den entgegengesetzten Verlauf zeigen die Derbholzformzahlen, welche in dem Jugendstadium wegen des Fehlens von Stammtheilen mit über 7 Zentimeter Durchmesserstärke in sehr kleinen Beträgen (zwischen 0 und 0,1) anfangen, dann aber rasch bis zu 0,5 steigen, um sich einem Kulminationspunkte zu nähern, von dem an ein langsames Fallen (nach der Analogie des soeben besprochenen Verlaufes der Baumformzahlen) beginnt; in den höheren Lebensaltern bewegen sich die Derbholzformzahlen meistens in Grenzen zwischen 0,4 bis 0,5, sie sind aber gleichfalls bei Weißtannen größer als bei Buchen, Fichten und namentlich Kiefern.

Die Schaftformzahlen liegen aus begreiflichen Gründen zwischen den beiden vorgenannten inne. Auch sie beginnen mit verhältnißmäßig hohen Werthen (von 0,7 bis 0,9 im Jugendstadium), fallen aber rasch bis auf 0,8, um dann allmählich in die sinkende Kurve der Derbholzzahlen überzugehen und mit annähernd 0,5 zu enden, weil in höheren

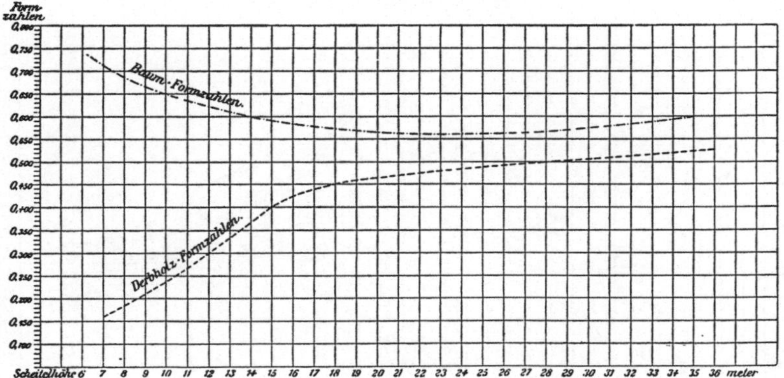

Fig. 44. Für Rothbuchen nach F. v. Baur.

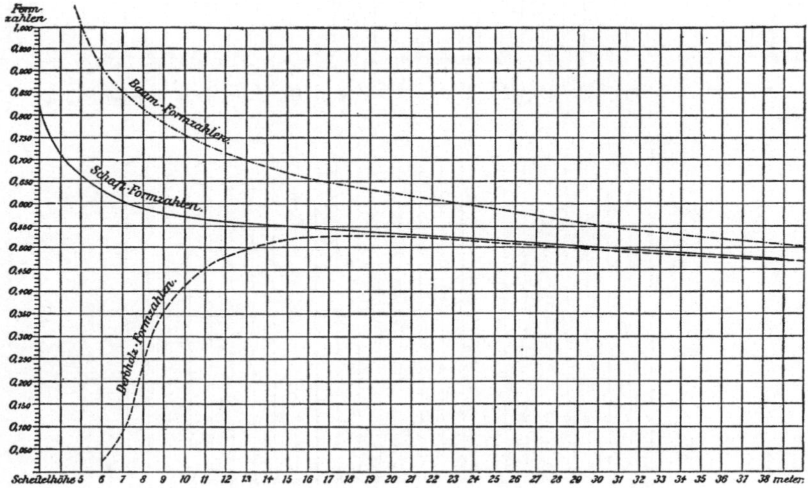

Fig. 45. Für Fichten nach Kunze.

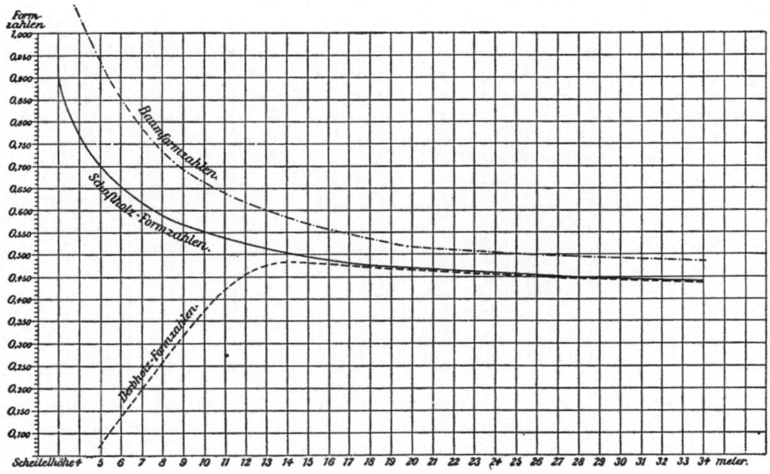

Fig. 46. Für Kiefern nach Kunze.

Für Weißtannen nach Schuberg.

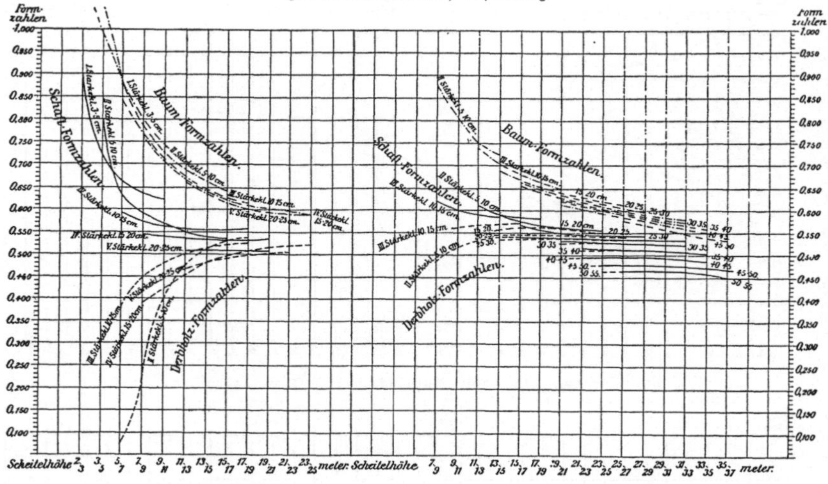

Fig. 47. Altersstufe 31—40 Jahre. **Fig. 48.** Altersstufe 90—120 Jahre.

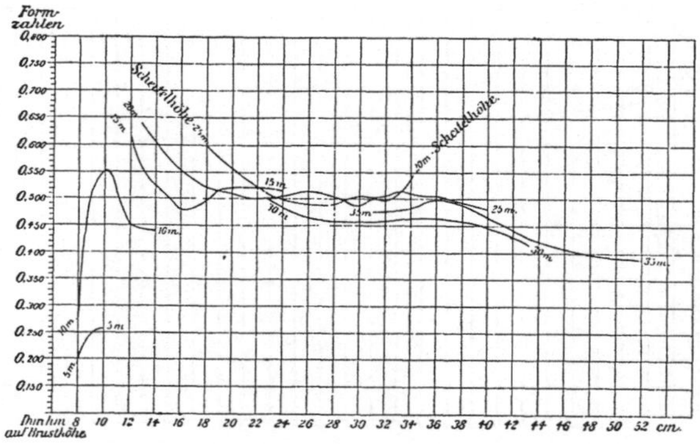

Fig. 49. Derbholzformzahlen für Fichten nach Lorey.

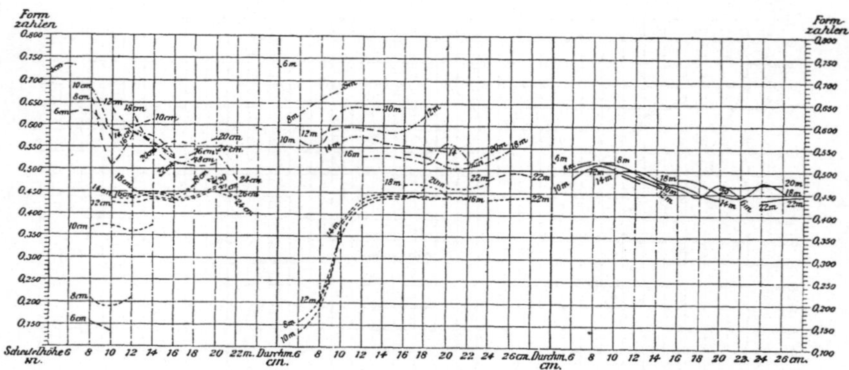

Fig. 50 und 51. Baum- und Derbholzformzahlen für Kiefern nach Speidel.

Fig. 52. Schaftformzahlen für Kiefern nach Speidel.

Bestandes-Formzahlen
der Baum- und Derbholz-Massen.

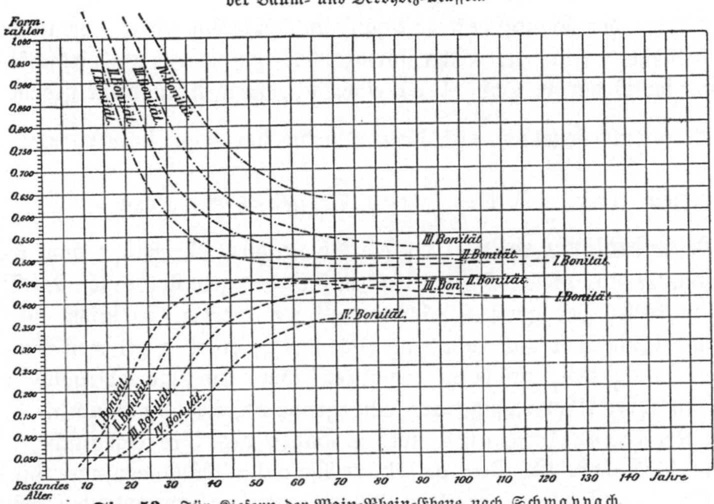

Fig. 53. Für Kiefern der Main-Rhein-Ebene nach Schwappach.

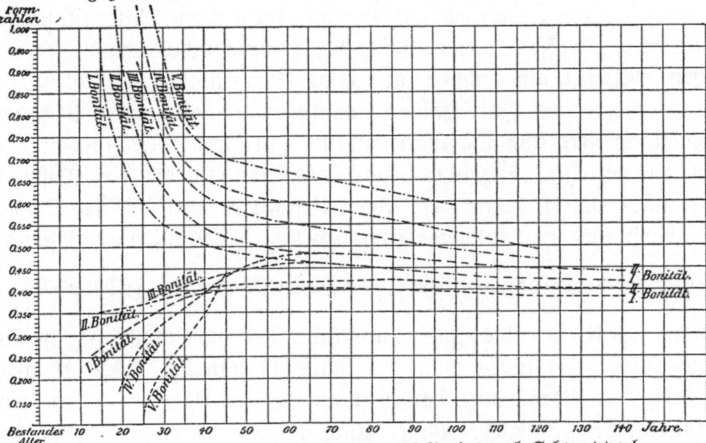

Fig. 54. Für Kiefern des norddeutschen Tieflandes nach Schwappach.

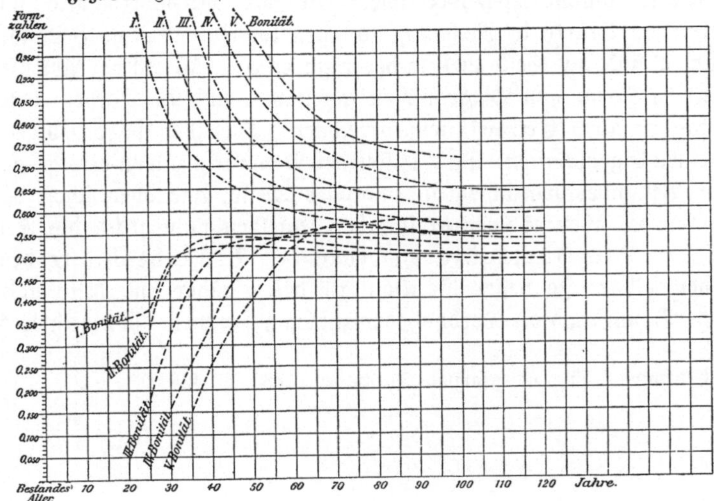

Lebensaltern der Baumschaft fast ganz aus Holz von über 7 Zentimeter Dicke besteht. Für die Schaftformzahlen bezogen auf Brusthöhen-Durchmesser D hat v. Strzelecki einen allgemeinen Ausdruck gegeben*) durch Vergleich desselben mit dem Durchmesser δ in halber Höhe $\frac{h}{2}$. Nach diesem Autor soll $f = \frac{\delta}{D} \times 0{,}71$ gefunden werden.

Bestandesformzahlen. Da die Formzahlen überhaupt nur große Durchschnitte aus vielen Einzelversuchen sind und gewissermassen statistisch nach dem Gesetz der großen Zahlen abgeleitet werden, so lassen sie sich nicht mit Sicherheit zur kubischen Berechnung eines gegebenen Einzelstammes anwenden, sondern bewähren ihre Vorzüge ebenfalls nur wieder in ihrer Übertragung auf eine große Anzahl von Bäumen, d. h. in der Bestandesschätzung, welche daher als ihre eigentliche Aufgabe zu bezeichnen ist. Für detaillirte Bestandesschätzungen nach Durchmesserklassen muß eine sorgfältige Anordnung der experimentell gefundenen Koëffizienten f nach Höhen, Durchmessergrenzen, Altersstufen und Wuchsformen getroffen worden sein; für summarische Schätzungen aber nach dem Mittelstamm nützen derartige Formzahltafeln nicht so viel, als die geometrischen Mittelzahlen, welche man aus ganzen Bestandesaufnahmen ableitet und die man auf die mittleren Bestandesalter als Abszissenaxe bezieht. Bezeichnet man nämlich mit M_a die Masse des Holzvorrathes von 1 Hektar a jährigen Bestandes, mit G dessen Stammgrundflächensumme in 1,3 Meter Höhe, mit H dessen mittlere Bestandeshöhe, so ist die geometrisch mittlere Bestandesformzahl $F = \frac{M_a}{G \cdot H}$ d. h. man denkt sich die ganze wirkliche Bestandesmasse M_a in Vergleich zu einer Idealwalze von der Basis G und der Höhe H gesetzt und drückt das Verhältniß der ersteren zu letzterer in Form eines Reduktionsfaktors F aus, wobei auch wieder entweder die ganzen Bauminhalte sammt Reisholz oder nur die Derbholzinhalte über 7 Zentimeter Stärke in Rechnung kommen können. Solche Bestandesformzahlen sind auf Seite 201 in den Figuren 53—55 auf der Abszissenaxe Zeit in Form von Diagrammen gezeichnet, und sie werden neuerdings fast in allen Ertragstafeln berechnet. Dieselben haben folgende allgemeinen Eigenschaften: Das Sinken der Baumformzahlen erfolgt auch bei den Bestandesformzahlen in analoger Weise, wie oben schon dargestellt wurde, aber es machen sich bei denselben namentlich die Einflüsse der Standortsgüte und dann der Bestandesdichte deutlicher bemerkbar: Je besser die Bonität, desto früher und desto näher rücken die Baum- und die Derbholzformzahlen zusammen; je schlechter die

*) Centralblatt für das gesammte Forstwesen 1883, S. 430.

Bonität, desto weiter fallen beide auseinander. Denn bei schlechter Ernährung findet die Ausscheidung des Nebenbestandes langsamer statt als bei guter; infolgedessen ist auf guten Standorten dem Einzelbaum ein größerer Ernährungsraum geboten als auf geringeren Bonitäten, und namentlich der Kronenraum ist auf ersteren größer als auf letzteren. Die Stammform auf besseren Standorten wird daher mehr dem vorherrschenden Grundflächenwachsthum entsprechen, d. h. sich mehr der Kegelform nähern, als jene auf schlechteren Bonitäten, wo der Grundflächenzuwachs minimal ist. Dicht geschlossene Bestände und solche auf geringen Standorten liefern daher vorwiegend Bäume von dem Typus der unterdrückten Stammklassen mit schwacher Basis und mehr walzenförmiger Gestalt. Was dagegen die Derbholzproduktion betrifft, so ist diese selbstverständlich auf den besseren Standorten eine raschere und größere als auf den geringeren, daher das schnelle Ansteigen der Derbholzkurven auf ersteren und das lange Zurückbleiben auf letzteren Bonitäten. Übrigens ist der von Forstrath Schuberg gelieferte Nachweis beachtenswerth, daß die Bonitätsklassen keinen Einfluß auf den Quotienten $\frac{M}{G} = HF$, d. h. die sogenannte Bestandes-Richthöhe ausüben, sondern daß letztere blos eine Funktion der Durchmesser bildet; denn hierdurch wird, sobald die Durchmessermessung gemacht ist, eine Bonitätsausscheidung und eine besondere Höhenermittlung für jede Klasse derselben umgangen.

Massentafeln. Die Anwendung der Formzahlen zu Schätzungen gründet sich in der Regel auf deren Umrechnungen zu Erfahrungstafeln über die Holzhaltigkeit der Baumstämme bei verschiedenen Alters-, Höhen- oder Stärkestufen, sogenannten „Massentafeln". Aus solchen Tabellen lassen sich die wirklichen Stamminhalte bei gegebenem Brusthöhendurchmesser und bekannter Höhe unmittelbar ablesen, da sie die reduzirten Inhalte für $m = ghf$ schon fertig berechnet enthalten und daher die Multiplikation der Formzahl mit dem Idealzylinder ersparen. Mehr ausnahmsweise findet die Einschätzung*) und die eigene Ermittlung der Formzahlen in solchen Fällen statt, wo besondere örtliche Wuchs- und Bestandesverhältnisse dies nothwendig machen, z. B. bei Oberständern im Mittelwalde, bei seltener vorkommenden Holzarten oder ganz abnormen Wuchsformen u. dergl. In den Forsteinrichtungsarbeiten, wo hauptsächlich die verbreiteteren Holzarten zu Beständen vereinigt in Frage kommen, wiegt aber die Anwendung der Massentafeln für Schätzungszwecke weitaus vor. Der Grundgedanke der Massentafeln ist, daß Bäumen derselben Holzart von annähernd gleichem

*) Siehe hierüber ausführlicher in Alf. Püschel: „Die Baummessung" ꝛc. Leipzig 1871.

Alter und den gleichen Brusthöhendurchmessern und Höhen auch gleiche Masseninhalte zukommen müssen; deshalb sind diese Tafeln nach Holzarten und Altersabstufungen getrennt und geben innerhalb jeder Tafel alle vorkommenden Kombinationen von Höhen und Durchmessern in Horizontal- und Vertikalspalspalten an nebst dem jeder Kombination entsprechenden Stamminhalte, letzteren gewöhnlich getrennt nach Derb-, Reisig- und Gesammtholzmasse, zuweilen wird aber auch nur die Schaftholzmasse angegeben (z. B. in den bayerischen Massentafeln). Während letztgenannte bisher nach ihrer Übertragung ins metrische Maß durch Behm, Stahl, v. Ganghofer, Schindler und Fankhauser auf ausgedehnten Gebieten im Gebrauche standen,*) scheint die Zukunft hauptsächlich den neuen durch den Verein deutscher forstlicher Versuchsanstalten in Angriff genommenen Massentafeln zu gehören, wovon Lorey in seinen Baummassentafeln, Schuberg in seinem öfter zitirten Werke („Aus deutschen Forsten"), Schwappach und F. v. Baur („Formzahlen und Massentafeln für Kiefer und Fichte") sehr anerkennenswerthe Theilbearbeitungen gegeben haben. Auf diese und auf die noch zu erwartenden Massentafeln wird daher hiermit verwiesen.

Die Anwendung der Massentafeln zu Bestandesschätzungen setzt voraus, daß man zuvor die sämmtlichen Brusthöhendurchmesser der zu taxirenden Bäume (z. B. der auf einer Probefläche befindlichen Stämme oder der in einem Schlage zerstreut stockenden Nachhiebshölzer) mit einer guten Kluppe gemessen und sich dann mittelst eines Höhenmessers so viele Scheitelhöhenangaben verschafft habe, um hieraus bei graphischer Darstellung auf einer Durchmesser angebenden Abszissenaxe eine Kurve der mittleren Höhen aller Stammklassen konstruiren zu können. Werden dann in einem geeigneten Formulare die Stammzahlen aller Durchmesserklassen (von 2 : 2 Zentimeter) und zugleich die zugehörigen Mittelhöhen eingetragen, so geben diese Dimensionen die Anhaltspunkte, um aus der mit der Holzart und Altersklasse übereinstimmenden Baum- oder Derbholz-Massentafel die Inhalte der Einzelstämme im Mittel für jede Durchmesserklasse entnehmen zu können. Es erübrigt dann nur deren Multiplikation mit den einzelnen Stammzahlen in den entsprechenden Durchmesserklassen und die Addition der Produkte, um den Gesammtinhalt aller Stämme entweder mit oder ohne Reisholz zu erhalten. Wird in einem Reviere eine größere Anzahl solcher Massenaufnahmen bei Kubirung nach Massentafeln durch-

*) Verfasser dieses hat die Formzahlen der bayerischen Massentafeln für die sogenannten „Inderzahlen" des forstlichen Kubirungskreises umgerechnet, welche zur Einstellung eines Kreises mit einfach logarithmischer Theilung auf einem zweiten mit quadratischer Logarithmentheilung benützt werden; hierdurch wird die Multiplikation mit dem Idealwalzeninhalt auf mechanischem Wege (durch einfaches Einstellen) ausgeführt. Andere Formzahlen lassen sich leicht ebenso in Inderzahlen umrechnen. Anleitung nebst Instrument zu beziehen bei J. Springer, Berlin.

geführt, so vereinigt man die Berechnungstabellen zu einem nach der Nummernfolge der Abtheilungen angeordneten Hefte, welches eine Beilage des Forsteinrichtungswerkes bildet.

§ 29. **Der Massen- (oder Volum)-Zuwachs des Einzelstammes.** Die gesammte räumliche Zunahme, welche der Baum durch Streckung seiner Axen, sowie durch die Zellen-Neubildung vom Kambiummantel aus erfährt, heißt man gewöhnlich seinen Massenzuwachs, obgleich es richtiger wäre, in diesem Falle von Volumzuwachs zu sprechen. Derselbe ist nach Vorstehendem als das Produkt von Grundflächen-Längen- und Formzuwachs aufzufassen (d. h. $m = ghf$). Da aber schon der Gang dieser einzelnen Faktoren nicht ganz genau durch allgemein giltige Formeln, sondern nur annähernd sich ausdrücken läßt, so kann man diese Produkte nicht benutzen, um auf deduktivem Wege eine streng mathematische Herleitung der Gesetze des Volumzuwachses zu unternehmen. Deshalb verspricht auch hier der induktive Weg der direkten Untersuchung allein Erfolg und er ist mittelst der sogenannten Stammanalysen von Probestämmen von einer Anzahl Forschern schon betreten worden; doch liegen umfangreiche Publikationen hierüber vorzugsweise von Theodor Hartig, Robert Hartig, Weise und E. Speidel vor, während die Ertragstafeln in der Regel keine Angaben über solche Untersuchungen enthalten. Neben den Stammanalysen können auch die Dimensionen von Klassenstämmen verschiedenen Alters, aber von einerlei Bonitätsklasse, wie solche für 4 Bonitätsklassen von Fichten und Kiefern neuerdings von Professor Kunze im Tharandter Jahrbuch, Suppl.-Bd. III, Jahrg. 1884 veröffentlicht worden sind, durch Interpolirung zu Kurven vereinigt werden, welche unter gewisser Reserve zur Darstellung des Wachsthumsganges der einzelnen Kategorien von Stämmen dienen können.

Um ein übersichtliches Bild von diesen Untersuchungsergebnissen zu gewinnen, habe ich einen kleinen Theil derselben in den Figuren 57 bis 70 in Form von Diagrammen dargestellt, welche auf der Abszissenaxe „Zeit" die kubischen Inhalte der Schaftmasse dieser verschiedenen Probestämme als Ordinaten von den durch die Skala angegebenen Werthen angeben. Die Verbindung der Endpunkte dieser Ordinaten liefert dann Linien, welche den Wachsthumsgang der Einzelstämme darstellen und in diesen Bildern dem Vorstellungsvermögen, sowie dem Gedächtnisse, namentlich des Lernenden zu Hilfe kommen. Sie unterstützen aber auch die Erkenntniß der Wachsthumsgesetze, indem sie den Volumzuwachs als eine Funktion der Zeit erscheinen lassen und seinen Gang mit dem Kurvenverlaufe bekannter Progressionen zu vergleichen gestatten, wodurch für annähernde Schätzung und für gegenseitige Vergleichung verschiedener Reihen brauchbare Anhaltspunkte gewonnen werden.

Schon bei der Besprechung der Gewichtszunahme des Einzel-

Volumenzuwachs des mittleren Klassenstammes.

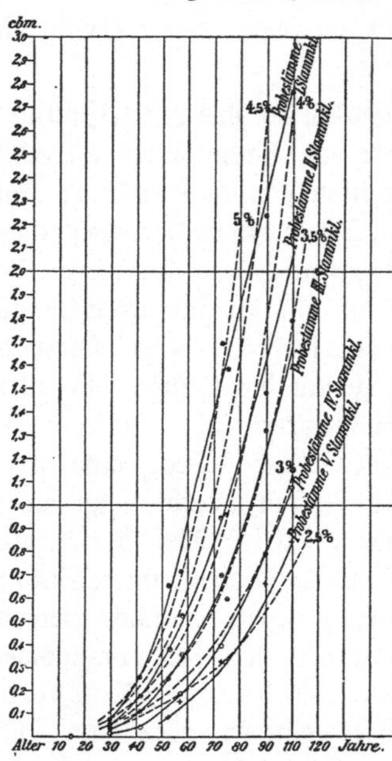

Fig. 65. Rothbuche im Spessart nach Rob. Hartig.

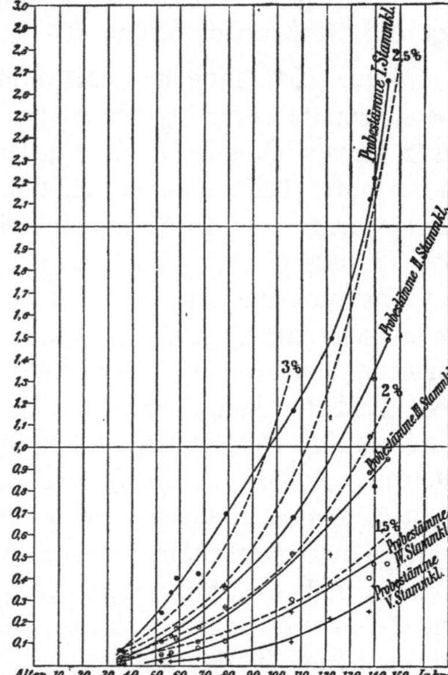

Fig. 66. Rothbuche im Wesergebirge nach Rob. Hartig.

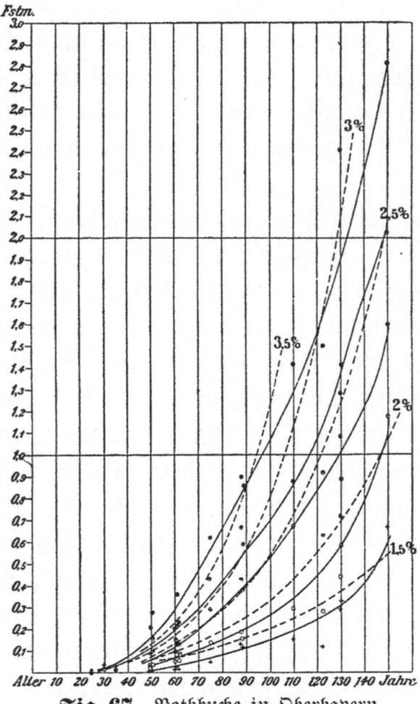

Fig. 67. Rothbuche in Oberbayern nach Rob. Hartig.

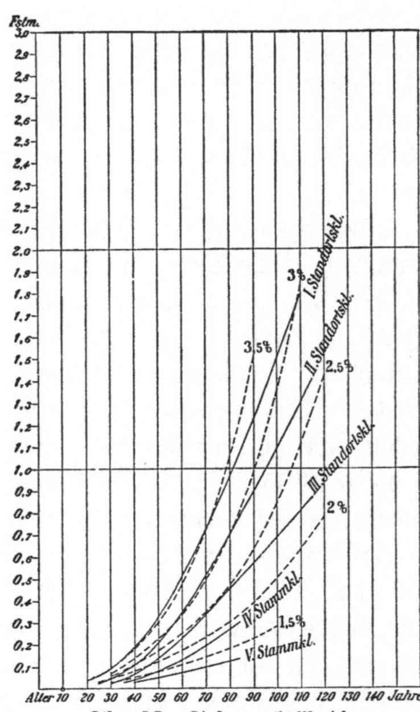

Fig. 68. Kiefer nach Weise.

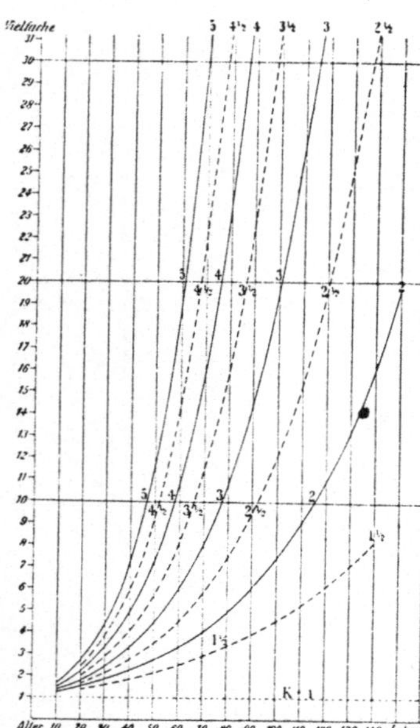

Fig. 56. Schema für die Zinseszins-Nachwerthe eines Kapitales K = 1.

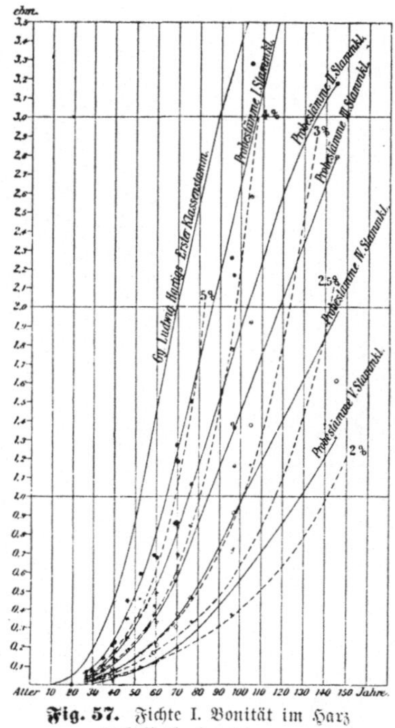

Fig. 57. Fichte I. Bonität im Harz nach Rob. Hartig.

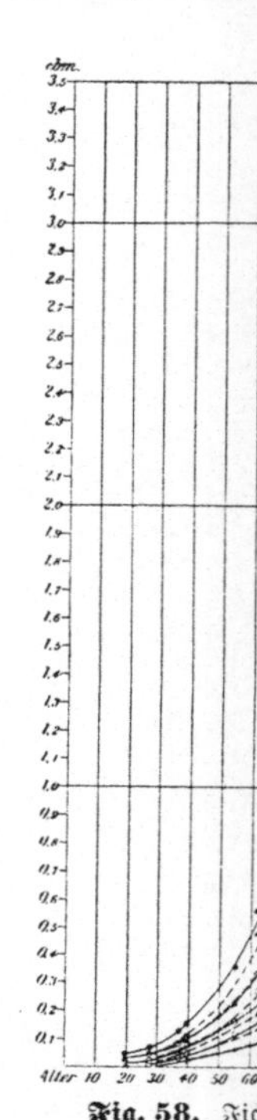

Fig. 58. Fic… nach …

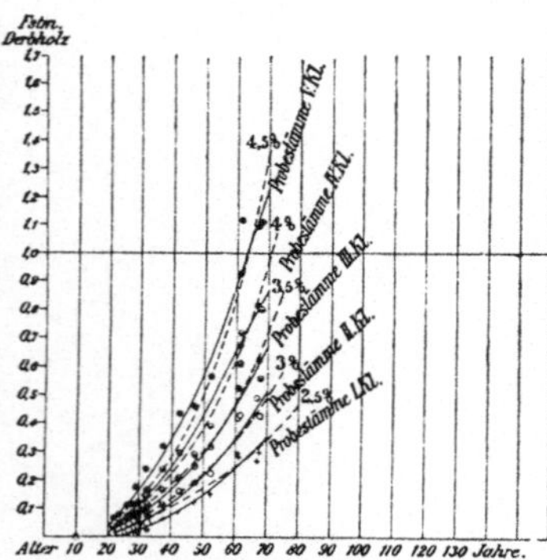

Fig. 60. Kiefer I. Bonität nach Kunze.

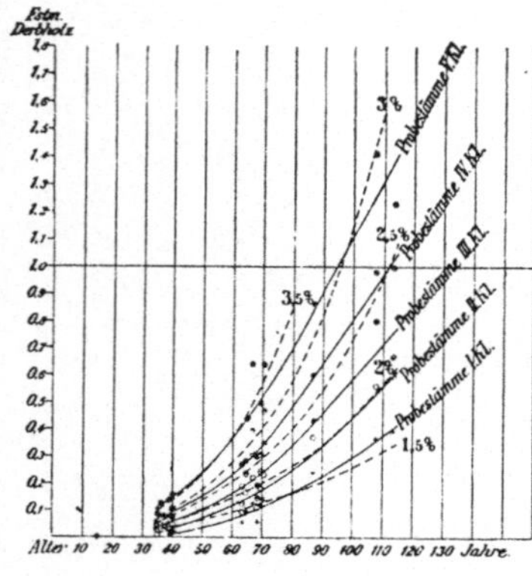

Fig. 61. Kiefer III. Bonität nach Kunze.

Fichte in Sachsen nach Kunze.

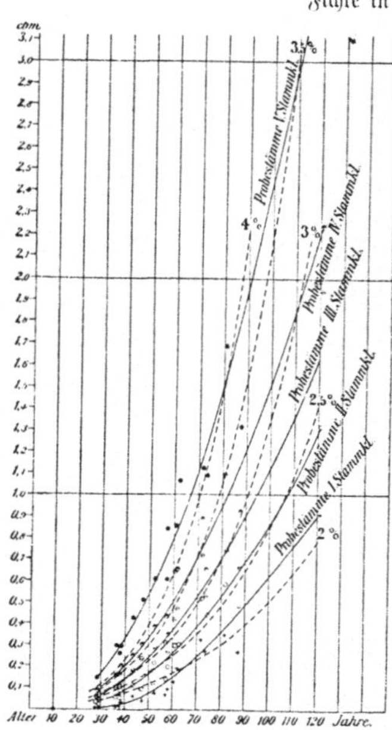

Fig. 62. I. Standortsklasse.

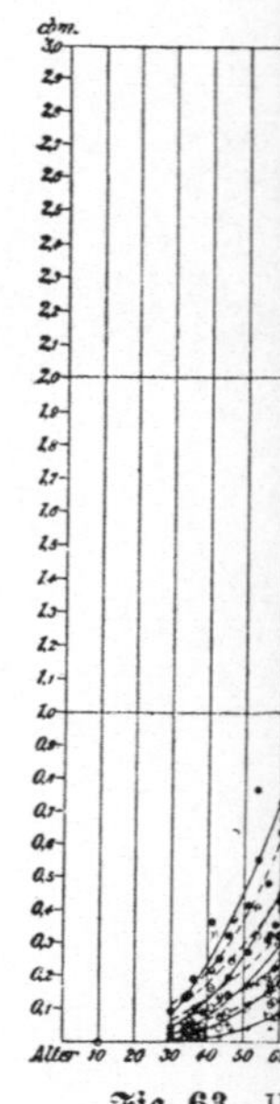

Fig. 63. I…

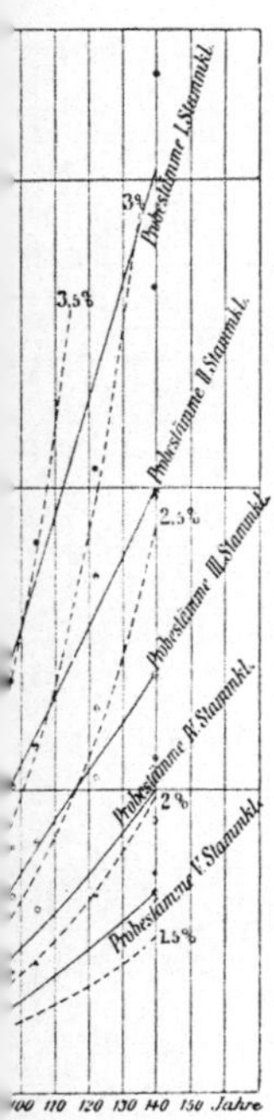

…onität im Harz
…artig.

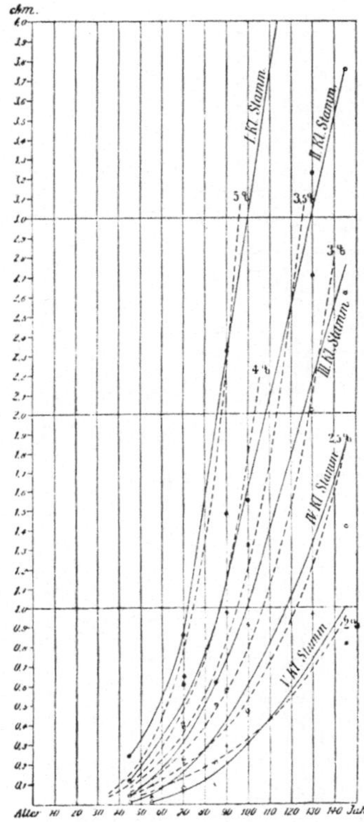

Fig. 59. Weißtanne im Schwarzwald nach Rob. Hartig.

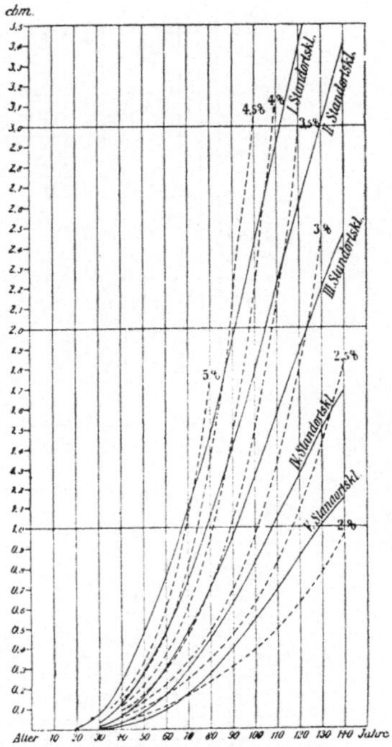

Fig. 69. Weißtanne nach Schuberg vom Schlußgrade a (Mittelstamm).

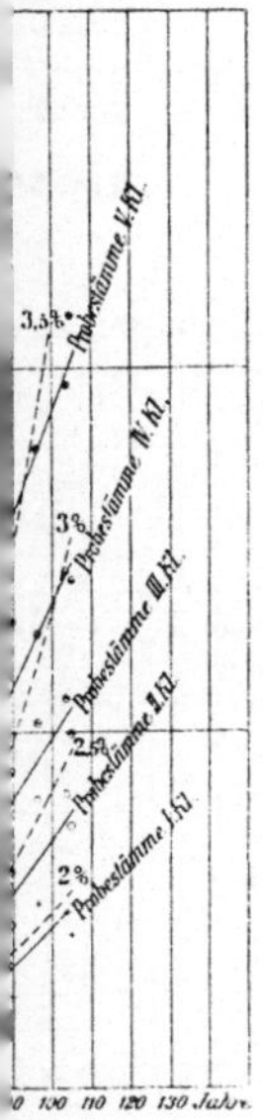

…dortsklasse.

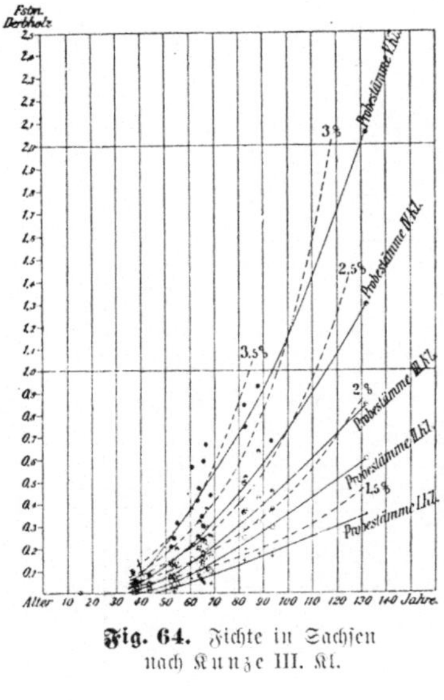

Fig. 64. Fichte in Sachsen nach Kunze III. Kl.

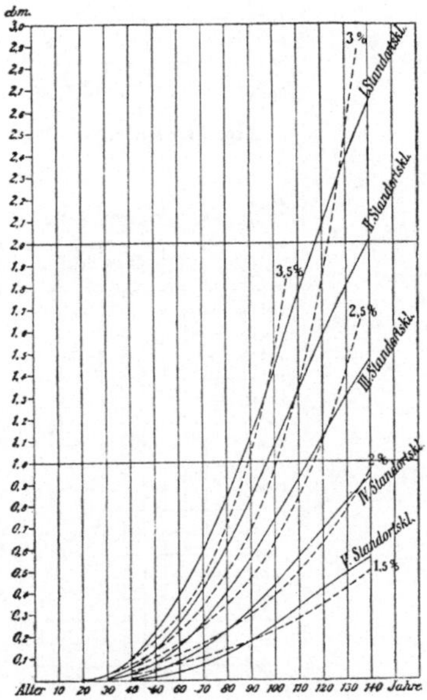

Fig. 70. Weißtanne nach Schuberg vom Schlußgrade c (Mittelstamm).

Tafel III. Die Stammzahlen auf

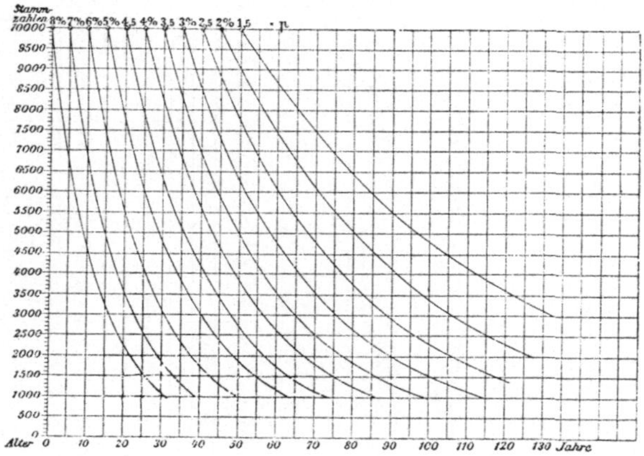

Fig. 71. Schema für die Stammzahl-Verminderung.

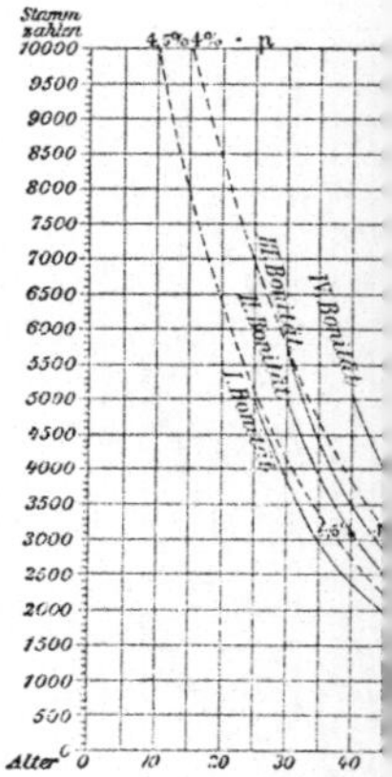

Fig. 72. Kiefern

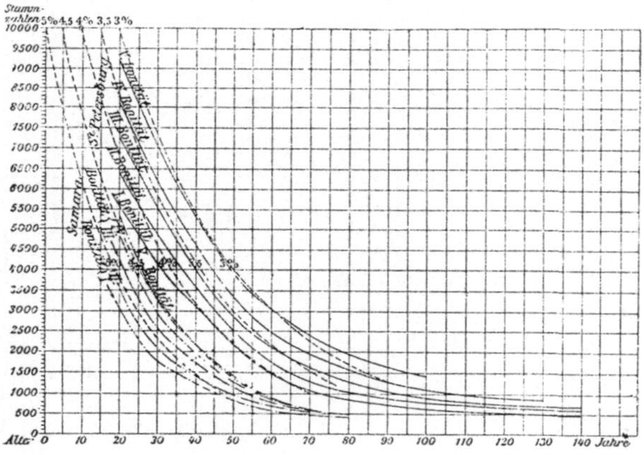

Fig. 74. Kiefern im Gouvernement St. Petersburg und Samara.

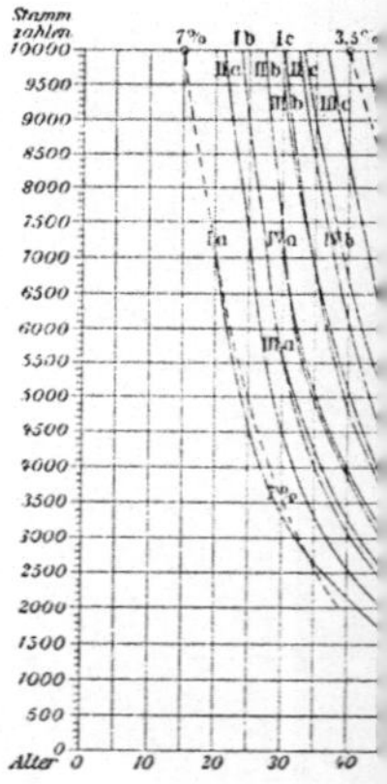

Fig. 75

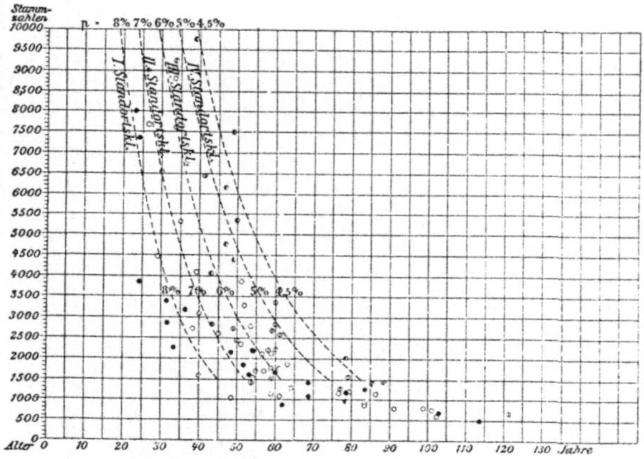

Fig. 77. Fichten in Sachsen nach Kunze.

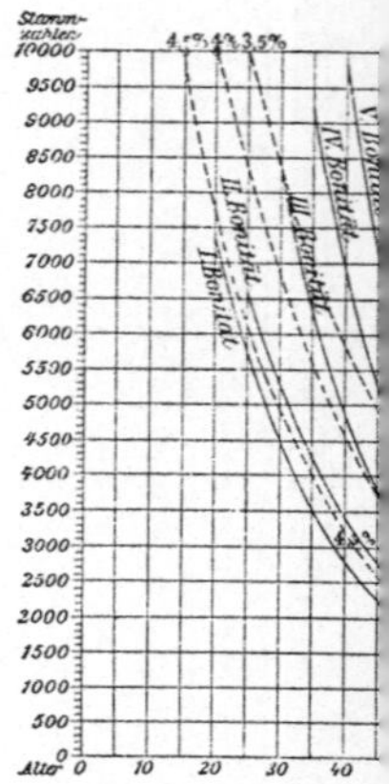

Fig. 78. Fichten in

ormal geschlossener Bestände.

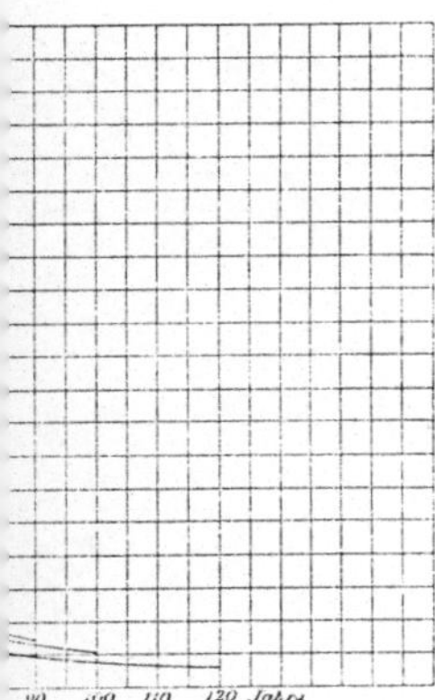

ebene nach Schwappach.

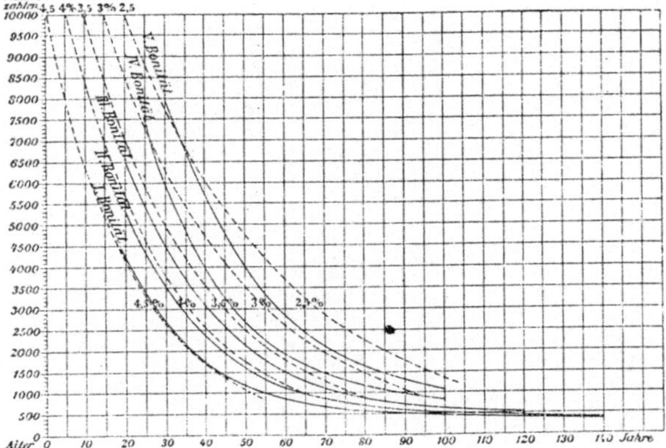

Fig. 73. Kiefern Norddeutschlands nach Schwappach.

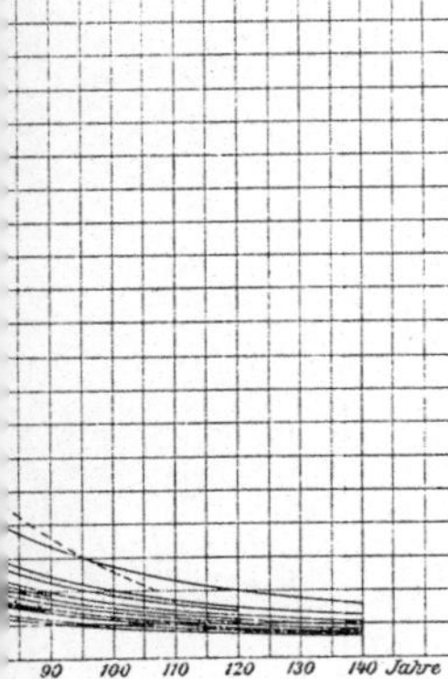

nach Schuberg.

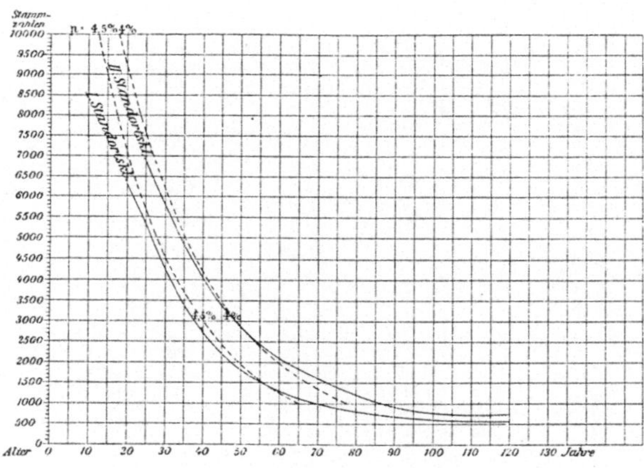

Fig. 76. Fichten nach F. v. Baur.

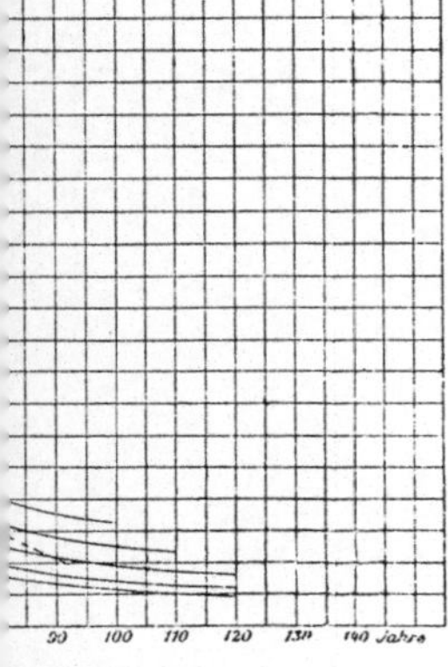

deutschland nach Schwappach.

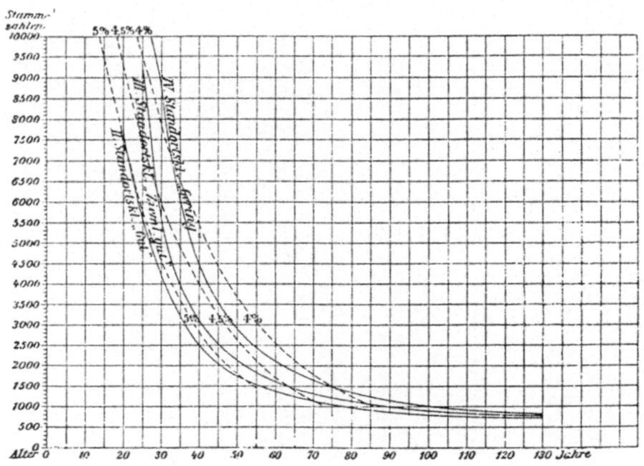

Fig. 79. Rothbuchen nach Schuberg.

Beispiele über den Volumzuwachs des Einzelstammes.

Wachsthumsgang der einzelnen Klassenstämme von Weiserbeständen für Fichten im Harz, für Kiefern in Pommern und Weißtannen im Schwarzwalde nach Rob. Hartig.

Alter des Baumes	Klassen-Probestämme									
	der I. Standortsklasse im Harz in einem 110 jährigen Fichtenbestande						der II. Standortsklasse im Harz in einem 140 jährigen Fichtenbestande			
	I	II	III	IV	V	VI (unterdrückt)	I	II	III	IV
Jahre	Ganze Schaftholzmasse in Kubikmetern									
10	0,0022	0,0009	0,0009	0,0031	0,0090	0,0003	0,0037	0,0055	0,0049	0,0012
20	0,0160	0,0046	0,0063	0,0127	0,0173	0,0009	0,0181	0,0132	0,0121	0,0096
30	0,0805	0,0441	0,0455	0,0540	0,0907	0,0093	0,0781	0,0428	0,0396	0,0379
40	0,262	0,168	0,163	0,113	0,231	0,046	0,161	0,114	0,0841	0,0931
50	0,595	0,358	0,373	0,242	0,379	0,117	0,240	0,215	0,161	0,168
60	1,050	0,625	0,654	0,393	0,534	0,212	0,382	0,330	0,237	0,253
70	1,458	0,874	0,914	0,515	0,648	0,316	0,601	0,476	0,332	0,349
80	1,997	1,215	1,227	0,690	0,764	0,395	0,855	0,645	0,421	0,420
90	2,505	1,605	1,495	0,860	0,884	0,451	1,228	0,806	0,529	0,485
100	2,980	2,190	1,755	1,134	1,037	0,486	1,675	0,989	0,623	0,533
110	3,264	2,570	1,906	1,357	1,160	0,504	2,112	1,160	0,720	0,585
120	—	—	—	—	—	—	2,405	1,410	0,819	0,606
130	—	—	—	—	—	—	2,893	1,700	0,981	0,635
140	—	—	—	—	—	—	3,340	1,990	1,090	0,655

Alter	Wachsthumsgang der Kiefern in Pommern			Wachsthumsgang der Weißtannen im Schwarzwalde					Fichten im Harz	
	Klassenstämme			Klassenstämme					I. Kl.-St. G. Lud. Hartig	vom Brocken
	I	II	III	I	II	III	IV	V		
10	0,00186	0,00247	0,0009	0,000003	0,000003	0,000003	0,000009	0,000009	0,0030	0,0000012
20	0,0297	0,0203	0,0216	0,00003	0,00006	0,00003	0,00006	0,00003	0,0392	0,0035
30	0,1256	0,0816	0,0333	0,00023	0,00129	0,00056	0,00029	0,00023	0,184	0,0312
40	0,302	0,194	0,1146	0,0063	0,0231	0,0119	0,0081	0,0102	0,501	0,0950
50	0,533	0,368	0,184	0,057	0,1257	0,0431	0,0436	0,0500	0,935	0,1775
60	0,820	0,606	0,264	0,218	0,381	0,106	0,139	0,137	1,414	0,259
70	1,145	0,887	0,355	0,539	0,739	0,186	0,262	0,232	2,012	0,333
80	1,493	1,172	0,472	0,946	1,149	0,347	0,432	0,343	2,545	0.395
90	1,820	1,376	0,597	1,504	1,548	0,564	0,578	0,423	3,005	0,466
100	2,162	1,644	0,721	2,155	1,995	0,912	0,735	0,526	3,393	0,523
110	2,477	1,823	0,796	2,82	2,37	1,244	0,855	0,613	3,823	0,578
120	2,770	2,012	0,936	3,48	2,74	1,585	0,976	0,681	4,290	0,605
130	3,047	2,199	1,035	4,06	3,07	1,91	1,108	0,715	4,70	0,635
140	3,320	2,398	1,123	4,77	3,42	2,31	1,29	0,762	5,15	0,666
150	3,500	2,504	1,216	5,09	3,56	2,48	1,35	0,783	—	—

Wachsthumsgang der mittleren Modellstämme nach den Ertragstafeln für Weißtannen von Schuberg.

Alter	A. Bestände stammarm vom Schlußgrad a.					C. Bestände stammreich vom Schlußgrad c.				
	I. Bonit.	II. Bonit.	III. Bonit.	IV. Bonit.	V. Bonit.	I. Bonit.	II. Bonit.	III. Bonit.	IV. Bonit.	V. Bonit.
20	0,0099	0,0046	—	—	—	0,0024	0,0012	—	—	—
30	0,0741	0,0364	0,019	0,0097	0,0040	0,0256	0,0127	0,0062	0,0025	—
40	0,229	0,130	0,069	0,037	0,018	0,0950	0,0545	0,0280	0,0124	0,0048
50	0,465	0,283	0,167	0,092	0,048	0,219	0,137	0,0760	0,0352	0,0150
60	0,758	0,490	0,304	0,177	0,098	0,384	0,256	0,151	0,079	0,036
70	1,107	0,747	0,480	0,298	0,178	0,591	0,412	0,259	0,143	0,071
80	1,490	1,063	0,710	0,448	0,280	0,836	0,609	0,397	0,226	0,117
90	1,933	1,407	0,967	0,627	0,401	1,133	0,825	0,556	0,324	0,177
100	2,430	1,797	1,260	0,836	0,544	1,433	1,080	0,737	0,438	0,248
110	2,905	2,205	1,570	1,056	0,700	1,780	1,333	0,921	0,562	0,332
120	3,39	2,63	1,885	1,270	0,864	2,082	1,584	1,116	0,691	0,417
130	3,86	3,01	2,20	1,50	1,02	2,39	1,814	1,31	0,819	0,496
140	4,21	3,40	2,46	1,69	1,14	2,65	2,02	1,47	0,936	0,562

stammes habe ich (Seite 138) gezeigt, daß diese im Mittel vieler Beobachtungen lange Zeit annähernd nach der Analogie von Zinseszinsreihen fortschreitet, wobei p den jedesmaligen konstanten Koëffizienten der Wuchskraft, d. h. den Gesammtausdruck der Standortsgüte und des Belichtungsgrades bildet. Wie die Figuren 56 bis 70 zeigen, findet auch beim Massen- resp. Volum-Zuwachs des Einzelbaumes eine geraume Zeit hindurch dieselbe Analogie statt; indem der Beginn und die größere Strecke der Wachsthumskurve stets konkav ist und nach demselben Gesetze ansteigt, wie die Zinseszinsreihen der Figur 54; jedoch nähert sich in höheren Lebensaltern die Zuwachskurve mehr einer Geraden und schneidet auf dieser Strecke die Kurven der Exponentialreihen. Im Allgemeinen muß man daher das Alter auch in dieser Hinsicht unterscheiden: 1. In ein Jugendstadium, innerhalb dessen die Holzpflanze zunächst ihre Ernährungsorgane auszubilden und zu verbreiten sucht, während der Holzkörper noch minimal ist. Die meisten Ertragsuntersuchungen geben daher den Stamminhalt in den beiden ersten Dezennien nur nach Zehntausendsteln des Kubikmeters an und in den Diagrammen sind dieselben meistens gar nicht darstellbar, so daß eine mehr oder weniger lange Strecke der Abszissenaxe „Zeit" (vom Nullpunkte ausgehend bis zum 10. bis 25. Altersjahre) ganz leer bleibt. Die Dauer dieses Stadiums ist abhängig von der Holzart, der Verjüngungsmethode und der Bestandesdichte, indem das Massenwachsthum bei Schatthölzern, bei natürlicher Verjüngung oder in dichten Saaten später beginnt als bei Lichthölzern oder bei räumlicher Erziehung der Bestände. Da der Zuwachs während dieses ganzes Stadiums ein sehr kleiner ist, so vermindert eine häufige Wiederkehr desselben z. B. bei kurzen Umtriebszeiten den Gesammtzuwachs in erheblichem Grade und es muß dieser Punkt bei Bestimmung der Umtriebszeiten wohl beachtet werden.

2. Vom Ende des Jugendstadiums an beginnt ein lebhafter Aufschwung des Massenzuwachses, welcher bei konkavem Verlauf der Zuwachskurve oft mehrere Dezennien hindurch, ja zuweilen über ein Jahrhundert lang nach dem Gesetz einer Zinseszinsreihe mit dem für den gleichen Baum konstant bleibenden Wuchsprozent p ansteigt, so daß die Reihe nach den Altern x die Form einer Exponentialreihe $y = (1{,}0p^x - 1)$ zeigt. Je größer p ist, desto kürzer dauert die Zeit dieser konstanten Zunahme, während ein kleineres p oft durch die ganze Lebensdauer eines Baumes konstant bleibt. Oder mit anderen Worten: Je günstiger die Ernährung des Baumes ist, desto früher sinkt dessen Zuwachs auf ein niedrigeres p herab*)

*) In dieser Beziehung hat Rob. Hartig: „Rentabilität" 2c., Seite 54, den Satz aufgestellt: „Je günstiger der Standort, um so früher tritt ein Sinken des Zuwachses ein."

und desto rascher weicht dessen Ertragskurve von der Zinseszinsreihe ab; je geringer dagegen p der Reihe ist, desto länger bleibt es konstant.

3. Die Periode des sinkenden Zuwachses leitet sich beim einzelnen Baum in der Regel dadurch ein, daß die Kurve der Zinseszinsreihe übergeht in eine Gerade, welche der einfachen Zinsreihe entspricht. Gewöhnlich liegt das Maximum auf dieser Übergangsstrecke, der Kulminationspunkt ist aber meistens nicht scharf ausgeprägt, so daß der Zuwachs oft geraume Zeit in ziemlich gleicher Höhe bleibt; oft tritt sehr spät ein deutliches Sinken des Massenzuwachses am Einzelbaum ein, das bei manchen Holzarten in den Ertragsuntersuchungen gar nicht nachgewiesen wird, weil letztere sich gar nicht bis zu dieser Altersgrenze erstreckten. Aus diesem Grunde gehen die Mehrzahl der in den Figuren 57—70 dargestellten Zuwachskurven nicht aus der konkaven in eine konvexe Richtung über, wie Preßler annahm, als er den Zuwachsgang eines Baumes unterschied in die Perioden des Aufschwunges, der Kraft und des Abschwunges (Gesetz des Stammbildung, S. 30). Das hier im Allgemeinen skizzirte Verhalten des Massenzuwachses erfährt im Einzelnen zahlreiche Modifikationen durch Einflüsse, welche besonders im Hinblick auf die taxatorische Praxis genauer gewürdigt werden müssen:

a) Vor Allem macht sich der Einfluß der Lichteinwirkung im Zuwachsgang jedes Stammes bemerkbar, da dieser nur bei freier Kronenentwicklung in der angegebenen Weise verläuft, aber bei seitlicher Beschattung oder vollends bei Überschirmung sofort entsprechend dem Grade des Lichtentzuges sinkt. Die Stammanalysen an der herrschenden Stammklasse weisen daher nur in den höchsten Lebensaltern einen deutlichen Rückgang des Massenzuwachses nach, während sie an Stämmen des Nebenbestandes genau den Zeitpunkt des Eintrittes der seitlichen Bedrängung und schließlich der Übergipfelung erkennen lassen. Manche beherrschte Stammklassen brachten ihre Jugendzeit in dominirender Stellung zu und sanken allmählich in den Nebenbestand hinab, anderen wurde zeitweise durch Wegnahme bedrängender Nachbarn geholfen, so daß die sinkende Kurve wieder in eine steigende überging und dadurch Unregelmäßigkeiten in den Gesammtverlauf der Zuwachslinien kamen; wieder andere Stämme verbrachten den größten Theil ihrer Lebensdauer im Zustande mäßiger Kronenspannung und entwickelten so einen regelmäßigen, aber kleinen Volumzuwachs. Wenn man durch Interpolirung vieler Inhaltsbestimmungen von Probestämmen verschiedener Stammklassen Wachsthumskurven für letztere konstruirt (wie in Fig. 65—70), so erhält man Durchschnittsangaben, welche von den kleinen Zufälligkeiten befreit, die Massenzunahme der Bäume bei verschiedenem Grade des Lichtgenusses erkennen lassen. Hierfür giebt die Größe des Verzinsungsprozentes p der Reihen von $1,0p^x - 1$ den besten Maßstab, innerhalb deren die wirklichen Massenreihen verlaufen. So liegen beispielsweise die Zuwachskurven der untersuchten Klassenstämme zwischen folgenden Zinseszinsreihen:

Nach den Ertragstafeln für	durchschnittliche p der einzelnen Klassenstämme					
	I	II	III	IV	V	Jugendstadium
	p Prozente					i Jahre
Fichte im Harz, I. Bon. n. Hartig	6—4	4,5—3,5	4,0—3,0	3—2,5	2,8—2	20
„ „ „ II. „ „ „	4—3	3,5—2,7	2,7—2,4	2,2—2	1,7—1,5	20
Weißtannen i. Schwarzwald „	ca. 5	4—3,5	3,3—3,0	2,7—2,5	ca. 2	20
Kiefern i. Sachsen, I. Bon. n. Kunze	ca. 4,5	ca. 4	ca. 3,5	ca. 3	ca. 2,5	10
„ „ „ III. „ „ „	3,5—3,0	2,7—2,5	2,3	2,0	ca. 1,5	15
Fichte in Sachsen, I. „ „ „	4,5—3,5	3,5—3,0	3,0--2,7	ca. 2,5	ca. 2,0	10
„ „ „ II. „ „ „	4,0—3,5	3,5—3,0	2,9—2,5	2,4—2,0	ca. 1,8	10
„ „ „ III. „ „ „	3,5—2,8	2,5—2,3	ca. 2,0	ca. 1,7	ca. 1,4	15
Buche im Wesergebirge n. Hartig	5,0—4,2	4,3—3,7	ca. 3,5	ca. 3,0	2,6—2,4	15
„ „ Spessart „ „	3,0—2,5	2,3—2,2	2,0—1,8	1,5—1,3	ca. 1,0	15
„ in Oberbayern „ „	3,7—2,8	3,0—2,5	2,5—2,3	2,0—1,8	1,7—1,5	25

Wenn man die Grenzen von p in dem oben entwickelten Sinne dahin versteht, daß der höhere Werth den jüngeren, der kleinere den älteren Altersstufen angehört, so kann man mit Hilfe einer Zinseszinstafel, wie sie z. B. für $\frac{1}{10}$ Prozente von Kraft berechnet wurde, eine annähernde Vorausveranschlagung der Masse eines Baumes beim Alter x (jedoch nicht über 100 Jahre) dadurch ausführen, daß man für $x = a - i$ den Werth von $1,0p^x - 1$ aus der Tafel entnimmt und das Komma um eine Dezimalstelle nach links rückt, weil p auf eine Einheit von 0,1 Kubikmeter bezogen ist. So wäre z. B. bei einem Alter von 80 Jahren weniger 20 Jahre Jugendstadium und für p = 5 Prozent die Masse annähernd nach der Zinseszinstafel $(18,68 - 1)\,0,1 = 1,768$ Kubikmeter, was in Ermangelung von besonderen Ertragsbestimmungen für viele Zwecke ausreichend ist. Obige kleine Tafel giebt also namentlich dem Anfänger im Schätzen einen Anhaltspunkt, wie bei Altern unter 100 Jahren die Masse mit dem Alter ansteigt; bei höheren Altern ist dies aus oben angegebenen Gründen nicht möglich. Zugleich zeigt diese Übersicht, wie groß der Einfluß der verschiedenen Lichtintensität und der Blattflächensumme auf den Massenzuwachs der einzelnen Stammklassen ist, denn indem die p von den unterdrückten zu den dominirenden Stammklassen hin ansteigen wie eine arithmetische Progression, z. B. wie 4 : 5 : 6 : 7 : 8, so verhalten sich die Massen bei bestimmten Altern x wie die Potenzen dieser Grundzahlen mit dem Exponenden x.

b) Die Holzarten machen ihre Einwirkung auf den Massenzuwachs in doppelter Weise bemerkbar, da sowohl die Länge des Jugendstadiums, als auch die Energie des Ansteigens bei den einzelnen Holzarten ungleich ist. Doch überwiegt hier vielfach die Standortsgüte und die Erziehungsweise, so daß Holzarten, welche unter gewöhnlichen Umständen langsam wachsen, z. B. Buchen, bei scharfem Durchforstungsbetriebe auf sehr guten Böden nahezu die Wuchskraft der schnellwüchsigen Holzarten erhalten, wie dies die Buchen im östlichen Wesergebirge (auf Muschelkalk mit Lehmüberlagerung) beweisen. Hieraus ergiebt sich zugleich die Schlußfolgerung, daß eine verständnißvoll geführte Bestandespflege und ein mit Bodenschonung verbundener Betrieb der Durchforstungen viel für die raschere Erziehung der gewünschten Stammhölzer leisten kann.

c) Inwiefern die natürliche Standortsgüte den Gang des Massenzuwachses beschleunigt, ersieht man sowohl aus der vorstehenden Tabelle der p bei verschiedenen Bonitätsklassen, als auch durch Betrachtung der Figuren 68—70, welche den Zuwachs der mittleren Modellstämme von Ertragstafeln nach Bonitätsklassen ausgeschieden darstellen. Auch hier ist es im Grunde genommen nur die verschiedene Ernährung des Baumes, welche durch die Kurven zum Ausdruck kommt, allein in diesen Fällen liegt die Ursache der besseren oder schlechteren Ernährung vorwiegend in dem verschiedenen Reichthum des Bodens an aufnehmbaren Nährstoffen und Wasser, während in den unter a) betrachteten Fällen die verschiedene Belichtung und Ausdehnung der Blattorgane das Resultat herbeigeführt hatte. Bei Kiefern fällt das Wachsthum des mittleren Modellstammes auf I. Bonität vom 10. bis 80. Jahre sehr nahe mit der Zinseszinsreihe von $3^1/_2$ Prozent zusammen, sinkt dann vom 80. bis 110. Jahr allmählich auf die Reihe von 3 Prozent herab; die II. Bonität verläuft anfangs mit 3 Proz., dann bis zu 2,6 Proz.
„ III. „ „ „ „ 2,5 „ „ „ „ 2,3 „
„ IV. „ „ zwischen 1,9 bis 1,5 Prozent,
„ V. „ „ durchgehends unter 1,5 Prozent.

d) Noch stärkere Unterschiede zeigen die Bonitätsklassen, welche Schuberg für die Weißtannen gebildet hat (siehe Fig. 69 und 70) doch weisen diese Darstellungen besonders den Einfluß der Bestandesdichte auf den Massenzuwachs des Einzelstammes nach, weshalb wir die Prozente nach diesem Gesichtspunkt und unter Bezugnahme auf das bereits Seite 184 Gesagte einander gegenüberstellen:

In den Bonitätsklassen	I	II	III	IV	V
	liegen die Kurven zwischen den p =				
in stammarmen Beständen vom Schlußgrad a	6—4	4—3,3	3,5—2,8	3,4—2,5	2,3—2
in stammreichen Beständen vom Schlußgrad c	3,5—2,8	3,2—2,7	2,7—2,3	ca. 2,0	ca. 1,5

Mithin tritt der Unterschied in der Massenproduktion der lichter erwachsenen Bestände gegenüber den streng geschlossenen, besonders stark an den Mittelstämmen der besseren Bonitäten und in den jüngeren Altersstufen hervor, wo die Prozente der ersteren fast doppelt so hoch sind, als die letzteren. Welch große Bedeutung dies für die Frage des Lichtungszuwachses habe, wurde schon im § 26 gezeigt.

f) Am Schlusse dieser Erörterung über den Massenzuwachs möge noch eine Vergleichung seiner prozentischen Zunahme mit jener des Flächenzuwachses angestellt werden, weil das Verhältniß beider in der Anwendung des Zuwachsbohrers und ebenso der Schneider'schen Formel praktische Bedeutung hat (siehe Seite 191—193). Setzt man nämlich die oben (Seite 173) ermittelten p für Flächenzuwachs als Einheit, so beträgt das Massenzuwachsprozent derselben Klassenstämme folgende Vielfache davon:

bei den Klassenstämmen:	I	II	III	IV	V
	Quotient aus Massenzuwachsprozent durch Flächenzuwachsprozent				
Fichte im Harz, I. Bon. nach Hartig	2,4—1,6	2,4—1,9	2,7—2,0	3—2,5	—
" " " II. " " "	1,7—1,3	2,9—2,2	3,4—3,0	5,5—5,0	—
Weißtanne im Schwarzwald "	2,0	1,8—1,6	2,5—2,3	2,7—2,5	—
Fichte in Sachsen, I. Bon. nach Kunze	2,6—2,0	2,8—2,4	3,3—3,0	3,8	4,4
" " " II. " " "	2,5—2,2	3,2	3,6	4,3	5,1
" " " III. " " "	2,5—2,2	2,8—2,5	3,3	3,4	4,7
Buche im Wesergebirge nach Hartig	2,7—2,1	2,5	2,9	3,7	—
Weißtanne in Baden nach Schuberg (stammarm, Schlußgrad a)	2,4—1,6	2,2—1,8	2,5—2,0	3,1—2,3	2,9—2,5
do. in Schlußgrad c	2,2	2,7—2,2	3,0—2,5	3,3—2,9	3,7

Die herrschenden Stammklassen wachsen daher im Allgemeinen mit einem Massenzuwachsprozent zu, welches etwas mehr als das Doppelte vom Flächenzuwachs ist, je mehr aber die Stämme sich durch Lichtentzug und Kronenspannung dem Typus der unterdrückten Klassen nähern, desto mehr übertrifft ihr Massenzuwachsprozent jenes des Flächenzuwachses und zwar bis zum vier- bis fünffachen. Die Schlußfolgerungen aus dem mittelst der Schneider'schen Formel gefundenen Flächenzuwachsprozent auf die Massenmehrung eines unterdrückten Baumes sind daher sehr ungenau, weil bekanntlich bei diesem Typus der Flächenzuwachs von oben nach unten sehr stark abnimmt und unten oft ganz verschwindet.

Verfahren bei der Ermittlung des Zuwachses am Einzelstamme. Je nach dem Zweck, welchen man mit einer Schätzung verfolgt, werden aus den in den Lehrbüchern über Holzmeßkunde näher beschriebenen Verfahren zur Ermittlung des kubischen Inhaltes der liegenden und stehenden Bäume jene ausgewählt, welche den verlangten Genauigkeitsgrad auf die einfachste und billigste Weise erreichen lassen. Fällung und sektionsweise Kubirung der liegenden Stämme wendet man daher nur bei Klassenstämmen wichtiger Probeflächen an, namentlich im forstlichen Versuchswesen und bei Aufstellung von Ertragstafeln. Bei dem Hartig'schen Weiserstammverfahren werden die als Typus dienenden Klassenstämme des ältesten Normalbestandes auch sektionsweise auf ihren Querschnitten analysirt, so daß der Masseninhalt jedes Klassenstammes in seinen früheren Altersstadien berechnet werden kann. Solche Stammanalysen kann sich ein Taxator auch für die hauptsächlichen Wuchsgebiete und Stammklassen ohne allzugroße Mühe verschaffen und diese dann mit Nutzen zum Vergleiche mit den in der Litteratur vorhandenen Ertragstafeln benützen, namentlich zur Bonitirung und Angleichung konkreter Bestände an die Standortsklassen solcher Tafeln. Als Beispiel führte ich in Tabelle Seite 207 eine Anzahl solcher Analysen von Weiserstämmen von Robert Hartig an, welche ich in's metrische Maß umrechnete; die Figuren 57—70 zeigen dann, wie die Probestammklassen wirklich aufgenommener jüngerer Flächen sich an die von den Weiserstämmen gegebenen Reihen mehr oder weniger genau anschließen.

Sonst sind aber Stammanalysen in der Praxis der Forsteinrichtung im Großen nicht anwendbar und auch die sektionsweise Kubirung wird nur auf wichtige Fälle, in welchen die übrigen Hilfsmittel versagen, eingeschränkt. Man bedient sich daher zur Ermittlung des Inhaltes stehender Bäume außer den Seite 193—204 schon besprochenen Formzahlen und daraus abgeleiteten Massentafeln noch der „Tarifs de cubage", welche in Frankreich auf Grund zahlreicher Stammessungen, hauptsächlich für Mittelwald-Eichen konstruirt worden sind. Dieselben geben Erfahrungszahlen für den Bauminhalt aus gemessenem Brusthöhendurchmesser, aus mit Höhenmessern gemessener Scheitelhöhe und aus der gemessenen Abnahme des Durchmessers auf je ein Meter Höhe (ausgedrückt in mm). Letztere wird dadurch gefunden, daß man den Durchmesser in halber Scheitelhöhe mit einem Dendrometer mißt und die Differenz desselben gegen den Brusthöhendurchmesser mit der halben Höhe dividirt. Nach diesen Durchmesserabnahmen von 5, 10, 20, 30 und 40 mm auf ein Meter Höhe ist je eine besondere Tafel berechnet, welche im Rubrikenkopf die Brusthöhendurchmesser, in einer Längsspalte die ganzen Baumhöhen enthält und in den korrespondirenden Zeilen die Durchschnitte aus erfahrungsmäßig ermittelten Bauminhalten angiebt.

Preßler wendete gleichfalls ein einfaches optisches Hilfsmittel (das sogenannte Richtrohr) an, um den Punkt am stehenden Stamm zu finden, wo der Durchmesser halb so groß ist, als der Brusthöhendurchmesser (im Meßpunkt von 1,3 m). Diesen Punkt nannte er „Richtpunkt" und seine Höhe über dem Meßpunkt die Richtpunkthöhe r. Bezeichnet man die Kreisfläche des Querschnitts in Brusthöhe mit g, so ist der Inhalt des oberhalb der Brusthöhe befindlichen Stammtheiles $= \frac{2}{3}$ rg, wozu noch der Inhalt des unter dem Meßpunkte liegenden Theils mit 1,3 g Kubikmeter addirt werden muß. Dieses Verfahren ist für den damit Geübten und für den Durchschnitt aus vielen Messungen ziemlich sicher, wird aber durch die ungleich rascher fördernde Massentafelschätzung mehr und mehr verdrängt, zumal bei letzterer eine rechnerische Kontrolle viel leichter möglich ist.

Für die Berechnung des Zuwachses an einem gefällten Stamm empfahl Preßler die sogenannte „zuwachsrechte Entgipfelung", d. h. das Abschneiden des Gipfelstückes bis zu dem Punkte, wo dieser Querschnitt gerade so viele Jahresringe n zeigt, als die Periode umfaßt, über welche die Zuwachsuntersuchung angestellt wird; dadurch erhalten die beiden in Vergleich zu bringenden Baumkörper, der jetzige und der um n Jahre jüngere, dieselbe Höhe h′ und die Differenz ihrer Inhalte ist daher aus ihren beiden Grundflächen G und g nach der Formel h′(G — g) leicht zu finden, was selbstverständlich nur annähernde Resultate liefert.

Ein besonderes Interesse bietet in vielen Fällen die gesonderte Ermittlung des Reisigprozentes, d. h. des Verhältnisses, in welchem die ganze Holzmasse eines Baumes zu dem Ast- und Gipfelholz unter 7 Zentimeter Mittenstärke steht. Dieses wird nur ausnahmsweise auf stereometrischem Wege allein gefunden, sondern in der Regel dadurch, daß man alles von den Probestämmen anfallende Holz in normale Gebunde (sogenannte „Wellen") von 1 Meter Länge und 1 Meter im Umfang aufarbeiten läßt und entweder alles oder doch wenigstens eine größere Anzahl der Wellen durch Untertauchen in einem mit Wasser gefüllten graduirten Eichgefäß (Xylometer) kubisch bestimmt. In Ermanglung eines solchen Gefäßes bedient man sich auch einer sogenannten römischen Schnellwaage zur Bestimmung des Gewichtes jedes Wellengebundes und findet den Inhalt einiger derselben durch stückweise stereometrische Kubirung aus Länge und Durchmesser aller Aststücke, wodurch ein Koeffizient zur Umrechnung des Gewichtes in Volumen erhalten wird. Solche Untersuchungen werden jedoch nur bei genauen Aufnahmen für Versuchszwecke (Formzahlbestimmungen, Derbgehaltsuntersuchungen und Ertragstafeln ꝛc.) gemacht; für Taxationen der Forsteinrichtung dienen dagegen meistens die schon anderweitig gefundenen Erfahrungszahlen, worunter die Reisholz-Formzahlen (siehe Seite 197) und die Reisigprozent-Angaben am wichtigsten sind. Um dem angehenden Taxator einige Anhaltspunkte für die durchschnittlichen Reisholzgehalte vom gesammten Volumgehalt der wichtigeren Holzarten und Altersstufen zu geben, lasse ich hier eine Übersicht der neueren Ermittlungen über die Reisholzmassen der Probestämme verschiedener Holzarten und Altersstufen folgen:

Einige Untersuchungsreihen über den Antheil des Ast- und Reisigholzes am gesammten Holzmassenertrage verschiedener Holzarten.

Bei einem Alter	Das Reisholz beträgt Prozente von der Gesammtholzmasse: Fichten*) im Harz nach R. Hartig		Buchen*) im Harz nach R. Hartig		Kiefern**) in Norddeutschland nach A. Schwappach					Fichten**) in Mittel- und Norddeutschland nach A. Schwappach				
Bonitätsklasse:	I	II	I	II	I	II	III	IV	V	I	II	III	IV	V
Jahre	Prozente														
	A. Angeordnet nach dem durchschnittlichen Bestandesalter														
20	35	50	15,5	34	56,5	60,9	75,1	90	100	72,0	100	100	100	100
30	20	33,3	21,1	27	34,8	39,6	46,9	58,3	77,1	49,1	52,9	74,2	90,5	100
40	13,2	15,7	13,2	25	21,8	26,0	30,8	39,8	53,4	24,5	30,5	45,7	68,0	79,6
50	9,5	12,0	15,4	23	16,8	19,4	22,3	26,4	36,8	17,9	21,0	29,6	42,5	59,5
60	7,8	7,2	15,9	21	14,1	15,3	17,1	20,2	29,6	14,1	16,6	21,6	28,2	39,6
70	6,8	6,8	18,1	19	12,3	13,2	14,4	17,3	25,2	12,0	14,3	17,6	21,8	28,8
80	6,7	5,5	18,1	17	11,0	11,6	13,3	15,9	22,8	10,6	12,8	15,2	18,4	23,3
90	6,6	5,0	20,4	16	10,0	10,7	12,4	15,0	21,0	9,90	11,8	13,7	16,6	20,8
100	6,5	4,8	17,1	—	9,5	10,2	11,7	14,3	20,0	9,35	11,1	12,9	15,4	19,0
110	6,3	4,5	—	—	9,10	9,76	11,3	13,9	—	8,86	10,5	12,2	14,8	—
120	6,3	4,5	—	—	8,92	9,44	10,9	13,6	—	8,49	9,92	11,7	—	—
130	6,3	5,5	—	—	8,50	9,15	—	—	—	—	—	—	—	—
140	6,2	6,0	—	—	8,25	8,90	—	—	—	—	—	—	—	—

B. Angeordnet nach den Dimensionen der Stämme.

Brusthöhen-Durchmesser	10 -15 cm	15—20 cm	20—25 cm	25—30 cm	30—35 cm	35—40 cm	40—45 cm
Höhenklassen Meter	Reisholz-Prozente für Weißtannen**) in Baden nach Schuberg						
5—7	49	52	—	—	—	—	—
9—11	30	33	38	—	—	—	—
13—15	20	22	24	27	31	—	—
17—19	14	15	17	19	21	23	25
21—23	12	13	14	15	16	19	22
25—27	—	10	12	13	14	15	17
29—31	—	—	9	10	11	12	13

Mit wachsender Stammhöhe nehmen folglich die Reisholz-Prozente stark ab, während sie innerhalb derselben Höhenklasse mit wachsendem Brusthöhendurchmesser steigen. Mit dem Alter nehmen bei allen Holzarten die Reisholzprozente ab.

*) Hier ist das Ast- und Reisigholz im Gegensatz zum Schaftholz des Stammes gemeint.

**) Diese Berechnungen beziehen sich auf alles Material unter 7 cm Durchmesser, welches als Reisholz dem Derbholz (über 7 cm Durchmesser) gegenübergestellt wurde.

Abtheilung B.

Der Zuwachsgang geschlossener Bestände.

§ 30. **Die Stammzahlen auf ein Hektar und die Gesetzmäßigkeit der Stammzahl-Verminderung.***) Wenn auf einer Fläche von einem Hektar ein neuer Bestand begründet wird, mag dies durch natürliche Verjüngung, Saat oder Pflanzung erfolgen, so befinden sich nach gelungener Verjüngung viel mehr junge Pflanzen auf der Fläche, als sich in höheren Bestandesaltern Bäume darauf wieder vorfinden. Die Rücksicht auf Erhaltung des Humus und der Feuchtigkeit im Boden, ferner jene auf Erziehung astreiner, glatter Stämme zwingen auch den extremsten Anhänger des Lichtwuchsbetriebes, seine Kulturen und Schläge bald in „Schluß" zu bringen und zu diesem Zwecke den Pflanzen einen nicht allzuweiten Abstand zu geben. Dieser Schluß besteht in dem Durchwachsen des freien Raumes zwischen den Gipfeln seitens der einzelnen Pflanzen, welche ihre neuen Triebe und Blattorgane so lange ausbreiten bis ihre Zweigspitzen mit denen der Nachbarpflanzen ineinander greifen, so daß kein direktes Sonnenlicht mehr zu Boden gelangt. Ähnlich wie die einzelne Pflanze so viel als möglich belichtete Oberfläche zu gewinnen sucht, so ist sie auch bestrebt, die obere Bodenschicht als die Quelle von Nährstoffen und Wasser zu occupiren und so dehnt sie ihr Wurzelsystem in horizontaler Richtung und zum Theil in die Tiefe aus. Sobald der Bestandesschluß einmal eingetreten ist, findet das Ausdehnungsbestreben der Pflanzen einen Widerstand an der Konkurrenz der Nachbarpflanzen, weil in der horizontalen Richtung die gegebene Flächengröße von 10000 Quadratmeter unveränderlich ist und nur nach oben und unten noch Raum vorhanden bleibt. Die Belichtung ist aber proportional dieser Fläche und auch für die Zufuhr der Nährstoffe kann die Fläche des Standraumes als der wichtigere Maßstab angesehen werden, weil die Tiefe des Wurzelraumes nicht sehr beträchtlich zunimmt. Der Kampf zwischen den einzelnen Pflanzen dreht sich in Folge dessen um die Besitznahme der Fläche, von der jede einzelne mit steigendem Alter immer mehr bedarf, aber er wird geführt durch das Mittel des Überwachsens, indem jene Pflanzen, welche durch ener-

*) Auch über diesen Gegenstand besteht schon eine ziemlich umfangreiche Litteratur, indem sämmtliche älteren und neueren Ertragstafeln unter ersteren namentlich jene von G. L. Hartig, Cotta und Hundeshagen, sowie vom Salinenforstmeister Huber, denselben behandeln. Eingehender haben sich damit beschäftigt Theod. Hartig: „Vergleichende Untersuchungen über den Ertrag der Rothbuche im Hoch- und Pflanzwalde" &c., Berlin 1847; Faustmann in der Allgemeinen Forst- und Jagd-Zeitung, Jahrg. 1855, S. 324; Schember daselbst Jahrg. 1858, S. 265; Gust. Wagener Jahrg. 1877, 1879 und 1882 der Allgem. Forst- und Jagd-Ztg.; K. v. Fischbach das. Jahrg. 1881; Schuberg: „Über das Gesetz der Stammzahl" (Forstwirthschaftl. Blätter 1882 und Forstwirthschaftl. Centralblatt 1883); dann Supplementheft zur Allgem. Forst- und Jagd-Ztg., XII. Bd. 2. Heft 1884.

gischen Höhenwuchs ihren Gipfel und ihre Krone über die Nachbarn emporstrecken, die zurückbleibenden durch Lichtentzug zu Grunde richten. Man nennt jene Stammklassen, welche in diesem Kampfe um die Existenzbedingungen Sieger geblieben sind, die „herrschenden" oder „dominirenden" Stämme, dagegen die unterliegenden, mehr oder weniger übergipfelten Stämme, den „Nebenbestand" oder „unterdrückte Stammklassen", wobei verschiedene Klassifikationen gebraucht werden, unter denen die von Oberforstmeister Kraft vorgeschlagene Trennung am verbreitesten ist. Derselbe unterscheidet 1. Klasse: „vorherrschende Stämme" mit ausnahmsweise kräftiger Krone; 2. Klasse: „herrschende" Stämme mit gut entwickelter Krone; 3. Klasse: „gering mitherrschende" Stämme mit schwach angesetzter Krone; 4. Klasse: beherrschte Stämme mit verkümmerter oder einseitig entwickelter Krone; 5. Klasse: „ganz unterständige Stämme" mit absterbender Krone (bei Lichthölzern) oder lebensfähiger Krone (bei Schatthölzern).

Die allmähliche Ausscheidung des Nebenbestandes ist nach dem obigen, als ein naturnothwendiger Vorgang aufzufassen, wenngleich menschliche Eingriffe denselben nach wirthschaftlichen Interessen modifiziren und nach Bedarf rascher oder langsamer verlaufen lassen. Aber gerade für die theoretische Begründung der Lehre von den Durchforstungen ist es wichtig, sich eine Kenntniß der Gesetzmäßigkeit zu verschaffen, mit welcher die Stammzahlverminderung erfolgt. Offenbar muß dieselbe in umgekehrtem Verhältnisse zum Wachsthum der dominirenden Stammklassen erfolgen, weil die Bestandesflächengröße unveränderlich, die Standraumgröße des Einzelstammes aber eine wachsende, nämlich eine Funktion des Alters ist. Angenommen die letztere wachse nach einer einfachen Multiplenreihe mit dem Koeffizienten p, so wäre der durchschnittliche Standraum des x Jahre alten Baumes px Quadratmeter und die Stammzahl n auf ein Hektar $= \frac{10000}{px}$, d. h. die Stammzahlen würden nach einer Reziprokenreihe abnehmen, deren Nenner die Produkte von Alter mal dem Koeffizienten der Wuchskraft p bilden. Ganz schematisch würde sich z. B. für einen Koeffizienten von p = 4 Hundertstels Quadratmeter pro Jahr die Rechnung folgendermaßen gestalten:

Alter	10	20	30	40	50	60	70 Jahre
Standraum . .	0,40	0,80	1,20	1,60	2,00	2,40	2,80 qm
Stammzahl pro ha	25000	12500	8333	6250	5000	4166	3564 n

Alter	80	90	100	110	120	130	140 Jahre
Standraum . . .	3,20	3,60	4,00	4,40	4,80	5,20	5,60 qm
Stammzahl pro ha	3125	2777	2500	2273	2083	1923	1785 n

Auf die gleiche Weise ließen sich für verschiedene Werthe von p Skalen berechnen, die unter Annahme einer konstanten Zunahme der

Standräume der dominirenden Stammklassen die nothwendig erfolgende Stammzahlverminderung darstellen. Wie aber die Untersuchungsergebnisse der zahlreichen Bestandesaufnahmen zeigen, welche behufs Aufstellung der Ertragstafeln gemacht wurden, wachsen die Standräume zwar in den späteren Altersstufen (nach der Kulmination des Höhenwuchses), nach der obigen Annahme, dagegen in den jüngsten Altersstufen nach Zinseszinsreihen, ähnlich wie die Volumina des sogenannten Massenzuwachses am Einzelstamm, d. h. wie $1,0p^x$. Demnach müssen, so lange die Periode des lebhaftesten Höhenwuchses andauert, die Stammzahlen nach Reziprokenreihen $\frac{10000}{1,0p^x}$ abnehmen, in welchen die Nenner eine Exponentialfunktion der Zeit sind. Da schon in § 23 der Nachweis geliefert wurde, daß die Höhen nach der Formel $h_x = h_{max}\left(1 - \frac{1}{1,0p^x}\right)$ wachsen, so ergiebt sich hieraus der Schluß, daß die Kurven der Stammzahlverminderung gewissermaßen das negative Bild der Höhenwachsthumskurven darstellen.

Nach diesen rein theoretischen Deduktionen habe ich in Figur 71 für die verschiedenen Werthe von p die Kurven der Diskontirungsformeln $\frac{1}{1,0p^x}$ gezeichnet, wobei 10000 als Einheit angenommen ist, d. h. der Ursprung der Kurve liegt da, wo die Standraumgröße einer Holzpflanze durchschnittlich 1 qm beträgt, und der Verlauf der Kurve zeigt die Verminderung von 10000 bis auf 1000 Stämme auf ein Hektar Bestandesfläche. In natürlichen Verjüngungen und dichten Saaten ist die ursprünglich vorhandene Pflanzenzahl meistens erheblich größer als 10000 pro Hektar, sie reduzirt sich aber um so rascher, je besser der Standort ist und umgekehrt auf schlechten Standorten langsamer. Um dies anzudeuten ist der Eintritt des Zeitpunktes, wo gerade 10000 Pflanzen pro Hektar stehen mit dem Alter hinausgerückt, so daß die Kurven von Prozent zu Prozent (später um $^1/_2$ Prozent) um 5 : 5 Jahre später beginnen. Auf gutem Boden und bei raschwüchsigen Holzarten, dann bei räumiger Bestandesbegründung fallen daher die Stammzahlkurven rascher, als unter entgegengesetzten Umständen. Vergleicht man die Kurven des Schemas mit den experimentell von verschiedenen Forschern aufgestellten Stammzahlkurven, wie dies in den Figuren 72—79 geschehen ist, so zeigt sich eine unverkennbare Analogie im Verlaufe beider Arten von Kurven. Erst wenn die Periode der Bestandesreinigung in der Hauptsache abgeschlossen, der Höhenwuchs größtentheils vollendet und die Stammzahl pro Hektar auf ca. 1000 gesunken ist, tritt ein Wendepunkt in den Stammzahlkurven ein, indem diese dann ein sehr langsames Sinken anzeigen, das nach den von mir angestellten Untersuchungen, nach den Reziproken von der Potenzen $\sqrt{1,op}$, also nach $\frac{1}{1,op^{\frac{x}{2}}}$ weiter erfolgt und neben einer konstant wirkenden Ursache auch dem Anfalle an sogenannten „zufälligen Ergebnissen" zuzuschreiben ist. Demnach dienen die in Figur 71 gezeichneten Kurven als Maßstab für die Stammzahlabnahme während der Zeit der eigentlichen Bestandesreinigung und sie geben das Gesetz an, nach welchem die betreffenden Zahlenreihen fallen; so folgen z. B. die Stammzahlen der nachstehenden Ertragstafeln den Diskontirungsreihen zu dem angegebenen Prozent:

Ertragstafeln für:	Standortsklassen der Ertragstafeln				
	I.	II.	III.	IV.	V.
	(Prozente der Diskontirungsreihe)				
Kiefern der Rhein-Main-Ebene n. Schwappach	4,7	4,3	4,2—4,0	3,8—3,5	—
" " nordd. Tiefebene " "	4,5	4,0	3,7	3,4—3,0	2,8—2,5
" im Gouvernement St. Petersburg nach Wargas de Bedemmar . . .	4,0	3,7	3,5	3,3	3,0
" " Gouvernement Samara nach dems.	5	bis	4,5	—	—
Fichten nach F. v. Baur	4,5	4,0	—	—	—
" in Sachsen nach Kunze . . . . . (mit starken Durchforstungen)	8,0	7,0	6,0	5,0	—
" in Mitteldeutschland nach Schwappach	4,6	4,4	4,0	3,5	—
Buchen nach Schuberg	—	5,0	4,5	4,3—4,0	—
Weißtannen nach demselben . . . . . . (je nach Schlußgrad)	7,0	bis herab zu		3,5	—

Im Verein mit den zahlreichen Stammzahlen, welche in den Tabellen Seite 222 und 223 aufgeführt sind, lassen sich aus diesen Darstellungen folgende allgemeine Schlüsse ableiten:

Die Jungwüchse bestehen aus einer Individuenzahl, welche von der Art der Bestandesbegründung (ob Pflanzung, Saat oder natürliche Verjüngung) abhängt und welche in sehr weiten Grenzen zwischen 10000 bis ¹/₄ Million schwankt. Für eine mathematische Betrachtung der in dem ersten Jugendstadium stattfindenden Verminderung der Pflanzenzahl pro Hektar fehlen meistens die nöthigen Anhaltspunkte, so daß eine solche erst mit dem Zeitpunkt beginnen kann, wo die durchschnittliche Standraumgröße einer Pflanze ein Quadratmeter beträgt. Von da an erfolgt die Stammzahlverminderung nach den Reziproken einer Exponentialreihe mit einer für gleiche Standorts- und Wachsthumsverhältnisse konstanten Basis p bis zu dem Zeitpunkte, wo die Bestandesreinigung vollendet und die durchschnittliche Standraumgröße eines Stammes auf 10 Quadratmeter gestiegen ist. Die Verminderung erfolgt daher nach der Analogie einer Diskontirungsreihe, so daß man für eine annähernde Schätzung der Stammzahl pro Hektar bei gegebenem Alter x (abzüglich eines Jugendstadiums i) sich einer Diskontirungstabelle für p Prozent bedienen kann. So schätzt man z. B. für einen 80jährigen Kiefernbestand dritter Bonität p = 4 und i = 20 Jahren die Stammzahl n nach der Formel $n = \frac{10000}{1,04^{(80-20)}} = 951$ Stämme, gegenüber 945 Stämmen nach der in Fig. 72 dargestellten Ertragstafel für die Rhein-Mainebene von Professor Schwappach. Diese Schätzungen fallen dann mit der Wirklichkeit ebenso annähernd zusammen, wie die eingezeichneten punktirten Kurven der verschiedenen p mit den experimentell gefundenen Kurven in den Figuren 72—79 und sind leicht ausführbar, weil die Diskontirungstafeln allgemein verbreitet sind. Namentlich gewähren die Zahlen der Basis im Verein mit der Dauer des Jugendstadiums einen kurzen Ausdruck für die Vergleichung der Gesetzmäßigkeit der Stammzahlabnahme unter verschiedenen äußeren Umständen. Bei raschwüchsigen Holzarten, namentlich Kiefern liegt der Ursprung der Kurve sehr früh bei 0—5 Jahren, tritt aber um so später ein, je schlechter die Bonität ist, z. B. ist nach Schwappach in Norddeutschland das Jugendstadium i auf zweiter Bonität gleich 5 Jahre, auf dritter Bonität gleich 15 Jahre, vierter Bonität gleich 20 Jahre, bei langsamwüchsigen Holzarten, wie Tannen, dauert das Jugendstadium selbst auf bester Bonität nicht unter 15 Jahren, nimmt aber auf ungünstigeren Bonitäten und bei dichterer Bestandesbegründung allmählich bis zu einer Länge von 35 und selbst 50 Jahren zu. Fichten und Buchen stehen in der Mitte, indem i auf erster Bonität circa 15 Jahre, auf zweiter 20, auf dritter 25 Jahre durchschnittlich beträgt. Ist das Jugendstadium überschritten, so erfolgt bei den einzelnen Holzarten ein um so rascheres Fallen der Stammzahlen, je besser im Ganzen der Ernährungszustand der dominirenden Stammklasse und je energischer dieselbe demnach zuwächst. Das höchste p von 7—8 Prozent zeigen Fichten- und Tannenbestände auf guten Standorten und in nicht zu gedrängter Stellung; auch zeigt ein und dieselbe Holzart im warmen Klima ein höheres p als im rauhen Klima, z. B. die Kiefern im südlichen Gouvernement Samara auf sehr fruchtbarem Boden der „Schwarzerde" gegenüber dem nördlich gelegenen St. Petersburg. Auf die geringsten Werthe von 3 bis 2,5 sinkt p bei Kiefern auf schlechten Standorten herab. Hier muß besonders auf die von Professor Schuberg konstatirte Thatsache hingewiesen werden, daß mit der Höhenlage der Standorte im Gebirge die Stammzahlen zunehmen*), indem z. B. bei

*) Meines Wissens hat zuerst Rob. Hartig in dem Werke: „Die Rentabilität der Fichtennutz- und Buchenbrennholzwirthschaft (1868), Seite 42, darauf hingewiesen,

Buchen in Baden, bei Ausscheidung der Bestände nach Höhenregionen die Stammzahlkurven nachstehenden Verlauf zeigen, wie er durch das von mir ermittelte p annähernd ausgedrückt wird:

Regionen nach absoluten Höhen	Standortsklassen			
	I	II	III	IV
	(Prozent der Stammzahlabnahme)			
unter 400 m	6,0	6,0—5,0	4,5—4,0	—
400—800 m	4,5	4,5—4,0	4,5—4,0	—
800—1200 m	4,0	4,0—3,5	ca. 3,5	3—2,5

Dabei verlängert sich gleichzeitig das Jugendstadium mit zunehmender Meereshöhe, so daß der Kurvenursprung bei 1 qm Standraumfläche immer weiter hinausfällt, wie Fig. 75 zeigt. Ähnliche Beobachtungen wurden auch in den österreichischen Alpenwäldern angestellt und führten zu einem ziemlich übereinstimmenden Ergebnisse.

Diese Erscheinung ist nicht schwierig zu erklären, wenn man sich vergegenwärtigt, daß die durchschnittliche Sommertemperatur und die Vegetationsdauer mit der Meereshöhe stark abnehmen; infolgedessen wirkt die Höhenlage in vielen Hinsichten ähnlich wie die Lage unter hohen Breitengraden hemmend auf die Assimilation und die Massenentwicklung der Pflanzen ein; die Blattorgane z. B. der Buche und des Bergahorns werden immer kleiner, je höher man hinansteigt und die ganze Vegetation nimmt schließlich einen polaren Charakter an. Mit der sinkenden Wuchskraft ist aber die Vergrößerung des Standraumes der Einzelpflanze eine sehr langsame und der Verdrängungsprozeß dauert daher viel länger, als im milden Klima, wo einem raschen Entwicklungsgange der Pflanzen auch eine beschleunigte Bestandesreinigung entspricht.

Endlich ist noch auf die interessante Thatsache hinzuweisen, daß die Reziproken der Stammzahlen in den höheren Bestandesaltern nach einer einfachen Multiplenreihe zunehmen, so daß daher auch die in Quadratmetern ausgedrückten durchschnittlichen Standraumgrößen, welche nach $\frac{10\,000}{n}$ berechnet werden, eine solche konstante Zunahme zeigen. Die mittleren Standraumflächen wachsen demnach nach der Kulmination des Höhenwuchses annähernd nach demselben Gesetze wie die Stammgrundflächen des mittleren Modellstammes. Ich habe eine Anzahl von Ertragstafeln in dieser Hinsicht untersucht und gebe die Resultate einiger solcher Berechnungen,

daß „je günstiger der Standort, je kräftiger der Wuchs eines Bestandes ist, um so schneller sich in dem beständigen Kampfe, welchen die Bäume untereinander um den Standraum führen, entscheidet, welche von ihnen die Oberhand behalten."

Die Stammzahlen des Hauptbestandes auf 1 ha normaler Probeflächen verschiedener Holzarten.

Bei einem Alter von Jahren:		10	20	30	40	50	60	70	80	90	100	110	120	130	140
Wachsthums-Gebiete	Bonität	Stammzahl auf 1 ha normal bestockter Fläche.													
Gemeine Kiefer (Pin. silvestris)															
Preußen, Bayern und Sachsen nach Weise	I	—	—	2937	1816	1268	942	749	610	504	426	371	351	—	—
	II	—	—	4683	2558	1644	1139	841	653	541	461	398	356	—	—
	III	—	—	6263	3054	1862	1276	971	782	658	568	505	464	—	—
	IV	—	—	—	3909	2620	1891	1391	1060	907	—	—	—	—	—
	V	—	—	...	4535	3310	2600	2173	1827	1638	—	—	—	—	—
Hessische Main-Rhein-Ebene nach Schwappach	I	—	—	3880	2380	1640	1150	840	590	440	350	300	280	—	—
	II	—	—	4980	3130	2120	1490	1100	820	630	525	—	—	—	—
	III	—	—	5740	3500	2410	1730	1270	945	735	—	—	—	—	—
	IV	—	—	—	5070	3250	2110	1440	—	—	—	—	—	—	—
Hessisches Buntsandstein-Gebiet nach Schwappach	I	—	5640	3720	2490	1740	1340	1080	900	750	650	575	515	—	—
	II	—	—	4460	3130	2180	1610	1280	1040	845	710	—	—	—	—
	III	—	—	5130	3630	2510	1780	1380	1090	880	—	—	—	—	—
	IV	—	—	5550	3970	2780	2030	1540	—	—	—	—	—	—	—
Norddeutsche Tiefebene nach Schwappach	I	—	4240	2690	1740	1160	820	640	545	490	448	414	385	360	339
	II	—	5290	3530	2370	1610	1130	850	690	591	525	476	436	401	370
	III	—	6500	4460	3070	2120	1490	1100	870	730	638	570	512	—	—
	IV	—	—	5980	3980	2710	1930	1470	1170	965	815	699	601	—	—
	V	—	—	8000	5640	3970	2880	2070	1600	1300	1070	—	—	—	—
Pommern nach Rob. Hartig	I	11750	10810	3525	1566	940	728	587	509	461	423	383	352	325	293
Württemberg nach E. Speidel	I	—	—	3600	2050	1530	1180	940	790	750	700	660	620	600	—
	II	—	—	4900	2770	2000	1500	1150	920	830	790	750	710	690	—
	III	—	—	2200	1430	880	500	—	—	—	—	—	—	—	—
Gouvernement St. Petersburg nach Wargas de Bedemmar	I	—	5540	4100	3060	2120	1420	1060	820	721	624	569	535	503	481
	II	—	6400	4820	3520	2490	1750	1280	1018	896	799	721	656	624	591
	III	—	7250	5530	3980	2840	2130	1630	1310	1040	908	820	765	711	679
	IV	—	8070	6160	4590	3280	2490	1945	1565	1269	1115	1007	919	854	—
	V	—	9190	7000	5280	3870	3040	2360	1913	1620	1420	—	—	—	—
Gouvern. Samara nach Wargas de Bedemmar	I	—	3110	1730	1224	820	590	486	415	—	—	—	—	—	—
	II	—	3600	2075	1453	984	710	541	437	—	—	—	—	—	—
	III	—	4260	2535	1705	1115	765	568	448	—	—	—	—	—	—
	IV	—	4880	2860	1945	1246	820	546	—	—	—	—	—	—	—
	V	—	5350	3270	2130	1390	896	—	—	—	—	—	—	—	—
Fichte (Abies excelsa)															
Württemberg nach F. v. Baur	I	—	6400	4200	2632	1788	1272	964	792	664	600	564	560	—	—
	II	—	—	5840	4000	2768	2080	1580	1200	880	744	724	720	—	—
Königreich Sachsen, interpolirt nach Kunze	I	—	13500	3600	2420	1770	1380	1060	890	770	630	580	500	—	—
	II	—	—	6530	3150	2280	1700	1380	1160	950	730	640	520	—	—
	III	—	—	—	4900	3100	2270	1800	1480	1270	1060	980	700	—	—
	IV	—	—	—	8800	4220	3050	2390	1940	1600	—	—	—	—	—
Harz nach R. Hartig	I	15664	15664	5872	2936	1760	1372	1016	820	684	572	508	—	—	—
	II	15664	15664	5872	3916	2700	2036	1564	1232	960	792	672	588	528	488
Mitteldeutsches Gebirge und Norddeutschland nach Schwappach	I	—	7350	4450	2800	1790	1250	950	770	640	550	500	473	—	—
	II	—	—	5200	3370	2265	1620	1220	980	825	715	645	610	—	—
	III	—	—	8250	4810	3040	2100	1570	1250	1060	950	865	800	—	—
	IV	—	—	—	6760	4080	2720	2020	1620	1385	1250	1160	—	—	—
	V	—	—	—	9800	5320	3390	2470	2000	1740	1600	—	—	—	—
Süddeutschland nach Schwappach	I	—	6720	3900	2390	1590	1170	920	755	635	555	500	465	—	—
	II	—	—	6710	4070	2610	1770	1260	950	765	660	595	540	—	—
	III	—	—	9330	6030	3950	2640	1810	1300	990	805	700	635	—	—
	IV	—	—	—	7910	4920	3190	2160	1535	1155	935	820	—	—	—
	V	—	—	—	11000	6870	4495	3010	2070	1515	1200	—	—	—	—
Gouvernement St. Petersburg nach Wargas de Bedemmar	I	—	6290	4085	2460	1640	1280	995	810	710	656	623	590	569	557
	II	—	7250	4860	3080	2020	1530	1200	995	853	765	700	666	645	634
	III	—	8420	5740	3530	2480	1870	1487	1235	1040	886	810	776	750	732
	IV	—	9600	6820	4520	3060	2300	1820	1510	1250	1050	985	940	909	—
	V	—	10900	8120	5770	3960	2910	2320	1880	1590	1370	1270	1210	—	—
Dänemark nach Professor Prytz		—	3988	2430	1613	1124	834	635	490	399	—	—	—	—	—

Die Stammzahlen des Hauptbestandes auf 1 ha normaler Probeflächen verschiedener Holzarten.

Bei einem Alter von Jahren:		10	20	30	40	50	60	70	80	90	100	110	120	130	140
Wachsthums-Gebiete	Bonität	Stammzahl auf 1 ha normal bestockter Fläche.													
Weißtanne (Abies pectinata)															
Württemberg nach Lorey	I	—	—	4600	3220	2300	1690	1240	920	680	528	417	340	298	250
	II	—	—	—	5700	4080	2750	1850	1345	1010	775	610	500	425	373
	III	—	—	—	—	—	5300	3280	2150	1475	1100	860	692	590	520
Baden nach Schuberg Schlußgrade: a) stammarme, b) Mittelbestände c) stammreiche Bestände	Ia	—	7067	3400	2017	1316	962	749	613	511	438	383	344	315	296
	Ib	—	13250	5535	3053	1880	1347	1022	816	671	569	495	440	397	372
	Ic	—	29375	9875	4885	2790	1897	1400	1092	878	736	629	560	509	476
	IIa	—	11040	4490	2578	1663	1182	898	709	585	493	427	377	343	396
	IIb	—	20800	7170	3947	2377	1598	1177	916	747	621	537	475	427	316
	IIc	—	44200	12850	6150	3427	2270	1630	1240	998	821	706	625	570	531
	IIIa	—	—	5672	3297	2083	1476	1110	857	695	580	498	437	392	364
	IIIb	—	—	9500	5080	3034	2066	1486	1135	910	750	643	559	503	461
	IIIc	—	—	17268	8204	4598	2963	2055	1530	1210	992	848	739	660	608
	IVa	—	—	7062	3986	2592	1840	1360	1060	853	703	600	525	471	433
	IVb	—	—	12635	6643	4124	2694	1912	1440	1141	942	793	688	615	564
	IVc	—	—	27420	11815	6780	4140	2832	2100	1650	1341	1127	972	863	784
Rothbuche (Fagus silvatica)															
Östl. Wesergebirge .		80000	10000	2250	1480	940	680	540	415	320	260	254	240	—	—
Spessart		250000	15000	8500	5000	2500	1700	1400	1160	960	800	690	610	550	515
Oberbayer. Hochebene nach Rob. Hartig		50000	42000	25000	13000	3000	2250	1700	1350	1100	900	770	670	590	—
Baden nach Schuberg . . .	II	—	7780	4250	2540	1780	1370	1150	1010	910	850	790	760	730	—
	III	—	17800	5720	3160	2110	1600	1310	1120	1005	920	865	830	780	—
	IV	—	32900	8520	4515	2900	2120	1640	1345	1145	1015	925	860	805	—
Württemberg nach F. v. Baur . .	I	—	—	5700	3400	1940	1260	960	820	720	640	560	480	—	—
	II	—	—	—	4200	2420	1520	1112	920	770	680	610	560	—	—
	III	—	—	—	5100	3000	1920	1400	1080	940	840	760	700	—	—
	IV	—	—	—	6800	4100	2700	1940	1420	1150	960	840	750	—	—
Hessen (Oberförsterei Lich) nach Wimmenauer	I	—	10910	5870	3460	2310	1650	1220	939	736	600	—	—	—	–
	II	—	16770	9100	5040	3310	2350	1790	1370	1090	871	720	—	—	—
Schweiz (Züricher Stadtwald) nach Meister interpolirt	I	—	—	4200	2500	1650	1120	820	730	640	560	—	—	—	—
	II	—	—	4700	2900	1880	1280	980	850	750	650	—	—	—	—
Dänemark (Forst Hausen) nach Prytz		—	3263	1813	1197	780	544	399	308	254	218	—	218	—	—
Insel See and nach demselben . . .		—	—	3136	1810	1079	716	502	376	300	243	—	—	—	—
Birke (Betula alba und pubescens)															
Gouvernement St. Petersburg nach Wargas de Bedemmar	I	—	5650	3240	2000	1280	930	755	645	590	569	—	—	—	—
	II	—	6260	3820	2310	1565	1170	960	820	720	656	—	—	—	—
	III	—	7040	4510	2750	1920	1440	1150	985	842	798	—	—	—	—
	IV	—	8000	5250	3360	2400	1810	1510	1290	1090	—	—	—	—	—
	V	—	9220	6450	4540	3280	2410	1890	1620	—	—	—	—	—	—
Gouvernement Samara nach demselben . . .	I	—	3110	1730	1224	820	590	486	415	—	—	—	—	—	—
	II	—	3600	2075	1453	984	710	541	437	—	—	—	—	—	—
	III	—	4260	2535	1705	1115	765	568	448	—	—	—	—	—	—
	IV	—	4880	2860	1945	1246	820	546	—	—	—	—	—	—	—
	V	—	5350	3270	2130	1390	896	—	—	—	—	—	—	—	—
Espe (Populus tremula)															
Gouvern. Samara nach Wargas de Bedemmar	I	—	3060	1955	1290	960	750	655	612	—	—	—	—	—	—
	II	—	3750	2510	1715	1235	995	840	755	666	—	—	—	—	—
	III	—	4520	3010	2110	1475	1090	875	765	—	—	—	—	—	—
	IV	—	5110	3600	2470	1750	1345	1040	—	—	—	—	—	—	—
	V	—	5570	4070	2840	1970	1500	—	—	—	—	—	—	—	—

Die Standraumfläche des Mittelstammes.

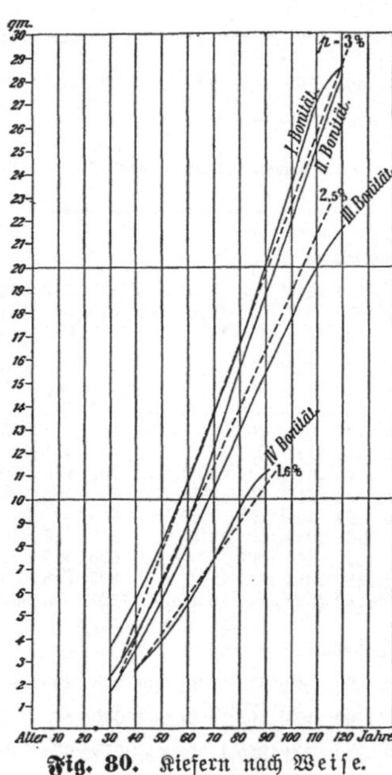

Fig. 80. Kiefern nach Weise.

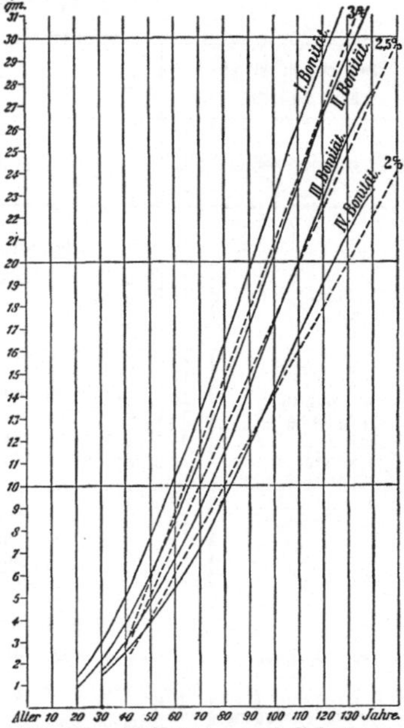

Fig. 81. Weißtannen nach Schuberg.

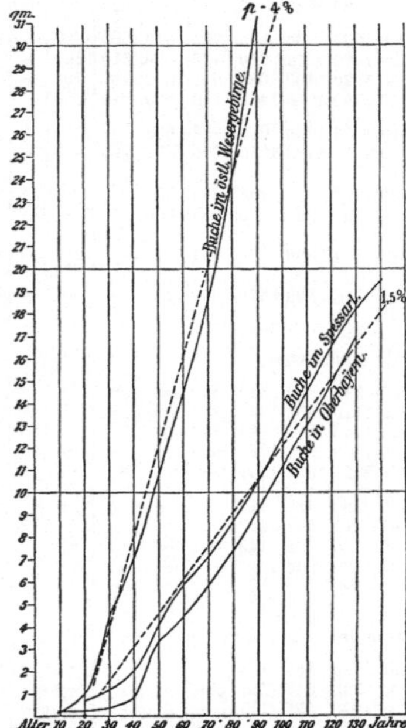

Fig. 82. Rothbuchen nach Rob. Hartig.

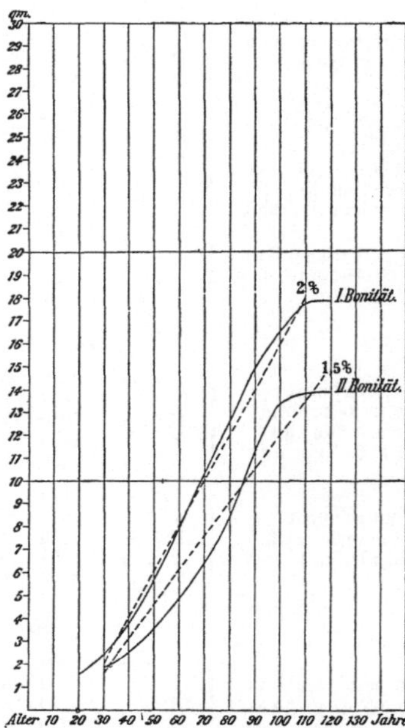

Fig. 83. Fichten nach F. v. Baur.

welche auch in den Figuren 80—83 graphisch dargestellt sind, in nachstehender Tabelle:

Reziproken der Stammzahlen n bezogen auf 10000 qm oder Standraumgröße für den durchschnittlichen Mittelstamm.
(In Quadratmetern)

	Bonität	Bestandesalter, Jahre:													
		10	20	30	40	50	60	70	80	90	100	110	120	130	140
Kiefern nach Weise	I	—	—	3,40	5,50	7,88	10,60	13,35	16,39	19,80	23,40	26,90	28,45	—	—
	II	—	—	2,18	3,91	6,08	8,78	11,88	15,54	18,44	21,65	25,08	28,06	—	—
	III	—	—	1,59	3,27	5,36	7,83	10,28	12,77	15,20	17,61	19,78	21,55	—	—
	IV	—	—	—	2,55	3,81	5,28	7,18	9,43	11,02	—	—	—	—	—
Buchen nach Rob. Hartig im östl. Wesergeb.		0,125	1,000	4,44	6,75	10,63	14,70	18,50	24,08	31,25	38,4	40,0	—	—	—
im Spessart . . .		0,040	0,666	1,175	2,00	4,00	5,88	7,14	8,61	10,42	12,50	14,50	16,40	18,15	19,40
in Oberbayern . .		0,20	0,238	0,400	0,77	3,33	4,44	5,88	7,40	9,10	11,10	13,00	14,93	16,94	—
Fichten nach F. v. Baur	I	—	1,56	2,38	3,79	5,59	7,85	10,38	12,63	15,05	16,66	17,74	17,85	—	—
	II	—	—	1,71	2,50	3,51	4,80	6,33	8,33	11,35	13,45	13,80	13,90	—	—
Weißtannen nach Schuberg	Ia	—	1,41	2,94	4,95	7,60	10,40	13,35	16,30	19,52	22,80	26,10	29,05	31,70	33,7
	IIa	—	0,91	2,23	3,88	6,00	8,45	11,12	14,10	17,10	20,26	23,40	26,50	29,10	31,6
	IIIa	—	—	1,76	3,04	4,80	6,78	9,00	11,52	14,38	17,23	20,08	22,82	25,45	27,43
	IVa	—	—	1,42	2,51	3,85	5,44	7,35	9,43	11,71	14,22	16,65	19,04	21,20	23,06

§ 31. **Die Zunahme der Stammgrundflächen-Summe.** Mit dieser Benennung wird die auf 1 Hektar normalen Bestandes durch Auskluppen in Brusthöhe und nachfolgende Berechnung gefundene Kreisflächensumme aller Bäume bezeichnet, dieselbe wird in Quadratmetern ausgedrückt und gewöhnlich durch das Zeichen G angezeigt. Da bei Schätzungen am Stehenden die Messung der Durchmesser in Brusthöhe einer der wichtigsten Behelfe ist, so bildet natürlich die aus denselben abgeleitete Kreisflächensumme einen wichtigen Gegenstand der Zuwachslehre und alle neueren Ertragstafeln enthalten eine Rubrik für die Stammgrundflächensumme, welche für die verschiedenen Altersstufen angegeben wird. Es ist daher zunächst nothwendig, einen Überblick über die Untersuchungs-Ergebnisse bezüglich der Größe von G bei einzelnen Holzarten unter den verschiedenen Standortsklassen zu geben und erst auf Grund dieses experimentell gefundenen Materials zu versuchen, eine Abstraktion auf das zu Grunde liegende mathematische Gesetz der Stammgrundflächen-Zunahme pro Flächeneinheit zu machen. Die Tabelle auf Seite 226—227 zeigt eine Auswahl der Angaben über die Stammgrundflächen-Summe pro Hektar, wie sie von verschiedenen Forschern angegeben wird, und zur besseren Verdeutlichung sind diese Zahlen in den Figuren 85 bis 91 graphisch dargestellt, so daß dem angehenden Taxator genügende Erfahrungszahlen über die Grundflächensumme ganz normaler Bestände zum Vergleich mit etwaigen Aufnahms-Ergebnissen in abnormen Beständen an die Hand gegeben sind, um daraus Schlüsse auf den künftigen Zuwachsgang zu ziehen. Ein Blick auf diese Tabelle lehrt uns, daß G zwar in dem ersten Dezennium sehr klein ist, dann

Angaben über die **Stammgrundflächen-Summe** (bei 1,3 m Meßhöhe) auf 1 ha normal bestockter Bestände verschiedener Holzarten.

Altersstufen (Jahre)		10	20	30	40	50	60	70	80	90	100	110	120	130	140
Wachsthums-Gebiete	Bonität	Kreisflächen-Summe (in 1,3 m Höhe) der Stammgrundflächen auf 1 ha Quadratmeter													
Gemeine Kiefer (Pin. silvestris)															
Preußen, Bayern und Sachsen nach Weise	I	2,1	22,0	32,6	37,4	40,2	42,3	43,5	44,3	44,7	44,8	44,8	44,8	—	—
	II	5,2	18,7	27,3	33,0	36,5	38,4	39,6	40,2	40,6	40,9	41,0	41,0	—	—
	III	—	16,7	23,8	28,4	31,1	32,8	34,0	34,8	35,2	35,5	35,5	35,5	—	—
	IV	—	10,0	16,4	21,5	26,2	29,7	31,4	32,0	32,0	—	—	—	—	—
	V	—	7,9	14,3	19,5	23,5	26,0	27,6	28,5	29,0	—	—	—	—	—
Hessische Main-Rhein-Ebene n. Schwappach	I	25,0	32,8	40,6	45,3	46,7	48,5	49,2	50,0	50,9	50,9	51,7	52,2	—	—
	II	22,0	28,7	35,8	40,4	43,5	46,0	47,2	84,4	49,0	49,6	—	—	—	—
	III	—	25,1	30,4	34,3	37,7	39,5	40,4	41,3	41,5	—	—	—	—	—
	IV	—	21,0	26,3	30,2	32,5	33,5	33,2	—	—	—	—	—	—	—
Hessisches Buntsandstein-Gebiet n. Schwappach	I	18,2	27,5	35,2	40,9	45,4	48,4	50,1	50,7	51,0	51,5	51,6	52,1	—	—
	II	15,8	21,7	28,9	35,3	40,5	43,9	46,4	49,0	50,0	51,0	—	—	—	—
	III	—	20,0	24,6	30,5	34,6	37,3	39,9	40,6	40,6	—	—	—	—	—
	IV	—	15,6	20,9	26,2	29,2	31,3	32,5	—	—	—	—	—	—	—
Norddeutsche Tiefebene nach Schwappach	I	—	24,8	32,8	37,5	40,6	42,8	44,3	45,5	46,5	47,5	48,3	49,1	49,8	50,4
	II	—	18,5	27,0	32,1	35,8	38,3	39,7	40,7	41,5	42,3	42,9	43,5	43,9	44,2
	III	—	14,1	23,4	28,6	31,4	33,2	34,5	35,6	36,5	37,2	37,7	38,0	—	—
	IV	—	9,2	19,2	24,3	27,3	29,1	30,2	30,9	31,3	31,7	32,0	32,2	—	—
	V	—	—	13,4	18,8	21,6	23,2	24,1	24,6	24,9	25,1	—	—	—	—
Pommern nach Rob. Hartig		15,4	33,2	38,6	40,5	42,4	48,2	50,1	52,5	56,0	59,8	57,9	56,3	54,8	52,9
Württemberg nach E. Speidel . . . . (interpolirt)	I	—	31,5	35,5	37,5	40,5	42,7	45,0	47,0	49,1	51,2	53,5	—	—	—
	II	—	27,5	30,3	33,0	35,5	37,2	39,0	40,8	42,6	44,5	46,4	48,2	50,2	52,2
	III	—	24,0	27,0	29,0	31,2	33,0	34,6	36,0	37,0	—	—	—	—	—
Gouvernement St. Petersburg nach Wargas de Bedemmar . .	I	—	21,3	25,6	28,8	31,2	33,4	35,4	37,3	39,0	40,3	41,3	42,2	42,9	42,9
	II	—	18,1	21,4	24,7	27,2	29,7	32,1	33,7	35,0	36,0	36,9	37,4	37,7	37,8
	III	—	16,7	19,6	22,2	24,5	26,7	28,3	29,7	30,9	32,0	32,8	33,4	33,5	33,6
	IV	—	—	17,0	19,5	21,9	23,6	24,7	25,4	25,9	26,3	26,6	26,8	26,9	—
	V	—	—	13,9	16,1	17,9	19,0	19,7	20,1	20,3	20,4	—	—	—	—
Gouvernement Samara nach demselben . . .	I	—	23,0	31,0	36,5	40,4	43,3	45,0	46,1	47,0	47,4	—	—	—	—
	II	—	18,7	25,8	31,7	36,2	39,3	41,2	42,3	43,4	—	—	—	—	—
	III	—	16,2	22,4	27,8	31,9	35,3	37,6	38,9	39,7	—	—	—	—	—
Fichte (Abies excelsa)															
Württemberg nach F. v. Baur	I	8,7	22,5	32,0	40,1	45,2	48,2	51,1	53,1	55,1	57,1	59,0	60,0	—	—
	II	7,5	18,6	27,8	35,6	41,4	44,5	46,7	48,7	50,7	52,7	54,7	56,0	—	—
	III	4,4	13,8	24,0	30,7	35,2	38,7	41,7	44,7	46,8	48,8	50,5	52,0	—	—
	IV	2,7	9,6	17,6	25,0	29,6	33,1	36,1	38,4	40,6	42,6	44,6	46,0	—	—
Harz nach Rob. Hartig	I	—	15,6	30,8	40,4	44,4	48,4	50,8	52,4	54,0	55,6	57,2	—	—	—
	II	—	—	27,6	37,2	44,4	49,6	51,2	51,2	51,2	51,2	52,0	54,0	55,6	56,8
Gouvernement St. Petersburg nach Wargas de Bedemmar . .	I	—	20,0	24,6	27,5	30,1	32,3	34,1	36,6	38,3	39,8	41,3	42,8	43,6	44,4
	II	—	16,1	20,9	24,0	26,3	28,3	30,1	31,8	33,5	35,2	36,6	37,7	38,9	39,7
	III	—	14,4	19,1	22,1	24,0	25,6	27,1	28,4	29,5	30,6	31,5	32,3	33,0	33,2
	IV	—	—	17,0	19,5	21,3	22,4	23,3	24,2	25,0	25,8	26,5	27,0	27,3	—
	V	—	—	—	16,2	17,8	19,1	20,1	21,0	21,8	22,1	22,4	22,4	—	—
Dänemark, Insel Seeland, nach Prof. Prytz		—	31,4	35,9	39,7	42,1	44,3	45,7	46,3	47,5	—	—	—	—	—
Mitteldeutsche Gebirge und Norddeutschland nach Schwappach .	I	8,6	22,3	39,0	47,6	52,5	56,0	58,4	60,4	62,3	64,0	65,5	66,8	—	—
	II	6,9	18,4	31,3	40,0	45,1	48,7	51,6	53,8	55,6	57,2	58,7	59,8	—	—
	III	—	14,2	24,1	32,5	37,6	41,4	43,8	46,3	48,5	50,4	51,9	53,2	—	—
	IV	—	11,6	19,2	26,6	31,4	34,5	37,0	39,3	41,4	43,1	44,4	—	—	—
	V	—	8,8	14,0	20,0	24,8	28,2	30,8	33,0	34,9	36,4	—	—	—	—
Süddeutschland nach Schwappach . . .	I	—	25,6	37,6	45,8	52,0	56,4	59,6	62,3	64,6	66,5	68,2	69,7	—	—
	II	—	18,4	29,2	37,8	43,3	47,3	50,7	53,6	55,9	57,8	59,3	60,7	—	—
	III	—	12,6	21,7	29,2	35,0	40,0	43,5	46,1	48,2	49,9	51,2	52,5	—	—
	IV	—	8,4	15,5	22,9	28,4	32,2	35,3	38,0	40,3	42,1	43,4	—	—	—
	V	—	—	11,0	16,8	22,3	26,2	29,5	32,1	34,2	35,8	—	—	—	—

Stammgrundflächen-Summe auf 1 ha.

Altersstufen (Jahre)		10	20	30	40	50	60	70	80	90	100	110	120	130	140
Wachsthums-Gebiete	Bonität	Kreisflächen-Summe (in 1,3 m Höhe) der Stammgrundflächen auf 1 ha Quadratmeter													
Weißtanne (Abies pectinata)															
Württemberg nach Lorey	I	2,7	7,8	18,8	31,2	40,7	47,6	53,2	58,2	63,0	67,7	71,7	75,2	78,4	81,0
	II	1,7	5,8	12,7	22,5	31,0	37,0	42,0	46,6	50,8	54,5	57,4	59,6	61,2	62,3
	III	1,1	4,6	10.7	19,6	27,4	32,2	36,3	40,1	43,6	46,8	49,4	51,2	52,2	52,8
Baden nach Schuberg	Ia	—	22,0	33,5	44,7	50,5	54,7	58,0	60,3	62,0	63,2	63,9	64,8	65,8	67,1
	Ib	—	22,0	35,5	47,0	53,3	58,0	61,6	64,1	66,0	67,3	68,2	69,0	70,1	71,8
	Ic	—	23,5	38,0	49,0	56,8	62,0	66,0	68,7	70,2	71,2	72,1	73,2	74,6	77,0
	IIa	—	15,3	27,3	38,0	44,7	48,7	51,4	53,2	54,7	55,6	56,4	56,8	57,5	58,5
	IIb	—	17,8	30,0	41,0	47,2	51,2	53,7	55,6	57,1	58,1	59,0	59,7	60,3	61,6
	IIc	—	20,0	32,8	43,6	49,8	54,0	57,0	59,4	61,0	62,0	63,0	64,0	65,3	66,8
	IIIa	—	—	20,0	30,2	37,3	42,3	45,3	47,6	49,1	50,2	51,0	51,6	52,0	52,8
	IIIb	—	—	23,4	34,5	41,5	45,8	48,6	50,7	52,1	53,1	54,0	54,4	55,0	56,7
	IIIc	—	—	28,7	39,2	45,3	49,6	52,3	54,0	55,2	56,4	57,2	57,6	58,2	59,2
	IVa	—	—	15,0	23,7	31,3	37,0	40,2	42,9	44,6	45,5	46,2	46,8	47,4	48,3
	IVb	—	—	17,5	27,8	35,7	40,3	43,4	45,7	47,4	48,5	49,2	49,6	50,1	50,9
	IVc	—	—	20,7	32,3	40,3	44,5	47,4	49,4	50,8	51,9	52,7	53,2	53,9	54,7
Rothbuche (Fagus silvatica)															
Östliches Wesergebirge nach Rob. Hartig		—	13,5	18,9	22,0	24,5	26,8	29,0	29,2	29,3	29,4	29,5	29,6	—	—
Spessart nach demselben		—	15,0	21,0	26,0	30,0	33,0	35,0	36,8	38,2	39,3	40,3	41,0	41,9	42,3
Oberbayerische Hochebene nach demselben . . .		—	14,2	20,0	24,0	26,1	29,0	31,2	34,0	36,0	36,0	36,0	36,0	36,0	—
Baden nach Schuberg	II	—	14,0	21,4	25,5	28,2	30,8	33,4	35,9	38,5	41,1	43,5	45,6	46,8	—
	III	—	12,6	19,0	23,4	25,9	28,3	30,7	33,1	35,5	37,9	40,2	42,3	43,8	—
	IV	—	11,4	16,7	20,5	23,7	26,4	28,5	30,5	32,5	34,5	36,4	38,2	39,6	—
Württemberg nach F. v. Baur	I	16,6	20,7	24,9	27,7	31,9	34,8	37,5	39,7	40,9	42,4	44,0	45,5	—	—
	II	15,4	18,4	20,6	24,6	27,7	31,8	35,2	37,2	38,7	40,2	42,2	44,0	—	—
	III	—	16,1	19,2	21,3	23,1	25,7	28,8	30,9	34,1	36,6	38,8	40,5	—	—
	IV	—	14,6	15,8	18,7	20,9	23,4	26,0	27,8	30,2	32,5	34,5	35,9	—	—
	V	—	—	13,7	14,7	16,1	18,0	20,0	21,5	23,7	26,0	27,6	28,8	—	—
Hessen (fürstl. Solms'sche Oberförsterei Lich . .	I	—	—	15,0	17,7	20,4	22,7	25,0	26,8	28,6	30,1	31,3	32,0	—	—
	II	—	—	—	15,8	17,7	20,0	21,7	23,5	26,0	26,6	28,0	29,4	—	—
Schweiz (Züricher Stadtwald) nach U. Meister	I	4,4	12,9	20,2	25,8	30,7	35,1	38,9	41,6	43,5	44,8	—	—	—	—
	II	3,7	10,7	16,7	21,7	26,3	30,5	34,2	37,3	39,7	41,2	—	—	—	—
	III	3,0	8,7	13,9	18,4	22,4	26,4	30,0	33,3	36,0	37,7	—	—	—	—
	IV	2,3	6,7	11,3	15,3	19,3	22,9	26,2	29,2	32,0	33,7	—	—	—	—
Dänemark (Forst Hausen) nach Professor Prytz		—	16,1	23,8	27,1	28,4	30,0	31,4	33,4	35,0	36,4	—	42,9	—	—
Insel Seeland (bei schwacher Durchforstung) nach demselben . . .		—	6,6	16,7	24,0	26,8	29,0	30,5	31,3	32,1	33,7	—	—	—	—
Birke (Betula alba und pubescens)															
Gouvernement St. Petersburg nach Wargas de Bedemmar . .	I	—	17,4	20,9	23,9	26,2	28,4	30,3	31,4	32,3	32,3	—	—	—	—
	II	—	16,1	19,0	21,7	24,0	25,9	27,8	28,7	29,1	29,4	—	—	—	—
	III	—	15,1	17,5	19,5	21,4	23,1	24,7	25,9	26,3	26,4	—	—	—	—
	IV	—	13,9	16,0	17,4	18,8	20,0	20,9	21,6	22,1	—	—	—	—	—
	V	—	10,8	12,6	13,8	15,0	15,6	15,9	16,1	—	—	—	—	—	—
Gouvernement Samara nach demselben . . .	I	—	17,8	22,5	25,6	27,7	29,3	30,4	30,8	—	—	—	—	—	—
	II	—	15,7	20,2	23,1	26,5	27,0	28,0	28,6	—	—	—	—	—	—
	III	—	13,2	17,8	20,8	22,4	23,5	24,1	24,3	—	—	—	—	—	—
	IV	—	12,1	15,3	18,0	18,9	19,6	20,1	—	—	—	—	—	—	—
	V	—	10,2	12,9	14,4	15,2	15,7	—	—	—	—	—	—	—	—
Espe (Populus tremula)															
Gouvernement Samara nach demselben . . .	I	—	22,5	28,4	33,3	36,0	37,8	39,1	39,7	—	—	—	—	—	—
	II	—	19,1	24,2	28,5	31,2	33,2	34,4	35,3	35,7	—	—	—	—	—
	III	—	15,7	20,2	23,8	26,5	28,2	29,0	29,6	—	—	—	—	—	—
	IV	—	13,3	17,0	20,0	21,7	22,9	23,5	—	—	—	—	—	—	—
	V	—	11,5	14,4	16,5	18,2	18,7	—	—	—	—	—	—	—	—

aber rasch ansteigt, um zwischen 50—80 Jahren einen Kulminationspunkt zu erreichen, von dem an eine allmählich immer langsamere Zunahme stattfindet. Im Verhältniß zur gesammten Bodenfläche von 1 Hektar ist die Stammgrundfläche sehr klein, denn sie beträgt auch im höchsten Falle nur Bruchtheile eines Prozentes und zwar ist sie im Allgemeinen am größten in haubaren Weißtannenbeständen I. Bonität, wo sie 67—77 Quadratmeter beträgt, dann in Fichten (60—70 Quadratmeter), erheblich kleiner in Kiefernbeständen (50—53 Quadratmeter), dann in Buchen (42 bis 47 Quadratmeter), am geringsten in Birken (ca. 32 Quadratmeter).

Um sich auf theoretischem Wege ein Bild vom Gange des Stammgrundflächenzuwachses eines Bestandes zu verschaffen, muß man davon ausgehen, daß die Stammzahlverminderung innerhalb des Zeitraumes der sogenannten Bestandesreinigung nach der Reziprokenreihe $\frac{1}{1,0p^x}$ verläuft und nach diesem im Verhältnisse von $\frac{1}{\sqrt{1,0p^x}} = \frac{1}{1,0p^{\frac{x}{2}}}$ fortschreitet; ferner ist schon in § 25 nachgewiesen, daß der Grundstärkenzuwachs des Einzelstammes nach einer Multiplenreihe zunimmt, in der die Zeit x als der eine Faktor erscheint. Es handelt sich also nur darum, zu ermitteln, in welchem Verhältnisse der andere Faktor des Grundflächenzuwachses zu dem p der Stammzahlverminderung stehe, um auf Grund davon eine Formel für G konstruiren zu können. Durch Untersuchung einer größeren Zahl von experimentell gefundenen Reihen für Stammgrundflächensummen fand ich, daß dieser Faktor das Quadrat von $\frac{p}{100}$ ist, so daß also $\frac{p^2}{10000}$ oder $(0,0p)^2$ mit der Zeit x multiplizirt werden muß, um die doppelten Grundflächen des mittleren Modellstammes in Quadratmetern zu erhalten. Multiplizirt man diese für das Alter x gefundene Flächengröße mit der Stammzahl, wie sie sich aus $n = \frac{10000}{1,0p^x}$ berechnet, so erhält man im Produkt die doppelte Grundflächensumme G, wobei eine Vereinfachung durch Aufhebung von 10000 im Zähler und Nenner stattfindet. Demnach ist innerhalb des Zeitraumes der Bestandesreinigung

$$2G = \frac{p^2 x}{10000} \times \frac{10000}{1,0p^x} = \frac{p^2 x}{1,0p^x},$$

welche Reihen um so früher ein Maximum erreichen, je größer p ist. Von diesem Kulminationspunkt aus tritt aber in der Wirklichkeit kein Sinken der Stammgrundflächensumme ein, sondern es verlangsamt sich

Die Stammgrundflächen-Summe auf 1 Hektar.

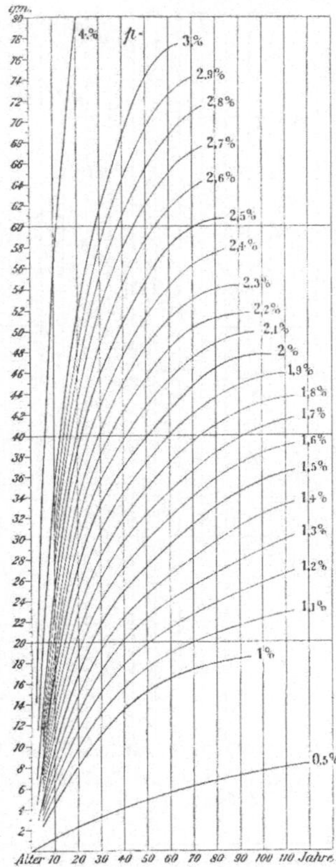

Fig. 84. Schema für die Zunahme der Stammgrundflächen.

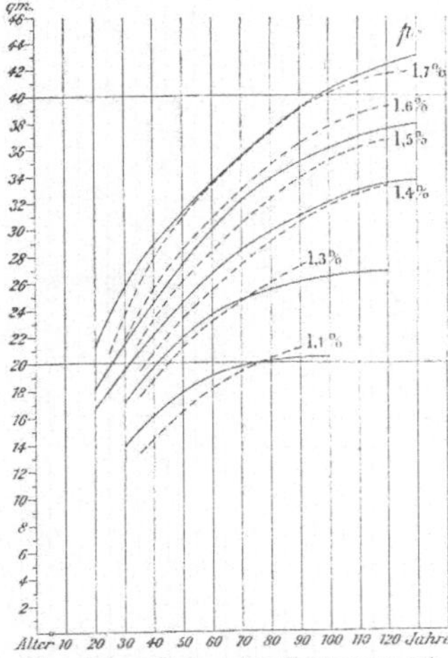

Fig. 89. Kiefern im Gouvernement St. Petersburg.

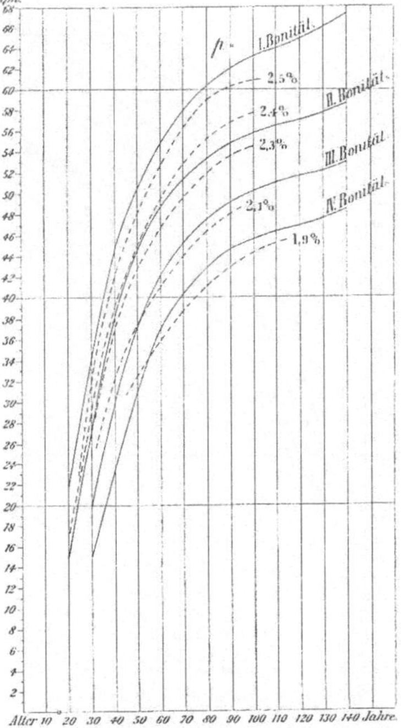

Fig. 85. Weißtannen nach Schuberg vom Schlußgrad a.

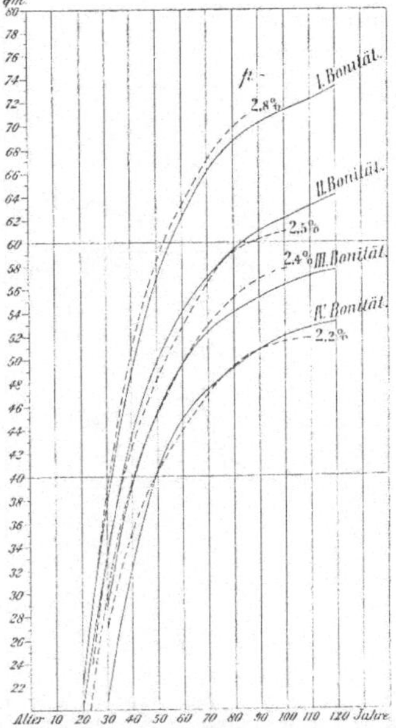

Fig. 86. Weißtannen nach Schuberg vom Schlußgrad c.

Die Stammgrundflächen-Summe auf 1 Hektar.

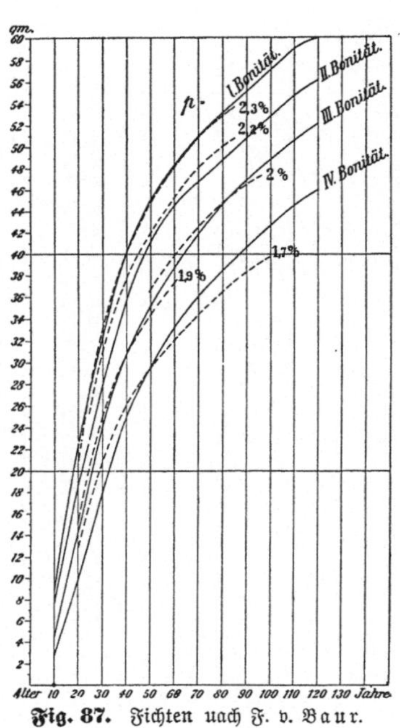

Fig. 87. Fichten nach F. v. Baur.

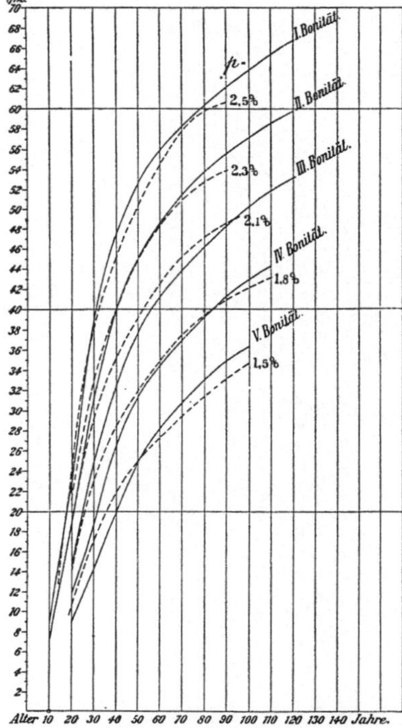

Fig. 88. Fichten in Mittel= und Norddeutschland nach Schwappach.

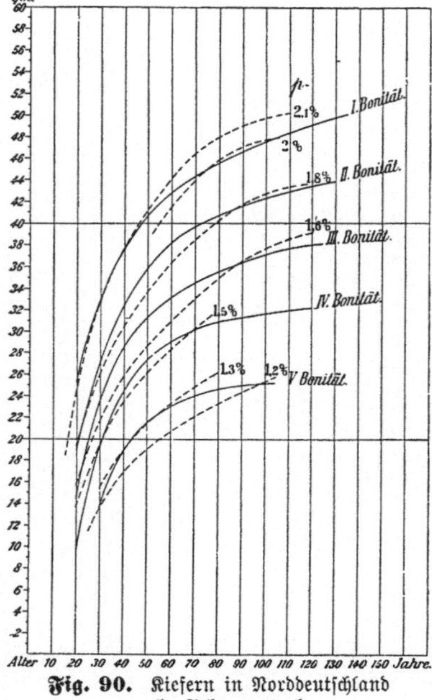

Fig. 90. Kiefern in Norddeutschland nach Schwappach.

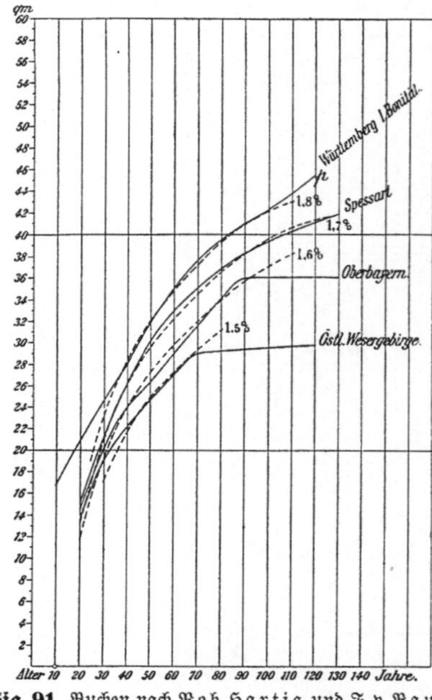

Fig. 91. Buchen nach Rob. Hartig und F. v. Baur.

die Stammzahlverminderung im Verhältnisse, wie die Wurzelgröße von p, so daß im Nenner von da an die Abnahme nach $1,0p^{\frac{x}{2}}$ fortschreitet und der Werth für G anschließend an die erstmalige Kurve in einer mäßiger ansteigenden Richtung verläuft. Man ist somit im Stande, für jedes p den Verlauf der Kurven für die Stammgrundflächensummen im Voraus zu berechnen und ein Schema zu finden, welches als Maßstab für die experimentell ermittelten Werthe für G dienen kann, indem man letztere als eine Funktion von x betrachtet. Diese Berechnungen habe ich durchgeführt und deren Resultate in Figur 84 in Form eines Diagramms dargestellt; die hierdurch erhaltenen Kurven sind mit den Größen für G verschiedener Ertragstafeln in den Figuren 85 bis 91 verglichen und von einem jedesmal bezeichneten Ursprunge aus mit punktirten Linien eingezeichnet werden. Als allgemeine Gesetze des Zuwachses der Stammgrundflächen-Summen lassen sich hieraus folgende ableiten:

1. Je größer die durch p ausgedrückte Wuchskraft eines Bestandes ist, desto rascher nimmt zwar die Grundfläche des Einzelstammes zu, aber desto schneller sinkt auch die Stammindividuenzahl und zwar erfolgt ersteres nach einer Multiplenreihe der Quadrate von p, letzteres nach dem umgekehrten Werthe einer Exponentialreihe mit der Grundzahl 1,0p. Stammzahl und Stammgrundfläche stehen demnach in einem durch diese mathematischen Beziehungen ausgedrückten verkehrten Verhältnisse.

2. Die Stammgrundflächensumme kann auch als das Produkt einer Multiplenreihe mit den Reziproken einer Exponentialreihe von x aufgefaßt werden, sie ist daher eine Funktion des Bestandesalters x. Die Produkte beider Reihen liefern die doppelten Werthe von G in Quadratmetern pro Hektar ausgedrückt und diese Werthe steigen zu einem Kulminationspunkte an, welcher um so schneller erreicht wird, je größer p ist und umgekehrt. Für die Stammgrundflächensumme kommt aber nur der aufsteigende Theil der Kurve in Betracht.

3. Vom Kulminationspunkte resp. dem diesem vorausgehenden Gliede der Reihe an, erfolgt die Stammzahlverminderung nach einer Exponentialreihe von $\sqrt{1,0p}$, so daß die Nenner nach $1,0p^{\frac{x}{2}}$ ansteigen. Man kann daher dieselben Spalten der Diskontirungstafel für die Berechnung der Stammzahlabnahme benützen, nur müssen halb so lange Zeiträume von einer Altersstufe zur andern gerechnet werden, wie vor dem Kulminationspunkt. Da der Zähler der Formel für G konstant fortwächst, so steigen die Werthe

von G auch über den ersten Wendepunkt der Kurve hinaus, jedoch in einer flacheren Kurve als nach der erstmaligen Formel.

4. Der Beginn des Vorhandenseins einer Stammgrundflächen-Summe kann selten vor dem 15. bis 20. Jahre des Bestandesalters konstatirt werden; es muß daher ein Jugendstadium vom Alter in Abzug kommen, dessen Dauer bei raschwüchsigen Holzarten kürzer ist, als bei langsamwüchsigen, nämlich bei Kiefern 5 Jahre, bei Fichten und Buchen 10 Jahre, bei Weißtannen 15 Jahre, im Allgemeinen aber nicht so lang ist, als in den früher betrachteten Fällen beim Zuwachs des Einzelstammes. Der 0 Punkt des Schemas Figur 84 muß daher bei Vergleichungen auf das Ende der Jugendperiode eingestellt werden, da die Kurven von hier aus ihren Ursprung haben.

5. Auf die Größe von G haben sowohl die Holzarten, als auch die äußeren Lebensbedingungen, d. h. die Standortsbonitäten, unter welchen dieselben erwachsen, einen erheblichen Einfluß. Dieser drückt sich am schärfsten aus in dem Werth von p, wenn in dem oben erläuterten Sinne x als Variable nach der Formel $2G = \frac{p^2x}{1,0p^x}$ damit verbunden wird. Nach den experimentell gefundenen Reihen ist p am größten bei Weißtannen, dann bei Fichten, erheblich kleiner bei Kiefern und am kleinsten bei Buchen; dabei verursachen aber die Standortsklassen innerhalb derselben Holzart wieder große Unterschiede, wie dies aus folgender Übersicht hervorgeht. Es beträgt nämlich p bei:

Nach Ertragstafeln für	Standortsklassen:				
	I	II	III	IV	V
Weißtanne nach Schuberg					
vom Schlußgrad a (stammarm) . .	2,5	2,4—2,3	2,1	1,9	—
„ „ c (stammreich) . .	2,8	2,5	2,4	2,2	—
Fichte nach F. v. Baur	2,3	2,2	2,6—1,9	ca. 1,7	—
desgl. nach Rob. Hartig	2,4	—	—	—	—
desgl. nach Schwappach . . . . (Mittel- und Norddeutschland)	2,5	2,3	2,1	ca. 1,5	—
Kiefer im Gouv. St. Petersburg nach Wargas de Bedemmar . . .	1,7	1,55	1,4	ca. 1,3	1,1
desgl. nach Schwappach	2,1—2,0	1,8	1,7—1,6	ca. 1,5	1,3—1,2
Buche nach F. v. Baur	1,8	1,7 im Spessart	— in Oberbayern	— i. Wesergebirge	—
desgl. nach Rob. Hartig	—	1,7	1,6	1,5	—

Hier ist noch besonders auf den Einfluß der Bestandesdichte und der wirthschaftlichen Behandlungsweise aufmerksam zu machen: in den streng geschlossenen Weißtannenbeständen des Schwarzwaldes ist die Stammgrundflächensumme nicht blos absolut größer, sondern sie nimmt auch mit einem größeren p zu, als in den stammarmen Beständen und in ähnlicher Weise ist auch im östlichen Wesergebirge auf bestem Muschelkalkboden, wo aber scharf durchforstet wird, die Stammgrundflächenzunahme wesentlich kleiner als im Spessart und in Oberbayern mit ihren schwach durchforsteten Buchenbeständen. Es scheint mir daher wahrscheinlich, daß die Berechnung von p in obigem Sinne bei der Diskussion der Vor- und Nachtheile der verschiedenen Durchforstungsgrade sehr ersprießliche Dienste leisten könnte, da die Formel den naturgemäßen Vorgang der Stammzahlminderung und Kreisflächenmehrung ausdrückt, dem gegenüber die durch menschliche Eingriffe willkürlich modifizirte Stammzahl-Verminderung auf ihren wirthschaftlichen Effekt geprüft werden soll. Das alte Problem über das Optimum der verschiedenen Durchforstungsgrade dürfte sich daher bei Anwendung obiger Formeln erheblich vereinfachen, indem manche scheinbare Widersprüche, welche die Versuche ergeben, hierdurch sich klären.

§ 32. **Der Massenzuwachs geschlossener Bestände.** Durch das Zusammenwirken der im Vorstehenden betrachteten einzelnen Faktoren des Zuwachses entsteht auf der Flächeneinheit (ha) eines geschlossenen, normalen Bestandes die alljährliche Vermehrung des darauf stockenden Holzvorrathes, welche man den Bestandeszuwachs nennt. Derselbe wird zunächst ausgedrückt durch Angabe der Massenvorräthe in Festmetern pro Hektar m_a, m_b . . ., welche in den Bestandesaltern x als Vorräthe gefunden werden und welche man bei wissenschaftlichen Untersuchungen größeren Umfanges zu Reihen — „Ertragstafeln" genannt — vereinigt. Die Ertragstafeln geben demnach den Kubikinhalt des stockenden Holzvorrathes eines Hektars Bestandes von normaler Beschaffenheit als eine Funktion des durchschnittlichen Bestandesalters an. Bei graphischer Darstellung von Ertragstafeln wird daher die Zeit als Abszissenaxe X, die ihr entsprechende Masse des Holzvorrathes als Ordinatenaxe Y eines rechtwinkligen Koordinatensystems angenommen. Durch Austragen der experimentell gefundenen Vorräthe y_1, y_2 . . ., welche den Altern x_1, x_2 . . . entsprechen, erhält man die Endpunkte der Ordinaten und durch deren Verbindung eine Kurvenlinie, deren Verlauf den Gang des Massenzuwachses übersichtlich darstellt (s. die Figuren 93 bis 108). Bei derartigen Berechnungen und Zeichnungen kann übrigens der Begriff „Masse des Vorrathes" in verschiedenem Sinne gefaßt werden, indem entweder nur jene des herrschenden (dominirenden) Bestandes oder auch jene des beherrschten und ganz unterdrückten Nebenbestandes inbegriffen ist. Bei genauen Ertragsuntersuchungen giebt man die Masse des von einem Zeitabschnitt zum anderen (Dezennium) sich ausscheidenden Nebenbestandes als sogenannte Zwischennutzungs-Masse an. Außerdem unterscheidet man in anderer Beziehung die

Masse des über 7 Zentimeter dicken Materiales als Derbholzmasse gegenüber der Gesammtmasse, welche auch das Ast- und Reisigholz umfaßt; deshalb muß in allen Vorrathsangaben genau bezeichnet werden, welche Art von Massenangabe zu Grunde gelegt ist.

Über das Verfahren bei der Aufstellung von Ertragstafeln und über die verschiedenen Methoden, welche hierfür in Vorschlag gebracht worden sind, enthalten die Lehrbücher der Holzmeßkunde Ausführlicheres. Es muß hierauf verwiesen werden, weil sich eine erschöpfende Behandlung dieses Gebietes hier des Raumes halber nicht geben läßt. Dagegen verdienen die Ergebnisse der von verschiedenen einzelnen Forschern und durch das Zusammenwirken der forstlichen Versuchsanstalten gelieferten Ertragstafeln eine ganz besondere Beachtung seitens der mit Forsteinrichtung und Taxationen sich beschäftigenden Forsttechniker. Dieses umfangreiche experimentell gefundene Zahlenmaterial soll daher im Nachstehenden einer näheren Betrachtung nach einem einheitlichen Gesichtspunkt unterstellt werden, um auf induktivem Wege daraus allgemein giltige Schlußfolgerungen abzuleiten und gewisse Gesetzmäßigkeiten aufzufinden, welche ebensowohl das Verständniß der Vorgänge des Bestandeszuwachses befördern als auch ein promptes Hilfsmittel für das Gedächtniß abgeben und dem Taxator lehren, die fast endlosen Zahlenreihen der vielen Ertragstafeln mit sicherem Blick zu beherrschen.

Theorie des Bestandeszuwachses. Bei den zu einem geschlossenen Bestande vereinigten Stammindividuen geht mit der Vergrößerung des Einzelnen eine fortwährende Verminderung der Individuenzahl vor sich, wie in § 30 näher auseinandergesetzt ist. Die Masse des Holzvorrathes pro Hektar in einem bestimmten Alter ist daher immer das Produkt aus Stammzahl mal durchschnittlichem Holzgehalt des Einzelstammes. Da wir aber im Vorstehenden für beide Vorgänge einen annähernden Ausdruck in logarithmischen Reihen gefunden haben, die sowohl die Stammzahl als den Massengehalt des Mittelstammes als eine Exponential-Funktion der Zeit x darstellen, während der Einfluß der übrigen Wachsthumsfaktoren durch eine nach Holzart und Standortsgüte bestimmte Grundzahl $\left(1 + \frac{p}{100}\right)$ oder $1,0p$ einer logarithmischen Reihe ausgedrückt wird, so kann man beide Reihen benützen, um für jeden Werth von x d. h. für jede Altersstufe die Masse des Holzvorrathes pro Flächeneinheit m zu berechnen. Prinzipiell muß sich demnach m aus dem Produkte der Zinseszinsreihe $1,0p^x - 1$ mal den entsprechenden Gliedern der Reziprokenreihe $\frac{1}{1,0p^x}$ ergeben, so daß

$$m_x = (1,0p^x - 1)\,\frac{1}{1,0p^x} = \frac{1\,0p^x - 1}{1,0p^x} = 1 - \frac{1}{1,0p^x}$$ sein muß.

Dieser letztere Ausdruck ist aber analog der im § 23 entwickelten Formel für den Höhenzuwachs des Einzelstammes und weist daher die Proportionalität nach, welche zwischen dem Gang des mittleren Höhenwachsthums und jenem des Bestandes-Massenzuwachses besteht und die zuerst experimentell von Salinenforstmeister Huber, dann von Rob. Hartig,*) F. v. Baur**) und später von verschiedenen Autoren mittelst der Ertragstafeln dargethan wurde. Die Analogie zwischen dem Höhenwachsthum des Einzelstammes und dem Massenzuwachs geschlossener Bestände erklärt sich dadurch, daß die Stammzahlverminderung eine Konsequenz des Höhenwachsthums der herrschenden Stammklassen ist, welche ihre schwächeren Nachbarn überwachsen. Beide Vorgänge, die Abnahme des Höhenwachsthums und jene der Stammzahl verlaufen aber, wie früher gezeigt ist, nach der Reziprokenreihe $\frac{1}{1,0p^x}$ und bewirken so eine Kompensation des Zuwachses, der für sich allein betrachtet die Tendenz haben würde, nach der Zinseszinsreihe $1,0p^x - 1$ fortzuschreiten. Das Resultat ist demnach in beiden Fällen $\frac{1,0p^x - 1}{1,0p^x} = 1 - \frac{1}{1,0p^x}$, so daß man sagen kann: die Schranke, welche in der Unveränderlichkeit der Bodenfläche besteht, wirkt nach demselben mathematischen Gesetz auf den Gesammtzuwachs ein, wie die Schwerkraft auf das Höhenwachsthum.

Die zweite Form des Ausdruckes $m_x = \frac{1,0p^x - 1}{1,0p^x}$ lehrt uns, daß der Zuwachs des Mittelstammes verkehrt proportional zur Stammzahlverminderung fortschreitet, indem mit steigender Wuchskraft p zwar die Masse des Einzelstammes (im Zähler) schneller wächst, aber andererseits die Individuenzahl $n = \frac{1}{1,0p^x}$ eine proportionale Verminderung erleidet. Interessant ist ferner, daß die meisten Ertragstafeln, wenn man ihre Massenangaben m durch die den Altern entsprechenden Nachwerthsfaktoren $1,0p^x$ (nach dem p der Stammzahlabnahme) dividirt, sich Quotienten ergeben, die genau nach der Zinseszinsformel $1,0p^x - 1$ verlaufen. Demnach wird also die Richtigkeit des Ausdruckes $\frac{m}{1,0p^x} = 1,0p^x - 1$ durch das empirisch aufgestellte Ma-

*) „Die Rentabilität der Fichtennutz- und Buchenbrennholzwirthschaft" ꝛc. Stuttgart 1868, Seite 46: „Die Höhe des Bestandes .... ist der beste Maßstab zur Beurtheilung der Güte des Standortes."

**) F. v. Baur: „Die Rothbuche in Bezug auf Ertrag, Zuwachs und Form". Berlin 1881. Seite 123.

terial vieler Ertragstafeln, z. B. Baur's Fichte und Schwappach's Kiefern bestätigt.

Der einfachste Ausdruck $m = 1 - \frac{1}{1,0p^x}$ zeigt, daß die Bestandesmassen für ein gegebenes p wachsen im Verhältnisse wie die dekadischen Ergänzungen der Diskontirungsfaktoren, welche auf 1 als Grenzwerth bezogen sind. Um daher diese Zahlenreihen in absolute Größen, welche sich auf ha und kubische Einheiten (Festmeter) beziehen, umzuwandeln, muß ein Koëffizient gesucht werden, der zugleich die Eigenschaft einer konstanten Relation zu p besitzt. Bei Untersuchung der bestehenden Ertragstafeln fand ich, daß dieser Koëffizient $100p^3$ ist, so daß demnach die Massenvorräthe pro Hektar m ausgedrückt in Festmetern Gesammtmasse (Derb- und Reisholz) für die verschiedenen über das Jugendstadium hinausliegenden Altersstufen x erhalten werden nach der Formel

$$\mathbf{m_x = 100\,p^3 \left(1 - \frac{1}{1,0\,p^x}\right).}$$

So ist z. B. für einen 100jährigen Bestand bei p = 2 und 20jährigem Jugendstadium $m = 800 \times (1 - 0{,}2051) = 800 \times 0{,}7949 = 635{,}92$ Kubikmeter pro Hektar. Diese Berechnungen habe ich für die praktisch in Betracht kommenden p von 1,3 bis 2,5 durchgeführt und in Figur 92 graphisch dargestellt, wodurch ein Schema gewonnen wurde, das den Verlauf der Massenkurven in dem zweiten Theile (d. h. vom Ende des Jugendstadiums) angiebt und das zum Vergleich mit den empirisch gefundenen Zahlenreihen der Ertragstafeln benützbar ist. Figur 92 giebt ein schematisches Bild von dem Einfluß der Stammzahlverminderung auf den Bestandeszuwachs, welche wiederum beide von der Wachsthumsenergie p in der oben näher bezeichneten Abhängigkeit stehen; wird daher eine von der untersten Grenze stufenweise fortschreitende Wuchskraft angenommen, so muß sich der in irgend einem Alter x ergebende Holzvorrath pro Hektar lediglich als eine Funktion der Zeit darstellen. Die Kurven zeigen folglich an, wie nach unseren Denkgesetzen die Massenzunahme fortschreiten muß, wenn die beiderseitige Abhängigkeit der Masse des Einzelstammes und der Stammzahl von den naturgesetzlichen Faktoren des Wachsthums durch eine für die gleichen Verhältnisse konstant bleibende Zahl p ausgedrückt wird. Ob und bis zu welchem Grade diese auf abstraktem Wege gewonnenen Zahlenreihen mit den durch direkte Beobachtung gefundenen übereinstimmen, läßt sich am besten durch Einzeichnen der Kurven aus Fig. 92 in die nach dem gleichen Koordinatensystem und nach gleichem Maßstabe dargestellten Ertragskurven der Figuren 93—108 (s. Seite 238—241) ersehen. Ein vergleichender Blick in diese lehrt uns, daß in der That die empirisch gefundenen Kurven in gleichem Sinne verlaufen, wie

Schema für den Gang des Massenertrags pro Hektar.

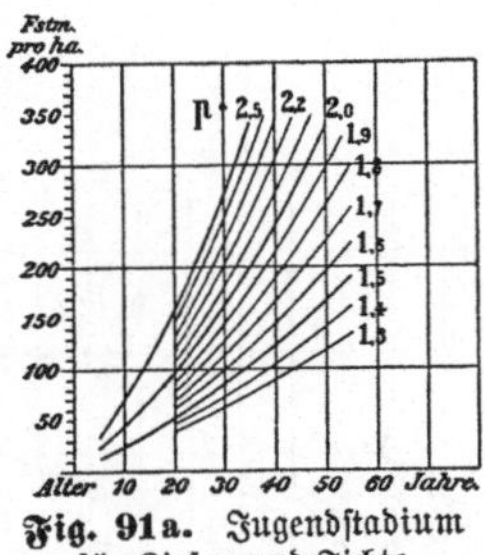

Fig. 91a. Jugendstadium für Kiefer und Fichte.

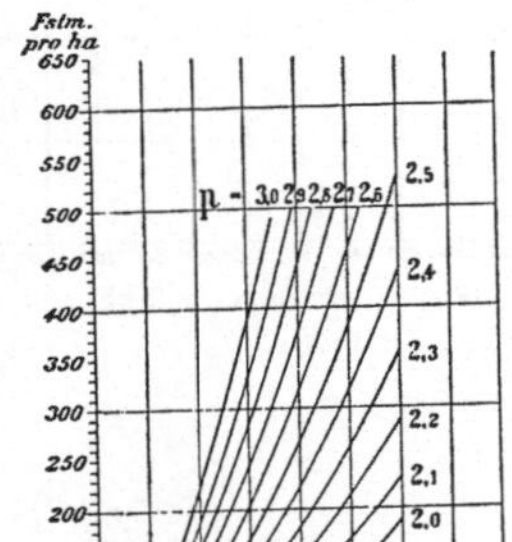

Fig. 91b. Jugendstadium für Buche und Tanne.

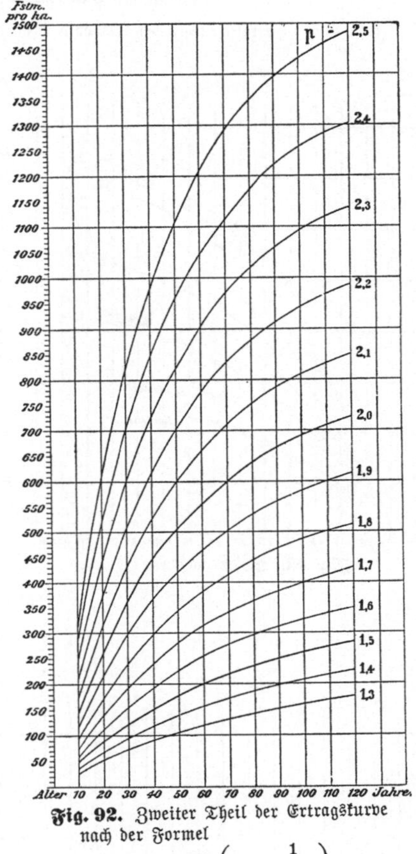

Fig. 92. Zweiter Theil der Ertragskurve nach der Formel

$$m_x = 100\, p^3 \left(1 - \frac{1}{1,0\, p^x}\right)$$

die berechneten, so daß letztere gewissermaßen als „Leitkurven" für die dazwischen fallenden, mittelst Interpolirung aus zahlreichen Einzelversuchen konstruirten Linien der einzelnen Bonitätsklassen dienen können. Die Übereinstimmung ist um so auffallender, wenn man bedenkt, welchen Einfluß die Verschiedenheit der Stammzahl pro Hektar oder die Vermischung ungleicher Standortsklassen bei der Konstruktion der Ertragstafeln öfters ausgeübt haben. Namentlich erläutern diese Leitkurven die logische Nothwendigkeit, warum auf geringeren Standortsklassen die Ertragskurven eine so verschiedene Form von jenen auf besseren Bonitäten zeigen. Die Frage, ob es besondere „Wuchsgebiete" gäbe oder nicht, erledigt sich also hierdurch von selbst. Sie führen uns ferner vor Augen, daß das Gesetz des Kurvenverlaufes für alle Holzarten das nämliche ist, trotzdem die einen Holz-

Darstellungen der Massenreihen geschlossener Bestände nach verschiedenen Ertragstafeln.

verglichen mit den Reihen der Formel $m_x = 100\, p^3 \left(1 - \frac{1}{1,0 p^x}\right)$

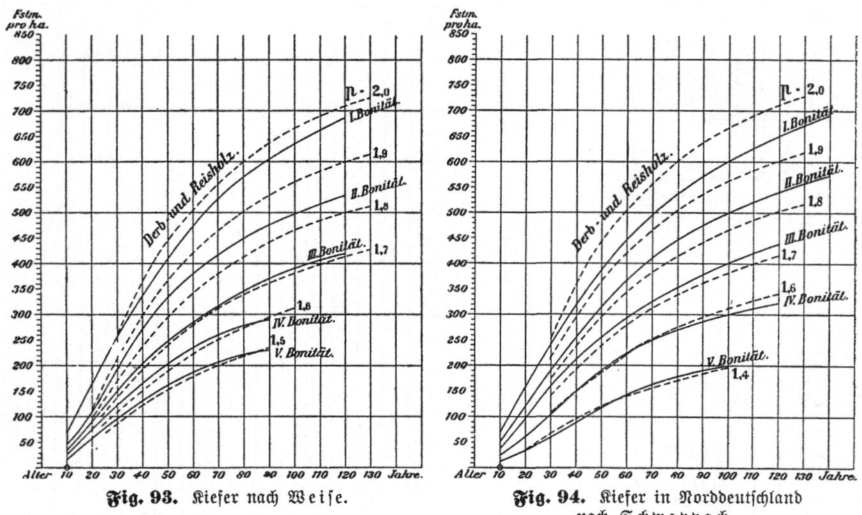

Fig. 93. Kiefer nach Weise.

Fig. 94. Kiefer in Norddeutschland nach Schwappach.

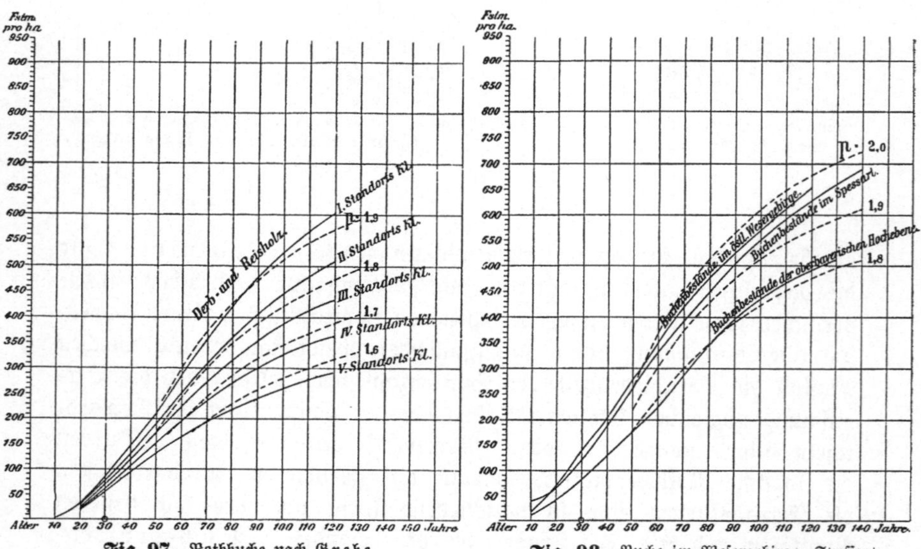

Fig. 97. Rothbuche nach Grebe.

Fig. 98. Buche im Wesergebirge, Spessart und Oberbayern nach Rob. Hartig.

Darstellungen der Massenreihen geschlossener Bestände nach verschiedenen Ertragstafeln,

verglichen mit den Reihen der Formel $m_x = 100\, p^3 \left(1 - \frac{1}{1,0\, p^x}\right)$

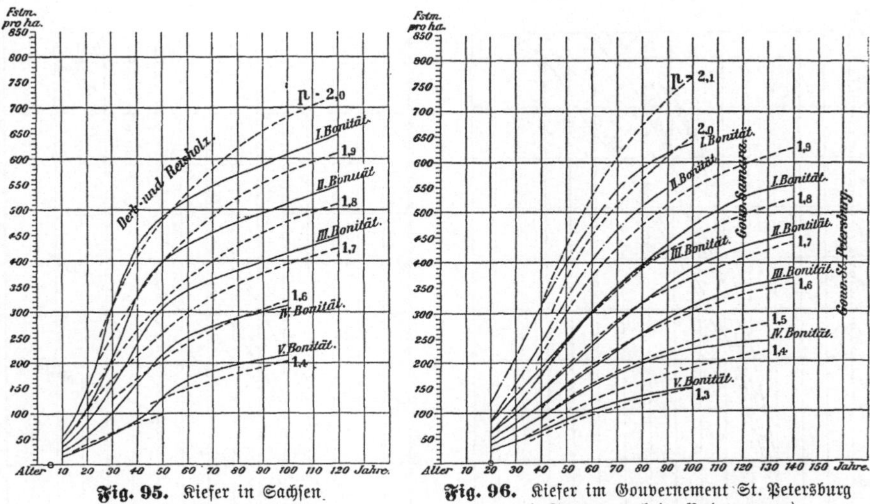

Fig. 95. Kiefer in Sachsen nach Kunze.

Fig. 96. Kiefer im Gouvernement St. Petersburg und Samara nach de Bedemmar.

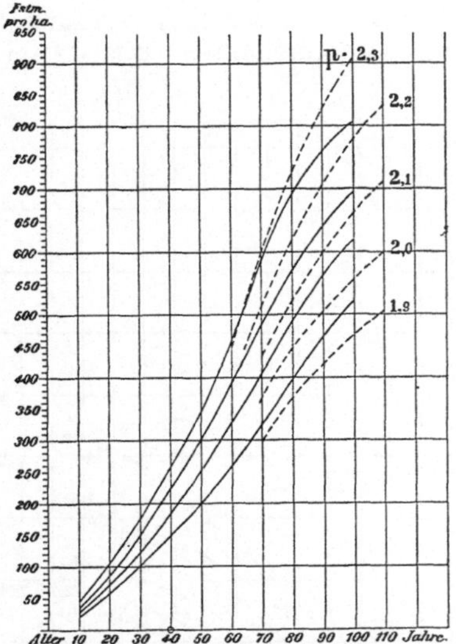

Fig. 99. Buche im Züricher Stadtwalde nach Meister.

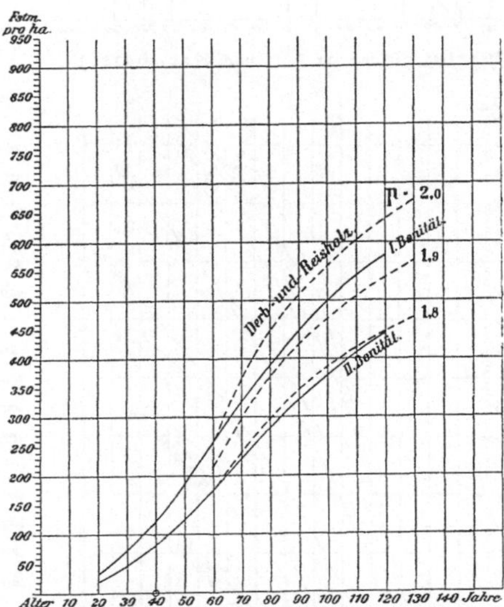

Fig. 100. Buche auf Basaltboden des Vogelgebirges nach Wimmenauer.

Darstellungen der Massenreihen geschlossener Bestände nach verschiedenen Ertragstafeln,

verglichen mit den Reihen der Formel $m_x = 100\,p^3\left(1 - \frac{1}{1,0\,p^x}\right)$

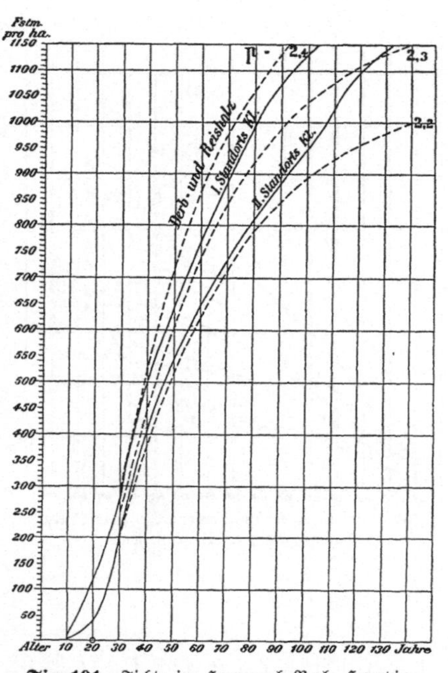

Fig. 101. Fichte im Harz nach Rob. Hartig.

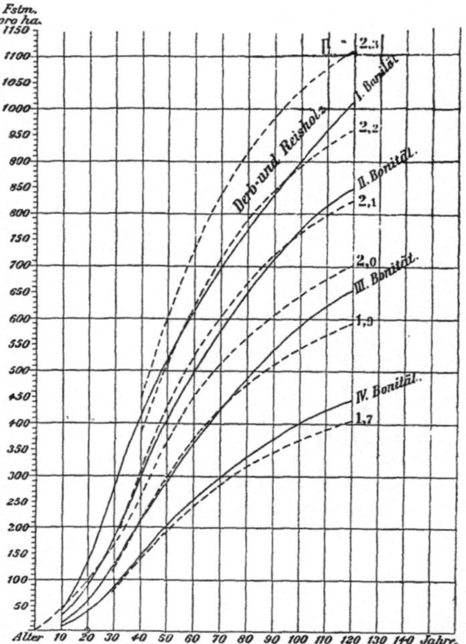

Fig. 102. Fichte in Württemberg nach F. v. Baur.

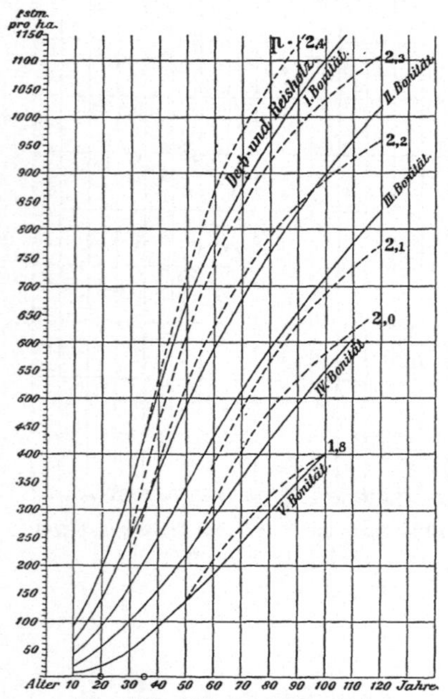

Fig. 105. Fichte in Süddeutschland nach Schwappach.

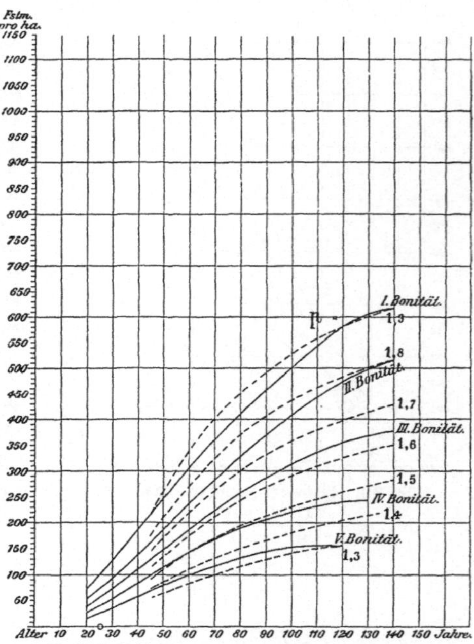

Fig. 106. Fichte im Gouvernement St. Petersburg nach de Bedemmar.

Darstellungen der Massenreihen geschlossener Bestände nach verschiedenen Ertragstafeln,

verglichen mit den Reihen der Formel $m_x = 100\,p^3 \left(1 - \frac{1}{1{,}0\,p^x}\right)$

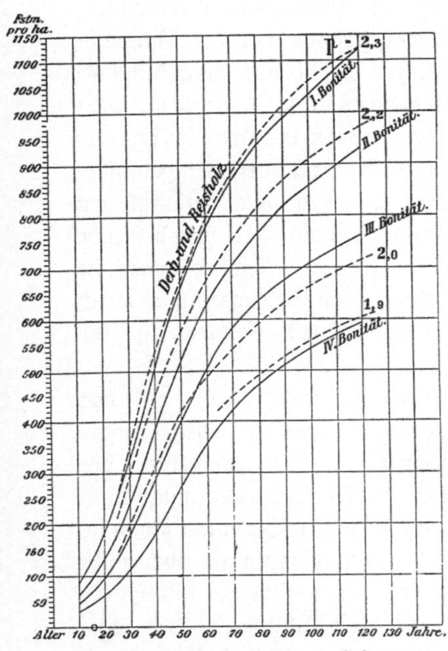

Fig. 103. Fichte in Sachsen nach Kunze.

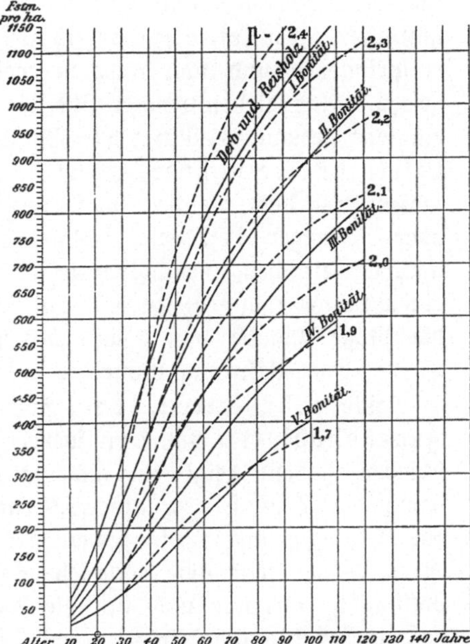

Fig. 104. Fichte in Norddeutschland nach Schwappach.

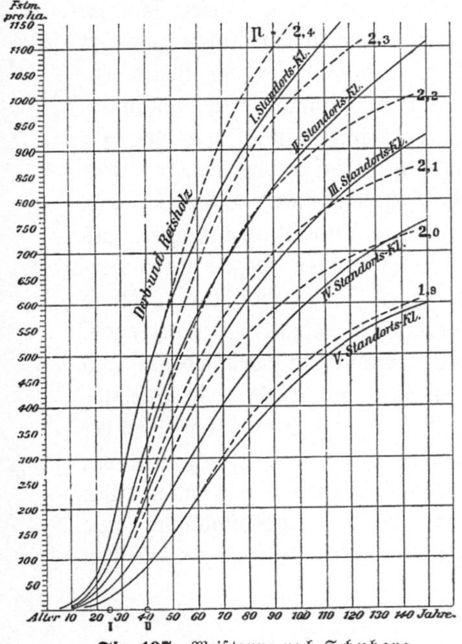

Fig. 107. Weißtanne nach Schuberg.

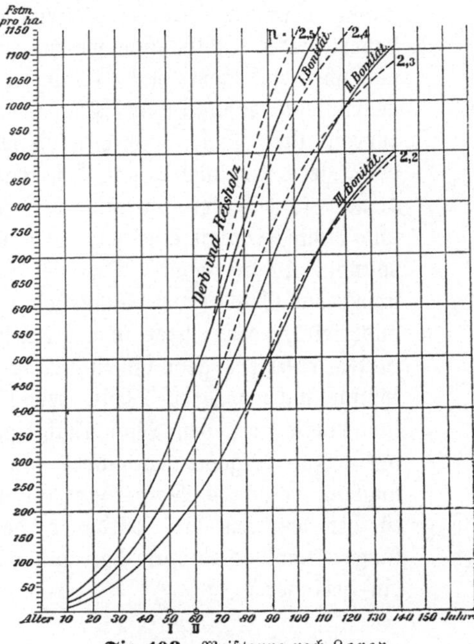

Fig. 108. Weißtanne nach Lorey.

arten eine steilere, andere eine mehr abgerundete Gestalt der Ertragskurven aufweisen. Es giebt sonach zwischen den einzelnen Holzarten zwar graduelle Verschiedenheiten in der Wachsthumsenergie und somit auch in den hiervon abhängigen Ertragsverhältnissen, aber keine spezifischen, aus der Besonderheit der Baumart entspringende und von anderen wesentlich abweichende Wachsthumsgesetze. Aus diesem Grunde sind die eingezeichneten schematischen Linien ein sehr geeignetes Mittel zur Vergleichung verschiedener Ertragstafeln untereinander, indem sie die ermittelten Thatsachen gewissermaßen mit dem gleichen Maßstabe messen und den von Zufälligkeiten oder Irrungen befreiten Verlauf des Wachsthums der Holzbestände nach einheitlichem Gesichtspunkte betrachten lehren. Endlich geben sie einen kurzen und präzisen Ausdruck für die ganzen Ertragsreihen durch die bloße Angabe von p und des Punktes der Abszissenaxe, wo die Kurve ihren Ursprung nimmt.

Die erste Strecke der Ertragskurve, welche wir als das Jugendstadium i von dem soeben betrachteten zweiten Theile unterschieden haben, zeigt ein anderes Entwicklungsgesetz, weil hier der hemmende Einfluß der Unveränderlichkeit der Flächengröße noch nicht zur Geltung gelangt. Die Zuwachsgröße des einzelnen Baumindividuums ist in diesem Zeitraume noch sehr klein, der Wurzelraum ist noch nicht vollständig okkupirt und für die Ausbreitung der Zweige und Blattorgane besteht noch kein Hinderniß, so lange der Schluß und die sogenannte Kronenspannung noch nicht eingetreten sind. In isolirtem Freistande oder in lockerem Seitenschluß kann, so lange dieser Zustand dauert, jedes Individuum seinen verhältnißmäßig kleinen Jahreszuwachs vollenden und zwar um so längere Zeit, je räumlicher die Bestandesbegründung erfolgt war (Pflanzweite) und je kleiner die Wachsthumsenergie ist. Diese letztere wird sehr erheblich beeinflußt von der Art der Wiederverjüngung und den waldbaulichen Maßregeln, welche dieser dienen, so daß bekanntlich natürliche Verjüngungen unter Schirmschlägen und dichte Saaten eine sehr viel langsamere Entwicklung zeigen, als räumige Pflanzungen. Da die einzelnen Holzarten wegen ihres verschiedenen Grades von Schutzbedürfniß gegen Frost und Dürre, sowie anderseits wegen ihrer so ungleichen Fähigkeit, Beschattung zu ertragen, im Forstbetriebe gewohnheitsmäßig nach grundsätzlich verschiedener und typisch ausgeprägter Weise verjüngt werden, so drückt diese Behandlungsweise auch dem Wachsthumsgang in der Jugendzeit ihren Stempel auf. Im Allgemeinen findet man daher bei den Lichtholzarten ein ungleich rascheres Wachsthum als bei den Schattholzarten; namentlich ist bei letzteren die Zeitdauer des erwähnten Jugendstadiums eine längere und der absolute Betrag der Massenproduktion innerhalb desselben ein geringerer.

Für das Jugendstadium gilt im Allgemeinen das Gesetz, daß das **Wachsthum der Einzelpflanze mit einem sehr kleinen Betrage beginnt, aber mit den Jahren nach Analogie einer Zinseszinsreihe fortschreitet,** bis nach eingetretenem Schluß die erfolgende Kronenspannung eine Ausscheidung von herrschendem und Nebenbestand herbeiführt und damit die zweite Strecke der Ertragskurven einleitet. **Eine Stammzahlverminderung findet daher innerhalb dieses Jugendstadiums entweder überhaupt nicht statt** (z. B. in Pflanzbeständen) **oder sie wird durch Verminderung des Zuwachses der Einzelpflanzen kompensirt,** wie man dies in dichten Saaten und natürlichen Verjüngungen stets beobachtet, wo Pflanzenzahl und Zuwachsgröße in der Regel in verkehrtem Verhältnisse stehen. Rechnerisch kann man deshalb für das Jugendstadium eine Stammzahlverminderung ganz außer Ansatz lassen und diese letztere erst von dem Zeitpunkte an beginnen lassen, wo die Pflanzenzahl pro Hektar unter 10000 zu sinken beginnt, wie dies schon oben in § 30 näher dargelegt worden ist. Der eine Faktor des Bestandeszuwachses $\frac{1}{1,0p^x}$ bleibt daher innerhalb des Jugendstadiums gleich und die Massenzunahme erfolgt somit lediglich nach dem anderen Faktor $1,0p^x - 1$, d. h. in Form einer Zinseszinsreihe oder einer umgekehrten logarithmischen Linie. Um dieses relative Verhältniß in absoluten Zahlen auszudrücken, welche den empirisch gefundenen Größen und dem metrischen Maß entsprechen, muß der obige Werth mit einem Koëffizienten multiplizirt werden, der erheblich kleiner ist als jener für die zweite Kurvenstrecke. Nach meinen Untersuchungen entspricht dem Jugendwachsthum der Kiefer und Fichte der Koëffizient $100\,p$, während für Schattholzarten noch kleinere Koëffizienten z. B. $10\,p^3$ anzuwenden sind; für ersteren Fall ist daher die Bestandesmasse $m = 100\,p\,(1,0p^x - 1)$, für den zweiten $m = 10p^3\,(1,0p^x - 1)$. Für beide Formeln sind die den verschiedenen Werthen von p entsprechenden Kurven berechnet und in den Figuren 91a und b gezeichnet worden. In einzelnen Fällen mögen noch andere Koëffizienten gefunden werden können, die besser auf die empirisch gefundenen Thatsachen passen, als obige beiden, welche ich mehr des Beispiels halber, als wegen ihrer allgemeinen Giltigkeit anführe. Ihr Vergleich mit den Ertragskurven zeigt, **daß im Jugendstadium das Wachsthum durch Annahme einer Zinseszinsreihe genügend erklärt wird und daß ein Einfluß der Stammzahlabnahme auf das Bestandeswachsthum hier nicht in Betracht kommt.**

In ihrem weiteren Verlaufe müssen die Linien des Massenwachsthums beider Strecken ineinander übergehend gedacht werden, und auf dieser Übergangsstelle beginnt das Maximum des Bestandeswachsthums, weil die zweite Strecke als logarithmische Linie mit ihrem größten Werthe anfängt.

Im Einzelnen betrachtet sind die verschiedenen Ertragstafeln durch folgende Angaben von p charakterisirt, wobei theilweise nur die Grenzen angeführt werden, zwischen welchen die Ertragskurven verlaufen, theilweise eine genauere Einschätzung nach $\frac{p}{100}$ möglich ist.

Bonitäten	I	II	III	IV	V	Jugendstadium
	Werthe für p der Kurven					Jahre
Kiefern						
nach Weise . . .	1,98	1,84	1,71	1,61	1,51	10
in Norddeutschland nach Schwappach	1,93—1,95	1,84	1,72	1,60—1,58	ca. 1,4	10
in Sachsen n. Kunze	1,9—2,0	1,8—1,9	1,7—1,8	1,6	1,4—1,3	5
im Gouv. Samara nach W. de Bedemmar	2,0—2,1	1,94	1,8	—	—	—
i. Gouv. St. Petersburg	1,85—1,80	ca. 1,7	ca. 1,6	1,5—1,45	ca. 1,3	20
Rothbuchen						
in Thüringen nach Grebe	ca. 1,9	1,83	1,76	1,68	1,58	30
	Wesergebirge	Spessart	Oberbayern			
nach Rob. Hartig	1,99—1,96	1,97—1,93	1,81	—	—	30
im Züricher Stadtwalde nach Meister	2,3—2,2	2,16—2,15	2,07	1,97—1,94	—	40
i. Vogelsberg, Obf. Lich, nach Wimmenauer	1,95—1,92	1,80—1,79	—	—	—	40
Fichten						
im Harz nach Hartig	2,4—2,3	2,3—2,2	—	—	—	20
in Württemberg nach v. Baur	ca. 2,2	ca. 2,1	1,96—1,90	1,71	—	20
in Sachsen n. Kunze	2,3	2,17	2,03	1,89	—	15
in Norddeutschland nach Schwappach	2,4—2,3	ca. 2,2	2,1—2,0	1,9—1,8	ca. 1,7	20
in Süddeutschland nach Schwappach	2,4—2,3	ca. 2,2	2,13—2,10	2,0—1,9	ca. 1,8	20 u. 35
i. Gouv. St. Petersburg nach de Bedemmar	1,9—1,8	1,80—1,74	1,64—1,63	ca. 1,5	1,4—1,3	25
Weißtannen						
in Baden n. Schuberg	2,4—2,3	2,25—2,20	2,15—2,05	2,0—1,9	ca. 1,9	25 u. 40
in Württemberg nach Lorey	2,5—2,4	ca. 2,3	ca. 2,2	—	—	50 u. 60

Als Schlußfolgerungen von allgemeinerer Bedeutung ergeben sich hieraus folgende:

1. Zunächst fällt hier die nahe Übereinstimmung der Grundzahlen p dieser Ertragskurven mit jenen der Grundflächen-Zunahme im § 31 auf, woraus der Schluß zu ziehen ist, daß beide Arten des Zuwachses in analoger Weise durch das umgekehrte Verhältniß zwischen Stammzahlen und Wachsthum des Einzelstammes bestimmt werden. Diese Kompensation zwischen Stammzahl und Zuwachs

des Einzelstammes ist auch deshalb interessant, weil sie die schon besprochenen Abweichungen verwischt, die erstere von dem Ausdruck $n = \frac{10000}{1,0p^x}$, letzterer von $m_x = 1,0p^x - 1$ zeigen. Bei der Formel für die Massenerträge pro ha kann man daher beide soeben erwähnten Ausdrücke in Rechnung setzen, ohne davon Notiz zu nehmen, daß im höheren Alter die Stammzahlen eigentlich nach $\frac{10000}{1,0p^{\frac{x}{2}}}$ fallen, weil in denselben Altersstufen auch der Zuwachs unter die Zinseszinsreihe zu sinken beginnt. Dadurch bestätigt sich wieder, was im § 20 und 21 über die Unabhängigkeit des Massenzuwachses pro Flächeneinheit von der Stammindividuenzahl gesagt wurde.

2. Der Zuwachsgang der einzelnen Holzarten unterscheidet sich vor allem durch die verschiedene Dauer des Jugendstadiums, welches bei Weißtannen mit Femelschlagbetrieb bis 25 und auf den schlechteren Standorten bis 60 Jahre hinaus verzögert wird, bei Buchen 30 bis 40 Jahre beträgt. Fichten haben gewöhnlich 15—20, im Femelschlag bis 35 Jahre Jugendwuchs, während die Kiefer nur fünf und zehn Jahre, im nördlichen Rußland aber 20 Jahre darin verharrt.

3. Innerhalb der zweiten Kurvenstrecke, welche die eigentliche Massenproduktion der Bestände darstellt, bestehen zwischen den einzelnen Standortsklassen desselben Gebietes viel größere Unterschiede als zwischen den gleichen Bonitätsklassen verschiedener Gebiete, woraus zu schließen ist, daß die Bodenbeschaffenheit (bezw. der Reichthum an Nährstoffen und der Feuchtigkeits- und Humusgehalt desselben) in erster Linie auf den Ertrag einwirkt. Erst bei großen räumlichen Entfernungen macht sich der Einfluß des Klimas stark geltend, wie dies z. B. die Kiefern-Ertragstafeln aus dem nördlichen Rußland (St. Petersburg) gegenüber jenen aus Südrußland (G. Samara) beweisen; während innerhalb Deutschlands die Differenzen geringer sind und zum Theil auf der Verjüngungsmethode beruhen. Große Höhenunterschiede der Standorte wirken erfahrungsgemäß gleichfalls in erheblicher Weise auf den Massenertrag ein, was auch durch exakte Untersuchungen von Schuberg und v. Guttenberg nachgewiesen worden ist.

4. Im Allgemeinen stuft sich der Massenertrag der ganzen Bestände nach Bonitäten viel langsamer ab als der Zuwachs an dem Einzelstamm (s. § 29) weil der erstere eine Art von Gegengewicht in der Stammzahl pro ha findet, die verkehrt proportional zur Standortsgüte ist. Die größere Massenerzeugung am Einzelstamm auf besseren Bonitäten wird daher bis zu einem gewissen Grade wieder kompensirt durch die raschere Stammzahlabnahme und umgekehrt drückt sich der schwächere Zuwachs der Einzelstämme auf schlechteren Standorten des-

halb weniger scharf im Vorrath pro ha aus, weil die größeren Stammzahlen dieser Bonitäten als Faktoren mitwirken.

5. Der Gang des Bestandeszuwachses läßt sich schematisch durch die logarithmische Theilung einer Linie bc darstellen, deren erste Strecke ab (das Jugendstadium) mit einem entgegengesetzten Vorzeichen und nach einem kleineren Maaßstabe verläuft, wie die zweite (Haupt-) Strecke ac. Während daher die linearen Zuwachsbeträge im Jugendstadium ansteigen, beginnen dieselben in der zweiten Strecke mit einem Maximum, von welchem ab ein Abschwung entsprechend dem Gesetze der logarithmischen Linientheilung eintritt. In diesem Sinne lassen sich die von Preßler gebrauchten Bezeichnungen für den Gang des Massenzuwachses nämlich: „Aufschwung", „Kraft" und „Abschwung" als Theilstrecken der erwähnten beiden logarithmischen Linien auffassen, wie dies aus nachstehender Zeichnung Fig. 109 hervorgeht.

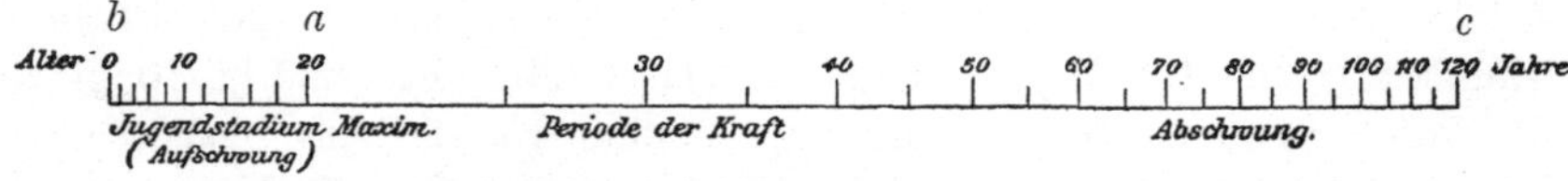

Fig. 109. Vergleich einer logarithmisch getheilten Linie mit dem Gange des laufenden Massenzuwachses.

6. Die Betrachtung der Fig. 109 ist im Verein mit jener der Fig. 93—108 geeignet einen allgemeinen Überblick über den Gang des laufenden Zuwachses der Holzbestände zu geben; man versteht hierunter die Differenz der Massenvorräthe zweier aufeinanderfolgender Jahre. Da aber die Ertragstafeln meistens nach fünf- oder zehnjährigen Zeiträumen abgestuft sind, so rechnet man die Differenz zweier aufeinanderfolgender Altersstufen auf das Einzeljahr aus $\frac{m_{x+a} - m_x}{a}$ und nennt den Quotienten den laufend periodischen Zuwachs. So stellen z. B. die Abschnitte der Linie ab in Fig. 109 den zweijährigen, jene der Linie ac den fünfjährigen laufenden Bestandeszuwachs vor und lassen durch ihre lineare Größe erkennen, nach welchem Gesetze der laufende Zuwachs verläuft. Im Jugendstadium beginnt derselbe nämlich mit einem sehr kleinen Betrage, der sich aber von Jahr zu Jahr annähernd nach dem Verhältniß einer Zinseszinsreihe steigert bis er beim Übergang in die zweite Strecke sein Maximum erreicht, von welchem aus die Abnahme nach dem Gesetz einer fallenden logarithmischen Reihe erfolgt. Wird daher der Massenzuwachs wie in den Fig. 93—108 durch ein rechtwinkliges Koordinatensystem dargestellt, so steigen und fallen die Ordinatendifferenzen gleichfalls nach dem soeben erwähnten Gesetz, aber ihre Summen d. h. die ganzen Ordinaten bilden mit ihren Endpunkten eine doppelt gekrümmte Linie, welche

vom o Punkt tangential beginnend innerhalb des Jugendstadiums einen konkaven Verlauf zeigt, dann aber in einen konvexen Verlauf übergeht. Dieser letztere läßt sich, wie oben erläutert wurde, als eine Exponentialfunktion der Zeit von der Form $100p^3\left(1 - \frac{1}{1,0p^x}\right)$ erklären.

7. Für die Beantwortung der Frage, in welchem Bestandesalter die größte Holzmasse erzeugt werde, hat natürlich die Bestimmung des Kulminationspunktes der Ertragskurve die größte Bedeutung, doch ist letztere in früheren Zeiten vielfach überschätzt worden, als man die Umtriebszeit ausschließlich nach diesem Gesichtspunkt bestimmen wollte. Hierfür ist indessen nicht der Kulminationspunkt des laufenden Zuwachses maßgebend, sondern jener des Durchschnittszuwachses, weil im Nachhaltsbetriebe des Normalwaldes die Massenerzeugung nicht von dem Zuwachs des letzten, haubaren Gliedes der Massenreihe, sondern von dem Zuwachs der Gesammtheit aller Bestände abhängig ist; wie ja auch die Masse des Einzelbaumes sich nicht aus einem einzelnen sondern aus vieljährigen Jahreserzeugnissen angesammelt hat. — Dieser Durchschnittszuwachs ist der Quotient aus Massenvorrath getheilt durch das entsprechende Bestandesalter $= \frac{m_x}{x}$ und wird graphisch dadurch gezeichnet, daß man jede ganze Ordinate in so viel gleiche Stücke zerlegt als die zugehörige Abszisse Jahre angiebt d. h. allgemein analytisch ausgedrückt $\frac{y}{x}$. Der Durchschnittszuwachs ist somit nichts anderes als der Quotient $\frac{y}{x}$ oder da y eine Funktion der Zeit x also $= f(x)$ ist, so ist der Durchschnittszuwachs $= \frac{f(x)}{x}$ der betreffenden Ertragskurve und man kann sein Verhältniß zu dem laufenden Zuwachs auf rasche Weise mittelst Differenzialrechnung ermitteln, indem man den laufenden Zuwachs analytisch durch die entsprechenden Differenzen $\frac{df(x)}{dx}$ ausdrückt. Die Bedingungsgleichung für das Maximum des Durchschnittszuwachses ist dann $\frac{d\frac{f(x)}{x}}{dx} = o$ demnach $\frac{df(x)}{dx} = \frac{f(x)}{x}$ d. h. das Maximum des Durchschnittszuwachses tritt ein, wenn letzterer gleich dem laufenden Zuwachs wird. Dieser Beweis ist zuerst von Prof. Dr. J. Lehr in der Allg. F. u. J.-Z. 1870 S. 482 geführt und auch auf den Fall ausgedehnt worden, daß neben dem Zuwachs an Hauptnutzungen eine oder mehrere Zwischen-

nutzungen in Form von Durchforstungs-Ergebnissen $D_a + \dots D_q$ erlaufen, wo dann $f(x) + D_a + \dots D_q = \frac{df(x)}{dx}$ wird.

Nach G. Heyer wird das Verhältniß von laufendem zum Durchschnittszuwachs auf elementarem Wege in der Art erklärt, daß im Jahre $x+1$ der laufende Zuwachs λ_{x+1} als die Differenz zweier Massenvorräthe betrachtet wird, die zwei aufeinanderfolgenden Jahren x und $x+1$ angehören und als Produkte ihres Alters und ihres Durchschnittszuwachses δ_x und δ_{x+1} gedacht sind. Sonach ist $\delta_{x+1}(x+1) - \delta_x x = \lambda_{x+1}$, woraus $x(\delta_{x+1} - \delta_x) = \lambda_{x+1} - \delta_{x+1}$. Daraus folgt aber auch, daß $\delta_{x+1} - \delta_x \gtrless \lambda_{x+1} - \delta_{x+1}$ oder daß der laufende Zuwachs so lange größer sein muß, als der Durchschnittszuwachs, so lange letzterer im Steigen begriffen ist. Während von dem Zeitpunkt an, wo der Durchschnittszuwachs zu sinken anfängt, derselbe über dem laufenden stehen muß. Im Kulminationspunkte des Durchschnittszuwachses sind beide ihrem Massenbetrag nach gleich, was man durch die Kreuzung der beiden Zuwachskurven Figur 110 ersichtlich macht.

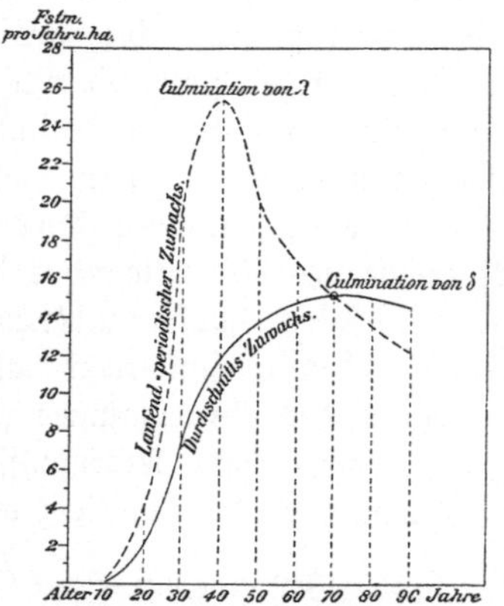

Fig. 110. Der Gang des laufend-periodischen Zuwachses, verglichen mit jenem des Durchschnittszuwachses.

8. Nach diesen a priori ausgehenden mathematischen Deduktionen müßte die Kreuzung der beiden Kurven des laufenden und des Durchschnittszuwachses genau in einem Zeitpunkte stattfinden, sodaß man also für die Kulmination des Massenertrages ein bestimmtes Jahr angeben könnte. Praktisch stellt sich aber bei den Ertragsuntersuchungen gewöhnlich heraus, daß die Kurve des Durchschnittszuwachses sich in ihrem Scheitel stark abflacht und nur allmählich in die sinkende Tendenz übergeht, und daß die Berechnung $\frac{m}{x}$, hauptsächlich wenn die Dezimalstellen gekürzt werden, eine mehr oder weniger lange Zeitspanne hindurch gleiche Quotienten ergiebt, wie dies schon aus der Tabelle auf Seite 56 und 57 zu ersehen war. Auch die Kulmination des laufenden Zuwachses dauert zuweilen fünf bis zehn ja selbst bis zwanzig Jahre lang an, weil der Übergang der beiden logarithmischen Linien ab und ac (Fig. 109) öfters nicht in schroffer, sondern in vermittelnder Weise

stattfindet; es hängt daher hauptsächlich vom Verlaufe des Jugendstadiums und der Stammzahlabnahme ab, ob der Durchschnittszuwachs seinen Kulminationspunkt rascher oder langsamer passirt.

9. Bei der Kiefer und Fichte kulminirt der laufende Massenzuwachs in der Regel fast gleichzeitig mit dem laufenden Höhen- und Stärkenzuwachs, dagegen fallen diese Zeitpunkte bei der Weißtanne um 30 bis 50 Jahre, bei der Buche um ca. 30 Jahre auseinander, weil die Stammzahlen pro ha bei den Schattholzarten um Vieles langsamer abnehmen, als bei den erstgenannten beiden Holzarten. Interessant ist, daß nach den Berechnungen von Prof. Dr. Bühler*) das Maximum an Reisholzmasse sehr nahe in den Zeitpunkt der Kulmination des laufenden Massenzuwachses fällt, woraus der Schluß zu ziehen wäre, daß dies der Zeitpunkt des Maximums der Blattmasse sei und daß letztere den entscheidenden Ausschlag für die Zuwachsgröße gebe.

Die neueren Ertragstafeln enthalten über die Zeit der Kulmination des laufenden Zuwachses und über den absoluten Betrag desselben im Maximum folgende Angaben:

Zeitpunkt und Massenbetrag der Kulmination des laufenden Zuwachses.

Ertragstafeln folgender Autoren	I. Bonität		II. Bonität		III. Bonität		IV. Bonität		V. Bonität	
	Jahr	cbm	Jahr	cbm	Jahr	cbm	Jahr	cbm	Jahr	cbm
Kiefer nach Weise	10—30	**9,4**	30—40	**9,7**	20—30	**6,0**	30—40	**5,4**	10—30	**4,0**
do. in Norddeutschland nach Schwappach	25—30	**12,0**	35—40	**9,9**	25	**8,8**	35	**7,0**	40	**4,7**
do. in Pommern nach R. Hartig . .	30—40	**19,2**	—	—	—	—	—	—	—	—
Fichte nach v. Baur	27—30	**15,0**	38—39	**13,0**	27—46	**8,0**	31—50	**6,0**	—	—
do. in Norddeutschland nach Schwappach	30—35	**22,7**	40	**17,1**	55	**13,2**	60	**9,8**	65	**7,5**
do. in Süddeutschland nach Schwappach	40	**23,2**	45	**16,6**	60	**13,1**	85	**10,5**	80	**8,0**
Weißtanne nach Schuberg. . .	25	**22,4**	40	**17,2**	35—40	**13,5**	40—50	**9,2**	50—60	**7,05**
do. nach Lorey .	80	**16,0**	90	**12,8**	95—105	**10,8**	—	—	—	—
Buche nach v. Baur	36—50	**9,0**	55—57	**8,1**	64—67	**6,0**	54—64	**4,6**	67	**3,6**
	Wesergebirge		Spessart		Oberbayern					
do. nach R. Hartig	60	13,2	60	6,4	90	4,6	—	—	—	—
do. bei Zürich nach Meister	64	14,0	56—59	10,0	68—71	9,0	65—84	7,0	—	—

Hieraus ergiebt sich, daß der Kulminationspunkt im Allgemeinen bei besseren Standortsverhältnissen früher eintritt als bei ungünstigeren, weil die Stammzahl sich auf ersteren erheblich

*) S. Zeitschrift für Forst- und Jagdwesen 1886, Febr.

früher und rascher vermindert als auf letzteren, wie oben schon näher auseinandergesetzt wurde. Erst die neueren Untersuchungen haben diese frühere Kulmination des laufenden Zuwachses auf den besseren Standorten dargethan, während früher — allerdings entgegen der Autorität Cotta's*) — angenommen wurde, daß der Zuwachs um so später kulminire, je besser die Standortsverhältnisse seien.

10. Bei Besprechung des laufenden Zuwachses muß auch in Kurzem hingewiesen werden auf die verschiedenen Versuche, welche von Seiten der Mathematiker gemacht wurden, diese Zuwachskurven analytisch zu interpretiren. Nachdem schon Seidel für die Masse m als Funktion der Zeit x die Formel der Parabel

$$m = ax + bx^2 + cx^3 + \ldots$$

aufgestellt hatte, in welcher a, b, c u. s. w. Konstante bildeten, stellte Professor Breymann**) diese Formel für den laufenden Zuwachs der Masse auf und suchte die Massenreihe durch Integration des obigen Ausdruckes, also nach der Formel $m = \int y dx$ zu erhalten. Da aber der laufende Zuwachs, wie ihn die vielen neueren Ertragstafeln angeben, keineswegs eine parabolische Linie ist, wie es nach obiger Formel angenommen wird, so sind in neuerer Zeit andere Versuche zur analytischen Bestimmung desselben gemacht worden.***) In der dänischen Tiddskrift for Skovbrug 1879 III. Bd., S. 219 hat Dr. Gram für den laufenden Zuwachs der Masse wie auch der Höhen die allgemeine Formel $\log m_x = a - bx + c \log x$ aufgestellt, worin a, b und c Konstante sind, die aus empirisch gefundenen Angaben für die Variable x (d. h. die Zeit) gesucht werden müssen. Ein anderer Ausdruck, welcher obigem analog ist, wurde 1886 von E. L. Koller†) in der allgemeineren Form $y = \frac{px^a}{q^x}$ gegeben, worin ebenfalls drei unabhängige Konstante a, p und q vorkommen und woraus die Massenkurve durch Integration nach der Formel $y = \int_0^x \frac{px^a}{q^x} dx$ erhalten werden kann. Der durchschnittliche Massen-

*) Nach Cotta's Ertragsuntersuchungen sollte die Kulmination des (laufenden und durchschnittlichen) Zuwachses im rauheren Klima später eintreten, als im milden, indessen widersprachen diesem richtigen Satze die Angaben Burckhardt's, dessen Kiefern-Ertragstafeln hierfür auf I. Bonität das 70. Jahr, auf II. Bonität das 60., auf III. Bonität das 50. und auf IV. Bonität das 40. Jahr als Kulminationspunkte angaben.

**) Breymann: „Anleitung zur Waldwerthberechnung, sowie zur Berechnung des Holzzuwachses und nachhaltigen Ertrages der Wälder", Wien 1865, S. 61.

***) Auch Cav. Piccioli, Direktor des Forstinstituts zu Vallombrosa, bedient sich zur Darstellung des Holzzuwachses der obigen Formel für die parabolische Linie. S. dessen „Anfangsgründe der endlichen Differenzen", übersetzt von Meeraus und Lunardoni, Wien 1881.

†) E. Koller: „Analytische Untersuchungen über die Zuwachskurven" in der Österreich. Vierteljahrsschrift für Forstwesen 1886, S. 32 und 132.

zuwachs würde sich dann hieraus einfach durch Division mit x berechnen, so daß demnach der Durchschnittszuwachs $y = \left(\int_0^x \frac{p x^a}{q^x} dx \right) : x$ wird. Das Verhältniß zwischen laufendem und Durchschnittszuwachs sowie die Bedingungsgleichung für den Eintritt des Maximums können mit diesen Ausdrücken in analoger Weise nachgewiesen werden, wie dies oben bei dem Beweis von J. Lehr geschah.

Professor Dr. Endres in Karlsruhe hat gleichfalls nach obiger parabolischer Kurvengleichung eine Ertragstafel in einzelne Kurvenstücke zerlegt und für jedes dieser die Werthe der drei Konstanten a, b und c berechnet. Allein es zeigte sich, daß wenn man auch hierdurch eine befriedigende Genauigkeit in der Darstellung der Kurvengleichung einer Massenreihe erhalten kann, dennoch dieses Verfahren keine Vortheile bietet, weil sowohl die Differenzirung behufs Ermittlung des laufenden Zuwachses als auch die Integration behufs Auffindung des Normalvorrathes schon bei Aufstellung dreier oder gar noch mehrerer Kurvengleichungen zu umständlich wird. Gerade aus diesem Grunde dürfte sich die Anwendung der logarithmischen Linien, wie sie die Zinseszinsreihen darstellen besonders für die Charakterisirung der Ertragskurven empfehlen, zumal diese Reihen schon nach Zehntelsprozent ausgerechnet vorliegen und die Interpolirung bis $\frac{1}{100}$ von p ausreichend genaue Resultate liefert. Ich habe daher durchgehends die Zuwachsgesetze mittelst dieser logarithmischen Reihe zu erläutern gesucht und glaube, daß dieselben den Vorzug der leichteren Verständlichkeit und Anwendbarkeit haben, während ihre Genauigkeit bei Zugrundlegung der Kraft'schen nach 0,1 % abgestuften Zinseszinstafeln für gewöhnlich ausreichend ist. Um das empirisch gefundene Zahlenmaterial der Ertragstafeln in übersichtlicher Form zu geben und dem Anfänger in der Taxation zugänglich zu machen, zugleich aber auch behufs leichterer Kontrole der gegebenen Formeln durch die experimentell gefundenen Ergebnisse habe ich die Tabelle Seite 252 bis 262 zusammengestellt, welche die Massenreihen einer größeren Anzahl von Ertragstafeln enthält.

§ 33. **Die Vorerträge oder Zwischennutzungen.** Schon bei Besprechung der Stammzahlverminderung wurde der Begriff „Zwischennutzungen" erläutert,*) jedoch fand dort nur die Individuenzahl der durch den Unterdrückungsprozeß ausgeschiedenen Stämme Berücksichtigung, während uns hier die Holzmassen interessiren, welche durch die Aus-

*) Diese Bezeichnung soll andeuten, daß im räumlichen Sinne auf derselben Fläche, worauf der Hauptbestand erwächst, aber zwischen den Stämmen des letzteren die Ernte des Nebenbestandes erfolgt.

Ertragstafeln der wichtigsten Holzarten.

Altersstufen, Jahre	Des Hauptbestandes										Des Nebenbestandes				
	Ertrag an Derbholz (über 7 cm)					Ertrag an Derb- und Reisholz					Vorerträge an Derb- und Reisholz				
	auf den Standortsklassen														
	I	II	III	IV	V	I	II	III	IV	V	I	II	III	IV	V
	ausgedrückt in Festmetern pro Hektar (ohne Stockholz)														

Gemeine Kiefer (Pinus silvestris)

Nach Prof. W. Weise, ermittelt an 282 preußischen, 69 bayerischen, 42 sächsischen und 3 sonstigen Probeflächen.

10	8	—	—	—	—	68	44	36	27	17	—	—	—	—	—
20	55	5	2	—	—	162	107	90	74	57	51	10	8	7	5
30	155	82	58	31	10	255	193	150	122	97	56	37	38	23	11
40	271	198	138	90	63	336	270	203	166	133	55	48	41	28	13
50	354	276	189	143	100	407	332	247	204	162	52	48	39	26	14
60	421	328	231	183	131	472	379	284	235	187	49	45	34	24	12
70	475	367	267	215	157	525	417	317	261	208	46	41	29	22	11
80	519	400	298	234	176	569	448	346	279	223	44	37	25	19	9
90	556	427	323	247	188	606	475	371	292	231	41	33	21	7	4
100	587	448	343	—	—	637	496	390	—	—	37	29	19	—	—
110	614	468	360	—	—	664	516	407	—	—	20	22	15	—	—
120	634	486	373	—	—	684	534	420	—	—	6	8	6	—	—

Nach Prof. Dr. Schwappach, ermittelt an 76 Probeflächen der Main-Rhein-Ebene in Hessen.

10	6	2	—	—	—	80	56	31	22	—	—	—	—	—	—
20	68	40	19	5	—	180	132	88	63	—	—	—	—	—	—
30	176	112	71	32	—	280	215	155	113	—	—	—	—	—	—
40	284	195	135	84	—	358	283	209	160	—	—	—	—	—	—
50	361	260	189	121	—	425	339	254	192	—	—	—	—	—	—
60	424	316	235	145	—	485	386	288	211	—	—	—	—	—	—
70	476	361	271	156	—	536	425	314	220	—	—	—	—	—	—
80	521	399	292	—	—	580	460	330	—	—	—	—	—	—	—
90	557	426	301	—	—	616	485	336	—	—	—	—	—	—	—
100	583	444	—	—	—	641	501	—	—	—	—	—	—	—	—
110	600	—	—	—	—	557	—	—	—	—	—	—	—	—	—
120	611	—	—	—	—	668	—	—	—	—	—	—	—	—	—

Nach Prof. Dr. Schwappach, ermittelt an 51 Probeflächen des hessischen Buntsandstein-Gebietes.

10	5	—	—	—	—	60	44	29	20	—	—	—	—	—	—
20	56	35	15	5	—	146	102	78	54	—	—	—	—	—	—
30	145	91	63	35	—	248	176	134	98	—	—	—	—	—	—
40	240	165	117	79	—	330	254	192	144	—	—	—	—	—	—
50	314	230	168	126	—	400	316	242	184	—	—	—	—	—	—
60	375	285	210	152	—	457	364	280	210	—	—	—	—	—	—
70	425	335	240	166	—	503	404	310	224	—	—	—	—	—	—
80	470	377	258	—	—	541	441	325	—	—	—	—	—	—	—
90	510	410	268	—	—	571	465	329	—	—	—	—	—	—	—
100	535	430	—	—	—	591	479	—	—	—	—	—	—	—	—
110	555	—	—	—	—	601	—	—	—	—	—	—	—	—	—
1 20	568	—	—	—	—	610	—	—	—	—	—	—	—	—	—

Kiefer.

Altersstufen, Jahre	Des Hauptbestandes										Des Nebenbestandes				
	Ertrag an Derbholz (über 7 cm)					Ertrag an Derb- und Reisholz					Vorerträge an Derb- und Reisholz				
	auf den Standortsklassen														
	I	II	III	IV	V	I	II	III	IV	V	I	II	III	IV	V
	ausgedrückt in Festmetern pro Hektar (ohne Stockholz)														
Nach Prof. Dr. Schwappach, ermittelt an 176 Probeflächen der norddeutschen Tiefebene.															
10	—	—	—	—	—	70	51	38	24	14	—	—	—	—	—
20	67	47	23	6	—	154	120	93	60	35	—	—	—	—	—
30	157	114	84	43	13	241	189	158	103	57	33	29	23	11	—
40	250	188	146	89	41	320	254	211	148	88	37	33	29	25	13
50	322	255	198	139	74	387	314	255	189	117	41	39	33	27	16
60	382	310	242	178	100	445	366	292	223	142	44	42	37	28	16
70	434	356	278	206	122	495	410	325	249	163	42	39	35	27	16
80	478	394	307	227	139	537	446	354	270	180	36	32	30	23	14
90	514	424	332	244	151	571	475	379	287	191	30	27	24	19	12
100	543	449	353	257	160	600	500	400	300	200	25	23	20	17	12
110	568	470	370	266	—	625	521	417	309	—	22	19	17	15	—
120	591	489	384	274	—	648	540	437	317	—	20	17	15	13	—
130	613	506	—	—	—	670	557	—	—	—	18	16	—	—	—
140	633	521	—	—	—	690	572	—	—	—	18	15	—	—	—
Nach Forstrath Prof. Schuberg auf Grund der badischen Versuchsflächen*)															
10	—	—	—	—	—	69	50	34	23	12	—	—	—	—	—
20	—	—	—	—	—	168	128	97	70	46	—	—	—	—	—
30	—	—	—	—	—	280	217	166	124	85	—	—	—	—	—
40	—	—	—	—	—	384	306	243	180	126	—	—	—	—	—
50	—	—	—	—	—	475	386	308	233	164	—	—	—	—	—
60	—	—	—	—	—	554	455	365	280	197	—	—	—	—	—
70	—	—	—	—	—	622	515	415	320	225	—	—	—	—	—
80	—	—	—	—	—	682	567	457	352	250	—	—	—	—	—
Nach Dr. E. Speidel auf Grund der württembergischen Versuchsflächen**) (interpolirt)															
10	—	—	—	—	—	70	40	—	—	—	—	—	—	—	—
20	85	32	—	—	—	158	115	90	—	—	—	—	—	—	—
30	187	108	70	—	—	257	194	145	—	—	—	—	—	—	—
40	283	190	133	—	—	345	270	193	—	—	—	—	—	—	—
50	365	262	182	—	—	422	327	232	—	—	—	—	—	—	—
60	433	322	220	—	—	487	380	271	—	—	—	—	—	—	—
70	494	365	253	—	—	544	420	303	—	—	—	—	—	—	—
80	550	398	281	—	—	602	448	326	—	—	—	—	—	—	—
90	600	425	302	—	—	648	477	352	—	—	—	—	—	—	—
100	643	448	321	—	—	691	495	—	—	—	—	—	—	—	—
110	682	466	—	—	—	730	512	—	—	—	—	—	—	—	—
120	716	482	—	—	—	755	528	—	—	—	—	—	—	—	—
Nach Prof. Dr. Rob. Hartig, Kiefernbestände auf lehmigem Sandboden Pommern's (nur eine Bonität).															
								Alter	Masse		Alter	Masse	Alter	Masse	
10	—	—	—	—	—	45		80	620	—	20	1	80	43	
20	—	—	—	—	—	161		90	689	—	30	64	90	40	
30	—	—	—	—	—	289		100	735	—	40	77	100	43	
40	—	—	—	—	—	375		110	752	—	50	77	110	58	
50	—	—	—	—	—	429		120	763	—	60	62	120	56	
60	—	—	—	—	—	489		130	775	—	70	61	130	55	
70	—	—	—	—	—	547		140	751	—					

*) Siehe Supplemente zur Allg. Forst- und Jagd-Zeitung, XII. Bd. 2. Heft 1884.
**) Allg. Forst- und Jagd-Zeitung, 1886.

Kiefer.

Altersstufen, Jahre	Des Hauptbestandes										Des Nebenbestandes				
	Ertrag an Derbholz (über 7 cm)					Ertrag an Derb- und Reisholz					Vorerträge an Derb- und Reisholz				
	auf den Standortsklassen														
	I	II	III	IV	V	I	II	III	IV	V	I	II	III	IV	V
	ausgedrückt in Festmetern pro Hektar (ohne Stockholz)														
	Nach Prof. Kunze auf Grund der sächsischen Versuchsflächen*)														
10	—	—	—	—	—	55	44	34	25	16	—	—	—	—	—
20	66	8	—	—	—	144	108	81	57	34	—	—	—	—	—
30	218	110	48	14	—	316	211	149	100	58	—	—	—	—	—
40	358	228	128	63	25	425	330	241	159	84	—	—	—	—	—
50	420	314	210	119	55	485	397	307	218	129	—	—	—	—	—
60	458	362	264	170	84	520	431	343	252	164	—	—	—	—	—
70	489	394	298	204	110	547	456	365	274	184	—	—	—	—	—
80	514	417	322	226	131	569	476	382	289	196	—	—	—	—	—
90	534	437	341	244	149	590	494	398	302	207	—	—	—	—	—
100	552	455	359	260	162	610	512	414	314	217	—	—	—	—	—
110	570	473	375	—	—	629	530	430	—	—	—	—	—	—	—
120	588	490	390	—	—	647	547	445	—	—	—	—	—	—	—

Ertragstafeln, welche die ganze Schaftholzmasse (ohne Reisig) des Hauptbestandes angeben.

	Nach Feistmantel's Waldbestandtafeln für Österreich									Nach Burckhardt für Hannover				
	Obere Hauptklasse			Mittlere Hauptkl.			Untere Hauptklasse			Hauptbestand				
	I	II	III	IV	V	VI	VII	VIII	IX	I	II	III	IV	V
20	121	110	99	88	77	66	55	44	33	95	76	57	48	38
30	209	192	176	154	132	115	93	77	55	152	124	95	76	57
40	296	274	252	220	187	165	132	110	77	219	181	143	114	85
50	401	368	335	296	258	220	181	148	104	285	238	190	143	104
60	505	461	417	373	329	274	230	187	132	352	295	228	171	114
70	604	549	494	439	384	324	269	220	154	419	342	266	190	123
80	702	637	571	505	439	373	307	252	176	466	380	285	209	—
90	784	713	642	565	488	417	340	274	192	514	410	304	218	—
100	867	790	713	626	538	461	373	296	209	541	428	314	—	—
110	922	840	757	664	571	488	395	313	220	570	446	—	—	—
120	977	889	801	702	604	516	417	329	230	590	456	—	—	—

	Lokalertragstafel für die Kiefern der Görlitzer Haide (Schlesien) n. Täger					Kiefernertragstafel für das Gouv. St. Petersburg nach Wargas de Bedemmar									
						Hauptbestand					Nebenbestand				
20	77	62	47	—	—	83	59	47	36	24	—	—	—	—	—
30	126	102	77	56	36	134	99	78	61	42	9	7	6	—	—
40	181	146	111	80	52	190	141	113	90	62	12	11	9	8	6
50	238	193	146	104	66	248	187	150	121	84	20	15	13	10	8
60	294	240	179	127	79	302	234	188	149	102	24	19	17	15	10
70	346	283	209	147	89	352	277	224	174	117	28	22	20	18	12
80	394	320	236	165	99	397	319	257	194	129	28	24	21	18	13
90	437	353	259	181	107	436	354	287	213	139	26	25	20	17	11
100	476	382	280	194	114	472	386	311	225	146	23	23	19	14	9
110	511	409	300	206	120	504	411	333	233	—	20	21	17	12	—
120	542	433	317	217	—	529	431	349	239	—	15	17	14	7	—
130	—	—	—	—	—	544	445	360	241	—	10	17	11	7	—
140	—	—	—	—	—	551	455	367	—	—	10	14	7	—	—

*) Siehe Suppl. z. Tharandter Jahrb., 1884, III. Bd. S. 125.

Fichte.

Altersstufen, Jahre	Des Hauptbestandes: Ertrag an Derbholz (über 7 cm) I	II	III	IV	V	Des Hauptbestandes: Ertrag an Derb- und Reisholz I	II	III	IV	V	Des Nebenbestandes: Vorerträge an Derb- u. Reisholz I	II	III	IV	V
	auf den Standortsklassen														
	ausgedrückt in Festmetern pro Hektar (ohne Stockholz)														
	Fichte (Abies excelsa).														
	Nach Dr. F. v. Baur auf Grund von 99 Probeflächen in Württemberg*)										Im Vergleich hierzu Prof. Lorey. (Hauptbestand an Derb- und Reisholz,				
10	5	—	—	—	—	40	30	17	11	—	50	29	14	11	—
20	70	36	8	3	—	137	92	59	41	—	152	83	54	35	—
30	166	95	45	26	—	276	180	130	85	—	294	172	113	73	—
40	299	185	101	56	—	412	297	210	145	—	446	281	193	128	—
50	425	288	168	94	—	526	406	292	205	—	603	405	297	195	—
60	522	388	250	150	—	619	495	362	255	—	743	549	394	263	—
70	607	478	330	200	—	697	575	426	295	—	853	663	482	323	—
80	687	557	400	250	—	768	651	486	335	—	924	750	559	367	—
90	762	626	460	294	—	838	711	541	370	—	982	817	620	403	—
100	832	686	515	334	—	902	768	585	400	—	1029	867	674	437	—
110	890	736	560	369	—	962	817	625	425	—	1068	910	720	469	—
120	940	780	592	397	—	1015	850	655	445	—	1100	950	760	500	—
	Nach Professor M. Kunze auf Grund von 92 Probeflächen in Sachsen**)														
10	—	—	—	—	—	86	63	44	30	—	(Nebenbestand interpolirt)				
20	64	1	—	—	—	184	134	94	63	—	—	—	—	—	—
30	212	116	50	8	—	329	248	176	114	—	30	20	10	—	—
40	388	274	146	58	—	517	399	288	183	—	45	30	17	11	—
50	536	406	280	132	—	659	525	402	276	—	55	37	24	16	—
60	657	524	404	260	—	779	629	499	359	—	60	43	29	19	—
70	756	600	478	336	—	869	703	568	422	—	63	46	33	20	—
80	842	668	540	390	—	938	766	634	472	—	62	46	34	20	—
90	894	728	582	427	—	986	820	676	514	—	59	45	34	19	—
100	939	762	610	451	—	1032	858	708	545	—	57	42	31	—	—
110	982	796	636	474	—	1078	895	737	570	—	53	38	27	—	—
120	1024	828	662	496	—	1120	931	764	594	—	49	33	—	—	—
	Nach Professor Dr. A. Schwappach auf Grund von 873 Aufnahmen in 472 Probeflächen.														
	A. Mitteldeutsche Gebirge und Norddeutschland.														
10	—	—	—	—	—	66	50	37	25	17	—	—	—	—	—
20	49	—	—	—	—	175	133	100	70	43	—	—	—	—	—
30	204	119	47	12	—	335	253	183	126	77	29	12	—	—	—
40	388	266	148	60	24	514	383	273	188	118	48	37	27	10	—
50	542	395	257	146	67	660	500	365	254	165	64	51	38	25	19
60	668	503	354	231	131	778	603	452	322	217	73	59	45	29	20
70	771	595	439	304	193	876	693	533	389	271	71	59	45	30	21
80	857	672	512	368	247	959	771	604	451	322	64	52	41	28	18
90	931	740	575	421	290	1033	839	666	505	366	56	45	35	25	15
100	997	800	627	465	324	1100	900	720	550	400	48	38	31	22	12
110	1058	855	674	501	—	1161	955	768	588	—	42	33	27	19	—
120	1112	906	716	—	—	1215	1006	811	—	—	37	27	23	—	—
	B. Süddeutschland.														
10	—	—	—	—	—	90	64	40	20	6	—	—	—	—	—
20	48	6	—	—	—	200	142	94	54	20	—	—	—	—	—
30	219	92	29	8	—	345	250	164	98	47	34	11	—	—	—
40	410	231	114	48	13	517	370	250	156	89	58	34	22	7	—
50	576	378	226	110	50	669	489	340	221	136	69	47	30	18	9
60	691	496	335	195	101	780	590	429	290	187	72	56	40	23	14
70	782	593	427	275	165	872	680	512	360	242	66	62	48	29	19
80	864	672	502	347	224	956	760	586	427	298	59	60	53	36	23
90	938	743	569	411	276	1032	833	655	490	351	55	57	53	42	26

*) S. „Die Fichte" ꝛc. Berlin 1877. Springer. **) Suppl. z. Thar. Jahrb. 1877.

Fichte.

Altersstufen, Jahre	Des Hauptbestandes: Ertrag an Derbholz (über 7 cm) I	II	III	IV	V	Des Hauptbestandes: Ertrag an Derb- und Reisholz I	II	III	IV	V	Des Nebenbestandes: Vorerträge an Derb- u. Reisholz I	II	III	IV	V
	auf den Standortsklassen — ausgedrückt in Festmetern pro Hektar (ohne Stockholz)														
100	1004	808	632	468	321	1100	900	720	550	400	48	52	47	38	25
110	1062	866	689	519	—	1161	961	779	605	—	43	44	40	29	—
120	1115	916	739	—	—	1218	1015	832	—	—	41	37	32	—	—

Nach Professor Dr. Rob. Hartig auf Grund von 30 Probeflächen im Harz.*)

Jahre	I	II	III	IV	V	I	II	III	IV	V	I	II	III	IV	V
10	—	—	—	—	—	2	2	—	—	—	—	—	—	—	—
20	—	—	—	—	—	116	40	—	—	—	—	—	—	—	—
30	—	—	—	—	—	274	199	—	—	—	49	33	—	—	—
40	—	—	—	—	—	505	412	—	—	—	97	41	—	—	—
50	—	—	—	—	—	640	540	—	—	—	116	64	—	—	—
60	—	—	—	—	—	768	648	—	—	—	68	61	—	—	—
70	—	—	—	—	—	884	732	—	—	—	83	68	—	—	—
80	—	—	—	—	—	997	810	—	—	—	73	66	—	—	—
90	—	—	—	—	—	1076	882	—	—	—	66	73	—	—	—
100	—	—	—	—	—	1130	947	—	—	—	65	70	—	—	—
110	—	—	—	—	—	1206	1023	—	—	—	47	69	—	—	—
120	—	—	—	—	—	—	1100	—	—	—	—	65	—	—	—
130	—	—	—	—	—	—	1144	—	—	—	—	56	—	—	—
140	—	—	—	—	—	—	1176	—	—	—	—	51	—	—	—

Ertragstafeln, welche die ganze Schaftholzmasse der Fichtenbestände angeben.

Jahre	Nach Feistmantel's Waldbestandstafeln für Österreich: Obere Hauptklasse I	II	III	Mittlere Hauptkl. IV	V	VI	Untere Hauptklasse VII	VIII	IX	Nach Burckhardt für Hannover (Hauptbestand) I	II	III	IV	V
20	93	88	82	71	66	60	49	44	38	86	76	57	48	38
30	214	198	176	154	132	115	93	77	60	162	143	114	95	76
40	335	307	269	236	198	170	137	110	82	247	219	181	152	114
50	455	417	362	318	263	225	181	143	104	342	295	257	219	162
60	593	543	477	417	351	296	241	187	132	437	380	323	276	209
70	730	669	593	516	439	368	302	230	159	523	466	390	323	247
80	867	796	708	615	527	439	362	274	187	609	532	446	362	266
90	983	894	790	691	593	494	401	302	203	685	590	495	390	285
100	1098	993	873	768	659	549	439	329	220	741	637	523	409	295
110	1213	1092	955	845	724	604	477	357	236	780	675	551	—	—
120	1273	1147	1004	889	763	637	505	373	241	817	704	—	—	—
130	1333	1202	1053	933	801	669	532	390	247	—	—	—	—	—
140	1394	1257	1103	977	840	702	560	406	252	—	—	—	—	—

Jahre	Nach Professor Prytz in Dänemark (Staatswald): Hauptbestand		Vorerträge			Nach Wargas de Bedemmar für das Gouvernement St. Petersburg: Hauptbestand					Vorerträge des Nebenbestandes				
20	172	—	29	—	—	73	52	38	26	14	—	—	—	—	—
30	279	—	67	—	—	127	93	72	52	33	8	7	5	—	—
40	384	—	78	—	—	185	138	109	82	54	13	9	9	7	5
50	469	—	97	—	—	246	187	148	115	79	20	14	12	12	8
60	547	—	102	—	—	307	237	188	144	100	25	19	17	14	11
70	611	—	111	—	—	362	284	226	167	117	28	23	23	18	14
80	662	—	121	—	—	410	326	260	189	132	33	26	26	19	14
90	712	—	107	—	—	457	367	289	207	144	36	30	26	19	14
100	—	—	—	—	—	502	405	315	221	152	32	29	24	16	12
110	—	—	—	—	—	542	441	335	233	155	32	26	20	12	9
120	—	—	—	—	—	579	472	354	240	156	28	23	14	7	5
130	—	—	—	—	—	605	495	366	242	—	24	15	11	6	—
140	—	—	—	—	—	614	513	376	—	—	12	10	8	—	—

*) „Rentabilität der Fichtennutz- und Buchenbrennholzwirthschaft" ꝛc. Stuttgart 1868. Cotta.

Weißtanne.

Altersstufen, Jahre	Des Hauptbestandes										Des Nebenbestandes				
	Ertrag an Derbholz (über 7 cm)					Ertrag an Derb- und Reisholz					Vorerträge an Derb- u. Reisholz				
	auf den Standortsklassen														
	I	II	III	IV	V	I	II	III	IV	V	I	II	III	IV	V
	ausgedrückt in Festmetern pro Hektar (ohne Stockholz)														

Weißtanne (Abies pectinata)

Nach Prof. T. Lorey auf Grund von 70 Probeflächen in Württemberg*)

Jahre	I	II	III	IV	V	I	II	III	IV	V	I	II	III	IV	V
10	—	—	—	—	—	28	18	8	—	—	—	—	—	—	—
20	—	—	—	—	—	70	47	28	—	—	—	—	—	—	—
30	57	21	—	—	—	130	92	60	—	—	—	—	—	—	—
40	136	78	25	—	—	221	158	103	—	—	—	—	—	—	—
50	242	154	77	—	—	335	240	158	—	—	—	—	—	—	—
60	371	251	146	—	—	465	333	225	—	—	—	—	—	—	—
70	517	350	227	—	—	607	436	303	—	—	—	—	—	—	—
80	674	452	312	—	—	762	547	396	—	—	—	—	—	—	—
90	816	569	407	—	—	915	673	500	—	—	—	—	—	—	—
100	930	679	518	—	—	1039	793	608	—	—	—	—	—	—	—
110	1021	778	614	—	—	1137	900	712	—	—	—	—	—	—	—
120	1103	867	691	—	—	1217	985	795	—	—	—	—	—	—	—
130	1175	944	756	—	—	1285	1055	856	—	—	—	—	—	—	—
140	1240	1005	815	—	—	1343	1105	900	—	—	—	—	—	—	—

Nach Forstrath Professor Schuberg auf Grund von 154 Probeflächen-Aufnahmen in Baden.

Jahre	(interpolirt nach Schuberg)										Vorerträge bei mittlerem Bestandesschluß (b)				
10	—	—	—	—	—	14	10	7	5	3					
20	50	33	—	—	—	70	51	36	24	14	—	—	—	—	—
30	155	100	57	27	7	253	164	108	69	40	45	20	—	—	—
40	350	250	147	85	46	464	335	230	147	86	54	38	35	20	—
50	480	375	255	165	98	612	470	348	239	150	58	47	37	30	7
60	587	483	350	256	153	729	580	448	327	220	64	47	37	35	20
70	680	572	438	333	208	828	673	534	405	289	70	50	46	39	33
80	760	640	515	400	264	914	754	608	475	351	66	55	49	46	38
90	830	700	575	458	312	990	825	674	535	406	59	51	54	50	42
100	895	750	682	508	362	1056	887	731	588	454	49	47	48	48	48
110	960	802	675	552	407	1114	942	781	634	496	40	35	36	45	46
120	1020	852	740	590	444	1168	991	825	673	531	33	30	33	35	38
130	1075	890	757	620	476	1217	1035	864	706	559	(in stammreichen Beständen (a) um ca. 10—15 % mehr).				
140	1125	935	793	646	502	1263	1074	897	735	582					
150	1170	970	822	670	520	1306	1110	926	757	598					

Ertragstafeln, welche die ganze Schaftholzmasse der Tannenbestände angeben.

Jahre	Nach Feistmantel's Waldbestandstafeln für Österreich									Weißtannen in den Karpathen**) (Herrschaft Hradek an der Waag)				
	Obere Hauptklasse			Mittlere Hauptkl.			Untere Hauptklasse							
	I	II	III	IV	V	VI	VII	VIII	IX					
20	88	82	71	66	55	49	44	38	33	71	49	38	—	—
30	198	181	154	137	110	99	82	66	49	143	104	71	—	—
40	307	280	236	209	165	148	121	93	66	219	159	110	—	—
50	444	406	351	307	252	214	176	137	93	323	219	165	—	—
60	582	532	466	406	340	280	230	181	121	433	301	224	—	—
70	719	659	582	505	428	346	291	225	148	542	394	290	—	—
80	856	785	697	604	516	417	351	269	176	641	482	340	—	—
90	977	889	785	686	587	488	395	302	203	740	559	389	—	—
100	1098	993	873	768	659	549	439	335	225	834	635	438	—	—
110	1218	1098	960	851	730	609	483	368	247	911	702	482	—	—
120	1290	1163	1021	905	779	648	516	384	252	965	745	515	—	—
130	1361	1229	1081	960	829	686	549	401	258	—	790	548	—	—
140	1432	1295	1141	1015	878	724	582	417	263	—	834	575	—	—
150	—	—	—	—	—	—	—	—	—	—	867	597	—	—

*) Ertragstafeln für die Weißtanne. Frankfurt 1884. Sauerländer.
**) (S. Supplement zur Allgemeinen Forst- und Jagd-Zeitung. VI. Bd. S. 139—142).

Rothbuche.

Altersstufen, Jahre	Des Hauptbestandes										Des Nebenbestandes				
	Ertrag an Derbholz (über 7 cm)					Ertrag an Derb- und Reisholz					Vorerträge an Derb- u. Reisholz				
	auf den Standortsklassen														
	I	II	III	IV	V	I	II	III	IV	V	I	II	III	IV	V
	ausgedrückt in Festmetern pro Hektar (ohne Stockholz)														
	Rothbuche (**Fagus silvatica**)														
	Nach Prof. Dr. Fr. v. Baur auf Grund von 184 Probeflächen in Württemberg*)														
10	—	—	—	—	—	27	22	14	4	3	—	—	—	—	—
20	16	—	—	—	—	80	58	40	25	17	—	—	—	—	—
30	61	46	21	—	—	161	114	84	60	39	—	—	—	—	—
40	138	109	74	33	10	248	187	139	103	64	—	—	—	—	—
50	248	194	141	78	35	338	264	194	146	89	—	—	—	—	—
60	354	273	209	128	65	422	343	251	192	116	—	—	—	—	—
70	429	339	268	175	100	502	416	310	237	150	—	—	—	—	—
80	491	401	321	220	138	580	482	365	280	181	—	—	—	—	—
90	551	456	371	265	178	651	545	420	320	211	—	—	—	—	—
100	611	509	416	306	212	721	603	472	360	241	—	—	—	—	—
110	667	559	456	346	237	784	659	520	400	271	—	—	—	—	—
120	717	607	493	381	258	841	713	567	435	297	—	—	—	—	—
	Nach Forstrath Prof. Schuberg für Baden**)					Nach Prof. Dr. Rob. Hartig, Lokalertragstafeln									
	Derb- und Reisholzerträge					für das östliche Weser-gebirge		für den Spessart		für die ober-bayer. Hocheb.	Vorerträge im östl. Weser-gebirge		Spessart		ober-bayer. Hocheb.
10	—	—	—	—	—	18		40		12	—		—		—
20	—	66	50	37	—	67		65		42	—		—		—
30	—	150	118	90	—	142		120		80	—		—		—
40	—	220	182	144	—	203		185		130	27		—		—
50	—	285	237	194	—	280		260		175	32		35		17
60	—	344	287	238	—	350		330		220	59		24		25
70	—	400	334	280	—	420		390		285	49		24		25
80	—	455	378	320	—	476		445		345	47		25		26
90	—	508	422	359	—	520		505		397	48		29		28
100	—	560	466	396	—	570		550		435	38		30		25
110	—	612	508	432	—	610		590		465	27		30		23
120	—	662	550	467	—	655		630		490	27		33		20
130	—	702	590	498	—	—		660		510	—		36		25
140	—	—	—	—	—	—		690		—	—		36		—
	Nach Forstmeister U. Meister auf Grund von 67 Probeflächen im Züricher Stadtwalde***)										Nach Prof. Wimmenauer†) für die Oberförsterei Lich (Oberhessen)				
											Hauptbestand			Vorerträge I	II
10	—	—	—	—	—	43	34	26	20	—	34	21		9	5
20	—	—	—	—	—	102	86	71	56	—	74	47		16	12
30	90	65	42	20	—	175	148	123	101	—	125	82		20	14
40	205	170	129	96	—	256	220	182	146	—	187	125		25	17
50	300	259	213	164	—	345	300	248	197	—	256	174		29	18
60	399	340	283	224	—	455	390	324	256	—	325	227		31	21
70	531	426	358	286	—	585	482	407	324	—	390	280		35	22
80	631	507	429	348	—	691	567	488	394	—	449	329		31	26
90	704	578	500	409	—	761	642	562	461	—	500	372		—	24
100	752	634	557	465	—	803	694	618	520	—	544	410		—	—
110	—	—	—	—	—	—	—	—	—	—	581	442		—	—

*) Die Rothbuche in Bezug auf Ertrag, Zuwachs und Form, Berlin, 1881, P. Parey.

**) Das Gesetz der Stammzahl und die Aufstellung von Waldertragstafeln (Forstwirthschaftliches Centralblatt, 1880, S. 85.

***) Orell Füßli, Zürich, 1883.

†) S. Ertragsuntersuchungen i. Buchenhochwald. Allg. Forst- u. Jagdztg. 1889, Märzheft, S. 85.

Rothbuche.

Altersstufen, Jahre	Des Hauptbestandes										Des Nebenbestandes				
	Erträge an Derbholz (über 7 cm)					Erträge an Derb- und Reisholz					Vorerträge an Derb- u. Reisholz				
	auf den Standortsklassen														
	I	II	III	IV	V	I	II	III	IV	V	I	II	III	IV	V
	ausgedrückt in Festmetern pro Hektar (ohne Stockholz)														
	Ertragstafeln für Rothbuchen-Hochwald, welche nur die Schaftholzmassen angeben.														
	Nach Feistmantel's Waldbestandtafeln f. Österreich										Nach Forstdir. Burckhardt für Hannover				
	Obere Hauptkl.			Mittlere Hauptkl.			Untere Hauptkl.				Hauptbestand				
	I	II	III	IV	V	VI	VII	VIII	IX						
20	—	—	—	—	—	—	—	—	—		—	—	—	—	—
30	99	88	77	71	66	60	49	44	38		86	76	67	62	57
40	165	148	126	115	104	93	77	66	55		143	133	114	105	95
50	230	209	176	159	143	126	104	88	71		209	190	171	152	133
60	296	274	236	209	181	165	132	110	88		285	257	228	200	171
70	373	340	296	258	220	203	165	137	110		352	314	276	238	200
80	450	406	362	318	274	241	198	165	132		419	362	323	276	219
90	527	477	428	379	329	285	236	192	148		475	409	352	304	238
100	604	549	494	439	384	329	274	220	165		523	446	380	323	247
110	664	604	543	483	423	362	296	236	176		570	485	409	342	257
120	724	659	593	527	461	395	318	252	187		609	514	428	352	—
130	785	713	642	571	488	417	335	263	192		646	533	—	—	—
140	834	757	680	604	516	439	351	274	198		665	550	—	—	—
150	883	801	719	637	543	461	368	285	203		—	—	—	—	—
	Nach Forstdir. Jäger auf Grauwackenboden i. Westfalen			Nach Th. Hartig auf Muschelkalk im Elm		Nach Oberlandforstmeister Dr. Grebe für Thüringen (Rothliegendes und Buntsandstein)									
		Vorerträge			Vorerträge						Vorerträge				
10	15	—		31	—	4	3	3	2	2	—	—	—	—	—
20	43	—		89	20	33	29	27	24	21	—	—	—	—	—
30	78	—		153	27	85	76	69	62	53	9,7	8,5	7,9	7,3	6,1
40	121	—		243	43	148	134	124	111	95	16	14	12	10	9
50	145	29		351	52	211	190	174	155	132	21	18	16	13	11
60	186	58		417	70	285	251	225	196	164	24	21	19	16	13
70	234	58		470	66	358	312	273	235	193	29	25	22	19	16
80	288	58		522	50	421	361	316	269	219	32	28	24	19	16
90	340	58		584	47	480	408	355	300	242	32	27	22	18	13
100	385	58		632	44	527	448	388	327	264	29	25	21	17	13
110	421	58		689	41	570	482	415	348	280	24	21	18	15	12
120	—	—		725	41	605	510	435	363	290	—	—	—	—	—
	Nach Prytz für dänische Staatswaldungen					Nach Forstr. K. Schindler Buche i. Ternovanerwald*) Kronland Görz-Gradiska									
	I Buchen i. Forst Hausen		II auf Seeland		a. Fynen (stark durchforstet)	I Plänterwald	III								
10	—		—		—	—	—	—	—	—					
20	67		34		73	—	—	—	—	—					
30	151		119		111	—	—	—	—	—					
40	236		230		165	5	—	—	—	—					
50	320		307		225	13	—	—	—	—					
60	404		388		284	51	—	—	—	—					
70	500		450		306	87	—	—	—	—					
80	572		504		—	170	133	—	—	—					
90	634		564		—	255	177	—	—	—					
100	678		623		—	346	239	—	—	—					
110	—		—		—	433	300	—	—	—					
120	—		—		—	528	344	—	—	—					
140	—		—		—	711	394	—	—	—					

*) „Die Forste der in Verwaltung des k. k. Ackerbau-Ministeriums stehenden Staats- und Fondsgüter". Wien, 1889, S. 476.

Eiche.

Eichenhochwald (Quercus sessiliflora und pedunculata)

Altersstufen, Jahre	Des Hauptbestandes														
	Ertrag an Derbholz (über 7 cm)					Ertrag an Derb- und Reisholz					Erträge an Derb- und Reisholz				
	auf den Standortsklassen														
	I	II	III	IV	V	I	II	III	IV	V	I	II	III	IV	V
	ausgedrückt in Festmetern pro Hektar (ohne Stockholz)														
	Amtlich festgestellte Ertragstafel für den Spessart					Nach Prof. Schuberg in Baden*)					Nach Prof. Rob. Hartig für den Spessart (interpolirt) (Hauptbestand)				
											Reine Eichen	Mischbestände			
												Eichen		Buchen	
												Alter Jahre	Masse cbm	Alter Jahre	Masse cbm
10	11	10	9	7	6	25	18	—	—	—					
20	44	41	28	22	13	67	52	—	—	—	33				
30	85	69	53	37	22	127	97	—	—	—	60				
40	122	99	76	54	32	210	157	—	—	—	93	250	285	10	38
50	163	134	101	73	42	288	233	—	—	—	131	260	313	20	86
60	207	169	131	93	55	360	310	—	—	—	168	270	339	30	127
70	254	212	160	114	67	428	378	—	—	—	205	280	365	40	155
80	305	249	189	136	80	487	442	—	—	—	—	290	392	50	194
90	357	292	226	160	94	—	500	—	—	—	—	300	420	60	256
100	412	342	260	185	108	—	548	—	—	—	—	330	503	90	323
110	468	381	295	209	123	—	—	—	—	—	—	350	568	110	360
120	519	425	328	233	136	—	—	—	—	—	—	380	675	140	393

Ertragstafeln für Eichenhochwald, welche nur die Schaftholzmasse angeben.

Altersstufen, Jahre	Nach Feistmantel's Waldbestandstafeln für Österreich									Nach Forstdir. Burckhardt für Hannover (Hauptbestand)				
	Obere Hauptklasse			Mittlere Hauptkl.			Untere Hauptklasse							
	I	II	III	IV	V	VI	VII	VIII	IX	I	II	III	IV	V
30	—	—	—	—	—	—	—	—	—	86	76	67	57	48
40	132	121	110	99	88	77	66	60	55	152	133	114	95	76
50	192	176	159	143	126	110	93	82	71	219	190	162	143	114
60	252	230	209	187	165	143	121	104	88	285	247	209	190	162
70	313	285	258	230	203	176	148	126	104	342	304	257	228	200
80	384	351	318	285	252	214	176	154	126	400	352	304	266	228
90	455	417	379	340	302	252	209	181	148	447	400	342	304	257
100	527	483	439	395	351	296	241	209	170	495	437	380	333	276
110	609	560	505	450	401	340	280	236	187	532	475	409	352	295
120	691	637	571	505	450	384	318	263	203	570	505	428	371	314
130	768	702	631	560	494	423	351	285	220	600	523	446	390	323
140	845	768	691	615	538	461	384	307	230	628	541	466	400	333
150	905	823	741	659	576	494	406	324	241	646	560	475	—	—
160	966	878	790	702	615	527	428	340	247	666	570	—	—	—
170	1026	933	840	746	642	549	444	351	252	—	—	—	—	—
180	1087	988	889	790	669	571	461	362	258	—	—	—	—	—

*) Supplement zur Allgemeinen Forst- und Jagd-Zeitung. XII. Bd., 2. Heft, 1884, S. 82.

Birke und Zitterpappel.

Altersstufen, Jahre	Des Hauptbestandes										Des Nebenbestandes				
	Ertrag an Schaftholzmasse														
	auf den Standortsklassen														
	I	II	III	IV	V	I	II	III	IV	V	I	II	III	IV	V
	ausgedrückt in Festmetern pro ha														
	Birkenhochwald (Betula alba und z. Th. pubescens)														
	Nach Forstdir. Burckhardt für Hannover					Nach Wargas de Bedemmar für das Gouv. St. Petersburg					Vorerträge				
20	124	95	76	48	—	85	71	56	45	28	—	—	—	—	—
30	190	152	114	76	—	129	108	85	67	43	13	10	9	8	5
40	247	200	143	86	—	174	146	116	92	60	19	15	13	11	8
50	295	238	152	—	—	222	186	148	117	76	25	21	18	14	9
60	323	257	—	—	—	270	226	181	140	86	26	26	22	17	10
70	—	—	—	—	—	312	265	210	159	89	26	26	21	16	9
80	—	—	—	—	—	348	297	232	172	91	26	23	16	13	5
90	—	—	—	—	—	371	317	244	176	—	22	18	14	9	—
100	—	—	—	—	—	380	332	248	—	—	13	13	10	—	—
	Birken im Gouv. Tula					Birken im Gouv. Samara nach demselben									
10	54	41	31	26	—	—	—	—	—	—	—	—	—	—	—
20	110	84	63	52	—	120	82	58	—	—	—	—	—	—	—
30	167	127	95	80	—	213	157	111	—	—	—	—	—	—	—
40	224	172	129	108	—	314	244	175	—	—	—	—	—	—	—
50	282	218	163	132	—	402	327	240	—	—	—	—	—	—	—
60	337	256	187	147	—	481	403	299	—	—	—	—	—	—	—
70	387	284	194	—	—	544	464	353	—	—	—	—	—	—	—
80	425	299	—	—	—	587	510	394	—	—	—	—	—	—	—
90	451	—	—	—	—	616	546	421	—	—	—	—	—	—	—
100	466	—	—	—	—	636	—	—	—	—	—	—	—	—	—
	Nach Feistmantel's Waldbestandstafeln für Österreich														
	Obere Hauptkl.			Mittlere Hauptkl.			Untere Hauptkl.								
	I	II	III	IV	V	VI	VII	VIII	IX						
10	55	49	44	38	33	27	22	16	11	—	—	—	—	—	—
20	110	99	88	77	66	55	44	33	22	—	—	—	—	—	—
30	176	159	143	126	110	93	77	60	44	—	—	—	—	—	—
40	241	220	198	176	154	132	110	88	66	—	—	—	—	—	—
50	296	269	274	214	187	159	132	104	77	—	—	—	—	—	—
60	351	318	285	252	220	187	154	121	88	—	—	—	—	—	—
70	395	357	318	280	241	203	165	126	93	—	—	—	—	—	—
80	439	395	351	307	263	220	176	132	99	—	—	—	—	—	—
	Espe oder Zitterpappel (Populus tremula) im Hochwaldbetriebe														
	Nach W. de Bedemmar im Gouv. Samara					Nach demselben im Gouvernement Tula									
20	144	103	69	50	34	147	126	105	78	65	—	—	—	—	—
30	233	170	120	88	62	224	192	159	119	100	—	—	—	—	—
40	323	240	176	129	86	301	257	214	161	134	—	—	—	—	—
50	394	306	227	163	104	375	324	271	205	169	—	—	—	—	—
60	452	355	266	187	115	441	382	325	246	197	—	—	—	—	—
70	493	392	292	201	—	496	431	370	283	222	—	—	—	—	—
80	522	420	303	—	—	539	476	404	313	237	—	—	—	—	—
90	—	435	—	—	—	571	510	429	335	—	—	—	—	—	—
100	—	—	—	—	—	576	536	—	—	—	—	—	—	—	—

Vorerträge.

Altersstufen, Jahre	Vorertragstafeln (Durchforstungs-Ergebnisse)											
	A. in Rothbuchenbeständen				B. in Fichtenbeständen				C. in Kiefernbeständen			
	Erträge pro Hektar an Derb- und Reisholz auf den Standortsklassen											
	I	II	III	IV	I	II	III	IV	I	II	III	IV
	Vorertragstafeln nach Burckhardt.											
bis 30	11	9	6	4	14	10	5	—	26	23	17	—
30—40	24	17	11	6	26	21	15	—	24	21	15	—
40—50	27	20	13	7	30	25	19	—	21	18	13	—
50—60	27	19	11	6	29	23	17	—	19	15	10	—
60—70	25	17	10	6	27	21	14	—	17	12	7	—
70—80	23	16	10	5	25	19	13	—	15	10	—	—
80—90	22	15	10	5	23	16	11	—	14	—	—	—
90—100	21	15	10	5	21	12	—	—	—	—	—	—
100—110	21	15	10	5	—	—	—	—	—	—	—	—
	Vorertragstafeln nach Danckelmann.											
bis 20	12	11	9	7	—	—	—	—	15	12	9	7
20—30	20	17	14	10	35	28	21	15	20	16	12	10
30—40	28	24	18	12	40	32	25	17	29	22	17	14
40—50	35	28	20	15	47	37	30	20	34	27	21	17
50—60	38	30	23	17	55	44	35	23	39	31	24	19
60—70	38	31	25	18	65	52	39	26	35	28	23	18
70—80	35	29	23	16	60	48	36	25	33	25	21	16
80—90	28	24	20	14	55	44	33	22	28	23	17	14
90—100	24	22	17	11	45	40	30	20	23	18	14	11
100—110	20	17	13	—	40	32	24	—	20	15	12	—
110—120	18	16	12	—	30	24	18	—	18	13	10	—

Schema für die Massenreihen der Ertragstafeln,

nach der Formel $m_x = 100\, p^3 \left(1 - \frac{1}{1,0p^x}\right)$

Altersstufen Jahre $x = a - i$	bei einer Konstanten p von folgenden Werthen												
	1,3	1,4	1,5	1,6	1,7	1,8	1,9	2,0	2,1	2,2	2,3	2,4	2,5
	berechnet sich folgender Vorrath m_x in Festmetern pro ha												
10	27	36	47	61	77	96	118	144	175	209	248	292	342
20	50	67	87	112	141	175	216	262	315	376	445	524	609
30	70	93	122	156	195	242	296	358	430	511	602	704	818
40	89	118	152	193	241	297	370	451	524	619	728	848	983
50	105	138	178	225	281	345	420	503	600	706	825	961	1108
60	119	156	200	253	313	383	464	556	661	775	906	1050	1210
70	131	171	219	276	340	416	503	600	712	833	970	1108	1288
80	142	185	237	295	364	444	534	635	752	879	1020	1175	1350
90	151	196	249	313	384	466	561	666	785	914	1060	1220	1394
100	160	205	262	327	400	485	581	690	811	945	1093	1256	1430
110	167	216	272	339	414	501	599	710	833	966	1117	1282	1460
120	173	223	281	349	431	514	615	726	850	987	1138	1303	1482

scheidung des Nebenbestandes anfallen und die im geregelten Betriebe hauptsächlich mittelst der Durchforstungen gewonnen werden. Da diese Massenerträge im Verlaufe des Bestandeslebens — also lange vor der Haubarkeit eines Bestandes genutzt werden, so sind dieselben nach der Betrachtungsweise des aussetzenden Betriebes finanziell durch ihren frühzeitigen Eingang besonders vortheilhaft und werden behufs einer scharfen Betonung dieses zeitlichen Vorsprunges „Vorerträge“ genannt. In der Forsteinrichtung spielt die Einschätzung und zeitliche Vorausbestimmung dieser Zwischennutzungserträge eine wichtige Rolle, so daß eine nähere Betrachtung der Gesetzmäßigkeit, nach welcher sie eingehen, schon aus rein praktischen Gründen nothwendig ist; außerdem aber ist ein genauerer Einblick in die mathematischen Beziehungen, nach welchen die Durchforstungen naturgemäß zu führen sind, auch für den Waldbau von Interesse. Das empirisch gefundene Material von Untersuchungen über die Zwischennutzungserträge ist, wenigstens hinsichtlich der neueren Ertragstafeln in der Tabelle Seite 252—262 zusammengestellt, wo die Massen der von Dezennium zu Dezennium sich auf ein Hektar ausscheidenden Vorerträge nach Derb- und Reisholz zusammengenommen vorgetragen sind. Auf diese Angaben muß die taxatorische Praxis zunächst verwiesen werden und ebenso dienen dieselben zur Prüfung der auf deduktivem Wege im Folgenden hergeleiteten theoretischen Sätze:

1. Die Vorerträge geschlossener Bestände ergeben sich als das Produkt von Stammzahl pro Hektar des ausgeschiedenen Nebenbestandes mal Kubikinhalt des Mittelstammes von letzterem. Da wir aber aus § 30 bereits das Gesetz der Stammzahlverminderung in der fallenden logarithmischen Reihe $\frac{10\,000}{1,0p^x}$ kennen gelernt haben, so folgt hieraus nothwendig, daß die Stammzahl des ausgeschiedenen Nebenbestandes durch die Differenzen der einzelnen Glieder (Dezennien) dieser Reihe also durch $\triangle \frac{10\,000}{1,0p^x}$ gefunden wird. Der Inhalt des Mittelstammes vom Nebenbestande nimmt proportional mit dem Alter zu uud zwar kann man diese Zunahme auf Grund der Zuwachsuntersuchungen von Robert Hartig (an Fichten im Harz, Weißtannen im Schwarzwald, Buchen im Spessart) für die letzte Stammklasse und die unterdrückten Stämme als eine Multiplenreihe von der Form $\frac{p^3x}{10\,000}$ auffassen — im Gegensatze zu den dominirenden Stammklassen, welche analog einer Zinseszinsreihe $1,0p^x$ zunehmen. Demnach ist die Vorertragsmasse des innerhalb eines Dezenniums vor dem Zeitpunkte x mittelst Durchforstungen ausgeschiedenen Nebenbestandes

$$V_x = \frac{p^3x}{10\,000} \times \triangle \frac{10\,000}{1,0p^x} = \mathbf{p^3x \times \triangle \frac{1}{1,0p^x}}.$$

So ist z. B. bei $p = 2$ und $x = 60$, $V_x = 480 \times 0{,}0667 = 32{,}04$ Kubikmeter pro Hektar, also 3,20 cbm jährlich.

Mittelst dieser Formel habe ich für die verschiedenen Werthe von p ein Schema berechnet und in Figur 111 dargestellt, aus welchem sich ergiebt, wie die Wuchskraft einer gegebenen Holzart unter verschiedenen Standortsverhältnissen den Anfall an Vorerträgen bedingt.

2. Je besser nämlich die Standortsfaktoren sind und je raschwüchsiger die betreffende Holzart ist, desto rascher scheidet sich der Nebenbestand aus, d. h. desto größer werden anfangs die Differenzen der zwei aufeinander folgenden Glieder der Stammzahlreihe, aber desto schneller wird auch jener Punkt erreicht, wo die ausgeschiedenen Stammzahlen absolut kleiner sind, als auf den schlechteren Bonitäten. Umgekehrt zeigen die Reihen, welche einer geringeren Wuchskraft entsprechen, zwar anfangs eine langsamere Abnahme der Stammzahldifferenzen jedoch eine längere Dauer dieser Ausscheidung, z. B.:

Differenzen der Stammzahlen von 10 zu 10 Jahren nach $\triangle \frac{10000}{1,op^x}$

Bestandesalter, Jahre	10	20	30	40	50	60	70	80	90	100	110	120
für p = 1,5	1383	1192	1027	885	763	657	566	**488**	420	362	312	269
„ p = 2,0	1797	1474	1209	992	814	668	**548**	449	369	302	248	204
„ p = 2,5	2188	1709	1335	1043	815	**637**	497	389	303	237	185	145

3. Durch Multiplikation dieser Stammzahldifferenzen mit dem mittleren Stamminhalt, wie er in der geometrischen Reihe p^3x für die einzelnen Jahrzehnte der Abszissenaxe X angegeben wird, erhält man als Ordinaten V_x, d. h. die Masse des Durchforstungsertrages von einem Zeitintervall zum nächstfolgenden. Die Verbindung der Endpunkte aller Ordinaten, welche dem gleichen p angehören, liefert die Kurven der Figur 111; letztere ist in zehnfach größerem Maßstab gezeichnet, als die Ertragstafeln der Figuren 92—108, um die Ergebnisse schärfer hervorzuheben. Die Vorertragskurven des Schemas haben folgende Eigenschaften: Jede Kurve geht vom Nullpunkt des Koordinatensystems aus und jede hat ein Maximum, welches um so früher eintritt und um so ausgeprägter ist, je größer die durch p ausgedrückte Wachsthumsenergie ist. Diese Kulminationspunkte liegen zwischen 50—70 Jahren, aber sie rücken zeitlich hinaus, je ungünstiger die Bonitäten sind:

bei p = 2,5 kulminirt z. B. die Kurve bei 40 Jahren
„ p = 2,0 „ „ „ „ „ 50 „
„ p = 1,5 „ „ „ „ „ 60—70 „

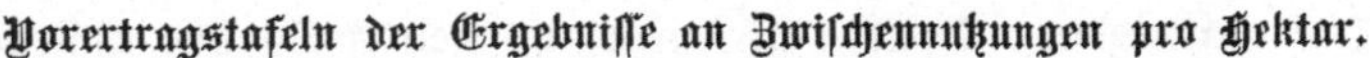

Vorertragstafeln der Ergebnisse an Zwischennutzungen pro Hektar.

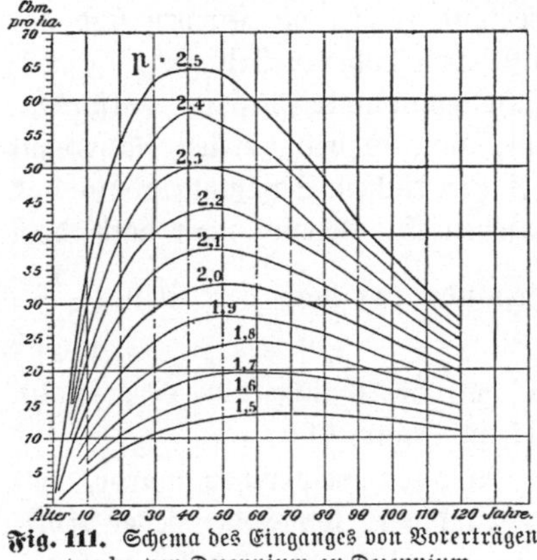

Fig. 111. Schema des Einganges von Vorerträgen pro ha von Dezennium zu Dezennium.

nach $V_x = p^3 x \times \Delta \frac{1}{1,0p^x}$

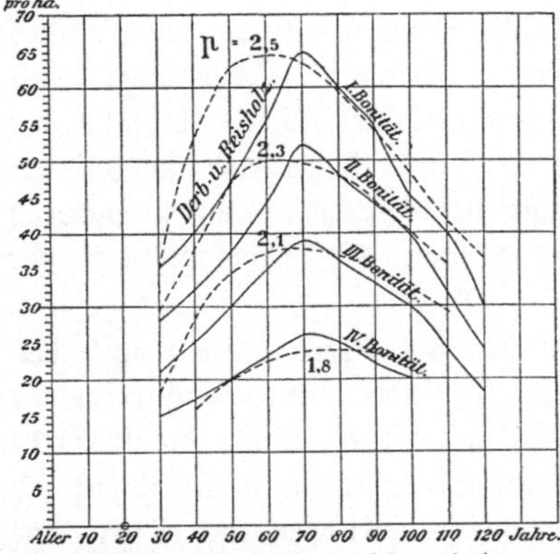

Fig. 113. Fichten-Vorerträge nach Danckelmann.

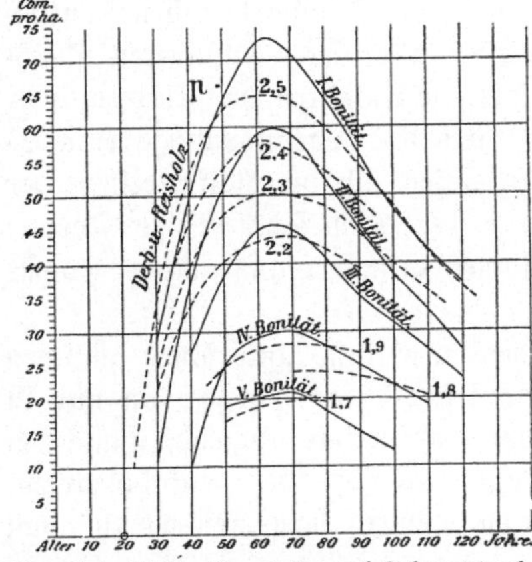

Fig. 115. Fichten-Vorerträge nach Schwappach.

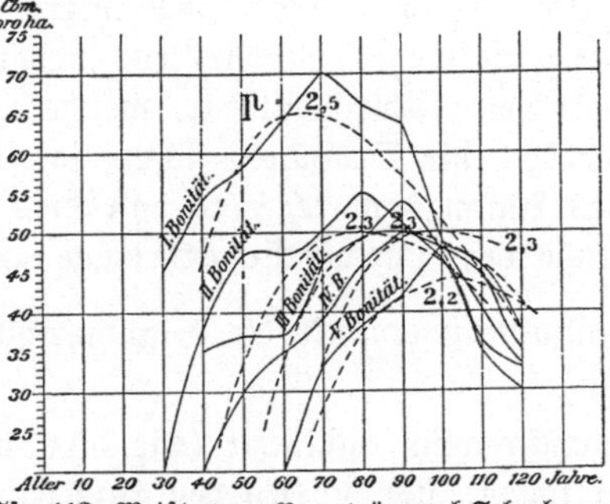

Fig. 112. Weißtannen-Vorerträge nach Schuberg.

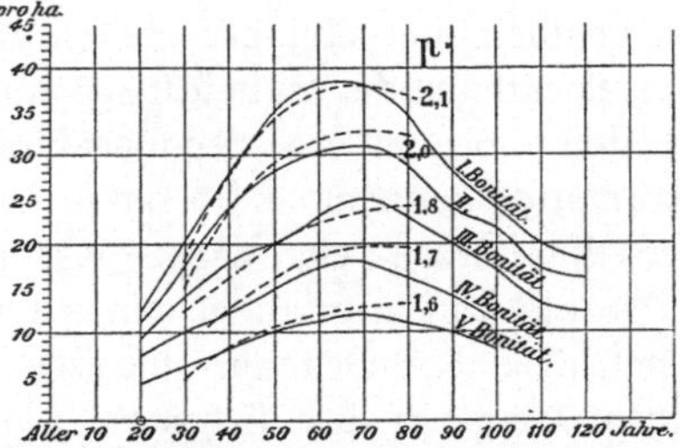

Fig. 114. Buchen-Vorerträge nach Danckelmann.

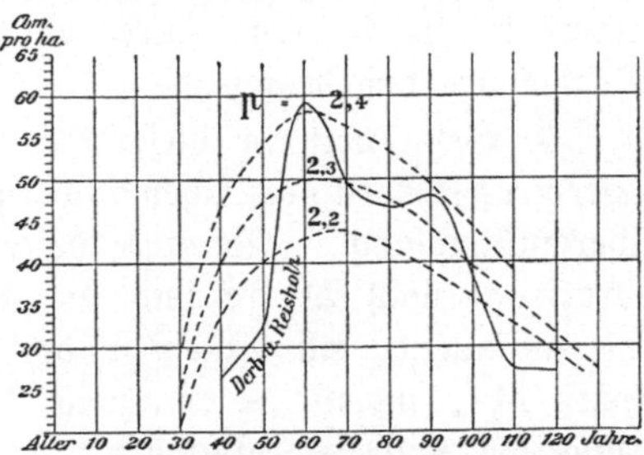

Fig. 116. Rothbuchen-Vorerträge im östlichen Wesergebirge nach Rob. Hartig.

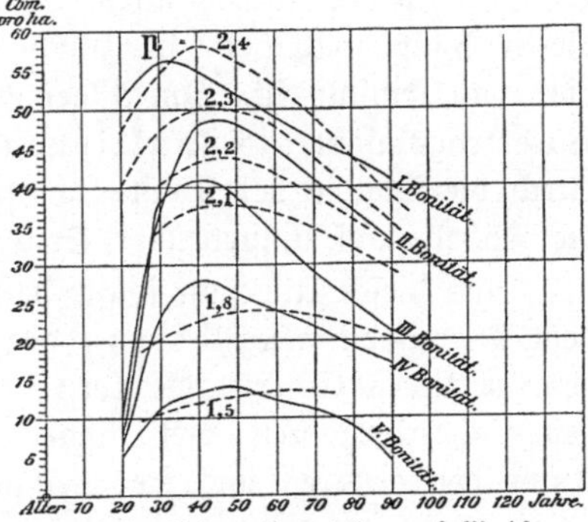

Fig. 117. Kiefern-Vorerträge nach Weise.

Der aufsteigende Theil der Kurve ist steiler als der absteigende, welch' letzterer einen langsameren Verlauf zeigt; die Kurven sind daher keineswegs symmetrische, sondern Kurven höherer Ordnung. Innerhalb jener Abszissenstrecke, welche den Hochwaldumtriebszeiten entspricht, werden die Ordinaten schon so klein, wie sie beim ersten Jahrzehnt des Anfangs waren, so daß dies bei praktischen Schätzungen als das Ende der Durchforstungserträge anzusehen ist. Wenn man nach dem Kulminationspunkt die Stammzahlverminderung nach der Reihe $\frac{1}{1,0p^{\frac{x}{2}}}$ fortschreitend annimmt (wie dies bei der Berechnung von G geschah), so fallen auch die Kurven rascher, als in Figur 111.

4. Wie bereits bei verschiedenen Anlässen besprochen wurde, hat die waldbauliche Art der Bestandesbegründung, sowie der jeder Holzart eigenthümliche Entwicklungsgang einen erheblichen Einfluß auf den zeitlichen Beginn des Bestandesschlusses und auf die hieraus folgende Stammzahlabnahme. Es muß deshalb auch bezüglich des Eintrittes der Vorerträge ein nach Holzart und Erziehungsweise wechselndes „Jugendstadium" angenommen werden, welches in der Regel mit demjenigen des Bestandeszuwachses zusammenfällt. Deshalb fällt bei einem Vergleich des Schemas (Figur 111) mit den experimentell ermittelten Vorertragskurven der Ursprung der Kurven auf einen späteren Zeitpunkt als 0, was durch ein Verschieben des Schemas auf der Abszissenaxe angedeutet ist.

5. Wenn man in dieser Art die neueren Ertragstafeln mit den Vorertragskurven des Schemas vergleicht, so findet man eine hinreichende Übereinstimmung im Verlaufe derselben; namentlich zeigen die Kiefernvorerträge nach Weise und die Fichtenvorerträge nach Schwappach eine auffallende Ähnlichkeit in der Form ihrer Kurven mit jenen der Figur 111, indem sie das steile Ansteigen und das langsame Fallen, sowie die frühere Kulmination der besseren Standortsklassen deutlich erkennen lassen. Andere Vorertragstafeln allerdings kulminiren gleichzeitig in allen Bonitätsklassen, doch sind die Ansichten der Autoren über diesen Punkt noch getheilt, zumal die Art des Durchforstungsbetriebes hier von Einfluß ist. Im Allgemeinen lassen sich die Zahlenreihen der Vorertragstafeln als Funktionen der Zeit x im Sinne obiger Formel durch die Angabe der Konstanten p folgendermaßen ausdrücken: (Siehe die Tabelle auf umstehender Seite.)

Aus dieser Übersicht folgt, daß der wesentliche Unterschied zwischen dem Durchforstungsertrag der verschiedenen Holzarten nur in dem zeitlichen Eintritt desselben besteht, indem das Jugendstadium bei den Schattholzarten viel länger währt als bei den Lichtholzarten. Unter den ersteren sind die Weißtannen dadurch bemerkenswerth, daß

Werthe für p in nachstehenden Vorertragstafeln.

Bonitätsklasse:	I	II	III	IV	V	Dauer des Jugendstadiums Jahre
Kiefern nach Danckelmann	2,1	1,9	1,8	1,7	1,6	15
„ „ Weise . . .	2,4	2,3—2,2	2,1	1,8	1,5	0
Weißtannen nach Schuberg	2,5	2,3	2,3	2,3—2,2	2,2	25 bis 55
Fichten nach Danckelmann	2,5	2,3	2,1	1,8	—	20
„ „ Schwappach	2,5	2,4—2,3	2,2—2,1	1,9—1,8	1,7	20
„ „ Kunze . . .	2,5	2,2	2,0	1,7	—	25
„ „ Burckhardt	2,0—1,9	1,8	1,7	—	—	—
Buchen nach Burckhardt	1,9—1,8	1,7	1,5	—	—	15
„ „ Danckelmann	2,1	2,0	1,8	1,7	1,5	20
„ im Wesergebirge nach Rob. Hartig	2,4—2,2	—	—	—	—	—

das Jugendstadium sogar nach den einzelnen Standortsklassen wechselt, indem der Kurvenursprung bei besseren Bonitäten früher, bei schlechteren später fällt, nämlich:

bei I. Bonität in das 25. Jahr,
„ II. „ „ „ 35. „
„ III. „ „ „ 45. „
„ IV. u. V. „ „ „ 55. „

Durch dieses Hinausschieben der Kurven ensteht in den fallenden Kurvenstücken eine Kreuzung der verschiedenen Linien (Figur 112), welche sich hierdurch, selbst bei gleichbleibendem p, auf einfache Weise erklärt.

Die Konstanten p weichen unter den verschiedenen Holzarten nicht sehr erheblich von einander ab, sondern differiren weit mehr nach den Bonitätsklassen einer und derselben Holzart. Eine vollständige Übereinstimmung dieser Konstanten mit jenen des Massenzuwachses am dominirenden Bestand (siehe Seite 244) findet zwar nicht statt, jedoch sind die Unterschiede im Allgemeinen nicht sehr erheblich; jedenfalls vermögen die oft stark abweichenden Durchforstungsgrundsätze der einzelnen Forstverwaltungen nicht den Einfluß der natürlichen Wuchskraft zu verwischen, was z. B. aus der Figur 116 folgt, die den starken Durchforstungsbetrieb in den Weserforsten graphisch darstellt.

6. Über den soeben erwähnten Punkt: die Stärke des Durchforstungsgrades und die Durchforstungsprinzipien selbst ist schon sehr viel geschrieben worden; diese Litteratur enthält theils Wahrnehmungen der Praktiker im Walde, theils Arbeitspläne für Durchforstungsversuche, theils mathematische Deduktionen nach Analogie der schon auf S. 113 erwähnten Berechnungen der Überhaltsquote von Mittelwaldoberhölzern. In diesem Sinne hat namentlich Kraft in seinen mehrfach schon erwähnten Werken die einzelnen Kategorien der Stammklassen näher

präzisirt und das Verhältniß zwischen mittlerem Kronendurchmesser K und dem Stammabstand e als den „Schlußgrad" $= \frac{K}{e}$ definirt. Der Werth dieses Quotienten $\frac{K}{e}$ soll nach Kraft:

bei räumlichem Bestandesschluß = 0,95 bis 0,98
„ gewöhnlichem „ = 0,98 „ 1,02
„ dichtem „ = 1,02 „ 1,05
„ gedrängtem „ = 1,05 und darüber betragen.

Auf andere Art bestimmte Schuberg in Weißtannenbeständen verschiedener Standortsklassen den Durchforstungsgrad, indem er das Verhältniß der Stammgrundflächensumme zwischen dem genutzten Vorertrag und dem stehenden Hauptbestand nach Prozenten angab. Auf experimentellem Wege wurden so folgende durchschnittliche Prozentsätze und Materialanfälle pro Hektar gefunden:

Durchforstungsgrad:	schwach	mittel	stark	sehr stark
Stamm-Grundflächen-Prozent vom Hauptbestand	2,33 %	6,0 %	9,0 %	14,9 %
dabei Anfall pro Hektar cbm	16,9	40,9	50,5	64,6

Weitere Aufschlüsse über die Massenergebnisse und die Wirkungen der verschiedenen Durchforstungsgrade auf die Entwicklung der Bestände dürften voraussichtlich die Durchforstungsversuche liefern, welche von den forstlichen Versuchsanstalten eingeleitet worden sind.

7. Im Bisherigen wurden nur die mittelst genauer Methoden (Xylometer oder Gewichtsbestimmung) gefundenen Massen der Zwischennutzungen als Derb- und Reisholz betrachtet, ohne Rücksicht auf die technische und wirthschaftliche Möglichkeit, ob diese Massen auch gewonnen und verkauft werden können. Gerade letztere Frage ist aber im praktischen Forstbetriebe von großer Wichtigkeit, weil im umfangreicheren Forsthaushalte höchstens die Durchreiserungen und Reinigungen der Schläge Kosten verursachen dürfen, die eigentlichen Durchforstungen aber aus finanziellen Gründen mindestens die Gewinnungs- und Transportkosten des Materials durch dessen Erlös decken sollen. Je höher daher diese Kosten sich belaufen und je niedriger die Waldpreise der schwachen Sortimente sind, wie sie bei den Durchforstungen anfallen, desto weiter rückt der Zeitpunkt hinaus, wo diese Hiebsart beginnen kann. In allen extensiven Wirthschaftsformen — z. B. in entlegenen Gebirgsgegenden oder in Ländern mit sehr billigen Holzpreisen — findet man daher späten, dagegen im intensiven Forstbetriebe frühzeitigen Beginn der Durchforstungen und die volkswirthschaftlichen Zustände einer Gegend, ihre Bevölkerungsdichtigkeit, Zugänglichkeit für den Verkehr, der Grad der industriellen Entwicklung u. s. w. bedingen wesentlich die Art des Durchforstungsbetriebes.

Als Folge der Unverkäuflichkeit von Reisig und anderem geringwerthigen Material findet man daher sehr oft die Leseholznutzung als erste Vorläuferin der Durchforstungen; dieselbe lastet oft als Forstberechtigung (Servitut) der benachbarten Dörfer auf den Waldungen, oft ist sie nur als Vergünstigung den Anwohnern gewährt. Hinsichtlich der Gewinnung und Zugutemachung der Leseholzmengen hat der Waldbesitzer keine genaue Kontrolle, über dieses Material wird daher auch keine Rechnung geführt und die Taxationen der Forsteinrichtung dürfen folglich auch derartige Nutzungen nicht umfassen. Ebenso unterbleiben im Hochgebirge die Einschätzungen von solchen Sortimenten, die als nicht gewinnbar im Walde verwesen. Der Taxator muß sich daher durch eigene Untersuchung und Berechnung davon überzeugen, wann und mit welchem Sortimentenanfall der Durchforstungsbetrieb in einem gegebenen Waldtheile beginnen kann und wie sich darnach die in diesem Paragraphen und in der Tabelle Seite 262 ausgeführten Vorertragsmassen reduziren, was unter Umständen beträchtlich sein kann.

8. In den haubaren Beständen hört zwar der natürliche Ausscheidungsprozeß des Nebenbestandes nahezu auf, aber dafür ergeben sich durch Sturm- und Insektenschaden, Pilzbeschädigungen u. s. w. Holzanfälle, welche von dem Jahreszuwachs in Abzug kommen und daher den Haubarkeitsertrag schmälern. Dieselben werden in der Regel so lange zu den Zwischennutzungen gerechnet, als der betreffende Bestand nicht mit einem Angriffshiebe in der laufenden Wirthschaftsperiode vorgesehen ist; in den zum Angriffe im Wirthschaftsplan eingereihten Beständen gelten dagegen derartige zufällige Ergebnisse als Hauptnutzung.

Abtheilung C.

Eintheilung des Zuwachses nach verschiedenen Gesichtspunkten.

I. Größe des laufend-jährlichen und -periodischen Zuwachses.

§ 34. **Die absolute Größe des laufenden Zuwachses und sein Verhältniß zum Holzvorrath des einzelnen Bestandes (Massenzuwachs-Prozent).** Die alljährliche Massenzunahme eines Bestandes kann entweder nur hinsichtlich der Hauptnutzung oder auch mit Inbegriff der Vorerträge betrachtet werden; letzteres ist das richtige Verfahren, allein für theoretische Zwecke kommt häufig auch das erstere in Anwendung und dasselbe soll zunächst unseren Betrachtungen zu Grunde liegen.

1. Nach § 33 kann man die Massenkurve einer Ertragstafel für die verschiedene Wuchskraft p aus zwei Stücken zusammengesetzt denken, wovon das erste (das Jugendstadium) nach einer Zinseszinsreihe $1,0p^x - 1$ ansteigt, während das zweite Stück oder die Hauptstrecke proportional der Reihe $1 - \frac{1}{1,0p^x}$ verläuft und für metrisches Maß durch die Formel $m_x = 100\,p^3 \left(1 - \frac{1}{1,0p^x}\right)$ ausgedrückt werden kann. Der laufende Zuwachs an Hauptnutzung muß sich demnach aus den Differenzen dieser Reihe ergeben, so daß für die Hauptstrecke

$$\lambda_x = \triangle m_x = 100\,p^3 \times \triangle \left(1 - \frac{1}{1,0p^x}\right)$$

ist. Beispielsweise ist für p = 2,5 und x = 90 für den 10jährigen Zeitraum von 80—90 Jahren $\triangle m = 1563 \times (0,89164 - 0,86130)$

$= 1563 \times 0,03034 = 47,42$ cbm

also für 1 Jahr = 4,74 cbm pro ha,

wobei das Jugendstadium noch nicht eingerechnet ist. Auf diese Art berechnen sich für die verschiedenen Stufen der Wuchskraft p folgende Werthe als

Schema für den laufend-jährlichen Massenzuwachs λ pro ha an Hauptnutzung für die II. Strecke.

Jahre: Bestandesalter x = a — i / bei einer Wuchskraft p =	10	20	30	40	50	60	70	80	90	100	110	120
	laufend-jährlicher Zuwachs in Festmetern pro Hektar											
1,5	4,67	4,02	3,46	2,99	2,57	2,22	1,91	1,65	1,42	1,22	1,06	0,91
1,6	6,07	5,12	4,34	3,73	3,24	2,71	2,30	1,97	1,72	1,39	1,27	0,98
1,7	7,53	6,32	5,30	4,54	3,86	3,18	2,70	2,32	1,93	1,64	1;35	1,21
1,8	9,56	7,94	6,71	5,54	4,72	3,85	3,27	2,80	2,28	1,87	1,63	1,28
1,9	11,81	9,75	8,04	6,80	5,56	4,53	3,84	3,09	2,61	2,20	1,78	1,51
2,0	14,37	11,80	9,66	7,94	6,50	5,34	4,48	3,59	2,95	2,42	1,98	1,66
2,1	17,50	13,99	11,49	9,35	7,59	6,11	5,00	4,07	3,24	2,68	2,13	1,73
2,2	20,88	16,84	13,43	10,76	8,85	6,92	5,64	4,58	3,62	2,98	2,23	2,02
2,3	24,80	19,70	15,70	12,52	9,85	8,03	6,32	4,99	4,01	3,16	2,55	2,07
2,4	29,16	23,22	17,98	14,51	11,20	8,85	7,05	5,52	4,41	3,45	2,63	2,21
2,5	34,18	26,70	20,85	16,30	12,74	9,95	7,77	6,06	4,74	3,70	2,89	2,27

Dieses Schema giebt an, in welchen Reihen der laufende Zuwachs von seinem Kulminationspunkt aus fallen muß, wenn p gegeben ist; dieselben sind aber, wie sich schon aus der Formel ergiebt, logarithmische Reihen bezogen auf die Grundzahlen 1,0p und sie geben daher eine nach den verschiedenen Werthen dieser Grundzahl spezialisirte Darstellung der zweiten und wichtigsten Strecke des laufenden Zuwachses, welche

Strecke wir oben als ac in Figur 109 nur ganz allgemein für eine einzige Grundzahl angedeutet hatten. Durch Vergleichung dieses Schemas mit den Kurven der Figur 56 findet man, daß das erstere nichts Anderes angiebt, als die bekannten logarithmischen Reihen der Zinseszinstafeln (Kapitalnachwerthe) nur mit entgegengesetztem Vorzeichen für x, so daß daraus der Satz folgt: „der laufende Zuwachs ist eine Exponentialfunktion der Zeit x, derselbe fällt von seinem Kulminationspunkte an proportional einer fallenden Zinseszinsreihe, deren p die Wachsthumsenergie in dem schon wiederholt erläuterten Sinne bedeutet."

Innerhalb der mit ab (Figur 109) bezeichneten Strecke des Jugendstadiums nehmen die Massen der Vorräthe nach einer steigenden logarithmischen Linie zu, folglich ist der laufende Zuwachs in diesem Zeitraum durch die Differenzen einer Zinseszinsreihe $1{,}0p^x - 1$ darstellbar. Da jedoch die Länge des Jugendstadiums von den klimatischen und Bodenverhältnissen, der Schattenertragsfähigkeit der betreffenden Holzart, sowie von deren wirthschaftlicher Behandlung (ob Pflanzung oder Saat, natürliche Verjüngung unter Schirmschlag u. s. w.) abhängig ist, so lassen sich keine für alle Fälle gleichmäßig giltigen Ausdrücke hierfür aufstellen, sondern nur für typische Fälle. So ist z. B. bei sehr langer Dauer des Jugendstadiums im rauhen Klima der laufende Zuwachs $\triangle m_x = 100\,p \times \triangle (1{,}0p^x - 1)$ also für:

Bestandesalter im Jugendstadium	10	20	30	40	50	60	70
bei einer Wuchskraft p =	laufend-jährlicher Zuwachs in cbm pro Hektar						
1,5	2,40	2,79	3,24	3,76	4,37	5,06	5,89
2,0	4,38	5,34	6,50	7,94	9,67	11,78	14,39
2,5	7,00	8,96	11,50	14,70	18,83	24,07	30,80

Für Lichtholzarten mit sehr kurzer Verjüngungsdauer, sowie für Pflanzbestände steigt dagegen der laufende Zuwachs sehr schnell an und die Zuwachskurve besteht dann vorwiegend aus dem oben erwähnten zweiten Stücke, wie dies aus den beiden schematischen Darstellungen der Figuren 118 und 119 folgt. Erstere zeigt, wie der laufende Zuwachs bei spät eintretendem Bestandesschlusse und langsamem Jugendwuchse sich in Form einer logarithmischen Kurve allmählich seinem Maximum nähert, das sich durch das Zusammentreffen der Kurven beider Formeln zu erkennen giebt, und von wo aus das Fallen nach den Verhältnissen der Zahlen obiger Tabelle erfolgt; dieser Zuwachsgang ist typisch für die Schatthölzer und auch für natürliche Verjüngungen in rauhem Klima. Dagegen stellt Figur 119 das rasche Ansteigen des Zuwachses und die frühe Kulmination bei raschwüchsigen

Holzarten z. B. Lichtholzarten und Pflanzbeständen dar. Im Gegensatz zu diesen auf rein theoretischem Wege abgeleiteten schematischen Kurven zeigen dann die Figuren 120 und 121 den Gang des laufenden Zuwachses von Weißtannen und Kiefern nach den Untersuchungen von Professor Schuberg und Schwappach.

Schematischer Gang des laufenden Zuwachses.

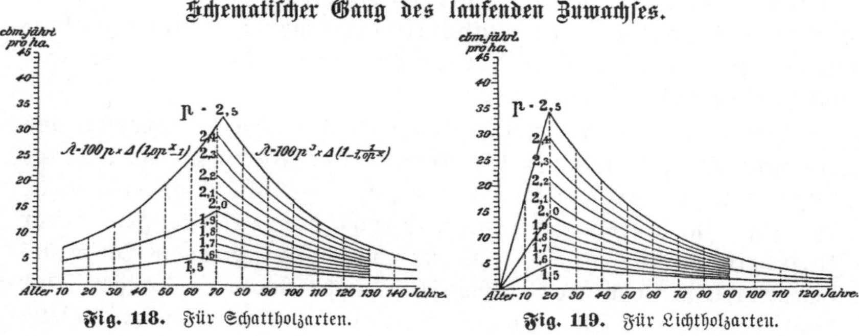

Fig. 118. Für Schattholzarten. **Fig. 119.** Für Lichtholzarten.

Diese Darstellungen sind in einem viel größeren Maßstabe gezeichnet und deshalb wurden auch die Kurven des Schemas nach derselben vergrößert und mittelst punktirter Linien zum Vergleiche eingetragen. Es ergiebt sich hieraus eine hinreichende Übereinstimmung beider Arten von Kurven, um die Gesetzmäßigkeit im Gange des laufenden Zuwachses, wie sie obige Formeln ausdrücken, zu erkennen.

3. Werden aber die Vorerträge mit in die Berechnung des laufenden Zuwachses einbezogen, wie es bei genauen Ertragsuntersuchungen unerläßlich ist, so muß diese Summirung der Erträge an Haupt- und Zwischennutzungen durch die Formel

$$\lambda_x + v = p^3 \left[100 \triangle \left(1 - \frac{1}{1,0p^x}\right) + x \triangle \frac{1}{1,0p^x}\right]$$

sich ausdrücken lassen. Die Änderungen, welche hierdurch gegenüber dem unter 1. und 2. Gesagten sich ergeben, bestehen a) in einer Erhöhung der absoluten Größe des laufenden Zuwachses pro Hektar; b) in dem früheren Eintritt der Kulmination desselben auf den besseren Standortsklassen, dagegen Hinausschieben derselben auf den geringeren.

Zur Vervollständigung unserer Besprechung über den laufend-jährlichen Zuwachs lassen wir noch in der Tabelle auf Seite 274 die Angaben verschiedener Ertragstafeln über diesen Punkt folgen, in dieser Übersicht sind die aus Haupt- und Zwischennutzungen berechneten Werthe für λ mit einem Sternchen bezeichnet.

II. Verhältniß des Vorrathes zum laufend-jährlichen Zuwachs (Zuwachs-Prozent).

Sowohl für taxatorische Zwecke als auch für Rentabilitäts-Rechnungen ist es wichtig, das prozentische Verhältniß des Zuwachses zu dem schon vorhandenen Holzvorrath zu kennen; man betrachtet hierbei letzteren als ein Kapital, aus welchem sich eine jährliche Nutzung in Form von Zuwachs ergiebt, von der das Verzinsungsprozent ermittelt werden soll. Wird als Kapital nur ein einzelner Bestand angenommen, so nennt man das gefundene Verhältniß das „Zuwachsprozent", wenn man aber eine in regelmäßiger Altersabstufung befindliche Schlagreihe einer ganzen Betriebsklasse (den Normalvorrath nach § 12—14) als Kapital betrachtet und dessen Verhältniß zum jährlichen Zuwachs der Betriebsklasse ausdrückt, so heißt man letzteres das „Nutzungsprozent".

Gang des laufenden Zuwachses.

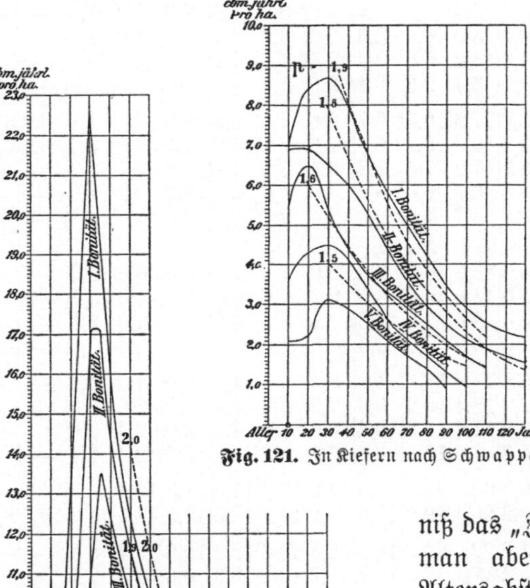

Fig. 121. In Kiefern nach Schwappach.

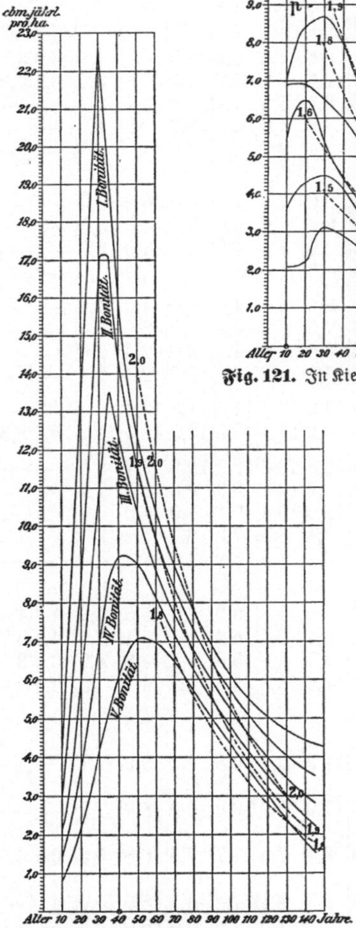

Fig. 120. In Weißtannen nach Schuberg.

Durch die vorausgegangenen Erörterungen haben wir für die im Zuwachsprozent in Verhältniß gesetzten Größen allgemeine abstrakte Ausdrücke kennen gelernt, nämlich für den laufend jährlichen Zuwachs die Reihe $\triangle\left(1 - \frac{1}{1,0p^x}\right)$, für die Holzvorraths-Kapitalien die Reihe $1 - \frac{1}{1,0p^x}$. Demnach

Größe des laufend-jährl. Massenzuwachses an Derb- u. Reisholz.
Die mit * bezeichneten auch inkl. Vorerträgen.

Nach den Ertragstafeln von	Bonitätsklasse	Bestandes-Alter, Jahre													
		10	20	30	40	50	60	70	80	90	100	110	120	130	140
		Kubikmeter pro Jahr und Hektar (Derb- und Reisholz)													
Gemeine Kiefer															
Weise für Deutschland	I	8,8	9,6	9,0	7,8	7,0	6,4	5,0	4,2	3,6	3,0	2,6	1,8	—	—
	II	4,4	7,0	8,4	7,4	5,8	4,4	3,6	3,0	2,6	2,0	2,0	1,8	—	—
	III	3,6	5,6	6,0	5,0	4,2	3,6	3,2	2,8	2,4	1,8	1,6	1,2	—	—
	IV	2,7	4,8	4,8	4,2	3,6	3,0	2,4	1,6	1,2	—	—	—	—	—
	V	1,7	4,0	4,0	3,4	2,8	2,4	2,0	1,4	—	—	—	—	—	—
Schwappach für Norddeutschland*	I	7,0	10,1	12,0	11,2	10,5	9,7	8,6	7,1	5,8	5,0	4,5	4,1	3,9	3,7
	II	5,1	8,4	9,8	9,9	9,7	8,9	7,6	6,1	5,2	4,4	3,8	3,4	3,2	2,9
	III	4,5	7,4	8,5	7,9	7,5	7,2	6,4	5,4	4,4	3,8	3,1	2,7	—	—
	IV	2,9	4,0	6,8	6,9	6,6	5,8	4,8	4,0	3,3	2,7	2,2	2,0	—	—
	V	1,7	2,1	3,2	4,7	4,3	3,9	3,4	2,7	2,2	2,0	—	—	—	—
Fichte															
F. v. Baur für Württemberg	I	5,0	12,0	15,0	13,0	10,0	9,0	8,0	7,0	7,0	6,0	6,0	5,0	—	—
	II	4,0	7,0	11,0	12,0	10,0	8,0	8,0	7,0	6,0	5,0	4,0	3,0	—	—
	III	3,0	6,0	8,0	8,0	7,0	7,0	6,0	6,0	5,0	4,0	4,0	3,0	—	—
	IV	2,0	4,0	5,0	6,0	6,0	5,0	4,0	4,0	3,0	3,0	2,0	2,0	—	—
Kunze für Sachsen	I	9,0	10,2	15,8	17,6	13,6	11,2	8,2	6,6	4,6	4,6	4,6	4,2	—	—
	II	6,4	7,6	12,2	18,4	12,2	9,6	7,0	6,2	4,8	3,8	3,6	3,6	—	—
	III	4,4	5,2	9,2	11,6	11,0	9,4	6,6	6,6	4,0	3,0	2,8	2,6	—	—
	IV	3,0	3,4	5,8	7,2	10,0	7,6	5,8	4,8	4,2	2,6	2,4	2,4	—	—
R. Hartig für den Harz*	I	0,17	11,5	20,7	32,8	25,0	19,6	19,9	18,6	14,6	11,8	12,4	—	—	—
	II	0,17	3,8	19,2	25,4	19,2	17,0	15,2	14,4	14,5	13,5	14,6	14,2	10,1	8,3
Schwappach für Mittel- und Norddeutschl.*	I	6,6	14,7	21,6	22,0	20,0	18,0	15,8	13,8	12,2	10,9	9,7	8,6	—	—
	II	5,0	10,4	15,4	17,1	16,5	15,7	13,9	12,1	10,6	9,3	8,3	7,4	—	—
	III	3,7	7,5	10,0	12,4	13,2	13,0	12,0	10,4	9,1	8,0	7,0	6,2	—	—
	IV	2,5	5,1	5,9	8,7	9,4	9,8	9,4	8,5	7,3	6,2	5,2	—	—	—
	V	1,7	3,0	3,8	5,3	7,0	7,4	7,2	6,5	5,2	4,2	—	—	—	—
Weißtanne															
Schuberg für Baden	I	4,1	14,0	22,5	15,9	12,3	10,3	8,9	7,8	6,9	6,1	5,5	5,0	4,7	4,4
	II	3,0	8,8	17,1	14,3	11,5	9,7	8,4	7,3	6,4	5,7	5,1	4,5	4,0	3,7
	III	2,2	5,8	11,0	12,4	10,3	8,9	7,7	6,8	5,9	5,2	4,6	4,0	3,4	3,0
	IV	1,5	3,8	7,0	9,2	9,0	8,1	7,2	6,3	5,5	4,8	4,1	3,5	3,0	2,4
Rothbuche															
Im Elm nach Th. Hartig*	Lokalertragstafeln	3,4	7,7	9,1	13,3	16,0	13,6	11,9	10,2	10,8	9,2	9,9	7,7	—	—
Östl. Wesergeb. n. R. Hartig*	Lokalertragstafeln	1,8	7,2	8,0	9,7	10,4	13,2	11,9	10,7	10,3	10,0	8,0	7,7	—	—
Spessart nach R. Hartig*	Lokalertragstafeln	4,0	6,0	7,0	8,0	9,5	9,9	8,4	7,8	7,7	7,5	6,8	6,5	6,4	6,3
Oberbayern n. R. Hartig*	Lokalertragstafeln	1,2	3,0	4,3	5,5	6,9	8,5	8,3	8,1	7,8	6,5	5,8	5,0	4,5	—
F. v. Baur für Württemberg	I	4,0	6,7	8,5	9,0	9,0	8,1	8,0	7,5	7,0	6,5	6,0	5,5	—	—
	II	2,9	4,5	6,5	7,5	7,9	7,8	6,9	6,5	6,2	5,7	5,6	5,3	—	—
	III	2,0	3,2	5,3	5,5	5,6	5,7	5,9	5,5	5,5	5,0	4,8	4,5	—	—
	IV	0,9	2,5	4,1	4,3	4,3	4,6	4,5	4,2	4,0	4,0	4,0	3,5	—	—
	V	—	1,8	2,5	2,5	2,5	3,0	3,5	3,0	3,0	3,0	3,0	2,0	—	—
Wimmenauer für Oberf. Lich	I	—	3,4	4,0	5,1	6,2	6,9	6,9	6,5	5,9	5,1	4,4	3,7	—	—
	II	—	2,1	2,6	3,5	4,3	4,9	5,3	5,3	4,9	4,3	3,8	3,2	—	—

muß sich das laufende Massenzuwachsprozent a als eine Funktion der Zeit x durch die Formel $a = \frac{100 \triangle \left(1 - \frac{1}{1,0p^x}\right)}{1 - \frac{1}{1,0p^x}}$ finden lassen, worin p die Wuchskraft in dem schon wiederholt erläuterten Sinne bedeutet. Berechnet man a für verschiedene Werthe von p, so erhält man folgenden schematischen Verlauf der Massenzuwachsprozente, welcher mit dem in den Ertragstafeln angegebenen Gange der Zuwachsprozente annähernd übereinstimmt:

Schema für den Gang des laufenden Massenzuwachs-Prozentes.

Bestandesalter exkl Jugendstadium:	10	20	30	40	50	60	70	80	90	100	110	120
Wuchskraft	(Prozente)											
p = 0,5	10	4,80	3,17	2,33	1,74	1,58	1,22	1,00	0,94	0,81	0,66	0,62
p = 1,0	10	4,76	3,03	2,10	1,58	1,33	1,05	0,84	0,71	0,60	0,54	0,44
p = 1,5	10	4,62	2,85	1,97	1,45	1,11	0,87	0,70	0,57	0,47	0,39	0,37
p = 2,0	10	4,50	2,69	1,81	1,29	0,96	0,73	0,57	0,44	0,35	0,28	0,27
p = 2,5	10	4,38	2,55	1,66	1,15	0,82	0,61	0,45	0,34	0,26	0,20	0,15
p = 3,0	10	4,26	2,41	1,51	1,01	0,70	0,50	0,35	0,26	0,19	0,14	0,10
p = 3,5	10	4,15	2,26	1,38	0,89	0,60	0,41	0,28	0,19	0,14	0,09	0,07
Im Vergleich hierzu: Zuwachsprozente exkl. Vorerträgen in Kiefern Norddeutschlands nach Schwappach.												
I. Bonität . . .	10	5,45	3,60	2,47	1,73	1,30	1,01	0,78	0,60	0,48	0,40	0,36
II. „ . . .	10	5,75	3,65	2,56	1,91	1,20	1,07	0,81	0,61	0,50	0,40	0,35
in Fichten nach F. v. Baur.												
I. Bonität . . .	14	9,6	5,7	3,3	1,9	1,5	1,2	0,9	0,8	0,7	0,6	0,5
II. „ . . .	17	8,7	6,1	4,0	2,5	1,6	1,4	0,9	0,8	0,7	0,5	0,4
in Buchen nach F. v. Baur.												
I. Bonität . . .	17,4	9,2	5,6	3,8	2,7	1,9	1,6	1,3	1,1	0,91	0,77	0,66
II. „ . . .	15,4	8,4	6,0	4,2	3,1	2,3	1,7	1,4	1,1	0,95	0,86	0,75
in Weißtannen nach Schuberg.												
I. Bonität . . .	—	26,10	8,37	3,19	1,92	1,36	1,04	0,82	0,67	0,55	0,48	0,42
II. „ . . .	—	22,10	10,50	4,04	2,34	1,60	1,20	0,94	0,75	0,62	0,52	0,44

Die Zahlen des auf theoretischem Wege abgeleiteten Schemas wie die experimentell gefundenen, weisen beide den großen Einfluß der Zeit auf den Gang der Verzinsung nach, welcher jenen der übrigen Wachsthumsfaktoren soweit überwiegt, daß die Verschiedenheiten der Holzarten und ihrer Wuchskraft nur kleine Abweichungen der Prozente bewirken, im Vergleiche zu den großen Sprüngen, womit die Prozente derselben Holzart und auf gleichem Standort sich nach dem Alter abwärts bewegen. Als Ursache dieser Erscheinung hat man in erster

Linie das Fehlen eines eigentlichen Holzvorrathes in den jüngsten Beständen, dagegen die succesive Aufspeicherung eines mit dem Alter wachsenden Holzkapitales zu betrachten, erst in zweiter Linie wirkt auch das Sinken des laufenden Zuwachses in den höheren Altersstufen mit. Dies geht auch aus der Figur 122 hervor, die ein schematisches Bild vom Fallen der Massenzuwachsprozente mit dem Alter für p = 0,5 bis 3,5 giebt; außerdem zeigt diese Darstellung, daß die Prozente um so rascher abnehmen, je besser die Standortsverhältnisse sind, während sie bei geringerer Wuchskraft etwas langsamer fallen.

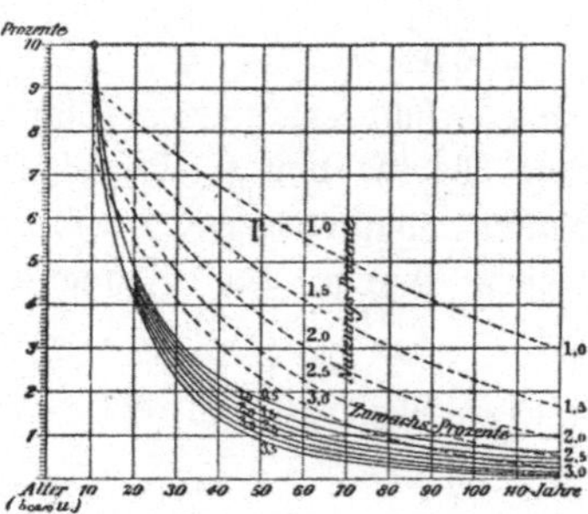

Fig. 122. Verzinsung eines Holzbestandes durch den laufend-jährlichen Zuwachs, Zuwachsprozente, verglichen mit den Nutzungsprozenten.

Werden die Vorerträge in den laufenden Zuwachs eingerechnet, so erhöht sich begreiflicherweise das Prozent des Massenzuwachses beträchtlich, so daß dieses den doppelten Betrag erreichen kann, wie jenes für die Hauptnutzung allein; doch findet auch in diesem Fall eine rasche Abnahme der Verzinsung mit dem Alter statt. Als praktisch wichtige Schlußfolgerung ergiebt sich aus diesen Betrachtungen, daß man bei Anwendung von experimentell (z. B. mittelst Zuwachsbohrers oder der Schneider'schen Formel) gefundenen Zuwachsprozenten auf die Zuwachsschätzung für die Zukunft große Vorsicht anwenden muß, weil das rasche Sinken des Prozents die Beibehaltung des gefundenen für die Zukunft unmöglich macht.

III. Nutzungsprozente.

Im Anschluß an die Verzinsung des einzelnen Bestandes soll hier nochmals ein Blick auf jene der im Nachhaltsbetriebe bewirthschafteten Betriebsklasse geworfen werden als Ergänzung und Erklärung zu dem in § 14 über das Nutzungsprozent Gesagte. Es wurde dort nachgewiesen, daß zwischen der Zunahme des Normalvorrathes und dem Ansteigen einer Zinseszinsreihe eine gewisse Analogie bestehe, daß jedoch auf besseren Standortsklassen die erstere früher nachlasse als auf geringeren Bonitäten. Angenommen aber die Zunahme des Normalvorrathes erfolge durchaus nach einer Zinseszinsreihe von einerlei p, so würde die jährliche nachhaltige Nutzungsgröße für die u Hektar große Betriebsklasse durch das u^te^ Glied der Ertragsreihe gefunden, während die Vorrathskapitalien, welche diesem Zuwachs entsprechen, durch die

Glieder der Reihe selbst gegeben sind. Mithin würden sich unter obiger Annahme die Nutzungsprozente ganz allgemein durch $\frac{100\left(1-\frac{1}{1,op^x}\right)}{1,op^x-1}$ finden lassen, z. B. für $p=2,5$ würde im Alter von 100 Jahren das Nutzungsprozent $=\frac{100^2\times(1-0,0847)}{1000\times 10,8137}=\frac{9153}{10\,813,7}=0,846$ Prozent ergeben. Zum Vergleiche mit obigen Zuwachsprozenten habe ich nachstehend einige Reihen nach dieser Formel berechnet, um die Eigenschaften dieser Nutzungsprozente zu untersuchen.

Werthe für $\frac{100^2\left(1-\frac{1}{1,\,op^x}\right)}{1000\,(1,\,op^x-1)}$ als Repräsentanten der Nutzungs-Prozente.

Umtriebszeit	10	20	30	40	50	60	70	80	90	100	110	120
für $p=1,0$ . .	9,04	8,20	7,46	6,73	6,06	5,52	5,01	4,52	4,09	3,69	3,35	2,95
„ $p=1,5$ . .	8,62	7,41	6,40	5,51	4,75	4,10	3,53	3,04	2,62	2,25	1,94	1,67
„ $p=2,0$ . .	8,20	6,77	5,52	4,53	3,71	3,05	2,48	2,05	1,68	1,38	1,13	0,93
„ $p=2,5$ . .	7,81	6,10	4,77	3,73	2,91	2,27	1,77	1,32	1,08	0,85	0,66	0,52
„ $p=3,0$ . .	7,43	5,53	4,12	3,06	2,28	1,70	1,26	0,94	0,70	0,52	0,39	0,27

Zwischen diesen Reihen und jenen der Zuwachsprozente besteht demnach kein einfaches geometrisches Verhältniß, wie dies bei der Berechnung beider aus dem Durchschnittszuwachs (nach Seite 115) der Fall ist; aber die Nutzungsprozente sind stets erheblich größer als die Zuwachsprozente. Ebenso wie die Zuwachsprozente auf besseren Bonitäten kleiner werden, als auf schlechteren, so müssen nach dem Schema auch die Nutzungsprozente (ohne Einrechnung der Zwischennutzungen) mit zunehmender Wuchskraft p fallen.

Dieses in Figur 122 graphisch dargestellte Verhältniß zwischen Zuwachs- und Nutzungsprozenten hat jedoch vorwiegend nur theoretische Bedeutung; in Wirklichkeit geben die Ertragstafeln meistens ein rascheres Sinken des Zuwachses und folglich auch der Nutzungsprozente auf den besseren Bonitätsklassen an, wozu dann noch der Einfluß der Zwischennutzungen auf die Prozente hinzutritt; endlich macht sich namentlich bei Schattholzarten die längere Dauer des Jugendstadiums auf den geringeren Standorten geltend, so daß sich aus diesen Umständen zusammen die Abweichung der im § 14 Seite 116 und 120 aufgeführten Nutzungsprozente von den soeben auf theoretischem Wege hergeleiteten genügend erklärt.

§ 35. **Der Durchschnittszuwachs an Masse.** Der Durchschnittszuwachs ist nach § 10 der Quotient aus der Größe des Vorrathes in einem gegebenen Jahre des Alters getheilt durch das letztere; derselbe giebt an, um wie viel auf einer Fläche jährlich zuwachsen müsse, damit gerade so viel Vorrath erzeugt würde, als thatsächlich durch Summirung der laufend-jährlichen Zuwachsmassen aufgespeichert wurde. Die Bedeutung des Durchschnittszuwachses für die Forsteinrichtung ist eine doppelte: Zunächst bietet derselbe ein besseres taxatorisches Hilfsmittel, um aus dem Alter einen Schluß auf die Masse zu machen,

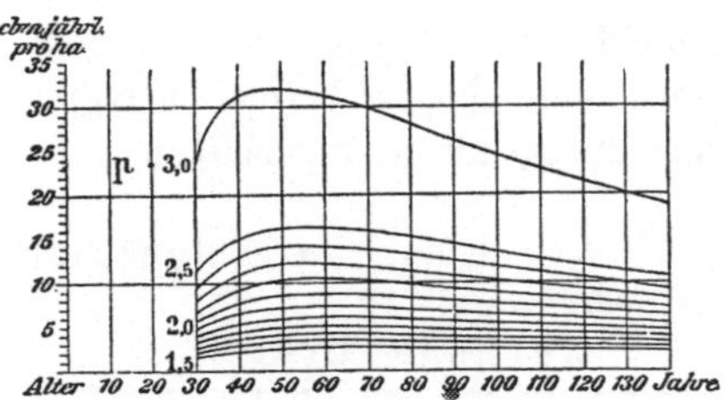

Fig. 123. Schema für Durchschnitts-Zuwachs.

als der so großen Schwankungen unterliegende laufend-jährliche Zuwachs. Man hat daher nur nöthig, sich die Erfahrungssätze für den Durchschnittszuwachs der Bonitätsklassen (z. B. die Zahlen auf Seite 135) dem Gedächtnisse einzuprägen, um durch einfache Multiplikation derselben mit dem Alter den Holzvorrath im Jahre x zu finden. Dann aber bietet der Durchschnittszuwachs in allen Ertragsberechnungen des Nachhaltsbetriebes sicherere Anhaltspunkte, als der laufende Zuwachs, weil die jährliche Massenerzeugung des Normalwaldes gleich der Summe aller laufenden Zuwachsgrößen der Einzelbestände ist, diese letztere aber im Durchschnittszuwachs auf der Betriebsklassenfläche ihren Ausdruck findet.

Theoretisch läßt sich die Größe des Durchschnittszuwachses aus der Massenreihe, deren Formel (nach § 32) $m_x = 100\,p^3\left(1 - \frac{1}{1,0p^x}\right)$ durch bloße Division mit dem Alter finden. Jedoch ist hier wohl zu beachten, daß letzteres nicht einfach $= x$ zu setzen ist, sondern, daß bei der Durchschnittsberechnung gerade die Länge des Jugendstadiums (d. h. der Zeitraum zwischen dem 0 Punkt der Abszisse und dem Ursprungspunkte der Kurve für die Massenreihe) einen wichtigen Einfluß auf das Resultat ausübt. Wählen wir für dieses Jugendstadium wie früher die Bezeichnung i, so kommt $i + x$ in den Nenner und der Ausdruck für den Durchschnittszuwachs, den wir mit δ bezeichnen, ist

$$\delta_{i+x} = \frac{100\,p^3\left(1 - \frac{1}{1,0p^x}\right)}{i + x}.$$

So wäre z. B. der Durchschnittszuwachs pro Hektar an Derb- und Reisholz, aber ohne Vorerträge, in einem 90jährigen Bestand mit p = 2 bei 20jährigem Jugendstadium

$$\delta_{90} = \frac{800\,(1 - 0{,}2500)}{20 + 70} = 6{,}66 \text{ cbm}.$$

Nach dieser Formel habe ich für 20jähriges Jugendstadium (d. h. etwa für Fichten in natürlichen Verjüngungen) die Reihen berechnet, welche sich mit obigem Schema für den laufenden Zuwachs (Seite 270) in Vergleich stellen lassen und die in Figur 123 auch graphisch dargestellt sind; außerdem ist für i = 10 z. B. Kiefern und für i = 40 Tannen und Buchen die Berechnung des Schemas wenigstens für halbe Prozente durchgeführt.

Schema des Durchschnittszuwachses pro Hektar in Kubikmetern Derb- und Reisholz.

Bestandes-Alter i + x	Bei einer Wuchskraft p =											
	1,5	1,6	1,7	1,8	1,9	2,0	2,1	2,2	2,3	2,4	2,5	3,0
	Für i = 20 Jahre (z. B. in Fichten mit natürlicher Verjüngung).											
30	1,56	2,03	2,55	3,19	3,93	4,80	5,83	6,99	8,27	9,77	11,40	23,83
40	2,17	2,80	3,52	4,37	5,40	6,55	7,88	9,40	11,12	13,10	15,23	31,50
50	2,43	3,11	3,90	4,84	5,92	7,16	8,60	10,19	12,04	14,01	16,36	31,80
60	2,53	3,22	4,02	4,95	6,16	7,52	8,73	10,32	12,13	14,13	16,38	31,17
70	2,53	3,21	4,01	4,93	6,00	7,19	8,56	10,09	11,79	13,73	15,83	29,79
80	2,49	3,16	3,91	4,79	5,80	6,95	8,26	9,69	11,32	13,11	15,12	28,12
90	2,43	3,10	3,78	4,63	5,59	6,66	7,91	9,25	10,78	12,30	14,31	26,22
100	2,37	2,95	3,64	4,44	5,34	6,35	7,52	8,79	10,20	11,75	13,50	24,45
110	2,26	2,85	3,49	4,24	5,10	6,05	7,13	8,30	9,62	11,09	12,65	22,80
120	2,19	2,73	3,34	4,04	4,85	5,75	6,76	7,87	9,10	10,46	11,92	21,33
130	2,10	2,61	3,19	3,86	4,60	5,46	6,40	7,40	8,57	9,86	11,23	20,00
140	2,01	2,50	3,09	3,67	4,40	5,19	6,06	7,05	8,12	9,30	10,60	18,73

Bestandes-Alter i + x	Bei einer Wuchskraft p =			Bestandes-Alter i + x	Bei einer Wuchskraft p =		
	1,5	2,0	2,5		1,5	2,0	2,5
	Für i = 10 (Kiefern)				Für i = 40 (Weißtannen)		
20	2,33	7,20	17,10	50	0,93	2,88	6,84
30	2,89	8,40	20,30	60	1,45	4,37	10,15
40	3,04	8,95	20,45	70	1,72	5,11	11,69
50	3,03	9,02	19,66	80	1,89	5,64	12,29
60	2,96	8,38	18,47	90	1,97	5,59	12,42
70	2,85	7,94	17,29	100	1,99	5,56	12,10
80	2,74	7,50	16,10	110	1,99	5,45	11,71
90	2,63	7,05	15,00	120	1,98	5,29	11,25
100	2,49	6,66	13,94	130	1,92	5,12	11,76
110	2,37	6,27	13,00	140	1,86	4,93	10,21
120	2,27	5,91	12,16	150	1,81	4,74	9,72
130	2,16	5,59	11,40	160	1,76	4,54	9,26

Größe des Durchschnittszuwachses an Derb- und Reisholz.

(Die mit * bezeichneten sind inkl. Vorerträgen.)

Nach den Ertragstafeln von	Bonitäts-Klasse	Bestandes-Alter, Jahre:													
		10	20	30	40	50	60	70	80	90	100	110	120	130	140
		Kubikmeter pro Jahr und Hektar (Derb- und Reisholz)													
Gemeine Kiefer															
Weise für Deutschland	I	6,8	8,1	8,5	8,4	8,1	7,9	7,5	7,1	6,7	6,4	6,0	5,7	—	—
	II	4,4	5,4	6,4	6,7	6,6	6,3	6,0	5,6	5,3	5,0	4,7	4,5	—	—
	III	3,6	4,5	5,0	5,1	4,9	4,7	4,5	4,3	4,1	3,9	3,7	3,5	—	—
	IV	2,7	4,8	4,8	4,2	3,6	3,0	2,4	1,6	1,2	—	—	—	—	—
	V	1,7	4,0	4,0	3,4	2,8	2,4	2,0	1,4	0,6	—	—	—	—	—
Schwappach für Norddeutschland*	I	7,0	7,7	9,1	9,8	10,0	10,0	9,9	9,6	9,2	8,9	8,5	8,2	7,8	7,6
	II	5,1	6,0	7,3	7,9	8,3	8,5	8,5	8,3	8,0	7,6	7,3	7,0	6,7	6,5
	III	3,8	4,7	6,0	6,4	6,8	6,9	6,9	6,8	6,6	6,3	6,0	5,8	—	—
	IV	2,4	3,0	3,8	4,6	5,0	5,2	5,2	5,1	5,0	4,8	4,6	4,4	—	—
	V	1,4	1,8	1,9	2,5	2,9	3,1	3,2	3,2	3,1	3,0	—	—	—	—
Fichte															
F. v. Baur für Württemberg	I	4,0	6,8	9,2	10,3	10,5	10,3	9,9	9,6	9,3	9,0	8,7	8,5	—	—
	II	3,0	4,6	6,0	7,4	8,1	8,3	8,2	8,1	7,9	7,7	7,4	7,1	—	—
	III	1,7	3,0	4,3	5,2	5,8	6,0	6,1	6,1	6,0	5,9	5,7	5,5	—	—
	IV	1,1	2,0	2,8	3,6	4,1	4,2	4,2	4,2	4,1	4,0	3,9	3,7	—	—
Kunze für Sachsen	I	8,6	9,2	11,0	12,9	13,2	13,0	12,4	11,7	11,0	10,3	9,8	9,3	—	—
	II	6,3	6,7	8,3	10,0	10,5	10,5	10,0	9,6	9,2	8,6	8,1	7,8	—	—
	III	4,4	4,7	5,9	7,2	8,0	8,3	8,1	7,9	7,5	7,1	6,7	6,4	—	—
	IV	3,0	3,2	3,8	4,6	5,5	6,0	6,0	5,9	5,7	5,5	5,2	5,0	—	—
R. Hartig für den Harz*	I	0,17	5,8	10,8	16,3	18,0	18,3	18,6	18,6	18,1	17,5	18,0	—	—	—
	II	0,17	2,0	7,8	12,2	13,6	14,1	14,3	14,3	14,3	14,2	14,2	14,2	14,0	13,6
Schwappach für Mittel- und Norddeutschland*	I	6,6	8,8	12,1	14,8	16,0	16,5	16,6	16,4	16,0	15,5	15,0	14,7	—	—
	II	5,0	6,6	8,8	10,8	12,0	12,7	13,0	13,0	12,8	12,5	12,2	11,8	—	—
	III	3,7	5,0	6,0	7,5	8,6	9,4	9,8	10,0	10,0	9,8	9,6	9,4	—	—
	IV	2,5	3,5	4,2	5,0	5,8	6,4	6,9	7,2	7,2	7,2	7,0	—	—	—
	V	1,7	2,2	2,6	3,0	3,7	4,3	4,7	5,0	5,1	5,0	—	—	—	—
Weißtanne															
Schuberg für Baden	I	1,35	3,5	8,4	11,6	12,2	12,2	11,8	11,4	11,0	10,6	10,1	9,7	9,4	9,0
	II	0,95	2,6	5,5	8,4	9,4	9,7	9,6	9,4	9,2	8,9	8,6	8,3	8,0	7,7
	III	0,70	1,8	3,6	5,8	7,0	7,5	7,6	7,6	7,5	7,3	7,1	6,9	6,6	6,4
	IV	0,47	1,2	2,3	3,7	4,8	5,5	5,8	5,9	5,9	5,9	5,8	5,6	5,4	5,3
	V	0,25	0,7	1,3	2,2	3,0	3,7	4,1	4,4	4,5	4,5	4,5	4,4	4,3	4,2
Rothbuche															
Im Elm nach Th. Hartig*	Lokalertragstafeln	3,4	5,5	6,7	8,4	9,9	10,5	10,7	10,6	10,7	10,0	10,4	10,2	—	—
Im Wesergeb. n. R. Hartig*		1,8	4,5	5,7	6,7	7,6	8,4	8,9	9,1	9,2	9,3	9,2	9,1	—	—
Im Spessart n. R. Hartig*		4,0	5,0	5,7	6,3	6,9	7,4	7,5	7,6	7,6	7,6	7,5	7,4	7,3	7,3
In Oberbayern n. R. Hartig*		1,2	2,1	2,8	3,5	4,2	4,7	5,4	5,7	6,0	6,0	6,0	5,9	5,8	—
nach F. v. Baur für Württemberg	I	2,7	4,9	5,4	6,2	6,8	7,0	7,2	7,3	7,2	7,2	7,1	7,0	—	—
	II	2,2	2,9	3,8	4,7	5,3	5,7	5,9	6,0	6,1	6,0	6,0	5,9	—	—
	III	1,4	2,0	2,8	3,5	3,9	4,2	4,4	4,6	4,7	4,7	4,7	4,6	—	—
	IV	0,4	1,2	2,0	2,6	2,9	3,2	3,4	3,5	3,6	3,6	3,6	3,6	—	—
	V	0,3	0,9	1,3	1,6	1,8	1,9	2,1	2,3	2,3	2,4	2,5	2,5	—	—
n. Wimmenauer in der Obf. Lich	I	—	1,7	2,8	3,5	4,1	4,7	5,1	5,3	5,4	5,3	—	—	—	—
	II	—	1,0	1,7	2,3	2,8	3,2	3,5	3,8	3,9	4,0	3,9	—	—	—

Wie sich nach obiger Formel von selbst versteht, wird der Quotient δ um so kleiner, je größer der Nenner durch Hinzurechnung des Jugendstadiums wird, und um so größer, je rascher eine Holzart über dieses hinwegkommt. Mit der Länge des Jugendstadiums wird ferner die Kulmination des Durchschnittszuwachses hinausgeschoben, so daß demnach für die Schattholzarten der Durchschnittszuwachs viel später und mit kleineren Werthen kulminirt, als bei Lichtholzarten, die schon frühzeitig einen hohen Durchschnittszuwachs zeigen. Je größer die Wuchskraft ist, desto höher fallen bei gleicher Länge des Jugendstadiums die Werthe für δ aus, dagegen übt p auf den Zeitpunkt der Kulmination fast keinen Einfluß aus, sondern dieser hängt blos von der Länge i ab. Wenn daher in den Ertragstafeln die schlechteren Bonitäten zuweilen spätere Kulminationspunkte für δ aufweisen, als die besseren, so rührt das hauptsächlich von einer Verzögerung des Jugendstadiums und dem späteren Eintritte der Bestandesreinigung her.

Im Gegensatze zu den konkaven Kurven des laufenden Zuwachses haben jene des Durchschnittszuwachses einen sanfteren Abfall, da sich die Strecke nach dem Kulminationspunkt der Geraden nähert und daher langsamer und gleichmäßiger sinkt. Ein Vergleich der Figuren 118 und 119 mit der Figur 123 zeigt dies deutlich und erklärt auch, warum der Durchschnittszuwachs nach der Kulmination über dem laufend-jährlichen bleibt.

Um die Zahlen des Schemas auf bequeme Weise mit den experimentell gefundenen Größen verschiedener Ertragstafeln vergleichen zu können, sowie für die Anwendung letzterer zu taxatorischen Zwecken, geben wir in nebenstehender Tabelle eine Zusammenstellung der Werthe von δ theils ohne, theils mit Einrechnung der Vorerträge. Dieser Vergleich zeigt, daß auch die Reihen des Durchschnittszuwachses als eine Funktion der Zeit betrachtet und durch die Angabe der Grundzahl p nebst i charakterisirt werden können; namentlich läßt sich das Gesetz der Abnahme des Durchschnittszuwachses durch die Formel sehr deutlich wiedergeben. Ferner soll die Tabelle auf Seite 280 im Gegenhalte zu jener auf Seite 274 den großen Unterschied zwischen den Werthen des laufenden und des durchschnittlichen Zuwachses einer und derselben Ertragstafel darstellen. Der Anfänger im Taxationsgeschäfte muß sich namentlich darüber klar werden, daß diese beiden Größen nie miteinander verwechselt, ja selbst nicht unmittelbar verglichen werden dürfen, was bei Stammanalysen und bei Untersuchungen über Lichtungszuwachs ꝛc. sehr wichtig ist.

§ 36. **Vorraths- und Zuwachsschätzung im Nieder- und Mittelwalde.** Im Bisherigen wurden nur die annähernd gleichalterigen und regelmäßigen Hochwaldbestände betrachtet, welche einer mathematischen und naturgesetzlichen Betrachtungsweise zugänglicher sind, als die Ausschlagwälder, weil in letzteren die menschlichen Eingriffe in den natürlichen Wachsthumsvorgang vielfache Abänderungen in demselben bewirken. Da die Stocklohden nur als Fortsetzung des abgehauenen Baumes, nicht als neue Baumindividuen anzusehen sind, so ist es leicht einzusehen, daß ihre Ernährung in den ersten Lebensjahren eine bessere ist, als jene einer Kernpflanze, welche sich erst ihr Wurzelsystem ausbilden und im Boden verbreiten muß. Mithin muß das Jugendalter des Stockausschlages eine größere Massenerzeugung sowohl nach Individuum als pro Flächeneinheit aufweisen, als jenes von Kernwüchsen; allein im Kulminationspunkte des laufenden Zuwachses wird die unverletzte aus Samen hervorgegangene Pflanze doch im Vortheil sein gegenüber dem Ausschlage. Dazu kommt aber noch, daß dieses Maximum des Zuwachses, welches in der Hochwaldwirthschaft vollständig zur Geltung gelangt, in den kurzen Umtriebszeiten des Nieder- und Mittelwaldes meistens gar nicht erreicht oder selbst im besten Falle nur wenige Jahre ausgenützt wird. Die häufige Wiederkehr der Abtriebe macht im Niederwald eine ebenso oft sich wiederholende Zeit geringen Zuwachses zur Nothwendigkeit, so daß im Durchschnitte die Massenproduktion im Ausschlagwalde im Allgemeinen (außer bei Erlen) eine geringere ist, als in der Hochwaldwirthschaft. Der Nachweis für diese schon auf Seite 49 aufgestellte Behauptung ist sowohl durch die tägliche Erfahrung geliefert, als auch in der Litteratur in einer großen Reihe von Publikationen geführt, aus welchen hier nur einige der wichtigeren Daten herausgegriffen werden sollen, um gleichzeitig dem angehenden Taxator einige Anhaltspunkte für Durchschnittserträge der genannten Betriebsarten zu geben (s. die Tabelle auf nächster Seite).

A. Niederwaldbetrieb.

Bei der Betrachtung nebenstehender Tabelle ist nicht zu übersehen, daß es sich hier wesentlich um statistische Ergebnisse handelt, welche unmittelbar aus Betriebsnachweisungen abgeleitet sind, und die daher keineswegs mit den Ertragstafeln, wie sie mittelst wissenschaftlicher Untersuchungen konstruirt worden sind, verglichen werden dürfen. Während nämlich die letzteren nur gleichartige Standortsverhältnisse zusammenfassen und alle störenden Einflüsse, z. B. Holzartenmischung, unregelmäßige Bestockung, Altersungleichheiten eliminiren, enthalten die statistischen Aufnahmen alle diese Unregelmäßigkeiten. Trotzdem sind sie aber der Beachtung werth als der Ausdruck thatsächlicher Verhältnisse und als Durchschnitte aus sehr zahlreichen Einzelfällen, die ebenfalls geeignet sind, Erfahrungen zu liefern — freilich nicht von jener mathematischen Exaktheit und Vergleichbarkeit, wie sie bei der direkten Versuchsan-

Jährlicher Durchschnittszuwachs in Festmetern pro 1 Hektar an Derb- und Reisholz.

Betriebsart			Im Hochwalde			Im Niederwald, u = 15—20			Gegenüber dem Hochwald		
Nach den Angaben von	Holzart	Umtriebs-Jahre	auf Standortsklasse			auf Standortsklasse			auf Standortsklasse		
			I. Gut	II. Mittel	III. Schlecht	I. Gut	II. Mittel	III. Schlecht	I.	II.	III.
G. Ludwig Hartig*)	Eiche	100	4,08	3,48	2,36	4,00	2,40	2,00	98%	69%	85%
"	Buche	100	4,36	3,44	2,40	2,80	2,40	2,00	64%	70%	83%
"	Birke	60	4,80	3,92	2,88	4,00	2,40	2,00	83%	61%	69%
"	Erle	60	6,00	4,76	3,40	6,00	4,40	2,80	100%	92%	82%
Pfeil	Eichen	—	3,38	2,42	1,45	2,90	2,42	1,93	86%	100%	133%
"	Buchen	—	3,62	2,66	1,45	1,93	1,69	1,45	53%	64%	100%
"	Birken	—	3,38	2,42	1,45	4,10	3,38	2,66	121%	140%	183%
Forstverwalt. Bayerns	Durchschnitt			4,36			3,26			75%	
Forstl. Verhältnisse Württemb.	Laubholz		6,50	5,50	4,10	3,60	3,00	2,00	55,5%	54,5%	58,5%
			I. Bonit.	III. Bonit.	V. Bonit.	I. Bonit.	III. Bonit.	V. Bonit.	I.	III.	V.
n. Bedö**)	Stiel-Eichen	—	5,21	3,47	2,61	4,16	2,78	2'08	80%	80%	80%
"	Zerreichen	—	Mittel	3,02	—	Mittel	2,48	—	—	82%	—
"	Pappel-Weide	—	—	—	—	7,65	—	—	—	—	—
Statistique forêtière für Frankreich	Landes-Durchschnitt			2,91			0,77	Niederwald		25%	
	für Staatswälder			—			4,26	Mittelwald		146%	
	für Kommunalwälder			1,73			1,29	Niederw.		75%	
				—			4,00	Mittelw.		230%	

stellung gewonnen werden. Letztere muß namentlich in den Nieder- und Mittelwaldungen die Schwierigkeit bekämpfen, welche in der kubischen Berechnung des ungemein zahlreichen Reisiganfalls und der vielen geringen Brennholzsortimente liegt. Es muß daher entweder die Wägung des Holzes oder die Kubirung mittelst Untertauchen in Wasser (Xylometer) in Anwendung kommen, um den Festgehalt des Reisigs, der Rinden und der Schälknüppel mit einiger Sicherheit zu taxiren. Auf diesem Wege wurden in Baden durch Forstrath Professor Schuberg***) genaue Erhebungen über den Ertrag der Eichenschälwälder angestellt, welche sich auf sechs Probeflächen in reinen Eichenkernwüchsen und vier im eigentlichen Ausschlagwalde mit sehr wenig Oberholz erstreckten. Als großer Durchschnitt ergab sich folgendes Resultat pro Hektar in Festmetern:

*) „Lehrbuch für Förster", 11. Aufl. S. 112.

**) „Beschreibung der Wälder des ungarischen Staates".

***) Mittheilungen der badischen forstlichen Versuchsanstalt in Baur's Centralblatt 1875, S. 529 ꝛc.

1. Eichenkernwüchse in durchschnittlich 520 Meter Seehöhe, 18 bis 20, im Mittel 19 Jahre alt, ergaben

	6,38 cbm Rinde von 5344 kg Lufttrockengewicht		= 12,2 % Rinde,
	13,61 „ Schälholzknüppel	Sa. Holz = 45,64 cbm	= 26,2 % Schälholz,
	32,03 „ Reisig		= 61,6 % Reisig,
Sa.	52,02 Festmeter Masse Haubarkeitsertrag,		= 100,0
also	2,74 „ jährlichen Durchschnittszuwachs.		

Der höchste Durchschnittszuwachs war 3,45 Kubikmeter pro Hektar, der niedrigste 2,10 Kubikmeter; das höchste Rindenprozent war 13,7 Prozent, das niedrigste 11,1 Prozent, und es stieg das Reisholzprozent von 48 Prozent bis auf 78 Prozent in den jüngsten Probeflächen.

2. Eigentliche Stockausschläge in Form von licht gestelltem Mittelwald, in durchschnittlich 460 Meter Seehöhe, von 12 bis 17 jährigem Umtrieb des Unterholzes und 28 bis 35 jährigem Oberholz-Umtriebe ergaben im Mittel an Haubarkeitsertrag:

	im Unterholz:		im Oberholz:		im Ganzen:		
Rinde	8,46 cbm (= 6482 kg)		2,17 cbm (= 1729 kg)		10,63 cbm (= 8211 kg)		= 10,2 % Rinde,
Schälholz	47,07 „	71,60 cbm	15,37 „	21,64 cbm	62,44 „	93,24 cbm	= 60,1 % Schälholz,
Reisig . .	24,53 „		6,27 „		30,80 „		= 29,7 % Reisig,
Sa.	80,06 cbm		23,81 cbm		103,87 cbm		= 100,0

Der jährliche Durchschnittszuwachs am Unterholz von Stockausschlag betrug somit

im Mittel	5,67 Festmeter pro ha, darunter	462 kg	Lohrinde,
dagegen im Oberholze	1,70 „ „ „ „	54 „	Grobrinde,
Im Ganzen jährlich	7,37 Festmeter pro ha, darunter	516 kg	Rinde.

Diese Versuche zeigten zugleich, daß mit der Zunahme des Oberholzes der Ertrag an Unterholz sinkt, während die Summen beider sich viel mehr nähern. Als höchster Gesammtdurchschnittszuwachs wurde 8,35 Kubikmeter pro Hektar, als niedrigster 5,15 gefunden.

Sehr eingehende Mittheilungen über die Materialerträge des Eichenschälwaldes sind in der Allg. Forst- u. Jagdztg. 1875 S. 149 unter dem Titel „Die Rentabilität des Eichenschälwaldes im hessischen Odenwald" gegeben, wo auf Grund der 15 jährigen Fällungsnachweisungen auf 295 Hektar Schälwald bei 16 jährigem Umtriebe folgende Einzelerträge pro Hektar an Rinde und Holz aufgeführt sind: (S. die Tabelle auf nächster Seite.)

Bernhardt begreift in seiner Klassifikation unter der I. Bonitätsklasse die mildesten Lagen mit bestem Boden, unter der V. Klasse die Schälwaldungen im norddeutschen Klima auf frischem Sandboden, während die obigen Mittheilungen aus Hessen, Baden, Württemberg und dem Moselgebiete etwa der II. bis IV. Klasse Bernhardts entsprechen.

Haubarkeitserträge pro ha in den Eichenschälwaldungen des Odenwaldes, bei 16jährigem Umtrieb.

	I. Bonitätsklasse. Reine Stockausschläge auf gutem Standort		II. Bonitätsklasse. Stockausschläge, mit anderen Holzarten gemischt		III. Bonitätsklasse. Lückige Eichenbestockung mit vielen anderen Holzarten auf magerem Boden	
	Rinde, lufttrocken Kilogramm	Holz Festmeter	Rinde, lufttrocken Kilogramm	Holz Festmeter	Rinde, lufttrocken Kilogramm	Holz Festmeter
	3335	53,2	2700	63,2	2220	36,0
	4200	49,2	2800	67,2	1800	34,4
	4980	46,4	3380	31,6	—	—
	6740	66,4	2980	44,4	—	—
	5320	56,0	3860	44,4	—	—
	4720	54,4	4040	35,6	—	—
	4260	65,2	3620	43,2	—	—
	—	—	3520	39,6	—	—
Mittel pro ha . .	4794	55,83	3363	46,15	2010	35,20
Jährlicher Durchschnittszuwachs pro ha*) . .	300	3,49	210	2,89	125	2,20
*Im Vergleich hierzu werden in Baden als Schälwalderträge angegeben:**)*						
Haubarkeitsertrag bei 15jährigem Umtrieb . .	6000	45,0	4750	37,0	3250	28,0
Jährlicher Durchschnittszuwachs pro ha . . .	400	3,00	316	2,47	216	1,87
In Württemberg ist die amtliche Bonitirung der Schälwaldungen nach dem Kataster:						
Jährlicher Durchschnittszuwachs pro ha . . .	250	2,60	190	2,00	125	1,40
*Im Regierungsbezirk Trier taxirt man die Schälwalderträge:***)*						
Jährlicher Durchschnittszuwachs pro ha . . .	300—400	2—2,75 Raummeter Schälprügel.	200—280	1,33—1,87 Raummeter exkl. Reisig.	100—180	0,66—1,20 Raummeter exkl. Reisig.

Als großen Durchschnitt führt Bernhardt folgenden jährlichen Durchschnittszuwachs pro ha bei einem Umtrieb von 12—17 Jahren an:

	I. Bonitätsklasse	II. Bonitätsklasse	III. Bonitätsklasse	IV. Bonitätsklasse	V. Bonitätsklasse
Kilogramm Rinde	500	400	250	175	150
Festmeter Holz	7,00	6,00	5,00	4,00	4,00

---

*) In den Staatswaldungen der großherzoglich hessischen Oberförsterei Waldmichelbach ist der 15jährige Durchschnittsertrag von 420 ha Schälwald jährlich pro ha 240 kg waldtrockene Rinde und 1,43 Raummeter = 0,94 Festmeter Derbholz, jedoch ohne Einrechnung des Reisigs. Es trifft daselbst

auf 1 Festmeter Schälholz durchschnittlich eine Rindenmasse von 125 kg,
„ 1 Raummeter „ „ „ „ „ 83 „

Eine andere Mittheilung aus Hessen giebt als durchschnittlichen Jahresertrag pro ha 249 kg Rinde und 2,54 Festmeter Holz (wohl inkl. Abfall-Reisig) an.

**) S. Biehler im Forstwissenschaftlichen Centralblatt 1875, S. 121: „Der Schälwaldbetrieb in der großherzoglich badischen Bezirksförsterei Ziegelhausen."

***) S. Middeldorpf in den Forstlichen Blättern 1873, S. 231.

Bei der Einschätzung von Schälwaldungen muß die Beschaffenheit der Bestockung sehr sorgfältig ins Auge gefaßt werden, weil sich häufig Hainbuchen, Aspen, Saalweiden, Haselnuß- und verschiedene Straucharten als sogenanntes „Raumholz" darin finden; der Prozentanfall an Raumholz beträgt im Durchschnitt in den besseren $^1/_4$, in den schlechteren bis zu $^2/_3$ des gesammten Holzertrages und nur sehr gut gehaltene Schälwaldungen oder Neuanlagen werfen über 90 Prozent Schälholz ab.

Hinsichtlich des Rindenanfalls ist noch außer obigem zu bemerken, daß je dünner die Schälstangen sind, desto größer der prozentische Anfall der Rinde ist, während ältere, stärkere Stangen verhältnißmäßig mehr Holz als Rinde abwerfen. Ich habe durch eine große Zahl von Untersuchungen folgende Gewichtsverhältnisse zwischen Eichenholz und -Rinde gefunden:

Rindenprozente bei folgenden Durchmesserstärken.

Durchmesser cm	2	4	6	8	10	15	20	25	30	35	40
Glattrindige Eichen von schlankem Wuchs . .	23	21	19	18	17	14	12	10	8	6	5
Grobrindiges Eichen-Stamm- und Astholz .	31	29	28	25	22	18	15	12	10	8	6

In ähnlichem Sinne giebt auch Schuberg auf Grund seiner oben erwähnten Versuche die Abnahme des Rinden-Ertrages von 1 Kubikmeter Holzmasse folgendermaßen an:

a) Eichenkernwüchse ergeben pro Festmeter Derbholz
   bei 18jährigem Alter 120 kg waldtrockene Rinde,
   „ 19 „ „ 121,6 „ „ „
   „ 20 „ „ 111,5 „ „ „

b) Eichenstockausschläge:
   bei 12jährigem Alter 105,9 kg waldtrockene Rinde,
   bei 12—17 „ „ 101,9 bis 66,8 kg waldtrockene Rinde,

c) Eichenoberholz von 28 bis 35jährigem Alter im Mittel 80,6 kg.

Im großen Durchschnitt ist für die Umrechnung des Rindengewichtes auf Volum und umgekehrt 1 Festmeter Rinde 815 bis 840 Kilogramm Trockengewicht in Rechnung zu bringen, so daß also je 100 Kilogramm Rinde etwas weniger als $\frac{1}{8}$ cbm Rauminhalt einnehmen.

Die sämmtlichen hier mitgetheilten Erfahrungssätze können dem Taxator nur allgemeine Anhaltspunkte liefern und die Grenzen andeuten, innerhalb deren die Niederwalderträge sich im großen Durchschnitte bewegen. Für die Ertragsschätzung konkreter Flächentheile bieten die bisherigen Bewirthschaftungs-Ergebnisse, wie sie in den Wirthschaftsbüchern eingetragen sind, in der Regel einen ungleich sicheren Maßstab, weil die Kahlabtriebe der Schläge von genau bekannter Flächengröße sogleich als Probeflächen dienen können und bei Voranschlägen für die Zukunft nur eine Korrektion für etwaige bessere Nachkultur und Schlagpflege zu erfahren brauchen. Es wird beim reinen Niederwald und Schälwald die Flächengröße immer den richtigsten Ausgangspunkt für die Taxation bilden, indem man bei wechselnder Bodenbeschaffenheit geometrisch die Flächenausdehnung einer jeden Bonitätsklasse feststellt und den mittleren Ertrag jeder derselben nach den bisherigen Wirthschaftsergebnissen taxirt, beziehungsweise durch Probeflächen erhebt.

Bei dem Vergleiche von Ertragsangaben der Schälwaldungen mit jenen von anderen Betriebsarten ist noch besonders darauf Rücksicht zu nehmen, daß die Rindengewinnung nicht auf das eigentliche Derbholz beschränkt ist, sondern sich auf den stärkeren Theil des Reisigs ausdehnt, da noch die 2—3 Zentimeter dicken Zweigchen geschält werden; weil aber alles geschälte Material in die Raummaße gesetzt wird, so ergiebt sich bei oberflächlicher Betrachtung im Schälwald eine scheinbar viel größere Holzmasse, als im Niederwald ohne Schälbetrieb. Die hieraus entspringenden Irrthümer lassen sich nur durch Anwendung eines genauen Kubirungsverfahrens für solche Raummaaße vermeiden, weshalb wir oben einige solcher exakter Untersuchungen mittheilten.

B. Mittelwaldbetrieb.

Da sich der Mittelwald sehr verschieden gestaltet, je nachdem das wirthschaftliche Ziel mehr in der Nutzholzerziehung im Oberholze oder mehr in die Rindenerzeugung durch das Unterholz verlegt ist, so ist auch über die durchschnittlichen Ertragsverhältnisse dieser Betriebsart wenig zu sagen, was von allgemeiner Giltigkeit wäre. Hierzu kommt noch, daß die Mittelwaldungen oft auf den besten Niederungsböden der Flußufer und Alluvionen vorkommen, und schon aus diesem Grunde nicht unmittelbar mit den im Hügel- und Berglande auftretenden Hochwaldungen verglichen werden können. Man kann daher als sicher annehmen, daß die Mittelwaldwirthschaft nur auf solch guten Standorten jene hohen Erträge abwerfe, wie diese aus manchen Gebieten (z. B. Frankreich) gemeldet werden, daß aber auf allen geringeren Böden diese Betriebsart schlechter produzire, als der Hochwald. Schon Hundeshagen lehrte in seiner „forstlichen Statik", daß der Mittelwald nur 68 Prozent vom Hochwaldertrag liefere, und nur bei Einrechnung des Stockholzes bis auf 75 Prozent von letzterem komme. Auch nach Forstdirektor Jäger in Laasphe liefert der Mittelwald auf I. Standortsklasse nur 72 Prozent vom Hochwaldertrage, auf

II. Klasse durchschnittlich 75,5 Prozent. Nach der württembergischen Forststatistik ertragen die Mittelwaldungen durchschnittlich ebenfalls nur 75,5 Prozent vom Derbholzanfalle des Hochwaldes, nämlich pro Hektar und Jahr nur 1,70 Kubikmeter Derbholz, wozu allerdings ein Reisigertrag von 1,5 Kubikmeter pro Hektar kommt.*) Der große Reisholzertrag ist überhaupt bezeichnend für den Mittelwaldbetrieb, denn er macht oft fast die Hälfte des ganzen Holzertrages aus, während im Hochwald nur beiläufig ein Fünftel des Ertrages in Reisig, dagegen vier Fünftel in Derbholz besteht. Wo aus lokalen Gründen diese Reisigmassen ungewöhnlich theuer bezahlt werden, da ist auch der Geldertrag des Mittelwaldes ein guter; hingegen bildet in schwach bevölkerten Gegenden die Schwierigkeit des Absatzes an solchen schwer transportierbaren, billigen Astwellen ein wesentliches Hinderniß für das Forstbestehen dieser Betriebsart, zumal unter Konkurrenz der fossilen Brennstoffe.

Da es in der Wirthschaft überhaupt nicht blos auf die Massenproduktion im Allgemeinen, sondern auf die Erziehung der besonders begehrten Sortimente ankommt, so ist eine Kenntniß von dem Verhältnisse der Nutzholzerzeugung in den einzelnen Betriebsarten wichtig für die Beurtheilung ihres Nutzeffektes. In dieser Hinsicht giebt die französische Forststatistik sehr interessante Aufschlüsse, wornach der Ertrag an Nutzholz und Brennholz sich folgendermaßen gestaltete:

Prozentischer Anfall an Nutz- und Brennholz im Jahre 1876.

	Französische Staatsforste		Kommunalforste	
	Nutzholz	Brennholz	Nutzholz	Brennholz
bei Niederwaldbetrieb . . .	2 %	98 %	1 %	99 %
„ Mittelwaldbetrieb . . .	23 %	77 %	12 %	88 %
„ Hochwaldbetrieb	51 %	49 %	42 %	58 %

Den gleichen Gesichtspunkt hat auch Oberförster Karl in Bitsch**) bei Gegenüberstellung der Ertragsverhältnisse des Buchenhochwaldes

*) Sehr große Durchschnittsergebnisse des Mittelwaldbetriebes in Mühlhausen (Thüringen) gab Laupprecht in dem VIII. Supplementbande der Allgemeinen Forst- und Jagd-Zeitung, wo die Erträge seit 1735 statistisch nachgewiesen sind. Das Maximum des Einschlages pro ha und Jahr betrug 3,55 cbm, das Minimum 1,60 cbm; am genauesten nachgewiesen sind die Ertragsverhältnisse der neueren Zeit 1848—1869, wofür als Durchschnitt im südlichen Distrikt 2,43 Festmeter pro ha, im nördlichen 2,80 Festmeter angeführt sind. In diesen Mittelwaldungen ist der Schwerpunkt auf die Oberholzerziehung von Eichen und Buchen gelegt, während das Unterholz mehr die Rolle von Bodenschutzholz spielt; ein solcher Mittelwald nähert sich schon mehr den Hochwaldformen mit Lichtungsbetrieb, z. B. dem Seebach'schen modifizirten Buchenhochwalde.

**) Bericht über die X. Versammlung des elsaß-lothringischen Forstvereins 1885. Heft Nr. 9.

im Staatsforste daselbst und jener von fünf Mittelwaldrevieren zur Geltung gebracht; letztere ertrugen im Ganzen zwar 91 Prozent vom ersteren, aber wegen des hohen Reisiganfalles (37—50 Prozent) gestaltet sich der Derbholzertrag des Mittelwaldes viel ungünstiger und von diesem sind wiederum nur 32 Prozent Nutzholz, während im Buchenhochwald noch 40 Prozent anfielen.

Auch die im Vorstehenden aufgeführten Zahlenangaben sollen lediglich eine annähernde Orientierung für den angehenden Taxator bilden, für Schätzungen gegebener Mittelwaldungen auf ihren Vorrath und Ertrag muß eine sorgfältige Trennung der Aufgabe in Einzelaufnahmen von Unterholz und Oberholz stattfinden. Die Schätzung des Unterholzes geschieht ähnlich wie beim reinen Niederwalde flächenweise, wobei zu berücksichtigen ist, daß der Lichtentzug durch das Oberholz die Stockausschäge nicht zu der gleichen Massenerzeugung gelangen läßt, wie im reinen Niederwald; immerhin werden aber auch hier die Ergebnisse früherer Abtriebe zur Schätzung nach Bonitäten Verwendung finden können, wenn man für die Lücken, Blößen, alte Wege und dergleichen Gelände die entsprechenden prozentischen Abzüge macht. Häufig macht man auch hier von der Bildung der sogenannten Proportionalschläge als dauernd fixierter Jahresgehaue Anwendung. (Siehe die Karte Figur 137.)

Die Oberholz-Aufnahme ist dagegen der ungleich wichtigere Theil der Taxation im Mittelwalde; für genauere Arbeiten ist die stammweise Erhebung der Brusthöhendurchmesser aller Oberhölzer, welche älter als zwei Umtriebszeiten sind, nothwendig. Die bloße Okulartaxation ist meistens unzulässig, weil auch sie Zeit und Geld kostet, aber keine Verlässigkeit bietet; namentlich die werthvollen Eichenoberhölzer sollten stets durch stammweises Kluppen und zahlreiche Höhenaufnahmen nach Stammklassen mittelst Baumhöhenmessern aufgenommen werden. Aus Brusthöhendurchmesser und Scheitelhöhe werden dann die Kubikinhalte entweder nach speziell erhobenen Formzahlen oder nach passenden Massentafeln berechnet. Da sich die für Hochwald-Eichen gefundenen Formzahlen gar nicht auf die Mittelwald-Eichen anwenden lassen, so kann man in vielen Fällen sich der von Lauprecht*) aufgestellten Massentafel für Oberholzbäume bedienen, welche nach meinen Erfahrungen sich gut bewährte. Ich gebe diese Massentafel für Eichenoberholzstämme in der Figur 124 in Form einer graphischen Darstellung, die jeder Taxator mittelst Zirkel oder durch Anwendung von Papierstreifen schnell gebrauchen lernt. Die Kubikinhalte an Derb- und Reisholz lassen sich als Ordinaten von der nach Durchmessern angeordneten Abszissenachse aus bis der zur Kurve,

---

*) Lauprecht: „Das A-B-C des Mittelwaldes" in der Allgemeinen Forst- und Jagd-Zeitung 1873, S. 232—237.

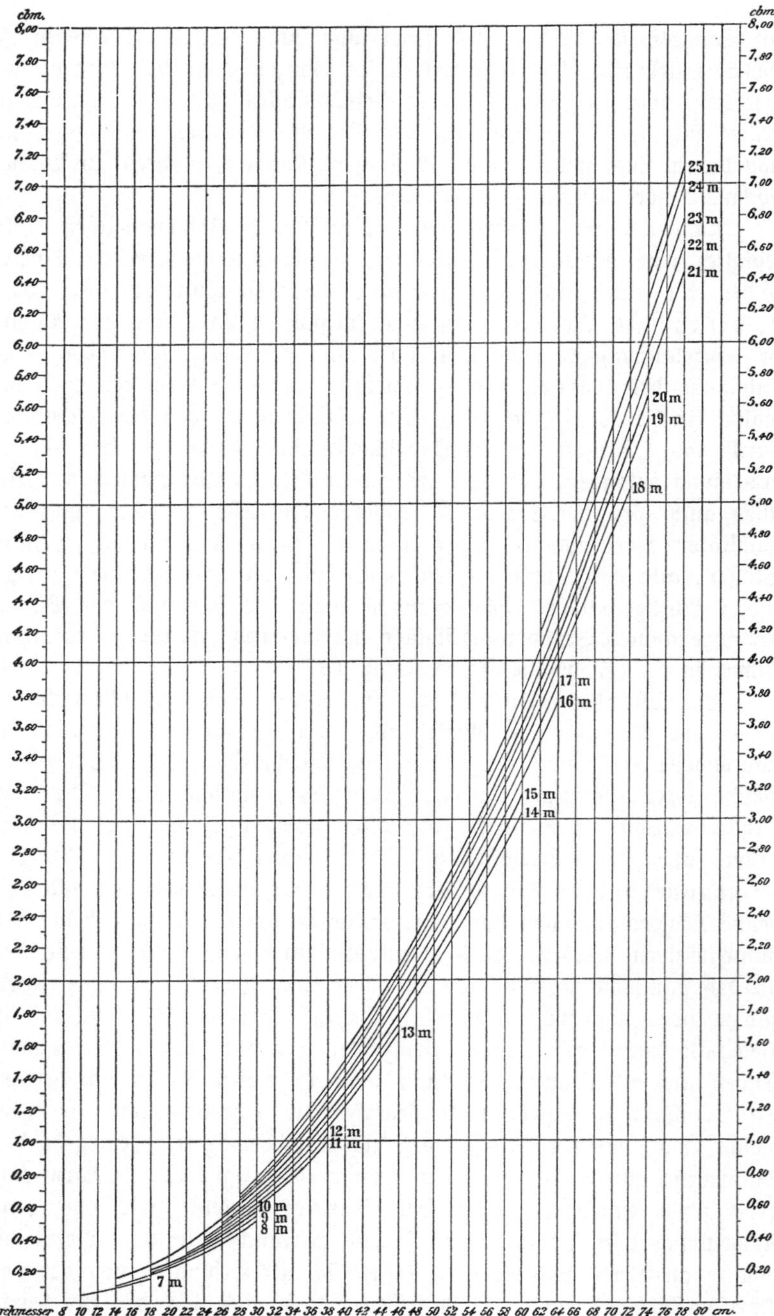

Fig. 124. Massentafel zur Bestimmung des Kubikinhalts an Derb- und Reisholz von **Mittelwaldeichen** aus Brusthöhendurchmesser und Scheitelhöhen, nach G. Lauprecht.

welche der betreffenden Scheitelhöhe entspricht, abgreifen und dann an dem seitlichen Maßstab in Kubikmetern nebst Zehnteln und schätzungsweise nach Hunderteln ablesen. Hat man auf diese Weise die mittleren Kubikinhalte der einzelnen Stammklassen gefunden, so ergiebt die Multiplikation mit der Stammzahl einer jeden Stärkeklasse den gesammten Inhalt der Oberhölzer einer Abtheilung, welche Berechnung in einem geeigneten Formular vorgenommen wird.

Das Resultat dieser Erhebungen heißt der gegenwärtige Vorrath, zu welchem der bis zur Haubarkeit zu erwartende Zuwachs noch hinzugerechnet werden muß, um den künftigen Ertrag zu erfahren Bei Oberholzbäumen wird derselbe in der Regel durch Multiplikation des Vorrathes mit dem entsprechenden Zuwachsprozente, wie es mittelst zahlreicher Stammanalysen gefunden wurde, berechnet. Die Zuwachsprozente der Mittelwaldeichen unterscheiden sich durch den lebhaften Lichtungszuwachs nicht unerheblich von den oben für Hochwaldbestände besprochenen, wenn sie auch mit dem Alter, nnd der Durchmesserzunahme in analoger Weise stark sinken. Für die Zuwachsberechnung am Einzelstamme müssen dieselben nach Brusthöhendurchmessern angeordnet sein, wobei außerdem der Einfluß des Alters auch bei gleichen Durchmessern deutlich hervortritt. Da diese Zuwachseinschätzung von Wichtigkeit ist, so gebe ich in Figur 125 eine graphische Darstellung vom Gange der Zuwachsprozente von Eichenoberständern, wie sie nach den umfangreichen Untersuchungen Lauprecht's in oben zitirter Abhandlung niedergelegt sind. Man kann diese, allerdings zunächst nur für lokale Verhältnisse hergestellte Übersicht der Zuwachsprozente ohne erheblichen Fehler auch auf Mittelwaldeichen anderer Standorte des mittleren Deutschlands anwenden, da die beiden Einflüsse des Alters und der Stärke auch anderswo in ähnlicher Weise den prozentischen Zuwachs beherrschen. In welcher Art aus den so erhobenen Größen der nachhaltige Ertrag der Mittelwälder abgeleitet wird, soll in einem späteren Paragraphen (§ 55) gezeigt werden.

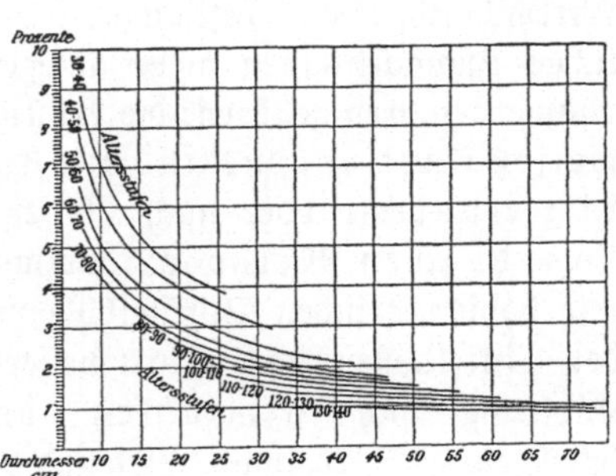

Fig. 125. Zuwachsprozente der Mittelwald-Eichen.

§ 37. **Massen- und Zuwachsschätzung in unregelmäßigen Beständen.** Die wissenschaftlichen Untersuchungen über den Zuwachsgang geschlossener Bestände beziehen sich nur auf solche von einerlei Holzart und von vollkommen normalen Schlußverhältnissen, da zwischen Wachsthumsenergie und Stammzahl, wie schon wiederholt erwähnt, bestimmte Relationen bestehen. So wichtig nun auch derartige Versuche für die Auffindung der Wachsthumsgesetze sind, so sind doch ihre Ergebnisse auf gemischte Bestände, auf mangelhaft geschlossene oder im Alter unregelmäßige nicht unmittelbar übertragbar. Da aber gerade die letzteren Bestandesformen sehr häufig in den Waldungen vertreten sind, so tritt die Aufgabe zu ihrer Einschätzung ungleich häufiger an den Taxator heran, als jene der normalen Bestände.

Man unterscheidet die Methoden der Einschätzung von ganzen Beständen A. in spezielle (d. h. stammweise) und B. in summarische (oder flächenweise) Verfahren. ad A. Die ersteren finden wegen des größeren Arbeits- und Kostenaufwandes, welchen sie bedingen, in der Regel nur in wichtigen Fällen und besonders bei der Aufnahme von Nachhiebshölzern, von Oberholz in den verschiedenen zusammengesetzten Betriebsarten, von eingesprengten Althölzern und dem Material für Auszugshiebe, ferner in bereits angehauenen oder plänterartig durchlichteten Beständen statt. Sie erstrecken sich deshalb vorzugsweise auf solches Material, das für die Nutzung in der nächsten Wirthschaftsperiode bestimmt ist, an welchem sich künftig keine erheblichen Zuwachsmassen mehr anlegen werden. Zu diesen speziellen Aufnahmeverfahren gehören: die Bestandesaufnahmen mittelst stammweisen Auskluppens und der Kubirung nach dem arithmetischen Mittelstamme oder nach Klassenmittelstämmen unter Anwendung der Draudt'schen Methode; vorzüglich die Auskluppung in Verbindung mit hypsometrischen Scheitelhöhenmessungen, welche zur Interpolirung der Mittelhöhen nach Durchmesserklassen benützt werden, während die Kubirung nach Formzahlen oder bequemer nach Massentafeln durchgeführt wird (nach § 27 und 28). Die Kubirung nach der Preßler'schen Richtpunktlehre (s. S. 213) empfiehlt sich nur für den damit durch längere Übung Vertrauten; dagegen ist die Okulartaxation bei sehr unregelmäßigen Stammformen, z. B. in ehemaligen Hutewäldern oder ganz frei erwachsenen Einzelstämmen manchmal das einzige anwendbare Mittel, das man in Form von stammweiser Inhaltsschätzung, womöglich unter Zuziehung kundiger Holzsetzer oder Rottenführer in Anwendung bringt.

ad B. Als summarische Bestandesaufnahmen bezeichnet man solche Verfahren, welche die Flächengröße als wesentlichsten Anhaltspunkt für die Schätzung benützen und sich außerdem auf andere Erfahrungen über den Holzertrag der Flächeneinheit (ha) stützen. Hierzu können Verwendung finden:

1) Probeflächenaufnahmen in Beständen, welche wenigstens auf einem deutlich abgegrenzten Flächentheile eine regelmäßige Bestockung zeigen, so daß die Proportion zwischen der Flächengröße der

Probefläche und jener des Bestandes auch auf die Massen der beiderseitigen Vorräthe angewandt werden kann. Für die Übertragung der Probeflächenergebnisse auf unregelmäßige Bestände genügt oft eine Ausmessung und Flächenberechnung der unbestockten Lücken, z. B. der Windrißflächen, Borkenkäferlücken, Kohlstätten, alten Wege u. dergl., um die wirklich bestockte Fläche durch Subtraktion zu finden. Sind aber die Lücken sehr unregelmäßig gestaltet und vertheilt, so kann, ähnlich wie dies bei Anwendung von Ertragstafeln (nach § 32) üblich ist, auf Grund einer sorgfältigen Augenscheinnahme gutachtlich eine prozentische Ermäßigung des Probeflächenergebnisses behufs seiner Übertragung auf den ganzen Bestand stattfinden. Man nennt den Koëffizienten, welcher zu einer solchen Reduktion benützt wird, den „Vollertragsfaktor“ oder auch die „Bestandesgüte“, weil derselbe den Grad der Vollkommenheit gegenüber dem normalen bezeichnet. Bei der Auswahl einer Probefläche ist besonders darauf zu achten, daß sie die mittleren Verhältnisse der Holzhaltigkeit des zu schätzenden Bestandes darstellt, also an Gehängen möglichst die höher und tiefer gelegenen Partien, welche gewöhnlich in ihrer Ertragsfähigkeit differieren, mit einbegreift. Während daher für gleichartige Verhältnisse die Quadrat- und Rechteckform bevorzugt wird, bedient man sich im Gebirge besser langgestreckter Figuren oder zieht die Ergebnisse von durchhauenen Linien (Schneißen) zum Vergleich heran. Bei deutlichen Altersunterschieden innerhalb eines Bestandes legt man besser in die ältere und jüngere Partie je eine besondere Probefläche und berechnet den Vorrath jeder Fläche gesondert, für das Ganze aber nach dem geometrischen Mittel. Die Flächengröße der Probeflächen richtet sich hauptsächlich nach dem Alter, dann auch nach der Beschaffenheit des zu taxirenden Bestandes: in älteren ausgedehnten Beständen sollen die Probeflächen 5 bis 8 Prozent der Bestandesfläche betragen und nicht unter 0,6 bis 1 Hektar heruntergehen, während die gleichmäßiger geschlossenen Stangenhölzer schon durch Probeflächen von 0,25 bis 0,50 Hektar charakterisirt werden können.

Übrigens ist ein wesentlicher Unterschied, ob die Probeflächen blos für die summarische Taxation eines einzelnen Bestandes verwendet werden (sogenannte „konkrete“ Probeflächen) oder ob dieselben zur Erforschung des Wachsthumsganges einer Holzart im normalen Schlusse und zur Aufstellung von Ertragstafeln dienen sollen, in welchem Falle man sie „normale“ Probeflächen nennt, deren Auswahl entsprechend den Arbeitsplänen für das forstliche Versuchswesen mit größter Sorgfalt erfolgen muß und die von den ältesten bis zu den Reisholzbeständen herab ausgewählt werden. In letzteren genügen schon Flächen von 0,1 bis 0,2 Hektar Größe.

2. Ein oft sehr brauchbares Taxationsmittel sind die Fällungs-

ergebnisse in benachbarten Beständen von gleichem Alter und gleichen Mischungsverhältnissen, welche aus den Wirthschaftsbüchern oder den Verkaufslisten (Schlagregistern) für die vollständig durchgeschlagenen Flächentheile ausgezogen werden können. Man bedient sich solcher Zahlen, um den mittleren Haubarkeitsertrag pro Hektar und hieraus bei bekanntem Abtriebsalter den Haubarkeits-Durchschnittszuwachs zu berechnen, welche für die Übertragung auf andere Flächen von gleicher Standortsgüte und ähnlichen Bestockungsverhältnissen am geeignetsten sind. Namentlich für gleichartige Nadelholzbestände (Kiefern und Fichten), sowie für Niederwaldungen ist diese Art der Schätzung beliebt.

3. Sorgfältig aufgestellte Lokalertragstafeln oder in Ermangelung solcher die S. 252 bis 262 aufgeführten Normalertragstafeln verwendet man hauptsächlich für die summarische Schätzung jüngerer Bestände, deren Haubarkeit noch entfernt ist und für welche keine anderen spezielleren Erfahrungen zur Verfügung stehen. Die Hauptschwierigkeit ist dabei die richtige Bonitirung der zu taxierenden Flächen, doch bieten öfters die Höhenmessungen im Nachhiebsholz oder eingewachsenen Überhaltstämmen oder in angrenzenden alten Beständen brauchbare Anhaltspunkte, um aus dem Vergleiche mit den Höhenangaben der Ertragstafel einen Schluß auf die zur Schätzung anzuwendende Bonität machen zu können. Bei Anwendung solcher Tafeln muß aber stets eine sorgfältige Untersuchung der mittleren Bestandesgüte an Ort und Stelle vorausgehen, damit eine richtige Reduktionszahl von der vollen normalen Bestockung auf die wirklich vorhandene in Anwendung gebracht wird. Je kleiner die Koëffizienten für Bestandesgüte werden, desto mehr nähert sich dieses Verfahren der bloßen flächenweisen Okularschätzung, indem es nur eine Umschreibung derselben ist und alle ihre Ungenauigkeiten enthält. Das letztgenannte Verfahren ist daher nur von Seite geübter Taxatoren und für Fälle, die zunächst keinen größeren Genauigkeitsgrad erfordern, z. B. in Mittelhölzern, die noch im vollen Zuwachs stehen, zulässig.

Für die Einschätzung des Zuwachses an den nach irgend einer der obigen Methoden gefundenen Vorräthen werden ebenfalls verschiedene Wege eingeschlagen: die geschlossenen, annähernd regelmäßigen und ziemlich gleichalterigen Bestände schätzt man nach dem Durchschnittszuwachs ein unter Berücksichtigung seines mit dem Alter zusammenhängenden Ganges (siehe § 35). Für bereits angehauene oder in Schlagstellung befindliche Bestände, sowie für Nachhiebshölzer und Oberhölzer müssen besondere Untersuchungen über den Gang des Zuwachsprozentes (ähnlich den auf Seite 291 aufgeführten) angestellt werden, wozu man sich entweder des Preßler'schen Zuwachsbohrers oder der Jahrring-Zählung und Messung an liegenden und zerschnittenen Stämmen, z. B. Sägeklötzen bedient. Die Prozente berechnet man nach der

Näherungsformel Preßlers oder nach der Prozenttafel Figur 3, zuweilen auch nach der Schneider'schen Formel, indem man die Resultate ähnlich wie in Figur 125 dargestellt, interpolirt. Bei vorherrschendem Lichtungszuwachs sind solche Untersuchungen von besonders großer Bedeutung und verdienen in denjenigen Betriebsarten, die ihn begünstigen, eine ganz eingehende Aufmerksamkeit. Wie aus Vorrath und Zuwachs der zukünftige Abtriebsertrag berechnet wird, kann erst in §§ 49 und 52 näher entwickelt werden.

§ 38. **Der Qualitäts-Zuwachs.** Sobald man nicht blos die Masse des Ertrags (gemessen nach dem Volumen), sondern auch den Werth ausgedrückt in dem allgemeinen Werthmesser Geld ins Auge faßt, wird man schon nach kurzen Untersuchungen gewahr, daß der Preis eines Kubikmeters Holz im Allgemeinen unter sonst gleichen Verhältnissen mit der Stärke der Stämme steigt und somit auch mit dem Alter der Stämme bis zu einem gewissen Grade zunimmt. Der Grund für eine stärkere Nachfrage ist (wie schon in § 6 erwähnt) in dem größeren Kernholz-, bei kleinerem Splint- und Rindengehalt der älteren Stämme zu suchen, welche außerdem noch in der Regel astreiner, spaltiger und feinringiger sind und günstigere Formverhältnisse für eine Reihe von Verwendungen (z. B. die Sägewerke) besitzen, als in der Jugend; abgesehen von dem Seltenheitswerthe der älteren Stammklassen. Diese Werthssteigerung pro Kubikmeter, die mit dem Alter der Stämme bei vielen Holzarten eintritt, bezeichnet man (nach Preßler) als Qualitätszuwachs. Beim Einzelstamm ist dieser als Begleiterscheinung des Durchmesserzuwachses aufzufassen, indem gewissen Minimal-Grundstärken gewisse feststehende Kategorien von Sortimenten entsprechen, in welche der Stamm nach und nach hineinwächst. Da aber der Durchmesserzuwachs eine Funktion des Alters ist, so kann auch der Qualitätszuwachs als eine solche betrachtet werden, wie aus Figur 126 hervorgeht. Stellen nämlich die Kurven den Grundstärkenzuwachs für verschiedene Stammklassen dar, deren Wachsthums-

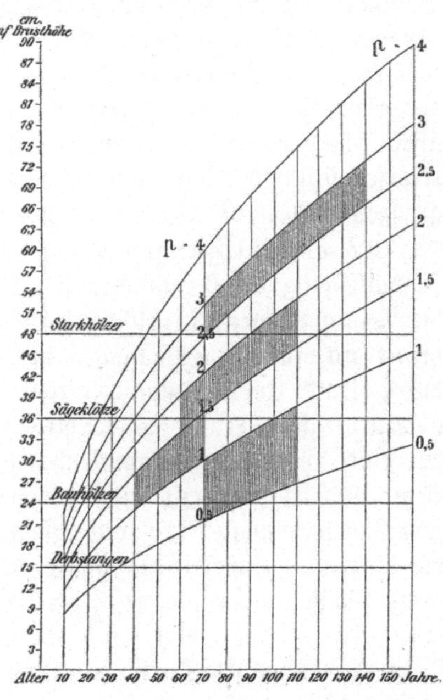

Fig. 126. Schema zum Qualitätszuwachs.

energie durch p ausgedrückt wird, so ergiebt sich aus der Figur sofort, wann jede Stammklasse die Sortimentsgrenze für Stangen, schwaches Bauholz, Sägeklötze und für Starkholz überschreitet, sofern die hierfür geltenden Durchmesser auf die Brusthöhe reduziert sind; hierzu ist dann noch die Zeit des Jugendstadiums im Sinne des § 26 hinzuzurechnen, so daß das Alter $a = i + x$ wird. Während daher z. B. ein Stamm, dessen $p = 1$ ist, überhaupt nicht Starkholz liefern kann, erreicht ein anderer, dessen $p = 2$, schon bei $x = 90$ Jahren diese Sortimentsgrenze; letzterer Stamm ist dafür schon bei $30 + i$ Jahren über die Bauholzstärke hinausgewachsen und liefert bei $50 + i$ Sägeholz. Ein Stamm von $p = 0{,}5$ steht die längste Zeit seines Lebens in der Stangenklasse und müßte $90 + i$ Jahre alt werden, um die Grenze des schwachen Bauholzes zu überschreiten.

In derselben Figur können aber die Kurven auch den Durchmesser-Zuwachsgang des mittleren Modellstammes für Bestände verschiedener Standortsklassen bedeuten, welche sich durch ihr p unterscheiden. Dann wird die Bonitätsklasse von $p = 1{,}5$ bis 2 nur in dem durch Schraffirung hervorgehobenen Streifen für Sägeholzproduktion in Betracht kommen, während für Starkholzzucht nur die besten Bonitäten, z. B. $p = 2{,}5$ bis 3,0 und für höhere Altersstufen als $70 + i$ Aussicht bieten. Auf weniger günstigem Standorte $p = 1$ bis 1,5 kann Bauholzerziehung noch zwischen $i + 40$ bis 70 Jahren getrieben werden, auf schlechten Bonitäten von $p = 0{,}5$ bis 1,0 würde aber höchstens der Zeitraum $i + 80$ bis 120 dazu führen. Jede Überschreitung der horizontal ausgezogenen Linien, d. h. der Sortimentsgrenzen bedeutet aber eine Werthsteigerung.

Da aber in ganzen Beständen der Mittelstamm kaum für den Zuwachsgang der Gesammtmasse, keineswegs aber für die Dimensionen der Stammklassen ein richtiges Bild liefern kann, so muß der Sortimentenanfall von Beständen in den verschiedenen Altersstufen immer durch direkte Untersuchung ermittelt werden, weil sich dieser nicht a priori ableiten läßt. Blos der leichteren Vorstellung wegen kann man sich ein Bild von dem Zusammenhang des Sortimentenanfalles mit dem Alter und zugleich mit der Wuchskraft verschaffen, indem man sich den Durchmesserzuwachs der wichtigsten Stammklassen des Bestandes durch die einzelnen Kurven der Figur 126 dargestellt denkt und sie in analoger Weise durch die feststehenden Sortimentsgrenzen durchschneiden läßt. Es ist dann von selbst einleuchtend, daß in den jüngeren Altersstufen die schwachen Sortimentsklassen prozentisch vorherrschen, während in den höheren Altersstufen der Prozentanfall an starken Sortimentsklassen um so mehr und früher vorherrschen wird, je wuchskräftiger eine Holzart und je besser der Standort ist; dabei macht die Art der

Übersicht der Untersuchungs-Ergebnisse über den prozentischen Sortimenten-Anfall bei verschiedenen Bestandesaltern nachstehender Holzarten.

Holzarten nach den Erfahrungstafeln von	Bei einem Bestandes-Alter von Jahren	Sägeklötze aller Klassen	Stammholz an Bau- und Langhölzern I. Kl.	II. Kl.	III. Kl.	IV. Kl.	V. Kl.	Stangen aller Sortimente	Brennholz: Derbholz aller Sortimente	Reisig
			der Sortimenten-Ausscheidung							
		Prozente des ganzen Holzanfalles exkl. Stockholz								
Kiefern in Norddeutschland nach Schwappach, I. Standortsklasse	30	Aus nebenstehenden Stammholzkl. ausgeschieden	—	—	—	—	18	59	5	18
	40		—	—	—	—	39	34	11	16
	50		—	—	—	14	45	16	10	15
	60	4	—	—	7	30	34	5	10	14
	70	8	—	—	16	41	20	—	10	13
	80	14	—	4	25	46	7	—	6	12
	90	22	—	15	32	38	—	—	4	11
	100	30	5	26	34	22	—	—	3	10
	110	38	15	37	30	6	—	—	2	10
	120	47	24	43	22	—	—	—	2	9
	130	65	38	38	13	—	—	—	2	9
Desgleichen, II. Standortsklasse nach demselben	30	—	—	—	—	—	—	76	1	23
	40	—	—	—	—	—	23	52	5	20
	50	—	—	—	—	—	42	30	11	17
	60	—	—	—	—	14	47	12	12	15
	70	4	—	—	6	27	37	—	16	14
	80	10	—	—	17	38	23	—	10	12
	90	17	—	—	27	43	12	—	7	11
	100	24	—	9	34	38	3	—	6	10
	110	31	7	19	36	24	—	—	4	10
	120	39	18	26	31	12	—	—	3	10
	130	48	28	32	29	—	—	—	2	9
Fichten im Harz, I. Standortsklasse nach Rob. Hartig	30	Prozente inbegriffen	—	—	—	20	10	5	65	Prozente vom Schaftholz allein
	40	—	—	—	35	35	10	—	20	
	50	—	—	30	45	15	—	—	10	
	60	—	5	45	30	5	—	—	15	
	70	12	15	40	15	—	—	—	18	"
	80	28	15	30	7	—	—	—	20	"
	90	48	10	20	—	—	—	—	22	"
	100	58	10	7	—	—	—	—	25	"
	110	62	4	4	—	—	—	—	30	"
Desgleichen, II. Standortsklasse nach demselben	30	—	—	—	—	15	10	5	70	desgl.
	40	—	—	—	25	30	10	—	35	"
	50	—	—	10	50	20	—	—	20	"
	60	—	—	30	40	10	—	-	20	"
	70	—	10	35	30	7	—	—	18	"
	80	—	15	45	20	5	—	—	15	"
	90	16	15	40	14	—	—	—	15	"
	100	31	19	30	5	—	—	—	15	"
	110	42	15	23	5	—	—	—	15	"
	120	57	10	15	3	—	—	—	15	"
	130	67	8	10	—	—	—	—	15	"
Fichten in Mittel- und Norddeutschland I. Standortsklasse nach Schwappach	30	Aus nebenstehenden Stammholzkl. ausgeschieden	—	—	—	8	32	27	Zusammen	33
	40		—	—	7	29	30	12	"	22
	50		—	—	23	37	22	—	"	18
	60	2	—	—	34	40	12	—	"	14
	70	12	—	—	44	40	4	—	"	12
	80	25	—	11	47	30	—	—	"	12
	90	37	4	20	49	17	—	—	"	10

Holzarten nach den Erfahrungstafeln von	Bei einem Bestandes-Alter von Jahren	Sägeklötze aller Klassen	Stammholz an Bau- und Langhölzern I. Kl.	II. Kl.	III. Kl.	IV. Kl.	V. Kl.	Stangen aller Sortimente	Brennholz: Derbholz aller Sortimente	Reisig
		Prozente des ganzen Holzanfalles exkl. Stockholz	der Sortimenten-Ausscheidung							
Fichten in Mittel- und Norddeutschland nach Schwappach	100	48	16	27	48	—	—	—	Zusammen	9
	110	60	28	29	34	—	—	—	„	9
	120	71	44	30	18	—	—	—	„	8
Desgleichen, II. Standortsklasse nach demselben	30	—	—	—	—	—	23	37	Zusammen	40
	40	—	—	—	—	5	39	31	„	25
	50	—	—	—	—	24	42	14	„	20
	60	—	—	—	10	38	36	—	„	16
	70	1	—	—	25	41	20	—	„	14
	80	10	—	—	37	40	10	—	„	13
	90	20	—	4	46	36	2	—	„	12
	100	30	5	14	48	22	—	—	„	11
	110	40	15	20	46	9	—	—	„	10
	120	51	24	26	40	—	—	—	„	10
Weißtannen in Baden n. Schuberg I. Standortsklasse, bei mittlerer Stammzahl	40—50	Nicht besonders ausgeschieden	—	—	—	18	23	20	14	25
	50—60		—	—	5	38	14	9	15	19
	60—70		—	—	25	30	10	4	15	16
	70—80	„	—	—	40	21	7	2	15	14
	80—90	„	—	15	38	16	4	—	14	13
	90—100	„	10	27	27	11	—	—	13	12
	100—110	„	33	23	15	5	—	—	13	11
	110—120	„	52	17	8	—	—	—	13	11
	120—130	„	65	13	—	—	—	—	12	10
Desgleichen, II. Standortsklasse nach demselben	40—50	„	—	—	—	9	24	23	15	29
	50—60	„	—	—	—	34	16	12	16	22
	60—70	„	—	—	4	44	11	6	16	19
	70—80	„	—	—	24	33	7	3	16	17
	80—90	„	—	5	35	24	4	1	16	15
	90—100	„	4	17	33	16	1	—	15	14
	100—110	„	12	27	25	8	—	—	15	13
	110—120	„	33	22	16	2	—	—	14	13
	120—130	„	46	20	8	—	—	—	14	12
Sortimenten-Ausscheidung in Prozenten des Gesammt-Anfalles an Bauholz allein.										
Kiefern, II. Standortsklasse nach Kraft („Beiträge zur forstlichen Zuwachsrechnung" 2c.), wo sich noch mehrere solche Übersichten für Kiefern und Fichten finden.	30	„	—	—	—	—	41	59	—	—
	40	„	—	—	—	2	71	27	—	—
	50	„	—	—	2	12	74	12	—	—
	60	„	—	—	8	28	60	4	—	—
	70	„	—	—	15	47	38	—	—	—
	80	„	—	1	26	48	25	—	—	—
	90	„	—	4	40	40	16	—	—	—
	100	„	1	8	52	30	9	—	—	—
	110	„	3	14	53	24	6	—	—	—
	120	„	6	24	43	22	5	—	—	—
Fichten, II. Standortsklasse nach Kraft	30	„	—	—	—	—	43	57	—	—
	40	„	—	—	—	—	67	33	—	—
	50	„	—	—	—	—	78	22	—	—
	60	„	—	—	—	8	79	13	—	—
	70	„	—	—	7	20	66	7	—	—
	80	„	—	2	17	39	40	2	—	—
	90	„	1	5	33	40	21	—	—	—
	100	„	4	10	48	27	11	—	—	—
	110	„	9	17	50	18	6	—	—	—
	120	„	18	34	34	11	3	—	—	—

Bestandesgründung, der Bestandespflege und des Durchforstungsbetriebes einen erheblichen Einfluß geltend.

Die Prozentzahlen ändern sich selbstverständlich auch nach der Sortimenten-Eintheilung selbst, welche nicht in allen Ländern übereinstimmend gebildet wird. So sind z. B. in vorstehender Übersicht (Seite 297 und 298) die preußischen Sortimentsklassen lediglich nach dem Kubikinhalt der Langholzstämme bemessen, indem I. Klasse alle Stämme über 3,00 Kubikmeter, II. Klasse 2—3 Kubikmeter, III. Klasse 1 bis 2 Kubikmeter, IV. Klasse 0,51 Kubikmeter, V. Klasse 0,50 Kubikmeter und weniger umfaßt. Dagegen sind in Baden, wie im ganzen süddeutschen Holzhandel für Fichten und Tannenlanghölzer die Dimensionen maßgebend für Sortimentbildung, wonach I. Klasse 18 Meter Minimallänge bis zum „Ablaß" und 30 Zentimeter Zopfstärke daselbst bedeutet, während

II. Klasse	bei	18 m	Minimallänge	12 cm	Zopfstärke besitzen muß,
III. „	„	16 m	„	17 cm	„ „ „
IV. „	„	8 m	„	14 cm	„ „ „
V. „	alles schwächere Stammholz bis 14 cm Zopfstärke umfaßt.				

Die Sortimentenausscheidung der Fichte im Harz nach R. Hartig beruht auf der damals in Braunschweig bestehenden Norm, doch habe ich von den 11 Klassen derselben je 2 zusammengefaßt, um sie mit den 5 Klassen der anderen Autoren vergleichen zu können, die 11. Klasse ist als Stangensortiment eingesetzt. Bei der Betrachtung des Sortimentenanfalls ist ferner zu beachten, daß die Sägholzprozente in die von R. Hartig gegebenen Prozente einzurechnen sind, während sie bei den Zahlen von A. Schwappach besonders ausgeschieden wurden, daher nicht unter die Stammklassen einzurechnen, vielmehr in diesen schon enthalten sind. Für die Weißtanne wurde von Schuberg das Sägholzprozent deshalb nicht berechnet, weil im Schwarzwald nur Langholz verkauft wird, während Sägeklötze nur ausnahmsweise z. B. von abgebrochenen oder sonst zu Langholz untauglichen Stämmen ausgeschnitten werden. Die Prozentangaben Hartig's beziehen sich nur auf das Schaftholz, jene der anderen Autoren auf den Gesammtanfall. Trotzdem daher die einzelnen Sortimententafeln der Übersicht nicht unmittelbar verglichen werden können, liefern sie doch ein für praktische Zwecke benutzbares Ergebniß umfangreicher Versuchsarbeiten der genannten Autoren und lassen namentlich erkennen, in welchem Verhältnisse die Produktion der stärkeren Stammklassen zum Alter respektive zur Umtriebszeit steht. Die graphischen Darstellungen Figur 127 und 128 auf folgender Seite zeigen diesen Zusammenhang zwischen Alter und Qualitätszuwachs noch deutlicher.

In den wirklichen Betriebsergebnissen kommt namentlich bei der Brennholzausscheidung der Preis dieser Sortimente im Verhältnisse zu jenem der geringeren Nutzhölzer in Betracht, da es unter Umständen vortheilhafter sein kann, schlecht bezahlte Nutzholzsortimente ins Brennholz zu schlagen; außerdem spielt die Astreinheit, Glattschaftigkeit und Gesundheit eine wichtige Rolle bei der Nutzholzfaçonirung,

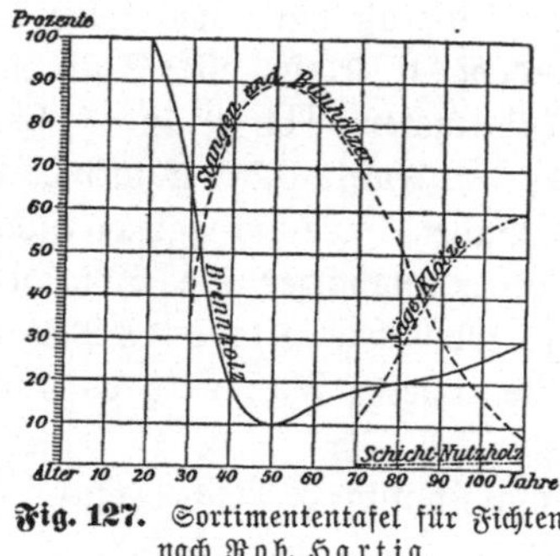

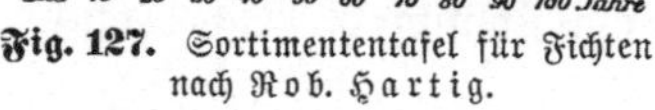
Fig. 127. Sortimententafel für Fichten nach Rob. Hartig.

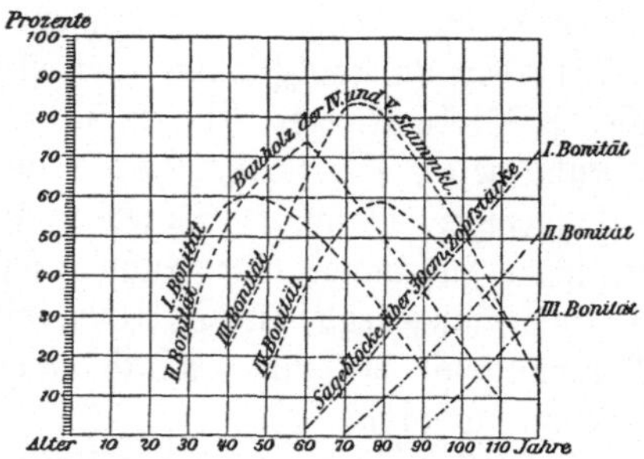

Fig. 128. Sortimententafel für Fichten nach Schwappach.

so daß rauhastige, drehwüchsige oder rothfaule Bestände selbstverständlich viel größere Brennholzprozente ergeben, als in der Tabelle aufgeführt sind. Für Forsteinrichtungsarbeiten, welche den Werthszuwachs berücksichtigen, müssen solche Erhebungen mit großer Sorgfalt gepflogen werden, wozu namentlich die Verkaufslisten (Schlagregister) über Kahlschläge ein wichtiges Material liefern. Über diese Frage haben in der forstlichen Journallitteratur mancherlei interessante Veröffentlichungen namentlich aus Sachsen stattgefunden, welche im Einzelnen hier nicht alle aufgeführt werden können, von denen aber die Untersuchungen Kühn's*) in den Fichtenbeständen des Steinbacher Reviers (Königreich Sachsen) sich durch Vollständigkeit auszeichnen; nach diesen ergeben sich:

Bei einer Umtriebszeit von	Sägeklötze mit einer Oberstärke von 12–22 cm	Sägeklötze mit einer Oberstärke von 23–36 cm	Nutzholz im Ganzen	Brennholz im Ganzen
	Prozente			
60 Jahren	62	29	91	9
70 „	51	44	95	5
80 „	40	56	96	4
90 „	35	61	96	4
100 „	29	67	96	4

Eine speziellere Ausscheidung über die Blöcherstärken, welche in den drei königlichen Oberforstmeisterbezirken: Eibenstock, Auerbach

*) Kühn: Allgemeine Forst- und Jagd-Zeitung 1868, S. 287.

und Schwarzenberg im Königreich Sachsen innerhalb 15 Jahren zum Verkauf gelangten, lieferte folgende interessante Angaben über den prozentischen Antheil der einzelnen Blöcherstärken vom Gesammtanfall:

Jahrfünft	Blöcherstärken-Grenzen			
	16—22 cm	23—29 cm	30—36 cm	37 cm u. mehr
1874—78	62 %	27 %	8 %	3 %
1879—83	54 %	32 %	10 %	4 %
1884—88	59 %	29 %	9 %	3 %

Diese Statistik weist wegen der niedrigen Umtriebe ziemlich große Antheile der ganz schwachen Sägeblöcher auf, welche für die industriell so hoch entwickelten, dicht bevölkerten sächsischen Gebiete zwar absetzbar sind, aber nicht als der große Durchschnitt des marktgängigen Schnittmateriales betrachtet werden dürfen. Vielmehr gilt im Allgemeinen die Bretterbreite von 20—30 Zentimeter als die hauptsächlich verbreitete und meist gesuchte; Bretter unter 20 Zentimeter werden zwar für verschiedene Zwecke verwendet, gelten aber nicht als Handelswaare in großem Maßstabe, namentlich in Süddeutschland und im rheinischen Verkehre. Thatsache ist allerdings, daß die Sägeindustrie in den letzten Dezennien sich mehr und mehr dem Verschnitte auch der schwächeren Sortimente zugewendet hat, wozu die mechanischen Verbesserungen an den Sägemaschinen und die Theuerung des Rohmateriales beigetragen haben. Die Sortimenteneintheilung erfährt aber auch in anderer Weise erwähnenswerthe Veränderungen durch die Fortschritte der industriellen Technik, was namentlich an der Holzschleiferei und Zellulose-Industrie deutlich hervortritt. Bei Voranschlägen über die Rentabilität von Betriebsarten und Umtriebszeiten muß daher der Taxator solche neue Erscheinungen mit in den Kreis seiner Berechnungen aufnehmen und die entsprechenden Sortimentsklassen für Papierholz, Grubenhölzer und dergleichen aufnehmen.

Aus den oben (Seite 295) angeführten Gründen erreichen die stärkeren Sortimentklassen durchschnittlich höhere **Marktpreise**, so daß der Preis der Sägeklötze und des Langholzes als eine Funktion der Durchmesser betrachtet werden kann. Die mathematischen Relationen, nach welchen diese Preissteigerung pro Kubikmeter erfolgt, bilden eine wichtige Basis aller Werthsberechnungen, Rentabilitätsfragen, speziell der Weiserprozentberechnung und des Bodenerwartungswerthes. Da aber zur Herleitung abstrakter Formeln hierfür sehr umfangreiche Erfahrungssätze gegeben sein müssen, so mögen hier zunächst nur die vereinzelten Bestrebungen um Erforschung des Zusammenhanges der Preisgestaltung mit den Dimensionen Anführung finden. Eine interessante Studie hierüber ist von W. Putik unter dem Titel „Beitrag zur Preisanalyse des Stamm- und Langholzes“ in dem Wiener Zentralblatt für das gesammte Forstwesen 1886, August- und Septemberheft, veröffentlicht. Derselbe faßt den Preis als eine biquadratische Gleichung mit vier reellen Wurzeln auf. Dagegen wächst nach Schumacher der Preis des Buchennutzholzes wie die Kuben der Durchmesser. Unter den genaueren Erhebungen über den Einfluß der Dimensionen sind besonders die in jüngster Zeit in Sachsen zur Ausführung gelangten erwähnenswerth.

Oberforstmeister-Bezirk	Eibenstock		Auerbach		Schwarzenberg		Bärenfels	
Jahrgang	1887	1888	1887	1888	1887	1888	1887	1888
Durchschnitts-Erlöse in Mark für 1 Festmeter Sägeklotzholz folgender Dimensionen:								
Mittendurchmesser								
bis 15 cm	10,32	10,36	9,35	9,01	10,33	10,58	11,05	11,48
16—22 „	12,10	12,93	11,76	12,63	12,38	13,14	13,81	14,07
22—29 „	16,47	18,69	15,23	16,56	17,60	19,03	16,31	17,12
30—36 „	19,94	22,00	18,34	19,98	21,09	22,25	18,72	19,36
über 36 „	20,09	21,62	19,34	19,63	21,29	22,64	18,87	19,33
„ 44 „	—	—	—	—	—	—	18,46	18,63
Desgleichen für 1 Festmeter Stammholz (Bauhölzer ꝛc.)								
bis 15 cm	11,28	11,45	11,83	12,00	11,44	13,08	11,98	12,72
16—22 „	13,10	13,17	12,32	12,43	13,65	15,31	14,01	14,08
23—29 „	15,79	15,93	15,08	15,98	17,01	19,33	16,60	16,65
30—36 „	18,02	18,12	17,35	18,56	19,48	19,87	19,26	18,77
über 36 „	17,18	18,34	18,90	20,82	—	20,80	19,16	19,57
Gesammt-Durchschnitt	13,02	13,16	13,65	13,15	13,32	13,71	—	—

Für die braunschweigischen Harzforste hat Rob. Hartig eine sehr ins Detail gehende Preisuntersuchung schon für die Jahrgänge 1861 bis 1865 gegeben (s. dessen „Rentabilität“ ꝛc.). Damals betrug der Durchschnittspreis pro Kubikmeter der Sägeklötze bei einem Durchmesser

von 20—24 cm	durchschnittlich	14	Mk.	65	Pf.
„ 25—29 „	„	22	„	50	„
„ 30—39 „	„	25	„	55	„
„ 40—45 „	„	24	„	20	„
„ 46—54 „	„	21	„	85	„
„ 55—69 „	„	20	„	00	„
„ 60—69 „	„	17	„	90	„
über 70 „	„	19	„	00	„

Demnach hat die Zunahme des Preises mit dem Durchmesser ihre Grenze, so daß ungewöhnlich starke Nadelholzklötze nicht immer theurer, sondern ausnahmsweise auch billiger zu stehen kommen, als die mittleren Stärken. Wo die Taxklassen nicht nach Durchmessern, sondern nach Kubikmetern abgegrenzt sind, macht sich natürlich die Werthssteigerung des Qualitätszuwachses in analoger Weise geltend. Ein Beispiel hierfür liefert A. Täger*) für den Görlitzer Stadtwald, wo im Jahrfünft 1879—84 der Festmeter Kiefern-Nutzholz folgende Durchschnittspreise hatte bei einem Inhalte pro Stamm:

von 0,30	cbm	durchschnittlich	6,92	Mk.	pro cbm
„ 0,60	„	„	9,50	„	„ „
„ 1,00	„	„	13,20	„	„ „
„ 1,50	„	„	15,25	„	„ „
„ 2,00	„	„	19,30	„	„ „
„ 2,50	„	„	25,00	„	„ „
„ 3,10	„	„	30,00	„	„ „
„ 3,90	„	„	33,00	„	„ „

Für den Hagenauer Forst gab im Jahre 1890 E. Ney folgende Durchschnitts-Erlöse für Kiefernstammholz an. Bei einem durchschnitt-schnittlichen Inhalte pro Stück wie folgt, kostete der Festmeter durchschnittlich:

Inhalt pro Stamm	0,40	cbm	durchschnittlich	8,35 Mk.
„ „ „	0,61	„	„	10,40 „
„ „ „	0,92	„	„	12,67 „
„ „ „	1,23	„	„	14,15 „
„ „ „	1,73	„	„	15,00 „
„ „ „	2,24	„	„	16,66 „
„ „ „	3,41	„	„	22,46 „

Dieselbe Erscheinung zeigt jeder Tarif für Nutzholztaxen, insbesondere jener für Eichenholz, so daß es überflüssig sein dürfte, die bekannte Thatsache hier noch durch weitere Beispiele und Belege zu erhärten.

Für die Bemessung des Werthszuwachses von Beständen muß demnach

1. die Veränderung des Sortimentenanfalles mit dem Alter,
2. die Preiszunahme pro Festmeter mit dem Alter resp. der Dimension,
3. die Preisänderung mit der Zeit allein, unabhängig vom Holzzuwachse — der sogenannte Theuerungszuwachs,

veranschlagt werden. Nur die unter 1. und 2. genannten Änderungen bilden zusammen den Qualitätszuwachs, während der letztgenannte für sich gesondert zu betrachten ist.

Rechnerisch stellt man den Gang des Qualitätszuwachses in der Statik und Forsteinrichtung gewöhnlich so dar, daß man den Sortimentenanfall prozentisch für jede Altersstufe ähnlich wie in der Tabelle

*) Täger: „Zum zweihiebigen Kiefernhochwald-Betrieb". Görlitz 1885.

auf Seite 297 u. 298 aufführt, für jedes Sortiment den Durchschnittspreis nach Abzug der Gewinnungskosten einsetzt und mit den entsprechenden Prozentzahlen multipliziert; werden dann diese Produkte altersklassenweise addirt, so ist der hundertste Theil jeder dieser Summen der geometrisch mittlere Preis pro Kubikmeter Holz von dem betreffenden Bestandesalter. Dieser geometrische Mittelpreis heißt die Qualitätsziffer des Bestandes, ihr Produkt mit dem Massenvorrath der betreffenden Altersstufe ergiebt den Werth des Holzvorrathes pro Hektar exklusive Gewinnungskosten. Die Ermittlung dieser Werthe geschieht für theoretische Zwecke — namentlich für die forstliche Statik — in der Regel auf Grund von Ertragstafeln. In neuerer Zeit sind von Professor Dr. Schwappach solche Werthsertragstafeln (oder Geld-Ertragstafeln) konstruirt worden, während früher die bekannten Burckhardt'schen Tafeln am meisten Verbreitung hatten. Eine sehr genau ausgearbeitete Ertragstafel dieser Art ist im Jahre 1867 von Rob. Hartig für Fichten und für Buchen im Harz aufgestellt worden, die ich in metrisches Maß und Markwährung umgerechnet habe und als Beispiel für den Gang des Werthszuwachses in den Figuren 129 und 130 zur Darstellung bringe. Dieselben zeigen, daß die Werthe des Abtriebes allein sich in ähnlichen Kurven bewegen wie die Massenreihen, also annähernd nach der Formel $1 - \frac{1}{1,0p^x}$, werden aber die Nachwerthe der Zwischennutzungen hinzugerechnet, so steigen die Summen von Haupt- und Zwischennutzungen nahezu analog den Zinseszinsreihen $1,0p^x - 1$. Zugleich illustriren die beiden Figuren den großen Unterschied im Geldertrag des Fichtenwaldes gegenüber dem Buchenwald.

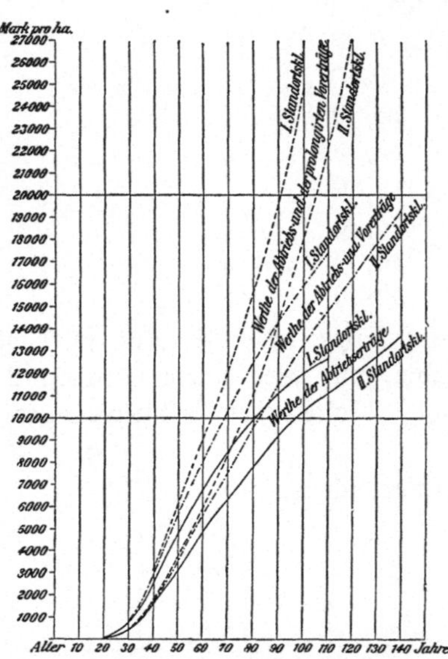

Fig. 129. Werthszunahme eines Fichtenbestandes pro Hektar nach Rob. Hartig.

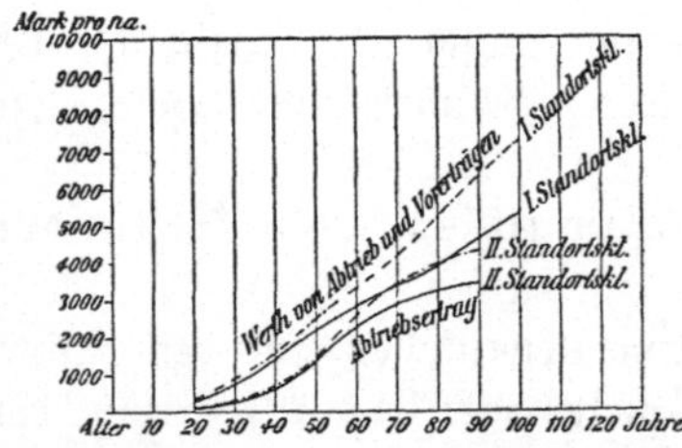

Fig. 130. Werthszunahme eines Buchenbestandes nach Rob. Hartig.

Um das Prozent des Qualitätszuwachses (b) zu berechnen, bedarf man nur der Kenntniß der Qualitätsziffern; die Rechnung selbst geschieht entweder nach der Preßler'schen Näherungsformel oder, wenn exakt gerechnet werden soll, nach Zinseszinsen, indem man die höhere Qualitätsziffer Q als den n jährigen Nachwerth der kleinen q zu dem zu suchenden Zinsfuße b angiebt. Aus $Q = q \,.\, 1{,}0b^n$ ergiebt sich dann

$$b = 100\left(\sqrt[n]{\frac{Q}{q}} - 1\right)$$

welche Rechnung aber einfacher mittelst der Prozenttafel Figur 3 gelöst wird, indem nur der Quotient $\frac{Q}{q}$ zu berechnen ist, der auf der Skala aufgesucht und linear auf die Zeile des Jahres n übertragen, sofort den Werth von b (mit 2 Dezimalstellen) ablesbar macht.

§ 39. **Der Theuerungszuwachs.** Unter dieser Bezeichnung versteht man seit Preßler's Vorgang die durch die zeitliche Verschiedenheit der Preise bedingte Veränderung im Geldwerth von 1 Kubikmeter Holz gleicher Qualität zu ungleichen Zeiten. Die Preisschwankungen haben verschiedene Ursachen, welche in der Nationalökonomie ausführlicher betrachtet werden, als es an dieser Stelle möglich ist; nur in Kürze soll hier angedeutet werden 1. die Wirkung der Bevölkerungszunahme und der industriellen Entwicklung, sowie des Anwachsens der Städte auf die Nachfrage nach Holz, während 2. die Surrogirung des Brennholzes durch Steinkohlen, des Bauholzes durch Eisen die umgekehrte Wirkung ausübt. 3. Von großem Einfluß auf das Angebot ist ferner die Verbesserung der Verkehrsmittel und Erleichterung des Transportes durch Schienenwege, Kanäle, billige Tarifirung, niedrige Zollsätze, wodurch die entfernteren, aber auch die konkurrirenden Produktionsgebiete in leichtere Berührung mit den Konsumenten kommen. 4. Endlich übt Alles, was mit den Zahlungsmitteln zusammenhängt, wie der Stand der Währung, der Wechselkurs und das Kreditwesen eine oft sehr bemerkenswerthe Einwirkung auf die Preise aus, welche überhaupt die allgemeine Lage der Volkswirthschaft und aller ihrer Störungen durch Handelskrisen, Kriege, Epidemien ꝛc. wiederspiegeln.

Wenn auch im großen Durchschnitt die Tendenz der Preise in diesem Jahrhundert eine steigende war, so wurde dieses Ansteigen doch oft von Perioden des Sinkens unterbrochen, so daß die statistischen Zahlenreihen Schwankungen aufweisen, deren Mittellinie eine Aufwärtsbewegung erkennen läßt. Für Veranschlagungen von Werthen, die in der Zukunft fällig werden, muß daher auf diese Änderungen des Preisniveaus Rücksicht genommen werden, da streng genommen nur gleichzeitige Preissätze vergleichbar sind; aber man muß gestehen, daß es keinen mathematischen Weg giebt, um solche Vorausberechnungen mit einiger Sicherheit zu machen — sie bleiben stets Spekulationen! Für die Ermittlung dieser Preisänderungen können nur einerlei Sortimente benützt werden, z. B. die gleichen Klassen Blochholz und Bauholz, während dagegen Durchschnittspreise aus den Gesammtanfällen wegen der Änderungen in den Prozenten des Sortimentenanfalles hierfür weniger geeignet sind. Doch ist es immerhin interessant, auch die statistisch bearbeiteten Durchschnitte ganzer Länder und Provinzen zu dieser Betrachtung heranzuziehen, weshalb hier zunächst eine Übersicht der durchschnittlichen Versteigerungserlöse für 1 Festmeter Nutzholz in Preußen folgen möge, die ich aus der Arbeit von Dr. Udo Eggert*) ausgezogen habe.

Durchschnittliche Versteigerungs-Erlöse für 1 Festmeter Nutzholz loco Wald.

Regierungs-Bezirke	Eichen					Kiefern					Fichten				
	Zeiträume, aus welchen die Durchschnitte berechnet sind														
	1840 bis 1849	1850 bis 1859	1860 bis 1869	1870 bis 1874	1875 bis 1879	1840 bis 1849	1850 bis 1859	1860 bis 1869	1870 bis 1874	1875 bis 1879	1840 bis 1849	1850 bis 1859	1860 bis 1869	1870 bis 1874	1875 bis 1879
	Preisangaben in Mark und Pfennigen pro Kubikmeter														
Königsberg .	10.83	12.28	13.42	16.75	18.03	6.05	6.18	9.05	9.84	10.38	7.05	6.44	9.37	10.58	11.12
Gumbinnen .	12.91	14.57	16.76	18.64	20.40	5.00	5.48	8.20	9.31	10.33	5.81	6.25	8.24	9.98	11.22
Danzig	7.65	9.28	10.47	12.86	15.26	4.86	7.00	7.59	8.55	9.34	—	—	—	—	—
Marienwerder	9.26	9.41	13.07	15.12	15.90	5.04	6.37	8.51	10.22	10.09	—	—	—	—	—
Potsdam . .	17.35	20.90	25.43	29.92	29.87	11.30	12.54	14.91	17.25	17.58	—	—	—	—	—
Frankfurt . .	13.78	17.70	26.19	33.34	31.34	9.07	10.25	14.61	16.74	17.49	—	—	—	—	—
Stettin . . .	12.73	13.81	19.71	25.86	26.39	7.74	9.40	12.22	14.74	14.75	—	—	—	—	—
Köslin	12.24	12.31	13.43	14.92	17.15	6.56	7.03	8.62	9.55	10.42	—	—	—	—	—
Stralsund . .	15.42	18.59	19.07	22.56	24.46	8.96	11.52	11.69	12.07	14.58	—	—	—	—	—
Posen	7.43	9.34	13.60	16.57	17.34	5.60	7.30	10.19	12.64	12.50	—	—	—	—	—
Bromberg . .	9.17	10.31	15.42	15.91	16.97	5.16	6.53	8.63	9.89	10.21	—	—	—	—	—
Breslau . . .	11.57	15.31	19.73	24.37	24.30	6.70	7.90	12.66	13.50	13.84	6.47	6.89	8.95	10.47	10.28
Liegnitz . . .	17.03	18.40	21.42	27.76	24.50	10.70	13.03	15.44	18.56	18.04	6.06	7.80	11.71	15.51	15.37
Oppeln	12.89	17.39	19.86	24 52	23.68	7.58	9.47	11.82	13.81	13.69	6.31	8.27	9.61	11.16	11.46
Magdeburg .	19.16	21.64	25.62	30.08	32.89	12.20	13.97	15.56	16.99	19.90	—	—	—	—	—
Merseburg . .	16.91	20.34	25.14	28.62	31.00	11.15	15.12	16.81	19.75	19.07	11.22	12.10	13.17	14.76	14.00
Erfurt	16.18	17.33	22.16	26.45	30.70	12.90	15.17	15.44	16.47	17.80	10.82	12.29	16.46	16.22	17.34
Schleswig . .	15.00	20.24	26.95	25.56	27.46	—	—	11.94	13.26	15.17	—	—	13.13	11.78	11.56
Landdrostei															
Hildesheim	15.12	16.91	20.89	22.16	23.56	—	—	—	—	11.90	13.47	16.62	16.34	17.17	17.41
„ Hannover	20.00	20.41	24.76	25.83	25.71	—	—	—	—	15.47	—	—	—	20.11	22.33
„ Osnabrück-Aurich .	25.84	23.86	25.71	22.87	24.54	15.09	16.17	16.23	14.24	15.87	15.36	15.84	16.99	15.52	17.08
„ Stade . . .	—	—	29.70	22.96	22.54	—	—	17.27	18.21	17.85	—	—	19.92	15.15	17.51
Regier.-Bezirk															
Münster . . .	18.02	23.55	31.63	43.83	44.77	10.76	16.66	22.78	27.01	25.31	10.76	16.66	22.78	27.01	25.31
Minden . . .	18.70	21.01	23.15	25 83	26.18	12 81	15.21	18.60	11.92	13.43	15.43	17.25	19.33	19.24	19.40
Arnsberg . .	15.99	20.25	22.87	25.21	29.66	12.83	13.67	18.01	15.72	19.73	12.00	16.88	20.10	18.83	18.40
Kassel	16.10	18.85	22.98	24.78	25.95	13.07	13.92	16.32	15.54	16.25	12.93	14.07	15.56	15.97	15.81
Wiesbaden .	14.26	15.39	20.42	25.32	26.89	8.49	9.74	12.12	11.80	11.74	8.49	9.74	12.12	11.80	11.74
Koblenz . . .	13.99	16.95	24.53	27.79	30.84	11.95	12.67	14.26	13.64	14.35	7.26	10.21	13.52	14.91	17.13
Düsseldorf . .	22.13	23.15	33.08	47.85	49.59	7.87	10.64	12.41	15.83	15.46	—	—	—	—	—
Köln	18.98	23.00	30.90	34.50	32.12	10.52	12.96	19.02	18.14	14.50	—	—	—	—	—
Trier	14.58	18.15	24.91	28.45	32.25	14.18	14.15	14.83	16.29	16.64	12.75	14.67	20.33	18.47	20.03
Aachen	15.71	18.78	24.61	28.64	23.78	11.44	14 26	14.10	13.91	10.69	—	10.01	11.78	12 21	8.63
Sigmaringen	—	20.08	22.45	22.20	26.46	—	9.00	9.31	10.21	11.75	—	9.50	11.57	10.93	11.44

*) Zeitschrift des königl. preußischen statistischen Büreaus, XXIII. Jahrg. (1883).

Durchschnitts-Erlöse für 1 Festmeter Bau- und Nutzholz in Mark.

Jahrgang	Württemberg (Landesdurchschnitt)		Königreich Sachsen		Großherzogthum Hessen		Gotha	
	Eichen	Fichten Tannen Kiefern	Kiefern (Moritzburg)	Fichten (Bärenfels)	Eichen (Schiffenberg)	Kiefern	Eichen	Nadelholz
1850	10.45	9.11	9.43	8.23	—	—	20.46	16.71
1851	10.93	7.05	9.89	9.06	—	—	21.00	17.04
1852	11.05	6.80	10.22	10.36	—	—	22.29	17.55
1853	11.42	7.90	10.36	10.76	—	—	21.48	16.26
1854	14.95	8.02	10.40	11.55	—	—	21.60	15.87
1855	13.12	8.02	10.35	11.04	—	—	20.49	16.68
1856	17.13	9.85	10.56	11.00	—	—	20.85	16.53
1857	21.02	12.27	10.86	11.13	—	—	21.72	17.13
1858	21.14	12.63	10.65	11.36	—	—	22.05	18.12
1859	21.38	13.73	10.48	12.00	—	—	24.27	16.92
Mittel 1850—59	15.26	9.54	10.32	10.65	—	—	21.62	16.88
1860	23.09	15.43	12.46	11.79	26.29	16.30	24.33	17.58
1861	25.27	13.97	11.24	11.87	22.48	18.00	25.56	19.62
1862	24.42	15.19	12.16	12.47	25.08	13.12	25.29	19.89
1863	24.66	15.68	12.55	13.20	25.85	17.05	26.34	20.25
1864	25.52	15.07	12.09	12.70	24.25	17.01	28.59	22.74
1865	24.54	16.04	12.99	13.26	23.50	18.49	30.21	24.00
1866	23.33	13.12	13.12	10.84	22.12	21.75	30.57	19.14
1867	21.14	12.39	12.06	8.96	21.27	12.79	29.47	15.48
1868	21.87	11.91	12.21	9.56	24.81	12.39	28.26	15.99
1869	24.42	11.30	10.52	8.53	18.16	12.64	27.00	16.26
Mittel 1860—69	23.83	14.01	12.14	11.32	23.38	15.95	27.56	19.10
1870	25.27	11.78	9.64	8.36	22.13	15.35	28.23	16.05
1871	22.60	11.30	11.97	8.52	18.50	13.56	27.18	15.57
1872	26.91	11.06	13.47	12.70	24.20	13.32	32.61	17.13
1873	32.06	14.49	17.00	16.65	28.36	18.19	37.70	21.39
1874	29.94	17.29	15.14	16.23	25.29	17.54	36.84	23.46
1875	28.48	18.25	16.68	16.55	22.12	16.15	34.85	21.63
1876	29.00	15.06	16.02	12.08	26.80	11.37	36.20	16.69
1877	28.25	13.98	15.74	11.48	29.87	9.17	29.18	15.94
1878	27.77	14.58	14.74	12.06	21.98	10.77	31.37	19.41
1879	24.42	12.09	13.28	11.37	23.56	13.42	32.81	15.12
Mittel 1870—79	27.47	13.99	14.37	12.60	24.28	13.88	32.70	18.24
1880	25.53	12.53	12.78	12.48	20.49	14.12	31.90	15.78
1881	25.61	12.68	13.60	11.73	13.81	12.74	31.15	14.25
1882	—	—	—	—	16.28	12.78	—	—
1883	—	—	—	—	17.56	11.52	—	—
1884	—	—	—	—	15.18	11.31	—	—
1885	—	—	—	—	18.34	11.69	—	—

Ausführlichere Abhandlungen über die Preisstatistik in forstlicher Hinsicht finden sich in Professor Dr. Lehr's „Beiträge zur Statistik der Preise insbesondere des Geldes und des Holzes," Frankfurt 1885, in Dr. Dankelmann's „Die deutschen Nutzholzzölle" (Berlin 1883) und in Dr. Jentsch's Arbeit „über die Bewegung der Produktenpreise in Forstwirthschaft und Landwirthschaft"*). Professor Lehr schlug die logarithmische Linie aus Gründen der Wahrscheinlichkeitsrechnung für die Aufsuchung der durchschnittlichen und prozentischen Werthsteigerung vor.

Diese Mittheilungen aus der Preisstatistik verschiedener Gebiete mögen nur als Beispiele für den Einfluß der Zeit auf das Preisniveau der Rohprodukte dienen, während die Darstellungen (Figur 131 und 132) zeigen, wie derartige Ermittlungen zweckmäßig zur Aufsuchung von Mittelwerthen auf graphischem Wege verwendet werden. Die

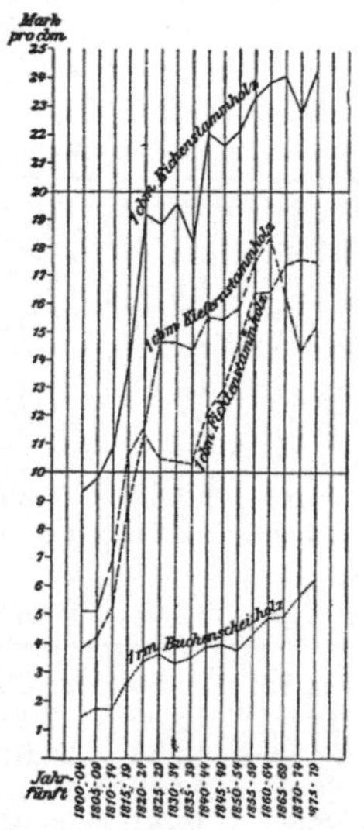

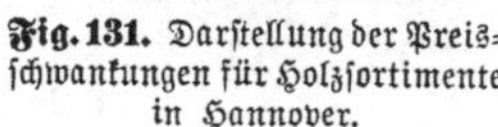

Fig. 131. Darstellung der Preisschwankungen für Holzsortimente in Hannover.

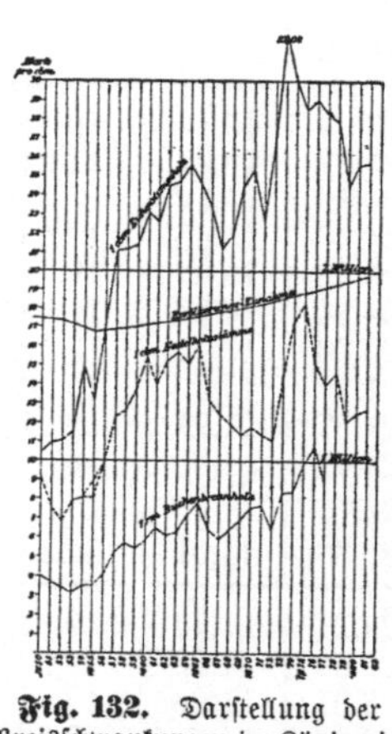

Fig. 132. Darstellung der Preisschwankungen im Königreich Württemberg.

Darstellung für Württemberg enthält zugleich eine Kurve, die das Ansteigen der Bevölkerungszahl nachweist und so eine der konstant wirkenden Ursachen der Preissteigerung zur Anschauung bringt. In Forsteinrichtungsarbeiten, welche die Rentabilität berücksichtigen, muß ohnehin eine eingehende Darstellung der Preise im letzten Dezennium aus den Forstrechnungen geschöpft werden, welche dann zur Berechnung der

*) Zeitschrift für Forst- und Jagdwesen, XIX. Jahrgang, 1887.

Theuerungszuwachsprozente benützt wird, unter Anwendung der Prozenttafel oder der Formel $c = 100\left(\sqrt[n]{\frac{W}{w}} - 1\right)$, worin W und w die beiden verglichenen Preise in einer Zwischenzeit von n Jahren bedeuten, zuweilen auch nach der Preßler'schen Näherungsformel $c = \frac{W - w}{W + w} \cdot \frac{200}{n}$. Wenn man in dieser Art die Preissteigerung als einen Zuwachs nach der Zinseszinsrechnung betrachtet, so kommen nothwendiger Weise auf die Zeiten mit fallenden Preisen negative Prozente, weshalb diese Prozentzahlen stets mit Vorzeichen geschrieben werden. Unter den bisher veröffentlichten Untersuchungen über Theuerungszuwachsprozente sind folgende von allgemeinem Interesse.

Robert Hartig fand als die Mittelpreise für Fichtennutzholz im Braunschweig'schen Harz:
im Zeitraume 1852—55 durchschnittlich pro Festmeter 15 Mk. 10 Pf.
" " 1861—65 " " " 20 " 70 "
mithin ein Theuerungszuwachs von + 3,15 Prozent jährlich.

Oberforstmeister Dr. Stötzer*) für den Zeitraum von 1856—1878:
in der Oberförsterei Siegmundsberg ein solches von + 2,97 % jährlich,
" " " Steinach " " " + 3,42 % "

In der Herrschaft Kogl im Salzkammergut**) betrug das jährlich durchschnittliche Theurungszuwachsprozent:

in den Zeiträumen	für Nutzholz	für Brennholz
1821—40 / 1841—60	+ 3,68 %	+ 2,69 %
1841—60 / 1861—70	+ 2,36 %	+ 0,58 %
1861—70 / 1871—80	+ 5,24 %	+ 2,60 %
1871—80 / 1881—88	— 3,24 %	— 6,04 %

Diesen Ermittlungen entsprach annähernd die Zunahme des Kapitalwerthes der Herrschaft Kogl, welche

im Jahre 1811 um 80000 fl. ö. W.
" " 1847 " 250000 " " "
" " 1872 " 750000 " " "

verkauft wurde, so daß die Werthsteigerung in den ersten 36 Jahren jährlich mit Zinseszinsen berechnet 1,56 Prozent, jene in dem 25 jährigen zweiten Zeitraum ca. 2 Prozent ausgemacht hatte.

---

*) Allgemeine Forst- und Jagd-Zeitung 1880, S. 221.
**) Österreichische Vierteljahresschrift, Jahrgang 1889, S. 333.

Diese wenigen Zahlen mögen auf die große Wichtigkeit der ordnungsmäßigen und systematischen Verbuchung von Durchschnittspreisen der verschiedenen Sortimente in den Forsteinrichtungswerken hinweisen, denn nur auf solche Grundlagen gestützt kann man Rentabilitätsfragen erörtern und Prüfungen der Umtriebszeiten und Betriebsarten auf ihren finanziellen Effekt vornehmen.

Vierter Abschnitt.

Die einzelnen Arbeitstheile zur Ermittlung des Waldertrages und zur Einrichtung des Forstbetriebes.

---

§ 40. **Übersicht derselben.** Im Bisherigen wurden einerseits die Ziele für die in der Forsteinrichtung waltende wirthschaftliche Thätigkeit erörtert, anderseits die Beschaffenheit ihres Objektes — des Ertrages — nach seiner naturgesetzlichen und mathematischen Seite hin näher untersucht. Da diese Abschnitte einer wissenschaftlichen Behandlung besonders bedürfen, um dem Anfänger die Grundlinien der Disziplin und die Richtschnur für seine spätere Thätigkeit als Taxator klar zu machen, so erhielt dieser Theil des Werkes eine verhältnißmäßig größere Ausdehnung. Dagegen soll der hier beginnende Theil, welcher die Aneinanderreihung und praktische Behandlung der einzelnen Arbeiten lehrt, wie sie zur Erreichung des vorgesteckten Zieles führen, etwas kürzer gefaßt werden. Gerade in der formalen Geschäftsbehandlung und in ihren verschiedenen Einzelheiten macht sich nämlich der administrative Einfluß der ganzen übrigen staatlichen und der Forst-Verwaltung insbesondere bemerkbar; die Normen für Vermessung, Flächenberechnung, Rechnungsführung im Forstbetrieb und Verbuchung seiner Ergebnisse ꝛc., wie sie in den verschiedenen Staaten gelten, greifen so vielfach in das Gebiet der Betriebsregelung hinüber, daß die Forsteinrichtung verschiedener Länder nur in großen Zügen sich ähnlich ist, aber in der praktischen Ausgestaltung der einzelnen Arbeitstheile oft erhebliche Abweichungen, namentlich in formeller Hinsicht zeigt. Da die amtlichen Instruktionen für Forsteinrichtungsarbeiten in Staatswaldungen, ebenso wie jene in Gemeinde- und Stiftungswaldungen in der Regel gerade die Einzelheiten der formellen Ausarbeitung anordnen und da deren Studium für jeden mit solchen Arbeiten Betrauten ohnehin unerläßlich ist, so gebe ich im Nachstehenden nur die leitenden Gedanken, welche die Ausführung und zeitliche Aufeinanderfolge der praktischen Arbeiten beherrschen, damit der Anfänger den Zweck und das Ineinandergreifen derselben verstehen und sich dadurch rasch in jeder Instruktion zurechtzufinden lernt. Zur Erleichterung dieses Verständnisses ist an einzelnen Stellen die Heranziehung des historischen Entwicklungsganges der herrschenden Ansichten und Doktrinen erforderlich; hingegen läßt sich die formelle Geschäftsbehandlung besser durch Übungsbeispiele und Berechnungen einzelner praktischer Fälle verdeutlichen, welche sich möglichst auf eigene Anschauung mittelst Exkursionen stützen sollen.

Bei der systematischen Eintheilung der Forsteinrichtungsarbeiten ist vor Allem zu bedenken, daß dieselben eine im Zusammenhange und zeitlicher Fortsetzung befindliche Reihe von Arbeiten sind, welche die Hauptaufgabe haben, einen steten Überblick über sämmtliche in einer bestimmten Forstwirthschaft wirkenden Produktionskapitalien (namentlich über Bodenflächen und Holzvorräthe) und über den Gang dieser Produktion nach Menge, Zeit und Ort zu gewähren. Wegen der unausgesetzten Veränderung, welche an diesen Größen sich vollzieht, muß aber eine zwar periodische, aber dennoch fortdauernd geübte Richtigstellung, Prüfung und Berichtigung der ursprünglich aufgestellten Forsteinrichtungsarbeiten stattfinden, wenn diese ihrem Zweck entsprechen und den wirklichen Waldzustand darstellen sollen. Selbstverständlich ist die erstmalige Durchführung einer Forsteinrichtung in Waldungen, welche zuvor gar nicht planmäßig bewirthschaftet worden sind, mit einer großen Summe von Einzelerhebungen, Messungen und Berechnungen verknüpft, von welchen ein Theil stets bleibenden Werth hat und nur theilweise kleiner Korrektionen bedarf, z. B. die Messungen und Flächenberechnungen, während die späteren Erneuerungen (Revisionen) je nach dem Umfange der inzwischen erfolgten Veränderungen bald nur geringfügige Nachträge, bald einschneidende Umgestaltungen an den erstmaligen Arbeiten darstellen. Man unterscheidet daher die Arbeiten der Neuaufstellung von Forsteinrichtungswerken von jenen der späteren Revisionen.

In den meisten deutschen Staaten sind die erstmaligen Forsteinrichtungsarbeiten schon vor mehreren Dezennien beendigt worden und Neuaufstellungen kommen daher nur ausnahmsweise vor; obgleich daher gegenwärtig die Forsteinrichtungsthätigkeit sich hauptsächlich nur in den Formen der periodischen Revisionen bewegt, so muß doch jeder Taxator und selbst jeder mit der Betriebsausführung Betraute den Aufbau der Forsteinrichtungswerke aus ihren einzelnen Arbeitstheilen kennen, um dieselben richtig verstehen und benützen zu können.

Es werden daher im Nachstehenden die einzelnen Arbeiten, welche bei Neuaufstellungen von Forsteinrichtungswerken vorkommen, mit besonderer Rücksicht auf ihre Beziehungen zum Ganzen, jedoch ohne daß die vielfach abweichenden speziellen Ausführungsbestimmungen der einzelnen Landes-Instruktionen besprochen werden.

Wie überhaupt die folgerichtige Thätigkeit des menschlichen Geistes sich zusammensetzt aus Erkenntniß, Überlegung, Wollen und Handeln, so zerfallen diese Arbeitstheile ihrem Hauptzwecke nach in:

1. Untersuchungen, welche den augenblicklich vorhandenen Zustand nach verschiedenen Gesichtspunkten hin feststellen sollen;

2. Überlegungen und Berechnungen, wie auf den so gefundenen Grundlagen der künftige Ertrag und die vortheilhafte Betriebseinrichtung ermittelt werden können;

3. Anordnung und formelle Feststellung der künftigen Wirthschaft in ihren Hauptzügen mit der verwaltungsrechtlichen Giltigkeit von Dienstesvorschriften.

4. Ausführung dieser unter gleichzeitiger Buchung des Erfolges, sowie unter Kontrole der Übereinstimmung des letztern mit den Voranschlägen.

Die unter 1. aufgeführten Arbeitstheile heißt man (nach H. Cotta und C. Heyer) die Vorarbeiten der Forsteinrichtung oder auch (nach den älteren Schriftstellern) die „Feststellung des forstlichen Thatbestandes", dagegen heißen die unter 2. und 3. genannten die Hauptarbeiten der Forsteinrichtung, während die Gruppe der unter 4. aufgeführten als Nacharbeiten bezeichnet zu werden pflegen.

Abtheilung A.

Vorarbeiten der Forsteinrichtung oder Untersuchungen der Grundlagen des Waldertrages.

Da der Ertrag einerseits von der Flächengröße und Standortsgüte der zur forstlichen Produktion dienenden Grundstücke, anderseits von der Beschaffenheit der auf diesen befindlichen Bestockung mit bestimmten Holzarten abhängt, so muß die Untersuchung dieser beiden Faktoren des Ertrages gesondert und nach verschiedenen Hinsichten erfolgen.

Man kann diese Erhebungen über die thatsächlich gegebenen Größen und Zustände der Flächen und Holzvorräthe je nach ihren Hauptaufgaben in verschiedene Kategorien abtheilen, doch ist zu beachten, daß diese Unterscheidung mehr didaktischen Zweck als praktische Bedeutung hat. Denn für den Vortrag ist es nothwendig, die einzelnen Arbeitstheile in ihrer folgerichtigen Entwicklung zu betrachten, während in der praktischen Ausführung oft zur Vermeidung von Zeitverlusten und unnöthigen Gängen mehrere der aufzuzählenden Arbeiten und Erhebungen gleichzeitig gemacht werden. Wenn daher auch der Grundsatz einer vernünftigen Arbeitstheilung in der Ausführung der einzelnen Aufgaben befolgt wird, so gebietet doch die Einheit des Zweckes eine nicht minder rationell durchgeführte Zusammenfassung und Leitung der einzelnen Thätigkeiten. Überhaupt gilt für alle Forsteinrichtungsarbeiten auch das wirthschaftliche Prinzip, daß der zu erreichende Zweck mit dem zulässig geringsten Arbeits- und Kostenaufwand angestrebt werde und daß aus den zu machenden Aufwendungen möglichst der weitestgehende Nutzen gezogen werde.

Die Vorarbeiten gliedern sich nach Vorstehendem hauptsächlich nach zwei Richtungen:

I. Geometrische Arbeiten, welche die Flächenverhältnisse des Waldes betreffen.

II. Taxatorische Arbeiten zur Ermittlung der Holzvorräthe und Zuwachsgrößen eines gegebenen Waldes.

Erstere zerfallen wieder in besondere Thätigkeiten, wie sie durch den Zweck geboten sind, nämlich:

a) Feststellung, Sicherung, Regulirung und Instandhaltung der Waldgrenzen,
b) Waldeintheilung, Flächen- und Bestandesausscheidung,
c) Vermessung,
d) Flächenberechnung,
e) Kartirung.

Die taxatorischen Arbeiten dagegen, soweit sie unter die Vorarbeiten fallen, schließen sich an die Bestandesausscheidung an und bestehen:

a) in der speziellen Beschreibung der einzelnen Bestände,
b) in Ermittlungen der Holzvorräthe in den älteren Beständen, des Materiales an Nachhiebs- und Auszugshölzern, Oberholzbäumen und dergleichen,
c) Erforschung der Zuwachsverhältnisse in den einzelnen Beständen, zuweilen in Ertragsuntersuchungen, welche die Aufstellung von Formzahlen-Übersichten, Massentafeln oder auch von lokalen Ertragstafeln eventuell die Übertragung und Anwendung von Normalertragstafeln bezwecken.

I. Geometrische Arbeiten zur Ermittlung der Flächenverhältnisse eines Waldes.

§ 41. **Die Fläche** des zur Waldeswirthschaft verwendeten Bodens ist als das wichtigste Produktionsmittel zuerst in Betracht zu ziehen und ihre genaue Begrenzung, Vermessung, Eintheilung, sowohl in räumlichem als in wirthschaftlichem Sinne bildet auch in der Praxis der

Forsteinrichtung immer den ersten und grundlegenden Arbeitstheil. Wie in der Geodäsie überhaupt, so wird auch in der Forsteinrichtung unter Waldfläche immer die Projektion eines Theiles der wirklichen Erdoberfläche auf den wahren Horizont, d. h. auf das gedachte Rotationssphäroid verstanden, wobei man für Flächen von geringerer Ausdehnung der Einfachheit halber eine Projektion auf die Ebene des scheinbaren Horizontes eintreten lassen kann. Alle geneigten Linien nnd Flächen erscheinen daher in den Vermessungen und Flächenberechnungen nur in der ihrer Horizontalprojektion entsprechenden Größe, d. h. im Verhältnisse zum cosinus des Neigungswinkels verkleinert.

Diese Flächengröße dient nicht blos als Ausdruck für die Eigenthumsverhältnisse an Grund und Boden, sondern auch als Maßstab für die Einwirkung der natürlichen Wachsthumsfaktoren des Pflanzenlebens, namentlich des Sonnenlichtes und der gesammten Nährstoffe, indem man durch eine kurze Bezeichnung der Standortsgüte mittelst einer Bonitätsskala die Verschiedenheiten dieser von Natur gegebenen Produktionsbedingungen (Klima, Boden und Lage) ausdrückt.

In jenen Staaten, welche ihre Grundsteuer vorwiegend auf die Flächengröße stützen, ist die Landesvermessung so weit durchgeführt, daß die Flächenverhältnisse des Landes durch eine zentrale Vermessungsstelle (Kataster-Kommission) bis zu einer im Maßstab von 1 : 5000 ins Detail gehenden Flurvermessung herab ermittelt und mit öffentlicher Glaubwürdigkeit festgesetzt sind. Auch für die Waldflächen sind daher in den offiziellen Flächenangaben Zahlen gegeben, die wenigstens für geschlossene in einerlei Besitz befindliche Waldtheile in summarischer Weise die Größe ausdrücken. In solchen Fällen besteht dann die Aufgabe der forstlichen Vermessung nur in der Eintheilung des Waldes nach wirthschaftlichen Grundsätzen, in der Aufnahme dieses Details und der Größenermittlung der Einzelflächen, deren Summe schließlich wieder mit den Zahlen des Katasters übereinstimmen muß. Wo diese Landesvermessung aber noch im Gange ist, muß ein Zusammenwirken der Forstverwaltung mit der Katastermessung namentlich in Hinsicht auf die Grenzsicherung und die genaue Bezeichnung der Eigenthumszugehörigkeit, sowie der aufzunehmenden Objekte im Innern der Waldungen, z. B. Abtheilungsgrenzen, Wege, Gewässer u. s. w. stattfinden. Dies war auch früher in der Regel bei der Durchführung der Landesvermessung in den jetzt schon lange eingerichteten Waldungen der Fall.

In Ländern, wo die Landesvermessung blos zu topographischen Zwecken und in einem Maßstabe von 1 : 25000 ausgeführt wurde, ist das ganze Detail-Vermessungsgeschäft in den Forsten durch besondere Forstgeometer, in anderen durch Forsteinrichtungsbeamte vorzunehmen, welche sich nur auf die Triangulirungsarbeiten der Landesvermessung stützen aber alle Detailmessungen und Flächenberechnungen selbständig vornehmen.*) Es ist dann vor allem nöthig, die Koordinaten für die wichtigsten Hauptpunkte des Waldgebietes oder die Azimuthe einiger wichtigen Linien von der Landesvermessungsstelle sich mittheilen zu lassen, um an diese mit den weiteren eigenen Messungen anzubinden und so die Forstvermessung mit aller Genauigkeit in das allgemeine Landesnetz einzufügen. Fehlen auch diese Anhaltspunkte, so muß der Forstgeometer selbständig ein trigonometrisches Netz über den zu vermessenden Wald legen und Fixpunkte mittelst sehr genauer Instrumente und Methoden einmessen — Arbeiten, zu denen schon ein erheblicher Grad von Übung und Sicherheit gehört und mit welchen nur ganz zuverlässige, geschulte Leute betraut werden dürfen.

Demnach ist die Organisation der Forstvermessung in den einzelnen Ländern verschiedenartig entwickelt, wie auch fast in jedem Lande besondere Instruktionen für dieselben bestehen, deren Besprechung hier viel zu weit führen würde. Wie nun diese Vorschriften im Einzelnen auch lauten mögen, so haben sie doch gewisse gemeinsame Grundzüge, die zu kennen auch für die richtige Auffassung der in der Forsteinrichtung so häufig wiederkehrenden Flächenangaben nothwendig ist.

§ 42. **Die Feststellung und Sicherung der Waldgrenzen.** Die territoriale Sicherstellung des Besitzes an Grund und Boden bildet eine wichtige Aufgabe jeder Forstverwaltung und sie ist namentlich für Staats- und Institutsforste schon in den Dienstesvorschriften dem ausführenden Verwaltungspersonal, sowie den Inspektionsorganen zur strengsten Pflicht gemacht. Aber auch bei den geodätischen Arbeiten der Waldvermessung bildet die Feststellung und zum Theil die Regulirung der Grenzen eine bedeutungsvolle Vorarbeit, weil bei dieser Gelegenheit alle Zweifel, Streitigkeiten und Irrthümer über den wirklichen Grenzverlauf zur Sprache kommen und endgiltig geordnet werden müssen. Namentlich muß bei dieser Veranlassung der ordnungsmäßige Zustand aller Grenzzeichen, die Offenhaltung und Übersehbarkeit der Grenzlinien und Grenzgräben untersucht werden, wobei Vorschläge für zweckmäßige Grenzregulirungen durch Tausch, Kauf oder Verkauf von kleineren Flächentheilen zulässig sind. In manchen Staaten wurde vor jeder Vermessung eine genaue Grenzbeschreibung (in Preußen Grenzregister) ausgearbeitet, welche Urkunde namentlich in Gebirgsgegenden mit ihren vielen Alplichtungen und bei parzellirtem Waldbesitze für die Sicherstellung der Grenzen sehr gute Dienste thut. Diese Beschreibung schildert nach Länge und Winkelrichtung den Zug der Grenze von Stein zu Stein,

*) Siehe hierüber: Defert, „Die Horizontalaufnahme bei Neumessung der Wälder", Berlin 1880, und Runnebaum, „Waldvermessung und Waldeintheilung", Berlin 1890.

giebt die Namen der Angrenzer an und ist in manchen Ländern von diesen letzteren zum Zeichen des Einverständnisses unterzeichnet.

Die Grenzzeichen (oder Male) sind in der Regel behauene Steine, deren Form und Dimensionen im Verwaltungswege für sämmtliche Waldungen, die im Besitze des Staates sind, vorgeschrieben ist, ebenso wie deren Zeichen und das System der Numerirung. Nur in besonderen Fällen dienen natürliche Merkmale, z. B. Felskämme, tiefe Schluchten, Gewässer oder sonstige auffallende Terrainverhältnisse als dauernde Grenzbezeichnung (sogenannte „natürliche Grenzen"); dagegen benützt man häufig als Ergänzung zu den künstlichen Marken eine Verbindung dieser durch Gräben, Trockenmauern oder Steinrücken (Raine). Die Ausführung der Grenzsteinsetzung ist in den meisten Ländern durch bestimmte Gesetzesvorschriften geregelt, namentlich ist sie nicht selten an besondere Organe verwiesen, welchen ausschließlich die Befugniß eingeräumt ist, Grenzzeichen zu setzen, während dies den angrenzenden beiden Parteien selbst untersagt ist. Die forstliche Vermarkung erstreckt sich außerdem auch noch zuweilen auf die Abgrenzung servitutbelasteter Flächen von den servitutfreien, z. B. bei Weidebezirken.

Es ist selbstverständlich, daß vor einer Detailvermessung eines Waldes die im Vorstehenden kurz angedeuteten Anforderungen, welche an eine vorschriftsgemäße Vermarkung und Grenzbezeichnung gestellt werden, an Ort und Stelle genau zu prüfen sind, damit die eingemessenen Grenzzeichen zuverlässig richtig und von den Angrenzern anerkannt sind. Besondere geometrische Vorsichtsmaßregeln müssen an veränderlichen Flußufern, Alluvionen und Inseln getroffen werden, wo in der Regel Fixpunkte auf hochwasserfreiem Terrain anzubringen sind, um von diesen aus die veränderlichen Uferlinien von Zeit zu Zeit einzumessen.

§ 43. **Die Waldeintheilung. 1. Wirthschaftsganze.** Jedes Forsteinrichtungswerk hat zum Gegenstand ein aus zusammenhängenden oder parzellirten Waldungen bestehendes Wirthschaftsganzes von gleichem Besitzstande und einheitlicher Verwaltung. Die Zutheilung ganzer Waldungen zu den verschiedenen teritorial abgegrenzten Verwaltungs- und Schutzbezirken gehört in erster Linie zur Forstorganisation und wird auch nach administrativen Gesichtspunkten behandelt, deren Theorie in die Disziplin der Forstverwaltungslehre gehört. Die Forstvermessung und auch die Forsteinrichtung nehmen hiervon nur Notiz als von gegebenen Verhältnissen, indem erstere die Grenzen der Verwaltungsbezirke in die Vermessungswerke mit aufnimmt, während letztere die Forsteinrichtungswerke auf eine Einheit gründet, die mit den Verwaltungseinheiten (Oberförsterei, Revier, Forstamt u. D.) womöglich zusammenfällt. Solche Bezirke, auf welche sich ein Forsteinrichtungswerk bezieht, heißen in der Terminologie der Forsteinrichtung: „Wirthschaftsganzes" oder auch „Komplex".

Wenn auch die Verwaltungsbezirke sich in der Regel mit dem Begriff „Wirthschaftsganzes“ decken, so kommen doch auch Ausnahmsfälle vor, wo mehrere Reviere zu einem Wirthschaftsganzen vereinigt werden, wenn die Absatzverhältnisse eine gegenseitige Ergänzung in den Fällungsergebnissen wünschenswerth erscheinen lassen, z. B. in gemeinsamen Triftgebieten oder wenn die Altersklassenverhältnisse der einzelnen Reviere für sich allein betrachtet abnorm sind, während dieselben für die Gesammtheit der Reviere sich in wünschenswerther Weise ausgleichen. Die Vereinigung bietet dann für die Einrichtung einer Nachhaltswirthschaft solche Vortheile, daß sie in mehreren großen Waldkomplexen thatsächlich seit langer Zeit durchgeführt ist. —

2. Forstorte. Die Wirthschaftsganzen werden zunächst abgetheilt in Forstorte, worunter man solche Flächengruppen versteht, die innerhalb des Wirthschaftsganzen aus historischen oder aus Rücksichten für die Schutzbezirkbildung und anderen zusammengelegt sind und territoria abgegrenzte Figuren darstellen. In Süddeutschland, z. B. Bayern, Württemberg, heißen die Forstorte Distrikte, in Norddeutschland tritt an deren Stelle der Block. Beide Benennungen bedeuten jedoch durchaus nicht identische Begriffe. Denn der preußische „Block“ oder „Hauptwirthschaftstheil“ ist gewissermaßen eine räumlich zusammenhängende, abgegrenzte Betriebsklasse, da für jeden Block eine besondere Nachhaltswirthschaft eingerichtet und ein besonderer Etat berechnet wird, theils wegen der Sicherung des Bedarfes verschiedener Gegenden, theils wegen Verschiedenheiten in den Betriebsarten, in der Servitutenbelastung oder auch wegen annähernder Ausgleichung in der Arbeitsvertheilung auf die Schutzbezirke. Hingegen ist der in den süddeutschen Waldungen ausgeschiedene Distrikt nur eine auf historischer Überlieferung oder auf Terrainverschiedenheiten zuweilen auf anderen dauernden Unterschieden der Bewirthschaftung begründete Zusammenfassung der Fläche eines größeren Waldtheiles, oder auch jede isolirte Parzelle.

Innere Gründe der Forsteinrichtung selbst für die Nothwendigkeit der Bildung von Distrikten bestehen nicht, wohl aber haben sie eine Bedeutung für die Erhaltung der alten Benennungen von Waldtheilen, um den Zusammenhang mit ehemaligen Verträgen, gerichtlichen Entscheidungen und anderen Urkunden zu erhalten und zugleich, um im laufenden Dienstesbetrieb, namentlich bei Verwerthung der Forstprodukte, ortsbekannte Bezeichnungen anwenden zu können, sowie um die Übersichtlichkeit in Flächen- und Ertragszusammenstellungen zu erleichtern. In den Karten- und Forsteinrichtungswerken bezeichnet man die Distrikte mit römischen Ziffern nnd mit stehender lateinischer Schrift.

3. Orts-Abtheilungen. Aber erst die Abtheilung bildet die eigentliche Einheit der wirthschaftlichen Waldeintheilung, indem diese die kleinste dauernd ausgeschiedene und bezeichnete Wirthschaftsfigur darstellt. Synonym hierfür wird in Norddeutschland die Bezeichnung „Distrikt" für Abtheilungen mit unregelmäßiger, z. B durch das Terrain bedingter Begrenzung gebraucht, während „Jagen" eine durch gradlinige und sich rechtwinklig schneidende Gestelle abgegrenzte Wirthschaftsfigur bedeutet. In der Litteratur findet sich zuweilen auch der Ausdruck „Ortsabtheilung" zur präziseren Unterscheidung einer dauernd abgegrenzten Abtheilungsfläche von einer lediglich durch die wechselnden Bestockungsverhältnisse bedingten „Bestandesabtheilung" (nach C. Heyer).

In Deutschland und Österreich besteht fast überall eine solche dauernde, durch meist 3 bis 5 m breite aufgehauene Linien, Wege oder natürliche Merkmale des Terrains markirte Eintheilung in ständige Wirthschaftsfiguren, weil der daselbst vorherrschende Hochwaldbetrieb und die langsam fortschreitenden natürlichen Verjüngungen es wünschenswerth machen, eine Anzahl Jahresschlagsflächen zusammenzufassen und in der auf der ganzen Fläche stockenden Masse des Vorrathes während ebenso vieler Jahre die Fällungen in der Art vorzunehmen, wie es die waldbaulichen Regeln verlangen. Hingegen werden in Frankreich bei der Waldeintheilung nur die zur Zeit gegebenen Unterschiede in der Bestockung und Bestandesbeschaffenheit ausgeschieden (sog. Parcelles), während ein dauerndes Eintheilungsnetz fehlt. Hierzu mag vorzüglich der daselbst weit verbreitete Mittel- und Niederwaldbetrieb beigetragen haben, weil er die Flächenwirthschaft begünstigt und Veranlassung gab, die Jahresschläge, wenn auch mit Modifikationen auf den Hochwaldbetrieb überzutragen,

Auch in Deutschland war lange Zeit die Jahresschlagfläche das Hilfsmittel zur Sicherung der Nachhaltigkeit, denn man findet diese schlagweise Waldeintheilung oder „einfache Flächentheilung" schon um die Mitte des 12. Jahrhunderts im Erfurter Stadtwald urkundlich erwähnt und später an vielen Orten thatsächlich durchgeführt. Auch die ersten Verbesserungen der Forsteinrichtungsmethoden, die Proportionalschläge beruhten noch auf der Einmessung von Jahresgehauen, deren Flächengrößen verkehrt proportional zu ihrem Ertragsvermögen gebildet wurden. Der Nachtheil dieser Jahresschlageintheilung lag vor Allem in der zu großen Zahl von geometrisch festzulegenden Linien, die den Wald meistens in schmale lange Streifen zerlegen sollten, dabei die Bestände oft in der ungünstigsten Weise zerrissen und überdies unmöglich dauernd in Stand zu erhalten waren, weil sie nicht die natürlichen Terrain- und Standortsunterschiede umfaßten, auch nicht durch ein Schneißensystem, sondern nur durch schmale durchfluchtete Linien und hölzerne Pflöcke in ziemlich provisorischer Art bezeichnet wurden. Durch Verwachsen der Linien und Verwesung der Pflöcke verschwand daher wenigstens im Hochwalde die geometrische Schlageintheilung — das Werk langer mühsamer Arbeiten — meistens in kurzer

Zeit. Außerdem vertrug sich eine derartige Zerreißung in einzelne Schlagflächen durchaus nicht mit den Anforderungen des Waldbaues bezüglich der Benützung von Samenjahren und der Beibehaltung eines Schirmbestandes in den Lichtungshieben. Da man ohnedies für eine geregelte Abfuhr der Forstprodukte, sowie für die Zwecke der Jagd offene Linien nothwendig hatte, welche zugleich auch als ständige Trennungsstreifen zur rechtzeitigen Isolirung von ausbrechenden Waldbränden eine besondere Bedeutung für die Nadelholzwaldungen hatten, so wurde nach Hennert's Vorbild in Deutschland allgemein das System einer dauernden Abgrenzung der Abtheilungen (bezw. der Jagen) durch ein Netz von holzleer zu haltenden Linien (die „Gestelle" oder „Schneißen") eingeführt. Hierdurch erhält die ganze Forsteinrichtung erst jenen dauernden Charakter, der sie befähigt, dem langsam fortschreitenden Fällungsbetriebe eine sichere taxatorische Grundlage zu geben, sowie die Verrechnung, Verbuchung und Statistik der Erträge auf eine genügend gesicherte Flächenausscheidung und Ortsbezeichnung zu basiren.

Allerdings ging die Forsteinrichtung anfangs etwas allzu schablonenhaft vor, indem sich der Grundsatz geltend machte, daß jede Abtheilung (Jagen) durch die Wirthschaft früher oder später in eine ganz gleichmäßige Bestockung übergeführt und namentlich bei der Verjüngung möglichst gleichzeitig in Angriff genommen werden müsse. Diese sogenannte „Bestandeskonsolidirung" galt längere Zeit hindurch als eines der wichtigsten Ziele der Betriebsregelung, obwohl dieselbe oft nur durch beträchtliche Opfer an Zuwachs und durch Verzicht auf eine spekulative Geldwirthschaft erreicht werden konnte. Wenn daher auch diese übertriebene Sucht nach Gleichgestaltung der Bestockung jeder Abtheilung ihre Entschuldigung in dem lebhaften Bestreben der Forstwirthe am Ende des 18. Jahrhunderts findet, die weithin eingerissene Unordnung planloser Holzhauerei, sowie der maßlosen Servitut- und Weideberechtigungen durch Übergang vom plänterweisen Betrieb zum schlagweisen Hochwald zu beseitigen, so ist doch in vielen Gegenden dieses Prinzip auf die Spitze getrieben worden und hat durch diese Übertreibung Nachtheile gezeitigt, welche als Gegenwirkung in jüngster Zeit eine vielfache Bekämpfung der „Schablonenwirthschaft" hervorriefen, zumal da, wo letztere den Kahlschlagbetrieb begünstigt hatte. Obgleich daher zugestanden werden muß, daß eine bessere Individualisirung der einzelnen Bestandesformen und eine stärkere Betonung der Rentabilitätsrücksichten ihre volle Berechtigung haben, so ist doch anderseits anzuerkennen, daß sich beide Rücksichten mit der Beibehaltung einer dauernden Waldeintheilung wohl vereinigen lassen. Letztere hat aber, wenn sie richtig ausgeführt wird, ebenfalls wichtige Vorzüge, die hauptsächlich im Folgenden bestehen:

1. In der rationellen Erschließung aller Waldtheile für den Verkehr, und der Ermöglichung eines geordneten Forstbetriebes überhaupt.

2. Der Sicherung einer regelrechten Angriffsrichtung und Hiebsfolge, sowie Ausbildung von Waldmänteln auf der Sturmseite.

3. Der leichteren Bekämpfung von Waldbränden (namentlich von Bodenfeuern) und der Isolirung der einzelnen Bestände von einander, welche

4. analog auch bei gewissen Insektengefahren die Eingrenzung des Schadens erleichtert.

5. In der Sicherung der Grundlagen des Forsteinrichtungswerkes, der Flächenberechnungen und Taxationen, sowie in der leichtern Kontrole derselben durch eine zuverlässige Verbuchung der Betriebsergebnisse.

6. In der Übersichtlichkeit des ganzen Forstbetriebes und der Ortsbezeichnungen, die namentlich eine raschere Orientirung und eine gleichmäßigere Arbeitsfortsetzung bei Personalwechsel ermöglicht, sowie die Inspektion und Materialkontrole wirksamer macht.

7. In der Förderung des Forstschutzes und der Jagdausübung.

Die **Größe**, welche man den Abteilungen geben will, hat einen wesentlichen Einfluß auf die Erreichung des angestrebten Zieles, hängt aber eng mit den gesammten wirthschaftlichen Verhältnissen zusammen, so daß es für jede Kombination derselben ein gewisses Optimum der Flächengröße giebt, dessen Überschreitung nach oben wie unten Nachtheile mit sich bringt. Als allgemeine Maxime ist festzuhalten, daß in Nadelholzwaldungen die Abtheilungen kleiner zu formiren sind, als in Laubholzgebieten, weil in ersteren die Sicherung gegen Sturm- und Feuerschaden ungleich wichtiger ist, als in letzteren; ferner gebietet der langsamere Gang der natürlichen Verjüngung in Buchenbeständen (und auch in Weißtannen) die Zusammenfassung einer größeren Anzahl von ideellen Jahresschlagflächen zu einer Wirthschaftsfigur, damit die Wirthschaft sich leichter dem periodischen Eintritt der Samenjahre anpassen kann. Außerdem beeinflussen die Terrainverhältnisse und der oft durch sie bedingte Abstand der Wege die Größe der Abtheilungen. Unter einfachen, gleichartigen Verhältnissen macht man dieselben kleiner als im Gebirge, in welchem die natürliche Ausformung des Geländes meistens zwingend auf die Waldeinteilung einwirkt.

Seit G. L. Hartig, welcher als wünschenswertheste Flächengröße der Abtheilungen 40 bis 50 Hektar vorschlug, hat sich allmählich die Tendenz nach einer Verkleinerung namentlich der Minimalflächen fast allenthalben bemerkbar gemacht. So werden gegenwärtig in Preußen die Wirthschaftsfiguren im Buchenhochwalde nicht leicht größer als 30 Hektar gemacht, im Kiefernwalde im Mittel nicht über 25 Hektar, dagegen geht man in Fichtenwaldungen noch unter 20 Hektar herab. Auch in Bayern wurden bei der erstmaligen Forsteinrichtung, zumal in

Laubholzwaldungen Abtheilungen gebildet, welche ganze Berghänge von 70 bis 90 Hektar Flächenausdehnung umfaßten. Dabei stellte sich aber heraus, daß diese zu großen Wirthschaftsfiguren die Betriebsführung erschweren, weil sie zu wenig Anhiebsräume bieten und zu geringen Hiebswechsel gestatten, daher die zweckmäßigste Verjüngung hindern. Außerdem wurde die Altersstufenfolge schwerfällig, da die Aneinanderreihung ausgedehnter gleichalteriger Bestandesformen — namentlich der haubaren — erhöhte Sturmgefahr und manche andere Übelstände im Gefolge brachte. Besonders in Gebirgsgegenden machte sich die Trennung der rauhen höheren Lagen von den milderen Thallagen durch annähernd horizontale Linien als nothwendig geltend, um den gleichmäßigen Gang der Verjüngungen zu sichern. Zahlreiche Hangwege wurden daher im Verlaufe der Zeit zur Zerlegung von allzu großen Abtheilungen benutzt und in den Nadelholzforsten der Ebene ging man auf Flächengrößen von durchschnittlich ca. 17 Hektar in Quadrat- oder Rechteckform herunter. Im Allgemeinen sucht man die Flächengröße der Abtheilungen mit dem Verjüngungsbetrieb in eine gewisse Verbindung zu bringen, indem man die von G. L. Hartig gegebene Vorschrift befolgt, daß jede Abtheilung durchschnittlich in einer Wirthschaftsperiode verjüngbar sein soll. Dabei ist das Bestreben auf annähernde Gleichstellung der Flächengrößen der einzelnen Abtheilungen gerichtet, wenigstens sollen extreme Abweichungen in den Flächengrößen vermieden werden.

Für die Forsteinrichtung haben zu große Abtheilungen außerdem noch den Nachtheil, daß sie öfters ungleichartige Standorte und Expositionen umfassen, welche nicht nach einerlei Umtriebszeit bewirthschaftet werden können, sondern besser an zwei verschiedene Betriebsklassen zugetheilt werden. Ferner erschweren dieselben die Nachhaltswirthschaft insofern, als die periodenweise Ausgleichung der Flächen und Erträge in den Wirthschaftsplänen nicht leicht zu erreichen ist. Namentlich aber tritt bei zu großen Abtheilungen in der Regel eine Erschwerung in der Ausbringung des Holzes an die Linien und Abfuhrwege ein, so daß der Betrieb durch hohe Rückerlöhne vertheuert wird.

Es läßt sich indessen nicht leugnen, daß man in manchen Staaten in der Verkleinerung der Abtheilungsflächen wiederum zu weit gegangen und so in das entgegengesetzte Extrem verfallen ist. Verschwendung an Fläche, welche dauernd der Produktion entzogen wird, Öffnung der Bestände für den Wind und infolgedessen Aushagerung und Vertrocknen des Bodens werden in solchen Fällen den allzu detaillirten Waldeintheilungen mit Recht vorgeworfen. Am wenigsten verträgt sich eine zu kleine Flächengröße der Wirthschaftsfiguren mit der Plänterwirthschaft und mit plänterartigen Betriebsformen, weshalb sich auch die neuere Richtung des Waldbaues entschieden gegen eine zu weit getriebene Zersplitterung der Abtheilungsflächen wendet. In den eigentlichen Plänterwaldungen der höheren Lagen des Hochgebirges sind Abtheilungen mit 90—100 Hektar Größe keine Seltenheit.

Die **Form der Abtheilungen** wird von zwei Hauptgesichtspunkten bestimmt:

A. In der Ebene und dem sanften Hügellande sind fast nur regelmäßige geometrische Figuren, womöglich mit sich rechtwinklig kreuzenden Linien (Quadrate und Rechtecke) im Gebrauch, weil sowohl der Transport die gerade Linie als kürzeste fordert, als auch durch sie allein eine Übersichtlichkeit in die monotone Endlosigkeit ausgedehnter Waldmassen in ganz gleichförmigen Ebenen gebracht wird. Wo jeder erhöhte Aussichtspunkt fehlt, bieten allein die geradlinigen Gestelle mit ihren Nummern ein sicheres und Jedermann verständliches Orientirungsmittel, sowie sie die eigentliche Erschließung aller Theile des Waldes für den Verkehr bewirken. Dabei ist die Frage, ob wegen besserer Verhütung von Sturmschäden die Hauptrichtung der Linien mit der Mittagslinie zusammenfallen oder ca. in einem Winkel von 45° gegen diese geneigt sein solle, worüber wir schon in § 12 auf Seite 97 u. ff. das Nähere mitgetheilt haben. Freilich ist zuweilen diese Wahl nicht mehr ganz frei, indem bereits bestehende Straßenzüge oder die ganze Form des einzurichtenden Waldtheils (namentlich bei Waldparzellen) die Richtung der Linien beeinflussen.

Eine andere Frage ist die, ob die Form des Quadrates oder des Rechteckes gewählt werden soll. Für die Ersparung an Rückerlöhnen in einem Schlage sucht man die Linien so nahe zusammenzulegen, daß die Maximal-Entfernung vom Mittelpunkt des Quadrates bis an den Umfang den Transport des Holzes ohne besondere Lohnvergütung noch zuläßt. Denkt man sich nun mehrere solcher Quadrate in einem Streifen neben einander gelegt, so können die Zwischenlinien ohne jeden Nachtheil wegfallen, da die Entfernung von der halben Höhe in dem entstandenen Rechteck bis zu dessen Langseiten nirgends die gestattete Maximalgröße übersteigt. In der Rechteckform wird daher der gleiche Vortheil der billigen Holzausbringung aus den Schlägen mit einem viel geringeren Aufwand an Schneißenlänge erreicht, wobei selbstverständlich an produktiver Fläche gewonnen wird.

Aber selbst wenn man sich zu Gunsten der Rechteckform entschieden hat, ist noch zu erwägen, ob es vortheilhafter sei, die Langseite oder die schmale Rechteckseite der Sturmrichtung entgegenzustellen. In Fichtenwirthschaften pflegt ausnahmslos die Langseite auf die Sturmrichtung rechtwinklig gestellt zu werden, damit die Schlagflächen in Form langer schmaler Absäumungen dem Wind entgegengeführt werden können. Dagegen befürworten Manche für Kiefernwirthschaften, daß die Schmalseite gegen Westen gerichtet sein soll, um den Seitenschutz bei einem

Angriffe von N her besser auszunützen und die Holzabfuhr auf die von O nach W führenden „Hauptbahnen“ zu verlegen. Bei nassem, sumpfigem Terrain läßt man womöglich die Hauptabfuhrlinien parallel zu den Hauptentwässerungsgräben ziehen; dagegen werden zuweilen diagonal zu dem Abtheilungsnetz besondere „Hauptkreuzbahnen“ eingelegt, wenn die gegebene Abfuhrrichtung sich mit der durch die Sturmrichtung bedingten Orientierung des Schneißennetzes nicht in unmittelbare Übereinstimmung bringen läßt. Solche Kreuzbahnen sind in Figur 137 dargestellt.

B. Im **Gebirge** hängt dagegen die Form der ständigen Wirthschaftsfiguren hauptsächlich von der Terraingestaltung ab, weil einerseits die Standortsverhältnisse, welche eine gleichartige Bewirthschaftung einer Fläche zulassen, innig mit der absoluten Höhenlage, sowie mit der Himmelsrichtung, dem Neigungsgrad und den Kanten der Gehänge zusammenhängen, anderseits aber die Transportverhältnisse eine womöglich auf Nivellements gestützte Anlage der Linien verlangen. Als wichtigste Prinzipien der Abtheilungsbildung im Bergland sind daher folgende drei zu beachten:

1. Ausscheidung von solchen Flächen, welche durch Lage und Bodenbeschaffenheit — also durch die **dauernden, natürlichen Faktoren der Standortsgüte** — zu einer gleichartigen wirthschaftlichen Behandlung geeignet sind.

2. Begrenzung dieser Flächen durch Linien, welche den **für die Holzabfuhr geeignetsten Verlauf** haben; mindestens sollen die dem Terrain nach höhere und die tiefere Abtheilungslinie in das Wegsystem passen.

3. Anordnung der Figuren in einer solchen Orientirung zur Himmelsrichtung, daß die Sicherung der Bestände gegen Sturmschaden am besten garantirt wird (siehe S. 98).

ad 1. Wollte man die Abtheilungen blos nach der jeweiligen Beschaffenheit der Holzbestände bilden — also eine sogenannte Parzellenbildung im Sinne der in Frankreich üblichen Waldeintheilung schaffen, so würde der Werth einer solchen nur vorübergehend sein, da außer den jährlichen Fällungen auch noch jeder Sturmschaden, jeder Schneedruck, Feuer und Insekten und sonstige Kalamitäten Veränderungen an den so geschaffenen Wirthschaftsfiguren hervorbrächten. Alle Meßoperationen, Flächenberechnungen und Kartirungsarbeiten würden daher nur Ergebnisse von ephemerer Bedeutung liefern; bei dem Mangel an feststehenden Begrenzungen im Waldesinnern wäre demnach das ganze Wirthschaftsnetz in beständigen Verschiebungen aller seiner Theile begriffen, womit sich weder die Vorausberechnung künftiger Erträge noch die statistische Buchung der wirklich erfolgten vereinbaren ließe. Bei dem Fehlen dauernder Ortsbezeichnungen würde ferner die Verständigung mit den Holzkäufern und den Waldarbeitern äußerst erschwert, während die Forstrechnung wegen der fast von Jahr zu Jahr sich verändernden Einzelflächen keine vergleichbaren Ergebnisse liefern würde. Da sich aber anderseits schon aus taxatorischen Gründen die Nothwendigkeit ergiebt, die wirkliche Flächengröße der augenblicklich vorhandenen Holzbestände zu ermitteln, so hilft man sich nach dem in Deutschland eingeführten System dadurch, daß die Abtheilungsflächen nur die annähernde Gleichartigkeit der dauernden natürlichen Wachsthumsfaktoren umfassen, während die augenblicklich bestehenden Bestockungszustände als „veränderliches Detail" innerhalb des festen Rahmens des „ständigen Wirthschaftsnetzes" ausgeschieden und periodisch nachgemessen werden. Deshalb wird in Gebirgswaldungen die Himmelsrichtung und Neigung der Gehänge (Exposition) nächst der absoluten Höhenlage und der geognostischen Beschaffenheit der Gesteine ganz besonders zur Abtheilungsbildung Veranlassung geben; denn der Unterschied zwischen der „Sonnenseite" (SO—NW) und der „Schattseite" der Berge ist in der Holzartenvertheilung und der ganzen Produktionsfähigkeit der Standorte meistens augenfällig ausgeprägt. Zudem äußern die übrigen Terrainverhältnisse, d. h. die Hochrücken, vorspringenden Kanten, Hochplateaus, sowie die Kesselbildungen, Thalwindungen, Schluchten und Mulden 2c. meistens ihren unverkennbaren Einfluß auf das Gedeihen, den Ertrag und die Gesundheit der daselbst erwachsenden Bestände. Die Abtheilungsbildung im Gebirge muß sich daher auf eine genaue Kenntniß der hydrographischen, orographischen und geologischen Verhältnisse des Gebietes stützen, so daß die Benützung alles vorhandenen Kartenmateriales (an topographischen, geognostischen und Katasterkarten), sowie dessen Ergänzung durch selbständige Terrain-Untersuchungen, namentlich durch systematische Aufnahmen von Horizontalkurven anzurathen ist, wozu die eigene Anschauung und Durchgehung aller Flächentheile ergänzend hinzutritt.

Aus dem Gesagten folgt, daß die Gestalt der so entstehenden Abtheilungen hauptsächlich durch die Terrainbildung bedingt wird, indem z. B. an einem kegelförmigen Berge keine rechtwinkligen Figuren, sondern solche entstehen müssen, welche passende Theilstücke eines Kegelmantels sind, also trapezähnliche Segmente des letzteren. In trichterförmigen und kesselförmigen Thälern verjüngen sich die Trapeze von oben nach unten hin; dagegen gestatten langgestreckte, gleichmäßig abdachende Höhenzüge Figuren von Parallelogramm- und Rechteck-Gestalt.

ad 2. Die Forderung, daß die Abtheilungsgrenzen so viel als möglich für den Transport der Forstprodukte benützbar sein sollen, führt zu einer thunlichsten Vereinigung des wirthschaftlichen Eintheilungsnetzes mit dem Waldwegnetze überhaupt. Schon die Rücksicht auf Ersparung an Fläche nöthigt dazu, nicht mehr Waldfläche der Produktion dauernd zu entziehen, als unbedingt nothwendig ist; dieselbe verbietet demnach, daß zwei gesonderte Netze ganz unabhängig von einander zur Durchführung gelangen. Wo daher ein Waldeintheilungsnetz neu entworfen wird und keine kostspieligen Wegbauten schon fertig vorhanden sind, sucht man wenigstens diejenigen Linien, welche der Natur der Sache nach für den Holztransport Bedeutung bekommen werden, in ein durchdachtes und auf Nivellements oder sonstige technische Vorarbeiten gegründetes Netz von Haupt- und Nebenwegen zu vereinigen.

In den ersten Dezennien des 19. Jahrhunderts wurden im Allgemeinen die Waldeintheilungen auch in den Gebirgswaldungen vielfach mit einer übertriebenen Vorliebe für gerade Linien und mit einer Vernachlässigung der Gefällsverhältnisse ausgearbeitet. Es erklärt sich dies wohl aus dem damaligen Zweck der Waldeintheilung, brauchbare Linien für die Vermessung und Kartirung zu liefern. Infolgedessen wurde über den Wünschen des Geometers der mindestens ebenso berechtigte Gesichtspunkt des Ingenieurs ganz zurückgesetzt und es wurden Liniennetze geschaffen, die sich auf der Karte zwar sehr schön ansehen, aber für die Transportverhältnisse meistens ganz ungeeignet sind. Man unterschied damals noch nicht eingehend genug zwischen den so wesentlich abweichenden Anforderungen, die man an das wirthschaftliche Eintheilungsnetz im gebirgigen Terrain gegenüber jenem in der Ebene und im schwachen Hügellande zu stellen hat. Diese älteren Eintheilungsnetze zeigen meistens Rückenlinien auf dem Kamme der Wasserscheiden und darauf womöglich senkrecht stehende Linien des stärksten Gefälles, welche bis zur unteren Wald- bezw. Distriktgrenze herabziehen, zuweilen auch reine Terrainlinien (Schluchten 2c.).

In der Litteratur hat aber schon frühzeitig C. Heyer auf die Bedeutung der Nivellements und Wegprojektirungen für die richtige Ausführung der Waldeintheilung hingewiesen; auch die bayerische Forstkartirungs-Instruktion vom Jahre 1833 bestimmte, daß die zur Begrenzung der Abtheilungen dienenden Linien vor dem Aufhauen rektifizirt und mit dem Wegnetz in Übereinstimmung gebracht werden sollen. Im Großherzogthum Hessen wurden namentlich auf Veranlassung von Oberforstdirektor Bose und Forstmeister Neidhardt umfangreiche Wegenetze für die im oberhessischen Berglande gelegenen Reviere ausgearbeitet, wie auch Württemberg, Baden und einzelne schweizer Forstverwaltungen sich eingehend mit systematisch gegliederten Waldwegebauten beschäftigten. Eine etwas veränderte Richtung bekamen in neuerer Zeit diese Bestrebungen durch die in großem Maßstabe betriebenen Waldeintheilungen und Wegenetz-Projektirungen in der preußischen Provinz Hessen-Nassau, wo Forstmeister Kaiser ca. 160000 Hektar Staatswaldungen nach dem Prinzip einer möglichst weit getriebenen Vereinigung der wirthschaftlichen Waldeintheilung mit dem Wegbaunetze einrichtete, während gleichzeitig in den Provinzen Schlesien und Hannover durch Forstmeister Runnebaum und Mühlhausen Waldnetzlegungen zur Ausführung gelangten, welche Anlaß gaben zur litterarischen Darstellung der dabei befolgten Grundsätze.*)

Indem hier bezüglich der technischen Arbeiten einer Wegprojektirung und Waldwegnetz-Anlage auf die zitirten Werke verwiesen wird, soll nur die wirthschaftliche Waldeintheilung in ihrer Beziehung zum Wegnetze noch näher betrachtet werden.

Bekanntlich theilt man die Waldwege nach ihrer Bedeutung für den Verkehr und die Frequenz durch Fuhrwerke ein in Hauptwege und Nebenwege, welche zuweilen wieder in Klassen abgetheilt werden, je nachdem sich ihre Konstruktion entsprechend der Abnutzung unter gewisse Typen einreihen läßt, z. B.

Hauptwaldwege	I.	Klasse	mit Grundbau bei einer Breite von 6—7 Metern,
"	II.	"	" " " " " " 4—5 "
Nebenwege	III.	"	ohne Grundbau, blos planirt, mit Seitengräben,
"	IV.	"	Gestellwege (Schneißen) ohne Seitengräben.

Welche Normen für die einzelnen Kategorien von Wegen auch aufgestellt sein mögen, so wird man immer nur die für den allgemeinen Verkehr und die ständige Verbindung von Orten benützbaren Wege in die I. Klasse setzen und hierzu alle Staats- und Distriktsstraßen rechnen, deren Anlage und Unterhaltung in der Regel nicht der Forstverwaltung unterstellt sind. Dieselben bedingen aber im Verein mit der Terraingestaltung häufig geradezu den Charakter des ganzen oder wichtiger Theile des Waldwegenetzes, ob es nämlich vorwiegend aus Thalstraßen oder Hochstraßen oder aus Steigen bestehen wird. Im eigentlichen Gebirgslande sind die meisten wichtigen Straßenzüge womöglich Thalstraßen, auf welche daher alle übrigen Waldwege schließlich ausmünden müssen; hingegen ist durch die geologische Beschaffenheit vieler Gebiete eine vorwiegende Entwicklung der Plateauform, der Hochrücken und der Hochebenen gegeben, welche die Ausbildung von Hochstraßensystemen, oft in Verbindung mit Steigen begünstigen.

---

*) Die ältere Litteratur über diesen Gegenstand ist enthalten in:
E. Braun: „Über die Anlage von Schneisensystemen". 1855.
Derselbe: „Die forstliche Grundeintheilung". 1871.
C. Scheppler: „Nivelliren und Waldwegebau". 1863.
Kaiser: „Bericht über die VIII. Versammlung deutscher Forstmeister zu Wiesbaden". 1879.
C. Mühlhausen: „Das Wegenetz des Lehrforstreviers Gahrenberg". 1876.
Auch Schuberg: „Der Waldwegebau und seine Vorarbeiten", 1873 und 1875, H. Stötzer: „Waldwegebaukunde", 1873 und 1877, Crug: „Anfertigung forstlicher Terrainkarten", 1878, Runnebaum: „Waldvermessung und Waldeintheilung", Berlin 1890, und H. Martin: „Wegnetz, Eintheilung und Wirthschaftsplan in Gebirgsforsten", Minden 1882, gehören zu der neueren, hierauf bezüglichen Litteratur.

Die Wege II. Ordnung kommen dann meistens nur als wichtige Zubringer zu ersteren, oft aber auch zur selbständigen Erschließung von Thälern oder entlegeneren Waldtheilen in Betracht, sie bilden im Verein mit jenen I. Klasse die Hauptadern für das Waldwegenetz. Beide Klassen von Wegen sind somit fast ausschließlich durch Rücksichten auf die möglichst rasche, billige und sichere Beförderung des Verkehrs bestimmt, und wenn sie auch zur Waldeintheilung Benützung finden, so kann doch bei ihrer Anlage hierauf kein besonderer Bedacht genommen werden.

Anders verhält es sich mit den Nebenwegen, die wegen ihrer geringeren Frequenz und weil sie oft nur einige Wochen im Jahre stärker in Benützung stehen, eine leichtere Bauart, meistens ohne Grundbau und kleinere Breite erhalten. Diese sind stets in viel größerer Anzahl herzustellen, sie verästeln sich von den Hauptadern aus bis in die kleineren Terrainabschnitte und erschließen in systematischem Zusammenwirken die einzelnen Holzbestände dem Verkehr. Je weniger sich die Nebenwege der Kunstbauten aus Sparsamkeitsgründen bedienen dürfen, desto mehr müssen sie sich den Terrainverhältnissen anschmiegen, so daß deren Anlage mit der Abtheilungsbildung gerade in diesem Punkte der geschickten Geländebenützung zusammentrifft. Auch diese Nebenwege (III. und IV. Klasse) können theils als Thalwege, theils als Rückenlinien, als Plateaurand- oder als Hangwege unterschieden werden; sie durchziehen ferner das Terrain oft in Form von Steigen, überschreiten die Einsattelungen und Pässe der Wasserscheiden, zuweilen bilden sie auch Verbindungslinien von fast horizontalem Verlauf, um die Kuppen und Grate. In dieser hier nur angedeuteten Mannigfaltigkeit der Nebenwege liegt die Möglichkeit ihrer Verwendung als dauernde Grenzlinien für Abtheilungen, welche im Berglande nach den schon erörterten Rücksichten ausgeschieden werden sollen. Auch hierfür giebt es kein allgemeines Rezept, sondern es muß durch sorgfältige Erforschung des Terrains (am besten durch Aufnahme von äquidistanten Horizontalkurven) und durch gründliche Überlegung gefunden werden, ob Rückenlinien oder die Thallinien besser in die Hauptadern einmünden, ob die Gehänge so lange sind, daß sie durch einen oder mehrere Hangwege zerlegt werden müssen und ob die vorhandenen Standortsverschiedenheiten durch eine geeignete fahrbare Linie trennbar sind oder nicht. Dabei sollte immer der leitende Grundsatz sein, daß die Wege nicht der Waldeintheilung halber gebaut werden, sondern zum Zweck der Kostenersparung am Holztransport und an den Rückerlöhnen. Die Rücksichten auf den finanziellen Effekt der Wegebauten namentlich auf ihre günstige Verzinsung durch Wertherhöhung des Holzes, sowie ihre baldige Amortisation durch obige Ersparnisse muß in erster Linie stehen; dagegen spielt ihre Verwendung zu Forsteinrichtungszwecken nur eine geringere finanzielle Rolle. Man bedient sich der ohnehin nothwendigen Weganlagen, um nicht noch ein zweites Eintheilungsnetz daneben haben zu müssen, und opfert lieber etwas an der Gleichmäßigkeit der Abteilung, an der Regelmäßigkeit ihrer Form. Indessen beschränkt sich die Verwendung der Wege zu Abtheilungsgrenzen sehr oft nur auf zwei Seiten der Figur, welche gerade mit einem Randwege, einem Thal- oder Hangwege zusammenfallen können; die übrigen Abgrenzungslinien lassen sich dagegen in den meisten Fällen nicht in das Wegnetz hineinpassen, sondern fallen mit irgend einem natürlichen Abschnitt des Terrains (Schlucht, Einbiegung, Vorsprung 2c.) zusammen, oder sie müssen durch eine künstliche Trennungslinie in der Richtung des stärksten Gefälles gebildet werden.

Die Durchführung eines Waldeintheilungsnetzes mit lauter nivellirten Linien ist schon aus dem einen Grunde in der Regel undurchführbar, weil die Schnitte dieser Linien viel zu spitze Winkel liefern würden, sowie wegen der meistens höchst ungünstigen Zwickelform der hierdurch entstehenden Figuren, welche weder passende Anhiebslinien, noch geeignete Bestandesränder und Waldmäntel gewähren, und überhaupt der Hiebsführung um so mehr Schwierigkeiten in den Weg legen, wenn sie die haubaren Bestände dem Winde öffnen. Man findet deshalb in den nach neueren Grundsätzen gebildeten Waldeintheilungsnetzen meistens eine zweckentsprechende Vereinigung von Linien, welche Theile eines Wegzuges darstellen, mit künstlichen Trennungslinien, die gewöhnlich in der Richtung des stärksten Gefälles verlaufen. Bei Anlage der nivellirten Linien soll man sich vor einem zu geringen Gefälle hüten und lieber nahe an die zulässige Grenze der für Nebenwege statthaften Gefällsprozente (9—11 Prozente) gehen, als eine Abtheilungsbildung durch nahezu horizontale Wege zu projektieren, die in endlosen Kurven die Gehänge durchziehen und eine rasche Holzabfuhr zu Thal unmöglich machen, daher auch bei den Fuhrleuten höchst unbeliebt sind.

In den Hochgebirgswaldungen kann von einer Benützung des Wegenetzes für die Waldeintheilung nur wenig die Rede sein, weil der Transport mittelst sogenannter Riesen und anderen Bringwerken daselbst sehr verbreitet ist und weil die Nebenwege fast nur aus Schlittwegen (Ziehbahnen) bestehen, die mit starkem Gefäll die Gehänge durchziehen und seltener einen für die wirthschaftliche Eintheilung benützbaren Verlauf besitzen, während dagegen daselbst die Terrainformen sehr ausgeprägt sind.

ad 3. **Bei der Anordnung der Abtheilungsfiguren nach der Himmelsrichtung** kommt außer dem auf Seite 98 u. ff. über die Hiebsfolge Gesagten besonders die Ausbildung von sogenannten „**Hiebszügen**“ in Betracht. Man versteht hierunter eine Zusammenfassung von Flächentheilen, die zu einer räumlichen Aneinanderreihung der Schläge im Sinne der normalen Hiebsfolge bestimmt sind. Je nachdem diese Zusammenfassung dauernd oder nur für den erstmaligen Abtrieb stattfindet, unterscheidet man „bleibende“ und „vorübergehende Hiebszüge“. In Sachsen, wo diese Hiebszugsbildung besonders gepflegt wird, bestehen dieselben aus wenigen, in der Regel nur aus 2, oft sogar nur aus einer Abtheilung, dabei wird besonders Gewicht auf die Unabhängigkeit der einzelnen Hiebszüge von einander gelegt, weshalb dieselben erforderlichen Falles durch breitere Linien (sogenannte „Wirthschaftsstreifen“) von einander isolirt werden. Innerhalb desselben Hiebszuges werden dagegen die Flächen der zusammengehörigen Abtheilungen nur durch schmale Nebenschneißen getrennt. Die Wirthschaftsstreifen haben die Aufgabe, die Ausbildung von Randbäumen und sturmsicheren Waldmänteln zu ermöglichen, sie dienen zugleich auch dem Holztransport und werden im Gebirge als Hangwege ausgebaut. Die einzelnen Schläge werden dann stets in Form schmaler Streifen über die ganze Breite des Hiebszuges hin geführt, sie reihen sich jedoch nicht jährlich aneinander, sondern in einem zeitlichen Abstande, der mit dem sogenannten „Hiebswechsel“ zusammenhängt. Je mehr der Seitenschutz ausgenützt werden soll und je langsamer der Gang der Verjüngung ist, um so mehr Jahre wartet man mit der Wiederkehr des Hiebes in demselben Hiebszug.

Um die hier nur kurz angedeuteten Gesichtspunkte über Form, Begrenzung und Lagerung der Abtheilungen zu illustriren, sind in den Figuren 133 und 134 zwei Eintheilungsnetze aus der Provinz Hessen-Nassau, ferner in Figur 136 ein Netz aus dem württembergischen Schwarzwald, und in Figur 135 ein Quadratnetz aus dem Görlitzer Stadtwalde als Typus der reinen „Jageneintheilung“ dargestellt. Die beiden erstgenannten zeigen eine möglichst weitgehende Vereinigung des Wegnetzes mit dem wirthschaftlichen Netz, welche sich durch enge Anschmiegung an die Horizontalkurven zu erkennen giebt. In dem württembergischen Netz, Figur 136, ist die alte Eintheilung nach Rückenlinien und Linien des stärksten Gefälles zwar beibehalten, aber die mit ziemlich starken Gefällsprozenten durchziehenden Hangwege wurden zu einer Zerlegung von zu großen Abtheilungen in kleinere Wirthschaftsfiguren benützt. Ähnliche Netzeintheilungen finden sich auch meistens in den Mittelgebirgen Bayerns. In Figur 137 ist ein Stück eines französischen Eintheilungsnetzes gegeben, welches Hauptkreuzbahnen von strahlenförmiger Ausbreitung zeigt; unabhängig von diesen ist die Eintheilung der Hochwaldungen in Parzellen durchgeführt, welche die Bestandesausscheidung darstellen, während die Niederwaldungen in ständige Proportionalschläge eingetheilt sind.

Über die Begrenzung der Abtheilungen geben die einzelnen Forsteinrichtungs-Instruktionen genauere Vorschriften, welche im Allgemeinen

Beispiele verschiedener Systeme von Waldeintheilung.

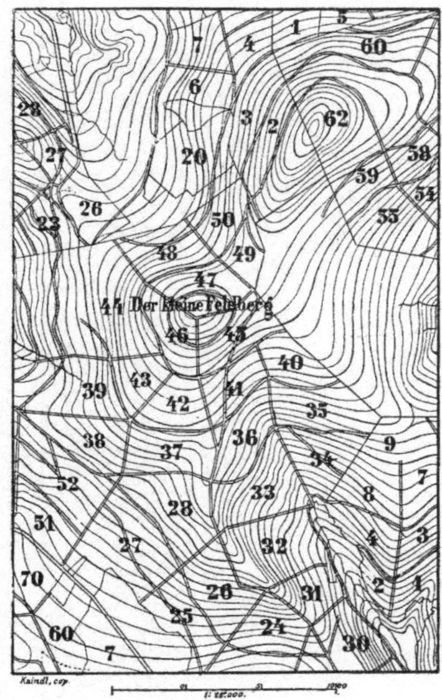

Fig. 133. Preußisches Wegnetz im Taunus.

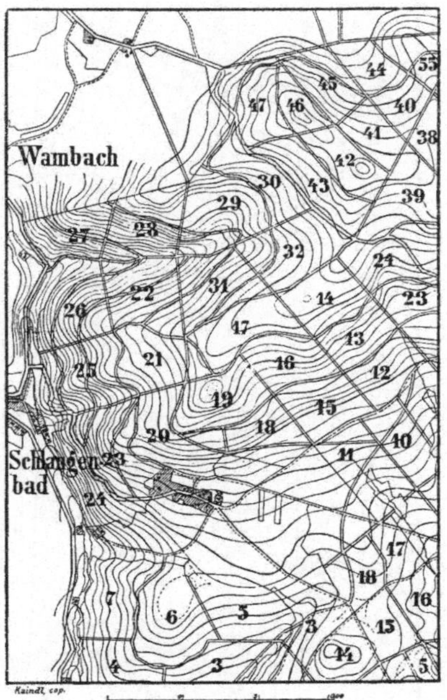

Fig. 134. Preußisches Wegnetz bei Wiesbaden.

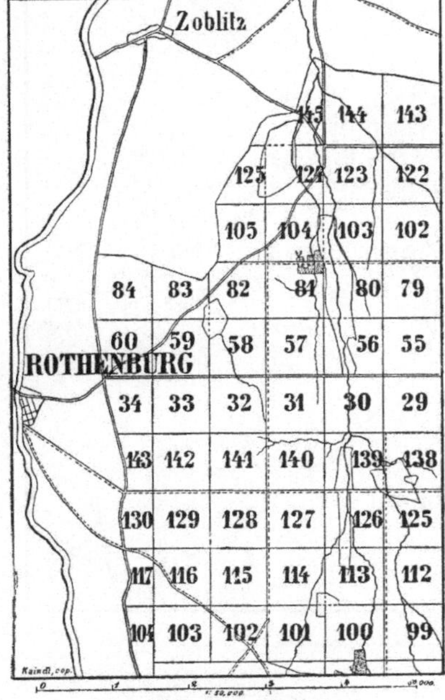

Fig. 135. Jageneintheilung im Görlitzer Stadtwalde.

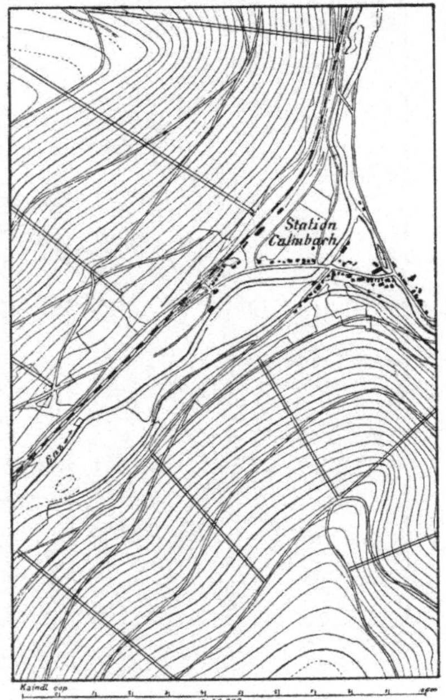

Fig. 136. Württembergisches Wegnetz im Schwarzwalde.

Beispiele verschiedener Systeme von Waldeintheilung.

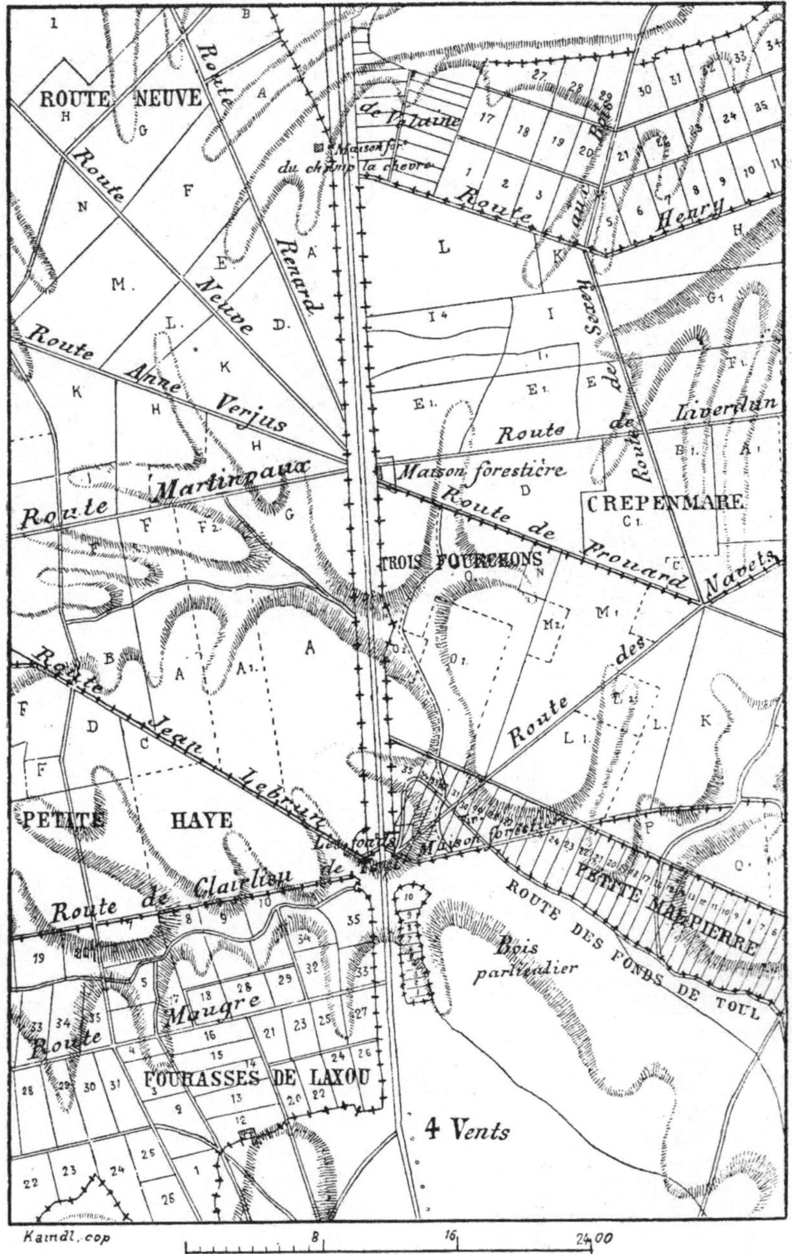

Fig. 137. Französisches Waldeintheilungsnetz im Forste La Haye bei Nancy.

zwischen natürlichen Abgrenzungen durch Terrainabschnitte (z. B. Gewässer, Bergkanten, Grate, Schluchten ꝛc.) und künstlichen Grenzen unterscheiden. Letztere bestehen entweder in Wegzügen oder Durchhieben, welche beständig holzleer und frei von Unterwuchs zu erhalten sind. Diese in Norddeutschland bei Jageneintheilung „Gestelle“, in Mittel- und Süddeutschland „Schneißen“ oder auch „Geräumte“ genannten Linien erhalten eine verschiedene Breite, je nach dem speziellen Zweck, dem sie noch außer der bloßen Abgrenzung dienen sollen. So giebt man z. B. den sogenannten Hauptbahnen eine Breite von 7 bis 9 Meter, wozu noch Seitengräben hinzukommen, sobald sie nasses Terrain durchziehen oder als „Brandschneißen“ Verwendung finden. Sollen dieselben gleichzeitig als Viehtriebe (Triften) dienen, so steigt ihre Breite auf 12—14 Meter mit Seitengräben. Nebenbahnen erhalten meistens nur 5 Meter Breite und werden, falls sie nur einfache Trennungen benachbarter Bestände bezwecken, oft nur in 2,5 bis 3 Meter Breite durchfluchtet. Nivellirte Abtheilungslinien, welche als Bestandtheile eines erst allmählich auszubauenden Wegnetzes zunächst nur provisorisch im Gelände festgehalten werden sollen, legt man nur als sogenannte „Niveaupfade“ mit stellenweiser stärkerer Markirung fest. In vielen Ländern werden außerdem alle Eckpunkte der Abteilungsgrenzen, die nicht Wege sind, durch behauene Steine dauernd bezeichnet, indem man auf diese die Nummern der betreffenden Wirthschaftsfiguren (Distrikt, Abtheilung) einmeißelt. Zur Bezeichnung der Abtheilungen in den Karten und Schriftstücken der Forsteinrichtung, sowie in den laufenden Betriebsrechnungen bedient man sich der arabischen Ziffern, die innerhalb jedes Blockes oder Distriktes (Süddeutschland) mit 1 beginnen und nach einer vorgeschriebenen Reihenfolge nach der Himmelsrichtung gleichmäßig fortlaufen. So beginnt man in Preußen mit 1 von der südöstlichen Ecke und schreitet nach W und N fort, während in Bayern seit der ersten Forsteinrichtung stets von der NO Ecke ausgegangen und nach S und W fortnummerirt wird. In den Karten werden auch die Begrenzungslinien mit besonderen Farben ausgezogen, z. B. Distriktsgrenzen mit grüner Deckfarbe, Abtheilungsgrenzen mit Mennigroth, Staatswaldungen mit Carmin.

§ 44. **Die Bestandes-Ausscheidung.** Während die Bildung ständiger Wirthschaftsfiguren, wie im Vorstehenden gezeigt wurde, hauptsächlich die bleibenden Standorts- und Terrainverschiedenheiten ins Auge faßt, kann sie gleichzeitig der Abgrenzung der gegenwärtigen Bestandesverschiedenheiten nur untergeordnete Aufmerksamkeit schenken; letztere wird daher nur dann auf die Abtheilungsbildung von Einfluß sein, wenn die Bestockung durch dauernde Standortsverschiedenheiten verursacht ist, z. B. die Regionen der gemischten Bestände gegenüber der Region der reinen Fichtenbestände im Gebirge oder die durch wesentliche Bodenverschiedenheiten bedingte Abgrenzung des Laubholzgebietes von den Kiefernstandorten 2c. Im großen Ganzen wird aber die Bestockungsform und namentlich der Altersunterschied der Holzbestände als etwas dem Wechsel Unterworfenes und Vorübergehendes betrachtet, weil der Gang der Fällungen und die verschiedenen Elementarereignisse unausgesetzt Änderungen daran bewirken.

Für die Taxationen und die wirthschaftlichen Dispositionen der Holzvorräthe ist aber eine genaue Kenntniß des augenblicklichen Zustandes der Bestockung unumgänglich nothwendig, so daß innerhalb der ständigen Waldeintheilung noch eine Ausscheidung und geometrische Aufnahme der Bestandes- und Altersverschiedenheiten erfolgen muß, obgleich man sich eingesteht, daß letztere nur vergängliche Bedeutung hat und daher öfters zu erneuern ist. Die ständige Waldeintheilung bildet demnach nur gewissermaßen den bleibenden Rahmen, innerhalb dessen das wechselnde Bild der Bestockungsverhältnisse von Zeit zu Zeit fixirt wird, um bis zur nächsten Erneuerung festgehalten zu werden.

Die Bestandesausscheidung bildet somit eine wesentliche Vorarbeit jeder Forsteinrichtung und geht auch der geometrischen Aufnahme des Waldes voraus, obgleich die Vermessung des Bestandesdetails in der Regel nicht mit der Neuvermessung der Waldungen und des Eintheilungsnetzes verbunden wird, sondern ihr meistens erst nachfolgt. Das Ergebniß dieser Bestandesausscheidungen heißt man Unterabtheilungen (oder Bestandesabtheilungen nach C. Heyer, Abtheilungen in Preußen), worunter solche Flächentheile der ständigen Orts-Abtheilungen verstanden werden, die hinsichtlich der Holzart, dem Alter oder der sonstigen Bestandesbeschaffenheit (z. B. Schluß, Zuwachs) solche Verschiedenheiten zeigen, daß die wirthschaftliche Behandlung dieser Theile oder die Einschätzung des Ertrages hiervon wesentlich beeinflußt wird. Die hiernach ausgeschiedenen Bestandes- und Altersverschiedenheiten nennt man oft auch das „unständige Detail“, da sie die ungleichartigen, aber wechselnden Theile der ständigen Waldeintheilung darstellen. Die Ursache dieser Ungleichheit in der Bestockung liegt größtentheils in der früheren Bewirthschaftung, welche oft auf eine andere Flächeneintheilung begründet war, oder die Unregelmäßigkeit besonders begünstigte (Plänterbetrieb), theils in der Einwirkung von Sturm-, Feuer- und Insektenbeschädigungen oder anderer Kalamitäten. Theilweise wird aber auch beim regelmäßigen Gang der Wirthschaft eine solche Ungleichheit veranlaßt, wenn die Verjüngung eines haubaren Bestandes erst auf einem Theil der Fläche bewirkt ist, oder wenn durch Zukauf und Neuaufforstungen Flächentheile von anderer Bestockung oder verschiedenem Alter mit einer Abtheilung vereinigt werden.

Wie schon erwähnt galt früher die Verschmelzung dieser Ungleichheiten innerhalb der ständigen Wirthschaftsfiguren für ein besonders erstrebenswerthes Ziel der Forsteinrichtung, so daß hierfür selbst Opfer an Zuwachs gebracht und die einzelnen Bestände nicht nach ihrer vortheilhaftesten speziellen Abtriebszeit bewirthschaftet wurden. Je größer die Abtheilungsflächen waren, desto nachtheiliger wirkte dieses System der möglichsten Gleichgestaltung der Bestockung nach einer einheitlichen Schablone, weil hierdurch mancher jüngere wüchsige Horst zu früh zum Hiebe kam, andererseits aber auch haubare Theile zu lange aushalten mußten. Die Erkenntniß des Schadens, welchen eine zu weit getriebene Bestandesausgleichung verursachte, bewirkte in neuerer Zeit eine mehr auf Individualisirung der einzelnen Bestände gerichtete Bestrebung, welche Maaßregeln aufsucht, um die Pflege des einzelnen Bestandes und seine rechtzeitige Nutzung thunlichst ohne Schaden durchzuführen. Die Mittel hierzu liegen theils in einer Verkleinerung der ständigen Wirthschaftsfiguren, theils in der frühzeitigen Ausbildung von Anhiebsräumen und Bestandesrändern durch Loshiebe, Umhauungen und Sicherungsstreifen, sowie in der Stärkung der Widerstandskraft einzelner Bestände gegen Sturmschaden durch räumigere Erziehung von Jugend an. Bei aller Anerkennung dieser Bestrebungen muß man sich aber doch vergegenwärtigen, daß es nicht Aufgabe der Betriebseinrichtung sein kann, lediglich den gegenwärtigen Waldzustand zu konserviren, sondern man wird stets das jetzt vorhandene Bestandesdetail nur als das Material betrachten, mittelst dessen eine planmäßige zukünftige Gestaltung der Wirthschaft im Sinne einer vorgeschrittenen waldbaulichen Technik ausgebaut und zugleich eine möglichste Rentabilität des Betriebes angestrebt werden soll. (Siehe hierüber unter Wirthschaftsplan.)

Die Ausscheidung der Unterabtheilungen befolgt also vor Allem den Zweck, eine genaue Kenntniß des augenblicklichen Waldzustandes in Bezug auf die Flächengröße und Vertheilung der einzelnen Holzarten, ihrer Mischungen und ihrer Altersunterschiede zu ermöglichen. Indem die Forsteinrichtung mit diesen Flächentheilen operirt, um die Wirthschaft in ihren Hauptzügen zu bestimmen, tritt die Unterabtheilung als Bezeichnung des Bestandes in den Vordergrund des Interesses, da nur mehr ausnahmsweise Abtheilungen vorkommen, die aus einem einzigen gleichartigen Bestande bestehen. Bei der Ausscheidung der Unterabtheilungen handelt es sich daher nicht blos um eine rein geometrische Arbeit, sondern sie muß mit vollem wirthschaftlichen Verständniß des anzustrebenden waldbaulichen Zieles ausgeführt werden. Das Wesentliche und für die Wirthschaft Wichtige in der äußeren Erscheinung der Bestockung herauszufinden ist die Hauptaufgabe, welche der hiermit betraute Taxator zu erreichen suchen soll; man muß daher von ihm schon eine Sicherheit in der Einschätzung des mittleren Bestandesalters, in der Erkenntniß des Vollkommenheitsgrades, der Schluß- und Gesundheitsverhältnisse der verschiedenen Bestandesformen verlangen. Ebenso dürfen die Figuren, welche durch die ausgeschiedenen Bestockungsverhältnisse gebildet werden, weder durch kleinliche Zersplitterung in zu viele Einzelheiten, noch durch eine allzu oberflächliche, summarische Behandlung praktisch unbrauchbar werden. Sehr häufig kommt zwar der Fall vor, daß für die Massen- und Ertragseinschätzung eine weitergehende Ausscheidung nothwendig wird, d. h. daß sogenannte „Taxationsfiguren“ gebildet werden, aber wenn diese für die künftige wirthschaftliche Behandlung nicht von Einfluß sind, so gehen sie nicht in die beizubehaltenden Unterabtheilungen über, sondern werden in der Weise zusammengeworfen, wie es der Wirthschaftszweck verlangt.

Je höher die Holzpreise und je intensiver der Wirthschaftsbetrieb, desto kleiner können folglich die Minimalflächen der Unterabtheilungen werden, weil die größeren auf dem Spiele stehenden Werthe der Holzvorräthe eine sorgsamere Kalkulation der Rentabilitätsfragen näher legen, als im extensiven Betriebe, der die gleichalterige Massenwirthschaft aus dem Grunde bevorzugt, um an den Kosten für Arbeit und Verwaltung zu sparen. Auch die Betriebsarten wirken hier in bemerkenswerther Weise ein: der Niederwaldbetrieb begünstigt die Gleichförmigkeit durch eine Flächenwirthschaft, während sich im Mittelwalde zuweilen hochintensive Formen von gruppenweisem Überhalt ausbilden, die eine ins Einzelne gehende Flächenausscheidung erfordern. Im Hochwaldbetriebe finden sich Extreme nach beiden Richtungen vom gleichförmigen Kahlschlagsbetrieb mit kurzem Umtriebe an bis zu der Spezialisirung in der Behandlung aller vorkommenden und wirthschaftlich gerechtfertigten Übergänge in den Bestandesmischungen und Altersgruppen. Im ersteren Extrem genügen daher große Flächenzusammenziehungen, in denen Altersunterschiede von 1—2 Dezennien keine Bedenken erregen; in letzteren Fällen müssen hingegen sorgfältige Ausscheidungen der wichtigeren Horste und kleineren Bestandesfiguren stattfinden, wenn die Forsteinrichtung überhaupt den praktischen Betrieb beeinflussen will.

Indessen ist wohl zu berücksichtigen, daß die Zahl der Unterabtheilungen nicht blos für die Forsteinrichtung, sondern besonders auch für die Betriebsausführung von großer Bedeutung ist. Da nämlich im laufenden Forstbetrieb die Verrechnung und Buchung aller Materialanfälle mit genauer Angabe der Ortsbezeichnung geschieht, so folgt hieraus unmittelbar, welch' große Arbeitslast für die ausführenden Verwaltungen sich alljährlich aus einer zu weit getriebenen Zerstückelung der Bestände in Unterabtheilungen ergiebt. Man giebt daher in den meisten Instruktionen eine Minimalflächenziffer an, unter welche die Unterabtheilungsgröße nicht herabgehen darf ($^1/_4$ bis $^1/_2$ Hektar)*) und erwartet im Übrigen von der Urtheilskraft der mit Forsteinrichtungsarbeiten betrauten Taxatoren, daß sie das für die Praxis des Betriebes richtige Maß in der Anzahl und Größe der Flächenausscheidungen der Unterabtheilungen einhalten. Denn selbst bei einer genauen Beobachtung der vorgeschriebenen Minimalfläche kann doch eine unnöthig große Zahl von Unterscheidungen, welche mit der Intensität der Wirthschaft nicht harmonirt, ein Forsteinrichtungswerk schwerfällig und für die praktische Betriebsführung ungeeignet machen.

Die Festhaltung der Unterabtheilungsgrenzen im Walde geschieht, wo dieselbe nothwendig ist, in manchen Ländern durch schmale, $1^1/_2$ bis 2 Meter breite Linien, deren Eckpunkte sowohl wegen der Vermessung als auch wegen der leichteren Orientirung für das ausführende Personal durch eingeschlagene Pflöcke und durch Stichgräbchen fixirt werden, welche die Winkelschenkel andeuten. Andere Instruktionen schreiben nur eine Anplättung der Bäume längs der Unterabtheilungsgrenze (sogenannte Schwalme) vor; letztere haben jedoch den Nachtheil, daß sie leicht zu Infektionsstellen für Pilze werden und daher bei werthvollen Holzarten (Eichen) oft mehr Schaden verursachen, als die Kosten einer anderen Markirung betragen. Auf den Karten und in den schriftlichen Ausarbeitungen bezeichnet man die Unterabtheilungen durch kleine lateinische Buchstaben (Litern), weshalb man zuweilen das ganze System der unständigen Flächenausscheidungen als „Literndetail" zusammenfaßt. Im Allgemeinen sucht man diese Benennungen der Unterabtheilungen möglichst lange beizubehalten, um für die Statistik der Hiebsergebnisse und die Wirthschaftskontrole eine sichere Flächengrundlage zu haben; bei Vereinigung früher selbständiger Unterabtheilungen führen die neuen Flächensummen dann die Litern ihrer früheren Theile, z. B. Abtheilung 7 lit. b, c. In den Württembergischen Staatswaldungen wechseln dagegen die Benennungen der Unterabtheilungen nach deren Alter, indem sie gleichzeitig die 20jährigen Altersklassen mit konstanten Litern bezeichnen, z. B. a für Jungholz, b für 20 bis 30jährige Bestockung u. s. f.

*) Nach der preußischen Instruktion für Geometer vom Jahre 1819 soll eine spezielle Herausmessung nur dann stattfinden, wenn in einem Distrikt oder Jagen einzelne Parzellen vorkommen, welche mit einer anderen als der dominirenden Holzart rein bestanden und über 1 Morgen = $^1/_4$ ha groß sind. Ebenso ist für Blößen und Kulturobjekte, welche künstlich kultivirt werden sollen, die Flächengröße von 1 Morgen als Minimalfläche erklärt. — Im Königreich Sachsen wird die Größe von 0,1 ha und in Hessen von $^1/_2$ ha als die kleinste Fläche für besondere Ausmessung der Bestandesverschiedenheiten angenommen. Zusammenhängende Blößen von 1 ha (3 Tagw.) werden in Bayern noch als besondere Unterabtheilungen formirt und ausgemessen. Kleinere Verschiedenheiten der Bestockung werden nur in der Bestandesbeschreibung erwähnt.

§ 45. **Die Forst-Vermessung.** In den verschiedenen Ländern ist das Vermessungswesen auf sehr verschiedener Grundlage geregelt; namentlich muß unterschieden werden zwischen Ländern mit Grundsteuer-Vermessung (Katastral-Messung) und solchen mit einer blos topographischen Landesvermessung. Beide gehen zwar von gleichen Grundlagen, nämlich von Triangulirungs-Netzen I., II. und III. Ordnung aus, aber der Unterschied liegt in der Detailmessung, welche sich bei ersteren auf eine sogenannte „Flur"- oder „Gewannenmessung" erstreckt, die im Maßstabe von 1 : 2500 oder 1 : 5000 durchgeführt und auf lithographischen Steinen eingravirt ist, während die topographischen Messungen in einem für wirthschaftliche Zwecke ungenügenden Maßstabe (meist 1 : 25,000) ausgeführt wurden, so daß die genauere Neumessung der Waldeintheilung und der Waldgrenzen Sache der Interessenten, d. h. der Forstverwaltung ist. Dieselbe muß sich zwar der Triangulirungs-Arbeiten der Landesvermessung bedienen, indem die Spezialmessung an die Dreieckspunkte III. Ordnung (die Detailtriangulation) angeschlossen wird, aber bei größeren Flächen muß dieser Anschluß selbst wieder durch ein Dreiecksnetz erfolgen, das zur Sicherung der stückweisen Polygonmessung zuvor über das zu vermessende Waldgebiet gelegt wird. In diesem Falle müssen die dem Netze zu Grunde liegenden trigonometrischen Fixpunkte, sowie die einzelnen Polygonpunkte durch eingegrabene Steine oder Thonröhren dauernd festgelegt werden, damit sie für spätere Ergänzungsmessungen, sowie für die Detailmessungen immer benutzbar bleiben. Die Messung sämmtlicher Winkel der Dreiecke und der Polygonzüge erfolgt mittelst Theodolithen, während die Polygonseiten durch doppelte direkte Messung mit Latten oder auch mittelst Stahlbandes erhalten werden. Gelegentlich dieser Längenmessungen notirt man auch die Schnittpunkte aller Nebengestelle, Holzabfuhrwege, Felsenkuppen, Gewässer und sonstiger Terrainmerkmale, um dieselben später zum Anschluß für die Detailaufnahme verwenden zu können. Nach Korrektion der Winkel und Berechnung des ersten Azimuths aus den Koordinaten eines trigonometrischen Netzpunktes der Landesvermessung beginnt dann in bekannter Weise die Berechnung der Koordinaten-Differenzen für die einzelnen Polygonpunkte (mittelst der Tafeln von Defert) und die Ausgleichung der Fehler, die durch Aufsummirung aller positiven und negativen Differenzen der Abszissen und Ordinaten gefunden werden. Aus den so berichtigten Differenzen erhält man durch algebraische Summirung die ganzen Abszissen und Ordinaten des Polygons, welche sowohl für die Flächenberechnung als für die Zeichnung der Spezialkarte (Maßstab 1 : 5000) benützt werden. Erst wenn auf diese Weise das Abtheilungsnetz mit sämmtlichen Grenzlinien aufgenommen und als richtig befunden worden ist, beginnt die Aufnahme des Details an Unterabtheilungen und sonstigen Flächenausscheidungen, wozu auch Boussolenmessung gestattet ist. Diese erwähnten Arbeiten schlagen jedoch ganz in das Gebiet der Vermessungskunde (Geodäsie) ein, so daß sie hier gar nicht weiter besprochen werden sollen, zumal eine Reihe von Werken gerade über Forstvermessung vorliegt.*)

Wesentlich einfacher liegt die Aufgabe der Forstvermessung in jenen Gebieten, wo eine Detailmessung bereits von staatswegen durchgeführt ist und daher nicht blos die Umfangsgrenzen der Waldungen, sondern oft schon das ständige Waldeintheilungsnetz, wenn es zuvor projektirt worden war, mit der erforderlicheu Genauigkeit eines für wirthschaftliche Zwecke passenden Maßstabes enthält. Hier bindet die Forstvermessung nur mit der Aufnahme der Unterabtheilungen an die Katastermessung an und kann daher auch mit einfacheren Instrumenten (z. B. Meßtisch, Waldboussole, Pantometer) noch hinreichend genaue Resultate erreichen, weil das ständige Eintheilungsnetz häufige Anhaltspunkte für die Korrektion und Kontrole der Messungen darbietet. Nur wenn das Waldeintheilungsnetz ausnahmsweise erst später neu angelegt oder mit dem Wegnetz in Verbindung gebracht werden soll, sowie bei sonstigen Änderungen am ständigen Detail ist die Anwendung der Theodolithmessung in der oben angedeuteten Art dringend geboten.

Gegenstand der Vermessung des wirthschaftlichen Details sind nicht blos die Wald-Grenzen und Linien der ständigen Wirthschaftsfiguren sowie der Unterabtheilungen, sondern Alles, was für die Nachweisung und Sicherung des Besitzstandes, der Servitutverhältnisse oder der Produktion an Haupt- und Nebennutzungen von Wichtigkeit ist. Namentlich müssen alle Wege der einzelnen Kategorien bis herab zu den Fußpfaden, die Quellen und Gewässer, Triftanlagen und Holztransportanstalten aller Art, ferner die Dienstländereien und Gebäude, die Erd- und Steingruben und wichtigeren Terainausformungen genau eingemessen werden.

§ 46. **Die Flächenberechnung.** Alle Flächenberechnungen, die sich auf Theodolithen-Messungen beziehen, stützen sich auf die Ergebnisse der Polygonmessungen und ihrer Koordinatenberechnungen, indem diese für jeden Polygonpunkt aus den berichtigten Differenzen gefundenen Koordinaten-Ganzen (nämlich die Abszissen $x_1, x_2, x_3 \ldots$ und die Ordinaten $y_1, y_2, y_3 \ldots$) nach der bekannten Formel

$$2F = (y_1 - y_3)\,x_2 + (y_2 - y_4)\,x_3 + (y_3 - y_5)\,x_4 + \ldots$$

in Rechnung gestellt werden, worauf die Polygonfläche F in der Hälfte

*) Jäger: „Die Polygonometrie“, 1860; Kraft: „Die Anfangsgründe der Theodolithmessung“, 1865; Baur: „Lehrbuch der niederen Geodäsie“, 1858, 1871, 1886; Defert: „Die Horizontalaufnahme bei Neumessung der Wälder“, 1880; Runnebaum: „Waldvermessung und Waldeintheilung“, 1890. Insbesondere für die preußische Forst-

dieser Summe gefunden wird. Eine Kontrole dieser Berechnung bietet die Flächenermittlung nach der Formel

$$2F = (x_1 - x_3)\,y_2 + (x_2 - x_4)\,y_3 + (x_3 - x_5)\,y_4 + \ldots$$

In der Forstvermessung besteht praktisch nur der Unterschied, ob diese Flächenberechnung zugleich mit der Neuvermessung durch die Forstverwaltung zu geschehen habe, oder ob dieselbe schon von der Zentralstelle für Landesvermessung bei Gelegenheit der Katastermessung durchgeführt worden ist. In letzterem Falle sind dann die Flächenziffern nach Steuerobjekten (sogenannten Parzellen oder Plannummern) zusammengestellt, wobei in der Regel die Forstorte (d. h. die „Distrikte" in Süddeutschland) als Grundlage der Flächenangabe dienen. Wurde die Detailmessung dagegen nicht mit Theodolithen, sondern, wie dies früher öfters geschah, mittels Meßtischmessung ausgeführt, so gründete sich die Flächenberechnung kleinerer Gebiete auf ein Quadrat- oder Rechtecknetz, in welchem die Lage aller trigonometrischen Fixpunkte aufs Genaueste bestimmt wurde, während das Detail in Anschluß an letztere durch die graphische Aufnahme mit dem Meßtischapparat eingemessen wird. Da somit der Flächeninhalt eines jeden Quadrates (oder Rechteckes) im Voraus bekannt war, so brauchte die Flächenberechnung sich nur auf die einzelnen Plannummern der Flurkarte zu beschränken, deren Summen bei richtiger und genauer Ermittlung mit derjenigen der Quadrate innerhalb einer gewissen Genauigkeitsgrenze übereinstimmen mußten. Die Flächenermittlung selbst geschah durch Zerlegung in passende Berechnungsfiguren, Abgreifen der Längen-Dimensionen aller für die Berechnung nothwendigen Stücke (z. B. bei Koordinaten und Dreiecken von Grundlinie und Höhe), Inhaltsberechnung und Summirung, während die Kontrole der Richtigkeit mittelst Schätzquadraten oder neuerdings mit Polarplanimetern geführt wird. Da aber die authentischen Flächenangaben durch die Katastermessung von staatswegen geliefert wurden, so beschränkte sich die Aufgabe der Forstverwaltung darauf, aus den Original-Flächenberechnungen (den sogenannten Additionstabellen oder Besitzstandverzeichnissen) für jedes Meßtischblatt die Staatswaldflächen plannummerweise zusammenzustellen und zu Distrikten zu vereinigen und hierdurch sogenannte „Grundlisten" für die Flächeninhalte zu bilden, welche für die Aufstellung des Staatswald-Inventars, sowie für alle späteren Detailberechnungen maßgebend sind. Innerhalb des Rahmens dieser Distriktsflächen findet dann durch die mit Forsteinrichtungsarbeiten beauftragten Bediensteten eine Flächen-

vermessung sind maßgebend die Instruktion für die preußischen Forstgeometer vom Jahre 1819, dann die Anweisung zur Erhaltung, Berichtigung und Ergänzung der Forstabschätzungs- und Einrichtungsarbeiten vom 24. April 1836, sowie das Reglement für die öffentlich anzustellenden Feldmesser vom 2. März 1871.

berechnung aller ausgeschiedenen Details an ständigen Abtheilungen, Unterabtheilungen, Wegen, Schneißen, Blößen und improduktivem Gelände statt; der geringere Grad von Genauigkeit, welchen diese Berechnungen zu erreichen gestatten, wird kompensirt durch die Kontrole mittelst der nach genauen Methoden ermittelten Flächensumme der ganzen Distrikte.

Die Resultate dieser Flächenberechnungen werden in übersichtlicher Form und ausgeschieden nach Kategorien der Beschaffenheit der Grundstücke in einer Vermessungstabelle*) zusammengestellt, welch' letztere aber in manchen Staaten zugleich mit der Altersklassentabelle vereinigt wird, indem die Flächen der Unterabtheilungen nach dem durchschnittlichen Alter ihrer Bestockung in Klassen ausgeschieden und nach Betriebsklassen aufsummirt werden, während gleichzeitig für jede Wirthschaftsfigur sowie für die Distrikte die ganzen Flächen aufgeführt werden. Die formelle Behandlung dieser Flächenzusammenstellungen und der Auszüge aus dem Vermessungsregister ist in den einzelnen Ländern sehr abweichend; ebenso wird auch die Abrundung der Flächenausmaße verschieden behandelt, indem zwar die Original-Berechnungen immer nach Quadratmetern ausgeführt, jedoch für die Zwecke der Forsteinrichtung bald auf 3 (z. B. in Bayern), bald auf 2 oder nur auf 1 Dezimalstelle (z. B. in Preußen und in Württemberg) abgekürzt werden.

§ 47. **Die Forstkartirung.** Die Darstellung der Vermessungsergebnisse mittels Projektion auf den scheinbaren Horizont liefert Pläne, welche je nach dem Zweck, zu dem sie verwendet werden sollen, in verschiedenen Maßstäben und mit verschiedener Zeichnung und Kolorirung ausgeführt werden. Im Allgemeinen unterscheidet man drei Kategorien von Karten:

1. Spezial- oder Hauptkarten,
2. Wirthschafts- und Bestandeskarten,
3. topographische oder Situationskarten,

wozu je nach Bedarf noch besondere Hilfskarten zur Darstellung der Bonitätsklassen, Bodenkarten, Terrainkarten und dergleichen hinzukommen können.

Die **Spezialkarten** oder **Forsthauptkarten** sind im Maßstabe von 1 : 5000, in manchen Ländern auch 1 : 2500 gezeichnet und dienen

---

*) Die preußische General-Vermessungstabelle unterscheidet in erster Linie: Zur Holzzucht benützte Flächen und dazu bestimmte Blößen (sogenannter Holzboden) und Nichtholzboden, der wiederum in nutzbaren (Gärten, Äcker, Wiesen, Weiden, Torfstiche, Steinbrüche ꝛc.) und in nicht nutzbaren zerfällt, worunter Gebäude, Brüche, Gewässer, Wege, Steingeröll und sonstiges Unland begriffen werden. In Bayern gruppirt man die Flächenziffern als produktive, die in bestockte und unbestockte unterschieden werden, dann als unproduktive, wozu die Dienstwohnungen und Dienstgründe, die Wege und Geräumte von über $5^1/_2$ Meter (20 Fuß) Breite, die Gewässer, Sümpfe, Steinbrüche, Felsmassen und das Steingerölle gerechnet werden.

hauptsächlich nur Vermessungszwecken. Sie müssen sich deshalb nur auf die Darstellung der bleibenden, unveränderlichen Verhältnisse, d. h. der Waldgrenzen und der ständigen Wirthschaftsfiguren der trigonometrischen Fixpunkte, sowie der wichtigsten Terrainpunkte beschränken, während das veränderliche Detail der Bestandesgrenzen, Schlaglinien, Blößen &c. nur in die Kopien der Spezialkarte eingezeichnet wird. In den Ländern, wo die Spezial-Vermessung der Wälder durch die Forstverwaltung ausgeführt wird, bildet die „Original-Spezialkarte" ein wichtiges und werthvolles Dokument, welches daher nebst den Original-Vermessungsschriften an der Zentralstelle (Ministerial-Forsteinrichtungs-Bureau) aufbewahrt wird und in welches keine Einzeichnungen des Details der Bestandesfiguren (der Unterabtheilungen) gemacht werden. Kopien der Originalkarte werden in der Regel auf Leinwand aufgezogen und dienen, wenn die Bestandesgrenzen eingezeichnet sind, sowohl in der Plankammer der Regierungen als bei den Lokalverwaltungen zum Eintragen aller sich ergebenden Areal- und Bestandesveränderungen.

Wo dagegen die Grundsteuer-Vermessung im Maßstabe von 1 : 5000 oder 1 : 2500 durchgeführt ist, bieten die lithographirten „Katasterkarten", welche um billigen Preis zu beziehen sind, die einfachste Grundlage der Forstkartirung, indem sie auf geeignete Pappe aufgezogen und durch Eintragen der Unterabtheilungsgrenzen, sowie sonstigen Details (mittelst Bleistiftlinien), ferner durch farbige Linien für die Waldgrenzen und die ständige Waldeintheilung zu sogenannten Forsthauptkarten ergänzt werden. Von solchen erhält jeder Verwaltungsbezirk (Revier bezw. Forstamt) diejenigen Blätter, auf welchen die Staatswaldungen desselben gezeichnet sind und ebenso befinden sie sich an den Regierungen und der Zentralstelle. Die Forsthauptkarten dienen, wie oben von der Spezialkarte gesagt wurde, hauptsächlich nur geodätischen Zwecken, nämlich zum Eintragen aller Flächenänderungen durch Kauf, Verkauf, Tausch auf Grund von Ummessungsarbeiten der Geometer, dann zur Flächenberechnung für Forsteinrichtungszwecke und Taxationen, sowie für solche der laufenden Betriebsausführung, z. B. bei Einmessung der jährlichen Gehaue, der Kulturobjekte, Windrißflächen, Feuerschäden u. s. w. Eine Kolorirung irgend einer Fläche der Forsthauptkarten ist aus diesem Grunde nicht zulässig, dagegen werden sie je nach Bedarf durch Unterlage von angefeuchteten Fließpapierschichten oder durch Trocknen im geheizten Zimmer in einen mit dem Normalmaß übereinstimmenden Grad der Ausdehnung gebracht. Selbstverständlich ist die Verwendung aller dieser in großem Maßstabe ausgeführten Hauptkarten nur auf das Bureau beschränkt, da sie für die Benützung im Freien wegen ihrer Größe und Anzahl ungeeignet sind. Um sich über die Lage der einzelnen Waldtheile und sonstiger Punkte in dem Netze der Katasterkarten rasch zurechtzufinden, bedient man sich als Schlüssels besonderer verkleinerter Karten, welche für die Zwecke der verschiedenen Verwaltungszweige und mit Angabe der Grenzen derselben angefertigt wurden (sogenannte Landgerichts-Übersichtskarten in Bayern oder auch Revierkonspekte in Württemberg).

Wirthschafts- und Bestandeskarten. Für die Darstellung des wirthschaftlichen Details zum Gebrauche des laufenden Betriebes und zu Beilagen der Forsteinrichtungswerke dienen reduzirte Karten, welche in einigen Ländern im Maßstabe 1 : 25,000, in andern aber 1 : 20,000 angefertigt werden. Wegen des großen Bedarfes an solchen und wegen der periodisch wiederkehrenden Erneuerung dieser Karten pflegt man dieselben zu lithographiren und durch Abdruck die sogenannten Blanquetkarten herzustellen, worin alles ständige Detail mit den erforderlichen Namen und Ziffern der Distrikte und bleibenden Wirthschaftsfiguren, sowie die wichtigeren topographischen Angaben der Umgebung des Waldes enthalten sind. Dabei ist das System dieser Forstkartirung verschieden entwickelt: in manchen Ländern werden die Karten nur nach Verwaltungsbezirken (Revieren, Oberförstereien ꝛc.) ohne gegenseitigen Zusammenhang in der Art ausgeführt, daß alle Waldungen eines Bezirkes auf einen Kartenstein kommen; in anderen Ländern bildet die ganze Forstkartirung ein zusammenhängendes Kartennetz über das ganze Land, das nicht blos die Staats-, sondern sämmtliche Gemeinde-, Stiftungs- und Privatwaldungen enthält. Die Revierkarten werden dann durch Zusammensetzen der betreffenden Stücke, die den Bezirk bilden, und durch Aufziehen auf Leinwand hergestellt, z. B. in Bayern, wo ein im Maßstab 1 : 20,000 gezeichnetes Kartensystem auf lithographische Steine mittelst Reduktionsmaschinen bei der Zentralstelle ausgearbeitet wurde. In neuerer Zeit sucht man in Preußen die militärisch-topographischen Atlasblätter auch für die Forstkartirung nutzbar zu machen, indem die zinkographischen Abdrücke als Blanquets verwendet werden.

Zuweilen findet man auch Wirthschaftskarten in größerem Maßstabe 1 : 10,000, welche zwar wegen ihrer Größe weniger handlich sind, aber den Vortheil einer vielseitigen Verwendbarkeit besitzen, namentlich zum Einmessen der Schlaglinien und zur annähernden Flächenberechnung der Jahresschläge, sowie der Kulturflächen und dergleichen.

Die genannten Kartensysteme liefern nur die Grundlage für die Ausarbeitung der eigentlichen B e s t a n d e s k a r t e n, indem in die Blanquet-Abdrücke zunächst alles unständige Detail, d. h. alle Bestandesgrenzlinien, alle Unterabtheilungsfiguren, alle ausgeschiedenen Blößen und Kulturobjekte in dem Maßstabe der Karte eingezeichnet werden. Hierauf werden durch Kolorirung die Altersunterschiede der Bestockung meistens unter Anwendung von bestimmten Tuschtönen für jede Altersklasse aufgetragen, während die Holzarten-Unterschiede und die Betriebsarten entweder mittelst bestimmter Signaturen oder auch mittelst vorgeschriebener Farbentöne angedeutet werden. Die einzelnen Landesinstruktionen geben hierfür genaue Bestimmungen, doch weichen dieselben leider voneinander so sehr ab, daß eine gemeinschaftliche Behandlung dieser Materie hier ganz unterbleiben muß.*)

Welcher Art nun diese Farbenbezeichnungen sein mögen, so ist immer die Aufgabe der „Bestandeskarten" die bildliche Darstellung des im Augenblicke der Anfertigung vorhandenen Zustandes der Bestockung und der räumlichen Vertheilung der Altersklassen. Jede solche Karte muß demnach die Bezeichnung des Jahres erhalten, auf dessen Stand der Wirthschaft sie sich bezieht. Da dieser das Ergebniß der seither befolgten Bewirthschaftungsart ist, so bildet die Bestandeskarte ein wichtiges Hilfsmittel zur Beurtheilung der Erfolge oder Nachtheile der bisherigen Wirthschaftsgrundsätze; ihr genaues Studium ist daher bei den Dispositionen über die zukünftige Gestaltung der Wirthschaft von großer Bedeutung. Diese Bestandeskarte wird in manchen Staaten deshalb, wenn auch mit Unrecht, als Wirthschaftskarte bezeichnet. In Preußen und Sachsen, sowie in mehreren anderen Staaten werden dagegen auf Grund der Betriebspläne (§ 52) besondere Wirthschaftskarten angefertigt, die den Gang der künftigen Wirthschaft nach verschiedenen Gesichtspunkten hin darstellen sollen, namentlich in Bezug auf die künftige Reihenfolge der Angriffshiebe, auf Hiebszugbildung und auf die sogenannte Bestandeslagerung, welche angebahnt werden soll. Für Nadelholzforste, in welchen die Hiebsfolge eine besonders große Bedeutung hat, wird manchmal eine besondere „Hauungsplankarte" angefertigt, welche die nach Ablauf der jetzt beginnenden Umtriebszeit voraussichtlich vorhandene Vertheilung der Perioden darstellt. In diesem Falle ist also nicht das jetzt Gegebene, sondern das von jetzt an erst zu Erstrebende der Gegenstand der Abbildung.

Topographische und Situationskarten. Wo die Wirthschaftskarten nicht schon Terraindarstellung mittelst Horizontalkurven oder Schraffirung enthalten, giebt man den Forsteinrichtungswerken häufig noch besondere Terrainkarten bei, wozu entweder militärisch-topographische Atlasblätter oder besondere durch die Forstverwaltung hergestellte Höhenkurvenkarten Verwendung finden. Dies ist namentlich in Gebirgsrevieren nothwendig, weil daselbst die Horizontalprojektion nur einen sehr ungenügenden Behelf für die Wirthschaftskarten liefert, der einer Ergänzung dringend bedarf. Womöglich benützt man diese Karten

*) Für Forstkartirung sind in Preußen maßgebend die auf Seite 340 angeführten Instruktionen, für Bayern die Anleitung zur Anfertigung von Wirthschaftskarten vom 10. März 1844.

dann zugleich zur Einzeichnung der projektirten Wegenetze und als Beilage zum sogenannten Wegebauplan.

Für ausgedehntere Waldkomplexe oder für parzellirten Waldbesitz ist außerdem oft eine besondere Situationskarte der Forste eines bestimmten Besitzstandes nothwendig, welche in kleinerem Maßstabe, z. B. 1 : 50,000 eine Darstellung der geographischen Zusammenlage der einzelnen Waldtheile und ihrer Lage zu den wichtigsten Absatzgebieten, Straßen, Eisenbahnen, Trift- und Floßbächen, Kanälen ꝛc. erkennen lassen. Solche Forst-Situationskarten werden öfters für ganze Waldgebirge lithographirt, häufig aber dienen die militärischen oder Verwaltungskarten zu derartigen Darstellungen. Andere Karten dienen zuweilen speziell für die bildliche Erläuterung einzelner Gegenstände in den Forstbeschreibungen, z. B. der geologischen Verhältnisse, der Bodenarten und der Standortsklassen überhaupt, sie werden in einem dem jedesmaligen Bedürfnisse am besten entsprechenden Maßstabe ausgeführt.

II. Taxatorische Vorarbeiten.

§ 48. **Die spezielle Beschreibung.** Die Standortsverhältnisse (in dem in den §§ 17 u. 18 besprochenen Sinne) bilden im Verein mit der Flächengröße die hauptsächlichsten Faktoren der Massenproduktion in der Forstwirthschaft. Ihre Ermittlung läßt sich jedoch wegen ihrer Mannigfaltigkeit und wegen des auf Seite 134 geschilderten Zusammenwirkens derselben nicht in gleich exakter Weise durchführen, wie das mit den Flächen der Fall ist, d. h. man kann nicht wie bei dieser mit einem einzigen Faktor die Ertragsfähigkeit genau bestimmen. Zwar dient die durch Messung gefundene Holzmasse des Vorrathes in älteren Beständen als ein Ausdruck der Gesammtwirkung der sämmtlichen Standortsfaktoren und bietet somit ein Hilfsmittel, um durch Vergleichung mit den Angaben der wichtigsten Ertragstafeln für gleiche Alter die Bonitätsklasse aufzufinden, in welche der betreffende Bestand einzuschätzen ist; aber diese Taxationsmethode kann selbstverständlich in jüngeren Beständen und Schlagflächen nicht angewendet werden. Gleiches gilt auch von der Benützung der Scheitelhöhen, die mittelst Hypsometern gemessen und zur Ermittlung der Bonitätsklasse verwendet werden können, deren Anwendung aber gleichfalls auf jüngere Altersstufen selten zulässig ist. Man behilft sich daher in den Forsteinrichtungswerken meistens mit einer Standorts- und Bestandesbeschreibung, welche den Zweck verfolgt, ein Bild von dem gegenwärtigen Waldzustand zu entwerfen, die Taxationen näher zu erläutern und die vorzuschlagenden künftigen wirthschaftlichen Maßregeln für die einzelnen Flächentheile kurz zu begründen.

Die Darstellung aller die Produktion an Masse und Werthen beeinflußenden naturgesetzlichen und volkswirthschaftlichen Verhältnisse (der sogenannten „inneren und äußeren Waldverhältnisse") geschieht in den Forstbeschreibungen, welche man formell

in die allgemeine (generelle) und
in die spezielle Beschreibung

unterscheidet. Aus logischen Gründen geht in der Anordnung der fertigen Forsteinrichtungswerke die allgemeine Beschreibung stets voraus, indem sie gewissermaßen die Einleitung und summarische Wiederholung der Ergebnisse der ganzen Arbeit bildet und außerdem vielerlei Notizen allgemeiner und statistischer Natur enthält. Da wir aber hier die Entstehung dieser Arbeit und den genetischen Zusammenhang ihrer Theile zeigen wollen, so halten wir es für zweckmäßiger, zuerst die Erforschung und Darstellung der Einzelheiten der Waldverhältnisse in der speziellen Beschreibung zu besprechen und dann erst den Aufbau des Ganzen aus diesen Theilen in der allgemeinen Beschreibung darzustellen. Indessen muß schon jetzt darauf hingewiesen werden, daß viele Wiederholungen vermieden werden können, wenn man Gegenstände allgemeinerer Natur, z. B. die topographischen, klimatischen und geologischen Zustände eines Waldgebietes in der generellen Beschreibung ausführlicher behandelt, dagegen das Abweichende und jeder Abtheilung Eigenthümliche in der speziellen Beschreibung hervorhebt, wodurch letztere kürzer und präziser ausfällt. Jedenfalls muß der Taxator erst eine genaue Kenntniß sämmtlicher einzelnen Bestände und ihrer Standortsverhältnisse sich erworben haben, bevor er an die Ausarbeitung der allgemeinen Beschreibung gehen darf. Umgekehrt ist aber auch erforderlich, daß man sich über die allgemeinen Grundzüge der Wirthschaft, z. B. Betriebsarten und Umtriebszeit schon vorher schlüssig gemacht habe, bevor man die Ordnung im Einzelnen beginnt.

Die spezielle Beschreibung hat den Zweck, für jede Abtheilung (d. h. Jagen und Distrikt N) jene Standortsverhältnisse und Bestockungszustände durch möglichst zutreffende kurze Bezeichnungen darzustellen, welche auf die wirthschaftliche Behandlung von Einfluß sind. Dabei bezieht sich die Beschreibung der naturgesetzlichen Faktoren des Standorts in der Regel auf die ständigen Wirthschaftsfiguren, d. h. die ganzen Abtheilungen, während die Schilderung der Bestockung getrennt nach Unterabtheilungen (Bestandesabtheilungen) erfolgen muß, so daß diese in erster Linie das unständige Detail ins Auge faßt. Schon bei Besprechung der Bestandes-Ausscheidung (§ 44) wurde darauf hingewiesen, daß bei Beurtheilung der Standorts- und Ertragsverhältnisse der einzelnen Unterabtheilungen nicht blos das augenblicklich Gegebene, sondern auch die Absicht maßgebend sein müsse, was mit dem Vorhandenen künftig geschehen soll. In gleichem Sinne muß man auch bei

Erforschung und Schilderung der Zustände jeder Bestandesabtheilung das Wesentliche von dem Nebensächlichen wohl unterscheiden und in jedem Einzelfalle erwägen, wie der wirthschaftliche Zweck am sichersten und zugleich am einfachsten zu erreichen ist, ferner, wie der einzelne Bestand als Glied der übrigen Schlagreihe am vortheilhaftesten einzupassen sei und mit den geringsten Opfern an Zuwachs rechtzeitig zur Nutzung kommen könne, ohne darüber die Sicherung gegen Sturmschaden rc. zu versäumen. Diese und manche andere wirthschaftlichen Erwägungen, z. B. über Durchforstungs- und Kulturbetrieb rc., spielen in der speziellen Beschreibung eine Rolle, weil diese nicht blos zur Schilderung des augenblicklichen Bestandesbildes, sondern auch zur Motivirung der geplanten wirthschaftlichen Bestimmungen berufen ist. Der Taxator muß sich daher stets vergegenwärtigen, daß zwischen dieser Beschreibung und zwischen den Anordnungen des Wirthschaftsplanes, sowie der übrigen Betriebspläne ein innerer Zusammenhang besteht, welcher namentlich bei der Prüfung des Einrichtungswerkes seitens der revidirenden Stelle betont wird. Außerdem dient die spezielle Beschreibung als Grundlage bei Anfertigung der Altersklassentabelle und bei Ausführung und Revision der Bestandeskarte, sowie bei statistischen Übersichten über Holzartenvertheilung, über Bonitäts- und Zuwachsverhältnisse. Aus diesem Grunde erfordert die zweckmäßige Ausführung der speziellen Bestandesbeschreibung nicht blos eine genaue Lokalkenntniß und durch Übung erworbene Sicherheit in der Schätzung des Alters und der Wachsthumsverhältnisse, sondern auch ein gereiftes Urtheil über die Aufgaben des Waldbaues und der Bestandespflege unter den verschiedenartigen Standorts- und Mischungsverhältnissen, wie sie der einzurichtende Wald darbietet. Diese Beschreibung darf sich daher nicht in Kleinigkeiten und Nebendinge verlieren, sondern sie soll in zielbewußter Weise das Wesentliche und mit dem Wirthschaftszweck Zusammenhängende hervorheben, damit sich die später in dem Wirthschaftsplane zu gebenden Anordnungen als logische Konsequenz aus dem jetzigen Bestandesbilde einerseits und dem wirthschaftlichen Prinzipien andrerseits mit überzeugender Klarheit ergeben.

In formaler Beziehung giebt man der speziellen Beschreibung stets eine übersichtliche Anordnung, damit durch eine Ausscheidung nach Materien das Gleichartige, z. B. Flächengröße, Standortsverhältnisse, Alter, Holzartenmischung, Beschaffenheit der Bestockung, Ertragsverhältnisse rc., unter den zahlreichen Abtheilungen leicht auffindbar und übersehbar wird. Nur dadurch kann diese Beschreibung orientirend wirken, während dagegen bei mangelhafter Anordnung die große Fülle von Einzelnotizen einen in hohem Grade verwirrenden und störenden Eindruck machen würde. Aber gerade in dieser formalen Anordnung weichen die Vorschriften der verschiedenen Forsteinrichtungs-Instruktionen sehr von einander ab: Im allgemeinen wurde in früherer Zeit den speziellen Beschreibungen eine weitere Ausdehnung gegeben, als jetzt — vielleicht als einer Art von Fortsetzung der in früheren Jahrhunderten üblichen „Waldbereitungen", welche in Form von Gutsbeschreibungen, Noteln und protokollarischen Konstatirungen des Waldstandes (sogenannten „Waldunterredungspunkten") von Zeit zu Zeit den Besitzstand und die Beschaffenheit der Forste schriftlich fixirten. Ein gedruckter derartiger Bericht vom Jahre 1755 ist über die „General-Wald-Bereit-Verain- und Schätzungs-Kommission im Erzherzogthum Steyer" in 28 Bänden erhalten geblieben, welcher eine Art Waldkataster von ganz Steyermark darstellt.*) Die älteren Forsteinrichtungs-Instruktionen verlangen daher in der Regel eine ausführliche Standorts- und Bestandesbeschreibung jeder Wirthschaftsfigur mit genauer Unterscheidung des Bestockungszustandes jeder litera und Angabe der wirthschaftlichen Maßregeln, hauptsächlich des Fällungs-, Durchforstungs- und Kulturbetriebes. In solchen ausführlichen Beschreibungen findet man daher eine nach Abtheilungen angeordnete und nach Materien getrennte kurze Darstellung folgender Punkte, die sich nur auf die Einzelfläche der Abtheilung besonders beziehen:

Ortsbezeichnung nach Forstort (Distrikt S) und Abtheilung (oder Distrikt N).

Flächentabelle der ganzen Wirthschaftsfigur mit ihren Unterabtheilungen und mit Unterscheidung, ob Holzboden (produktiv) bestockt, unbestockt oder unproduktiv (Nichtholzboden), je nach Umständen auch mit Angabe der Bonitätsklasse jedes Flächentheiles.

Lage in Bezug auf Meereshöhe, Exposition, Neigung, Terrainform und Umgebung.

Boden nach seinen wesentlichsten Merkmalen, seiner geognostischen Abstammung, Tiefgründigkeit, Humus- und Feuchtigkeitsgehalt, sowie der Art des Bodenüberzuges. Diese Angaben sollen sich möglichst auf das Ergebniß von Einschlägen gründen.

Holzbestand, ausgeschieden nach Unterabtheilungen, wobei zunächst die Holzarten und deren Mischungsverhältniß durch Prozentzahlen oder durch sonstige präzise Bezeichnung benannt werden (z. B. ob Einzel- oder horstweise Mischung, ob Haupt- oder Nebenbestand, ob Oberholz oder gleichalteriger Bestand ꝛc.) Hierauf folgt die Altersangabe auf Grund genauer Ermittlungen des Alters der dominirenden Stammklassen, der Altersschwankungen und der Mittelzahlen, sowie des Alters von eingewachsenen älteren Horsten oder von sonstigen kleineren Bestandesverschiedenheiten. Der Schluß des Bestandes erfuhr besonders sorgfältige Beachtung und Beurtheilung etwa nach 5 Schlußgraden: gedrungen, gut, mittelmäßig, lückig, licht. Endlich waren noch der Wuchs und die Zuwachsverhältnisse zu bezeichnen, indem für ersteren die Höhe, Vollholzigkeit und Astreinheit in Betracht gezogen wurden, während das Wachsthum auf Grund von Zuwachsuntersuchungen (an Stockabschnitten oder mittelst Messung der Längstriebe), sowie nach dem Befund des Gesundheitszustandes kurz charakterisirt wird.

Bewirthschaftung, d. h. kurze Angabe der Betriebsmaßregeln, welche künftig in jeder der Unterabtheilungen dieser Abtheilung zur Durchführung gelangen sollten. Da jedoch diese erst nach Feststellung des allgemeinen Wirthschaftsplanes getroffen werden können, so darf die spezielle Beschreibung nur im engsten Zusammenhange mit letzterem die Bewirthschaftung regeln und kann nur eine Art von Auszug aus

*) Siehe die Mittheilungen C. v. Fischbach's im Centralblatt für das gesammte Forstwesen 1890, S. 557; dann Dimitz: „Zur Geschichte der Betriebseinrichtung im österreichischen Salzkammergut (Österr. Monatsschrift für das Jahr 1880, S. 553).

demselben mit etwaigen Erläuterungen bieten. Wir werden daher diesen wichtigen Gegenstand in § 52 beim Entwurfe des allgemeinen Wirthschaftsplanes eingehend besprechen.

Ertragsbestimmung. Auch dieser Gegenstand gehört materiell zu den Hauptarbeiten der Forsteinrichtung, findet daher seine Stelle bei der Ertragsberechnung im allgemeinen Wirthschaftsplan. Doch bietet die spezielle Beschreibung eine passende Gelegenheit zur Erläuterung des Verfahrens, welches bei der Taxation der betreffenden Unterabtheilung angewandt wurde, und zur genaueren Anführung ihrer thatsächlichen Unterlagen, z. B. lit. a Buchen und Eichen nach Probefläche 510 cbm pro Hektar oder Kiefern nach Ertragstafeln III. Bonität mit 0,9 Vollertrags-Koëffizient (Bestandesgüte). Wo daher die spezielle Beschreibung diese Ertragsbestimmung enthält, vertritt sie die Stelle des sonst gebräuchlichen „Schätzungsprotokolles", indem sie auf die Zusammenstellung der Resultate der Probeflächen- und Bestandesaufnahmen jedesmal verweist. Hierbei muß der Taxator genau unterscheiden zwischen dem gegenwärtigen Holzvorrath, welcher in der Regel nur für die in der nächsten Periode zum Angriff kommenden ältesten Bestände genauer erhoben wird, und zwischen dem künftigen Haubarkeitsertrag, der sich aus ersterem durch Anhäufung von weiteren Zuwachsmassen bis zum Zeitpunkt des künftigen Abtriebes ergiebt. (Siehe hierüber Genaueres im § 49). Für etwaige nachträgliche Änderung in den Ertragsbestimmungen durch Verschiebungen gab man in der tabellarischen Zusammenstellung, welche die spezielle Beschreibung für diese Taxationen enthält, einen besonderen Raum, sowie auch die wirklichen Fällungsergebnisse früher daselbst nachgetragen wurden.

In den älteren Forsteinrichtungswerken bildet die spezielle Beschreibung, wenn sie nach den hier angedeuteten Punkten durchgeführt wurde, in der Regel ein umfangreiches Buch, in welchem jeder Wirthschaftsfigur ein Folium gewidmet ist. Die Anfertigung dieser Beschreibung bildete daher eine wichtige Vorarbeit der erstmaligen Forsteinrichtung, welche mit der ganzen Gründlichkeit der früheren Zeit und oft in behaglicher Breite durchgeführt wurde und aus welcher dann das Material für die Aufstellung des Wirthschaftsplanes geschöpft ward. Nachdem aber die Anschauung, als ob die Forsteinrichtung den Betrieb für ein Jahrhundert lang regeln müsse, aufgegeben ist, verwendet man auch nicht mehr so viel Zeit und Kosten auf die Herstellung dieser weitläufigen speziellen Beschreibungen, welche doch meistens nur in den Aktenschränken ruhten. Vielmehr ist jetzt in den meisten Ländern die spezielle Beschreibung formell mit dem allgemeinen Wirthschaftsplan, oft sogar auch zugleich mit der Altersklassentabelle verbunden (so z. B. in Preußen). Hierzu gab auch die periodische Wiederkehr der Waldstandsrevisionen zwingende Veranlassung, da man unmöglich die ganzen Beschreibungen in jedem Dezennium wieder umschreiben konnte. Mit dem verhältnißmäßig raschen Wechsel der Bestandesfiguren, ihres Alters und ihrer inneren Beschaffenheit kontrastirt aber die Unveränderlichkeit der Standortsverhältnisse, so daß in neuerer Zeit letztere zuweilen ganz aus den speziellen Beschreibungen verschwanden (öfters nur mit Ausnahme des Bodens), während die „Bestandesbeschreibung" als die eigentliche und wichtigste Aufgabe in den Vordergrund trat. Durch die Einordnung der speziellen Beschreibung in den Wirthschaftsplan ist auch eine gewisse Raumbeschränkung eingetreten, welche darauf hindeutet, daß der Taxator alle weitläufigen Schilderungen unterlassen und in möglichst knappem Vortrag die einzelnen Bestockungsformen scharf charakterisiren solle. Dieser hat daher im Allgemeinen gegenwärtig folgende Punkte ins Auge zu fassen:

1. Holzarten mit Angabe der vorherrschenden und deren Mischungsverhältniß nach Prozenten (oder Zehnteln), sowie der Art der Mischung (Einzel-, Horst-, Gruppe-, Oberständer 2c.). In manchen Forstverwaltungen ist es üblich, die Holzarten mit ihren Anfangsbuchstaben und den Zehnteln des Mischungsverhältnisses zu bezeichnen, z. B. 0,6 Fi, 0,2 Ta, 0,2 Bu.

2. Die treffende Kennzeichnung der Bestockung mit Rücksicht auf ihre wirthschaftliche Bestimmung ist ein wesentliches Erforderniß einer guten Beschreibung, da dieselbe viele Worte spart und zugleich den Hinweis auf die künftige Behandlung schon mit enthält. Hier finden die forst-technischen Ausdrücke des Waldbaues Anwendung, welche die verschiedenen Bestandesformen von der Schlagfläche und dem Anflug, bezw. Aufschlag, angefangen durch alle Lebensalter des Bestandes hindurch allgemein verständlich bezeichnen; insbesondere müssen die verschiedenen Schlagstellungen nicht blos nach der momentanen äußeren Erscheinung des Bestandesbildes, sondern nach ihrer Reihenfolge in dem System der Verjüngungsmethode aufgefaßt werden, z. B. Vorbereitungshieb, oder Schirmschlagstellung übergehend in Lichtschlag, oder auf Lichtwuchsbetrieb behandelt, oder Mittelwaldschlag, Plänterung 2c.

In manchen Forstverwaltungen ist auch der sehr beachtenswerthe Versuch gemacht worden, diese Bestandesbeschreibung zu einer kurzen Bestandeschronik zu erweitern, was an der Hand der Fällungs- und Kulturnachweisungen jetzt leicht möglich ist, aber in späteren Dezennien nur schwer nachgeholt werden kann. Positive Angaben über das Jahr der Schlagführung, der Kulturen, der Lichtung und des Unterbaues, namentlich auch über die sonstige Entstehungsgeschichte einzelner Bestände 2c. sind daher immer von bleibendem Werthe und haben mehr praktische Bedeutung als alle sonstigen Umschreibungen.

3. Bestandesalter, dessen genaue Bestimmung von besonderer Wichtigkeit ist. In den älteren Beständen geben gewöhnlich die Probeflächen und Bestandesaufnahmen zuverlässige Aufschlüsse hierüber, in den mittleren Altersstufen müssen aber meistens besondere Untersuchungen der Jahrringe — oft mittelst Lupe — an gefällten Stangen vorgenommen werden, während für die Jungwüchse die Kulturnachweisungen und Kontrolebücher die besten Aufschlüsse ergeben. In unregelmäßigen Beständen muß entweder der flächenweise Wechsel im Alter (nach Prozenten) oder auch die Altersschwankungen überhaupt hervorgehoben werden; namentlich soll man das Alter von eingewachsenen älteren Stämmen oder Horsten solcher angeben, vor Allem im Mittelwalde,

dessen einzelne Stammklassen im Oberholz ebenso wie das Unterholz auf ihr Alter anzusprechen sind. Bei Schatthölzern, besonders Weißtannen, die lange als Vorwuchs unter dem Mutterbestande gestanden waren, zieht man in der Regel diesen Zeitraum (d. h. die innerste Zone feinster Jahrringe) vom Alter ab und rechnet nur die eigentliche „Wachsthumszeit“ als Alter an.

4. Der Bestockungsgrad oder Schluß ist nicht blos wegen der Ertragsschätzung, sondern namentlich auch wegen der hierin zum Ausdruck kommenden Beschaffenheit, wie sie durch Sturm-, Schneedruck, Insektenschaden, Rothfäule und andere Krankheiten verursacht wurde, von Einfluß auf die künftigen wirthschaftlichen Maßregeln und muß daher entweder mit Worten — wie oben schon erwähnt — oder durch einen Koëffizienten der Bestandesgüte (Vollertrags-Koëffizient) bezeichnet werden; letzterer dient namentlich zur Übertragung der Ertragstafeln auf die konkrete Bestandesschätzung und muß daher an Ort und Stelle mittelst Einschätzung der Lücken und Bestandesunterbrechungen taxirt werden. In Schlägen und Jungwüchsen muß der Taxator beurtheilen, ob die jetzige Bestockung genügend ist, um den Schluß herzustellen, oder ob hierzu noch weitere Nachbesserungen mittelst Kulturen erforderlich sind.

5. Das Wachsthum sollte wenigstens in allen älteren Beständen durch besondere Untersuchungen über Grundflächenzuwachs oder Massenzuwachsprozent der Hauptstammklassen näher bezeichnet werden. Die früher üblichen allgemeinen Redensarten (von gedeihlichem Wuchs, von mittelmäßigem oder kümmerlichem Wachsthum) können wohl auf jüngere, von der Haubarkeit noch weiter entfernte Bestände angewandt werden, aber über die Hiebsreife entscheiden sollte man nur auf Grund vorausgegangener sorgfältiger Jahrringmessungen und Zuwachs-Prozentermittlungen, von denen in den §§ 14, 16 und 27 das Nähere bereits mitgetheilt ist. Daneben bleiben noch immer die früheren Hilfsmittel zur Beurtheilung des guten Wuchses: die Astreinheit, die glatte Rinde, die regelmäßige, gesunde Kronenbildung in Übung; während man umgekehrt aus kurzschaftigen Stammformen mit geringen Höhentrieben, aus rauher, aufgesprungener Rinde mit Flechtenüberzug, aus schwacher Belaubung und Gipfeldürre auf ein geringes oder rückgängiges Wachsthum zu schließen berechtigt ist.

§ 49. **Die Ertragsermittlung.** Soweit die spezielle Beschreibung zu den taxatorischen Vorarbeiten zählt, muß sie auch die Untersuchungsergebnisse aller Massenaufnahmen der Bestandes-Vorräthe und der Zuwachsgrößen enthalten. Bezüglich der Holzmassenaufnahmen in regelmäßigen und in unregelmäßigen Beständen verweisen wir auf die §§ 32—37, sowie hinsichtlich der Details auf die Werke über Holzmeßkunde. Die Wahl zwischen den verschiedenen daselbst angegebenen Methoden der Holzmassenermittlung richtet sich nach der Art der Bestockung und nach dem zu erreichenden wirthschaftlichen Zwecke; je werthvoller die Holzvorräthe sind und je näher ihre Nutzungszeit liegt, desto mehr rechtfertigt sich ein größerer Kostenaufwand für deren genaue Taxation. Der gegenwärtige Vorrath wird daher nur in älteren, ganz oder nahezu haubaren Beständen mittelst spezieller (stammweiser) Aufnahmeverfahren erhoben, weil diese Vorräthe in erntereifer, greifbarer Form die Einschlagsmasse darstellen, welche dem jährlichen Zuwachs des ganzen Waldes das Gleichgewicht halten soll. Es kommt also für die nächste Zeit hauptsächlich darauf an, den Nutzungsgang in diesen hiebsreifen Beständen richtig zu regeln und den Betrieb innerhalb der Schranken der Nachhaltigkeit zu halten; während dagegen die Vorräthe der jüngeren Bestände zunächst nur untergeordnetes Interesse für die Forsteinrichtung und noch weniger für die Betriebsführung darbieten. Aus diesem Grunde verlangen fast alle Forsteinrichtungsinstruktionen, daß jene Bestände, welche in der ersten Wirthschaftsperiode zum Angriff bestimmt sind, durch spezielle Bestandesaufnahme aller unregelmäßigen Bestandesformen taxirt werden sollen. Dabei wird nach vorausgegangener stammweiser Auskluppung die Kubirung entweder mittelst Probestämmen (z. B. nach Draudt's Verfahren) oder mittelst geeigneter Massentafeln vorgenommen, in welchem Falle die erforderlichen Scheitelhöhenmessungen und deren graphische Interpolirung vorausgehen muß. Diese Bestandesaufnahme liefert den gegenwärtigen Massengehalt eines konkreten Bestandes ganz unabhängig von den Schlußverhältnissen mit der wünschenswerthen Genauigkeit, sie ist daher namentlich zur Vorrathsermittlung für alle bereits angegriffenen, durchplänterten oder unregelmäßigen Bestände, sowie insbesondere für Nachhiebsmaterial, Oberholz und für die zu Auszugshieben bestimmten Stämme anwendbar; eine Abminderung der Resultate durch Bestockungs-Koëffizienten findet selbstverständlich hier nicht statt. Dagegen muß eine Untersuchung stattfinden über die Größe des Zuwachses, welcher sich an diesem Vorrathe bis zum Abtrieb des Bestandes jährlich noch anlegt. Diese Rechnung gründet sich entweder auf Zuwachsmessungen an Einzelstämmen und dadurch gefundene Zuwachsprozente, was besonders bei Nachhiebsmaterial und Oberholzstämmen in freier Stellung zweckmäßig ist, oder sie wird flächenweise (pro Hektar) geführt, indem der bisherige Durchschnittszuwachs mit dem Verlaufe der entsprechenden Zuwachskurve einer Ertragstafel (s. Figur 123) verglichen und so das wahrscheinliche Sinken des jährlichen Durchschnittszuwachses pro Hektar für die nächste Zeit einschätzt. Dieser „ermäßigte Zuwachs" kann jedoch nur bei geschlossenen Beständen in Aufrechnung kommen, weil hier die Bestandesfläche maßgebend für die Berechnung des zu erwartenden Zuwachses ist. Vorrath plus Zuwachs innerhalb des Zeitraumes bis zum mittleren Abtriebsalter ergeben dann den Haubarkeitsertrag des betreffenden Bestandes; doch können die Einzelheiten dieser Berechnung erst im § 51 und 52 erörtert werden, weil die Bestimmung des Abtriebsalters abhängig ist von der Aufstellung eines Wirthschaftsplanes. Haubare Bestände, welche noch unangegriffen und von regelmäßiger ziemlich gleichalteriger Bestockung sind, dürfen auch durch Probeflächen taxirt werden, wenn die in § 37 erwähnten Rücksichten beobachtet werden. Es ist dies um so nothwendiger, als in ausgedehnten Forsten mit langen Umtriebszeiten unmöglich die enorm großen Holzvorräthe der ältesten Altersklasse stammweise aufgenommen werden können. Die Ergebnisse aller Bestandesauszählungen und Probeflächenaufnahmen werden in geeigneten Formularen dargestellt und dem allgemeinen Wirthschaftsplane oder der speziellen Bestandesbeschreibung als Beilage zugetheilt.

In allen jüngeren Beständen, die ihre normale Haubarkeit erst nach 20, 40 und mehr Jahren erreichen, genügen in der Regel die summarischen Taxationsverfahren, nämlich die Angleichung an die Ergebnisse benachbarter Bestände oder die Schätzung nach Ertragstafeln unter geeigneter Anwendung von Vollertrags-Koëffizienten. Der gegenwärtige Vorrath dieser Flächentheile gestattet gewöhnlich nur einen unsicheren Schluß auf den künftigen Haubarkeitsertrag, weil sich bis zu dem fernen Zeitpunkt des Abtriebes noch eine erhebliche Zuwachsmasse anlegen wird und sich nicht voraussehen läßt, was in dieser Zwischenzeit durch Elementarereignisse oder Insektenfraß ꝛc. dem Bestand widerfahren kann. Wegen dieser Unsicherheit in Bezug auf die künftige Bestandesentwicklung verwendet man keine Kosten auf eine genaue Vorrathsermittlung, sondern zieht die flächenweise Einschätzung nach dem Durchschnittszuwachs oder nach Ertragstafeln vor. Aufgabe des Taxators ist es in diesem Falle, sich an Ort und Stelle die nöthigen Anhaltspunkte und Notizen über mittlere Baumhöhe, Bonitätsklasse, Bestandesgüte, Schluß und Wuchs der betreffenden Unterabtheilungen zu verschaffen. Die Berechnung des gegenwärtigen Vorrathes solcher jüngerer Bestände ist nur bei einigen Forsteinrichtungsverfahren erforderlich, dagegen unterbleibt sie bei den zur Zeit in den meisten Staaten gebräuchlichen Methoden, welche nur auf den Haubarkeitsertrag basirt sind; zu dessen Einschätzung dienen in solchen Fällen entweder Ertragstafeln oder Angleichungen an bekannte Haubarkeitserträge in benachbarten Beständen, bezw. die Aufrechnung des Haubarkeits-Durchschnittszuwachses.

Wenn die Forsteinrichtung sich nicht blos auf die Ermittlung der Massenerträge und deren nachhaltige Vertheilung beschränkt, sondern auch die Rentabilitätsfrage in den Bereich ihrer Untersuchungen zieht, so müssen neben diesen Bestandes- und Probeflächenaufnahmen auch gleichzeitig Ermittlungen über den durchschnittlichen Sortimentenanfall in Beständen verschiedener Holzarten und Altersstufen angestellt werden, wozu besonders das Probestammverfahren nach Draudt (und Urich) geeignet ist. Daneben müssen aber auch Auszüge aus den Verkaufslisten (Schlagregistern) hergehen, damit man genügende Anhaltspunkte für die mittleren Qualitätsziffern und die Qualitätszuwachsprozente erhält (s. § 38). Bei der erstmaligen Einrichtung größerer Forste ist es manchmal zweckmäßig, die normalen Probeflächen zu Lokalertragstafeln zu vereinigen, indem man sich entweder des Hartig'schen Weiserstammverfahrens oder des auf Bestandesoberhöhen sich gründenden Streifenverfahrens bedient. In diesem Falle erhält die Ertragsermittlung eine über das gewöhnliche Maaß hinausgehende Ausdehnung, doch kann dieser Gegenstand als zum forstlichen Versuchswesen gehörend hier nicht weiter verfolgt werden.

Am Schlusse dieses Abschnittes über die Ertragsermittlung soll noch besonders hervorgehoben werden, daß in den Darstellungen stets genau zu unterscheiden ist zwischen dem auf positiven Grundlagen der Massenaufnahme gewonnenen Material an Probeflächen und Bestandesauszählungen gegenüber den auf bloßer Schätzung beruhenden Ertragsangaben. Erstere haben einen dauernden Werth und sollten sowohl durch solche aus den früheren Forsteinrichtungsarbeiten (in's metrische Maß übertragen) ergänzt, als auch durch die Fällungsergebnisse pro Hektar in vollständig verjüngten Abtheilungen fortlaufend kontrolirt werden, so daß sich mit der Zeit die Anhaltspunkte für die Schätzung des Materialertrages immer umfangreicher und zuverlässiger gestalten.

§ 50. **Die allgemeine Waldbeschreibung oder generelle Revierbeschreibung.** Jede Forsteinrichtungsarbeit wird mit einer allgemeinen Beschreibung des Wirthschaftsganzen — also in der Regel des Revieres — eingeleitet, welche Gegenstände statistischer, verwaltungsrechtlicher und privatrechtlicher Natur umfaßt und zugleich das Fazit aus den gesammten Taxationsarbeiten zieht. Indem diese generelle Revierbeschreibung solche heterogene Gegenstände zur Besprechung bringt, will sie keineswegs als Urkunde, sondern blos nach Art eines Saal- und Lagerbuches den augenblicklichen Besitzstand schriftlich zum eigenen Gebrauche feststellen, ähnlich wie dies in Gutsbeschreibungen und Inventaren üblich ist. Bei dem häufigen Personalwechsel und der Unsicherheit aller mündlichen Tradition ist die Niederschrift aller auf Eigenthum und Besitzesverhältnisse bezüglichen Rechtsverhältnisse eine in verwaltungsrechtlicher Hinsicht wichtige Vorkehrung. Ebenso sind aber auch in forsttechnischer Beziehung Aufzeichnungen über den augenblicklichen Waldzustand und die Betriebsverhältnisse um so wichtiger, weil gerade bei

Gelegenheit der Forsteinrichtung genauere Untersuchungen aller Grenzen, Flächen- und Ertragsverhältnisse angestellt werden, als während des laufenden Betriebes gemacht werden können. Es ist daher natürlich, daß diese einzelnen Arbeitstheile zu einer Statistik der hauptsächlichsten Faktoren der forstlichen Produktion verarbeitet und in übersichtlicher Form in der Revierbeschreibung niedergelegt werden, um für die Forstverwaltung nach Bedarf nutzbar zu sein, analog wie die allgemeine Statistik des Landes den Zwecken der inneren Verwaltung dient. Bei den periodischen Erneuerungen des Forsteinrichtungswerkes finden dann die erforderlichen Nachträge und Richtigstellungen zu den einzelnen Theilen der generellen Beschreibung statt, so daß diese zusammen den jeweiligen Waldstand richtig darstellen und zu einer rascheren Einführung neu eintretender Verwaltungsbeamten, sowie zu einer gesicherten Fortsetzung des Betriebes nach den Intentionen des Waldbesitzers beitragen. Zu letzterem Zwecke enthält die generelle Beschreibung eine Darlegung der Grundzüge für die künftige Bewirthschaftung mit einem Rückblick auf die Erfolge der bisherigen Wirthschaft; sie motivirt den allgemeinen Wirthschaftsplan, sowie die speziellen Betriebspläne und erläutert die Berechnung des Etats an Haupt- und Zwischennutzungen. Schon hieraus folgt, daß die generelle Beschreibung nicht vor Durchführung der Hauptarbeiten gemacht werden kann; nachdem sie aber ihrer Bestimmung nach wesentlich zur Feststellung und Darstellung bestehender Umstände und wirthschaftlicher Thatsachen unternommen wird, so scheint es uns zweckmäßig, sie noch unter die Vorarbeiten einzurechnen und an dieser Stelle zu besprechen.

Auch die generelle Beschreibung wurde früher mit allzu weitgehender Ausdehnung angefertigt, indem namentlich die weitere Umgebung des einzurichtenden Waldes mit hineinbezogen und statistische, sowie forstpolizeiliche Gegenstände (z. B. über Gemeinde- und Privatwaldungen 2c.) hinein verflochten wurden, welche man in den neueren Instruktionen häufig fortläßt.

Die formelle Anordnung der einzelnen Abschnitte der allgemeinen Beschreibung ist in den Instruktionen der einzelnen Länder verschieden, doch werden im Allgemeinen folgende Gegenstände mehr oder weniger ausführlich behandelt:

1. Das Areal des einzurichtenden Waldes, wobei die Entstehung und Brauchbarkeit der Vermessung, der Abschluß der Vermessungstabelle und der gegenwärtige Flächenstand nachgewiesen wird, während gleichzeitig der Grenzzustand, die Art der Vermarkung, der Verwaltungs- und Schutzbezirkseintheilung erläutert wird.

2. Die Eigenthums- und Nutzungsrechte aller Art, sowie namentlich die Servitutverhältnisse, welche letztere nach Erforderniß in einer tabellarischen Übersicht zusammengestellt werden unter Angabe der

Liquidationsverhandlungen, der gerichtlichen Erkenntnisse, dann auch der Gegenreichnisse.

3. Die Beschreibung der Standortsverhältnisse, gegliedert nach Terrain, Klima und Boden. Dieser Abschnitt ist als summarische Einleitung zur speziellen Beschreibung aufzufassen und giebt die Hauptzüge der einzelnen Standortsfaktoren im Wirthschaftsganzen an, so z. B. die Höhenlage, die hydrographischen und geologischen Verhältnisse ꝛc., wobei die in der speziellen Beschreibung angewandten Begriffsbezeichnungen und Unterscheidungen erläutert werden, um spätere Wiederholungen zu vermeiden.

4. Die Bestockungsverhältnisse im Allgemeinen, mit Angabe der Flächensummen, welche die wichtigeren Holzarten und deren verschiedene Mischungsverhältnisse einnehmen, dann mit Ausscheidung der Betriebsarten. Hier wird im Wesentlichen eine statistische Übersicht über die Ergebnisse der speziellen Bestandesbeschreibung gegeben.

5. Bisheriger Forstbetrieb und Bewirthschaftung, worunter sowohl die frühere waldbauliche Behandlung der Verjüngungen und Kulturen, als auch die bisher übliche Gewinnung und Verwerthung der Forstprodukte, die Sortimentbildung, die Holzpreise und Holzhauerlöhne, sowie die Nebennutzungen besprochen werden. Dieser Abschnitt bietet Gelegenheit zu einer Statistik der Holzpreise nach Sortimenten, der bisherigen Bruttoeinnahmen im Ganzen und pro Hektar, der Ausgaben und der budgetmäßigen Reinerträge pro Hektar, zusammengestellt nach Jahrzehnten oder Jahrfünften.

6. Feststellung der Grundzüge der künftigen Bewirthschaftung. Dieser Abschnitt, welcher als eine wesentliche Ergänzung und Erläuterung zu dem allgemeinen Wirthschaftsplan und den speziellen Betriebsplänen zu betrachten ist, bildet den für die Praxis wichtigsten Theil der generellen Beschreibung. Seine Bearbeitung ist jedoch nicht dem einzelnen Taxator allein überlassen, sondern sie gründet sich in allen Hauptstücken auf die sogenannten „Einleitungs-Verhandlungen" (N) oder das „Grundlagen-Protokoll" (S), welche beim Beginne der Forsteinrichtungsarbeiten durch eine Komitée-Verhandlung von den einschlägigen Lokalverwaltungs- und Inspektionsbeamten meistens unter Vorsitz eines Ministerialkomissärs zu Stande kommen und vom Ministerium genehmigt werden. Diese Verhandlungen stellen die künftigen Betriebsarten und Umtriebszeiten fest, bezeichnen die territoriale Abgrenzung der Betriebsklassen und die ständige Waldeintheilung in Wirthschaftsfiguren, während zugleich die allgemeine Richtung der Wirthschaft, soweit sie dem Wirthschaftsplane zur Richtschnur dienen soll, in ihren wesentlichen Zügen dargestellt wird. Namentlich gehören hierher die Grundsätze über die Bestandesordnung, Hiebsfolge und die Hiebszugsbildung. In welcher Aus-

dehnung das waldbauliche Detail der Wirthschaftsregeln — d. h. die Verjüngungsmethoden, der Kulturbetrieb, die Bestandespflege und die Durchforstungsprinzipien — hier zu behandeln ist, hängt davon ab, ob erhebliche Änderungen an dem bisher Bestehenden beabsichtigt sind, oder ob die Wirthschaftsregeln für die einzurichtenden Waldgebiete nicht schon anderweitig, z. B. in forstlichen Zeitschriften, gedruckten Broschüren oder Inspektionsprotokollen niedergelegt sind, auf welche dann Bezug genommen wird.

Hierbei ist immer die Voraussetzung zu Grunde liegend, daß die Betriebsordnung durch periodisch wiederkehrende Revisionen weiter fortgebildet werde, und daß sie daher vorzüglich nur für die nächstliegenden Zeiträume in's Einzelne eingreifen, keineswegs aber für die ganze Umtriebszeit hinaus den Betrieb binden dürfe. Nur die Wahl der Umtriebszeit, der Betriebsklassen, der Einrichtungszeit und des allgemeinen Rahmens für die Wirthschaft bedarf einer auf längere Dauer berechneten Festsetzung und Motivirung im Sinne der §§ 9, 10 und 11.

7 Die Erläuterungen über das Taxationsverfahren, die Holzmassenermittlung, Ertragsberechnung und die Methode der Berechnung des Etats geben eine Zusammenfassung und übersichtliche Darstellung der Abschlüsse, mit welchen sowohl die Altersklassentabelle, als auch der allgemeine Wirthschaftsplan endigt. Es muß dann der allgemeine Gedankengang klar gelegt werden, nach welchem die Ermittlung des nachhaltigen Ertrages, die ziffermäßige Berechnung desselben und dessen Abrundung erfolgt; endlich wird der formelle Antrag auf Genehmigung der Zahl des Hauptnutzungs- und des Zwischennutzungs-Etats gestellt.

8. In ähnlicher Weise, wenn auch kürzer, begleiten den speziellen Wirthschaftsplan und die übrigen Betriebspläne erläuternde Bemerkungen und Motivirungen, welche die Gründe für einzelne Bestimmungen derselben, die Dringlichkeit oder zeitliche Aufeinanderfolge 2c. der Fällungs- oder Kulturmaßregeln betonen.

Die generelle Revierbeschreibung wird zwar hinsichtlich einzelner Kapitel später durch Nachträge ergänzt, im großen Ganzen aber bleibt sie unverändert; doch treten an ihre Stelle bei den periodischen Revisionen die erörternden Darstellungen über die Ergebnisse dieser Waldstandsrevisionen, welche in den einzelnen Staaten verschieden benannt werden (z. B. „Vorbemerkungen" in Sachsen, „General- und Schlußverhandlung" in Preußen). Diese enthalten in ihrem Text und in ihren Beilagen stets den nach dem neuesten Befunde ergänzten Stand aller vorgenannten statistisch und wirthschaftlich wichtigen Gegenstände, namentlich die Flächen- und Ertragsverhältnisse, sie bilden daher zusammen mit der ursprünglichen Revierbeschreibung nicht blos ein treffliches Orientierungsmittel für das

Verwaltungspersonal, sondern auch eine aktenmäßige Darstellung der stetig fortschreitenden Veränderungen am gesammten Waldzustande und seinen Rechtsverhältnissen. —

Abtheilung B.

Hauptarbeiten der Forsteinrichtung: Die Betriebsordnung und Ertragsberechnung.

§ 51. **Kurzer historischer Rückblick auf die Methoden der Ertragsregelung.** Nachdem die verschiedenen Werke über Forstgeschichte, namentlich jene von Bernhardt und neuerdings von Dr. Schwappach im I. Bd. S. 439 bis 460 und im II. Bd. S. 737 bis 763, den geschichtlichen Entwicklungsgang der Forsteinrichtungsmethoden und die Biographie der hier in Betracht kommenden Autoren mit großer Gründlichkeit behandelt haben, so verweisen wir im Einzelnen auf diese Werke. Die hier folgende Skizze soll nur die Entstehung der jetzt noch in verschiedenen Staaten bestehenden Forsteinrichtungsverfahren in einem allgemeinen Überblicke vorführen und deren richtigere Beurtheilung als des historisch allmählig Entwickelten befördern, was namentlich für die Studierenden von Wichtigkeit ist. Denn der Entwicklungsgang dieser Disziplin schreitet fort und auch die Forsteinrichtungs-Instruktionen der einzelnen Staaten passen sich den veränderten Bedürfnissen und Anschauungen eines jeden Zeitalters an, weshalb eine Kenntniß der Richtung des bisherigen Ganges ein leichteres Erfassen der künftigen amtlichen Vorschriften vorbereitet.

1. Flächentheilung. Die älteste Methode der Ertragsregelung war die schon in § 43 erwähnte reine Flächentheilung in Jahresschläge, welche schon 1350 im Erfurter Stadtwald in Anwendung kam und in mehreren Forstordnungen vorgeschrieben ist, z. B. in jener für die Grafschaft Mansfeld 1585, ferner in jener für die Stadt Miltenberg a. M. 1619, und Eichstätt 1666, und für das Fürstenthum Nassau-Weilburg 1731. Am bekanntesten wurde diese Flächentheilung durch die Vorschriften, welche die Ordonnance sur le fait des Eaux et Forêts vom Jahr 1669 unter Ludwig XIV. für Frankreich erließ, wo die große Verbreitung der Nieder- und Mittelwaldwirthschaft dieser Methode ohnehin sehr günstig war. Für die preußischen Staatsforste ordnete Friedrich der Große schon 1740 die Eintheilung jedes Revieres in passende „Hauptttheile" und deren Zerlegung in je 2 Blöcke mit je 70 Jahresschlägen an, wie auch in den braunschweigischen Harz- und Weserforsten durch von Langen und

Zanthier solche Flächentheilungen behufs Einführung einer geregelten Wälderbenützung geschaffen wurden, während deren theoretische Behandlung sich 1756 in Büchting's „Entwurf der Jägerei" ꝛc. und 1757 in Moser's „Forstökonomie" findet, woselbst schon die Hiebsfolge gegen die Sturmrichtung richtig gelehrt wird. Mit der Eintheilung in Jahresschläge Hand in Hand ging die Verdrängung der pläntermäßigen Waldausnützung durch die schlagweise Verjüngung, welche trotz ihrer schablonenmäßigen Ausführung damals immerhin als Fortschritt erscheinen mußte. Wenn auch diese Flächentheilung in gleiche Jahresschläge für Niederwälder mit gleichartigen Standortsverhältnissen ganz geeignet war, so paßte sie doch sehr wenig für die Hochwaldwirthschaft mit großen Holzvorräthen und den unregelmäßigen Bestandesformen der damaligen Femelwirthschaft, weil die Massenerträge auf den einzelnen Jahresschlägen ungleich groß waren und der Waldertrag daher erhebliche Schwankungen erlitt, welche für die Besitzer zuweilen empfindliche Nachtheile im Gefolge hatten.

2. Proportionalschläge. Der Wunsch, zu einer gesicherten gleichmäßigen Ertragsregelung zu gelangen, gab Veranlassung zur Einführung der sogenannten „Proportionalschläge", d. h. einer geometrischen Eintheilung, bei welcher die Flächengröße der Jahresschläge verkehrt proportional zu deren Ertragsvermögen gebildet wurde. Es mußte daher der Vermessung eine Bonitirung und Einschätzung der zu erwartenden Haubarkeitserträge vorausgehen, welche die Verhältnißzahlen für die Berechnung der nothwendigen Flächengrößen lieferte. War z. B. das Ertragsvermögen pro Flächeneinheit mit a, b, c ... Haubarkeitsmasse für die einzelnen Bonitäten ermittelt, so mußten die einzelnen Schlagflächen f_1, f_2, f_3 in der Weise bemessen werden,. daß ihre Produkte mit ersteren gleich wurden, so daß alljährlich ein gleicher Etat e bezogen werden konnte, d. h. daß $e = af_1 = bf_2 = cf_3 \cdots\cdot$ wurde. Nachdem aber e sich aus dem Durchschnitte des Gesammtertrages M der ganzen Waldfläche getheilt durch die Umtriebszeit u leicht berechnen ließ, also $e = \frac{M}{u}$ bekannt war, so konnte hieraus die Fläche der einzelnen Proportionalschläge nach der Formel

$$f_1 = \frac{e}{a}, \quad f_2 = \frac{e}{b}, \quad f_3 = \frac{e}{c} \cdots\cdot$$

gefunden und entsprechend im Walde abgegrenzt, sowie auf der Karte eingezeichnet werden. Die ersten Anfänge dieser Methode kann man auf C. Ch. Öttelt 1764, und v. Oppel 1760, zurückführen, welche nicht blos die Standortsgüte, sondern auch die gegenwärtige Bestandesgüte (den Schluß und Wuchs) bei der Schlagflächenbildung berücksichtigt wissen wollten. Eine wirklich genaue Durchführung dieses Prinzipes fand 1741 im Göttinger Stadtwalde durch Förster Jacobi statt. Im großen Maaßstabe wurde die Proportionalschlageintheilung (innerhalb jedes Haupttheiles) in Schlesien von v. Wedell durchgeführt, worüber Wiesenhavern's umfangreiches Werk (s. Litteraturnachweis) genauen Aufschluß giebt, aber auch in anderen preußischen Provinzen fanden in erheblichem Umfange solche Flächeneintheilungen statt, deren Kosten nach Hundeshagen über 200000 Thaler betragen haben sollen. Ein Vertreter der Proportionalschlageintheilung war ferner v. Laßberg, der sich 1764—77 als Oberlandforstmeister in Sachsen um die Vermessung und Einrichtung der sächsischen Staatsforste emsig bemühte. Aus den auf S. 319 angeführten Gründen waren aber alle Kosten der Flächeneintheilung vergeblich aufgewendet, ebenso wie dies bei vielen anderen Forsteinrichtungen in Bayern (1789), Thüringen, Braunschweig, Hessen und Baden der Fall war. Erst die Anwendung ständiger Wirthschaftsfiguren, wie sie zuerst durch v. Werneck (1773) befürwortet und später von Hennert (1803) eingeführt wurden, gab der Forsteinrichtung eine dauernde Grundlage in Bezug auf die Flächeneintheilung, welche im Verein mit der Periodenbildung zu den sogenannten Fachwerkmethoden führte.

3. Massentheilung. Schon frühzeitig erkannten einzelne Forstmänner die Unmöglichkeit, mit der geometrischen Flächentheilung allein die Nachhaltigkeit und Gleichmäßigkeit der Nutzungen im Hochwalde bewirken zu können, weil hier die Holzvorräthe vielmehr in Betracht kommen als die Flächen. Aus dieser Erkenntniß entsprang eine Verbesserung der stereometrischen Methoden der Massenaufnahme und der Zuwachsschätzung, worauf die sogenannte Massentheilung sich gründete. Die früheste derartige von Joh. Gottl. Beckmann (1759) entwickelte Methode beruhte auf der Bestandesauszählung nach Stammklassen, wozu der nach Prozenten eingeschätzte, am Gesammtvorrathe jährlich erfolgende Zuwachs hinzuaddirt wurde, während der Etat als eine durch den bisherigen Bedarf schon gegebenene Größe von dieser Summe in Abzug kam. Durch eine fortgesetzte Hinzurechnung des Zuwachses zum Vorrathe und Abzug des gleichbleibenden Hiebssatzes von Jahr zu Jahr ermittelte Beckmann, auf wie lange Zeit die Massen zur Deckung des Bedarfes ausreichen, bis der Vorrath Null wird. Diese umständliche Berechnung Beckmann's läßt sich nach unserer jetzigen Anschauungsweise auf eine Zinseszinsrechnung zurückführen, welche bei Anwendung der Bezeichnung e für den gegebenen Etat, V für den gefundenen Holzvorrath der Betriebsklasse und p für das Zuwachsprozent folgendermaßen lautet: $V \times 1,0p^x - \frac{e}{0,0p}(1,0p^x - 1) = 0$, woraus sich auch die Größe des Etats finden lassen würde, falls man denselben als unbekannt annimmt; es ist nämlich $e = \frac{V \times 1,0p^x}{1,0p^x - 1} 0,0p$, welche Formel schon 1788 von dem Chef der bayerischen Forstverwaltung Grünberger entwickelt wurde. Erst die Ausbildung schärferer Methoden der Massenaufnahme und die Anwendung der Probeflächen, welche durch Vierenklee, Maurer und v. Wedell zu brauchbaren Taxationsverfahren entwickelt worden waren, gestattete es, die Forsteinrichtung mehr auf die Masse als auf die Fläche zu basiren, doch dauerte es lange, bis der schon von Büchting ausgesprochene Gedanke allgemein anerkannt wurde, daß der Hiebssatz in erster Linie vom Zuwachs bedingt sei und nicht blos durch den Absatz und Bedarf bestimmt werde, wie man in den Zeiten der okkupatorischen Waldausnützung meistens angenommen hatte.

§ 52. **Die Fachwerksmethoden.** Die Mißerfolge der bisher besprochenen Methoden der Ertragsregelung beruhten auf der Verkennung der beweglichen Natur des forstwirthschaftlichen Betriebes, insbesondere auf der verfehlten Tendenz, den letzteren sowohl zeitlich als auch räumlich bis in's Einzelne im vornhinein auf eine Umtriebszeit hinaus regeln zu wollen. Es war hauptsächlich das Verdienst Gg. Ludw. Hartig's zuerst im Jahre 1795 in systematischer Weise den Weg gezeigt zu haben, wie durch Zusammenfassung je einer gleichen Anzahl Jahre zu Perioden, sowie durch Vereinigung der diesen entsprechenden Periodenflächen und periodischen Massenerträge eine mit den praktischen Anforderungen des Betriebes zu vereinbarende Bemessung und gleichmäßige Regelung des Waldertrages erreicht werden könne. Zwar kannten schon Öttelt und v. Wedell den Begriff Altersklasse und eine Art von Periodenbildung wurde nachweislich bereits im 16. Jahrhundert in Österreich*), ferner im Jahre 1752 in dem Gotha'schen Domainen-Forsten**) zur Einschätzung der künftigen Erträge in Anwendung gebracht, endlich hat der kursächsische Oberförster Maurer 1783 eine sehr beachtenswerthe kombinirte Flächen- und Massentheilung gelehrt; doch waren dies vereinzelte Vorläufer eines Systems, dessen Durchbildung in erster Linie G. L. Hartig und dann Heinr. Cotta gelungen ist.

Die sogenannten Fachwerkmethoden verlangen — wenigstens in ihrer späteren Ausgestaltung — eine Zerlegung des nach ständigen Wirthschaftsfiguren eingetheilten Waldes in Betriebsklassen nach den in § 11 angedeuteten Rücksichten. Jede Betriebsklasse wird für sich zu

---

*) Siehe Österreichische Monatsschrift für Forstwirthschaft 1880, S. 553, von Dimitz: „Zur Geschichte der Betriebseinrichtung im österreichischen Salzkammergute".

**) Siehe hierüber Moser's Forstarchiv, Bd. V, 1798, S. 7: „Weitere Nachrichten von guter teutscher Forstverfassung in Fürstlichen Landen" ꝛc. von L. v. H. (Leopold v. Hahn). Ferner berichtet über die unter v. Hahn's Verwaltung durch Sekretär Chr. Fried. Schmidt und Forst- und Bergrath Wepfer ausgeführte Forsteinrichtung nach dem sogenannten „Dezennialsystem", d. h. nach 10jährigen Perioden, in der Zeitschrift für Forst- und Jagdwesen 1889, S. 275, Oberforstrath Rausch in Gotha.

einem Nachhaltsbetriebe in der Art eingerichtet, daß ihre bestockte Fläche (die sogenannte Betriebsfläche) im Laufe einer Umtriebszeit (wenigstens der Theorie nach) gerade einmal vollständig zur Nutzung gelangt. Dabei wird die Umtriebszeit behufs einer Erleichterung der Taxationen und um dem Betrieb eine größere Beweglichkeit zu geben, in Zeiträume von gleichvielen Jahren eingetheilt, welche einen einfachen Bruchtheil der Umtriebszeit bilden und „Perioden" heißen. Diese Perioden sind Zeiträume der Zukunft, für welche die verschiedenen wirthschaftlichen Maaßregeln in summarischer Weise geplant und für die deren Nutzungsergebnisse eingeschätzt werden. Die Flächenvertheilungen und die Taxationen der Haubarkeitserträge geschehen daher nur periodenweise, niemals nach Einzeljahren der Umtriebszeit; dagegen werden sie ausgeschieden nach den einzelnen Flächentheilen des Wirthschaftsnetzes, d. h. nach Abtheilungen S (Jagen und Distrikten N), sowie nach deren veränderlichem Detail, den Unterabtheilungen. In den schriftlichen Darstellungen der künftigen Wirthschaftsführung und ihrer Ergebnisse an Haubarkeitserträgen werden die Perioden durch Rubriken („Fächer" nach Cotta) vorgestellt, von welchen die erste den nächstliegenden Zeitraum, z. B. 20 Jahre, die zweite die beiden darauffolgenden Dezennien, die dritte die Zeit von 41—60, die vierte von 61—80 Jahren rc. bedeuten — gerechnet vom Beginn der Forsteinrichtung (terminus a quo) an. Dieses Formular heißt die „Periodentabelle" oder auch der „Betriebsplan" (N) oder „Allgemeine Wirthschaftsplan" (S), weil darin die Dispositionen für den zukünftigen Gang der Wirthschaft, insbesondere der Fällungen getroffen werden. Von diesem Rubrikenbau (Fachwerk) des allgemeinen Wirthschaftsplanes haben die Methoden, welche die Ertragsberechnung auf solche mit der Betriebsordnung Hand in Hand gehende Flächenvertheilungen und Haubarkeitsschätzungen gründen, den gemeinsamen Namen „Fachwerkmethoden" erhalten — eine Bezeichnung, welche zuerst von Hundeshagen angewendet wurde. Denzin*) sucht das Wesen der Fachwerkmethoden weniger in der Form der Zusammenfassung der Zeiträume zu Perioden und der Flächen zu ständigen Wirthschaftsfiguren, als vielmehr in der angestrebten Abstufung der Flächen, beziehungsweise der Holzvorräthe nach dem Alter der Bestände; er rechnet deshalb die Flächentheilung und die Proportionalschläge noch zu dieser Gruppe von Methoden, welche Eintheilung auch Gust. Heyer befolgte. Da wir aber letztere aus historischen Gründen besonders besprochen haben, so schließen wir hieran die in der Litteratur gebräuchlichere Eintheilung der Fachwerkmethoden nach ihrer zeitlichen Entwicklung.

---

*) Siehe Allgemeine Forst- und Jagd-Ztg. 1876, S. 400, und daselbst 1888, S. 289 u. ff.

4. Massenfachwerk. Die von Gg. Ludw. Hartig angegebene Form der Ertragsberechnung*) führt jetzt allgemein den Namen Massenfachwerk, weil die annähernd gleichmäßige (resp. mäßig ansteigende) zeitliche Vertheilung der mittelst verbesserter Taxationsverfahren ermittelten Haubarkeitsmassenerträge auf die gleichlangen Perioden, in welche die Umtriebszeit eingetheilt ist, den Grundgedanken derselben bildet. Als unmittelbare Vorgänger Hartig's sind jene Praktiker und Autoren des 18. Jahrhunderts zu betrachten, welche die Massentheilung vervollkommneten und die kombinirte Massen- und Flächenvertheilung nach Dezennien vornahmen, nämlich jene im österreichischen Salzkammergute gebräuchliche Eintheilung, ferner die oben erwähnte Gotha'sche Forsteinrichtung vom Jahre 1752, dann eine württembergische Instruktion vom Jahre 1783 an die herzoglichen Kirchenratsbeamten; in Bayern Leonh. Späth, Däzel und Grünberger, außerdem insbesondere der Forstmathematiker Kregting (1788).**)

Hartig erkannte mit dem erfahrenen Blicke des gewiegten Forsttechnikers, daß alle Taxationen und Ertragsberechnungen, welche nicht auf praktisch durchführbare Betriebsvorschriften gestützt sind, sich als illusorisch erweisen; deshalb betrachtete er den Entwurf eines allgemeinen Wirthschaftsplanes mit Bestimmungen über Hiebsgang und Anordnung des Fällungsbetriebes als die Grundlage, auf welcher erst die spezielle Einschätzung der Haubarkeitserträge aller Flächentheile möglich ist. Diese letztere erfolgte in dem sogenannten „Taxationsprotokolle" von der Form einer Periodentabelle, in welcher die einzelnen Bestandesabtheilungen nach Maaßgabe ihres gegenwärtigen Alters und der Anforderungen der Hiebsordnung vertheilt wurden, während die Haubarkeitserträge entweder auf Grund von Probeflächenaufnahmen und eventuellen Bestandesauszählungen (in älteren Beständen) oder auf Grund von Ertragstafeln (in jüngeren) taxirt wurden. Dabei war zu beachten, daß durch die Massenaufnahmen nur der augenblickliche Vorrath angegeben wurde, zu welchem der taxirte Zuwachs noch bis zur Mitte der betreffenden Perioden hinzugerechnet werden mußte, wo die einzelnen Bestände eingereiht waren. Da nämlich von der Voraussetzung ausgegangen wird, daß jede Bestandesabtheilung im Verlaufe einer Wirthschaftsperiode durch jährlich fortschreitende Fällungen ganz zur Nutzung komme, so bildet der Zuwachs an dem succesive immer kleiner werdenden Vorrathe ebenfalls eine fallende arithmetische Reihe von der Form $(z + o)\frac{v}{2} = \frac{vz}{2}$, die Hartig als „progressiv verminderten Zuwachs" bezeichnet.

*) G. L. Hartig: „Anweisung zur Taxation der Forsten" ꝛc. 1795.

**) Kregting: „Mathematische Beiträge zur Forstwissenschaft", 1788, S. 50.

Vorarbeiten für diese Einreihung der einzelnen Bestandesabtheilungen in den Wirthschaftsplan waren: eine Waldeintheilung im Sinne des § 43, Vermessung und Flächenberechnung, deren Ergebnisse in einem „vorläufigen Taxationsplane" nach Art einer Altersklassentabelle dargestellt wurden, worin außer einer beiläufigen Flächenausgleichung auch die Hiebsfolge und sonstige wirthschaftliche Maaßregeln Berücksichtigung fanden.

Als Ziel dieser Ertragsregelung galt die Sicherung der Nachhaltigkeit durch eine derartige zeitliche Vertheilung der Haubarkeitserträge, daß jedes Periodenfach des Taxationsprotokolls entweder mit annähernd gleichen oder mit allmählig steigenden Summen für die wichtigsten Holz- und Betriebsarten abschloß. Wo dies — wie es in abnormen Waldungen die Regel ist — nach dem erstmaligen Entwurf der Periodentabelle nicht zutraf, mußten sogenannte „Verschiebungen" von Beständen aus den zu reichlich dotirten Perioden in die nächstfolgenden oder unmittelbar vorausgehenden und von diesen wieder weiter in die zu gering mit Massen ausgestatteten Perioden stattfinden, bis die befriedigende Gleichstellung der nach Betriebsklassen abgeschlossenen Summen aller Haubarkeitserträge (der sogenannten „Periodenerträge") erreicht war. Selbstverständlich ändert jede zeitliche Verschiebung einer Bestandesabtheilung wieder den berechneten Abtriebsertrag derselben, da bei den sogenannten „Vorschiebungen" in eine frühere Periode das spezielle Abtriebsalter verkürzt, bei sogenannten „Zurückschiebungen" in eine spätere Periode hingegen verlängert wird, was in jedem Falle eine Zuwachsänderung zur nothwendigen Folge hat. Nach dem ursprünglich von Hartig gegebenen System sollten auch die Zwischennutzungen zur Ausgleichung von Schwankungen der Periodenerträge benützt werden. Während bei der erstmaligen Einreihung der Bestände in die Perioden vorwiegend das durchschnittliche Bestandesalter und die Rücksicht auf die Hiebsfolge leitend sind, treten bei den Verschiebungen hauptsächlich Erwägungen wirthschaftlicher Natur ein, indem unvollkommene, lückige oder kränkelnde Bestände früher zum Angriffe bestimmt werden, während für Zurückschiebung nur solche Bestände ausgewählt werden dürfen, deren Schluß, Wuchs, Gesundheit und sonstige Beschaffenheit sie unzweifelhaft befähigt, noch längere Zeit einen befriedigenden Zuwachs zu liefern. Außerdem sollte durch die Einreihung der Bestände in die Periodenfächer eine geordnete Hiebsfolge und jene wirthschaftlichen Vortheile erreicht werden, welche wir bei Besprechung des Flächenfachwerks näher erörtern werden. Namentlich strebte Hartig schon in ausgesprochenem Maße eine sogenannte Bestandes-Konsolidirung durch möglichste Vereinigung der in einer Wirthschaftsfigur liegenden Bestandesabtheilungen zu einer „Bestandeseinheit" an. Die Verschiebungen sind daher keine bloßen Rechnungsoperationen, sondern müssen stets auf ihren waldbaulichen und wirthschaftlichen Erfolg geprüft werden; da aber jede Verschiebung die Ertragsansätze zweier Perioden wieder ändert, so läßt sich eine annähernde Gleichstellung der Periodenerträge in der Regel nur durch wiederholte Variationen der Bestandeseinreihung erreichen, wodurch diese Ertragsberechnungsmethode einen gewissen empirischen Charakter erhält. Über das Maß der Abweichungen, welche die Periodenerträge gegenseitig zeigen dürfen, wenn die Fächer jeder Betriebsklasse aufsummirt werden, gab Hartig 5 Prozent als wünschenswerthe Grenze an, jedoch wollte er nur ein Ansteigen der späteren Perioden gegen die früheren um diese Beträge als zulässig gelten lassen mit Rücksicht auf den durch die Bevölkerungszunahme wachsenden Bedarf. Cotta hielt eine vollkommene Gleichheit der Periodenerträge nicht für erforderlich.

Kommen in einem Walde mehrere Betriebsklassen mit verschiedenen Umtriebszeiten vor, so muß ein gemeinschaftlicher Zeitraum für die Ausgleichung der Periodenerträge gewählt werden, welcher „Berechnungszeitraum“ heißt. Hierzu dient bald die längste der vorkommenden Umtriebszeiten, bald jene Umtriebszeit, nach welcher die größere Fläche bewirthschaftet wird; ausnahmsweise kann auch in den Berechnungszeitraum die nach Ablauf der Umtriebszeit unmittelbar folgende Periode noch hineinbezogen werden, während dagegen die Abkürzung des Berechnungszeitraums unter die normale Umtriebszeit öfters vorkommt (z. B. bei Karl).

Die Berechnung des jährlich nachhaltig nutzbaren Haubarkeits-Hiebssatzes (des sogenannten „Hauptnutzungs-Etats“) erfolgt durch Division mit der Zahl der Jahre einer Periode in den Periodenertrag jeder Betriebsklasse, da ja durch die Gleichstellung der Periodenerträge die Nachhaltigkeit hinreichend gewahrt ist; dabei kann entweder nur die erste Periode oder mehrere oder sämmtliche Perioden des Berechnungszeitraums für diese Durchschnittsrechnung zugezogen werden, je nachdem die Sicherheit der Einschätzungen und die Differenz der Schwankungen dies räthlich erscheinen lassen. Der Zwischennutzungs-Etat wurde von Hartig mittelst Einschätzung und periodenweiser Vertheilung und Aufsummirung aller Durchforstungsanfälle auf sämmtlichen Flächentheilen gleichfalls mittelst Durchschnittsrechnung gefunden; doch beschränkte schon Cotta die Taxation der Zwischennutzungen auf das nächste Dezennium wegen der Unzuverlässigkeit weitaussehender Schätzungen und Verschiebungen derselben. Hartig suchte bei der Etatsberechnung für größere Waldbezirke einen beachtenswerthen Vortheil in der Zusammenfassung mehrerer Reviere zu einem Wirthschaftsganzen, wenn sich dieselben in ihren Holzerträgen gegenseitig ergänzen; die Gleichstellung der Periodenerträge für jedes einzelne Revier ist dann nicht erforderlich, zumal sie doch nur mit größeren oder geringeren Zuwachsverlusten verbunden wäre, sondern es genügt eine Ausgleichung für den ganzen Komplex.

Ein wesentlicher Fortschritt des Massenfachwerks gegenüber der Flächen- und der Massentheilung lag ferner in der fortlaufenden Kontrole des Betriebes durch Verbuchung aller Fällungsergebnisse in einem „Lagerbuch“ oder „Wirthschaftskontrolbuch“; wie überhaupt Hartig recht wohl erkannte, daß es zunächst darauf ankomme, innerhalb des allgemeinen Wirthschaftsplanes nur für den nächstliegenden Zeitabschnitt detailirte Betriebsanordnungen durch einen Hauungsplan und Kulturplan zu treffen, deren Erneuerung bei den in der Regel nach Ablauf einer Periode stattfindenden Revisionen des Forsteinrichtungswerkes zu geschehen habe.

Ganz allgemein betrachtet war daher G. L. Hartig's oben genanntes Werk von 1795 eine wissenschaftliche That, welche den Grundstein für die jetzt in Anwendung befindlichen Forsteinrichtungssysteme legte, indem in einen das Wirthschaftsganze umfassenden, aber nur in großen Zügen entworfenen generellen Plan die Einfügung der einzelnen Bestände als Wirthschafts-Einheiten mit besonderer Berücksichtigung aller ihrer wirthschaftlichen Eigenthümlichkeiten und der waldbaulichen Zwecke stattfand. Die auf Grund eines solchen Hauptwirthschaftsplanes erfolgende Taxation der Erträge bietet eine größere Wahrscheinlichkeit für die spätere Realisirung, weil sie auf betriebstechnischen Voraussetzungen beruht und die wirklich vorhandenen Vorrathsgrößen um so sorgfältiger ermittelt, je näher sie ihrer Haubarkeit stehen. Das ganze Verfahren ist daher geeignet, eine thunlichste Gleichmäßigkeit der jährlichen Massenerträge, getrennt nach den Haupt-Holzarten und Betriebsarten — wenigstens für die gegenwärtige Umtriebszeit herbeizuführen.

Wenn aber das Massenfachwerk in der ursprünglich gegebenen, freilich sehr komplizirten Form, trotzdem nur mehr historische Bedeutung hat, so liegt das einmal an der Vereinfachung und Erleichterung vieler seiner Arbeitstheile, die sich bei der praktischen Anwendung im Großen ergaben; dann aber auch an der größeren Regelmäßigkeit der Bestockung unserer Wälder, welche sich bei konsequenter Durchführung der schlagweisen Verjüngung, der Kulturthätigkeit und der Auszugshauungen immer mehr herausgebildet hat, so daß hiermit der Faktor „Fläche“ wieder eine größere Rolle in der Ertragsberechnung spielt, als am Ausgange des 18. Jahrhunderts. Gegenüber den später in § 53 zu besprechenden Normalvorraths-Methoden legt das Massenfachwerk allerdings sehr wenig Gewicht auf die Anbahnung eines Normalzustandes, weil es nur die empirisch zweckmäßigste Vertheilung der gegenwärtigen Holzvorräthe sammt ihrem Zuwachs anstrebt. Daher kann bei ihm leicht die allzulange Beibehaltung von Vorrathsüberschüssen vorkommen, wenn die haubaren Bestände im Altersklassenverhältnisse überwiegen; die Beibehaltung überalter Bestände hat aber bekanntlich Zuwachsverluste im Gefolge. Auch hat die Unterlassung einer Berechnung des Normalvorrathes zur Folge, daß nicht nachgewiesen werden kann, inwiefern der Etat sich aus Zuwachs und aus Kapitalaufzehrung zusammensetzt, so daß also die Anbahnung eines Gleichgewichts zwischen Zuwachs und Ertrag nicht prinzipiell angestrebt wird.

5. **Flächenfachwerk.** Während in dem Massenfachwerk der stereometrisch bemessene Haubarkeitsertrag in erster Linie zur Sicherung der Nachhaltswirthschaft benützt wird, dient hierzu bei dieser Methode der geometrische Maßstab: die Flächengröße. Beide Methoden verhalten sich daher zu einander wie die Massentheilung zur Flächentheilung, sie unterscheiden sich aber von diesen beiden durch die Anwendung eines Hauptwirthschaftsplanes mit Periodenbildung, sowie durch die feste Abgrenzung der aus einer Mehrzahl von Jahresschlagflächen gebildeten Wirthschaftsfiguren. Manche Schriftsteller, z. B. Denzin und Gust. Heyer erklären allerdings diese Punkte für eine nebensächliche Form und zählen daher die Flächentheilung zu dem Flächenfachwerke; doch ist dies historisch betrachtet nicht haltbar. Denn die Forsteinrichtungsmethode, welche wir gegenwärtig unter dem Namen Flächenfachwerk verstehen und welche zuerst von Cotta (Systematische Anleitung zur Taxation der Waldungen) 1804, neben dem Massenfachwerk, später aber (1820) in ausgeprägterer Form gelehrt wurde, wendet alle die unter 4. aufgeführten grundlegenden Neuerungen Hartig's auf die Ertragsregelung an, unterscheidet aber die Fälle, in welchen die Fläche als Regulator der Nachhaltigkeit anwendbar ist. In dieser Hinsicht geht Cotta von den beiden Sätzen aus:

1. Flächen von gleichem Bestande verhalten sich im Ertrage zu einander wie ihre Größe;
2. Flächen von gleicher Größe verhalten sich im Ertrag zu einander wie ihr Bestand;

deshalb sucht derselbe den Schwerpunkt der Ertragsregelung weniger in der genauen Ermittlung der absoluten Größen des Haubarkeitsertrages jeder Abtheilung, wie sie Hartig anstrebte, als vielmehr in der Einschätzung ihres gegenseitigen relativen Ertragsvermögens, welches in Form einer Bonitirungsskala leicht auf die Flächenberechnungen übertragbar ist. Demnach beruht das Wesen des Flächenfachwerks hauptsächlich in der Bevorzugung der geometrischen Vorarbeiten vor den taxatorischen, sowohl für die Zwecke der Ertragsberechnung und der Betriebsregelung als auch für jene der **Kontrole**. Sehr deutlich drückt **Cotta** seinen Gedanken in dem Satze aus (II. Bd. S. 77):

> „Hat man aber (nämlich bei dieser Methode) in der Bestimmung des Ertrages geirrt, so trifft das Resultat der Hauung zwar nicht mit der Schätzung überein, aber wir erhalten durch die Hauung gerade das, was wir hätten setzen sollen; der Fehler bleibt also blos auf dem Papier und hat nicht den mindesten Einfluß auf den Wald, von welchem nach meinem Verfahren immer das genommen wird, was jeder Ort wirklich gewähren kann.“

Die Ausführung dieses Gedankens lehnt sich in der **Form** vielfach an die oben besprochene Methode G. L. **Hartig's** an, so daß wir zur Vermeidung von Wiederholungen das Verfahren des Flächenfachwerkes kurz folgendermaßen skizziren können: Der Zweck der Betriebsordnung soll die Herstellung einer normalen Altersstufenfolge in Verbindung mit einer der betreffenden Holzart und den Terrainverhältnissen zweckmäßig angepaßten Hiebsfolge sein, wobei die Hauptregeln des Waldbaues den Leitfaden bilden müssen, um die **Reihenfolge des Abtriebes der einzelnen Bestände** und somit auch deren **spezielles Haubarkeitsalter** für die Zukunft festzusetzen. **Cotta** unterschied die Motive, welche bei der Anordnung des allgemeinen Wirthschaftsplanes ausschlaggebeud sein sollen, in drei Kategorien: Terrain, Holzbestand und äußere Umstände.

a) Rücksichten auf das **Terrain**, soweit dieses auf die Exposition und die Windrichtung Einfluß hat. Dabei ist die auch in den Alpenländern vielfach bestätigte Erfahrung wichtig, daß der bergabwärts wirkende Wind (namentlich der unter dem Namen „Föhn“ bekannte Überfallwind) im Allgemeinen für Windwurf gefährlicher ist, als der am Gehänge aufsteigende Thalwind. Auf Gebirgskämmen und Sätteln, an Plateaurändern und Hochflächen muß die Abholzung sehr vorsichtig vorgenommen und thunlichst ein Schutzbestand erhalten werden. In kalten Tieflagen soll die Anordnung der Hiebe so formiert werden, daß keine kesselartigen, rings von hohem Holz umschlossene Frostlöcher entstehen können, sondern für Luftabzug gesorgt ist. Im übrigen bedingt das Terrain in mannigfacher Weise die Bringung und Abfuhr der gefällten Hölzer, so daß auch hierauf bei Anordnung der Fällungen oft sorgfältige Rücksicht genommen werden muß, damit Beschädigungen der Jungwüchse vermieden werden.

b) Die **Beschaffenheit der Holzbestände** beeinflußt die Reihenfolge der Hiebe im Wirthschaftsplan sowohl bezüglich des **Alters**, nach welchem ja die Einreihung in erster Linie erfolgt, als auch bezüglich der gewissermaßen die Ausnahme begründenden sonstigen Zustände des Bestandesbildes, namentlich des Schlusses und der Gesundheit. In Betrieben mit natürlicher Verjüngung bedarf auch das Alter der Samenproduktion einer speziellen Berücksichtigung, wie in den Nieder- und Mittelwaldungen das Alter der günstigsten Reproduktion der Stöcke.

c) Äußere Umstände, welche auf den Gang und die räumliche Anordnung der Verjüngungen Einfluß haben, sind vor Allem: die Waldweide (namentlich in früherer Zeit). Die Hutebezirke müssen dabei möglichst geschlossene Figuren bilden, so daß z. B. eine ganze Seite eines Berges behütet werden kann, während eine andere ganz in Heege gelegt ist; eine Zersplitterung der Verjüngungen in viele kleine Schläge wäre hier nur schädlich. Hingegen verlangt die Rücksicht auf die verschiedene Entfernung der Hiebsorte von den Konsumtionsstätten (z. B. bei Berg- und Hüttenwerken) eine alternirende Anordnung der Fällungen in Absatzlagen mit hohen und niedrigen Transportkosten, damit sich diese nach Grundsätzen der Billigkeit gegenseitig kompensiren. In ähnlicher Weise muß zuweilen wegen Schonung der Waldstraßen eine gewisse Dezentralisation der Holzabfuhr und zweckmäßige Vertheilung der Schläge auf mehrere Forstorte stattfinden.

Durch Verschiebungen wurden die Ungleichheiten in den Flächensummen der einzelnen Perioden soweit ausgeglichen, daß in jeder die normale Flächengröße des Periodenschlages $\frac{F}{u}n$ annähernd erreicht wurde. Da aber Cotta erst später (1820) die Ausscheidung besonderer Betriebsklassen befürwortete, so vereinigte er verschiedene Umtriebszeiten in einen gemeinsamen, in Perioden getheilten zeitlichen Rahmen, den er „Einrichtungszeitraum" nannte.

Die gleichmäßige Gestaltung der Periodenflächen gewährt selbstverständlich nur bei annähernder Gleichheit der Standortsgüte eine gewisse Garantie für den nachhaltigen Bezug jährlich gleicher Massenerträge; kommen aber in einem Walde mehrere Standortsklassen in deutlicher Abgrenzung vor, so lassen sich diese durch Bonitirung der einzelnen Bestandesabtheilungen (litern) in der Art ausdrücken, daß jeder Bonitätsklasse ein bestimmter Haubarkeitsdurchschnittszuwachs, z. B. I. Bonität = 7 cbm, II. Bonität = 5 cbm, III. Bonität = 3 cbm pro ha entspricht. Das Flächenfachwerk benützt dann die sogenannte Reduktion der Flächen auf gleiche Ertragsverhältnisse dazu, um die Flächen der Periodentabelle mit gleichen Summen von reduzirter Fläche auszustatten und so die Nachhaltigkeit in strengerem Sinne zu wahren. Bei dieser Reduktion ist meistens die in größter Ausdehnung vorkommende Standortsklasse als Vergleichsbonität zu wählen, zu welcher die Flächengröße verkehrt proportional ist. Man schreibt daher gewöhnlich den Reduktionsfaktor in Form eines Bruches an, dessen Nenner die Ertragsgröße der Vergleichsbonität ist, während in den Zähler die wirkliche Bonität der Unterabtheilung zu stehen kommt. Für obige Ertragsverhältnisse wären daher, falls man II als Vergleichsbonität annehmen würde, die Reduktionszahlen für die Flächen

der I. Bonität $\frac{7}{5} = 1,4$
„ III. „ $\frac{3}{5} = 0,6$
„ II. „ $\frac{5}{5} = 1,0$

analog wie dies schon auf Seite 97 gezeigt wurde.

Multiplizirt man die in der Altersklassentabelle enthaltenen Flächenziffern (die sogenannte „konkrete Fläche") mit dem ihrer Bonität entsprechenden Reduktionsfaktor, so erhält man die „reduzirte Fläche" (red. f), deren Ziffern gewöhnlich mit andersfarbiger Tinte geschrieben werden, um Verwechslungen zu vermeiden. Die Flächensumme aller reduzirten Bestandesflächen bezeichnet man mit red. F, welche durch die Zahl der Perioden $\frac{u}{n}$ getheilt, die anzustrebende normale Größe der Periodenfläche $= \frac{n \, \text{red.} \, F}{u}$ anzeigt. Dieser Gedanke stammt offenbar noch von der alten Proportionalschlageintheilung her und ist nur eine Übertragung derselben auf die Flächenfachwerksmethode, um erhebliche Ertragsschwankungen derselben zu paralysiren. Die Ausgleichung nach reduzirten Flächen hat nur da einigen Vortheil, wo die Standortsgüte in wenigen Klassen und in leicht übersehbarer räumlicher Verbreitung wechselt; ihre Übertragung auf reicher gegliederte Terrain- und Bodenverhältnisse ist meistens dadurch ausgeschlossen, daß sie sich mit der gleichzeitig anzustrebenden Hiebsfolge und den übrigen wirthschaftlichen Anforderungen eines guten Betriebsplanes nicht leicht vereinigen läßt oder doch allzu komplizirt wird.

Der jährliche Hiebssatz wird beim Flächenfachwerk meistens in doppelter Weise, nämlich als Flächenetat und als Massenetat ausgedrückt; ersterer hat vorzüglich für Niederwald- und Mittelwaldwirthschaft oder für Hochwaldungen mit Kahlschlagbetrieb eine Bedeutung und ergiebt sich durch Division mit der Anzahl Jahre n einer Periode in die konkrete oder reduzirte Periodenfläche der ersten Periode, oder auch einfach als Jahresschlag $\frac{F}{u}$ bezugsweise $\frac{\text{red.} \, F}{u}$. Der Massenetat hingegen wird in der Regel nur aus den spezieller eingeschätzten Haubarkeitserträgen der in die erste Periode eingereihten, haubaren Bestände ermittelt. Zu diesem Zwecke müssen die schon beim Massenfachwerk näher beschriebenen taxatorischen Vorarbeiten gemacht und die gegenwärtigen Vorräthe, sowie die Zuwachsgrößen erhoben werden, jedoch mit Beschränkung auf die in der ersten Periode zum Angriff bestimmten

Flächentheile. Auch hier wird die Mitte der Periode als derjenige Zeitpunkt angenommen, bis zu welchem durchschnittlich jeder Bestand fortwachsen wird, so daß also nur der Zuwachs der halben Periodenlänge zum Vorrathe addirt wird. Summirt man die Haubarkeitserträge der ersten Periode für jede Betriebsklasse auf, so giebt der Quotient dieser Summen durch die Anzahl Jahre n den Massenetat an Hauptnutzung für jede derselben. In analoger Weise findet man den Zwischennutzungsetat durch Einschätzung der in der ersten Hälfte der ersten Periode muthmaßlich in den Mittel- und Stangenhölzern zu erwartenden Durchforstungs- und Reinigungs-Erträge und durch Division dieser Summe mit $\frac{n}{2}$. Hinsichtlich der Kontrole über Einhaltung des Etats und der Hiebsflächen, dann der Verbuchung der Betriebsergebnisse, endlich auch der periodischen Revisionen gilt im Allgemeinen das schon auf Seite 366 Gesagte; doch ist noch besonders auf die großen Verdienste Cotta's um die Einführung einer geordneten Buchführung und der hiermit im Zusammenhang stehenden Revisionen hinzuweisen.

Ohne Zweifel hat das Flächenfachwerk eine wesentliche Vereinfachung geschaffen durch Beseitigung der sehr komplizirten und doch unsicheren Einschätzungen der Hiebsergebnisse aller Flächentheile während der ganzen Umtriebszeit; auch ist die mit so großer Genauigkeit ermittelte Flächengröße eine sicherere Basis für die Nachhaltswirthschaft, als die für ferne Zeiträume taxirte Masse der Abtriebserträge, wie sich ferner das Wirthschaftsziel einer normalen Altersabstufung durch das Flächenfachwerk auf kürzestem Wege innerhalb einer Umtriebszeit erreichen läßt. Dagegen können bei abnormen und wechselnden Bestockungszuständen die mittelst dieser Methode gefundenen Etats große Schwankungen erleiden, sie paßt daher nur für jene Verhältnisse, wo die Flächengröße einen annähernden Maßstab für die Erträge bildet und ist auch jetzt noch in solchen Fällen am Platze. Freilich wird die normale Altersstufenfolge zuweilen mit Opfern an Zuwachs erkauft, die um so größer sind, je gewaltthätiger diese Anbahnung ins Werk gesetzt wird und je weniger die Individualität der einzelnen Bestände dabei berücksichtigt wird. Gerade diese Nichtberücksichtigung waldbaulicher Technik hat aber zu einer einseitigen Entwicklung der Kahlschlagwirthschaft geführt und die natürliche Verjüngung zurückgedrängt. Auch das Flächenfachwerk unterscheidet wie das Massenfachwerk in seinem Etat nicht, was aus Zuwachs und was aus Kapitalaufzehrung herstammt, da es das Produktionskapital des Normalvorraths nicht kennt und sich blos auf das eine Produktionsmittel: die Fläche stützt.

6. Das kombinirte Fachwerk und die gegenwärtig in Anwendung stehenden Modifikationen desselben. Das reine Massen- wie das

Flächenfachwerk waren eben Kinder ihrer Zeit und enthielten zwar beide eine Menge fruchtbringender Ideen, die aber der Erprobung an zahlreichen Einzelfällen und des Abschleifens mancher überflüssiger Details bedurften, um praktisch brauchbare Wirthschaftspläne zu liefern. Schon Cotta hatte 1804 beide Methoden nebeneinander gelehrt und eine Verschmelzung derselben angestrebt, war aber in seinen späteren Werken immer mehr auf das reine Fachwerk übergegangen. Auch der bayerische Forsttaxator F. Sal. v. Schilcher*) suchte von der nach Bonitätsklassen getrennten Flächeneintheilung mit festen Wirthschaftsfiguren ausgehend eine Verbindung mit der Massenermittlung herzustellen, um die Vortheile beider Verfahren zu vereinigen; aber erst v. Klipstein formulirte 1823 den Gedanken des kombinirten Fachwerkes, daß im Wirthschaftsplan sowohl die Angriffsflächen als auch die Haubarkeitserträge, soweit dies erreichbar sei, periodenweise ausgeglichen werden sollten, und daß die Periodenerträge mittelst gleicher jährlicher Hiebssätze (Etats) abzunutzen seien. Derselbe verwarf zugleich alle genaueren Taxationen für die entfernteren Perioden und verlangte eine spezielle Abschätzung nur für die in den speziellen Wirthschaftsplan aufzunehmenden Abtheilungen, welch' letzterer durch Revisionen periodisch erneuert werden sollte. Wie schon oben gezeigt wurde, sind die Grundlinien für dieses Verfahren größtentheils von G. L. Hartig schon gegeben und von Cotta weiter entwickelt worden; aber die eigentliche Anpassung an den Betrieb im Großen und an das ganze forstliche Rechnungs- und Verbuchungswesen wurde erst allmählig durch die verschiedenen Forsteinrichtungs-Instruktionen, sowie durch eine Reihe von Schriftstellern, namentlich durch v. Wedekind, Pfeil, König, Reber, Schultze, Arnsberger, Karl, Grebe &c. durchgeführt, deren Werke im Litteraturnachweis ausführlicher angegeben sind.

Der dem kombinirten Fachwerk zu Grunde liegende Gedanke ist, den Vortheil des Flächenfachwerks, nämlich die baldige Herstellung einer normalen Altersstufenfolge, mit jenem des Massenfachwerks, der in der Gleichmäßigkeit der jährlichen Massenerträge besteht, zu verbinden. Dabei hoffte man, daß sich die Nachtheile beider Methoden kompensiren würden, was jedoch thatsächlich durchaus nicht immer zutrifft, indem bei unregelmäßiger Bestockung den gleichen Flächen doch stets wechselnde Erträge entsprechen werden. Die Veränderung der betriebstechnischen Anschauungen seit G. L. Hartig bestand aber hauptsächlich darin, daß man

1. kein so großes Gewicht mehr auf die absolute Genauig-

*) Später Präsident des obersten Rechnungshofes und Staatsrath. S. dessen Werk: „Über die zweckmäßigste Methode, den Ertrag der Waldungen richtig zu bestimmen". 2. Bd. 1796.

keit der gleichen jährlichen Erträge legte, weil ja sowohl die Naturereignisse (z. B. Eintritt von Samenjahren, Sturm, Schneedruck, Insektenschäden ꝛc.) als auch die Konjunkturen des Marktes Schwankungen im Ertrag hervorbringen, die sich durch keine Forsteinrichtung beseitigen lassen. Infolgedessen wurden schon von Klipstein Abweichungen der Periodenerträge bis zu 20 % als zulässig erachtet;

2. daß man die Forsteinrichtung als einen in fortlaufender Entwicklung und Fortbildung begriffenen Arbeitstheil auffaßte, dessen Aufgabe nicht eine starre Festsetzung des ganzen Wirthschaftsbetriebes auf ein Jahrhundert hinaus, sondern eine periodisch wiederkehrende Erneuerung und Anpassung an den jeweiligen Waldzustand und an den Bedarf des Marktes sei;

3. daß infolgedessen immer mehr Bedeutung auf die genaue Taxation der zunächst in Frage kommenden haubaren Bestände gelegt wurde, während die Einschätzung der jüngeren Bestände und Mittelhölzer um so leichter nach summarischen, d. h. flächenweisen Methoden, vollzogen werden konnte, je mehr die taxatorischen Erfahrungen überhaupt und jene über den normalen Zuwachsgang insbesondere sich durch die Wirthschaftskontrolbücher und die inzwischen in größerer Zahl aufgestellten Ertragstafeln vervollkommneten;

4. daß die allgemeine Einführung der schlagweisen Verjüngung und das fast vollständige Verschwinden des Plänterbetriebes im Anfange des 19. Jahrhunderts (im Verein mit ausgedehnten Auszugshauungen) gleichartigere und regelmäßigere Bestandesbilder in den Waldungen des Staates, der Gemeinden, Stiftungen und des Großgrundbesitzes zur Folge hatten. Hierdurch, sowie durch die sorgfältigere Kultur aller Blößen und Ödungen trat die Fläche als Maßstab des Zuwachses wieder mehr in den Vordergrund und wurde für die Sicherung der Nachhaltigkeit in späteren Perioden wieder vor der Massenschätzung bevorzugt;

5. daß mit der konstitutionellen Regierungsform die Budgetwirthschaft sowohl im Staats- als im Gemeindehaushalt erhöhte Bedeutung gewann, wodurch die Forsteinrichtung eine besondere Tendenz zur Beschaffung zweckmäßiger Grundlagen für die Aufstellung und Rechtfertigung der Budgetansätze erhielt. Auch dieser Umstand wirkte auf eine schärfere Beachtung der zeitlich näher liegenden Nutzungen gegenüber den erst später zu erwartenden hin.

6. daß die unmittelbare Einwirkung auf den laufenden Betrieb immer mehr in den speziellen Wirthschafts- und Kulturplan verlegt wurde, während der Hauptwirthschaftsplan vorwiegend abstrakten Werth für die Ertragsberechnung und Darstellung der Grundlinien der Wirthschaft erhielt;

7. daß die Erstrebung der „Bestandeseinheit" innerhalb einer ständigen Wirthschaftsfigur (die sogenannte Bestandeskonsolidirung) nicht mehr als allgemein giltiges Ziel des Wirthschaftsplanes zu betrachten sei, sondern nur auf solche Fälle eingeschränkt werden solle, wo hierdurch keine Zuwachsverluste oder Schädigungen der Rentabilität eintreten; während dagegen die einzelnen Bestandesformen möglichst vortheilhaft gepflegt und genutzt werden müßten. Zu diesem Behuf wurden die künstlichen Hilfsmittel der „Loshiebe", „Umhauungen" und die Benützung der natürlichen Anhiebsräume des Terrains immer mehr ausgebildet, damit wüchsige jüngere Bestandesabtheilungen rechtzeitig an die künftige Freistellung gewöhnt werden können, bevor sie ihres Schutzes durch ältere Bestände entblößt werden.

Die praktische Ausführung einer Ertragsregelung im Sinne des kombinirten Fachwerks besteht daher — nach Ausführung einer zweckmäßigen Waldeintheilung in Blöcke, beziehungsweise Betriebsklassen, in ständige Wirthschaftsfiguren und Bestandes- (oder Unter-) Abtheilungen, dann nach Erledigung der bereits geschilderten geometrischen und taxatorischen Vorarbeiten — in der **Aufstellung eines sogenannten „Betriebsplanes" oder „allgemeinen Wirthschaftsplanes",***) welcher die Form einer Periodentabelle mit Rubriken für die Angriffsflächen und für die Haubarkeitserträge zeigt. Die Periodenlänge ist für die Hochwaldungen meistens gleich und beträgt in den meisten Ländern 20 Jahre, nur in Bayern sind Perioden mit 24 Jahren (gleich 4 früheren Finanzperioden à 6 Jahren) in Gebrauch. In Frankreich ist die Periodenlänge eine verschiedene und wird je nach der Umtriebszeit und den Betriebsarten erst gewählt, so daß z. B. in Plänterwaldungen Perioden von mehreren Dezennien Länge vorkommen. In Nieder- und Mittelwaldungen werden auch in Deutschland kürzere Perioden (zu 5 bezugsweise 10 Jahren) angenommen.

Die Aufgabe des Betriebsplanes ist, eine brauchbare Grundlage für die Ertragsberechnungen, namentlich für die Ermittlung des speziellen Abtriebsalters aller Bestände zu liefern und zu diesem Behuf eine Feststellung der künftigen Reihenfolge der Hiebe zu treffen, welche sowohl eine normale Altersabstufung, als eine richtige Hiebsfolge anbahnt. Hierbei wird von dem jetzt gegebenen Waldzustande ausgegangen, etwa in ähnlicher Weise, wie vergleichsweise bei Aufstellung neuer Straßen-Allignements in den Städten von den zur Zeit bestehenden Zuständen aus eine den Bedürfnissen der Zukunft entsprechende Neugestaltung mit theilweiser Erhaltung und theilweiser Beseitigung des Vorhandenen entworfen wird. In der

*) „Betriebsplan" ist der in Norddeutschland, „allgemeiner Wirthschaftsplan" der in Süddeutschland und Sachsen vorherrschende technische Ausdruck; daneben wird auch als Synonym „Hauptwirthschaftsplan" gebraucht.

Regel wird daher zunächst nach vorausgegangener Bestandesausscheidung, Vermessung und Flächenberechnung eine nach Betriebsklassen angeordnete Altersklassentabelle entworfen, in der die Flächen der einzelnen Bestandesabtheilungen nach Altersstufen, d. h. dem durchschnittlichen gegenwärtigen Bestandesalter vertheilt und nach Bonitätsklassen bezeichnet sind und auf Grund deren eine Bestandeskarte angefertigt wird.

Die geplante Ordnung der künftigen Wirthschaft stellt man formell in einer Periodentabelle dar, deren Zeitlänge zweckmäßig mit jener der Altersklassen übereinstimmen sollte — was freilich nicht in allen Verwaltungen der Fall ist. Hierbei giebt der Abschluß der Altersklassentabelle den Fingerzeig, nach welcher Richtung hin Vor- und Zurückschiebungen von Beständen nothwendig sind, damit jede Betriebsklasse (sofern solche gebildet sind) eine mit der normalen Flächengröße des Periodenschlages $\left(n\frac{F}{u}\right)$ annähernd übereinstimmende Flächensumme in jedem Fache zeigt. Wenn daher auch im Allgemeinen die Regel befolgt wird, daß jeder Bestand möglichst in der Periode zur Nutzung gelangen soll, wo er das Alter der Umtriebszeit erreicht, so nöthigen doch außer der erwähnten Absicht auf Gleichstellung dieser Flächen noch verschiedene Umstände zu Ausnahmen von dieser Regel:

a) Vor Allem sucht man die ältesten Bestandesabtheilungen oder solche, die aus irgend einem Grunde rückgängig sind oder im Zuwachs nachlassen, möglichst frühzeitig zum Hiebe zu bringen, weshalb die Bestandesbeschaffenheit, der Schluß und die Gesundheit gerade auf solchen Flächentheilen mit besonderer Sorgfalt zu untersuchen sind. Lückige Bestände oder solche, die sich stark verlichten, müssen schon wegen Erhaltung der Bodenproduktivität bald durch geschlossene Jungwüchse ersetzt werden. In zweifelhaften Fällen sind spezielle Zuwachsuntersuchungen vorzunehmen; während solche Bestandesabtheilungen, deren Zurückschiebung in eine spätere Periode in Frage kommt, nach den angedeuteten Richtungen auf ihre Ausdauerungsfähigkeit und ihr Wachsthum geprüft werden müssen.

b) Neben der Bestandesbeschaffenheit ist, vorzüglich in solchen Nadelholz-Betriebsklassen, welche Nutzholz produziren, die Hiebsfolge entgegen der Sturmrichtung für die Einreihung der Bestände in die Periodentabelle maßgebend; es muß daher bei der Austheilung der Bestandesabtheilungen und deren Verschiebungen stets die räumliche Lagerung der Flächen nach der Himmelsgegend (im Sinne der in § 12 Seite 98 u. ff. näher betrachteten Regeln) an der Hand der Bestandeskarte genau verfolgt werden, ebenso wie bei dieser Arbeit auch alle durch lokale Erfahrungen bekannten und durch die Gebirgsformen bedingten Gefährdungen durch Stürme Berücksichtigung finden.

c) Im Gebirge zwingen ferner oft die Transport- und Absatzverhältnisse zu einer von obiger Regel abweichenden Einreihung der Bestände in den Betriebsplan, indem z. B. oft die Steilheit des Terrains es verbietet, aus höher liegenden Abtheilungen das Material durch tiefer liegende, bereits verjüngte Orte gleiten zu lassen oder durchzuziehen, so daß man gewöhnlich die höher liegenden Bestände früher verjüngt als die tiefer gelegenen oder wenigstens Vorkehrungen trifft, damit die Abfuhr durch junge Schläge verhütet wird. Auch zwingen öfters die theuren Anlagekosten künstlicher Bringwerke dazu, größere Flächen durch dieselben auszunutzen, z. B. beide Thalseiten eines Seitenthals möglichst gleichzeitig in Angriff zu nehmen, auch wenn deren Bestockungen im Alter etwas verschieden sind.

d) Hingegen spielt in den Waldungen der Ebene die sogenannte Auseinanderlegung der Altersklassen, d. h. die Vermeidung der Aneinanderreihung zu ausgedehnter Schlagflächen eine sehr beachtenswerthe Rolle, welche zwar zuweilen in einseitiger Weise übertrieben worden ist, aber doch manche berechtigte Ursache hat. Namentlich hat die massenhafte Infektion der Kieferverjüngungen durch Hysterium Pinastri, d. h. die unter dem Namen „Schüttekrankheit“ bekannte Verheerung Anlaß gegeben, auf eine Isolirung der einzelnen Schlagflächen von einander hinzuwirken, zugleich aber auch durch öfteren Wechsel der Schläge den Seitenschutz des stehenden Bestandes länger auszunützen. Dieselbe Rücksicht mag wohl auch gegen manche andere Pilzkrankheit mit Vortheil in Anwendung kommen und auch gegen Insektenschäden, z. B. durch Hylobius abietis, oder gegen Engerlingbeschädigungen vielfach von Nutzen sein. Große Kahlflächen leiden ferner erfahrungsgemäß ungleich mehr durch Spätfroste, als solche mit abwechselnden Bestockungsverhältnissen, wo schon der Seitenschutz gegen das direkte Sonnenlicht den Frostschaden weniger gefährlich macht; auch begünstigen große Kahlflächen die rasche Humuszersetzung und sogenannte Bodenaushagerung. Endlich sind zu ausgedehnte Schläge mit dürrem Grase oder Mittelhölzer, zumal in solchen Gegenden, wo die Durchforstungen erst später beginnen können, von nicht zu unterschätzender Feuersgefahr bedroht, deren Bekämpfung gerade durch das Zusammenhängen der Flächen erschwert wird. Schon Cotta hat, wie auf Seite 368 erwähnt, die große Bedeutung einer richtigen Bestandeseinreihung in den Hauptwirthschaftsplan gekannt und gelehrt, doch sind einzelne hierher einschlägige Punkte an der Hand lokaler Erfahrungen oder durch Bemühungen einzelner Forstwirthe später im Detail weiter ausgebaut worden. So hat z. B. der königliche preußische Oberlandforstmeister v. Reuß die Hiebsfolge und Auseinanderlegung der Schläge im kombinirten Fachwerke in einer schematischen Vorschrift zusammengefaßt, welche in Kiefernforsten vielfach zur Anwendung kam und unter dem Namen „Reuß'sche Schablone" bekannt geworden ist. Nach dieser sollen die Bestandesflächen in den allgemeinen Wirthschaftsplan so eingereiht werden, daß nach der Himmelsrichtung, von wo die gefährlichsten Stürme gewöhnlich kommen, jedesmal eine Periode übersprungen wird, daß also das mittlere Abtriebsalter zweier aneinandergrenzender Bestandesabtheilungen um zwei Periodenlängen differirt, z. B. I III V oder II IV I von O nach W aufeinanderfolgen. Dagegen reihen sich in der nächst gefährlichen Richtung die Angriffsflächen nach der Nummerfolge der Perioden aneinander, z. B. von S nach N I II III IV V. Eine schematische Darstellung dieser Vertheilung zeigt nebenstehende Figur 138.

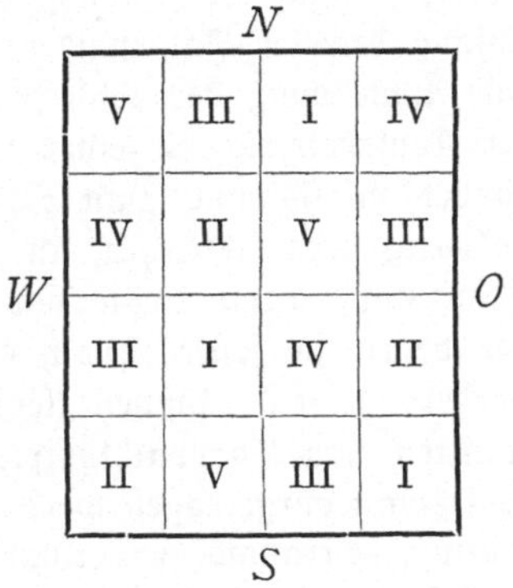

N

	V	III	I	IV
	IV	II	V	III
W	III	I	IV	II
	II	V	III	I

O (right side)

S

Fig. 138. Reuß'sche Schablone.

e) Außer den genannten Rücksichten müssen oft noch eine Reihe anderer bei der Einreihung der Bestände in den Wirthschaftsplan beobachtet werden, welche nur rein lokaler Natur sind, wie z. B. jene auf Wildbeschädigungen in Parkwaldungen oder auf Viehweide in Gebirgsforsten und die mancherlei Modifikationen der Bestandeslagerung erfordern, namentlich wegen Einzäunung der Jungwüchse oder gemeinsamer Einschonung derselben. Ebenso muß man zuweilen in Berechtigungskomplexen eine annähernde Gleichmäßigkeit in die Abnutzung entfernt liegender und näher gelegener Waldorte bringen, oder die Versorgung des Lokalbedarfes mit jener des Holzhandels in einen richtigen Einklang bringen.

f) Die Vereinigung von Bestandesabtheilungen, welche innerhalb einer ständigen Wirthschaftsfigur ausgeschieden wurden, zu einer „Bestandeseinheit", bietet zwar in vielen Fällen einen Vortheil, indem sich hierdurch (wie auf Seite 336 nachgewiesen) der Wirthschaftsbetrieb und die Rechnungsführung vereinfacht. Auch kann es natürlich nicht der Zweck der neuen Einrichtung der Wirthschaft sein, alle Zufälligkeiten, welchen die gegenwärtige Bestockung ihre Entstehung verdankt, zu verewigen, sondern man wird sorgfältig zu prüfen haben, was von dem Vorhandenen der Erhaltung werth ist und was als unnütz oder schädlich zu weichen hat. Große Opfer an Zuwachs oder an wüchsigem Bestandesmaterial dürfen aber der Bestandeseinheit nur in solchen Fällen gebracht werden, wo keine andere Wahl gegeben ist. Hingegen befolgt die neuere Forsteinrichtung im Allgemeinen die Tendenz, den einzelnen Bestand (die Unterabtheilung) nach Möglichkeit selbständig zu machen und auf seine höchste Rentabilität zu bewirthschaften. Die Mittel hierzu sind Bildung kleinerer Wirthschaftsfiguren, als man im Anfang des 19. Jahrhunderts formirte, Anordnung kleiner Hiebszüge und Anwendung der Sicherheitsstreifen, Loshiebe und des Unterbaues zur Konservirung einzelner Bestände, welche sonst der uniformen Bestandeskonsolidirung zum Opfer gefallen wären. — Doppelte Einstellung von Flächen in den Hauptwirthschaftsplan kommen nicht selten vor, wenn kleine haubare Horste in Schlagflächen vorkommen, mit denen sie später, nach der Verjüngung wieder zusammengeworfen werden. Ebenso können kleine Niederwaldpartien (z. B. Erlenbrücher) inmitten von Hochwaldkomplexen mehrmals, d. h. so oft im Wirthschaftsplan vorgetragen werden, als ihre Abholzung innerhalb des Einrichtungszeitraums zu erwarten ist. Analog werden auch Plänterwaldbestände mit ihren Theilflächen auf mehrere Perioden vertheilt.

g) In den Niederwaldungen, namentlich in Schälwäldern, müssen die Schläge zum Schutz gegen kalte Nordwinde in der Regel von der Süd- oder Westseite gegen N und O fortschreiten, während der Schutz gegen Sturmschaden daselbst außer Betracht bleibt. Dagegen verdient in Nadelholzwaldungen mit natürlicher Verjüngung die Richtung, nach welcher die Besamung am besten erfolgt, eine nähere Würdigung. Da es unmöglich ist, die verschiedenen in der Praxis vorkommenden Fälle alle einzeln aufzuzählen, so soll hiermit nur auf den innigen Zusammenhang der Bestandeseinreihung und der Verschiebungen mit den angestrebten waldbaulichen und wirthschaftlichen Zielen im Allgemeinen hingewiesen werden.

Als Schlußergebniß dieser Verschiebungen muß eine die genannten wirthschaftlichen Aufgaben erfüllende, aber dabei annähernd gleichmäßige Vertheilung der Hiebsflächen auf die einzelnen Fächer der Umtriebszeit angestrebt werden. Kommen aber zwei oder mehrere Betriebsklassen mit verschiedenen Umtriebszeiten in einem Wirthschaftsganzen vor, so setzt man einen gemeinsamen sogenannten „Einrichtungszeitraum" fest, innerhalb dessen die ganze Fläche des Wirthschaftskomplexes verjüngt werden soll und der gleichfalls in Perioden eingetheilt wird, um als allgemeiner Rahmen für den Hauptwirthschaftsplan zu dienen.

Die Summe der Periodenflächen stimmt in der Regel nicht mit der in der Altersklassentabelle enthaltenen Gesammtfläche der betreffenden Betriebsklasse überein, weil die unbestockten Blößen oder angekauften Wiesen- und Ödgründe 2c. nur dann in die letzte Periode eingestellt werden, wenn deren Aufforstung für die nächsten Jahre sicher zu erwarten ist; außerdem bewirken auch die etwa vorkommenden doppelten

Einreihungen einzelner Bestandesabtheilungen (litern) solche Abweichungen von der Altersklassentabelle. Es ist deshalb nothwendig, die Ursache derartiger Differenzen durch Angabe der gar nicht und der mehrmals eingereihten Flächentheile ziffermäßig nachzuweisen, um sich selbst vor Irrthümern zu schützen und um die Revision des Hauptwirthschaftsplanes zu erleichtern.

Erst wenn die Flächenvertheilung nach allen obigen Hinsichten befriedigend beendigt ist, beginnt die Berechnung der Haubarkeitserträge in Festmetern Derbholz*) nach der beim Massenfachwerk bereits erläuterten Methode. Auch hier wird in der ersten oder auch in den beiden nächstliegenden Perioden von dem jetzt Gegebenen ausgegangen, indem die genau taxirten Vorräthe pro Hektar der daselbst eingereihten Bestandesabtheilungen die Grundlage bilden. Der Quotient von Vorrath pro Hektar durch das durchschnittliche Bestandesalter ergiebt den Durchschnittszuwachs für das gegenwärtige Alter, und es muß nun untersucht werden, ob der Kulminationspunkt desselben bereits überschritten sei oder nicht, und wie viel dessen Abnahme in der nächsten Zeit betrage, wobei der Abgang an Zwischennutzungen oder an sonstigen zufälligen Ergebnissen (Totalität) mit in Anschlag zu ziehen ist. Dieser Zuwachs wird (wegen der progressiven Verminderung desselben bei allmählicher Abholzung des Bestandes) bis zur Mitte der Periode aufgerechnet, in welche der Bestand eingereiht ist, so daß der Haubarkeitsertrag pro Hektar sich als Summe von Vorrath und dem Produkt aus Wachsthumszeit mal (ermäßigtem) Zuwachs ergiebt. So berechnet sich z. B. bei 20jähriger Periodenlänge für einen in die I. Periode eingesetzten, jetzt 85jährigen Bestand, dessen Vorrath = 553 fm pro ha ermittelt worden war, der Haubarkeitsertrag pro Hektar folgendermaßen:

bisheriger Durchschnittszuwachs $\frac{553}{85} = 6{,}50$ fm

taxirter künftiger (ermäßigter) " $= 5{,}50$ fm

Wachsthumszeit bis zur Mitte der I. Periode = 10 Jahre

folglich Haubarkeitsertrag pro ha $= 553 + 55 = 608$ fm

hingegen für 24jährige Perioden (Bayern) $= 553 + 66 = 619$ fm.

Bei einer Flächengröße der Bestandesabtheilung von 21,7 ha würde demnach im ersten Falle ein Haubarkeitsertrag im Ganzen von 13194 fm, im zweiten Falle von 13432 fm in die betreffende Rubrik der I. Periode des Hauptwirthschaftsplanes eingesetzt. Bei rückgängigen und Krüppelbeständen findet eine Aufrechnung von Zuwachs nicht statt, so daß dann der Haubarkeitsertrag gleich dem Vorrathe ist; dasselbe gilt auch

*) In den Hochwaldungen wird fast überall nur nach Derbholz geschätzt, in Mittel- und Niederwaldungen aber auch nach Reisigwellen.

für kleine Bestandesreste oder Nachhiebshölzer, deren Abtrieb unmittelbar bevorsteht. Im Übrigen ist hier noch auf das schon in den §§ 32, 35, 37 und 49 Gesagte zu verweisen.

Diese Berechnungsart findet der Regel nach für alle in der I. Periode und häufig auch für die in der II. Periode eingereihten Bestände statt, während sie für die III. Periode nur bei sehr langen Umtriebszeiten (140—150jährigen) vorkommt. Bei kürzeren Umtrieben (ca. 100jährigen) wendet man für die Haubarkeitserträge der III. und der späteren Perioden — sofern dieselben überhaupt veranschlagt werden — die in § 37 erwähnten summarischen Taxationsmethoden auf die Haubarkeitserträge an, indem diese entweder auf Grund von Ertragstafeln oder in Angleichung an Fällungsergebnisse in benachbarten Beständen mittelst des Haubarkeits-Durchschnittszuwachses unmittelbar (d. h. ohne das Zwischenglied des Vorrathes) nach dem speziellen Abtriebsalter der Bestände bemessen werden.

In manchen Staaten wird schon im Betriebsplane ausgeschieden, welche Bestände der ersten Periode für den speziellen Wirthschaftsplan ausgewählt werden, indem dieselbe in zwei „Zeitabschnitte“ (auch Jahrzehnte genannt) zerlegt wird. Formell wird hierbei in verschiedener Weise verfahren: entweder giebt man nur durch Unterstreichen, durch * oder andere Zeichen die Dringlichkeit des Abtriebes an, oder man spaltet die I. Periode in zwei Rubriken, von welchen jede einer halben Periode (Jahrzehent) entspricht. In diesem Falle erfolgt dann die Berechnung des Zuwachses nicht allgemein wie oben auf die Periodenmitte, sondern auf die Hälfte der betreffenden Zeitabschnitte, also auf 5 bezw. 15 Jahre bei 20jährigen Perioden (oder auf 6 Jahre bei 24jährigen Perioden). Ebenso werden nach manchen Forsteinrichtungs-Instruktionen die Nachhiebshölzer, die Auszugshauungen und die Anfälle an Oberhölzern oder Eichenreserven getrennt von den sonstigen Haubarkeitserträgen der I. Periode vorgetragen, weil diese Fällungen als dringend und eventuell als besonders werthvoll hervorgehoben werden sollen; dieselben werden dann in der Regel als im ersten Zeitabschnitt dieser Periode in Anfall kommend angesehen und demgemäß für den speziellen Fällungsplan eingeschätzt.

Die Zwischennutzungen (Vorerträge) werden in Preußen, Bayern und mehreren anderen Forstverwaltungen nach den schon von Cotta gegebenen Vorschriften nur für die nächste Periode, bezw. deren ersten Zeitabschnitt speziell nach Bestandesabtheilungen eingeschätzt und in den hierfür vorgesehenen Rubriken des Hauptwirthschaftsplanes vorgetragen. Hierbei finden die schon auf S. 268 mitgetheilten Taxationsmethoden Anwendung, und es ist nur zu beachten, daß alle Bestände, welche im speziellen Wirthschaftsplan mit einem Angriffshiebe vorgesehen werden, nicht gleichzeitig auch Vorerträge abwerfen können und daher von diesen Einschätzungen auszuschließen sind. Ebenso muß der Taxator die untere Grenze des nach den lokalen Verhältnissen möglichen durchforstungsfähigen Bestandesalters und die nach Altersstufen, Holzartenmischung, Bestandesbeschaffenheit und Stärke der Durchforstung zu erwartenden Massen an Vorerträgen innerhalb einer Periode (bezw. Zeitabschnitt) sorgfältig ermitteln, dann aber nach den in der speziellen Bestandesbeschreibung angegebenen Grundsätzen auf die einzelnen Flächentheile mit besonderer Berücksichtigung des Einzelfalles übertragen. Die Summe der in der Rubrik „Vornutzungen" (bezw. Durchforstungen) vorgetragenen Einzelpositionen giebt dann den muthmaßlichen Gesammtanfall in der ersten Periodenhälfte (bezw. je nach der Art der Einschätzung in der ganzen I. Periode).

In Sachsen und Württemberg wird ein besonderer Durchforstungsplan neben dem allgemeinen Wirthschaftsplane aufgestellt, welcher zwar in analoger Weise mit dem letzteren harmoniren muß und auch auf die soeben erörterten Grundlagen basirt wird, aber eine der großen Bedeutung des Durchforstungsbetriebes entsprechende, mehr ins Detail gehende Gestaltung erhält. Auch bei dieser Aufstellung wird nur das nächste Jahrzehnt in Betracht gezogen, während alle späteren Durchforstungserträge gelegentlich der Revisionen neu eingeschätzt werden. Als Ausgangspunkt für diese Schätzungen dienen die Flächengrößen der durchforstungsfähigen Unterabtheilungen, welche tabellarisch zusammengestellt und aufaddirt die für 10 Jahre zur Vornutzung disponible Flächensumme ergeben, somit also die normale jährliche Durchforstungsfläche anzeigen. Addirt man in gleicher Weise die taxirten Massen der nach Unterabtheilungen eingeschätzten Durchforstungserträge, so läßt sich diese Summe kontrolliren durch eine nach Altersklassen und nach Bonitäten ausgeschiedene summarische, d. h. flächenweise Einschätzung des 10jährigen Durchforstungsertrages, welche bei genügender Übereinstimmung mit der ersteren Summe zur Ermittlung des jährlichen Zwischennutzungs-Etats dient.

Bei dem **Abschlusse des Betriebsplanes (oder allgemeinen Wirthschaftsplanes) und den Vorbereitungen zur Ermittlung des Hauptnutzungs-Etats** kommen folgende Punkte in Betracht: Die nach Betriebsklassen stattfindende provisorische Summirung der Haubarkeitserträge einer Periode wird nur ausnahmsweise schon sofort eine genügende Übereinstimmung der Periodenerträge zeigen, wenn auch die Angriffsflächen zuvor durch Verschiebungen so weit als wünschenswerth ausgeglichen worden waren. Es wird daher in der Regel nothwendig sein, behufs Herbeiführung einer strengeren Nachhaltigkeit der Hauptnutzungen noch einige Verschiebungen und Verbesserungen vorzunehmen — selbstverständlich unter sorgfältiger Berücksichtigung der Hiebsfolge und der übrigen unter a) bis g) aufgeführten Gründe, sowie der durch die betreffende Landesinstruktion etwa gegebenen Grenzen der zulässigen Abweichungen (z. B. 20 Prozent) der einzelnen Periodenerträge. Diese nachträglichen Verschiebungen ändern wieder das spezielle Abtriebsalter und den Durchschnittszuwachs der hiervon betroffenen Bestände, somit auch deren Haubarkeitserträge pro Hektar. So würde z. B. der oben erwähnte 85jährige Bestand, wenn er aus irgend einem Grunde aus der I. in die II. Periode zurückgeschoben wäre, zwar um 20 Jahre länger fortwachsen als nach der ersten Disposition, folglich statt mit 95 Jahren erst mit 115 Jahren durchschnittlich zum Abtrieb gelangen, aber dabei auch in seinem Zuwachs noch weiter sinken, z. B. auf nur 4,5 fm pro Hektar. Der Haubarkeitsertrag desselben berechnet sich dann statt auf 608 fm pro Hektar auf $553 + 30 \times 4,5 = 688$ fm, also im Ganzen auf 14930 fm, welche in die betreffende Rubrik der II. Periode einzustellen wären. Jede derartige Verschiebung ändert daher die einzelnen Ansätze, folglich auch die Summen in zweien aufeinanderfolgenden Perioden, und es liegt die Gefahr nahe, daß durch das Streben nach allzu genauer Ausgleichung der Erträge im Sinne des Massenfachwerkes die ursprünglichen Grundlagen des Betriebsplanes erheblich erschüttert werden und die Ausgleichung selbst in eine Spielerei mit Zahlen ausarte, worüber leicht wichtige reale Interessen verabsäumt werden. Die meisten Instruktionen legen daher mehr Gewicht auf eine zweckentsprechende Anordnung des wirthschaftlichen Betriebes, wie er durch die Flächeneinreihung dargestellt wird, als auf eine weit getriebene Gleichstellung der Periodenerträge, so daß sich die zuletzt angedeuteten Verschiebungen in der Regel nur auf solche zwischen der I., II. und höchstens der III. Periode beschränken, während sie sich in technischer Hinsicht mehr innerhalb des vom Flächenfachwerke gegebenen allgemeinen Rahmens der Wirthschaft bewegen.

Der Abschluß des Hauptwirthschaftsplanes kann ferner die **Bildung einer sogenannten „Reserve“** verwirklichen, sofern eine solche beabsichtigt oder durch die bestehende Instruktion vorgeschrieben ist. Über die Holz-Reserven als Sicherungsmittel der Nachhaltigkeit ist in der Litteratur der Forsteinrichtung schon seit **Öttelt** und **Maurer** sehr viel geschrieben worden,*) und es gehen gerade in diesem Punkte die Ansichten der verschiedenen Autoren sehr auseinander. Man versteht darunter im Allgemeinen **absichtlich geschaffene Vorrathsüberschüsse über das Maß des Normalvorrathes hinaus**, welche man auf dem Stock erhält, um unvorhergesehene Störungen

*) Eine ausführliche Litteratur-Zusammenstellung und kritische Besprechung der verschiedenen Vorschläge über Reservenbildung ist von R. **Rittmeyer** im Jahrgang 1889 des Österreichischen Zentralblattes für das gesammte Forstwesen, VI., VII., VIII. und IX. Heft, gegeben worden, auf welche ich hier verweise.

des Forstbetriebes oder Fehler in den Taxationen auszugleichen. Ursprünglich und in Zeiten mangelhaft entwickelter Transportverhältnisse hatten die Reserven hauptsächlich die Aufgabe, für den lokalen Bedarf oder für Hütten-, Salinen- und Bergwerksbetrieb einen gewissen Fond an stehendem Holz für außergewöhnliche Fälle z. B. Brandschaden 2c. aufzusparen und gewissermassen als Nothpfennig des Forsthaushaltes zu dienen. Zu diesem Zweck wurden einzelne günstig gelegene, zu jeder Jahreszeit zugängliche, noch gutwüchsige Bestände in geschützter Lage gewählt, wie dies noch jetzt in Gebirgsgegenden häufig vorkommt. Solche reservirte Bestände nannte man „Bauholzreserven" oder (seit Maurer) „stehende Reserven". So lange die Forsteinrichtung noch den Betrieb auf eine ganze Umtriebszeit hinaus im Einzelnen regeln wollte und sich dabei auf höchst unvollkommene taxatorische Hilfsmittel stützen mußte, war die Befürchtung sehr naheliegend, daß Fehler in der Vorrathsermittlung und vollends in der Veranschlagung des Zuwachses zur Einschätzung unrichtiger Haubarkeitserträge — namentlich in den späteren Perioden — führen und daher gegen das Ende der Umtriebszeit den gefürchteten „Generalbankerott" zur Folge haben könnten. Man versuchte daher außer der Ausscheidung von sogenannten „stehenden" noch verschiedene andere Formen der Reserve:

a) Cotta z. B. verlangte, daß ein Bestand nur eine Periode lang zur stehenden Reserve erklärt, dann aber genutzt und durch einen anderen ersetzt werden solle, welcher für die nächste Periode diese Rolle versehen solle u. s. f. Hiermit war der Übergang zu den nicht besonders räumlich ausgeschiedenen „fliegenden Reserven" gegeben, welche Vorrathsüberschüsse nicht in greifbarer Form, sondern nur als ideelle Rechnungsgrößen bei der Bemessung des Etats existieren.

b) Am bekanntesten unter diesen ist das auf S. 108 schon besprochene „Wedekind'sche Liquidationsquantum", welches auf der Berechnung und Subtraktion des normalen Nachhiebs-Rückstandes von dem zur Zeit wirklich vorhandenen Nachhiebsquantum beruht. Die jetzt durch genaue Taxationsmethoden erforschte Masse von Nachhiebsmaterial wird daher der Gegenwart als ein ihr nicht bedingungslos zustehender Fruchtgenuß zugesprochen, sondern sie wird in allen Betrieben mit Schirmschlag- und Femelschlag-Verjüngung abgeglichen mit dem normalen Nachhiebsquantum, welch' letzteres als Betriebskapital und als Theil des Normalvorrathes angesehen und intakt erhalten wird. Diese Berechnung bildet deshalb in mehreren Forstverwaltungen auch jetzt noch eine nothwendige Vorarbeit für die Etatsberechnung.

c) Ebenfalls eine Sicherung der Nachhaltigkeit, welche in gewissem Sinne zu den fliegenden Reserven gerechnet werden kann, ist die Ausstattung der Perioden mit allmählich (5 prozentig) ansteigenden Periodenerträgen, wie sie von G. L. Hartig zuerst, wenn auch in ganz anderer Absicht, verlangt worden war; diese Forderung ist auch in die frühere Württembergische und die Preußische Forsteinrichtungs-Instruktion übergegangen, woselbst sie heute noch durchgeführt wird.*)

d) Ein Theil der Autoren (z. B. v. Kropff, Breymann) wollten die erste Periode mit einem um den Betrag der Reserve größeren Haubarkeitsertrag ausstatten, als die nächstfolgenden, jedoch dieses Quantum nicht in den Etat mit einrechnen, um so gegen Ende der Periode allmählich einen Überschuß an Vorrath zu erzielen — ein Zweck, welchen Maurer und C. Heyer durch

e) unvollständige jährliche Nutzung der normalen Jahresschlagflächen oder auch

f) durch jährliche Einsparungen am Massenetat erreichen wollten.

g) Eine ganze Reihe von Schriftstellern, z. B. Öttelt, Huber, Pfeil, König, Grebe, Judeich u. A. befürworteten eine mäßige Erhöhung der Umtriebszeit über das eigentlich beabsichtigte Zeitmaß hinaus und Einrichtung des Betriebes nach diesem einen größeren Normalvorrath verlangenden Turnus; der hierdurch erzielte Vorrathsüberschuß gilt dann als Reserve für die Sicherung der Nachhaltigkeit.

h) Endlich sollte die ganze oder theilweise Außerachtlassung der Zwischennutzungen oder auch der zufälligen Ergebnisse bei der Etatsberechnung zur Reservebildung benützt werden (nach Püschel u. A.).

Aus der ganzen Litteratur über die Reserven folgt, daß man es für nöthig hielt, der Unsicherheit der Taxationen ein gewisses Gegengewicht zu schaffen, weil sich nicht voraussehen läßt, wie die Elementarschäden (Sturm, Duft- und Schneebruch) oder die Insektengefahren auf den künftigen Zuwachs und die Bestandesentwicklung einwirken werden. Reservirung von Vorräthen über den Normalvorrath hinaus bedeutet aber im Grunde genommen eine Umtriebserhöhung, so daß der Zweck allerdings durch eine vorsichtige Feststellung der Umtriebszeit am einfachsten und auf direktem Wege erreicht wird. Übrigens hat die allgemeine Einführung der periodischen Revisionen in Verbindung mit der Wirthschaftskontrole und Abgleichung der wirklichen Betriebsergebnisse mit den Schätzungen so wirksame Mittel zur rechtzeitigen Entdeckung und Unschädlichmachung von Taxationsfehlern an die Hand gegeben, daß man in verschiedenen Forstverwaltungen

*) Siehe Hagen-Donner: „Die forstlichen Verhältnisse Preußens“, 1883, I. Bd., S. 169: „es sollen daher die einzelnen 20jährigen Perioden der Berechnungszeit mit Bestandesflächen bezw. mit Holzmassen annähernd gleich und womöglich so dotirt werden, daß die späteren Perioden in Flächen und Erträgen zur Herstellung einer Reserve etwas ansteigen.“

von der Bildung der Reserven ganz abgegangen ist, zumal sich in großen Verwaltungsbezirken die Mehr- und Mindere rgebnisse oft gegenseitig kompensiren.

Ähnlich wie über Reserven, so sind auch über die Anrechnung der zufälligen Ergebnisse (Totalität oder Scheidholz) unter die Haupt- und Zwischennutzung nicht gleiche Prinzipien in den verschiedenen Forstverwaltungen befolgt worden. Da nämlich nach § 30 auch nach Beendigung der eigentlichen Ausscheidung des Nebenbestandes mittelst regulärer Durchforstungen, doch noch Materialanfälle von Dürr- und Windfallholz erfolgen, da ferner Schneebruch- und Insektenschaden stets mehr oder weniger Stammindividuen vor dem Eintritt der Haubarkeit zu Fall bringen, so vollzieht sich in den älteren Beständen der I. und II. Periode noch eine Holzernte von zerstreut anfallenden Dürrhölzern 2c., welche in Norddeutschland Totalität, in Württemberg Scheidholz genannt wird. Es ist aber für das Zutreffen der Schätzungen von Wichtigkeit, ob diese unter die Hauptnutzung oder unter die Vornutzung verbucht wird; während anderseits die Schätzungen der Haubarkeitserträge, wie sie in den Perioden des Hauptwirthschaftsplanes eingesetzt werden, die Art der vorgeschriebenen Verbuchung berücksichtigen müssen. Letztere ist aber nicht überall dieselbe; so werden z. B. in Preußen alle Nutzungen in Beständen der I. Periode und alle Vorgriffe in die II. Periode, welche entweder flächenweise Abtriebe oder Verjüngungshiebe sind, oder welche den eingeschätzten Ertrag um mehr als 5 Prozent schmälern, zur Hauptnutzung gerechnet, welche auch die Auszugshauungen, die Oberholznutzung im Mittelwalde und die gesammte Nutzung im Plänterwald umfaßt. Dagegen werden in anderen Forstverwaltungen nur die Materialanfälle in Beständen, welche im speziellen Wirthschaftsplane mit einer Hauptnutzung eingesetzt sind, als solche verbucht, während alle übrigen Nutzungen, soweit keine flächenweisen Abtriebe dabei stattfinden, zu den Vorerträgen (Zwischennutzungen) gehören. Es ist einleuchtend, daß diese verschiedene Verbuchungsweise eine andere Vertheilung der Materialanfälle auf die Haupt- und Zwischennutzungen bewirkt, und daß sich demgemäß auch die Einschätzungen im Hauptwirthschaftsplan sowohl bezüglich der Hauptnutzungen als der Vorerträge dieser Ausscheidung möglichst anpassen müssen. Man wird daher in der Regel das Wirthschaftskontrolbuch zu Aufschlüssen über den bisherigen Durchschnittsanfall pro Hektar an zufälligen Ergebnissen (Totalität) in Beständen der II. Periode benützen und diesen mit dem eingeschätzten Durchschnittszuwachs vergleichen, um zu erfahren, wie sich der Bestandeszuwachs zu dem Abgang verhält.

Nach der ursprünglichen Idee des kombinirten Fachwerkes müßten beim Abschlusse des allgemeinen Wirthschaftsplanes alle Fächer mit annähernd gleichen (bezw. allmählich ansteigenden) Periodenflächen und

Periodenerträgen ausgestattet sein, damit der Etat in dem Quotienten von Periodenertrag durch die Anzahl Jahre einer Periode erhalten werden kann; diese Berechnungsart ist für ungleichmäßige und verschiedenartige Bestandesverhältnisse in Preußen und Bayern, sowie in einer Reihe von Forstverwaltungen vorgeschrieben. Nachdem aber schon wiederholt auf die relative Unsicherheit der Ertragsschätzungen in den späteren Perioden gegenüber jenen in den haubaren Beständen der I. und II. Periode hingewiesen worden ist, so erklären sich hieraus die Abkürzungen uud Vereinfachungen, welche diese Fachwerksmethode für einfachere, gleichartigere Verhältnisse in einzelnen Forstverwaltungen erfahren hat. Dieselben bestehen hauptsächlich darin, daß man die Nachhaltigkeit der späteren Perioden mehr auf die Flächen von gleicher Ertragsfähigkeit gründet und nur für die nächste (I.) oder auch für die beiden nächsten (I. und II.) Perioden den Etat nach Art des Massenfachwerks berechnet. Dieses sogenannte „partielle Flächenfachwerk“ bewirkt daher die Ausgleichung der Periodenflächen und den allgemeinen Rahmen der Wirthschaft nach den Regeln des Flächenfachwerks, begnügt sich aber mit der Berechnung der Massenerträge innerhalb der I. Periode (z. B. im Großherzogthum Hessen) oder innerhalb der beiden nächsten Perioden (z. B. im Großherzogthum Weimar). Unter Umständen werden auch zuweilen für die drei nächsten Perioden die Haubarkeitserträge veranschlagt, worauf der Hauptnutzungsetat aus dem Jahresmittel dieser bestimmt wird.

Eine früher im Harz gebräuchliche Kombination war die Berechnung der Periodenerträge nach dem Massenfachwerk und der Festsetzung der Jahresetats innerhalb der Perioden nach den Regeln des Flächenfachwerks; diese Methode bildet den Übergang zum „unvollkommenen Massenfachwerk“, bei welchem die Umtriebszeit in mehrere Ausgleichungszeiträume zerlegt wird, innerhalb deren man zwar Gleichheit der Jahresnutzungen anstrebt, während aber die Ausgleichungszeiträume ungleiche Periodenerträge besitzen. Diese Form wurde einst von W. Wedell und Maurer für Waldungen mit abnormem Altersklassenverhältniß angewendet, da sie die Ausgleichung durch Verschiebungen noch nicht in Anwendung brachten, sondern nur jede Altersklasse in gleichen Jahresetats nutzten. Werden die ungleich großen Altersklassen mittelst gleicher Flächenetats innerhalb jedes Ausgleichungszeitraumes abgeholzt, so nennt man diese Methode ein „unvollkommenes Flächenfachwerk“.

Es kommt daher immer auf die bestehenden Forsteinrichtungs-Instruktionen an, ob die Berechnung und Ausgleichung der Periodenerträge auf 1, 2, 3 oder alle Perioden des Hauptwirthschaftsplanes ausgedehnt werden solle. Lassen die Instruktionen hierin einen Spielraum zu, so kommen die Waldzustände, insbesondere das Altersklassenverhältniß und die Beschaffenheit der Bestände in Betracht, ob sich nicht vielleicht ein kürzerer Übergangszeitraum als u von den abnormen gegenwärtigen Zuständen zur Einlenkung auf den Normalzustand empfiehlt, damit man nicht übermäßig alte Bestände zu lange hinaus verschieben muß, oder umgekehrt jüngere Bestände zu früh zum Hieb heranzieht. Solche Übergänge haben dann oft große Ähnlichkeit mit dem unvollkommenen Fachwerk sowohl in der Form als auch in der Wirkung, indem die Erträge innerhalb der Umtriebszeit Schwankungen erleiden. In der Regel wird schon in den „Einleitungsverhandlungen" („Grundlagenprotokoll") darüber entschieden, bis zu welcher Periode die Haubarkeitserträge berechnet werden sollen, ob und welcher Übergangszeitraum zu wählen sei und was als Berechnungszeitraum mit jährlich gleichem Hiebssatze zu gelten habe. Im Allgemeinen dehnt man die Ertragsberechnungen auf um so mehr Perioden aus, je weniger die Flächengröße als Maßstab für den Ertrag und folglich auch für die Nachhaltigkeit benützbar ist. Wo also die Bestandesgüte eine sehr ungleiche, die Bestände ungleichalterig und mit eingewachsenen alten Stämmen oder sonstigem Auszugsmaterial reichlich durchstellt sind 2c., führt man die Ertragsberechnung für alle Perioden der Umtriebszeit aus. In diesem Falle soll nach der preußischen Instruktion der Materialertrag der I. Periode durch Verschiebungen so normirt werden, daß er annähernd dem Durchschnitt aller gleichkommt, während bei späteren Perioden Schwankungen gestattet sind. Hingegen stützt man sich in gleichmäßigen, durch regelmäßige Schläge entstandenen Waldungen mehr auf die Flächengröße und schränkt die Ertragsberechnung auf die nächsten Perioden ein.

Die Flächengleichheit der späteren Perioden bezieht sich je nach Umständen entweder auf reduzirte Flächen, wenn die Bonitätsklassen deutlich abgegrenzt vorkommen, oder auf die konkreten Flächen, sofern Standortsgleichheit vorhanden ist. Im Übrigen gestaltet sich dieses Verfahren analog dem oben ausführlicher geschilderten Flächenfachwerk — insbesondere was die Verschiebungen betrifft; doch trachtet man auch hier vor Allem, die (reduzirte) Abtriebsfläche der I. Periode in möglichst nahe Übereinstimmung mit dem Mittel aller Perioden oder der Berechnungszeit zu bringen, während für die Flächensummen der späteren Perioden minder strenge Anforderungen an die Ausgleichung gestellt werden.

Die Absicht, sich mehr dem Massenfachwerk oder dem soeben erörterten Flächenfachwerk zu nähern, äußert sich auch in der Form des allgemeinen Wirthschafts- oder Betriebsplanes, welcher zwar stets den Periodenbau zeigt, aber nur im ersteren Falle die Rubriken für Haubarkeitserträge (in allen oder nur in den ersten 2 oder 3 Perioden) enthält; während im zweiten Falle die Flächen nach Bonitäten ausgeschieden auf die Perioden zur Vertheilung gelangen, um die Flächenreduktion in übersichtlicher Weise vornehmen zu können. Gerade in der Form dieses Tabellenbaues zeigen aber die verschiedenen Forsteinrichtungsinstruktionen mancherlei Verschiedenheiten, so daß wir hier von einem Abdruck dieser Formulare absehen und auf die praktischen Übungsbeispiele verweisen müssen.

Die **Abnutzungs- oder Etats-Berechnung** gestaltet sich ziemlich einfach, nachdem die soeben besprochenen Arbeiten des Abschlusses aller Betriebsklassen (resp. Blöcke) des Betriebsplanes vollendet sind und die Frage über die Länge des Berechnungszeitraumes erledigt ist. Wenn nämlich die Periodenfläche und der Periodenertrag der I. Periode mit dem Durchschnitt aller Perioden des Berechnungszeitraumes annähernd übereinstimmt, so beweist dies, daß so viel haubares Material vorhanden ist, als zur Gewinnung des an der Betriebsklasse erfolgenden Zuwachses erfordert wird, daher ist der Quotient aus ersteren durch die Anzahl Jahre der Periode der gesuchte Etat an Hauptnutzung. Ebenso wird der Zwischennutzungs-Etat nach dem Mittel der für die I. Periode (bezw. für den 1. Zeitabschnitt) speziell eingeschätzten Vornutzungen gefunden. Beide Größen geben zusammen den Gesammt-Etat (synon. „Abnutzungssatz, Hiebssatz, Nutzungsgröße oder Soll-Einschlag"), welchen man für Hochwaldungen nur in Derbholz*) nach Festmetern ausdrückt (in Bayern nach Raummetern, d. h. Ster).

Für Hochwaldungen wird der Stockholz- und Reisholzanfall summarisch nach Erfahrungssätzen, für Mittel- und Niederwaldungen der Reisholzanfall nach speziellen abtheilungsweisen Einschätzungen im Etat eingesetzt; für letztere Betriebsklassen wird in der Regel auch noch ein Flächenetat berechnet, welcher für den Betriebsvollzug wichtiger ist als der Massenetat.

Etwas komplizirter gestaltet sich die Etatsberechnung, wenn für Betriebsklassen mit natürlicher Verjüngung eine fliegende Reserve von Nachhiebsmaterial auf dem Stocke zu halten ist, welche mit dem zur Zeit thatsächlich ermittelten Nachhiebsquantum abzugleichen ist. In diesem Falle wird zu dem summarischen Ertrag, d. h. der Summe aller Periodenerträge der Berechnungszeit die konkrete Größe des Nachhiebsmateriales addirt, aber von der Summe das normale übergehende Nachhauungsmaterial (d. h. das Wedekind'sche Liquidationsquantum in seiner auf Seite 108 berechneten Größe) in Abzug gebracht. Theilt man den verbleibenden Rest durch die Zahl der Jahre des Berechnungszeitraumes, so ist der Quotient der „normale nachhaltige Ertrag an Hauptnutzung", welcher die wichtigste Grundlage für die Etats-

*) In Preußen scheidet man den „Abnutzungssatz" nach vier Hauptholzarten aus in Eichen, Buchen und sonstige harte Laubhölzer, weiche Laubhölzer und Nadelhölzer, in den meisten andern Forstverwaltungen nur nach Betriebsklassen.

bestimmung bildet. Sind mehrere Betriebsklassen in einem Wirthschaftsganzen vertreten, so wird diese Berechnung für jede derselben ausgeführt; die Summe der Quotienten giebt dann den Durchschnittser rag des Wirthschaftsganzen. Ob dieser nachhaltige Ertrag so ort als Etat angenommen werden kann, oder ob er für den nächsten Zeitabschnitt einer Ermäßigung oder einer Erhöhung bedarf, hängt von einer Reihe von Erwägungen ab, die man bei der Begründung und Rechtfertigung des Etats anzuführen pflegt. Hierbei wird namentlich das gegenwärtige Altersklassenverhältniß und das Maß von Abweichung, welches die Haubarkeitserträge der I. Periode von jenen der späteren Perioden zeigen, ins Auge gefaßt. Bei annähernd normaler Altersstufenfolge wird der normale Ertrag unbedenklich genutzt; hingegen muß überlegt werden, ob sich vielleicht zwei Betriebsklassen in günstiger Weise gegenseitig derart ergänzen, daß z. B. Mangel an Haubartskeitserträgen in einer Periode durch einen Überschuß in der andern gedeckt werden kann, was sich auch zuweilen in analoger Weise durch Kompensationen zweier oder mehrerer benachbarter Reviere für einen größeren Waldkomplex erreichen läßt. Da die Etatsfestsetzung kein bloßes Rechenexempel, sondern eine Verwaltungsmaßregel ist, so muß dieselbe außerdem auf verschiedene örtliche und zeitliche Verhältnisse Rücksicht nehmen. Hierzu gehört vor Allem die Bestandesbeschaffenheit (Gesundheit, Schluß und Zuwachs) der älteren Klassen von Beständen, welche unter Umständen eine dringende Veranlassung zu rascherer Abnutzung älterer Vorräthe bietet, umgekehrt aber auch zuweilen eine längere Reservirung von nicht ganz hiebsreifen, wüchsigen Beständen erheischt. Auch die Absatzfähigkeit und die Marktverhältnisse wirken nicht selten, zumal in entlegenen Forsten, bestimmend auf die Etatsfestsetzung ein, z. B. wenn augenblicklich der Markt ein größeres Quantum nicht aufzunehmen vermag, hingegen später — etwa nach dem Ausbau eines Kanals, einer Straße, Eisenbahnlinie, eines Waldwegnetzes oder von Sägewerken 2c. — die Absatzgelegenheit eine günstigere zu werden verspricht, so wird dies eine vorläufige niedrige Normirung des Hiebssatzes mit der Absicht einer späteren Erhöhung begründen. Auch rein finanzwirthschaftliche Erwägungen und Rentabilitätsrücksichten, ferner (in Privat- und Gemeindewaldungen) die Gesammtlage der Verhältnisse des Waldbesitzers äußern in analoger Weise ihren Einfluß auf die periodische Festsetzung der Nutzungsgröße, so daß letztere nicht in starrer Weise ein für allemal normirt, sondern bis zu einem gewissen zulässigen Grad den wechselnden Bedürfnissen und Verhältnissen angepaßt wird.

Um für derartige Erläuterungen zur Etatsbegründung noch andere geeignete Rechnungsgrundlagen zu haben, als den normalen

Ertrag allein, ferner behufs einer summarischen Prüfung der Taxationsergebnisse leitet man aus dem Abschluß der Periodentabelle häufig noch einige wichtige Durchschnittszahlen ab, so namentlich 1. den durchschnittlichen Haubarkeitsertrag pro Hektar einer jeden Periode, 2. das geometrisch mittlere Abtriebsalter (Flächenmittel) aller Bestände einer Periode und durch Division dieser beiden; 3. den mittleren Haubarkeits-Durchschnittszuwachs jeder Periode. Diese Zahlen geben im Vereine mit der normalen Jahresschlagsfläche (Flächenfraktion des Angriffes) brauchbare Hilfsmittel zur Prüfung der Richtigkeit des auf obige Weise ermittelten Etats und gestatten einen Einblick in die Wirkungen des Wirthschaftsplanes auf die künftigen Zuwachsverhältnisse und die Haubarkeitserträge pro Hektar der späteren Perioden. Ebenso bieten sowohl bei Neuherstellungen als bei Revisionen die Vergleiche mit den bisherigen Nutzungsgrößen in den abgelaufenen Zeitabschnitten sowie die Beurtheilung des Einflusses derselben auf den Waldzustand einen wichtigen Behelf für die Begründung des Naturaletats. Letztere selbst wurde früher bei Herstellung neuer Forsteinrichtungswerke in einem Abschnitte der generellen Revierbeschreibung durchgeführt, bildet aber gegenwärtig meistens einen Gegenstand der über die Ergebnisse der Revisionen geführten „Schlußverhandlung" oder „erörternden Darstellung" (Schlußdarstellung 2c.).

Der **spezielle Wirthschaftsplan (S) oder generelle Hauungsplan (N) für den nächsten Zeitabschnitt** hat die Aufgabe, aus dem die Wirthschaft nur in großen Zügen und für die ganze Einrichtungszeit ordnenden Betriebsplane jene Fällungen herauszuheben und im Einzelnen näher anzuordnen, welche in der nächsten halben Periode (Jahrzehent bezw. 12 Jahren) zur Ausführung kommen sollen. Übrigens findet man diese spezielle Anordnung manchmal mit dem Betriebsplan verbunden, z. B. in Württemberg, wo dann dieser ein auf Grund eines allgemeinen Flächen-Einrichtungsplanes konstruiertes partielles Massenfachwerk darstellt. Wegen der Vielgestaltigkeit dieser die Einzelheiten des Betriebes für einen kurzen Zeitraum regelnden Hauungspläne läßt sich keine für alle Verhältnisse zutreffende Beschreibung derselben geben, sondern es muß hier auf die einzelnen Landesinstruktionen verwiesen werden. Wenn daher auch die Form sehr verschieden ist, so ist doch der Grundgedanke für Aufstellung des Hauungsplanes überall nahezu derselbe: es soll nämlich über die schon in greifbarer Form vorhandenen Vorräthe der Hauptnutzung und der Vorerträge (Zwischennutzung) in einer sowohl die Nachhaltigkeit verbürgenden, als auch die waldbaulichen und betriebstechnischen Anforderungen erfüllenden Art verfügt werden. Zu diesem Behuf muß der Hauungsplan in innigem Zusammenhange mit dem allgemeinen Wirthschaftsplan (oder Betriebsplan N) stehen; er stellt gewissermassen eine mehr ins Detail gehende Ausgestaltung des letzteren dar, jedoch mit der zeitlichen Beschränkung auf die halbe I. Periode, deren wirthschaftliche Anforderungen noch am ehesten übersehbar sind. Schon im Betriebsplane sind in der Regel die in die I. Periode eingereihten Bestände mit besonderer Sorgfalt ausgewählt, an Ort und Stelle revidirt und bezüglich ihrer Umgebung genau untersucht worden; ebenso ist deren Vorrath und Zuwachs mittelst genauer Methoden aufgenommen. Man kann daher auf Grund dieser Erhebungen eine tabellarische Übersicht jener Flächentheile und Haubarkeitsmassen, sowie der Nachhiebs- und Auszugsmaterialien anfertigen, welche in dem nächsten Zeitabschnitt zur Erfüllung des Hauptnutzungs-Etats dienen sollen. Gleichzeitig lassen sich damit alle jene Vorschriften zweckmäßig vereinigen, welche allgemeine Direktiven über die Dringlichkeit, zeitliche Reihenfolge, Richtung und räumliche Aneinanderreihung bezw. Auseinanderlegung der Schlagflächen, ferner über Schlagstellung, über Loshiebe, Umhauungen ꝛc. geben sollen. Diese wirthschaftlichen Anordnungen werden im Sinne der bei der speziellen Beschreibung gemachten Vormerkungen (S. 348) kurz und bündig ohne Weitschweifigkeit in einer besonderen Rubrik gegeben. In der Regel summirt man die für Hauptnutzung projektirten Fällungsquantitäten und vergleicht die Summe mit dem zehnfachen (bezw. 12fachen) Jahresetat. Reichen die eingesetzten Haubarkeitserträge und Nachhauungen ꝛc. nur knapp zur Erfüllung des Hauptnutzungsetats für den nächsten Zeitabschnitt aus, so ist dies fehlerhaft, weil sonst gegen Ende des letzteren die Betriebsausführung nur auf wenige Abtheilungen eingeengt ist, und weder den Schwankungen der Nachfrage folgen kann, noch den nöthigen Wechsel der Schläge oder die zweckmäßige Ausnützung von Mast- und Nadelholz-Samenjahren bethätigen kann. Um daher dem Wirthschafter den unumgänglichen Spielraum in der Erfüllung des Etats zu gewähren, setzt man in der Regel so viele Abtheilungen in den Hauungsplan ein, daß die taxierte Hauptnutzungssumme einem 15—20fachen Jahresetat gleich steht. Für die Zwischennutzungen ist eine derartige Verstärkung in der Ausstattung des Hauungsplanes nicht erforderlich, weil die obigen Gründe hier nicht zutreffen.

Der spezielle Wirthschaftsplan (generelle Hauungsplan) enthält somit nur Bestimmungen und Zahlenangaben, welche für den Betriebsvollzug durch den ausübenden Wirthschafter unmittelbare, meritorische Bedeutung haben; er besitzt daher in verwaltungsrechtlichem Sinne die Eigenschaft einer bindenden Dienstesvorschrift und bezeichnet die räumlichen und zeitlichen Grenzen, innerhalb deren die Fällungen des nächsten Jahrzehnts (resp. Zeitabschnittes) sich bewegen sollen, zu deren Abänderung und Überschreitung aber höhere Genehmigung zuvor einzuholen ist. Insbesondere dient der Hauungsplan als Grundlage der sogenannten „Spezialetats“, welche in Preußen für je sechs Jahre in Form eines Natural- und eines Geld-Etats aufgestellt werden, sowie überhaupt für alle Budgetaufstellungen in sämmtlichen Forstverwaltungen. Ebenso gründet sich der jährliche Voranschlag für die im Laufe des kommenden Wirthschaftsjahres vorzunehmenden Fällungen, welcher in Preußen der jährliche Hauungsplan, in Bayern Hiebsrepartition, in anderen Forstverwaltungen jährlicher Betriebsantrag, Fällungsvorschlag ꝛc. genannt wird, auf die Bestimmungen des speziellen Wirthschaftsplanes. Die Abstufungen vom allgemeinen zum speziellen Wirthschaftsplan und schließlich zum jährlichen Fällungsantrag bezeichnen somit formell den Übergang vom Großen und Allgemeinen zum Einzelnen und Nächstliegenden, wodurch die Einfügung des Details der Betriebsausführung in den für das Wirthschaftsganze und für die Umtriebszeit entworfenen Plan im Sinne der auf Seite 14 gegebenen Grundsätze gesichert werden soll. Dies ist auch der Punkt, wo die Forsteinrichtung in den laufenden Forstbetrieb übergeht.

Der **Kulturplan für den nächsten Zeitabschnitt** (genereller N. oder spezieller Kulturplan S) befolgt einen ähnlichen Gedankengang, wie wir ihn soeben in dem speziellen Wirthschaftsplan kennen gelernt haben: er soll nämlich im Anschluß an diesen und zugleich in Ausführung der allgemeinen Wirthschaftsregeln (S. 356) eine planvolle Gestaltung des Kulturbetriebes für die Hälfte der I. Periode ermöglichen; gleichzeitig soll er auch die Grundlage für die budgetmäßige und zum Theil für die jährliche Veranschlagung der Ausgaben auf Forstkulturen zum Zwecke der Vertheilung der Kredite auf die einzelnen Reviere liefern. Das Material für die Aufstellung des Kulturplanes sind einerseits die Erfahrungssätze für die durchschnittlichen Kosten der in Anwendung kommenden Kulturmethoden und Nachbesserungen bei verschiedenen Graden der Erschwerung, anderseits die Flächengrößen der Kulturobjekte. Die ersteren stellt man häufig in Form eines sogenannten „Normalkostenanschlages“ für größere Waldgebiete zusammen, etwa in der Form, wie die „Kostensätze für Aufstellung von Kulturplänen“ in dem Forstkalender von Judeich und Behm, jedoch unter genauer Berücksichtigung der lokalen Erfahrungen. Dagegen werden die Flächengrößen der künftigen Kulturobjekte theilweise aus der Vermessungs- und Altersklassentabelle oder aus den in der speziellen Beschreibung gemachten Vormerkungen, theils aber auch nach summarischer Einschätzung der in den künftigen Angriffsschlägen erfahrungsgemäß erforderlichen Saaten, Pflanzungen und Nachbesserungen in den Kulturplan eingesetzt. Die formelle Anordnung ist hierbei eine verschiedene, doch findet meistens der Vortrag nach der Nummernfolge der Abtheilungen statt, während gleichzeitig eine materielle Trennung nach den Hauptkulturarten durch Rubrikenbau ermöglicht wird. In manchen Staaten werden nur die Flächengrößen der einzelnen Kulturobjekte aufgeführt und summirt, in anderen findet auch eine Veranschlagung der Kosten in Geld statt. Ebenso wird zuweilen der Kulturplan zur Nachweisung der wirklich erfolgten Aufwendungen und der statistischen Flächenvormerkungen über die damit bewerkstelligten Saaten und Pflanzungen verwendet. Auch dieser Kulturplan giebt nur in großen Zügen eine Übersicht über den Umfang der im nächsten Zeitabschnitt zu entfaltenden Kulturthätigkeit, damit rechtzeitig die Mittel vorgesehen und bereit gestellt werden können, welche zur Bewältigung dieser Aufgabe erforderlich sein werden. Hierzu sind, abgesehen von den budgetmäßig vorzukehrenden Geld-Ansätzen des Forstetats, namentlich die vorbereitenden Arbeiten für die Pflanzenerziehung in Saatkämpen und Pflanzschulen, die rechtzeitigen Entwässerungen und Bodenvorbereitungen, die Anzucht von Schutz- und Treibholzarten ꝛc. zu rechnen, so daß der Kulturbetrieb ein planmäßiges Ineinandergreifen aller einzelnen Arbeitstheile und eine dem Fällungsbetrieb zweckmäßig angepaßte Anordnung zeigt, welche eine durch etwaigen Personalwechsel nicht gestörte stetige Arbeitsfortsetzung sichert.

Aus dem Kulturplane schöpft auch der ausführende Betriebsleiter zum Theil die Anhaltspunkte für den jährlichen Kulturvoranschlag, welcher die im Laufe des künftigen Jahres in Aussicht genommenen Forstkulturen und Verbesserungen beantragt und dessen Prüfung und Genehmigung durch die Inspektionsstelle die Vorbedingung für die Zulässigkeit der Ausführung bildet.

Von sonstigen Betriebsregelungs-Arbeiten kommen in einzelnen Forstverwaltungen noch zuweilen Streunutzungspläne und Wegebaupläne vor, welche mit dem Gange des Fällungsbetriebes einigermaßen zusammenhängen, die aber hier nicht weiter besprochen werden sollen.

Eine kritische Beurtheilung der Methode des kombinirten Fachwerkes muß vor Allem anerkennen, daß sich diese den in Deutschland vorwiegend gegebenen Verhältnissen des schlagweisen Hochwaldbetriebes mit dem Ziel einer nachhaltigen Sicherung gleicher Naturalbezüge am besten angepaßt hat und daß sie auch den administrativen Zuständen, namentlich dem Geschäftsgange im praktischen Betriebe, der Budgetwirthschaft, dem Rechnungssysteme der Materialrechnung und dem intermittirenden Charakter der Forsteinrichtung im Allgemeinen entspricht, wie es ihre weite Verbreitung bestätigt. Die Veranschlagung und Vertheilung der künftigen Walderträge ist nach einfachen, übersichtlichen Grundsätzen geregelt, indem das zeitlich näher Liegende genauer, das Entferntere summarisch taxirt wird. Die Schätzungen sind daher einfacher, als beim früheren Massenfachwerk. Dabei wird das ganze Taxationswerk durch eine dauernde Waldeintheilung gesichert, durch Verbuchung aller Fällungsergebnisse und Abgleichung mit den Schätzungen kontrolirt und so den wechselnden Verhältnissen periodisch angepaßt. Vor dem reinen Flächenfachwerk hat diese Methode den Vorzug, daß die Ertragsverhältnisse und die Bestandesgüte eine schärfere Berücksichtigung erfahren und daß die Nachtheile der Flächengleichheit, nämlich die Schwankungen der periodischen Erträge, großentheils kompensirt werden. Durch den größeren Spielraum der für die Flächenausgleichung gewährt ist, kommen auch die Nachtheile der gewaltsamen Herstellung einer normalen Altersstufenfolge weniger zur Geltung und es kann den Anforderungen der Technik des Waldbaues mehr Rechnung getragen werden, als dies bei dem Flächenfachwerk möglich ist. Dagegen ist allerdings einzuwenden, daß diese Methode von dem Normalzustande des Waldes nur insofern Notiz nimmt, als sie das Altersklassenverhältniß berücksichtigt, während sie dagegen den Normalvorrath gar nicht kennt. Infolgedessen wird der Hiebssatz wie bei allen Fachwerkmethoden nur empirisch und ohne Berücksichtigung des Gleichgewichtes zwischen Zuwachs und Abnutzung berechnet. Die Rücksichten auf Rentabilität des Betriebes und auf das Prinzip der Wirthschaftlichkeit sind endlich hier fast ganz außer Acht gelassen oder wenigstens nur nebensächlich behandelt.

§ 53. **Die Normalvorraths-Methoden der Ertragsberechnung.** Während die Fachwerkmethoden auf eine zwar empirische, aber den praktischen Bedürfnissen der Wirthschaftsordnung entgegenkommende Weise den Ertrag zu berechnen lehrten, suchten eine Reihe von Forstmännern auf dem kürzeren mathematischen Wege und auf der Grundlage der in §§ 12—16 entwickelten Idee des Normalwaldes die Etatsberechnung und Betriebsregelung durchzuführen. Hierbei ist der Ausgangspunkt stets die Herbeiführung eines Gleichgewichtes zwischen dem jährlichen Gesammtzuwachs des Waldes und zwischen der jährlichen Nutzungsgröße, wie solches im Bilde des Normalwaldes schematisch dargestellt ist. Da aber ein derartig geregelter Nutzungsgang nur bei Erfüllung der schon in § 12 betrachteten drei Grundbedingungen des Normalwaldes, insbesondere nur beim Vorhandensein eines Normalvorraths (im Sinne des § 13) nachhaltig möglich ist, so bildet die Vergleichung desselben mit dem wirklichen Vorrathe des konkreten Waldes (nach § 16) einen wesentlichen Bestandtheil aller dieser Methoden, welche wir hier nur in Kürze behandeln wollen.

Der historische Ursprung dieser Gruppe von Methoden weist auf zwei fast gleichzeitige, von einander ganz unabhängige Quellen hin, nämlich einerseits auf das im Jahre 1788 erschienene „Normale zur Waldwerthberechnung" der k. k. österreichischen Hofkammer in

Wien*) und anderseits auf einen 1787 von Paulsen der Detmold'schen Kammer eingereichten „Entwurf zur wirthschaftlichen Eintheilung des Holzvorrathes" ꝛc.**), dessen Gedanken in erweitertem Umfange und belegt mit mehreren Ertragstafeln in der 1795 erschienenen „Kurzen Anweisung zum Forstwesen" ꝛc.***) dieses Autors niedergelegt sind. Doch scheint auch schon Däzel in seinen Vorträgen sehr früh eine derartige Idee entwickelt zu haben, wie dies der bayerische Salinenforstmeister Huber in seiner 1812 verfaßten Forsteinrichtungs-Instruktion andeutet.†)

1. Die sogenannte **Österreichische Kameraltaxation** hat sich auf eine bis jetzt nicht näher zu begründende Art aus dem l. c. angeführten „Normale zur Waldwerthberechnung" zu einer Ertragsberechnungsmethode entwickelt, als welche sie sich zuerst im Jahre 1811 in André's „Ökonomischen Neuigkeiten" vorfindet. Die Grundzüge dieses Verfahrens bestehen darin, daß man für einen nach Hauptholz- und Betriebsarten in Betriebsklassen zerlegten Wald den Durchschnittszuwachs jeder Bonitätsklasse ermittelt und die Flächengröße jeder Bonität aus der Vermessungstabelle auszieht. Die Summe der Produkte dieser Flächen mal dem ihrer Bonität zugehörigen Durchschnittszuwachs liefert den jährlichen Gesammtzuwachs der Betriebsklasse-Z. Dieser würde beim Vorhandensein des Normalzustandes den jährlichen Etat e darstellen; er bildet aber auch im abnorm beschaffenen Walde die Grundlage der Etatsberechnung, indem eine Erhöhung des Etats über die Größe Z hinaus eine jährliche Mehrnutzung über das Maß des Zuwachses, folglich eine Vorraths-Abminderung zur Folge hat, während dagegen eine niedrigere Festsetzung des Etats als Z eine Einsparung an Zuwachs bewirkt. Kurz ausgedrückt ist daher:

$e > Z$ = Vorrathsverminderung durch Mehrnutzung,
$e < Z$ = Vorrathsvermehrung durch Einsparung.

Mithin hat man im Hiebssatze e ein Mittel zur Korrektur des wirklichen Vorrathes und zum allmählichen Übergang von einem abnormen Vorrath auf den Normalvorrath. Letzteren nennt aber das Normale vom Jahre 1788 den fundus instructus, wodurch angedeutet werden soll, daß er zum Betriebskapitale der Waldwirthschaft

*) Siehe dessen Abdruck im Tharandter Jahrbuch 1869, S. 78, nachdem es schon Judeich aus den Originalakten des k. k. Gubernialarchives ausgezogen hatte. Fernere Publikationen über die Kameraltaxe sind neuerdings von Joh. Newald in den „Mittheilungen des niederösterreichischen Forstvereins", Wien 1881, und in umfangreicherer Weise vom Oberforstrath Dimitz im Österr. Centralblatt für das gesammte Forstwesen, XIV. Jahrgang, 1888, S. 309, gegeben worden.

**) Siehe den Abdruck dieses Manuskriptes in Schwappach's Forst- und Jagdgeschichte, II. Bd., S. 748.

***) Siehe im Litteraturnachweis auf Seite 6.

†) „Über Forst-Material-Anschätzung" in Behlen's Zeitschrift für Forst- und Jagdwesen 1824, S. 61.

gehöre, etwa wie die landwirthschaftlichen Gebäude, Geräthe und das lebende Inventar zum Betrieb eines Gutes erforderlich sind. Die Größe dieses Normalvorrathes V_n berechnet die Kameraltaxe, wie schon auf S. 104 näher nachgewiesen ist, aus dem Produkte von Z mal der halben Umtriebszeit, also $V_n = \frac{uZ}{2}$. Dagegen wird der wirkliche Vorrath des einzurichtenden, konkreten Waldes V_w auf Grund der Altersklassentabelle berechnet, indem die Flächen der einzelnen Bestandesabtheilungen f_1 f_2 f_3 . . . multiplizirt werden mit den Produkten aus ihrem Alter a_1 a_2 a_3 . . . und dem ihrer Bonität entsprechenden Haubarkeits-Durchschnitts-Zuwachs z_1 z_2 z_3 . . ., so daß der wirkliche Vorrath gleich der Summe aller dieser Produkte wird, also

$$V_w = a_1 z_1 f_1 + a_2 z_2 f_2 + a_3 z_3 f_3 + \cdots$$

Mit Hilfe der so ermittelten Größen findet dann die österreichische Kameraltaxe den jährlichen Etat für abnorm beschaffene Waldungen durch eine auf die Umtriebszeit u vertheilte Vorrathsminderung im Falle eines Überschusses (wenn $V_w > V_n$) bezw. durch eine Einsparung, im Falle eines Vorrathsdefizits (wenn $V_w < V_n$). Allgemein drückt dies dic Etatsformel für diese Methode in folgender Weise aus:

$$e = Z + \frac{V_w - V_n}{u}$$

oder mit andern Worten: Der Hiebssatz ist gleich dem Zuwachs plus dem Quotienten aus der positiven oder negativen Vorrathsdifferenz durch die Umtriebszeit. Dies ist wenigstens die Form, in welcher gewöhnlich die österreichische Kameraltaxe charakterisirt wird, obgleich schon bei ihrer ersten Publikation 1811 durch André betont wurde, daß auch eine andere Art von Vorrathsausgleichung möglich und zulässig sei. Bei der großen Bedeutung, welche Z für diese Ertragsberechnung hat, ist die Art der Herleitung dieser Größe aus dem taxatorischen Material sehr wichtig und namentlich fragt es sich, ob der normale Durchschnittszuwachs Z_n, wie ihn die Ertragstafeln angeben, oder der wirkliche Zuwachs Z_w, wie er sich bei Berücksichtigung der Bestandesgüte berechnet, als erstes Glied der Etatsformel eingesetzt werden müsse. In der Mehrzahl der in der Praxis vorgekommenen Fälle wurde letzterer Durchschnittszuwachs gewählt.

Im Ganzen betrachtet ist diese Methode namentlich deshalb interessant, weil sie zuerst im großen praktischen Betriebe die Idee des Normalwaldes auf die Ertragsberechnung angewendet hat, wobei sie das Verhältniß zwischen Normalvorrath und wirklichem Vorrath als ein arithmetisches auffaßte.

Wenn auch die auf Seite 123 gemachten Bemerkungen über die

Unzuverlässigkeit der Ermittlung des Normalvorraths aus dem Haubarkeitdurchschnittszuwachs nach der Formel $\frac{uZ}{2}$ bei dieser Methode zutreffen, so war doch zur Zeit ihrer Entstehung die Anwendung von Ertragstafeln noch nicht möglich und außerdem wird dieser Fehler gewissermaßen kompensirt durch die Berechnung des wirklichen Vorrathes nach dem gleichen Durchschnittszuwachs. Hierdurch wird die Vorrathsdifferenz lediglich ein anderer Ausdruck für das Altersklassenverhältniß, dessen normale Gestaltung bei der Etatsberechnung angestrebt und auch innerhalb der Umtriebszeit erreicht wird. Jedenfalls hat die Kameraltaxation den Vorzug, ihren Etat in klar bewußter Weise aus Zuwachs und Vorrathsaufzehrung (bezw. Einsparung) zusammenzusetzen und die Nachhaltigkeit auf die Herstellung des Gleichgewichtes zwischen Zuwachs und Nutzung zu begründen. Die Ausgleichung des Altersklassenverhältnisses innerhalb der ganzen Umtriebszeit ist dagegen dieser Methode zum Vorwurf gemacht worden, da sich in Fällen starker Abnormität häufig ein rascherer Übergang empfehlen wird.

Diese Methode ist mit verschiedenen Modifikationen noch in der österreichischen Forsteinrichtungs-Instruktion für die Staats- und Fondsforste vom Jahre 1878 enthalten, nach welchen die obige Etatsformel zwar für die Ermittlung des jährlichen Haubarkeitsertrages jeder Betriebsklasse Anwendung findet, aber sowohl die Zuwachsberechnung (Z) als auch die Aufzehrung von Vorrathsüberschüssen sich auf das nächstfolgende Jahrzehnt beschränken solle, während am Ende jedes Jahrzehnts eine Revision mit Neuberechnung der Etats stattfindet.

2. Die **Ertragsberechnungsmethode des königlich bayerischen Salinenforstmeisters Huber** (siehe Zitat auf S. 395) hat zur Zeit zwar nur historische Bedeutung, doch wurde ein nicht unbeträchtlicher Theil der bayerischen Staatswaldungen im Alpengebiete ursprünglich nach dieser Methode eingerichtet. Auch dieses Verfahren unterscheidet im Etat die jährliche Zuwachsgröße Z und eine Quote der Vorrathsdifferenz $V_w - V_n$, jedoch wird letztere nicht in gleichen Jahresbeträgen, sondern nach dem Verhältnisse einer fallenden arithmetischen Reihe auf die Umtriebszeit vertheilt.*) Ferner beruht diese Methode auf der Anwendung von Ertragstafeln sowohl zur Berechnung des Normalvorrathes V_n als auch zu jener des wirklichen Vorrathes V_w, welch' letzterer nach der auf Seite 110 angegebenen, neuerdings wieder von Forstrath Schuberg

*) Die Art dieser Vorrathsvertheilung ist nämlich folgende: Bei der erstmaligen Forsteinrichtung wird ein Viertel der Vorrathsdifferenz auf das erste Jahrzehnt in gleichen Jahresraten vertheilt; bei der nächsten Revision wird die Differenz von Neuem konstatirt und von ihr wieder ein Viertel auf das zweite Jahrzehnt repartirt u. s. f.

empfohlenen Art ermittelt wird. Auch die Huber'sche Methode faßt das Verhältniß zwischen V_n und V_w als ein arithmetisches auf.

Dieselbe enthielt viele gute Ideen, lehnte sich zwar in manchen Punkten an das österreichische Verfahren an, kann aber hinsichtlich der Vorrathsberechnungen als ein Vorstadium der Hundeshagen'schen Methode gelten. Ein näheres Eingehen auf dieses nur historisch interessante Verfahren ist hier nicht zulässig.

3. **Hundeshagen's Methode.** Während die beiden vorgenannten Normalvorrathsmethoden die Differenz der Vorräthe im zweiten Gliede der Etatsformel benutzten, um die Anbahnung einer normalen Altersklassenvertheilung zu erreichen, nahm Hundeshagen ein geometrisches Verhältniß zwischen V_n und V_w und den ihnen entsprechenden Nutzungsgrößen an. Er folgte hierin dem Beispiele Paulsen's, welcher auf Grund seiner Ertragsuntersuchungen schon 1787 gezeigt hatte, wie man auf abnorm bestockte Hochwaldungen, deren Holzvorrath bekannt ist, das Verhältniß zwischen dem Normalvorrath und dem wahren nachhaltigen Ertrag einer Ertragstafel übertragen könne. Hundeshagen verglich den Zuwachs an einem gegebenen Gesammt-Vorrathe mit dem Zinsenertrag eines Geldkapitals und ermittelte an den normalen Verhältnissen einer Ertragstafel das Verzinsungsprozent, zu welchem eine in regelmäßiger Altersstufenfolge vertretene Holzart auf gegebenen Standortsverhältnissen und bei bekannter Umtriebszeit sich in ihrem Jahresertrage, d. h. im letzten Gliede der Schlagreihe e_n verzinst. Dieses „Nutzungsprozent" trug er dann auf den konkreten Vorrath einer Betriebsklasse über und ermittelte durch Multiplikation beider Größen den wirklichen Etat e_w der letzteren. Gewöhnlich drückt man diesen Gedanken in Form einer Proportion aus $V_n : e_n = V_w : e_w$, woraus $e_w = \frac{V_w \times e_n}{V_n}$. In diesem Ausdruck ist $\frac{e_n}{V_n}$ das Nutzungsprozent, welches als eine für gleiche Holzart, Betriebsart, Standortsklasse und Umtriebszeit gleich bleibende Konstante aufzufassen ist und daher blos mit V_w multiplizirt zu werden braucht, um den wirklichen Etat einer entsprechenden Betriebsklasse von abnormer Beschaffenheit zu finden.

Der Kernpunkt dieses Forsteinrichtungsverfahrens beruht demnach in dem Nutzungsprozent, dessen Eigenschaften und verschiedene Berechnungsweise wir schon in dem § 14, dann § 34 eingehender besprochen haben, als daß hier nochmals darauf zurückzukommen nöthig wäre. Hundeshagen dachte sich nun die praktische Wirkung des Nutzungsprozentes folgendermaßen: Ist in einer Betriebsklasse das Altersklassenverhältniß in dem Sinne abnorm, daß die älteren Klassen vorherrschen, so muß der wirkliche Vorrath größer sein als der normale ($V_w > V_n$); multiplizirt man dann V_w mit $\frac{e_n}{V_n}$, so wird das Produkt $e_w > e_n$ und die alljährliche Nutzung von e_w hat dann eine fortschreitende Vorrathsverminderung im Gefolge, bis der Normalzustand herbeigeführt sein wird. In analoger Weise ist das Vorherrschen der Schläge, der Jung- und Mittelhölzer stets die Ursache eines Vorrathsdefizits, d. h. es ist dann $V_w < V_n$; das Produkt $\frac{e_n}{V_n} \times V_w$ wird dann kleiner, als das letzte Glied der normalen Schlagreihe, d. h. $e_w < e_n$ und durch diese fortgesetzte Minderfällung wird eine Einsparung bewirkt, die den wirklichen Vorrath allmählich auf die Höhe des normalen steigert.

Wegen der fortschreitenden Änderungen, welche der wirkliche Vorrath durch die Einwirkung des so berechneten Hiebssatzes erleidet, wird natürlich auch das Produkt $\frac{e_n}{V_n} \times V_w$ sich fortwährend verändern, so daß eigentlich alljährlich eine neue Etatsberechnung stattfinden sollte; aus Zweckmäßigkeitsgründen verlegte Hundeshagen diese Neuberechnungen in die periodisch wiederkehrenden Revisionen, während in der Zwischenzeit die Etats gleichmäßig fortgenutzt werden sollten. Übrigens verwarf Hundeshagen die mit den Fachwerksmethoden verbundene weitaussehende Ordnung des Betriebes in einem allgemeinen Wirthschaftsplane, sondern verfocht eine möglichst weitgehende Selbständigkeit des ausführenden Betriebsleiters in der Auswahl der Hiebe und der Entfaltung der Kulturthätigkeit. Da sich in der Ausführung die Schwierigkeit zeigte, den wirklichen Vorrath der Schläge und Junghölzer einzuschätzen, so vereinfachte Hundeshagen sein Verfahren durch Einschränkung der Vorrathserhebungen auf die beiden ältesten Altersklassen (Alt- und Stangenhölzer), welche analog auch für die Normalvorrathsermittlung allein in Betracht gezogen wurden (sogenanntes partielles Nutzungsprozent).

Wenn auch Hundeshagen durch seine verdienstvollen Arbeiten über Ertragsuntersuchungen, sowie über den Normalvorrath und sein Nutzungsprozent bei verschiedenen Betriebs- und Holzarten, Standörtlichkeiten und Umtriebszeiten die grundlegenden Ideen Paulsen's wesentlich erweitert und vertieft hat, so ist doch seine Methode auf der falschen Prämisse aufgebaut, daß der Normalvorrath zum wirklichen in einem geometrischen, statt in arithmetischem Verhältnisse stehe. Daß einem großem Vorrathe nicht immer auch ein großer Zuwachs entspricht, hängt sowohl von dem Alter der Bestände, als auch von deren sonstigen Beschaffenheit und Gesundheit ab; die ungenügende Berücksichtigung dieses Umstandes kann in extremen Fällen von abnormem Altersklassenverhältnissen leicht zu großen Trugschlüssen führen. Wenn z. B. ein Vorrathsdefizit vorhanden ist, wenn aber gleichzeitig die vorhandenen Althölzer rückgängig und schlecht sind, so wirkt ihre längere Konservirung nur schädigend auf den Zuwachs ein. Der oben skizzirte Gedankengang Hundeshagens über die Herstellung des Normalzustandes trifft nur manchmal und zufällig schon in der ersten Umtriebszeit zu, häufig wird diese in weite Ferne hinausgeschoben, so daß man über die Länge des Übergangszeitraumes nicht im Klaren ist. Ebenso ist in dem berechneten Etat e_w nicht erkennbar, was normaler Ertrag und was als Vorrathsabnutzung zu erklären ist.

Hundeshagen selbst glaubte einen wesentlichen Vorzug seines Verfahrens darin suchen zu dürfen, daß es im Gegensatz zum Massenfachwerke keine entfernte Zuwachseinschätzungen, sondern nur die Erhebung bereits auf dem Stocke stehender Vorräthe — also von thatsächlich Gegebenem erfordere und deshalb zuverlässiger sei. Wenn auch dieser Gedanke nicht unrichtig ist, so ist doch anderseits zu bedenken, daß die Ermittlung der künftigen Haubarkeitserträge wesentlich erleichtert wird durch die Verbuchung der jährlichen Fällungsergebnisse und deren zeitweise Vergleichung mit den ursprünglichen Taxationen. Der Betriebsvollzug liefert in seinen Rechnungsabschlüssen über Hauptnutzung nur Haubarkeitserträge, so daß für Schätzungszwecke in diesen Ergebnissen der Fällungen ein reiches Material zur Verfügung steht, welches den bloßen Vorrathsermittlungen, namentlich in den jüngeren Altersstufen fast ganz fehlen würde. Anderseits würde das Ergebniß der mühsamen und kostspieligen Vorrathserhebungen schon in wenigen Jahren wieder ungiltig werden, so daß diese in rascher Aufeinanderfolge wiederholt werden müßten, während hingegen die Haubarkeitsschätzungen in den Periodentabellen der Fachwerke längere Zeit unverändert bleiben können.

Obgleich daher dieses Verfahren früher theilweise in die amtlichen Forsteinrichtungs-Instruktionen, z. B. in die bayerische vom Jahre 1830 übergegangen war, so hat es doch keine dauernde ausgedehntere Anwendung gefunden, zuweil es in Bezug auf die Betriebsordnung keine geeignete Handhabe bot. Man verwendet das Nutzungsprozent daher heutzutage nur für Ertragsüberschläge in Fällen, wo eine eigentliche Forsteinrichtung nicht gemacht werden kann, sowie zur Kontrole von Etatsberechnungen nach anderen Systemen.

Ein rein theoretisches Interesse bietet die **Etatsformel von Breymann**, welche den Gedanken Hundeshagen's nur in anderer Form ausdrückt. Wenn nämlich die beiden Vorräthe nicht, wie in der soeben geschilderten Methode, nach Ertragstafeln bestimmt werden, sondern wenn man sie mittelst des Durchschnittszuwachses nach Art der österreichischen Kameraltaxe berechnet, so ist (nach Seite 396) der wirkliche Vorrath $V_w = a_1 z_1 f_1 + a_2 z_2 f_2 + \cdots$,

$$\text{der Normalvorrath} = \frac{uZ}{2} = \frac{u}{2}(z_1 f_1 + z_2 f_2 + \cdots).$$

Setzt man diese Ausdrücke statt V_n und V_w ein, so erhält die Proportion Hundeshagens folgende Gestalt:

$$\frac{u}{2}(z_1 f_1 + z_2 f_2 + \cdots) : e_n = (a_1 z_1 f_1 + a_2 z_2 f_2 + \cdots) : e_w$$

$$\text{oder } \frac{u}{2} : e_n = \frac{a_1 z_1 f_1 + a_2 z_2 f_2 \cdots}{z_1 f_1 + z_2 f_2 \cdots} : e_w$$

worin das dritte Glied lediglich das geometrisch mittlere Massenalter nach der Smalian'schen Formel ausdrückt, so daß also der normale Etat sich zum wirklichen verhält, wie die halbe Umtriebszeit zum mittleren Massenalter aller Bestände einer Betriebsklasse.

4. Die **Methode von Carl Heyer**, welche seit 1869 in modifizirter Form in den Staatswaldungen des Großherzogthums Baden in Anwendung steht, kann als die entwickeltste Normalvorraths-Methode betrachtet werden; sie beruht aber nicht auf dem von Paulsen und Hundeshagen befolgten Prinzip des geometrischen Verhältnisses zwischen V_n und V_w, sondern geht auf die Ansicht der österreichischen Kameraltaxe zurück, daß nur die Differenz beider Größen in Betracht komme. Eine zweite Analogie mit der Kameraltaxe besteht in der Art, wie Heyer den Normalvorrath nach $\frac{uZ}{2}$ und den wirklichen Vorrath auf Grund des Haubarkeits-Durchschnittszuwachses berechnet.

C. Heyer erläutert in sehr gründlicher Weise die drei Grundbedingungen des Normalwaldes (normaler Zuwachs, Altersstufenfolge und Normalvorrath nach § 12) und entwickelt für den Fall, daß eine einzige derselben nicht erfüllt wäre, den Einfluß, welchen dies auf die Etatsbestimmung hat. Ebenso betrachtet Heyer kasuistisch die verschiedenen Kombinationen von Abnormitäten, welche das Fehlen von zwei oder allen Bedingungen in einer Betriebsklasse verursachen kann, endlich die Komplikationen, welche durch das Zusammentreffen solcher in verschiedenen Betriebsklassen innerhalb desselben Wirthschaftsganzen möglich sind, indem er die Ziele der Ertragsregelung in jedem dieser Fälle erörtert. Hiervon sind indessen nur folgende von allgemeinem Interesse:

a) Wäre zufälligerweise der Normalzustand in einer Betriebsklasse gegeben, so würde der Etat gleich dem normalen Haubarkeits-Durchschnittszuwachs auf der ganzen Fläche (= Z) sein. Beim Vorhandensein mehrerer Bonitätsklassen der Standorte muß die Flächensumme jeder Bonität mit dem ihr entsprechenden Durchschnittszuwachs multiplizirt, die Produkte aber addirt werden.

b) Das Fehlen eines normalen Zuwachses würde vorwiegend unter die Aufgaben des Waldbaues fallen, indem an Stelle von Krüppelbeständen oder verlichteten, kränkelnden 2c. Abtheilungen, geschlossene, wüchsige Junghölzer von geeigneten Holzarten durch zweckmäßige Kulturmaßregeln gesetzt werden. Die Forsteinrichtung würde hauptsächlich für die baldige Verjüngung solcher abnormer Bestände Sorge zu tragen haben.

c) Ist nur das Altersklassenverhältniß abnorm, während dagegen der Vorrath — wenn auch in anderer räumlicher Vertheilung — gerade die Größe des normalen $\left(\frac{uZ}{2}\right)$ erreicht, so stellt sich die normale Altersabstufung von selbst her, wenn man jährlich oder periodisch den normalen Zuwachs der Betriebsklasse als Etat nutzt und für sofortige Nachzucht der abgetriebenen Bestände sorgt. Dieser Satz wurde von C. Heyer nur an Beispielen erläutert, welche ersehen lassen, daß die Abtriebsflächen verkehrt proportional dem Haubarkeitsertrage pro Hektar sind. Je jünger die Bestände sind, in welchen gehauen werden muß, desto größere Hiebsflächen werden folglich zur Erfüllung des Etats benöthigt, während umgekehrt in sehr alten Beständen den großen Vorräthen kleine Hiebsflächen entsprechen. Daher kommt es, daß beim Vorhandensein eines Normalvorrathes von ganz gleichem Bestandes-Alter (nämlich von $\frac{u}{2}$ Jahren) die Angriffsflächen in den ersten Jahren $f_1 = \frac{e}{a_1 z_1} = \frac{e}{\frac{u}{2} z_1}$ werden, während sie mit zunehmendem Alter der verbleibenden Bestockung successive immer kleiner werden, bis sie beim Alter u die normale Größe $\frac{e}{uz} = \frac{F}{u}$ erreichen. Heyer wies dann sowohl auf algebraischem, als auch auf graphischem Wege nach, daß bis zur Mitte der zweiten Umtriebszeit das Altersklassenverhältniß nahezu ein normales werden müsse. Analog ließe sich das Gleiche für das andere Extrem von abnormer Vertheilung des Normalvorrathes nachweisen, wenn nämlich die halbe Fläche einer Betriebsklasse gerade mit ujährigem Holze bestockt, die andere aber Kulturfläche wäre.

Einen allgemeinen Beweis für obigen Lehrsatz Heyers lieferte Prof. Clebsch in Göttingen im VII. Bande der Supplemente zur Allgemeinen Forst- und Jagd-Zeitung 1868, 1. Heft, auf welchem wegen seines großen Umfanges hier nur verwiesen werden kann.

In der Praxis der Forsteinrichtung wird man indessen diesen ziemlich radikalen Weg nur selten einschlagen, sondern sich, je nach der Beschaffenheit der Bestockung, lieber mit starken Durchforstungen, femelartigen Betriebsarten oder Lichtungsbetrieb mit Unterbau ꝛc. über die erste Periode hinweg behelfen, wie ja z. B. der Seebach'sche modifizirte Buchenhochwald bekanntlich seine Veranlassung in einem derartigen abnormen Altersklassenverhältnisse gehabt hatte.

d) Wenn der Normalvorrath fehlt, so muß in erster Linie auf dessen allmähliche Herstellung hingearbeitet werden, weil derselbe die Garantie der Einhaltung der Umtriebszeit bildet und zugleich nach Vorstehendem einen wichtigen Stützpunkt zum Übergang auf eine normale Altersstufenfolge gewährt. Die Überführung eines abnormen Vorrathes (d. h. wenn $V_w \gtrless V_n$) auf die Größe des normalen läßt Heyer nach der Analogie der österreichischen Kameraltaxe durch Mehrfällungen, bezw. durch Einsparungen gegenüber dem Zuwachs bewirken, jedoch soll dies nicht im Verlauf der ganzen Umtriebszeit, sondern innerhalb eines sogenannten „Ausgleichungszeitraumes" (a) geschehen, dessen Länge nach den allgemeinen Waldverhältnissen und den besonderen Interessen des Waldbesitzers gewählt wird. Der kürzeste Weg zur Herbeiführung einer normalen Vorrathsgröße wäre im Falle eines Vorrathsüberschusses die alsbaldige Abholzung einer der Differenz $V_w - V_n$ gleichen Holzmasse; dagegen würde im Falle eines Defizits die sofortige Einstellung aller Fällungen am rascheste zu der Erhöhung des wirklichen Vorrathes durch den Zuwachs auf die Höhe von $V_n = \frac{uZ}{2}$ hinführen. Es ist aber leicht einzusehen, daß diese beiden Wege in der Mehrzahl der Fälle nicht eingeschlagen werden können, weil sowohl die Beschaffenheit der Bestände darüber entscheidet, ob sie schon hiebsreif oder ob sie noch ausdauernd sind, als auch weil die Marktverhältnisse der Absatzfähigkeit meistens eine Grenze ziehen. Ebenso würde das Einkommen des jetzigen Waldbesitzers durch sofortige Einsparung des ganzen Defizits zu Gunsten der späteren Generation von Besitzern zuweilen geschädigt, so daß demnach die Vertheilung der Vorrathsdifferenz mit umsichtiger Erwägung aller finanziellen Wirkungen und mit Berücksichtigung der ganzen Vermögenslage des Besitzers (bezw. der budgetmäßigen Wirkungen dieser Maßregel) vorzunehmen ist. Dieser Zweck wird formell durch die Vereinbarung oder Festsetzung des Ausgleichungszeitraumes a angestrebt, welcher für die Etatsfestsetzung eine ähnliche Bedeutung hat, wie die auf Seite 389 erwähnten Erwägungsgründe bei der Etatsbestimmung nach der Methode des kombinirten Fachwerks. Demnach lautet die Etatsformel Heyer's für diesen Fall, welcher gewöhnlich als der typische Ausdruck dieser Methode angeführt wird, folgendermaßen:

$$e_w = wZ + \frac{V_w - V_n}{a}$$

Außer durch den Ausgleichungszeitraum unterscheidet sich das Heyer'sche Verfahren von der österreichischen Kameraltaxe noch besonders durch die Art der Berechnung des ersten Gliedes der Etatsformel wZ. Diese Größe wird nämlich auf Grund eines allgemeinen Wirthschaftsplanes nach Art der Fachwerksmethoden für jede einzelne Bestandesabtheilung berechnet, indem die Rücksichten auf die Hiebsfolge, die Bestandesbeschaffenheit, die Auseinanderlegung der Schläge und die übrigen auf Seite 368 aufgezählten bei der Einreihung der Bestände in die Perioden des Wirthschaftsplanes beobachtet werden. Da diese Einreihung bestimmend für das mittlere spezielle Abtriebsalter jedes Bestandes ist, so läßt sich die Wachsthumszeit und der nach diesem Alter sich richtende Durchschnittszuwachs der einzelnen Unterabtheilungen hiernach ganz nach dem auf Seite 363 erläuterten Regeln bestimmen. Die Produkte aus Wachsthumszeit mal Zuwachs mal Fläche ergeben, dann die Masse des wirklichen Zuwachses eines jeden Flächentheiles, welche Zahlen in einer besonderen Spalte des Wirthschaftsplanes vorgetragen werden. Da jedoch derartige Taxationen nur auf einen nicht allzulangen Zeitraum hinaus mit einiger Sicherheit gemacht werden können, so will Heyer dieselben innerhalb eines „Berechnungszeitraumes" r, dessen Länge nach den vorliegenden Umständen gewählt wird, ausgeführt haben. Kommt ein Bestand innerhalb der Berechnungszeit zur Verjüngung, d. h. ist er in einer der Perioden desselben zum Abtrieb eingereiht, so erfolgt eine Aufrechnung des Zuwachses am alten Vorrath bis zur Mitte dieser Periode, während von da ab bis zum Ende des Berechnungszeitraumes der Zuwachs auf der verjüngten Schlagfläche (d. h. der Zuwachs am neuen Vorrathe im Sinne der Entwicklungen auf Seite 106) nach dem normalen Haubarkeits-Durchschnittszuwachs berechnet wird. Für sämmtliche innerhalb des Berechnungszeitraumes zum Angriffe vorgesehenen Bestände setzt sich daher der wirkliche Zuwachs aus zwei Beträgen zusammen, während die erst nach dem Ende der Berechnungszeit eingereihten Bestände nur bezüglich ihres Zuwachses am alten Vorrathe berechnet werden. Eine betriebsklassenweise Aufsummirung dieser einzelnen Produkte liefert den „summarischen wirklichen Zuwachs" swZ innerhalb der Berechnungszeit von r Jahren; folglich ist das jährliche Mittel $\frac{swZ}{r}$ das erste Glied der Etatsformel. Wäre der Berechnungszeitraum gerade gleich lange wie der Ausgleichungszeitraum, also $r = a$, so würde die Etatsformel folgendermaßen lauten $e_w = \frac{V_w + swZ - V_n}{a}$, d. h. der Etat ist gleich der Summe von wirklichem Vorrath und summarischem Zuwachs weniger dem Normalvorrath getheilt durch die Anzahl Jahre des Ausgleichungszeitraumes. Übrigens läßt sich die Überführung eines abnormen Vorrathes in einen normalen auch mittelst Festsetzung eines bestimmten Jahresbetrages für die Mehrnutzung über wZ hinaus oder der Einsparungsgröße bewerkstelligen, dann ist der Ausgleichungszeitraum

$$a = \frac{V_w - V_n}{e_w - wZ}.$$

e) Wenn zwei oder alle drei Fälle von Abnormität vorkommen, so werden diese zwar im Allgemeinen nach den bei den Einzelfällen erläuterten Grundsätzen beseitigt, doch ist zu beachten, daß der Zuwachs (wZ) einen vorwiegenden Einfluß auf die Höhe des Etats ausübt; folglich muß dessen Aufbesserung in erster Linie angestrebt werden, in zweiter kommt dann die Herbeiführung des Normalvorrathes in Betracht, weil derselbe als Brücke zum Übergang auf die normale Altersstufenfolge dienen kann und somit die Erreichung der letzteren wesentlich erleichtert. In analoger Weise sucht man beim Vorhandensein mehrerer Betriebsklassen die Möglichkeit auszunützen, daß die Unregelmäßigkeiten der einen etwa durch solche einer anderen Klasse kompensirt werden, um die Nachhaltigkeit der Nutzungen mit dem geringsten Opfer an Zuwachs erreichen zu können. Für solche Fälle fordert demnach Heyer eine sorgfältige Überlegung der besonderen Umstände und verzichtet auf die Anwendung seiner obigen Formeln, die er überhaupt mehr als den typischen Ausdruck des Gedankengangs betrachtet wissen will, nach welchem abnorme Waldzustände den Bedingungen der Nachhaltigkeit näher gebracht werden sollen. Letztere soll außerdem durch eine fliegende Reserve garantirt werden, indem die Umtriebszeit eine angemessene Erhöhung erfährt.

Auch dieses Verfahren bedarf der Verbuchung der Erträge in einem Kontrolbuch, während die Ergänzung der Beschreibungen zu einer vollständigen Waldchronik erweitert werden soll, ferner der fortlaufenden Berichtigungen und Ergänzungen aller Flächentabellen, Ertragsberechnungen und des Betriebsplanes, zu welchem Zwecke periodische Revisionen derselben, namentlich des letzteren dienen. Wie bei den Fachwerksmethoden, so wird auch bei dem Heyer'schen Verfahren der Gang der Wirthschaft für den nächsten Zeitabschnitt durch einen speziellen (periodischen) Wirthschaftsplan im Einzelnen genauer geregelt, dessen Erneuerung bei den Revisionen vorgenommen wird und der die Grundlage für die Aufstellung des jährlichen Hauungsplanes bildet.

Das Heyer'sche Verfahren ist somit als eine Verschmelzung einer Normalvorrathsmethode mit einem Fachwerke anzusehen, wodurch es die mathematischen Vorzüge der ersteren mit der praktischen Anwendbarkeit der letzteren vereinigen will; namentlich Gust. Heyer hat in der 3. Auflage der „Waldertrags-Regelung" (Leipzig 1883) der normalen Altersstufen- und der Hiebsfolge im Hauptwirthschaftsplane eine besondere Aufmerksamkeit geschenkt und hierdurch die früher gegen diese Methode in dieser Beziehung erhobenen Vorwürfe entkräftet. Wenn daher auch diese gegenwärtig als die vollkommenste unter den zu dieser Gruppe zählenden Methoden gelten darf, so haften ihr doch noch folgende Nachtheile an: Die Berechnung des Normalworrathes nach der Formel $V_n = \frac{uZ}{2}$ liefert gegenüber der nach Ertragstafeln abgeleiteten Größe oft sehr falsche Ergebnisse (siehe Seite 123) und das Gleiche gilt auch von der Herleitung des wirklichen Vorraths aus dem Haubarkeits-Durchschnittszuwachse. Ebenso bietet die Aufrechnung des letztgenannten bei der Taxation des „Zuwachses am neuen Vorrathe" ein wenig verläßiges Hilfsmittel, weil sich ja gar nicht voraussehen läßt, wie sich die künftige Bestockung unter dem Einflusse der verschiedenen Gefahren entwickeln werde; daher fallen die Einschätzungen in diesem Falle meistens zu optimistisch aus. Die Einführung des Ausgleichungszeitraumes und die hervorragende Berücksichtigung der Interessen des Waldbesitzers ist zwar für viele Verhältnisse eine zweckmäßige Maßregel, allein sie rückt auch nicht selten die Gefahr nahe, daß derselbe zu einer versteckten Raubwirthschaft und zum Deckmantel egoistischer Ausbeutungsgelüste mißbraucht werden kann.

5. Die **Methode von Karl***) (fürstl. sigmaringenscher Forstmeister). Dieses nur noch historisch interessante Verfahren begnügt sich nicht mit der Berücksichtigung des arithmetischen Verhältnisses zwischen normalem und wirklichem Vorrath, sondern will in der Etatsformel auch noch den ziffermäßigen Ausdruck für die Veränderung der Zuwachsgröße angebracht wissen, wie sie als Folge der Vorrathsabnutzung oder der Vorrathserhöhung durch Einsparungen voraussichtlich eintreten wird. Karl betrachtet nämlich den Zuwachs als eine Funktion des Vorrathes und nimmt daher an, daß jeder Veränderung des letzteren auch eine in gleichem Sinne erfolgende Zuwachsänderung entsprechen müsse. Aus diesem Grunde soll für jedes Jahr eine Korrektion des Etats nach dieser Hinsicht eintreten, welche mittelst eines dritten Gliedes von entgegengesetztem Vorzeichen in der Etatsformel bewirkt wird. Dieses Glied besteht aus der Differenz des wirklichen Zuwachses wZ und des

*) Karl: „Grundzüge einer wissenschaftlich begründeten Forstbetriebs-Regulirungs-Methode", Sigmaringen 1838.

normalen nZ, welche auf die Jahre des Ausgleichungszeitraumes a vertheilt wird und deren Betrag proportional mit der seit der Etatsfestsetzung verflossenen Zeit x zunimmt. Hiernach ist die Karl'sche Formel $e_w = wZ \pm \frac{V_w - V_n}{a} \mp \frac{wZ - nZ}{a}(x - 1)$.

Diese Formel enthält demnach vom theoretischen Standpunkt aus eine Unrichtigkeit, daß einem größeren Vorrath stets ein größerer Zuwachs entspreche, sie ist aber auch praktisch durch die periodischen Neuberechnungen des Etats gelegentlich der Revisionen überflüssig geworden.

6. Als eine besondere Gruppe neben den Normalvorrathsmethoden führt man gewöhnlich noch die sogenannten **Zuwachsmethoden** an, die in der Etatsberechnung das Gleichgewicht zwischen Nutzung und Zuwachs ohne jede Berücksichtigung des gegenwärtigen Waldzustandes und des Verhältnisses der beiden Vorrathsgrößen V_w und V_n anstreben. Diese gegenwärtig meistens nur historisch interessanten Methoden sind:

a) Ermittlung des Haubarkeits-Durchschnittszuwachses einer Betriebsklasse Z nach Maurer (1783);

b) Ermittlung des Durchschnittszuwachses an der gegenwärtigen Vorrathsmasse nach Martin (1836);

c) Ermittlung des laufend-jährlichen Zuwachses nach Kraus (1848).

Die Nutzung des Zuwachses als Etat ist nach den obigen Erörterungen selbstverständlich nur auf ganz normal beschaffene Betriebsklassen eingeschränkt, dagegen kann dieselbe deshalb nicht zur Überführung abnormer Waldungen in den Normalzustand dienen, weil der Zuwachs beim Vorherrschen der jüngeren Altersstufen erheblich größer ist als bei dem Vorwiegen der älteren. Anstatt daher im ersteren Falle durch Einsparungen den Vorrath zu erhöhen, würden diese Methoden ihn im Gegentheil verkleinern, während Vorrathsüberschüsse alter Bestände durch den sich berechnenden niedrigen Hiebssatz allzulange forterhalten würden.

§ 54. **Die auf dem Boden der Reinertragstheorie stehenden Methoden der Ertragsregelung. 1. Die Bestandeswirthschaft nach Judeich.** Im Gegensatze zu den bisher betrachteten Methoden der Ertragsregelung, welche nur den Holzmassenertrag (d. h. den „Naturalertrag") der Wälder ins Auge fassen und dessen zeitliche und räumliche Vertheilung durch die Nutzungen anstreben, hat sich durch die Anregung von Preßler's „rationellem Waldwirth" der Geldertrag des Waldes auch in der Forsteinrichtung mehr in den Vordergrund des Interesses gestellt. Während man bis dahin in den Staats- und Privatforstverwaltungen die ganze Geldwirthschaft nur dem Kassenwesen und der Wirthschafts-Ausführung überwies und die im Geldwerth geschätzten Preise der Holzvorräthe wegen ihrer unaufhörlichen Schwankungen von der Forsteinrichtung ganz ausschloß, verlangte Preßler und seine

Schule in strenger Konsequenz der nationalökonomischen Forderungen eine weitgehende Berücksichtigung des Vorganges der „Werthsbildung" in der forstlichen Produktion und der hierzu dienenden Produktionskapitalien. Schon in § 6 wurde gezeigt, daß es einer wirthschaftlichen Kontrole dieses Verhältnisses zwischen Aufwand und Ertrag in einem jeden Produktionszweige bedarf, und daß gerade die Forsteinrichtung wegen ihres wirthschaftlichen Charakters am ehesten berufen ist, sich mit Rentabilitätsfragen des Betriebes zu befassen. Die Preisschwankungen und die Unsicherheit der Zukunftswerthe bilden hierbei allerdings eine Erschwerung, jedoch nicht in viel höherem Grade als bei vielen anderen Unternehmungen und Erwerbszweigen, welche sich alle der Rentabilitäts-Voranschläge bedienen. Preßler war es auch, der zuerst die Lehre vom Qualitätszuwachs (siehe § 38) und vom Theurungszuwachs (§ 39) präzisirte und hierdurch einen richtigeren Einblick in die Werthserzeugung der verschiedenen forstlichen Betriebsarten eröffnete. Zugleich trug derselbe der Natur des forstlichen Produktionsganges insofern Rechnung, als er die bis dahin nur in der Waldwerthrechnung übliche Prolongirung und Diskontirung von Werthen, welche in ungleichen Zeiten fällig werden, zur Reduktion solcher auf einen gemeinsamen Berechnungszeitpunkt für die gesammte Rentabilitätslehre der Forstwirthschaft in Anwendung brachte.

Preßler dachte sich anfänglich die Ausführung seines Hochwald-Ideales hauptsächlich als eine „Baumwirthschaft", in welcher keine Stammklasse unter eine gewisse Minimalverzinsung ihres Werthes durch den Zuwachs herabsinken dürfe und stellte sich dieses als eine Art von Femelbetrieb mit natürlicher Verjüngung in langen Zeiträumen oder auch von Seebach'schem Hochwaldbetrieb vor, wie dies aus seiner „Normalwaldskizze" und aus verschiedenen Stellen seiner Werke hervorgeht. So verlangte er prinzipiell 1. keinen Kahlhieb ohne triftigen Grund; 2. keine Stammklasse, deren Weiserprozent w unter dem forstlichen Zinsfuße p steht; 3. daher im ganzen Walde möglichst hohe Rente bei voller Rentabilität. Die Aufgabe des Wirthschafters in einem solchen nahezu plänterartigen Walde sollte daher in einer fortlaufenden Kontrolirung des Grundstärken-, beziehungsweise Grundflächenzuwachses mittelst des Zuwachsbohrers und (mit Hilfe der Richtpunkthöhe) des Massenzuwachses sein, wobei alle Stammklassen mit $w < p$ als sogenannte „faule Gesellen" aus dem Bestande ausgehauen werden sollten. Da indessen eine derartige Wirthschaft plänterartige Waldzustände schon zur Voraussetzung hat und auch nicht für alle Holzarten und Standortsverhältnisse ohne Weiteres anwendbar ist, so schloß sich Preßler den Bestrebungen des Geh. Oberforstraths Dr. Judeich an, die Reinertragstheorie in Form der sogenannten **„Bestandeswirthschaft"** in größeren Einklang mit dem in Sachsen bestehenden Forsteinrichtungssysteme (dem kombinirten Fachwerk) und mit den daselbst giltigen waldbaulichen Grundsätzen zu bringen. Diese Bestandeswirthschaft ist daher als eine Art von Weiterentwicklung der Methoden des kombinirten Fachwerks unter möglichster Anwendung der Lehren der Reinertragstheorie (soweit diese sich mit der flächenweisen Kahlschlagwirthschaft vereinigen ließ) anzusehen. Indem dieselbe darauf verzichtet, die Pflege, Erziehung und Nutzung des einzelnen Baumindividuums nach den Gesichtspunkten der Rentabilität zu regeln, setzt sie sich den einzelnen Bestand zum Gegenstand der nach finanziellen Grundsätzen einzurichtenden Betriebsordnung und proklamirt als ihr Ziel die Wirthschaft der höchsten Bodenrente für jeden solchen Flächentheil, der einer Bestandesfigur (Unterabtheilung) entspricht. Theoretisch wird dabei jeder Bestand als im aussetzenden Betriebe bewirthschaftet gedacht und lediglich für sich nach den Grundsätzen einer hinreichenden Verzinsung aller in der Produktion wirkenden Kapitalformen eingerichtet, d. h. zu einem Prozente, das mindestens die gleiche Höhe wie der sogenannte Wirthschaftszinsfuß p erreicht. Die Idee des Normalwaldes mit seiner geregelten Altersstufenfolge wird daher hierbei prinzipiell verworfen und es wird auch die Nachhaltigkeit schon durch die laxe Fassung ihrer Definition (siehe Seite 13) als eine selbstverständliche Folge des Vorhandenseins einer größeren Zahl von Beständen verschiedenen Alters hingestellt.

Praktisch freilich läßt sich das Altersklassenverhältniß in abnormen Waldungen nicht vernachlässigen und noch weniger kann die reguläre Hiebsfolge mit Rücksicht auf Sturmgefahr, Hiebswechsel und Holztransport übersehen werden; allein die Bestandeswirthschaft sucht diese Zwecke mit den möglichst geringen Opfern an Werthszuwachs-Verlust zu erreichen und legt deshalb ein Hauptgewicht auf die Anlage zweckmäßiger, nicht zu großer Hiebszüge, wie überhaupt auf die Ausbildung einer beweglichen, elastischen, d. h. den wechselnden Anforderungen der Waldzustände und des Marktes sich leichter anpassenden Betriebsordnung. Zu diesem Behufe wird schon die Waldeintheilung, namentlich im Gebirge, nach solchen Grundsätzen durchgeführt, daß sich das Schneißennetz dem Terrain möglichst anschmiegt, und daß die Hiebszugsgrenzen mit den natürlichen Terrainabschnitten (Rückenlinien, Plateaurändern, Thalsohlen, Mulden 2c.) oder auch mit den Grenzen der Absatzgebiete möglichst zusammenfallen. Die einzelnen Hiebszüge werden von einander in Bezug auf die Hiebsführung nach Thunlichkeit unabhängig gestaltet und nöthigenfalls durch Wirthschaftsstreifen, d. h. breiteren Schneißen, welche die Ausbildung sturmfester Bestandesränder und Anhiebsräume gestatten, auf die Dauer isolirt. Da diese Waldeintheilung die Richtung und die allgemeine Anordnung der Schläge vorzeichnet, so braucht hierfür keine weitaussehende detailirte Betriebsordnung im allgemeinen Wirthschaftsplane getroffen zu werden, sondern dieser giebt nur für die nächste Zeit spezielle Bestimmungen, während die Wirthschaft in den späteren Perioden nach Art des Flächenfachwerks, jedoch weniger ängstlich, mittelst flächenweiser Vertheilung der Bestände angedeutet wird. Im Allgemeinen strebt man dabei nach einer den Hiebszügen entsprechenden, und deren Beschaffenheit, sowie deren besonderen Anforderungen genau angepaßten, zeitlichen und räumlichen Bestandesgruppirung, indem man sorgfältig untersucht, welche Umstände einen langsameren, welche hingegen einen rascheren Gang der Hiebe nothwendig machen.

Hinsichtlich der taxatorischen Vorarbeiten gilt auch hier der Grundsatz, den für die nächste Zeit fällig werdenden Beständen eine vorzugsweise Sorgfalt zuzuwenden; doch unterscheiden sich diese Arbeitstheile noch durch ganz besonders ausgedehnte Zuwachsuntersuchungen und Erhebungen über die Qualitätsziffern, sowie den Qualitätszuwachs der Bestände von typischer Beschaffenheit (siehe § 38). Sortimenten- und Geld-Ertragstafeln für die wichtigsten Bestandesformen sollten daher die nothwendige Grundlage der eigentlichen Ertragsberechnungen bilden.

Der allgemeine Rahmen für diese letztere ist die Berechnung der finanziellen Umtriebszeit für jede Betriebsklasse (in Sachsen „Wirthschaftsklasse"). Wir haben das Wesen dieser Umtriebszeit schon im § 10 betrachtet und gesehen, daß es jener Zeitraum zwischen Bestandesbegründung und Abtrieb ist, innerhalb dessen der **Bodenerwartungswerth** einer zur Zeit als Kulturfläche gedachten und nach dem typischen Vorbilde einer Ertragstafel Erträge abwerfenden Fläche bei Unterstellung durchschnittlicher Kosten sein Maximum erreicht. Für die meisten Zwecke genügt indessen schon die Ermittlung der Bodenbruttorente für eine gegebene Standortsklasse, Holz- und Betriebsart, indem man diese nach einander bei Unterstellung verschiedener in Frage kommender Umtriebszeiten berechnet und die Zeit der Kulmination konstatirt. Auch bei der Berechnung dieser Bodenbruttorente wird der Gedankengang befolgt, nach welchem Faustmann den Kapitalwerth des Bodenerwartungswerthes ermitteln lehrte, wobei eine der betreffenden Standortsklasse entsprechende Geldertragstafel für Hauptnutzung und Vorerträge zu Grunde gelegt wird. Wendet man die schon auf Seite 26 erklärten allgemeinen Bezeichnungen an, so ist der Gesammtwerth S aller im Verlaufe des Bestandeslebens bis zum Jahre u erlaufenden und auf dieses als Berechnungszeit prolongirten Einnahmen und Ausgaben

$$S = A_u + D_a\, 1{,}0p^{u-a} + D_b\, 1{,}0p^{u-b} + \cdots - c\,.\, 1{,}0p^u$$

Um diese für verschiedene Umtriebszeiten berechneten Werthe von S mit einander vergleichen und den Kulminationspunkt feststellen zu können, denkt man sich $S = \frac{r(1,0p^u - 1)}{0,0p}$, d. h. als ujährigen Zinseszins eines Kapitals, das jährlich eine Rente r abwirft, woraus $r = \frac{S}{\frac{1,0p^u - 1}{0,0p}}$ gefunden werden kann. Demnach wird die Summe S durch Division mit dem „Rentenendwerthsfaktor“ $\frac{1,0p^u - 1}{0,0p}$ in eine Jahresrente verwandelt, welche für die der Rechnung unterstellten Umtriebszeiten vergleichbar ist. Die Bodenbruttorente r wird daher nach der Formel

$$r = \frac{A_u + D_a\, 1,0p^{u-a} + D_b\, 1,0p^{u-b} + \cdots - c\,.\,1,0p^u}{\frac{1,0p^u - 1}{0,0p}}$$ berechnet.

Zur Erleichterung der Nachwerthsberechnung für die Vorerträge D_a, D_b ···· konstruirte Oberforstmeister Kraft*) Hilfstafeln, welche den Gang des Vornutzungsbetriebes bei regelmäßigen Durchforstungen darstellen und den Endwerth der prolongirten Vorerträge im Verhältniß zum Werth der Abtriebserträge A_u in Form von „Werthsfaktoren“ ausdrücken. Für approximative Veranschlagungen, wie sie bei der Wahl der Umtriebszeit nicht genauer zu sein brauchen, kann man daher durch Multiplikation des aus der Geldertragstafel entnommenen Werthes für A_u mit dem entsprechenden Werthsfaktor sogleich die Summe der Nachwerthe $D_a\, 1,0p^{u-a} + D_b\, 1,0p^{u-b} + \cdots$ erhalten.

Wenn durch derartige vergleichende Berechnungen der Bodenbruttorente für die einzelnen Betriebsklassen der Kulminationspunkt für eine jede dieser gefunden ist, so bilden die Zeitpunkte, in welchen r ein Maximum erreicht, die finanziellen Umtriebszeiten der Betriebsklassen. Hierdurch ergiebt sich also die zur Sicherung der Nachhaltigkeit bei dieser Methode in erster Linie dienende Flächengröße $\frac{F}{u}$, d. h. die normale Größe des jährlichen Flächenangriffes oder $\frac{10\,F}{u}$ die Fläche, welche normal im nächsten Jahrzehnt in Angriff kommen soll. Das Verfahren der Bestandeswirthschaft verlegt nun seinen Schwerpunkt in die Auswahl jener Bestände, welche in dem ersten Jahrzehnt zum Angriff bestimmt werden sollen und deren Flächensumme der normalen Flächengröße $\frac{10\,F}{u}$ gleichkommt. Zu diesem Zweck wählt man unter

*) „Zur Praxis der Waldwerthrechnung und forstlichen Statik“, Hannover, S. 117.

Berücksichtigung der Bestandesbeschaffenheit und an der Hand der Karte die in den Hauungsplan einzureihenden Unterabtheilungen so aus, daß

a) die Hiebsfolge gegen die Sturmrichtung;

b) die Rücksichten auf den Holztransport;

c) die Anforderungen des Waldbaues bezüglich der Loshiebe, Umhauungen, Anhiebsräume, Unterbauungen ꝛc. gewahrt werden;

d) analog wie bei den Fachwerksmethoden bedingt die Bestandesbeschaffenheit oft die Einreihung von verlichteten, kränkelnden, rothfaulen oder sonst augenscheinlich rückgängigen Bestände, während dagegen

e) solche Bestände, deren Hiebsreife noch zweifelhaft ist und bei welchen keine ausschlaggebenden anderweitige Motive die weitere Beibehaltung oder den Abtrieb erfordern, mit besonderer Sorgfalt auf ihr **Weiserprozent** zu untersuchen sind. Die rechnerischen Grundlagen für dieses müssen theils durch Erhebungen an Ort und Stelle ermittelt werden, wie z. B. das Massenzuwachsprozent und der Holzvorrath, theils gewinnt man sie durch die allgemeinen Untersuchungen über Qualitätszuwachs und Durchschnittspreise. Der Gedankengang bei Berechnung des Weiserprozentes ist, wie in § 6 ausführlicher dargethan wurde, die Gegenüberstellung der Werthszunahme eines stehenden Holzbestandes innerhalb eines bestimmten Zeitraumes und der Produktionskapitalien, welche in derselben Zeit durch den fortwachsenden Bestand in Anspruch genommen werden. Das Weiserprozent w zeigt daher an, zu welchem Prozent sich das forstliche Grundkapital G und der Holzvorrathswerth H zusammen in der jährlichen Werthszunahme des untersuchten Holzbestandes verzinsen; in dem Vergleich des gefundenen w mit dem Wirthschaftszinsfuße p sucht die Bestandeswirthschaft das Kriterium zur Beurtheilung der finanziellen Hiebsreife solcher Bestände, die nicht schon unzweifelhaft aus einem der unter 1 bis 4 genannten Gründe zum Angriffe im Hauungsplan vorgesehen werden müssen. Ist $w > p$, so bedeutet dies, daß der betreffende Bestand noch mit finanziellem Nutzen fortwächst, und daß er daher beizubehalten ist, wogegen $w < p$ die finanzielle Hiebsreife anzeigt, weil es vortheilhafter ist, das Holzkapital des Bestandes in umlaufendes Kapital umzusetzen und dieses zum landesüblichen Zinsfuß sicherer Geldanlagen verzinslich anzulegen; den hierdurch zu erzielenden Mehrertrag nannte Preßler den Unternehmergewinn. Wie aber die Figuren 4 und 5 zeigen, sinken die Weiserprozente sehr rasch mit dem Alter, während die sämmtlichen jüngeren Bestandesabtheilungen eine erheblich über p stehende Verzinsung zeigen.

Aus diesem Grunde verwirft Bose*) das Weiserprozent für aussetzenden Betrieb und befürwortet dessen Berechnung für Nachhalt-

*) Bose: „Das forstliche Weiserprozent", Berlin 1889.

betrieb; das Verhalten dieser beiden Arten von Weiserprozenten ist dann analog jenem des Zuwachsprozentes zum Nutzungsprozente, wie es in Figur 122 dargestellt wurde. Annähernd in demselben Sinne bespricht auch G. Kraft das durchschnittliche Wirthschaftsprozent eines Betriebsverbandes.

Das Verfahren der Bestandeswirthschaft ist in den sächsischen Staatswaldungen und in einigen Privatforstverwaltungen Österreichs eingeführt und verdient deshalb besondere Beachtung, weil es den ersten Schritt zur praktischen Verwirklichung einer Geldwirthschaft im Forstbetriebe darstellt. Daß es sich mit dem partiellen Flächenfachwerk von der Form der Ausbildung, wie es als „sächsisches Verfahren“ bekannt ist, vereinigte, liegt an den örtlichen Verhältnissen seiner Entstehung, die den Kahlschlagbetrieb in Fichten mit Nachverjüngung mittelst Pflanzung besonders begünstigen. Die Bestandeswirthschaft geht hierbei von der Anschauung aus, daß für jeden einzelnen Bestand gewissermaßen eine Buchführung gedacht werden müsse, worin die Produktionskosten desselben mit den zu verschiedenen Zeitpunkten erlaufenden Einnahmen eingetragen und finanzrechnerisch kalkulirt werden, um die rentabelste Bewirthschaftung zu ermitteln. In den Grundzügen stimmt diese Methode im Allgemeinen mit den Anschauungen der Volkswirthschaftslehre über die Bodenproduktion überein und unterscheidet sich von den früher betrachteten Forsteinrichtungsmethoden hauptsächlich durch die Berücksichtigung der Produktionskapitalien (G und H) und des mit den Verzinsungszeiträumen wachsenden Kostenpunktes überhaupt, ferner durch die genauere Unterscheidung der einzelnen Faktoren der Werthbildung (Massen-Qualitäts- und Theuerungszuwachs). Derartige Berechnungen passen vor Allem in das System der periodisch wiederkehrenden Forsteinrichtungsarbeiten, indem letztere den Gang der Wirthschaft ohnehin von einem weiter aussehenden Gesichtspunkte aus zu regeln bestrebt sind und daher durch Untersuchungen über Wertherzeugung und Rentabilität wirklich nützliche Direktiven zu geben vermögen. Besonders sind solche Untersuchungen und Rentabilitätsrechnungen dann am Platze, wenn verschiedenartige Absatzmöglichkeiten bestehen, daher mehrere Ziele der Produktion in Frage kommen und gegeneinander abgewogen werden müssen, wozu der Wirthschafter in der Ausführung des laufenden Betriebes selten die nötige Zeit findet.

Freilich sind gegen dieses Verfahren in dem langen Streite über die Reinertragstheorie auch verschiedene Einwendungen vorgebracht worden, welche theils seine prinzipielle Berechtigung, theils die Art der Ausführung angreifen. Unter erstere Kategorie fällt der Vorwurf, daß die Reinertragstheorie zu sehr die Verzinsung der Kapitalien betone und darüber sowohl die technischen Rücksichten des Betriebes als auch die absolute Größe der Einnahmen übersehe. Diese einseitige Überschätzung des Gesichtspunktes der Verzinsung führe schließlich dazu, den Holzvorrath gewissermaßen als ein Übel zu betrachten, das man möglichst reduziren müsse, während doch derselbe eigentlich der wesentliche Bestandtheil des Waldes ist, ohne den die Fläche allein keiner forstlichen Werthserzeugung fähig ist. Daß die Höhe der Verzinsung nicht ausschließlich im Geschäftsleben maßgebend ist, läßt sich in einer Reihe von Beispielen nachweisen und namentlich in der Waldwirthschaft wird sich der Besitzer über das Sinken des baaren jährlichen Nettoertrages schwerlich durch die günstigere Verzinsung des gesunkenen Waldwerthes trösten. Die Verzinsungsfrage ist somit zwar **ein** beachtenswerther Gesichtspunkt, aber nicht das ausschließlich in Betracht kommende Prinzip der Forstwirthschaft. Namentlich bedenklich gestaltet sich die Vergleichung mit dem landesüblichen Zinsfuß und dessen Anwendung in der Formel des Bodenerwartungswerthes in Ländern oder in Zeiten mit abnorm hohem Zinsfuß, weil ein solcher den Kulminationspunkt der Bodenrente früher eintreten läßt und somit die finanzielle Umtriebszeit verkürzt. Schwankungen im Zinsfuß der großen Staats- und Eisenbahn-Anlehen, welche auf die Höhe des landesüblichen Verzinsungsprozentes Einfluß haben, müßten daher auch zurückwirken auf die Umtriebszeiten der Forstwirthschaft und auf die speziellen Abtriebsalter der einzelnen Bestände, wie dies aus Figur 4 und 5 und den Erörterungen auf Seite 86 zu ersehen ist. Umtriebszeiten in nachhaltig bewirthschafteten Betriebsklassen lassen sich aber nur unter Voraussetzung eines Normalvorrathes von bestimmter Größe einhalten, so daß die Schwankungen der ersteren auch auf diese letzteren sich übertragen müßten, was aber meistens praktisch unmöglich ist. Denn die Verminderung der Vorrathsüberschüsse hat ihre Grenze in der Absatzfähigkeit der Holzmassen und in der Gefahr des Preisdruckes, dagegen ist die Erhöhung des Vorrathes durch Einsparungen eine nur von langsamem Erfolge begleitete Maßregel. Wenn nun auch die Bestandeswirthschaft prinzipiell die Nachhaltswirthschaft im Sinne des Normalwaldes verwirft, so läßt sich doch praktisch bei dem Festhalten an einer Jahresschlagfläche $\frac{F}{u}$ der Einfluß der Umtriebszeit auf die gesammte Verzinsung einer Betriebsklasse nicht vermeiden. Denn die normale Altersstufenfolge des Normalwaldes stellt sich thatsächlich her, wenn man auch die Flächenausgleichung nach Perioden nicht im Voraus projektirt, sondern wenn nur die jeweilig ältesten Bestände nach der Norm $\frac{F}{u}$ genutzt werden.

In richtiger Erkenntniß des bedenklichen Einflusses, welchen vor Allem die Unsicherheit des Zinsfußes p, dann aber auch jene der Zukunftswerthe der Abtriebserträge A_u auf die Kulmination des Bodenerwartungswerthes ausüben, legen daher neuerdings Judeich und Kraft*) einen viel geringeren Werth auf die finanzielle Umtriebszeit, sondern sie wollen vielmehr den Schwerpunkt der Ertragsregelung mehr in die Weiserprozente verlegen, um das finanziell richtigste spezielle Abtriebsalter der Einzelbestände zu finden. Dabei soll namentlich der Einfluß der Lichtungshiebe und der starken Durchforstungen auf den Werthszuwachs der einzelnen Stammklassen berücksichtigt werden, so daß man sich in allen älteren Beständen auf Grund exakter Untersuchungen bewußt wird, zu welchem Prozent dieselben noch im Werthe zunehmen.

Unter den verschiedenen sonstigen Einwendungen gegen diese Methode seien nur noch folgende erwähnt: Es wird zwar zugegeben, daß mittelst der obigen Formeln der nach privatwirthschaftlichem Gesichtspunkt vortheilhafteste Wirthschaftsbetrieb eingerichtet werde, doch soll dieser oft in Kollisionen mit den Interessen der Gesammtheit, d. h. mit dem Staatsinteresse kommen.**) Dies wird mit dem Sinken der Produktion pro Flächeneinheit nach Masse und Qualität begründet, wie es sich bei Unterstellung des Zuwachsganges verschiedener Ertragstafeln rechnerisch ergiebt (s. Fig. 4 u. 5). Da aber die holzverarbeitende Industrie mit ihren Hunderttausenden von Arbeitern, sowie die Forstwirthschaft selbst mit einer Menge von Existenzen der Waldarbeiterschaft lebhaft daran interessirt sind, daß die forstliche Produktion auf der vollen Höhe ihrer Leistungsfähigkeit erhalten bleibe, so werden Konflikte zwischen den beiderseitigen Interessen des Waldbesitzes und der Konsumenten prophezeit.***) Von der rücksichtslosen Verfolgung des privatwirthschaftlichen Interesses der höchsten Verzinsung wird ein Rückgang in der Holzproduktion und eine Verschlechterung des Sortimentenanfalles befürchtet, so daß das Defizit an der Erzeugung im Inlande durch Import von auswärts gedeckt werden müßte (nach Grebe ca. 16 Prozent).

Die Möglichkeit solcher Konflikte läßt sich allerdings nicht in Abrede stellen und sie legt auch die Verpflichtung auf, Maßregeln zu vermeiden, welche, sobald sie im großen Maßstabe ausgeführt werden, erhebliche Schädigungen großer Interessenkreise zur Folge haben. In-

*) G. Kraft: „Über Beziehungen des Bodenerwartungswerthes und der Forsteinrichtungsarbeiten zur Reinertragslehre." Hannover 1890.

**) Namentlich ist dieser Gedanke in der schon Eingangs erwähnten Broschüre von E. Ney: „Über den Widerstreit von Einzel- und Gesammtinteresse in der Forstwirthschaft", Stuttgart 1883, ausführlich besprochen.

***) Ähnliche Konflikte scheinen in der That auch schon in Sachsen zu bestehen, wenigstens hat die Handels- und Gewerbekammer in Plauen schon mehrfach, z. B. im Jahre 1887, sich darüber beschwert, daß in neuerer Zeit ein Rückgang in den Stärken der zum Verkauf kommenden Hölzer zu konstatiren sei.

dessen trifft diese Mahnung nicht blos die Reinertragstheorie, sondern jede forstwirthschaftliche Maxime über Wahl der Umtriebszeit und Betriebsart, z. B. die Entscheidung, ob Schälwaldbetrieb im größeren Umfange eingeführt werden solle und dergleichen.

Ebenso enthält auch die Einwendung, daß die berechnete finanzielle Umtriebszeit in sich selbst den Keim der Unrentabilität trage, indem sie auf zu großen Flächen eingeführt, eine Überproduktion der zur Zeit am besten bezahlten Sortimente bewirke und somit auf einen Preisdruck derselben hinarbeite, nur eine theilweise Wahrheit. Es wird dabei vorausgesetzt, daß man blindlings, ohne die nöthige Sachkenntniß und praktische Erfahrung den Forstbetrieb nach einer Schablone ausgestalten wolle, z. B. einseitig nur Grubenhölzer 2c. produzire, oder gar eine Hopfenstangenwirthschaft einführe. Ein solcher Verzicht auf eigene Überlegung kann aber bei keiner Methode zu guten Resultaten führen und darf daher auch nicht der hier besprochenen allein zur Last gelegt werden.

2. Methode von H. A. Schuster, mittelst der logarithmischen Linie die Reinertragskurve zu kontroliren.*) Im Anschluß an die Bestandeswirthschaft ist auch der von dem sächsischen Oberförster H. A. Schuster gemachte Vorschlag zu betrachten, den Werthsertrag eines im aussetzenden Betriebe bewirthschaftet gedachten Flächentheiles, z. B. einer jeden Unterabtheilung durch ein Diagramm bildlich darzustellen, das auf der Abszissenaxe „Zeit" die Werthe der Erträge mit der Prolongation der Vorerträge als Ordinaten angiebt. Eine solche Darstellung ist z. B. in Figur 129 u. 130 auf S. 304 gegeben. Bei Ermittlungen über die Rentabilität der Umtriebszeit oder Betriebsart werden die veranschlagten Nettowerthe des Bestandes $A_{u\,I}$, $A_{u\,II}$ . . . zu den verschiedenen Zeitpunkten u_1, u_2, u_3 auf den entsprechenden Punkten der Abszissenaxe in Form von Ordinaten aufgetragen, welche zugleich den Werth des Bodenkapitals in sich begreifen; hierzu kommen dann die Werthe der Vorerträge mit ihren Nachwerthen, welche über die einzelnen Bestandeswerthe eingezeichnet und durch Kurven verbunden werden. Mit diesen die muthmaßlichen Erträge darstellenden Kurven vergleicht man dann die gleichfalls einzuzeichnende Kurve der sogenannten „forstlichen Betriebslinie", d. h. der graphisch dargestellten Kapitalnachwerthe des Boden-, Steuer- und Verwaltungskapitales $(B + S + V)$ von Jahrzehnt zu Jahrzehnt, indem man die logarithmische Kurve für $(B + S + V)\,1{,}0p^n$ als Ersatz für die Weiserprozentberechnung annimmt. Werden diese Nachwerte für $p = 2^1/_2$, 3 und $3^1/_2$ eingezeichnet, so erhält man ein Dia-

*) Siehe H. A. Schuster: „Die Hauptlehren der rationellen Forstwirthschaft, begründet mittelst der logarithmischen Linie und Reinertragskurve", Dresden 1869.

gramm, dessen Kurven einen analogen Verlauf wie jene in Figur 56 zeigen und das sofort erkennen läßt, in welchem Alter die Ertragskurve unter das Wirthschaftsprozent p zu sinken beginnt. Man hat daher in diesem Vergleiche der Ertrags- mit der Betriebslinie ein Mittel, um sich über die Rentabilität verschiedener Betriebsarten, Umtriebszeiten oder verschiedener Durchforstungsprinzipien ꝛc. rasch zu orientieren.

3. Methode von G. Wagener*). Diese Methode bedient sich zwar ebenfalls der Formeln der Forstfinanzrechnung und der Geldwerthe der Erträge zur Berechnung der Rentabilität einer forstlichen Betriebsart, jedoch weicht sie von der soeben besprochenen Bestandeswirthschaft in wesentlichen Punkten ab. Der einzelne Bestand wird nämlich nicht als im aussetzenden, sondern im Nachhaltsbetriebe bewirthschaftet gedacht und bildet daher das Glied einer Schlagreihe (Betriebsklasse), deren Bewirthschaftung nach der Analogie der Fachwerksmethoden durch einen allgemeinen Wirthschaftsplan mit gleich langen Perioden im Voraus geregelt wird. In Folge dieser Auffassung taucht das Bild des Normalwaldes, welches von Preßler so energisch bekämpft worden war, bei Wagener's Methode, wenn auch etwas verschleiert, wieder auf. Namentlich wird das arithmetische Verhältniß zwischen jährlichem Durchschnittszuwachs der Betriebsklasse wZ und Etat e_w im Sinne der Normalvorrathsmethoden als „Mehrnutzung" bezw. als „Einsparung" ($e_w \gtrless wZ$) aufgefaßt, jedoch nicht der Masse nach, sondern in Hinsicht auf den erntekostenfreien Geldwerth der Haubarkeitserträge. Alle Rechnungen werden nämlich nicht nach Festmetern Holzmasse, sondern nach „Werthmetern", d. h. Wertheinheiten, die auf einerlei Sortimentenpreis reduzirt sind (z. B. 1 Kubikmeter Buchenscheitholzwerthe = 1) ausgeführt. Entsprechend dem Bilde des Normalwaldes wird daher bei Ermittlung der Verzinsung der Wirthschaftskapitalien nicht von dem holzleeren Boden ausgegangen, sondern von einem aus Boden und Holzvorräthen zusammengesetzten „Waldkapitale", dessen territoriale Größe durch die Betriebsklasse angegeben wird. Der Kernpunkt des Wagener'schen Verfahrens besteht nun darin, daß unter möglichster Anlehnung an die bestehenden Waldzustände und mit Berücksichtigung des Wirthschaftszieles einer „lukrativsten Abtriebs-Reihenfolge" die einzelnen Bestandesabtheilungen einer Betriebsklasse in die entsprechenden Perioden eines allgemeinen Wirthschaftsplanes eingereiht und daselbst mit ihrem taxirten Werthertrage der Abtriebsmasse (in Werthmetern) eingestellt werden. Die Periodensummen dieser Werthe denkt man sich in gleichen jährlichen Raten innerhalb der Periode erlaufend, indem

*) Siehe Wagener: „Anleitung zur Regelung des Forstbetriebes nach Maßgabe der nachhaltig erreichbaren Rentabilität" ꝛc. Berlin 1875, Springer.

jeder Bestand gerade im Verlaufe jener Periode geerntet wird, welcher er zugetheilt wurde. Demnach berechnet sich der gegenwärtige Kapitalwerth eines jeden njährigen Periodenertrages A_I, A_{II} durch Diskontirung der einzelnen Werthe $\frac{\frac{A_I}{n}\left(1,0p^n - 1\right)}{0,0p}$ auf die Gegenwart, d. h. durch Multiplikation der auf das Ende der Perioden berechneten Periodenerträge mit den Faktoren $\frac{1}{1,0p^n}, \frac{1}{1,0p^{2n}}, \frac{1}{1,0p^{3n}}$. Die Summe der Jetztwerthe aller dieser Periodenerträge liefert den „Walderwartungswerth“ der Betriebsklasse W, also

$$W = \frac{\frac{A_I}{n}\left(1,0p^n - 1\right)}{0,0p \,.\, 1,0p^n} + \frac{\frac{A_{II}}{n}\left(1,0p^n - 1\right)}{0,0p \,.\, 1,0p^{2n}} + \ldots$$

bei Unterstellung einer bestimmten Umtriebszeit, sowie eines angenommenen Zinsfußes. Wenn man nun analog, wie dies oben bei der Ermittlung der finanziellen Umtriebszeit hinsichtlich der Bodenerwartungs-Werthe geschah, für verschiedene wählbare Umtriebszeiten die Walderwartungswerthe berechnet und zu diesem Zweck jedesmal einen neuen allgemeinen Wirthschaftsplan konstruirt, so giebt der Kulminationspunkt des Walderwartungswerthes die vorteilhafteste Umtriebszeit an. Da aber jedem Zinsfuße wieder ein anderer Kulminationspunkt entspricht (gerade wie dies auch bei der finanziellen Umtriebszeit der Fall war), so verlangt Wagener auch die Berechnung der Varianten für jeden wahlfähigen Zinsfuß von 5 Prozent, 4 Prozent, 3 Prozent, 2 Prozent, $1^1/_2$ Prozent eventuell für die Zwischenstufen. Es ist dann Sache des Waldbesitzers, sich darüber schlüssig zu machen, für welchen Zinsfuß und welche Umtriebszeit er sich entscheiden wolle, indem er sich dabei hauptsächlich auf den Unternehmergewinn stützt, dessen Kapitalwerth sich aus der Differenz des Walderwartungswerthes nach dem gegenwärtigen Bewirthschaftungssystem und jenem eines neu projektirten Betriebes mit anderer Umtriebszeit rechnerisch herleitet. Die Höhe des Unternehmergewinnes giebt den Fingerzeig, ob eine bestehende Umtriebszeit herabgesetzt oder erhöht werden solle, ebenso wie sie über die Rentabilität verschiedener in Frage kommender Betriebsarten (z. B. Schälwald) entscheidet. Die Untersuchung der Verzinsungssätze bestehender Betriebsarten liefert daher wichtige Anhaltspunkte für die allgemeinen Wirthschaftsgrundsätze und die Einrichtung des allgemeinen Wirthschaftsplanes. Bei diesen Rentabilitätsrechnungen wird ähnlich wie in den Weiserprozenten die Frage aufgeworfen, ob es lohnender sei, eine Kapitalanlage im Forstbetriebe fortwachsend weiter bestehen zu lassen, oder sie außerhalb desselben im Stammvermögen des Waldbesitzers verzinslich anzulegen; besonders werden Eingriffe in die Werthssubstanz des Waldes durch Mehrfällungen oder umgekehrt Einsparungen am Materialvorrathe mittelst Minderfällungen in dieser Art auf ihren finanziellen Effekt untersucht.

Besonders die Hiebsreife der einzelnen Bestandesabtheilungen wird bei Aufstellung des allgemeinen Wirthschaftsplanes innerhalb des Rahmens der Umtriebszeit in der Weise in Betracht gezogen, daß jene Bestände, deren Werthszuwachsprozente von je 100 Werthmetern Vorrath am tiefsten stehen, möglichst bald zum Abtrieb vorgesehen werden. Überhaupt bestimmt sich die Abtriebsreihenfolge der einzelnen Bestände einer Betriebsklasse in erster Linie nach dem Grade ihrer Produktion an Nutzungswerthen und nur in Fichtenwaldungen wird auf die Hiebsfolge ein größeres Gewicht gelegt, als auf die lukrativste Abtriebsfolge. Letztere geht von dem Gedanken aus, daß der jährliche Hiebssatz jedesmal möglichst vortheilhaft plazirt werden müsse, indem alle nicht voll rentirenden Bestandesgruppen thunlichst bald entfernt werden. Im Gegensatze zum Weiserprozent, das sich auf die Flächeneinheit ha bezieht, will Wagener die Untersuchung der Werthzunahme eines fortwachsenden Bestandes auf 100 Werthmeter als Einheit gründen. Im Vergleiche zu der Zunahme dieser wird dann eine Rechnung für den Fall des Abtriebes angestellt, wobei einerseits der Erlös als zinstragend angelegt und anderseits die abgetriebene Fläche als wieder verjüngt gedacht wird. Der wirthschaftliche Werth der nachgezogenen Bestockung wird natürlich nur in summarischer Weise eingeschätzt, indem die zu hoffenden Erträge zur Berechnung des Bodenerwartungswerthes nach der Faustmann'schen Formel benützt werden, von welchem dann die Zinseszinsen in Rechnung kommen. Übersteigt die Summe des Zinsenertrages und des Werthes der Nachzucht zusammen den Werth des Bestandeszuwachses im gleichen Zeitraume, so bedeutet dies einen Reinertrags-Verlust und der Bestand gilt als hiebsreif, während er im umgekehrten Falle bei einer positiven Reinertrags-Differenz noch rentirlich produzirt. Wagener stellt diese Kalkulationen für die einzelnen nahezu haubaren Bestände getrennt in einer sogenannten Reinertrags-Tabelle zusammen und benützt diese als hauptsächlichsten finanziellen Weiser für die Anordnung der Abtriebsreihenfolge der Bestände, welch' letztere außerdem durch wirthschaftliche und betriebstechnische Rücksichten beeinflußt wird (z. B. durch die Hiebszugsbildung, Absatzverhältnisse, Verjüngungsart 2c.).

Wie bei den meisten übrigen Methoden der Ertragsregelung, so wird auch bei dieser der Nutzungsgang für das nächste Jahrzehent durch einen speziellen Wirthschaftsplan im Einzelnen geregelt, wie auch die Kontrole der Wirthschaft durch eine Verbuchung der Fällungsergebnisse und der Flächenänderungen geführt wird.

Die Methode Wagener's schließt sich in ihrem allgemeinen Wirthschaftsplane mehr an das Massen- und kombinirte Fachwerk an, im Gegensatze zu der Bestandeswirthschaft, welche sich auf das Flächenfachwerk stützt; sie benützt ferner die Forstfinanzrechnung hauptsächlich zu folgenden Zwecken:

1. zur Ermittlung der rentabelsten Betriebsart und Umtriebszeit unter den verschiedenen wahlfähigen Zinsfüßen mittelst des Unternehmer-Gewinnes;

2. zu Untersuchungen über die Hiebsreife der Bestände mittelst der sogenannten „Reinertrags-Differenzen".

3. zur möglichst gleichmäßigen Rentenvertheilung durch Kombinirung der Waldrente mit den aus Mehrfällungen erzielten Geldzinsen.

Die hauptsächlichsten Schwierigkeiten dieser Methode bestehen in der Einschätzung der Werthe der künftigen Haubarkeitserträge, zumal bei der erst jetzt nachzuziehenden Bestockung, dann in der Auswahl des entsprechenden Zinsfußes, welcher den obigen Finanzrechnungen zu Grunde gelegt werden soll. Auch die Anwendung eines konstanten Werthsverhältnisses zwischen den einzelnen Holzsortimenten, wie sie im „Werthmeter" Ausdruck findet, kann bei den großen Preisverschiebungen kaum für längere Zeit festgehalten werden. Gerade aus diesem Grunde erscheint aber die große Zahl von Rentabilitäts-Kalkulationen als eine unnöthige Erschwerung, weil deren Ergebnisse nur einen ephemeren Werth haben können und oft schon vor der Fertigstellung des Forsteinrichtungs-Werkes ,durch die Preisschwankungen des Marktes überholt werden.

4. Kombinirtes Reinertrags-Verfahren von Schiffel.*) Auch dieses Verfahren ist wie das soeben besprochene eine Übertragung der Forstfinanzrechnung auf den Nachhaltsbetrieb, wobei die Idee des Normalwaldes mit der Werthbemessung der Erträge in Verbindung gebracht wird. Der Normalvorrath von Werthen auf einer Betriebsklasse WV_n wird gefunden durch Multiplikation der normalen Fläche einer jeden Altersklasse mit dem mittleren Werthsvorrath der entsprechenden Altersstufe und Summirung der Produkte; ebenso ergiebt sich der wirkliche Werthsvorrath WV_c durch die Gesammtheit der Produkte von wirklicher Flächengröße jeder Altersstufe mal mittlerem Werthsvorrath einer jeden Klasse. Der Hiebssatz einer abnormen Betriebsklasse wird dann aus dem Produkte der normalen Jahresschlagfläche mal mittlerem Werthsertrag der ältesten Klasse in der Art abgeleitet, daß das Verhältniß $WV_n : WV_c$ auf das Ver-

*) Siehe Adalb. Schiffel: „Zur forstlichen Ertragsregelung". Görz 1884.

hältniß dieses „normalen“ zum wirklichen Etat angewendet wird (analog wie bei Hundeshagen's Methode). Der Grundsatz dieses Verfahrens ist nämlich, daß die Ertragsgröße dem jeweiligen wirklichen Werthsvorrathe entsprechen müsse, wobei obige Proportion auf eine Überführung des abnormen in den Normalzustand in ähnlichem Sinne hinwirkt, wie dies Hundeshagen bezüglich der Massenvorräthe erreichen wollte.

Die Prinzipien der Reinertragstheorie treten bei diesem Verfahren fast nur in der Ermittlung der vortheilhaftesten Umtriebszeit hervor, indem diese auf zahlreiche Weiserprozentberechnungen w für verschiedene Altersgrenzen gestützt wird. Hierbei wird aber das forstliche Grundkapital als zu festem Zinsfuß p verzinslich angenommen und nur der Werthszuwachs des Bestandes für die Ermittlung von w im Sinne der Heyer'schen Formel verwendet. Diese Weiserprozente dienen aber nicht zur Ermittlung der Hiebsreife des Einzelbestandes, sondern zur Aufsuchung einer mittleren Umtriebszeit für die Betriebsklasse, welche zugleich den Anforderungen der vorhandenen Bestockungsformen am besten entspricht. Hierdurch wird der Zweck erreicht, daß der Zeitpunkt der höchsten Verzinsung (?)*) des Produktionsfonds ohne Bestimmung des Grundkapitales g gefunden werden kann, womit dann die nachhaltige Gewinnung des höchsten Reinertrages ermöglicht sein solle.

Näher auf die Einzelheiten dieser Methode einzugehen ist hier nicht der Platz, weshalb wir auf die interessante, aber von den Vertretern der Reinertragstheorie bekämpfte Schrift selbst hinweisen.**)

In dieselbe Kategorie von Kombinationen des Nachhaltsbetriebes mit den mathematischen Formeln der Reinertragstheorie (besonders mit dem Bodenerwartungswerthe und dem Weiserprozent) gehört auch die von Dr. Hub. Räß entwickelte „Waldertragsregelung gleichmäßigster Nachhaltigkeit“ (s. Litteraturnachweis). In diesem umfangreichen Werke ist namentlich das Detail der Ausführung solcher Forsteinrichtungsarbeiten eingehend behandelt, welche mit der Finanzwirthschaft zusammenwirken sollen, um eine gleichmäßige nachhaltige Sicherung des Einkommens eines Waldbesitzers herbeizuführen. Als Endzweck der ganzen Ertragsregelung wird die Stabilisirung eines normalen Reinertrages als Finanzetat angestrebt, welcher sich durch gegenseitige Ergänzung einer nach den Grundsätzen der Reinertragstheorie geordneten Forstwirthschaft (als Naturalwirthschaft) mit der Geldwirthschaft der Finanz erreichen lassen soll. Von der Reinertragstheorie ist namentlich die Lehre über die Hiebsreife der Be-

---

*) Die Weiserprozente sollen aber bekanntlich nicht die höchste Verzinsung, sondern nur das Sinken derselben unter eine bestimmte untere Grenze (p) kontroliren, ihr Maximum liegt meistens schon in den frühesten Bestandesaltern, wie auf Seite 84 gezeigt wurde.

**) S. Citat auf Seite 420.

stände nach $w \gtreqless p$ entnommen und für die Charakterisirung der einzelnen Bestandesabtheilungen als „werbende“, „neutrale“ und „zehrende“ Flächen bezw. Massen verwendet.

5. **Die Methode von Tichy** ist eine auf dem Boden der Reinertragstheorie stehende Zuwachsmethode, welche speziell die horstweise Plänterform zum Gegenstand der Ertragsregelung macht. Die Rechnung wird aber bei dieser nicht nach Geldwerthen, sondern nur nach Stammgrundflächen (als Argument für die Masse) geführt. Da Tichy die für administrative Zwecke aufgestellte Forsteinrichtung überhaupt verwirft und in ihr nur ein Orientirungsmittel für den ausübenden Wirthschafter erblickt, dessen sich dieser selbst bedienen soll, um seinen Hiebssatz zu ermitteln, so wiederholt sich diese Forsteinrichtungsarbeit nicht periodisch, sondern alljährlich. Der Schwerpunkt wird daher in umfangreiche Auskluppirungen von „Musterpartien“ (d. h. $^1/_{10}$ der Bestandesflächen) mittelst selbstregistrirender Meßkluppen, welche direkt die Kreisflächen angeben, verlegt, so daß alljährlich in den zur Durchplänterung vorgesehenen „Beständen“ ein Stammgrundflächen-Verzeichniß getrennt nach Holzarten anzufertigen ist. Diese Stammgrundflächensummen geben den Anhaltspunkt zur Ermittlung des Hiebssatzes, indem man sie mit einem konstanten, aus Ertragstafeln abgeleiteten Nutzungsfaktor multipliziert, z. B. $G \times 0{,}137$ und so die auf der ganzen Forstfläche abzunutzende Stammgrundfläche erfährt. Der Wirthschafter zeichnet dann die Musterpartien so aus, daß die zur Fällung bestimmten Stämme nach wirthschaftlichen und merkantilen Grundsätzen ausgewählt werden und in ihrer Grundflächensumme dem obigen Produkte genau gleich kommen; die Übertragung der Fällungen von der Musterfläche auf den ganzen Bestand erfolgt durch das Aufsichtspersonal nach dem Augenmaße.

Entsprechend dem Zeitabstande des Hiebsumlaufes wird die ganze Waldeintheilung getroffen, indem z. B. bei fünfjähriger Umlaufszeit jeder Hiebszug in fünf gleich große ständige Abtheilungen (sogenannte Sektionen) zerlegt wird, von welchen jede wieder in je fünf „Bestände“ zerfällt. Alle Jahre werden sämmtliche mit gleicher Nummer bezeichneten Bestände aller Sektionen durchplätert, so daß demnach ein regelmäßiger Wechsel in den Plänterungen stattfindet und alljährlich der gleiche Antheil an der Gesammtgrundfläche zur Fällung gelangt. Durch die Festhaltung eines konstanten, mit den Wachsthumsverhältnissen harmonirenden Nutzungsfaktors will Tichy das Stammklassenverhältniß der Plänterbestände reguliren und die Stammgrundflächensumme annähernd auf gleicher Höhe erhalten; in normal beschaffenen Plänterbeständen wird daher so viel an Stammgrundfläche herausgenommen, als in den letzten 5 Jahren an der gesammten Stammzahl zugewachsen ist, d. h. der laufend-periodische Zuwachs genutzt.

Die Anwendung der Reinertragstheorie ist in diesem Verfahren nur allgemein angedeutet, doch scheint es sich hauptsächlich um Berechnungen der Weiserprozente an den einzelnen Stammklassen zu handeln, da diese Bewirthschaftungsform mehr eine Art „Baumwirthschaft“ im Sinne Preßler's darstellt. Originell ist die Art der Wirthschaftskontrole bei dieser Methode, welche nicht die Holzmassen, sondern die Stammgrundflächen der gefällten Stämme verbucht und graphisch darstellt, womit die periodisch konstatirten Grundflächensummen der stehenden Bestände abgeglichen werden. Die praktische Ausführbarkeit dieser Idee dürfte aber bei Brennholz und Sägeblöchern sehr in Frage stehen, wie überhaupt die Stamm-Grundfläche allein kein geeigneter Maßstab für Taxationen und Ertragsberechnungen ist, weil sie mit den wirklichen Ergebnissen des Fällungsbetriebes nicht verglichen werden kann. Im Plänterwald kommt ferner, ähnlich wie beim Mittelwald, die Schirmfläche der Bäume ungleich mehr in Betracht, als die Stammgrundfläche, so daß der Wirthschafter beim Auszeichnen der Hiebe den Blick nach oben auf die Baumkronen und nicht auf die Brusthöhenstärke richten muß.

§ 55. **Die Ertragsberechnung in Betriebsarten mit ungleichalterigen Bestandesformen.** Im gleichalterigen Hochwalde bildet die Fläche mittelbar oder unmittelbar stets einen wichtigen Faktor der Ertragsberechnung, deshalb ist die Anwendung der bisher betrachteten Methoden auf den Mittelwaldbetrieb und die ungleichalterigen Bestandesformen des zweihiebigen Hochwaldes, des Femelwaldes und des Plänterbetriebes nicht ohne weiteres möglich. Wenn auch die Flächenrechnung für den Grundbestand, z. B. das Unterholz des Mittelwaldes anwendbar bleibt, so hat doch praktisch die nachhaltige Vertheilung und ökonomische Nutzung des Oberholzes und der dominirenden Stammklassen unregelmäßiger Betriebe eine viel größere Bedeutung; für diese kann aber blos die periodische Massentheilung in Betracht kommen. Obgleich daher der Mittelwaldbetrieb und die unregelmäßigen Bestandesformen des Hochwaldes bis zum echten Plänterbetriebe viele gemeinsame Grundzüge hinsichtlich der Ertragsberechnung aufweisen, so unterscheiden sie sich doch dadurch, daß erstere in der Regel eine intensivere Bewirthschaftungsform mit hochwerthigeren Vorräthen (z. B. Eichen) darstellt als letzterer, in welchem wir zur Zeit noch vorwiegend den Vertreter einer extensiven Hochgebirgs-Wirthschaft sehen müssen, der keine diffizilen Künsteleien erträgt.

Das gemeinsame Merkmal aller dieser ungleichalterigen Bestandesformen besteht darin, daß der naturgemäße Schluß der älteren Stammklassen durch künstliche Eingriffe in einem solchen Grade unterbrochen wird, daß sich darunter wieder eine jüngere Generation, sei es aus Stockausschlag, sei es aus Samenpflanzen entwickeln kann. Während aber im Mittelwalde durch die verhältnißmäßig kurzen Umtriebszeiten des Unterholzes die Lichtbedürftigkeit des letzteren auf ziemlich gleichem Niveau erhalten bleibt, steigert sich in dem zweialterigen Hochwald und im Plänterwald das Lichtbedürfniß des Unterwuchses mit dem Alter erheblich und erheischt eine immer weiter gehende Reduktion des Kronenschirmes der älteren Bestockung.

A) Im Mittelwalde: Die Zunahme der Schirmfläche des Einzelstammes erfolgt, wie wir schon in §§ 30 und 31 nachgewiesen haben, im geschlossenen Bestande nach dem Verhältnisse einer Multiplenreihe; aber wegen der freien Stellung der Bäume findet im Oberholze des Mittelwaldes eine stärkere Vergrößerung der Schirmflächen mit dem Alter x im Verhältnisse von px^2 statt, so daß also nicht die Flächen, sondern schon die Kronen-Durchmesser nach einer Multiplenreihe px wachsen. Aus Weise's Angaben der Schirmflächengröße berechnet sich die jährliche durchschnittliche Zunahme des Kronendurchmessers vom 40—144. Jahre auf p = 0,08 bis 0,09 Meter, so daß also die Schirmfläche der Laßreitel annähernd mit dem Quadrate des Alters vom Zeitpunkte der Freistellung an wächst. Folglich müßte bei ungehinderter Weiterentwickelung der Oberholzstämme schon verhältnißmäßig bald ein Zeitpunkt erreicht werden, wo der Kronenschluß eintritt und der Lichtzutritt zum Unterholze ganz abgeschnitten wäre. Soll daher letzteres erhalten bleiben, so muß der Wirthschafter bei jeder Wiederkehr des Abtriebsschlages über dem aus Stocklohden bestehenden Unterholze eine entsprechende Korrektion der Schirmflächengröße des gesammten Oberholzbestandes einer Abtheilung eintreten lassen, die allerdings hauptsächlich auf Entfernung der schlechtwüchsigen und beschädigten Exemplare gerichtet ist, aber dennoch eine ziemlich regelmäßig fortschreitende Stammzahlverminderung bewirkt. Diese Regelmäßigkeit der Stammzahlabnahme erfolgt fast genau nach dem schon in § 30 entwickelten Gesetze, nämlich nach den Reziproken einer Exponentialreihe $\frac{1}{1,0p^x}$, wobei nur der Unterschied besteht, daß die absoluten Stammzahlen sich auf dieselbe Fläche beziehen, mithin viel kleiner als jene des Vollbestandes sind. So ergeben z. B. auf einer haubaren Schlagfläche die Stammzahlen der einzelnen Oberholzklassen nach Weise (l. c. Seite 26) folgende Zahlenreihe, denen sich die Diskontirungsreihe für 3 Prozent, in welcher die Stammzahl bei 36 Jahren als Ausgangspunkt angenommen wurde, nahe anschließt:

Alter des Oberholzes bei 12 jährigem Unterholzumtriebe	36	48	60	72	84	96	108	120	Summa pro ha
Gefundene Stammzahl pro ha des Oberholzes	433	277	193	142	108	86	63	52	1354
Dieselbe berechnet nach $\frac{1}{1,03^x}$.	433	304	213	150	105	74	52	36	1367

Während demnach im geschlossenen Vollbestande das Ineinandergreifen der Zweigspitzen und die gegenseitige Überschattung eine Regulierung der Stammzahlen pro Hektar bewirkt, ist es im Mittelwalde und in den ungleichalterigen Hochwaldformen die Rücksicht auf das Lichtbedürfniß des Unterholzes, welche die Hand des die Bestandesauszeichnung vollziehenden Wirthschafters lenkt. Je größer die Wachsthumsenergie p ist, desto rascher verläuft diese Stammzahlverminderung, weil die Schirmflächenzunahme eine raschere ist und daher die Unterdrückung des Unterholzes früher eintreten müßte, wenn nicht ausgiebig geholfen wird; umgekehrt entspricht einer geringeren Boden- und Standortsgüte auch eine langsamere Stammzahlabnahme, wie sie sich zahlenmäßig durch Einsetzen eines kleineren Werthes für p ausdrückt. Man kann daher fast die ganze Entwicklung, welche wir in § 31 über die Stammgrundflächensumme und in § 32 über die Massenzunahme der Bestände gegeben haben, mit geringen Modifikationen auf die entsprechenden Zuwachsarten der Oberholzbäume übertragen — nur mit dem charakteristischen Unterschiede, daß die einzelnen Altersstufen sich beisammen auf einer Fläche vereinigt finden. Es ist folglich möglich, sich den Normalzustand einer typischen Oberholzvertheilung im Mittelwalde (s. § 13) in schematischer Weise für jede Wachsthumsenergie p mittelst geometrischer Reihen für Stammzahlen, Stammgrundflächen, Schirmflächen und Masseninhalte zu berechnen, und ebenso lassen sich diese Größen durch Diagramme darstellen, wie solche im Vorausgegangenen für die Hochwaldbestände benützt wurden. Praktisch wird man aber die schematischen Größen von V_n einer Oberholzreihe stets durch unmittelbare Bestandesaufnahmen in typischen Beständen kontroliren. Dieser Normalvorrath an Oberholz ist bei der Ertragsberechnung als das dauernde Produktionskapital der Mittelwaldwirthschaft zu betrachten, von welchem nur der jährliche Massenzuwachs Z der Betriebsklasse als nachhaltiger Ertrag genutzt werden darf, sofern überhaupt die bisherige Bewirthschaftungs-Methode beibehalten und weitergeführt werden soll. Hier sind nun folgende Fälle zu unterscheiden:

a) In einem normal beschaffenen Mittelwalde ist daher der Etat $= Z$, d. h. gleich dem jährlichen Zuwachs der einzelnen Stammklassen verschiedener Altersstufen; bei bekanntem Massenvorrath einer jeden Klasse wird daher Z am einfachsten durch Multiplikation des Vorrathes mit den entsprechenden Zuwachsprozenten der Altersklasse (s. § 36) gefunden; auf diese Art berechnete auch Pfeil den Ertrag des Mittelwaldes unter Anwendung eines gleichbleibenden mittleren Prozentsatzes. Wenn aber der Oberholzvorrath abnorm ist, so kann man nach Art der Normalvorrathsmethoden die Vorrathsdifferenz $V_w - V_n$ durch Mehrfällungen ($e_w > Z$), beziehungsweise durch Einsparungen ($e_w < Z$) beseitigen, indem man nach dem Heyer'schen Verfahren einen Ausgleichungszeitraum für diesen Übergang wählt; diese Methode ist von Weise ausführlich dargestellt worden.

b) Soll die Ertragsberechnung nur mittelst einer Fachwerksmethode ausgeführt werden, so kann selbstverständlich obige Normalvorrathsberechnung nicht in Anwendung kommen, sondern es wird nur die nachhaltige Vertheilung der Vorrathsmassen V plus dem im Verlaufe der Umtriebszeit daran erfolgenden Zuwachs $V\,0,op\,.\,u$ nach Art der periodischen Massentheilung (Seite 360) anzustreben sein. Die durch genaue Aufnahmen ermittelte, gegenwärtig vorhandene Oberholzmasse wird alljährlich um den Etat vermindert und an dem verbleibenden Rest lagert sich der in Prozenten ausgedrückte Massenzuwachs an; man hat also in der Summe von Vorrath und Zuwachs $V(1 + 0,op\,.\,u)$ das disponible Holzquantum, das in gleichen Jahresrenten auf die ganze Umtriebszeit vertheilt werden darf, wie das schon Joh. Gottl. Beckmann 1756 in der Massentheilung des Hochwaldes lehrte und wie es durch die Grünberger'sche Formel $e = \frac{V\,.\,1,op^u\,.\,0,op}{1,op^u - 1}$ einen präzisen Ausdruck erhielt.*)

c) Einfacher aber nach einem analogen Grundgedanken wollte auch der um die Theorie der Ertragsschätzung im Mittelwalde so verdiente Oberförster Lauprecht die Oberholzvertheilung in der Periodentabelle des Betriebsplanes ausgeführt sehen. Setzt man nämlich die Periodenlänge gleich der Umtriebszeit des Unterholzes, so soll der gegenwärtige Oberholzvorrath V durch die Anzahl der Perioden n getheilt werden, welche man als normales Abtriebsalter der Oberholzbäume u betrachtet. Dem gefundenen Quotienten $\frac{V}{n}$ dem sogenannten „Vorraths-Antheil“ der Periode wird dann der Zuwachs der halben Wachsthums-Zeit zugerechnet, welche in jeder Periode bis zum Ende von u verfließt; die Summe von Vorrath und Zuwachs durch die Wachsthumszeit getheilt giebt dann den Etat. Wird diese Berechnung für jede Periode ausgeführt, so muß am Ende der Umtriebszeit der Vorrath plus Zuwachs gerade aufgezehrt sein, d. h. der Rest gegenüber dem jährlichen Etat = 0 werden. Für die I. Periode bezw. den ersten Unterholzumtrieb würde sich der Etat z. B. berechnen nach

$$e = \frac{V + \frac{uZ}{2}}{u},$$

*) Auf diesem Gedanken beruht auch die vom Oberforstmeister Dr. Danckelmann in der Zeitschrift für Forst- und Jagdwesen 1867 aufgestellte Formel.

oder, da Z mittelst Prozentrechnung gefunden wird, also $Z = V \times 0,op$ ist, so wird

$$e = \frac{V\left(1 + \frac{u}{2}\,0,op\right)}{u}.$$

So würde z. B. bei einem nachgewiesenen V = 60000 cbm und einem mittleren Zuwachsprozent von $2^1/_4$ Prozent bei 100jährigem Umtriebe der stärksten Stammklasse der ganze Oberholzzuwachs $Z = 60000 \times 0,0225 = 1350$ cbm; der Etat e für die I. Periode allein

$$e = \frac{60000 + (50 \times 1350)}{100} = 1275 \text{ cbm}$$

ergeben. Diese Berechnungsart strebt daher indirekt die Herbeiführung eines Normalvorrathes an, indem der Etat zum Theil aus dem normalen Zuwachs, zum Theil aus dem Vorrathe abgeleitet wird, wodurch im Falle eines Vorrathsdefizites (wie vorstehend) der Etat unter die Größe des normalen Zuwachses vermindert wird.

d) Eine andere Art der Etatsberechnung für die Oberholzreihe giebt Prof. Dr. Graner an, indem er als Etat für den nächsten Unterholzumtrieb (I. Periode) blos die Differenz zwischen dem jetzigen Oberholzvorrathe V und dem normalen Vorrathe betrachtet, welch' letzteren er mittelst der Formel $\frac{V}{1 + 0,op\,.\,u}$ berechnet. Bei diesem Verfahren wird also ein umgekehrtes Verhältniß zwischen Vorrath und Zuwachs angenommen, wodurch auf den Normalzustand eingelenkt werden soll. Für die praktische Anwendung dieser Berechnungsmethode ist eine Hilfstafel konstruirt, welche den prozentischen Antheil des Etats vom Oberholzvorrath für die verschiedenen vorkommenden Umtriebszeiten und Zuwachsprozente p angiebt.

e) Im Sinne der Reinertragstheorie bezw. der Bestandeswirthschaft handelt es sich in der Mittelwaldwirthschaft hauptsächlich um eine durch vergleichende Untersuchungen zu ermittelnde Klarlegung des Massen- und Werthszuwachses der einzelnen Stammklassen der Oberholzreihe, sowie der Weiserprozente derselben. Sind diese an typischen Bäumen der verschiedenen Standorte ermittelt, so werden die in diesem Sinne hiebsreifen Stämme der einzelnen Schläge durch stammweise Aufnahmen eingeschätzt und in gleichen Jahresraten auf das nächste Jahrzehnt vertheilt.

Im Vorstehenden wurde nur die Berechnung und Vertheilung der Oberholz-Vorräthe des Mittelwaldes behandelt, weil dieselbe charakteristisch für diese Betriebsform ist und auch die meisten praktischen Schwierigkeiten darbietet. Leichter ist in der Regel die Ertragsberechnung des Unterholzes, wofür sich in den bisherigen Fällungsergebnissen brauchbare Anhaltspunkte meistens in ausreichender Anzahl finden lassen. Dabei muß aber etwaigen beabsichtigten Änderungen in der bisher befolgten Oberholzvertheilung Rechnung getragen werden.

Am meisten Schwierigkeiten bereiten für die Taxation solche gründliche Umänderungen in der Bewirthschaftung, wie sie mit Betriebsumwandlungen, z. B. Übergang vom Mittelwaldbetrieb zum Hochwald verbunden sind. Die kasuistische Unterscheidung verschiedener solcher Möglichkeiten von vorkommenden Bestandesformen und deren allmähliche Überführung in den schlagweisen Hochwaldbetrieb galt früher als ein ergiebiges Feld zur Anwendung umfangreicher Künsteleien der Forsteinrichtung; allein hier kann die theoretische Spekulation, losgelöst von der praktischen Unterlage der örtlichen Zustände nur wenig fruchtbringend wirken. Wir beschränken uns daher nur auf die Andeutung der Grundgedanken solcher Umwandlungs-Projekte. Soll ein Mittelwald in Laubholz-Hochwaldbetrieb übergeführt werden, so bedient man sich des Oberholzes zu dem doppelten Zweck: 1. um mittelst der natürlichen Samenproduktion eine Verjüngung durch Kernwuchs zu erzielen (z. B. von Eichen, Buchen, Eschen, Birken, Erlen) und 2. um das Unterholz durch Überschirmung zurückzudrängen. Das erstere geschieht in den zum Angriff kommenden haubaren Beständen, in welchen das Unterholz durch Stockrodung oder Übererden möglichst vermindert wird zu Gunsten der zu begründenden Kernwüchse; das zweite findet in den noch nicht hiebsreifen und deshalb zu reservirenden Beständen statt, welche man je nach der Menge des vorhandenen Oberholzes entweder zusammenwachsen läßt oder die man durch älter werdende Gruppen von Unterholz ausfüllt. In dieser Kategorie von Beständen wird in der Zwischenzeit bis zum seinerzeitigen Eintritt der Haubarkeit auf eine gewisse Gleichartigkeit der Bestockungsform hingearbeitet, theils durch Auszugshauungen der nicht mehr ausdauernden ältesten Bäume, durch Aushieb der Weichholzstämme, theils mittelst Durchforstungen in zu dicht geschlossenen Mittelholzgruppen und mittelst Schlagpflege in den Jungwüchsen, welche Maßregel Hand in Hand mit einer fleißigen Kulturthätigkeit (Heisterpflanzungen) gehen muß.

In den Betriebsplänen der Forsteinrichtung muß vor allem eine genaue Unterscheidung der einzelnen Flächentheile getroffen werden, welche für die soeben angedeuteten Wirthschaftszwecke bestimmt sind; je nachdem daher eine Unterabtheilung zur sofortigen Wiederverjüngung oder zur Reservirung bestimmt ist, wird sie in eine frühere oder spätere Periode eingereiht, während die Auszugshiebe, allmählichen Nachhauungen, sowie die Zwischennutzungen an Reinigungen und Durchforstungen ꝛc. gleichfalls nach Unterabtheilungen vorgesehen und mit ihrem muthmaßlichen Materialergebnisse eingeschätzt werden. Die erstmalige Einreihung der Bestände erfolgt somit auf Grund ihrer Beschaffenheit und des Durchschnittsalters der vorherrschenden Stammklassen; außerdem wird aber die Hiebsfolge und die erforderliche Gleichstellung der Periodenerträge eine Modifikation durch Verschiebungen vielfach nothwendig machen, bei denen zugleich schon einleitende Schritte zur allmähligen Herbeiführung einer geregelten Altersklassenvertheilung gethan werden können. Zuweilen ist für die Überführung ein provisorischer Wirthschaftsplan aufzustellen, der sich nicht auf die ganze künftige Umtriebszeit, sondern nur auf einen Ausgleichungszeitraum bezieht und der Etatsberechnung zu Grunde gelegt wird. Übrigens ist bei solchen Betriebsveränderungen auf den Kulturplan, d. h. auf das zweckmäßige Ineinandergreifen der dem Angriffe vorausgehenden Vorverjüngung bezw. Unterbauung der ältesten Bestände und die Nachbesserungen eine ganz besondere Aufmerksamkeit zu verwenden.

B. Plänterwald. In großer Ausdehnung kommt diese Betriebsart gegenwärtig nur im Hochgebirge vor, wo sie die höher gelegenen Regionen der aus Lärchen, Fichten, zum Theil auch Zürbelkiefern bestehenden und meist mit Krummholzkiefern untermischten Waldtheile und die steileren Gehänge einnimmt. In diesen Gebieten ist die Wirthschaft im Allgemeinen, wie erwähnt, eine extensive, und den Forsteinrichtungsarbeiten stellt sich dort besonders hinsichtlich der Vorraths-Aufnahme eine Schwierigkeit in der beschwerlichen Zugänglichkeit des Terrains, sowie in der großen Flächenausdehnung der Reviere und der Abtheilungen entgegen. Dabei ist in den höheren Lagen die Flächengröße meistens eine wenig brauchbare Grundlage für die Ertragsberechnungen, weil die Bestockung wechselt und von Felsen und improduktivem Gelände unterbrochen wird. Man begnügt sich daher in dieser Betriebsart zuweilen mit näherungsweisen Ertragsberechnungsmethoden und stützt sich am besten auf eine Art Massentheilung, deren taxatorische Grundlage vielfach nur durch Okularschätzung erhoben werden und nur in den zugänglicheren Waldtheilen durch Probeflächen- oder Bestandesaufnahmen gestützt werden kann. In neuerer Zeit wird besonders durch Professor Dr. Gayer die Ausdehnung einer geregelten Plänterwirthschaft auch auf andere Standorte und auf die Tannen- und Buchenwirthschaft befürwortet, wo sie eine Art mehralterigen Hochwaldes von mittelwaldähnlichem Charakter und von hohem Intensitätsgrade darstellen würde; in solchen Waldungen kann daher die Vorrathsaufnahme und Zuwachsschätzung mit einem größeren Genauigkeitsgrade vorgenommen werden.

1. Soll die Forsteinrichtung in Plänterwaldungen nach einer Normalvorrathsmethode gemacht werden, wie dies in dem größten

Theile der Waldungen in den österreichischen Alpenländern der Fall ist, so geht man von einem idealen Bilde der Altersklassenmischung auf einer Abtheilungsfläche unmittelbar vor dem Hiebe der ältesten Stammklasse aus. Dieser Normalzustand dient dann zur Berechnung des Normalvorrathes V_n, während er gleichzeitig als anzustrebendes wirthschaftliches Ziel betrachtet wird. Auch hierfür lassen sich kasuistisch eine Reihe von verschiedenen typischen Fällen konstruiren, indem man sowohl für stammweise als für horstweise Vertheilung der Altersklassen, dann für verschiedene Längen der sogenannten Umlaufszeit l, (d. h. der Dauer der Durchplänterung des ganzen Waldes oder der Wiederkehr der Plänterung im gleichen Bestande) Schemata entwirft, wie dies von A. Schiffel in ausführlicher Weise geschehen ist.*) Innerhalb einer Umtriebszeit u wiederholt sich die Plänterung eines und desselben Flächentheiles $\frac{u}{l} = n$ mal; n bedeutet folglich die Umlaufszahl innerhalb einer Umtriebszeit und die Flächengröße, welche in jeder Umlaufszeit zu durchplänteren ist, berechnet sich auf $\frac{lF}{u} = \frac{F}{n}$. Theoretisch muß man nun annehmen, daß auf der ganzen Flächengröße F sämmtliche Altersabstufungen der Stammklassen vertreten seien, wobei aber die Umlaufszeit eine ähnliche Rolle im Plänterwalde spielt, wie der Unterholzumtrieb im Mittelwalde, wo ja die Oberholzklassen auch darnach ausgeschieden und benannt werden. Wie im schlagweisen Hochwalde die Jahresschlagflächen, so kann man sich auch die zu plänternden Flächen $\frac{F}{n}$ nach ihren Altern zerlegt denken in Altersklassen, z. B. von 10jährigen Altersgruppen, welche in Wirklichkeit stammweise oder horstweise gemischt vorkommen, für die Zwecke der Normalvorrathsberechnung aber flächenweise getrennt vorzustellen sind. Das einfachste Bild eines im Normalzustande befindlichen Plänterwaldes erhält man daher, indem man sich eine Betriebsklasse aus n Hiebszügen, jeden von der Größe $\frac{F}{n}$ gebildet denkt und innerhalb dieser 10jährige Altersstufen bildet, welche sich für die ganze Betriebsklasse vom haubaren Alter bis zur 0jährigen Schlagfläche herab regelmäßig abstufen. Die räumliche Vertheilung dieser Altersstufen muß in analoger Weise wie bei schlagweisem Betrieb mit Rücksicht auf die Sicherung gegen Sturmgefahr, sowie überhaupt nach den Erfordernissen einer zweckmäßigen Hiebsfolge geordnet gedacht werden, so daß sich z. B. für eine

*) Schiffel: „Betriebseinrichtung und Plänterwald", Österr. Centralblatt für das gesammte Forstwesen, XV. Jahrg. 1889, S. 193 u. ff.

Betriebsklasse von F = 600 ha bei 120jähriger Umtriebszeit u und 30jähriger Umlaufszeit l folgender Normalzustand ergiebt:

Es ist die Umlaufszahl innerhalb der Umtriebszeit . . $n = \frac{u}{l} = \frac{120}{30} = 4$

" " " Anzahl der Altersstufen in der ganzen Betriebsklasse $\frac{u}{10} = \frac{120}{10} = 12$

" " " " " " " jedem Hiebszuge . . $\frac{u}{10 . n} = \frac{120}{40} = 3$

" " " Flächengröße jedes Hiebszuges . . . . $\frac{lF}{u} = \frac{30 . 600}{120} = 150$ ha

" " " " jeder Altersstufe . . . . . . $\frac{10F}{120} = \frac{6000}{120} = 50$ ha

Bei bildlicher Darstellung zeigt sich daher folgende räumliche Anordnung der Altersklassen innerhalb der Betriebsklasse und der Hiebszüge in Figur 139:

Altersklassen:	je 50 ha	je 50 ha	je 50 ha	je 50 ha
"	81–90 jähr.	91–100 jähr.	101–110 jähr.	111–120 jähr.
"	41–50 "	51– 60 "	61– 70 "	71– 80 "
"	1–10 "	11– 20 "	21– 30 "	31– 40 "
Sa. Hiebszug	I = 150 ha	II = 150 ha	III = 150 ha	IV = 150 ha
Sa. Betriebsklasse	600 ha			

Fig. 139. Normalzustand im Plänterbetriebe.

Je kürzer die Umlaufszeit ist, desto größer wird die Umlaufszahl d. h. desto öfter, aber desto schwächer wird jeder Hiebszug durchpläntert, während in vorstehendem Beispiele jeder Hiebszug nur dreimal in jeder Umtriebszeit auf seine haubaren Stämme durchhauen wird, was bei einer Altersklassenfläche von 50 Hektar jedesmal ca. 10 Jahre erfordert. Auf Grund eines solchen Schemas der Altersklassenvertheilung lassen sich die Massen des Normalvorrathes berechnen, wenn man die Vorräthe pro Hektar jeder Stufe beim mittleren Alter derselben aus Ertragstafeln entnimmt, mit den entsprechenden Flächen der Altersstufen multiplizirt und die Produkte addirt.

Bei der Berechnung des Etats ist zu bedenken, daß der Zuwachs auf der ganzen Betriebsklasse dem Hiebssatze das Gleichgewicht halten soll, vorausgesetzt, daß der Normalzustand gegeben wäre. Gerade diese Ermittlung des Zuwachses bietet aber im Plänterwalde besondere Schwierigkeiten, da das Zuwachsprozent nicht flächenweise, sondern nur nach Stammklassen ausgeschieden werden kann. Um diese Schwierigkeit zu umgehen, ist man in Bayern schon vor längerer Zeit auf ein summarisches Verfahren gekommen, welches von Min.-Rath Mantel angegeben wurde und das auf der österreichischen Kameraltaxe beruht. Da nämlich $V_n = \frac{u\,u\,z}{2}$, so ist $u\,z = \frac{2\,V_n}{u} = \frac{V_n}{\frac{u}{2}}$, d. h. der Zuwachs einer Betriebsklasse im Normalzustande ist gleich dem doppelten Vorrath getheilt durch die Umtriebszeit oder gleich dem Vorrath getheilt durch die halbe Umtriebszeit. Hierzu gab der Umstand Veranlassung, daß die Taxation des Holzvorrathes, theils mittelst stammweiser Auskluppirung, theilt mittelst Okulartaxation viel eher ausführbar ist, als die Ermittlung der Größe des wirklichen Zuwachses; allein es ist offenbar, daß diese Rechnungsmethode nur für nahezu normal beschaffene Plänterwaldungen Anwendung finden darf, während sie bei abnormen Zuwachsverhältnissen unrichtige Erträge findet.

Wenn es möglich ist, durch genauere Untersuchungen die wirkliche durchschnittliche Zuwachsgröße der einzelnen Bestände, folglich auch den jährlichen Durchschnitts-Zuwachs der ganzen Betriebsklasse uz hinreichend genau zu ermitteln, so läßt sich auch die Etatsberechnung nach der österreichischen Kameraltaxe ausführen, da der wirkliche Vorrath und Normalvorrath aus diesen Daten leicht berechnet werden kann. Als Hiebssatz wird dann nicht blos der jährliche Durchschnittszuwachs betrachtet, sondern es wird zugleich eine Einlenkung auf den Normalzustand durch Vorrathsabnutzung bezw. Einsparung bewirkt. Da es aber gerade im Plänterwalde darauf ankommt, zu untersuchen, wie und wo sich der Hiebssatz am zweckmäßigsten gewinnen lasse, so müssen oft genauere Vorrathserhebungen der hiebsreifen Stammklassen vorgenommen werden. Zu diesem Behufe bildet man Kategorien von Grundstärken-Durchmessern, die den lokalüblichen Sortimenten z. B. den Sägeklötzen (Blöchern) angepaßt sind, z. B.:

Stammklasse	I.	mit einer Minimal-Grundstärke	von	60	cm
„	II.	„ „ „ „	„	50	„
„	III.	„ „ „ „	„	40	„
„	IV.	„ „ „ „	„	30	„

ferner ermittelt man theils durch Bestandesauszählung, theils auf nicht nicht zu kleinen Probeflächen die nach Klassen ausgeschiedenen Stammzahlen oder auch Blöcherzahlen, welche auf den einzelnen Abtheilungsflächen stocken und berechnet aus den mittleren Kubikinhalten der Klassenstämme, wie viele Bäume I. Klasse zur Erfüllung des Etats in den einzelnen Beständen während des nächsten Jahrzehnts zum Hiebe kommen müssen. Die Zahlen der geringeren Stammklassen, welche sich durch den künftigen Zuwachs allmählich wieder bis zur normalen Stärke vergrößern, geben dann einen Fingerzeig für die Nachhaltigkeit der Wirthschaft, welch' letztere übrigens in summarischer Weise durch einen Betriebsplan nachgewiesen wird. Die obige Stammklassenauszählung bezweckt mehr eine verlässige Aufstellung des speziellen Wirthschaftsplanes sowie der jährlichen Betriebsvorschläge durch den Wirthschafter, als eine Ertragsberechnung. Solche Verfahren empfehlen sich besonders da, wo der Waldertrag hauptsächlich zur Versorgung einer größeren Zahl von Sägewerken mit Rohmaterial dient und wo die Waldbenützung noch vorwiegend den Charakter einer Exploitation trägt.

2. Wenn die Forsteinrichtung nach einer Fachwerksmethode gemacht werden soll, so ist es bei Plänterwaldungen mit horstweiser Mischung der Altersklassen, wie sie im Hochgebirge so oft vorkommt, nothwendig, zunächst eine thunlichst sorgfältige, flächenweise Ausscheidung der Altersstufen vorzunehmen, indem man durch genaues Begehen der einzelnen Bestände, zuweilen auch mittelst Einzeichnung von gegenüberliegenden Höhenpunkten aus die Taxationsfiguren innerhalb der Abtheilungen in die Karten einmißt und deren Flächengrößen berechnet. Die Fläche einer Abtheilung kommt dann in der Periodentabelle nicht einmal, sondern in Form von Bruchtheilen des Ganzen in mehreren Perioden zum Vortrage, indem man die Flächengröße und die Haubarkeitserträge der einzelnen Taxationsfiguren, ohne daraus besondere Unterabtheilungen zu bilden, in jene Perioden einstellt, wo der vorwiegende Theil der Bestockung die Haubarkeit erreicht, der Bestand also durchhauen werden soll. Hat man eine ganze Betriebsklasse in dieser Weise auf die Perioden ausgetheilt, so lassen sich die Ungleichheiten der Periodenerträge in dem erstmaligen provisorischen Abschlusse durch Verschiebungen nach den bekannten Regeln beseitigen, worauf der Etat als Durchschnitt aller oder auch nur der nächstliegenden zwei oder drei Perioden berechnet wird.

Hat man es mit stammweiser Mischung der Altersklassen im geregelten Plänterwalde zu thun, so erhält das Verfahren große Ähnlichkeit mit der Ertragsberechnung im Mittelwalde. Wie in letzterem, so wird nämlich auch hier eine dauernde Vertretung von Stammklassen verschiedenen Alters auf der gleichen Fläche als Normalzustand angenommen, wobei eine nach der Reihe $\frac{1}{1,0p^x}$ fortschreitende Verminderung der Stammzahlen mit dem Alter x und eine gleichfalls als Funktion von x aufzufassende Zunahme der Schirmfläche, der Stammgrundfläche und des kubischen Massengehaltes der einzelnen Stammklassen wahrzunehmen sein wird. Für diesen Waldzustand läßt sich dann die Größe des Normalvorrathes V_n nach obigem berechnen. Wenn man sich nun erinnert, daß nach § 20 und 21 der Zuwachs hauptsächlich von der Blattmasse abhängig ist, dagegen durch die Individuenzahl nur unerheblich beeinflußt wird, so wird die Ermittlung des Zuwachses uz durch Probeflächenaufnahmen in Verbindung mit Stammanalysen der Klassenstämme das wichtigste Mittel für die Etatsfestsetzung an die Hand geben, indem $e_w \lesseqgtr uz$ die Einsparungen und Vorrathsabminderungen ermöglicht, welche man behufs Übergangs auf den Normalzustand herbeiführen will.

Abtheilung C.

Die Nacharbeiten der Forsteinrichtung.

§ 56. **Die Nachträge zu den Beschreibungen und die Wirthschafts-Kontrole.** Schon bei Besprechung der Fachwerksmethoden wurde betont, daß die Forsteinrichtung als ein in fortschreitender Entwicklung begriffener Arbeitstheil aufzufassen sei, welcher sich durch zweckmäßige Änderungen und Nachträge an die wechselnden thatsächlichen Waldzustände anzupassen sucht. Diesem Zwecke dienen eine Reihe von Berichtigungen der fertiggestellten Operate, die theils Sache der Betriebsführung oder des laufenden Verwaltungsdienstes sind, theils in das eigentliche Gebiet der Forsteinrichtung ressortiren. Diese Arbeiten sind wegen ihres engen Zusammenhanges mit der Forstverwaltung und der Rechnungsführung in den einzelnen Ländern sehr abweichend gestaltet, lassen sich daher hier nur in ihren Grundzügen skizziren, während die formalen Einzelheiten in den betreffenden Landesinstruktionen nachzulesen sind.

A. Zu diesen Nachträgen und Berichtigungen zählen in erster Linie die Ergänzungen der Flächenregister (Staatswaldinventare), welche alle durch Kauf, Verkauf, Tausch, Abtretung, Alluvion 2c. vorkommenden Flächenänderungen vormerken sollen.*) Diese Nachträge werden jährlich ausgeführt und nachgewiesen, wo zuweilen ein besonderer Vortrag für die „eingeleiteten Flächenveränderungen" gegenüber den perfekt gewordenen, „wirklich eingetretenen" angeordnet ist. Die Änderungen in der Benutzungsweise des Forstareales durch Anbau, Verpachtung oder sonstige Umwandlungen im Kulturzustande trägt man in Preußen in einer besonderen Abtheilung des Flächenregisters vor, dieselben werden in manchen Ländern in den speziellen Beschreibungen oder in den Vermessungstabellen (§ 46) vorgemerkt. Einen ähnlichen Zweck der Ergänzung zu den erstmaligen Forsteinrichtungsarbeiten verfolgen die sogenannten „Forstchroniken", welche in Gemeinschaft mit

*) Für Preußen ist hierin maßgebend die „Anleitung zur Führung des Flächenregisters vom 12. Juni 1857; für Bayern die „Vorschriften für Forstkartirung und Flächenberechnung, dann für Herstellung des Staatswaldinventars" vom 23. Juni 1833.

dem Flächenregister und dem Kontrolbuche die Materialien zur Überwachung und Revision des Betriebes sammeln und Notizen über beachtenswerthe Vorkommnisse im Forsthaushalt aufbewahren sollen. Diese Chroniken werden in verschiedenen Forstverwaltungen nach verschiedenen Gesichtspunkten angelegt; am bekanntesten ist das in Preußen eingeführte „Taxationsnotizenbuch“,*) welches in seinem allgemeinen Theile als Ergänzung zu der generellen Revierbeschreibung zu betrachten ist, indem es nach Materien getrennt (in 5 Abschnitten und 16 Unterabschnitten) und chronologisch die Veränderungen und Ereignisse enthält, welche die ganze Oberförsterei betreffen; während hingegen im speziellen Theile analog der speziellen Bestandesbeschreibung die in den einzelnen Orts- und Bestandesabtheilungen eingetretenen Veränderungen nachgewiesen werden. Von diesen werden die wirthschaftlich wichtigeren Hiebs- und Kulturflächen mit ihren Grenzlinien in die Kartenkopien eingezeichnet und mit der Zahl des betreffenden Jahrganges versehen, um den Gang der Fällungen leicht auf der Karte verfolgen zu können. Die einzelnen Abtheilungen erhalten behufs Vormerkung der Hauungen und Kulturen, sowie sonstiger Bemerkungen je eine besondere Seite des speziellen Theiles dieses Notizenbuches, in welches tabellarisch die wichtigsten Ergebnisse der Fällungs- und Kulturnachweisung jahrgangweise eingetragen werden.

B. Unter Wirthschafts-Kontrole im engeren Sinne versteht man die jährliche Vormerkung der rechnungsmäßig festgestellten Materialergebnisse aller ausgeführten Fällungen und sonstigen Anfälle an Holz in einem besonderen Lagerbuche, dem sogenannten „Kontrolbuche“. Der Zweck dieser Verbuchung ist ein doppelter: 1. Indem einerseits für jede Bestandesabtheilung (litera), eine Vormerkung der auf diesem Flächentheile angefallenen Materialergebnisse jahrgangweise geführt und dadurch eine Gegenüberstellung des wirklichen Anfalles zu den Schätzungen des Wirthschaftsplanes erhalten wird (sogenannte Kontrole der Schätzungen). 2. Anderseits soll aber auch eine summarische Vormerkung der jährlich auf der ganzen Betriebsklassenfläche gewonnenen Hiebsergebnisse gegenüber dem Hiebssatz geführt und durch Abgleichungen der stattgehabten Mehrfällungen bezw. Einsparungen eine Kontrole der Einhaltung des Etats ausgeübt werden. Beide Zwecke werden in manchen Staaten im Kontrolbuche gleichzeitig angestrebt, indem letzteres in besondere Abtheilungen zerlegt wird, z. B. in Preußen**) und Sachsen, während in anderen Ländern für die Etats-Kontrole besondere Rechnungen geführt werden, wie für die Schätzungs-Kontrole.

*) Siehe „Anleitung zur Führung des Taxations-Notizenbuches“ vom 6. Mai 1870

**) Siehe „Anweisung zur Anlegung und Führung des Kontrolbuches vom 6. Juni 1875, mit den Abänderungen vom Jahre 1886.

ad 1. Die Verbuchung der Hiebsergebnisse jedes einzelnen Bestandes gegenüber dem taxirten Haubarkeitsertrage soll eine Kontrole bezüglich der Zuverlässigkeit der Schätzungen, Bonitirungen und Zuwachsermittlungen bewirken, welche bei Aufstellung des erstmaligen Forsteinrichtungswerkes Anwendung fanden. Bei etwa hervortretenden größeren Differenzen kann man auf Grund solcher Konstatirungen rechtzeitig eine Änderung am Etat eintreten lassen, bevor die Unrichtigkeit desselben größere Nachtheile angerichtet hat. Außerdem sollen diese Verbuchungen in Verbindung mit den ursprünglichen Taxationen die Anhaltspunkte geben, um für alle vorkommenden Fälle im Betrieb sofort die gegenwärtigen stehenden Holzvorräthe der haubaren Bestände berechnen zu können. Endlich bilden die Einträge im Kontrolbuche bei den periodischen Revisionen beachtenswerthe Grundlagen für die Einschätzungen von Bestandesresten oder von Durchforstungserträgen u. s. w. Der wichtigste Bestandtheil des Kontrolbuches ist daher jener, in welchem jede Bestandesabtheilung, die in der speziellen Beschreibung besonders eingeschätzt ist, ein Folium zum chronologisch fortlaufenden Eintrag aller Fällungsergebnisse erhält. Diese Verbuchung erfolgt jährlich auf Grund der abgeschlossenen Natural- (oder Material-)rechnung, allein die Ausscheidung der Fällungsergebnisse in dem Konto wird verschieden gehandhabt, indem z. B. in Preußen die Holzarten getrennt und nach den Kategorien: Eichen, Buchen, weiches Laubholz, Nadelholz und Schlagholz verbucht werden, während dagegen in Sachsen nur Laub- und Nadelholz, in Bayern, Württemberg und Hessen nur Haupt- und Zwischennutzungen unterschieden werden. Außerdem sind in der Verbuchung die Materialanfälle an Derbholz getrennt von den Accessorien an Stockholz und Reisig zu behandeln.

Wenn nun eine Abtheilung (bezw. litera) vollständig abgeholzt worden, d. h. zum „Endhiebe“ gelangt ist, so bietet die Aufsummirung der verbuchten Fällungsergebnisse ein Mittel zur Prüfung der früheren Taxation auf ihre Richtigkeit; hierfür bestehen in Preußen, Sachsen und verschiedenen anderen Forstverwaltungen besondere Abschnitte im Wirthschaftsbuche, wo alsbald nach dem letzten Abtriebsschlage die Abgleichung zwischen Schätzung und Ergebniß gemacht wird. In manchen Staaten findet diese Abgleichung nur periodisch, gelegentlich der Taxations-Revisionen statt, so daß also Aufsummirungen des Kontrolbuches und Vergleichungen vom Schätzungssoll mit dem wirklichen Materialergebnisse („Haben“) einen Arbeitstheil der Revisionen bilden, zu welchem Zweck dann auch die stammweise aufzunehmenden Bestandesreste und Nachhiebshölzer hinzugezogen werden.

ad 2. Die jährliche Balancirung des gesammten Fällungsergebnisses mit dem Etat (sogenannte „Hiebskontrole“) wird in

Preußen und Sachsen in einem besonderen Abschnitte des Kontrolbuches, in Bayern bei der jährlichen Materialrechnung ausgeführt. Dieselbe bildet eine fortlaufende Abrechnung, welche die algebraische Summe vom diesjährigen Hiebsergebnisse und der vom Vorjahre überkommenen Mehr- resp. Minderfällung gegenüberstellt dem Abnutzungssatz an Haupt- und Zwischennutzung, wodurch sich der Mehr- oder Mindereinschlag des laufenden Jahres berechnet.

§ 57. **Die periodischen Taxations- (oder Waldstands-) Revisionen.** Schon im 17. und 18. Jahrhundert waren in verschiedenen Forstverwaltungen sogenannte Waldbereitungen in Übung, die von Zeit zu Zeit eine protokollarische Konstatirung des gesammten Waldzustandes und eine, wenn auch oberflächliche Ermittlung des Ertrages bezweckten. Um so leichter führte sich daher der zuerst von Cotta, dann von Gg. L. Hartig in Anschluß an die Periodentheilung der Fachwerksmethoden gemachte Vorschlag in der Praxis ein, daß das gesammte Forsteinrichtungswerk, namentlich aber die Ertragsberechnung und der spezielle Wirthschaftsplan, durch regelmäßig etwa alle 10 bezw. 12 Jahre wiederkehrende Revisionen den veränderten Verhältnissen neu anzupassen seien. Die Veränderungen am Waldzustande bestehen theils in dem regelmäßigen Fortgange der Fällungen, Verjüngungen und Kulturen, theils in außergewöhnlichen Vorkommnissen, z. B. Sturm- und Insektenschaden ꝛc., theils in Flächenveränderungen aller Art, durch Zukauf, Tausch und die im vorigen Paragraphen erwähnten Vorkommnisse. Somit bedürfen sowohl die Vermessungswerke und Flächenberechnungen, als auch die Altersklassentabelle, die Ertragsschätzungen und Wirthschaftspläne, endlich die Bestandeskarten von Zeit zu Zeit einer Erneuerung, zumal da im Allgemeinen das Prinzip befolgt wird, nur für die nächstliegenden Zeiträume die Wirthschaft im Detail einzurichten. Da aber die genannten Änderungen am Waldstande manchmal sehr tiefeingreifend und rasch eintreten, manchmal aber sich langsam und erst in längeren Zeiträumen vollziehen, so folgt hieraus, daß es keine allgemein anwendbare Schablone für die Revisionen geben könne, sondern, daß eine wohlerwogene Ausscheidung des der Abänderung Bedürftigen von dem Beizubehaltenden vorausgehen müsse. Diese Unterscheidung wird in der Regel von Fall zu Fall durch eine sogenannte „Vorverhandlung"*) einer Kommission, die in den einzelnen Ländern verschieden zusammengesetzt ist, festgestellt, indem man sich auf Grund von orientirenden Vorarbeiten klar macht, welchen Umfang die Arbeiten der Taxationsrevision annehmen dürfen und sollen. Die Kompetenz zur Entscheidung der Frage über die fernere Brauchbarkeit des bisherigen Forsteinrichtungs-

*) In Bayern als „Grundlagenprotokoll" bezeichnet.

werkes liegt nach beendigter Vorverhandlung beim Ministerium bezw. bei dem Ministerial-Kommissär. Dabei lassen sich wohl auch gewisse Typen für diesen Arbeitstheil aufstellen, indem man z. B. einfache und umfassende Waldstands-Revisionen oder auch Haupt- und Zwischenrevisionen unterscheidet und dafür wesentliche Merkmale angiebt. Die einzelnen Landesinstruktionen*) geben gerade in dieser Hinsicht meistens eingehende Vorschriften, welche von einander um so weiter abweichen, je verschiedenartiger das forstliche Vermessungswesen organisirt ist. Auch unterscheiden sich die einzelnen Instruktionen in Bezug auf das Maß der Kritik, welche an der bisher geführten Wirthschaft geübt wird, indem z. B. in Preußen eine Prüfung der einzelnen Theile der Revierverwaltung hinsichtlich der Buch- und Rechnungsführung, der Ordnung in den Schlägen, der Holzabfuhr, des Forstschutzes und Rügewesens, des Zustandes der Wege und Dienstgebäude mit in die Revisionen einbezogen wird. Hingegen beschränkt sich in den meisten übrigen Ländern die Revision nur auf den Stand der Flächen, der Altersklassenvertheilung, der Schätzungen und Etatsberechnungen, endlich auf die Erneuerung der Wirthschaftspläne und Karten.

In der Regel muß bei der Vorverhandlung in erster Linie entschieden werden, ob die Waldeintheilung — also die Grundlage des ganzen Werkes fernerhin den Bedürfnissen der Wirthschaft entspreche, oder ob dieselbe durchgreifend umgestaltet werden müsse. Sobald man sich für letzteres entschlossen hat, ist damit eo ipso eine neue Vermessung, Flächenberechnung, Benennung der Abtheilung und Kartirung für nothwendig erklärt und es kann somit auch der allgemeine Betriebsplan (die Periodentabelle) nicht mehr aufrecht erhalten bleiben. Zu solchen durchgreifenden Umgestaltungen des Betriebseinrichtungswerkes, die fast einer Neuherstellung des Ganzen gleichkommen, entschließt man sich, schon um der Kosten willen, nur in ausnahmsweisen Nothfällen, z. B. nach verheerenden Kalamitäten oder nach Umlauf eines langen Zeitraumes seit der erstmaligen Einrichtung, oder bei Betriebsumwandlungen u. dergl. In solchen Fällen findet mit entsprechenden Modifikationen die Herstellung der neuen Forsteinrichtungswerke nach den oben in §§ 41—55 auseinandergesetzten Prinzipien statt, so daß hier nicht näher darauf eingegangen zu werden braucht.

Die einfachen Revisionen, bei welchen die bisherige Waldeintheilung und der allgemeine Betriebsplan im Wesentlichen beibehalten werden, haben folgende charakteristische Arbeitstheile:

a. Berichtigung der Vermessung und der das Areal betreffenden Tabellen, Karten, sowie der Grenzen, wozu die

*) Siehe die preußische „Anleitung zur Ausführung der Taxationsrevisionen" vom 20. November 1852 und die bayerischen „Vorschriften für die periodischen Revisionen des Waldstandes" vom 29. März 1849.

in § 56 A aufgeführten Vormerkungen im Flächenregister bezw. Staatswaldinventar nebst den beglaubigten Verträgen und Ummessungoperaten in Kauf- und Tauschverhandlungen die Grundlage hinsichtlich der Arealveränderungen bilden. Außerdem werden die seitdem gebauten Wege und alle übrigen zum Nachtrag in die Karten geeigneten Änderungen an ständigen Wirthschaftsfiguren, Dienstgründen ꝛc. neu vermessen, die neuen Linien in die Hauptkarten resp. Kopien eingetragen und zur Abänderung auf den lithographischen Kartensteinen für die Bestandeskarten beantragt. Bei diesen Arbeiten sind die bezüglichen Vorschriften über Forstvermessung, welche in den einzelnen Ländern bestehen, sorgfältig zu beachten. Für die Taxationen selbst sind von größerer praktischer Bedeutung die seit der letzten Forsteinrichtung eingetretenen Veränderungen am sogenannten „unständigen Detail der Waldeintheilung", nämlich die durch den Hiebsgang und die Kulturthätigkeit bewirkten Bestandesänderungen. Deshalb besteht der erste Schritt einer Taxationsrevision darin, daß der beim Beginn derselben wirklich vorhandene Stand der Schlaglinien und Kulturgrenzen in allen Abtheilungen einzumessen und in die Bestandeskarten einzuzeichnen ist. Hiernach wird die Generalvermessungstabelle berichtigt und die Altersklassentabelle unter sorgfältiger Berücksichtigung der Veränderungen an den mittleren Bestandesaltern jeder litera neu angefertigt.

b. Die Prüfung des Fortschreitens der Fällungen und Verjüngungen nach Flächen und die Abgleichung der Hiebsergebnisse mit den geschätzten Massen (d. h. mit dem Taxations-Soll) hat den Zweck, nachzuweisen, inwiefern die bisherige Wirthschaft sich innerhalb der Vorschriften des Betriebsplanes bewegt habe und welche Abweichungen zu konstatiren sind. Zunächst wird eine summarische Kontrole des Hiebes gegenüber dem Etat ausgeführt durch Zusammenstellung des gesammten Holzeinschlages innerhalb des abgelaufenen Zeitabschnittes; dann aber findet eine nach Bestandesabtheilungen getrennte Abgleichung der Hiebsergebnisse gegenüber den Voranschlägen statt. Die Flächenabgleichung mit dem Soll an Angriffsfläche stützt sich auf die sub a erwähnten Messungen und Flächenberechnungen, während die Massen der wirklichen Hiebsresultate durch Aufsummirung des Kontrolbuches für die einzelnen Abtheilungen erhalten werden. Ihre Abgleichung mit den geschätzten Massen der Haubarkeitserträge, wie sie im allgemeinen Wirthschaftsplane enthalten sind, liefert beachtenswerthe Aufschlüsse über die Zuverlässigkeit der Schätzungen und Zuwachsveranschlagungen überhaupt. Neben den Hauptnutzungs-Ergebnissen findet in der Regel auch eine Nachweisung der Zwischennutzungen oder Vorerträge statt, wobei gleichfalls die wirklichen Ergebnisse mit den Schätzungen abgeglichen werden. Endlich werden die nicht planmäßigen Fällungsergebnisse — die sogenannten

Vorgriffe, welche in Folge von Sturmschaden und anderen Kalamitäten oder in Folge höherer Anordnung vorgenommen wurden, aufgezählt und gerechtfertigt. Um einen summarischen Überblick über den Waldzustand gegenüber jenem am Anfange des Revisionszeitraumes zu geben, wird eine Zusammenstellung der wirklich abgenutzten Schlagflächen gegenüber den nach dem Wirthschaftsplan zu verjüngenden Bestandesflächen angefertigt, ebenso wie auch die Kulturflächen nachgewiesen werden. Durch geeignete Aufsummirungen dieser Nachweisungen erhält man einen Einblick in die während des abgelaufenen Zeitabschnittes erfolgten Änderungen an den Beständen, welche gewissermaßen die Erklärung und Rechtfertigung zu der neu aufgestellten Altersklassentabelle bildet und welche eine kritische Beurtheilung des gegenwärtigen Waldzustandes bezw. der Wirkung der bisherigen Etatserfüllung ermöglicht.

c) Nachdem die erforderlichen Korrektionen am allgemeinen Wirthschafts- oder Betriebsplan eventuell durch Verschiebungen einzelner Abtheilungen und durch Abstrich der bereits verjüngten Bestände ausgeführt sind, wird eine neue Berechnung des Hiebssatzes (Etats) für den nächsten Zeitabschnitt im Sinne des § 52 und mit besonderer Berücksichtigung der stattgehabten Mehrfällungen bezw. Einsparungen ausgeführt. Namentlich sind die Abgleichungen des Schätzungs-Soll mit dem wirklichen Ergebnisse Veranlassung zu Erhöhungen oder Ermäßigungen der Haubarkeitserträge einzelner Abtheilungen im Betriebsplane. Nach dessen Berichtigung kann dann der neue Wirthschaftsplan für den nächsten Zeitabschnitt (in Preußen genereller Hauungsplan), sowie der neue Kulturplan aufgestellt werden, in welchen die Bestimmungen der Vorverhandlung über die künftige Bewirthschaftung eine praktische Gestaltung bekommen. Die Auswahl der hier einzustellenden Einzelpositionen erfordert eine besondere Sorgfalt und Umsicht, richtet sich aber im Allgemeinen nach den auf Seite 373 u. ff. gegebenen Direktiven. Nachdem dann noch die neuen Bestandes- und Wirthschaftskarten angefertigt worden sind, wird über das ganze Operat eine zusammenfassende Erörterung gegeben, die man als „Schlußverhandlung" oder als „erörternde Darstellung" bezeichnet und in welcher die Hauptpunkte der Revisions-Ergebnisse namentlich die Begründung des neuen Etats Aufnahme finden. Die Ausarbeitung dieser Darstellung erfordert nicht blos eine genaue Kenntniß der einzelnen Theile des Revisionsoperates, sondern auch eine Selbständigkeit des fachmännischen Urtheils in Bezug auf die einzelnen forstwirthschaftlichen Gebiete.

Nach erfolgter Prüfung und Genehmigung der gesammten Materialien durch das Ministerium erhalten die neuen Wirthschafspläne verwaltungsrechtliche Giltigkeit und treten an die Stelle der abgelaufenen.

Verlag von Julius Springer in Berlin N.

Forstzoologie

von

Dr. Bernard Altum,

Professor der Zoologie an der Forstakademie Eberswalde.

I. Band: Säugethiere. Zweite Auflage.

Mit 120 Textfiguren und 6 lithographirten Tafeln. Preis M. 12,—; geb. M. 13,40.

II. Band: Vögel. Zweite Auflage.

Mit 81 Textfiguren. Preis M. 13,—; geb. M. 14,40.

III. Band: Insekten. Zweite Auflage.

Erste Abtheilung: Allgemeines und Käfer.

Mit 55 Textfiguren. Preis M. 8,—.

Zweite Abtheilung: Schmetterlinge, Haut-, Zwei-, Gerad-, Netz- und Halbflügler.

Zweite Auflage. *Mit 55 Textfiguren. Preis M. 8,—.*

Band III vollständig in einem Leinwandband geb. 17,40.

Waldbeschädigungen durch Thiere und Gegenmittel.

Von

Dr. Bernard Altum,

Professor der Zoologie an der Königl. Forstakademie Eberswalde.

Mit 81 in den Text gedruckten Holzschnitten.

Preis M. 5,—; geb. M. 6,—.

Die Landmessung.

Ein Lehr- und Handbuch

von

Dr. C. Bohn,

Professor der Physik und Vermessung an der Königl. Bayr. Forstschule in Aschaffenburg.

Mit 370 in den Text gedruckten Holzschnitten und 2 lithographirten Tafeln.

Preis M. 22,—; geb. M. 23,20.

Die Ablösung und Regelung der Waldgrundgerechtigkeiten.

Von

Dr. jur. Bernhard Danckelmann,

Königl. Preußischem Oberforstmeister und Direktor der Forstakademie Eberswalde.

Drei Theile. Preis M. 22,—.

Lehrbuch der Forstwissenschaft.

Für Forstmänner und Waldbesitzer

von

Dr. Carl von Fischbach,

Fürstlich Hohenzollernschem Ober-Forstrath.

Vierte vermehrte Auflage.

Preis M. 10,—; geb. M. 12,—.

Die Pflanzenzucht im Walde.

Ein Handbuch für Forstwirthe, Waldbesitzer und Studierende.

Von

Hermann Fürst,

k. Bayr. Regierungs- und Forstrath, Direktor der Forstlehranstalt Aschaffenburg.

Zweite vermehrte und verbesserte Auflage.

Mit 52 in den Text gedruckten Holzschnitten. — Preis M. 5,—; geb. M. 6,—.

Zu beziehen durch jede Buchhandlung.

Verlag von Julius Springer in Berlin N.

Lehrbuch der Anatomie und Physiologie der Pflanzen

unter besonderer

Berücksichtigung der Forstgewächse.

Von

Dr. Robert Hartig,

Professor der Botanik an der Universität München.

Mit 103 Textabbildungen.

Preis M. 7,—; in Leinwand geb. M. 8,—.

Lehrbuch der Baumkrankheiten.

Von

Dr. Robert Hartig,

Professor an der Universität München.

Zweite verbesserte und vermehrte Auflage.

Mit 137 Textabbildungen und einer Tafel in Farbendruck.

Preis geb. M. 10,—.

Waldvermessung und Waldeintheilung.

Anleitung für Studium und Praxis.

Von

Adolf Runnebaum,

Königl. Forstmeister an der Forstakademie zu Eberswalde.

Mit 78 in den Text gedruckten Figuren und 7 Tafeln.

Preis M. 5,—; geb. M. 6,—.

Der Waldwegbau und seine Vorarbeiten.

Von

Karl Schuberg,

Professor der Forstwissenschaft am Großherzoglichen Polytechnikum zu Karlsruhe.

Zwei Bände. Preis M. 16,—.

Grundriß der Forst- und Jagdgeschichte Deutschlands.

Von

Dr. Adam Schwappach,

Professor an der Forstakademie Eberswalde.

Preis M. 5,—.

Leitfaden der Holzmeßkunde

von

Dr. Adam Schwappach,

Kgl. Professor und Dirigent der forstlichen Abtheilung der Hauptstation des forstlichen Versuchswesens zu Eberswalde.

Mit 24 in den Text gedruckten Abildungen.

Preis M. 3,—; geb. M. 4,—.

Samen, Früchte und Keimlinge

der in Deutschland heimischen oder eingeführten forstlichen Culturpflanzen.

Ein Leitfaden

zum Gebrauch bei Vorlesungen und Uebungen der Forstbotanik, zum Bestimmen und Nachschlagen für Botaniker, studirende und ausübende Forstleute, Gärtner und andere Pflanzenzüchter.

Von

Dr. Carl Freiherr von Tubeuf,

Privatdozent an der Universität München.

Mit 179 in den Text gedruckten Originalabbildungen.

Preis M. 4,—; geb. M. 5,—.

Leitfaden für den Waldbau.

Von

W. Weise,

o. Professor an der technischen Hochschule zu Karlsruhe und Forstrath.

Preis M. 3,—; geb. M. 4,—.

Zu beziehen durch jede Buchhandlung.